# 巧学活用 全图解

# Excel 2016 图表、公式、函数与数据分析

全彩视听版

卢 源——编著

中国铁道出版社
CHINA RAILWAY PUBLISHING HOUSE

## 内 容 简 介

本书以高效办公为出发点，通过图解视听的形式，对Excel图表、公式、函数、数据分析与处理等核心应用进行了深入讲解，内容包括：高效制作与整理Excel数据表，专业Excel表格格式设置与应用，应用公式和函数计算数据，函数在行业领域中的应用，数据排序与筛选，数据处理与分析，使用图表呈现数据，图表在行业领域中的应用，应用数据透视表深入分析数据等。

本书是不可多得的职场办公案头工具书，适合不同行业的办公人员、管理人员、财务人员等，以及对Excel感兴趣的读者学习使用。

**图书在版编目（CIP）数据**

全图解Excel 2016图表、公式、函数与数据分析:全彩视听版/卢源编著.—北京：中国铁道出版社，2018.9
（巧学活用）
ISBN 978-7-113-24667-9

Ⅰ.①全… Ⅱ. ①卢… Ⅲ.①表处理软件—图解
Ⅳ.①TP391.13-64

中国版本图书馆CIP数据核字（2018）第138529号

**书　　名：** 巧学活用：全图解Excel 2016图表、公式、函数与数据分析（全彩视听版）
**作　　者：** 卢　源　编著

**责任编辑：** 张　丹　　　　**读者热线电话：** 010-63560056
**责任印制：** 赵星辰　　　　**封面设计：** MXK DESIGN STUDIO

**出版发行：** 中国铁道出版社（100054，北京市西城区右安门西街8号）
**印　　刷：** 中国铁道出版社印刷厂
**版　　次：** 2018年9月第1版　　2018年9月第1次印刷
**开　　本：** 700mm×1000mm　1/16　**印张：** 15.75　**字数：** 326千
**书　　号：** ISBN 978-7-113-24667-9
**定　　价：** 49.80元

# 前言

对于职场白领来说，与各种报表、图表等打交道是其日常工作的重要组成部分，但与之相关的烦恼也不断涌现出来：如何快速而又准确地输入大量的报表数据？如何条理规范地显示报表数据？如何让报表显得更加美观与专业？如何应用公式与函数快速地计算报表数据？如何将让人眼花缭乱的报表数据转换成图表进行直观地展示？如何对大量的报表数据进行排序、筛选等处理与分析？如何让自己从每天都要重复的繁重工作中解脱出来，以高效自动化的方式来完成？这些问题其实使用Excel都能轻松搞定。

Excel是微软公司推出的Office套装办公软件的重要组件之一，它能高效地完成各种报表/图表制作，数据运算、分析与处理等工作，被广泛应用于行政与文秘、会计与财务、人力资源管理、市场营销分析与决策等办公领域。Excel丰富的功能、便捷的操作让各行各业的数据资料统计、分析、归纳与处理工作都迎刃而解，成为职场人士必知必会的重要办公工具之一。

本书以Excel 2016为平台，对Excel图表、公式、函数、数据分析与处理等核心应用和操作技巧进行了深入讲解，并对职场办公中需要掌握的各种专业技能进行了重点介绍。本书可以帮助读者深入掌握Excel的核心功能，快速提高办公效率，摇身一变成为高效办公达人！

本书共分为9章，主要内容包括：

CHAPTER 01 高效制作与整理Excel数据表

CHAPTER 02 专业Excel表格格式设置与应用

CHAPTER 03 应用公式和函数计算数据

CHAPTER 04 函数在行业领域中的应用

CHAPTER 05 Excel数据排序与筛选

CHAPTER 06 Excel数据处理与分析

CHAPTER 07 使用图表呈现数据

CHAPTER 08 图表在行业领域中的应用

CHAPTER 09 应用数据透视表深入分析数据

本书是帮助各个层次Excel用户学习Excel图表、公式、函数与数据分析的得力助手和学习宝典，主要具有以下特色：

## 01 直入精髓，注重实用

本书对读者无须过多指点就能掌握的基本操作一笔带过，而是直入精髓，将重点放在Excel软件的公式、函数、图表、数据处理与分析等核心应用上，力求让读者“想学的知识都能学到，所学的方法都能用上”，绝不做无用功，让学习效率事半功倍。

## 精选案例，注重技巧

为了便于读者即学即用，本书列举了源自实际工作中的大量原创典型案例，通过细致地讲解，与读者需求紧密吻合，模拟真实的工作环境，快速提高读者的工作效率，提前完成手头工作，摆脱加班加点的困扰。书中“私房实操技巧”与“高手疑难解答”等栏目版块来自专家多年实操经验的精华，揭秘高手高效玩转Excel的实质。

## 图解教学，分步演示

本书采用图解教学的体例形式，一步一图，以图析文，在讲解具体操作时，图片上均清晰地标注出了要进行操作的分步位置，以便于读者在学习过程中直观、清晰地看到操作过程，更易于理解和掌握，提升学习效果。

## 扫二维码，观看视频

用手机扫一扫书中微课堂视频二维码，即可在手机上直接观看对应的操作视频，并配有语音讲解，学习起来会更方便、更轻松。

本书对于Excel新手来说，它是一把进入Excel应用大门的金钥匙；对于有一定Excel使用经验的读者来说，它是进一步提升技能的阶梯。本书是不可多得的职场办公案头工具书，适合不同行业的办公人员、管理人员、财务人员等，以及对Excel感兴趣的读者学习使用。

如果读者在使用本书的过程中遇到什么问题或者有什么好的意见或建议，可以通过加入QQ群611830194进行学习上的沟通与交流。

编 者

2018年6月

# 本书使用说明

**每章导读**

简明地表述本章学习目的和主要内容，让读者有的放矢，提高阅读兴趣

**知识要点**

清晰地罗列出本章的学习要点，明确学习任务，有针对性地重点学习

**案例展示**

精选本章重点案例的制作效果，完美展示学习成果，多方位辅助学习

**关键词**

抽取本案例重要操作的关键词，提示读者重点关注学习，做到心中有数

**视频二维码**

用手机扫一扫微课堂视频二维码，即可快速观看操作视频，配有语音讲解

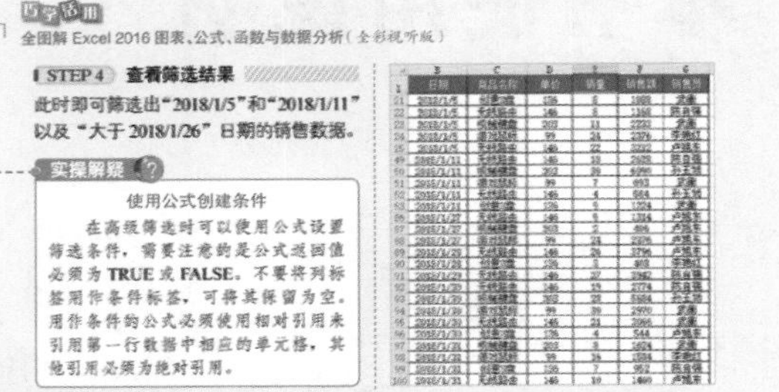

## 实操解疑

讲解读者在案例操作中可能遇到的疑难问题，让读者在学习时不走弯路

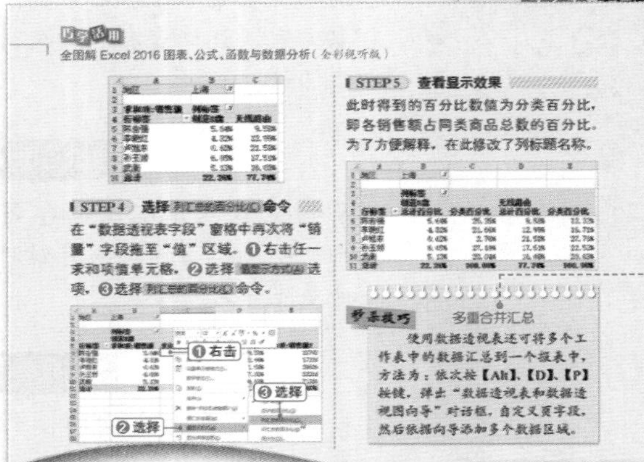

## 秒杀技巧

讲解在案例操作中有效、实用的操作技巧，让读者技高一筹，事半功倍

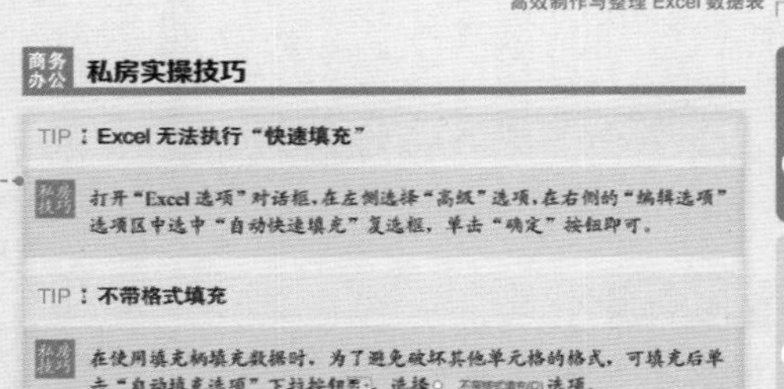

## 私房实操技巧

无私分享的实操技巧，实用性强，含金量高，让学习事半功倍，无师自通

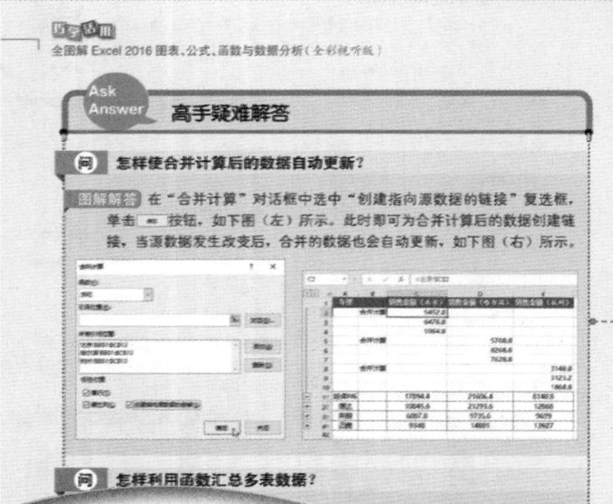

## 高手疑难解答

高手针对读者在学习上可能遇到的难点问题进行互动解答，解除学习难题

# 目录 Excel 2016图表、公式、函数与数据分析

视频下载地址 http://www.crphdm.com/2018/0516/14007.shtml

## CHAPTER 01 高效制作与整理 Excel 数据表



## CHAPTER 02 专业 Excel 表格格式设置与应用

## CHAPTER 03 应用公式和函数计算数据

## CHAPTER 04 函数在行业领域中的应用



## CHAPTER 05 Excel 数据排序与筛选

## CHAPTER 06 Excel 数据处理与分析



## CHAPTER 07 使用图表呈现数据

## CHAPTER 08 图表在行业领域中的应用

## CHAPTER 09 应用数据透视表深入分析数据

CHAPTER

# 高效制作与整理 Excel 数据表

## 本章导读

Excel 2016 是一款集电子表格制作、数据存储、数据处理和分析等功能于一体的办公应用软件。本章将详细介绍 Excel 2016 在数据编辑与处理中的基本操作，主要包括数据录入与选择，批量填充数据，数据行列转换，合并与拆分数据、单元格的编辑，以及设置数据验证等。

## 知识要点

01 数据录入与选择

02 批量填充数据

03 数据行列转换

04 合并与拆分数据

05 编辑工作表单元格

06 设置数据验证

## 案例展示

### ▼快速填充

| 项　目 | | 本月实际数 | 本月计划 |
|---|---|---|---|
| 1. 工资 | 工资 | 187615 | 168990 |
| 2. 职工福利费 | 职工福利费 | 45563 | 55000 |
| 3. 折旧费 | 折旧费 | 7229 | 10020 |
| 4. 办公费 | 办公费 | 4549 | 5000 |
| 5. 差旅费 | 差旅费 | 4220 | 5000 |
| 6. 保险费 | 保险费 | 8119 | 6000 |
| 7. 工会经费 | 工会经费 | 2916 | 3000 |
| 8. 业务招待费 | 业务招待费 | 6550 | 4000 |
| 9. 低值易耗品摊销 | 低值易耗品摊销 | 1048 | 660 |
| 10. 物料消耗 | 物料消耗 | 230 | 400 |

### ▼数据分列

| 序号 | 项目 | 本月实际数 | 本月计划 | 差额 |
|---|---|---|---|---|
| 1 | 工资 | 187615 | 168990 | 18625 |
| 2 | 职工福利费 | 45563 | 55000 | -9437 |
| 3 | 折旧费 | 7229 | 10020 | -2791 |
| 4 | 办公费 | 4549 | 5000 | -451 |
| 5 | 差旅费 | 4220 | 5000 | -780 |
| 6 | 保险费 | 8119 | 6000 | 2119 |
| 7 | 工会经费 | 2916 | 3000 | -84 |
| 8 | 业务招待费 | 6550 | 4000 | 2550 |
| 9 | 低值易耗品摊销 | 1048 | 660 | 388 |
| 10 | 物料消耗 | 230 | 400 | -170 |

### ▼隐藏数据列外的所有列

| 金额 | 订单日期 | 发货日期 |
|---|---|---|
| 36000 | 2017/12/2 | 2017/12/5 |
| 68000 | 2017/12/2 | 2017/12/8 |
| 18000 | 2017/12/6 | 2017/12/7 |
| 85000 | 2017/12/10 | 2017/12/16 |
| 108000 | 2017/12/25 | 2017/12/29 |
| 108000 | 2017/12/25 | 2017/12/27 |
| 96000 | 2018/1/3 | 2018/1/5 |
| 45500 | 2018/1/3 | 2018/1/4 |
| 134400 | 2018/1/7 | 2018/1/10 |
| 132000 | 2018/1/11 | 2018/1/18 |

### ▼自动更新数据验证

| 产品名称 | 名称 |
|---|---|
| 华硕主板B250 | 华硕主板B250 |
| 华硕主板B250<br>技嘉主板H110M<br>酷睿I5 7500 CPU<br>酷睿I7 6700 CPU | 技嘉主板H110M |
| | 酷睿I5 7500 CPU |
| | 酷睿I7 6700 CPU |
| 飞利浦27寸显示器 | 七彩虹1050ti显卡 |
| 英睿达SSD硬盘250G | 七彩虹750ti显卡 |
| 华硕主板B250 | 金士顿8GB DDR4 |
| 三星21.5寸显示器 | 金士顿4GB DDR4 |

Chapter 01

# 1.1 数据录入与选择

■ 关键词：自动更正、输入时间和日期、调用历史记录、选择单元格、可见单元格、定位单元格、定位条件

在 Excel 中录入数据与选择数据是使用 Excel 的第一步，在学习 Excel 处理数据前，应先掌握最基本的数据录入与选择方法。

## 1.1.1 快速输入数据

在Excel工作表单元格中录入数据是最基本的操作，在进行数据录入时不只是打字输入，掌握一定的录入技巧可以快速提高录入效率，具体操作方法如下：

微课：快速输入数据

**STEP 1 选择 自定义功能区(R)... 命令**

❶右击任一选项卡，❷选择 自定义功能区(R)... 命令。

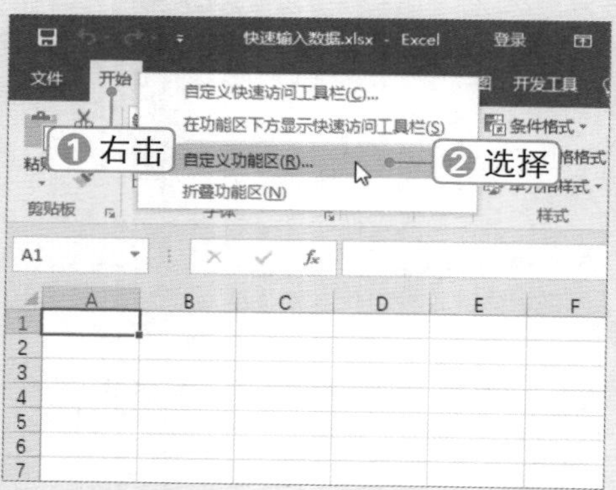


**STEP 2 单击 自动更正选项(A)... 按钮**

弹出“Excel 选项”对话框，❶在左侧选择“校对”选项，❷在右侧单击 自动更正选项(A)... 按钮。

**STEP 3 设置替换字符**

❶在“替换”文本框中输入替换字母，如“#dz”，❷在“为”文本框中输入要替换为的文本，❸单击 添加(A) 按钮，❹依次单击 确定 按钮。

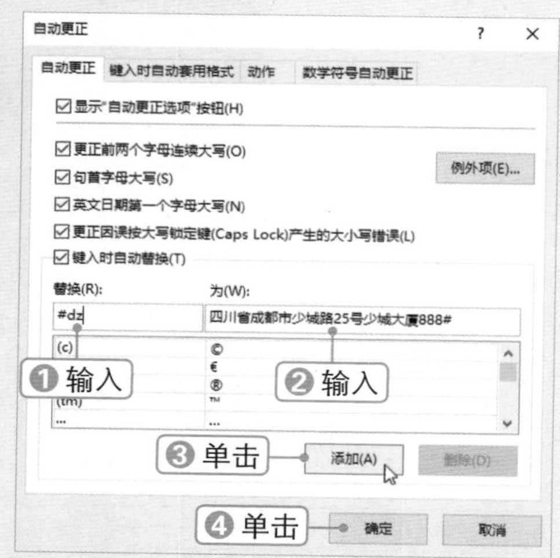


**STEP 4 查看替换效果**

在 A1 单元格中输入“#dz”并按【Enter】键确认，即可快速替换为相应的文本。

| | A | B | C | D |
|---|---|---|---|---|
| 1 | 四川省成都市少城路25号少城大厦888# | | | |
| 2 | | | | |
| 3 | | | | |
| 4 | | | | |
| 5 | | | | |
| 6 | | | | |
| 7 | | | | |

### STEP 5 快捷输入时间和日期

选择单元格后按【Ctrl+;】组合键，可快速输入当前日期；按【Ctrl+Shift+;】组合键，可快速输入当前时间。

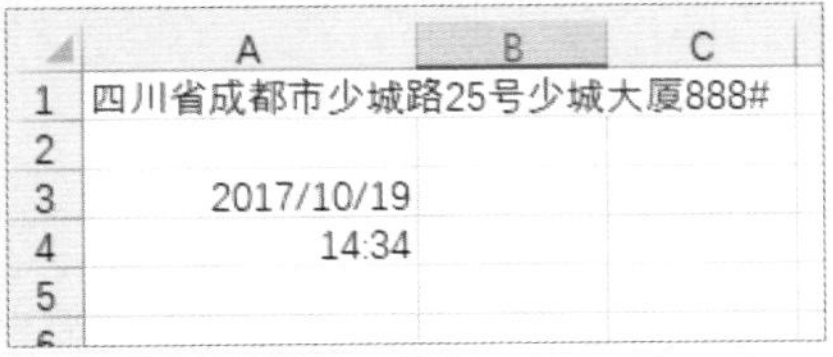

| | A | B | C |
|---|---|---|---|
| 1 | 四川省成都市少城路25号少城大厦888# | | |
| 2 | | | |
| 3 | 2017/10/19 | | |
| 4 | 14:34 | | |
| 5 | | | |

### STEP 6 输入日期

在 A6 单元格中输入“12-6”并按【Enter】键确认，即可输入日期数据。

| | A | B | C |
|---|---|---|---|
| 1 | 四川省成都市少城路25号少城大厦888# | | |
| 2 | | | |
| 3 | 2017/10/19 | | |
| 4 | 14:34 | | |
| 5 | | | |
| 6 | 12月6日 | | |
| 7 | | | |

### STEP 7 输入分数

在 A8 单元格中输入“0 7/8”并按【Enter】键确认，即可输入分数格式的数字。

| | A | B | C |
|---|---|---|---|
| 1 | 四川省成都市少城路25号少城大厦888# | | |
| 2 | | | |
| 3 | 2017/10/19 | | |
| 4 | 14:34 | | |
| 5 | | | |
| 6 | 12月6日 | | |
| 7 | | | |
| 8 | 7/8 | | |

### STEP 8 手动换行

在 A1 单元格中双击，进入文本编辑状态。将光标定位到要换行的位置并按【Alt+Enter】组合键，即可在文本中进行手动换行。

A1 | 四川省成都市少城路25号

| | A | B | C | D |
|---|---|---|---|---|
| 1 | 四川省成都市少城路25号<br>少城大厦888# | | | |
| 2 | | | | |
| 3 | 2017/10/19 | | | |
| 4 | 14:34 | | | |
| 5 | | | | |
| 6 | 12月6日 | | | |
| 7 | | | | |

### STEP 9 输入文本型数字

在输入身份证号码这样的文本型数字时，为了防止其变为科学计数法数字，可在输入数字前先输入半角状态下的单引号“'”，再输入数字。

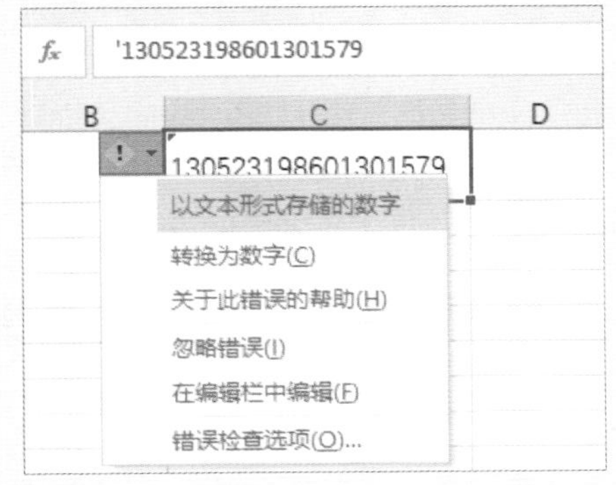


### STEP 10 快速调用历史记录

❶右击单元格，❷选择 从下拉列表中选择(K)... 命令。

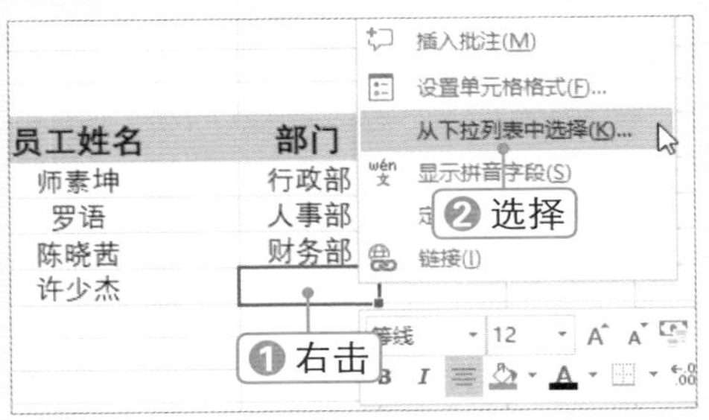


### STEP 11 快速调用历史数据

此时即可根据该列中已输入的内容生成一个文本列表，从中进行选择。还可按【Alt+ ↓】组合键进行操作。

| | 员工姓名 | 部门 |
|---|---|---|
| 9 | | |
| 10 | 员工姓名 | 部门 |
| 11 | 师素坤 | 行政部 |
| 12 | 罗语 | 人事部 |
| 13 | 陈晓茜 | 财务部 |
| 14 | 许少杰 | |
| 15 | | 财务部 |
| 16 | | 行政部 |
| 17 | | 人事部 |
| 18 | | |

## 1.1.2 选择与定位单元格

微课：选择与定位单元格

在对数据进行处理前应先选择数据，在Excel 2016中可通过多种方法选择数据，在进行操作时可根据情况采用最快捷的方法进行操作。下面将介绍如何选择与定位单元格，具体操作方法如下：

### STEP 1 快速选择相邻单元格

选择 B8 单元格，按【Ctrl+Shift+ 方向键】组合键，即可选择该方向上相邻的单元格，再次按方向键可继续选择。

| | A | B | C | D | E |
|---|---|---|---|---|---|
| 1 | 订单编号 | 客户姓名 | 产品名称 | 单价 | 数量 |
| 2 | 80001 | 吴凡 | 华硕主板B250 | 600 | 60 |
| 3 | 80002 | 郭芸芸 | 七彩虹750ti显卡 | 800 | 85 |
| 4 | 80003 | 许向平 | 金士顿4GB DDR3 | 150 | 120 |
| 5 | 80004 | 陆淼淼 | 七彩虹1050ti显卡 | 1000 | 85 |
| 6 | 80005 | 毕剑侠 | 飞利浦27寸显示器 | 1200 | 90 |
| 7 | 80006 | 雎小龙 | 英睿达SSD硬盘250G | 480 | 225 |
| 8 | 80007 | 闫德鑫 | 华硕主板B250 | 600 | 160 |
| 9 | 80008 | 王琛 | 星23寸显示器 | 650 | 70 |
| 10 | 80009 | 张瑞雪 | 英睿达SSD硬盘250G | 480 | 280 |
| 11 | 80010 | 王丰 | 技嘉主板H110M | 550 | 240 |

### STEP 2 全选数据单元格区域

按【Ctrl+A】组合键可选择相邻的单元格区域，再次按【Ctrl+A】组合键可选择整个工作表。还可按【Ctrl+Shift+ 空格】组合键执行该操作。

| | A | B | C | D | E | F | G | H |
|---|---|---|---|---|---|---|---|---|
| 1 | 订单编号 | 客户姓名 | 产品名称 | 单价 | 数量 | 金额 | 订单日期 | 发货日期 |
| 2 | 80001 | 吴凡 | 华硕主板B250 | 600 | 60 | 36000 | 2017/12/2 | 2017/12/5 |
| 3 | 80002 | 郭芸芸 | 七彩虹750ti显卡 | 800 | 85 | 68000 | 2017/12/2 | 2017/12/8 |
| 4 | 80003 | 许向平 | 金士顿4GB DDR3 | 150 | 120 | 18000 | 2017/12/6 | 2017/12/7 |
| 5 | 80004 | 陆淼淼 | 七彩虹1050ti显卡 | 1000 | 85 | 85000 | 2017/12/10 | 2017/12/16 |
| 6 | 80005 | 毕剑侠 | 飞利浦27寸显示器 | 1200 | 90 | 108000 | 2017/12/25 | 2017/12/29 |
| 7 | 80006 | 雎小龙 | 英睿达SSD硬盘250G | 480 | 225 | 108000 | 2017/12/25 | 2017/12/27 |
| 8 | 80007 | 闫德鑫 | 华硕主板B250 | 600 | 160 | 96000 | 2018/1/3 | 2018/1/5 |
| 9 | 80008 | 王琛 | 三星23寸显示器 | 650 | 70 | 45500 | 2018/1/3 | 2018/1/4 |
| 10 | 80009 | 张瑞雪 | 英睿达SSD硬盘250G | 480 | 280 | 134400 | 2018/1/7 | 2018/1/10 |
| 11 | 80010 | 王丰 | 技嘉主板H110M | 550 | 240 | 132000 | 2018/1/11 | 2018/1/18 |
| 12 | 80011 | 骆辉 | 酷睿I5 7500 CPU | 1250 | 55 | 68750 | 2018/1/15 | 2018/1/16 |
| 13 | 80012 | 韦晓博 | 先马机箱电源 | 150 | 100 | 15000 | 2018/1/17 | 2018/1/20 |
| 14 | 80013 | 史元 | 七彩虹1050ti显卡 | 1000 | 65 | 65000 | 2018/1/27 | 2018/2/2 |
| 15 | 80014 | 罗广田 | 酷睿I7 6700 CPU | 2250 | 40 | 90000 | 2018/1/26 | 2018/2/1 |
| 16 | 80015 | 周青青 | 金士顿8GB DDR4 | 350 | 170 | 59500 | 2018/1/28 | 2018/1/29 |
| 17 | 80016 | 何微渺 | 西部数据1T硬盘 | 300 | 310 | 93000 | 2018/1/28 | 2018/1/30 |
| 18 | 80017 | 陈新康 | 七彩虹750ti显卡 | 800 | 110 | 88000 | 2018/2/1 | 2018/2/4 |
| 19 | 80018 | 周三钊 | 佳航机箱电源 | 240 | 120 | 28800 | 2018/2/6 | 2018/2/10 |
| 20 | 80019 | 赵旭东 | 酷睿I7 6700 CPU | 2250 | 80 | 180000 | 2018/2/7 | 2018/2/11 |
| 21 | 80020 | 肖戚 | 技嘉主板H110M | 550 | 130 | 71500 | 2018/2/10 | 2018/2/12 |
| 22 | 80021 | 朱阳阳 | 技嘉主板H110M | 550 | 65 | 35750 | 2018/2/10 | 2018/2/12 |
| 23 | 80022 | 孙丽 | 飞利浦27寸显示器 | 1200 | 140 | 168000 | 2018/2/11 | 2018/2/12 |
| 24 | 80023 | 袁志强 | 酷睿I5 7500 CPU | 1250 | 230 | 287500 | 2018/2/11 | 2018/2/16 |
| 25 | 80024 | 乔娜 | 七彩虹750ti显卡 | 800 | 155 | 124000 | 2018/2/15 | 2018/2/16 |

### STEP 3 隐藏行

单击行号或列标即可选择行或列，单击并拖动可选择多行，按住【Ctrl】键的同时单击或拖动可选择不连续的多行。❶右击选择的行，❷选择 隐藏(H) 命令，即可隐藏所选行。

| | A | B | C | D |
|---|---|---|---|---|
| 4 | 80003 | 许向平 | 金士顿4GB DDR3 | 150 |
| 5 | 80004 | 陆淼淼 | 七彩虹1050ti显卡 | 1000 |
| 6 | 80005 | 毕剑侠 | 飞利浦27寸显示器 | 1200 |
| 7 | | | 英睿达SSD硬盘250G | 480 |
| 8 | | | 华硕主板B250 | 600 |
| 9 | | | 三星23寸显示器 | 650 |
| 10 | | | 英睿达SSD硬盘250G | 480 |
| 11 | | | 技嘉主板H110M | 550 |
| 12 | | | 酷睿I5 7500 CPU | 1250 |
| 13 | | | 先马机箱电源 | 150 |
| 14 | | | 七彩虹1050ti显卡 | 1000 |
| 15 | | | 酷睿I7 6700 CPU | 2250 |
| 16 | | | 金士顿8GB DDR4 | 350 |
| 17 | | | 西部数据1T硬盘 | 300 |
| 18 | | | 七彩虹750ti显卡 | 800 |
| 19 | | | 佳航机箱电源 | |
| 20 | | | 酷睿I7 6700 CPU | 2250 |
| 21 | | | 技嘉主板H110M | 550 |

剪切(T)
复制(C)
粘贴选项:
选择性粘贴(S)...
插入(I)
删除(D)
清除内容(N)
式(F)...
行高(R)...
隐藏(H)
取消隐藏(U)
❶右击
❷选择

### STEP 4 选择数据单元格区域

选择一个数据单元格，按【Ctrl+A】组合键可选择整个数据单元格区域。

| | A | B | C | D | E | F | G | H |
|---|---|---|---|---|---|---|---|---|
| 1 | 订单编号 | 客户姓名 | 产品名称 | 单价 | 数量 | 金额 | 订单日期 | 发货日期 |
| 2 | 80001 | 吴凡 | 华硕主板B250 | 600 | 60 | 36000 | 2017/12/2 | 2017/12/5 |
| 3 | 80002 | 郭芸芸 | 七彩虹750ti显卡 | 800 | 85 | 68000 | 2017/12/2 | 2017/12/8 |
| 4 | 80003 | 许向平 | 金士顿4GB DDR3 | 150 | 120 | 18000 | 2017/12/6 | 2017/12/7 |
| 13 | 80012 | 韦晓博 | 先马机箱电源 | 150 | 100 | 15000 | 2018/1/17 | 2018/1/20 |
| 14 | 80013 | 史元 | 七彩虹1050ti显卡 | 1000 | 65 | 65000 | 2018/1/27 | 2018/2/2 |
| 15 | 80014 | 罗广田 | 酷睿I7 6700 CPU | 2250 | 40 | 90000 | 2018/1/26 | 2018/2/1 |
| 16 | 80015 | 周青青 | 金士顿8GB DDR4 | 350 | 170 | 59500 | 2018/1/28 | 2018/1/29 |
| 22 | 80021 | 朱阳阳 | 技嘉主板H110M | 550 | 65 | 35750 | 2018/2/10 | 2018/2/12 |
| 23 | 80022 | 孙丽 | 飞利浦27寸显示器 | 1200 | 140 | 168000 | 2018/2/11 | 2018/2/12 |
| 24 | 80023 | 袁志强 | 酷睿I5 7500 CPU | 1250 | 230 | 287500 | 2018/2/11 | 2018/2/16 |
| 25 | 80024 | 乔娜 | 七彩虹750ti显卡 | 800 | 155 | 124000 | 2018/2/15 | 2018/2/16 |

### STEP 5 选择可见单元格

按【Alt+;】组合键可选择可见单元格区域，即不包括隐藏区域的单元格。

| | A | B | C | D | E | F | G | H |
|---|---|---|---|---|---|---|---|---|
| 1 | 订单编号 | 客户姓名 | 产品名称 | 单价 | 数量 | 金额 | 订单日期 | 发货日期 |
| 2 | 80001 | 吴凡 | 华硕主板B250 | 600 | 60 | 36000 | 2017/12/2 | 2017/12/5 |
| 3 | 80002 | 郭芸芸 | 七彩虹750ti显卡 | 800 | 85 | 68000 | 2017/12/2 | 2017/12/8 |
| 4 | 80003 | 许向平 | 金士顿4GB DDR3 | 150 | 120 | 18000 | 2017/12/6 | 2017/12/7 |
| 13 | 80012 | 韦晓博 | 先马机箱电源 | 150 | 100 | 15000 | 2018/1/17 | 2018/1/20 |
| 14 | 80013 | 史元 | 七彩虹1050ti显卡 | 1000 | 65 | 65000 | 2018/1/27 | 2018/2/2 |
| 15 | 80014 | 罗广田 | 酷睿I7 6700 CPU | 2250 | 40 | 90000 | 2018/1/26 | 2018/2/1 |
| 16 | 80015 | 周青青 | 金士顿8GB DDR4 | 350 | 170 | 59500 | 2018/1/28 | 2018/1/29 |
| 22 | 80021 | 朱阳阳 | 技嘉主板H110M | 550 | 65 | 35750 | 2018/2/10 | 2018/2/12 |
| 23 | 80022 | 孙丽 | 飞利浦27寸显示器 | 1200 | 140 | 168000 | 2018/2/11 | 2018/2/12 |
| 24 | 80023 | 袁志强 | 酷睿I5 7500 CPU | 1250 | 230 | 287500 | 2018/2/11 | 2018/2/16 |
| 25 | 80024 | 乔娜 | 七彩虹750ti显卡 | 800 | 155 | 124000 | 2018/2/15 | 2018/2/16 |

### STEP 6 选择不连续的单元格区域

拖动鼠标或按住【Shift】键的同时单击可选择连续的单元格区域，按住【Ctrl】键的同时拖动鼠标可选择不连续的单元格。

| 订单编号 | 客户姓名 | 产品名称 | 单价 |
|---|---|---|---|
| 80001 | 吴凡 | 华硕主板B250 | 600 |
| 80002 | 郭芸芸 | 七彩虹750ti显卡 | 800 |
| 80003 | 许向平 | 金士顿4GB DDR3 | 150 |
| 80004 | 陆淼淼 | 七彩虹1050ti显卡 | 1000 |
| 80005 | 毕剑侠 | 飞利浦27寸显示器 | 1200 |
| 80006 | 睢小龙 | 英睿达SSD硬盘250G | 480 |
| 80007 | 闫德鑫 | 华硕主板B250 | 600 |
| 80008 | 王琛 | 三星23寸显示器 | 650 |
| 80009 | 张瑞雪 | 英睿达SSD硬盘250G | 480 |
| 80010 | 王丰 | 技嘉主板H110M | 550 |
| 80011 | 骆辉 | 酷睿I5 7500 CPU | 1250 |
| 80012 | 韦晓博 | 先马机箱电源 | 150 |
| 80013 | 史元 | 七彩虹1050ti显卡 | 1000 |
| 80014 | 罗广田 | 酷睿I7 6700 CPU | 2250 |

## STEP 7 输入引用位置

按【F5】键，弹出“定位”对话框，❶在“引用位置”文本框中输入单元格引用或单元格区域引用，❷单击 确定 按钮，即可选中相应的单元格或单元格区域。

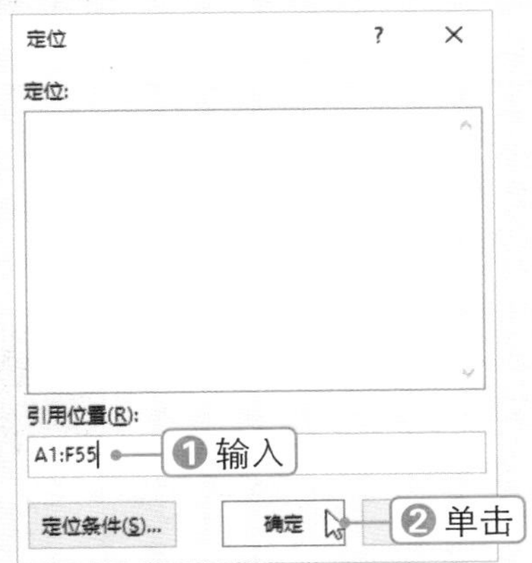


## STEP 8 定位端点单元格

选择单元格后，按【Ctrl+ 方向键】组合键，即可定位所选单元格相应方向的端点。

| 订单编号 | 客户姓名 | 产品名称 | 单价 | 数量 | 金额 | 订单日期 | 发货日期 |
|---|---|---|---|---|---|---|---|
| 80001 | 吴凡 | 华硕主板B250 | 600 | 60 | 36000 | 2017/12/2 | 2017/12/5 |
| 80002 | 郭芸芸 | 七彩虹750ti显卡 | 800 | 85 | 68000 | 2017/12/2 | 2017/12/8 |
| 80003 | 许向平 | 金士顿4GB DDR3 | 150 | 120 | 18000 | 2017/12/6 | 2017/12/7 |
| 80004 | 陆淼淼 | 七彩虹1050ti显卡 | 1000 | 85 | 85000 | 2017/12/10 | 2017/12/16 |
| 80005 | 毕剑侠 | 飞利浦27寸显示器 | 1200 | 90 | 108000 | 2017/12/25 | 2017/12/29 |
| 80006 | 睢小龙 | 英睿达SSD硬盘250G | 480 | 225 | 108000 | 2017/12/25 | 2017/12/27 |
| 80007 | 闫德鑫 | 华硕主板B250 | 600 | 160 | 96000 | 2018/1/3 | 2018/1/5 |
| 80008 | 王琛 | 三星23寸显示器 | 650 | 70 | 45500 | 2018/1/3 | 2018/1/4 |
| 80009 | 张瑞雪 | 英睿达SSD硬盘250G | 480 | 280 | 134400 | 2018/1/7 | 2018/1/10 |
| 80010 | 王丰 | 技嘉主板H110M | 550 | 240 | 132000 | 2018/1/11 | 2018/1/18 |
| 80011 | 骆辉 | 酷睿I5 7500 CPU | 1250 | 55 | 68750 | 2018/1/15 | 2018/1/16 |
| 80012 | 韦晓博 | 先马机箱电源 | 150 | 100 | 15000 | 2018/1/17 | 2018/1/20 |
| 80013 | 史元 | 七彩虹1050ti显卡 | 1000 | 65 | 65000 | 2018/1/27 | 2018/2/2 |
| 80014 | 罗广田 | 酷睿I7 6700 CPU | 2250 | 40 | 90000 | 2018/1/26 | 2018/2/1 |
| 80015 | 周菁菁 | 金士顿8GB DDR4 | 350 | 170 | 59500 | 2018/1/28 | 2018/1/29 |
| 80016 | 何微彤 | 西部数据1T硬盘 | 300 | 310 | 93000 | 2018/1/28 | 2018/1/30 |

## STEP 9 定位所选单元格区域的单元格

选择单元格区域后，按【Tab】键可逐个定位单元格，按【Shift+Tab】键可逆向操作。

| | | | | | | |
|---|---|---|---|---|---|---|
| 80002 | 郭芸芸 | 七彩虹750ti显卡 | 800 | 85 | 68000 | 2017/12/2 |
| 80003 | 许向平 | 金士顿4GB DDR3 | 150 | 120 | 18000 | 2017/12/6 |
| 80004 | 陆淼淼 | 七彩虹1050ti显卡 | 1000 | 85 | 85000 | 2017/12/10 |
| 80005 | 毕剑侠 | 飞利浦27寸显示器 | 1200 | 90 | 108000 | 2017/12/25 |
| 80006 | 睢小龙 | 英睿达SSD硬盘250G | 480 | 225 | 108000 | 2017/12/25 |
| 80007 | 闫德鑫 | 华硕主板B250 | 600 | 160 | 96000 | 2018/1/3 |
| 80008 | 王琛 | 三星23寸显示器 | 650 | 70 | 45500 | 2018/1/3 |
| 80009 | 张瑞雪 | 英睿达SSD硬盘250G | 480 | 280 | 134400 | 2018/1/7 |
| 80010 | 王丰 | 技嘉主板H110M | 550 | 240 | 132000 | 2018/1/11 |
| 80011 | 骆辉 | 酷睿I5 7500 CPU | 1250 | 55 | 68750 | 2018/1/15 |
| 80012 | 韦晓博 | 先马机箱电源 | 150 | 100 | 15000 | 2018/1/17 |
| 80013 | 史元 | 七彩虹1050ti显卡 | 1000 | 65 | 65000 | 2018/1/27 |
| 80014 | 罗广田 | 酷睿I7 6700 CPU | 2250 | 40 | 90000 | 2018/1/26 |
| 80015 | 周菁菁 | 金士顿8GB DDR4 | 350 | 170 | 59500 | 2018/1/28 |

## STEP 10 快速定位到数据区域一端

选择单元格后，将鼠标指针置于单元格边框上，当其变为✥样式时双击，即可快速定位到数据表相应方向的末端单元格。

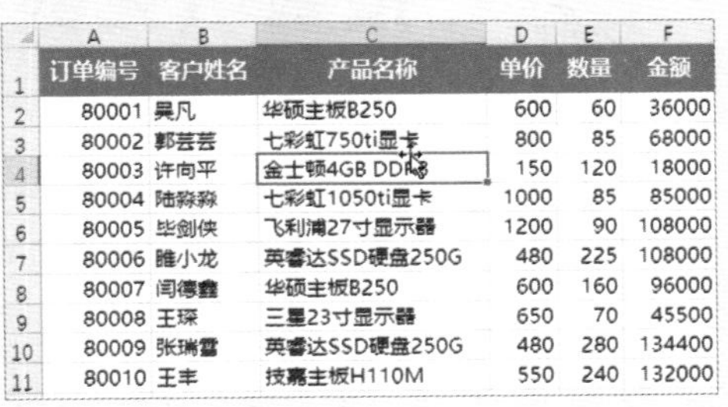

| 订单编号 | 客户姓名 | 产品名称 | 单价 | 数量 | 金额 |
|---|---|---|---|---|---|
| 80001 | 吴凡 | 华硕主板B250 | 600 | 60 | 36000 |
| 80002 | 郭芸芸 | 七彩虹750ti显卡 | 800 | 85 | 68000 |
| 80003 | 许向平 | 金士顿4GB DDR3 | 150 | 120 | 18000 |
| 80004 | 陆淼淼 | 七彩虹1050ti显卡 | 1000 | 85 | 85000 |
| 80005 | 毕剑侠 | 飞利浦27寸显示器 | 1200 | 90 | 108000 |
| 80006 | 睢小龙 | 英睿达SSD硬盘250G | 480 | 225 | 108000 |
| 80007 | 闫德鑫 | 华硕主板B250 | 600 | 160 | 96000 |
| 80008 | 王琛 | 三星23寸显示器 | 650 | 70 | 45500 |
| 80009 | 张瑞雪 | 英睿达SSD硬盘250G | 480 | 280 | 134400 |
| 80010 | 王丰 | 技嘉主板H110M | 550 | 240 | 132000 |

## STEP 11 选择 定位条件(S)... 选项

❶在 开始 选项卡下“编辑”组中单击“查找和选择”下拉按钮，❷在弹出的列表中可选择要定位的项目，在此选择 定位条件(S)... 选项。

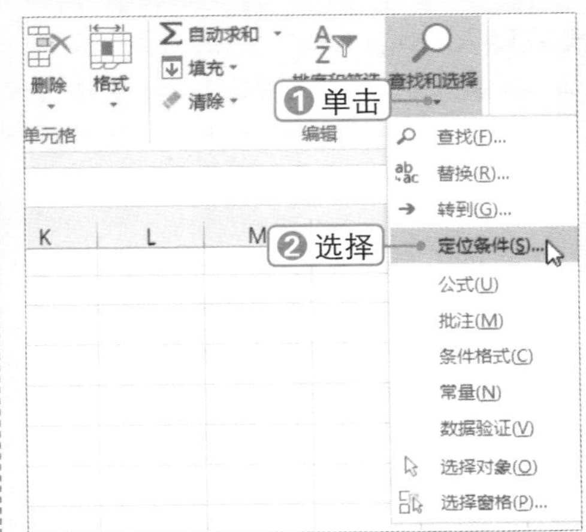

**STEP 12 选择定位条件**

弹出“定位条件”对话框，从中可选择要定位的选项，❶如选中“常量”单选按钮，❷单击 确定 按钮。

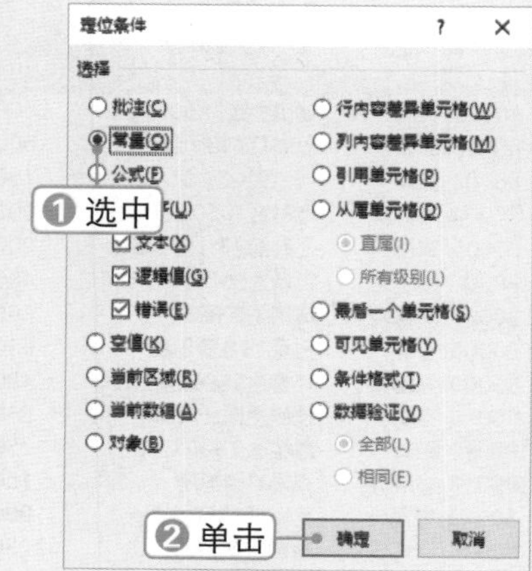


**实操解疑**

**选择包含公式的单元格**

打开“定位条件”对话框，选中“公式”单选按钮，根据需要选中或取消选择“公式”选项下的复选框，如“数字”“文本”“逻辑”“错误”，单击“确定”按钮即可。

Chapter 01

# 1.2 批量填充数据

■ 关键词：填充序列、填充相同数据、自定义序列、快速填充、提取字符、合并单元格数据

当要在 Excel 工作表中录入大量的数据时，不需像 Word 那样手动逐个输入，否则工作量就太庞大了。填充数据是 Excel 的基本功能，在单元格中可以快速填充相同数据或有规律的一系列数据，而且可以通过多种方法进行数据的批量填充。

## 1.2.1 使用填充柄快速填充数据

使用填充柄填充数据是最常用的方法，可以通过拖动填充，也可通过双击填充。使用填充柄可以填充相同数据、数据系列或单元格格式，具体操作方法如下：

微课：使用填充柄快速填充数据

**STEP 1 输入序号**

在 A3 单元格中输入序号 1，并选择 A3 单元格。将光标置于单元格右下角的填充柄上，此时光标变为“十”字形状。

**STEP 2 选择 填充序列(S) 选项**

按住鼠标左键并向下拖动，即可填充数据，❶单击“自动填充选项”下拉按钮，❷选择 填充序列(S) 选项。

**STEP 3 双击填充柄填充数据**

在“借款银行”列中输入相关信息。选择序号所在的 A3 单元格，双击右下角的填充柄，即可快速填充数据。

A3 | 1

银行短期借款明细

| 序号 | 借款银行 | 借款种类 | 借入日期 | 借 |
|---|---|---|---|---|
| 1 | 中国银行 | | | |
| | 农业银行 | | | |
| | 工商银行 | | | |
| | 工商银行 | | | |
| | 招商银行 | | | |
| | 农业银行 | | | |
| | 中国银行 | | | |
| | 招商银行 | | | |
| | 工商银行 | | | |
| | 农业银行 | | | |

**STEP 4 自动填充序列**

在 A4 单元格中输入序号 2，选择 A3:A4 单元格区域，向下拖动填充柄，即可自动填充序列。

银行短期借款明细

| 序号 | 借款银行 | 借款种类 | 借入日期 |
|---|---|---|---|
| 1 | 中国银行 | | |
| 2 | 农业银行 | | |
| | 工商银行 | | |
| | 工商银行 | | |
| | 招商银行 | | |
| | 农业银行 | | |
| | 中国银行 | | |
| | 招商银行 | | |
| | 工商银行 | | |
| | 农业银行 | | |

## 1.2.2 使用快捷键填充相同数据

若要在不相邻的单元格中手动输入相同的数据，或填充相同的公式，可以选择单元格后通过快捷键进行快速填充，具体操作方法如下：

微课：使用快捷键填充相同数据

**STEP 1 选中单元格**

在“借款种类”列中按住【Ctrl】键同时选中要输入数据的单元格。

银行短期借款

| 序号 | 借款银行 | 借款种类 | 借入日期 |
|---|---|---|---|
| 1 | 中国银行 | | |
| 2 | 农业银行 | | |
| 3 | 工商银行 | | |
| 4 | 工商银行 | | |
| 5 | 招商银行 | | |
| 6 | 农业银行 | | |
| 7 | 中国银行 | | |
| 8 | 招商银行 | | |
| 9 | 工商银行 | | |
| 10 | 农业银行 | | |

**STEP 2 输入并填充数据**

输入数据后按【Ctrl+Enter】组合键，即可将数据填充到所选单元格中。

银行短期借款明细

| 序号 | 借款银行 | 借款种类 | 借入日期 | 借 |
|---|---|---|---|---|
| 1 | 中国银行 | 流动资金借款 | | |
| 2 | 农业银行 | | | |
| 3 | 工商银行 | 流动资金借款 | | |
| 4 | 工商银行 | | | |
| 5 | 招商银行 | 流动资金借款 | | |
| 6 | 农业银行 | 流动资金借款 | | |
| 7 | 中国银行 | | | |
| 8 | 招商银行 | | | |
| 9 | 工商银行 | | | |
| 10 | 农业银行 | 流动资金借款 | | |

**STEP 3 选中单元格区域**

拖动鼠标，选择 C3:C12 单元格区域。

银行短期借款明细

| 序号 | 借款银行 | 借款种类 | 借入日期 | 借 |
|---|---|---|---|---|
| 1 | 中国银行 | 流动资金借款 | | |
| 2 | 农业银行 | | | |
| 3 | 工商银行 | 流动资金借款 | | |
| 4 | 工商银行 | | | |
| 5 | 招商银行 | 流动资金借款 | | |
| 6 | 农业银行 | 流动资金借款 | | |
| 7 | 中国银行 | | | |
| 8 | 招商银行 | | | |
| 9 | 工商银行 | | | |
| 10 | 农业银行 | 流动资金借款 | | |

**STEP 4 单击 定位条件(S)... 按钮**

按【F5】键或按【Ctrl+G】组合键，弹出"定位"对话框，单击 定位条件(S)... 按钮。

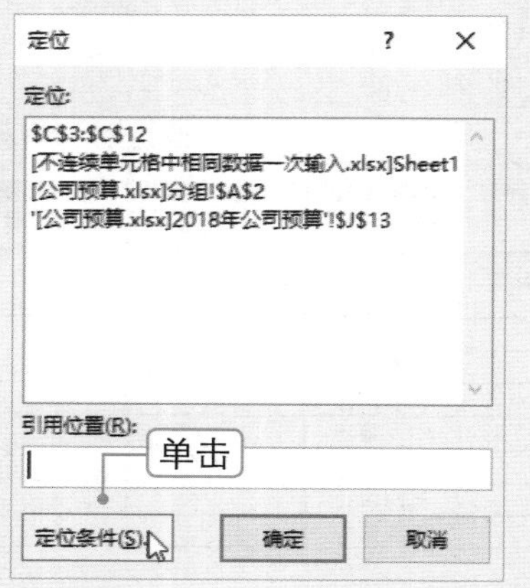


**STEP 5 选择定位条件**

弹出"定位条件"对话框，❶选中"空值"单选按钮，❷单击 确定 按钮。

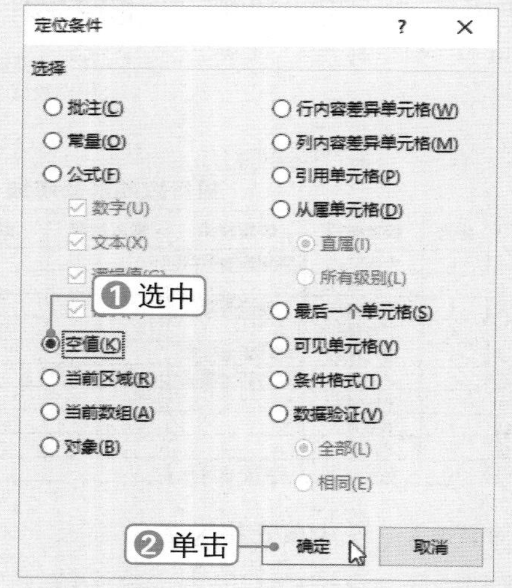


**STEP 6 查看定位效果**

此时即可选中所需的空值单元格。

| | A | B | C | D |
|---|---|---|---|---|
| 1 | 银行短期借款 | | | |
| 2 | 序号 | 借款银行 | 借款种类 | 借入日期 |
| 3 | 1 | 中国银行 | 流动资金借款 | |
| 4 | 2 | 农业银行 | | |
| 5 | 3 | 工商银行 | 流动资金借款 | |
| 6 | 4 | 工商银行 | | |
| 7 | 5 | 招商银行 | 流动资金借款 | |
| 8 | 6 | 农业银行 | 流动资金借款 | |
| 9 | 7 | 中国银行 | | |
| 10 | 8 | 招商银行 | | |
| 11 | 9 | 工商银行 | | |
| 12 | 10 | 农业银行 | 流动资金借款 | |

**STEP 7 填充数据**

输入文本数据"项目借款"并按【Ctrl+Enter】组合键，即可填充数据。

| | A | B | C | D |
|---|---|---|---|---|
| 1 | 银行短期借款 | | | |
| 2 | 序号 | 借款银行 | 借款种类 | 借入日期 |
| 3 | 1 | 中国银行 | 流动资金借款 | |
| 4 | 2 | 农业银行 | 项目借款 | |
| 5 | 3 | 工商银行 | 流动资金借款 | |
| 6 | 4 | 工商银行 | 项目借款 | |
| 7 | 5 | 招商银行 | 流动资金借款 | |
| 8 | 6 | 农业银行 | 流动资金借款 | |
| 9 | 7 | 中国银行 | 项目借款 | |
| 10 | 8 | 招商银行 | 项目借款 | |
| 11 | 9 | 工商银行 | 项目借款 | |
| 12 | 10 | 农业银行 | 流动资金借款 | |

**秒杀技巧 使用查找功能定位单元格**

选择要定位单元格的区域，按【Ctrl+F】组合键打开"查找和替换"对话框，输入查找内容。若要定位空单元格，则设置"查找内容"为空，单击"查找全部"按钮，然后按【Ctrl+A】组合键即可。

## 1.2.3 填充序列

微课：填充序列

对于要进行大量数据填充的情况，可以使用Excel的填充序列功能快速填充数据，具体操作方法如下：

**STEP 1　选择 序列(S)... 选项**

在 A2 单元格中输入日期数据，❶ 选择 A2:A18 单元格区域，❷ 在 开始 选项卡下“编辑”组中单击 填充 下拉按钮，❸ 选择 序列(S)... 选项。

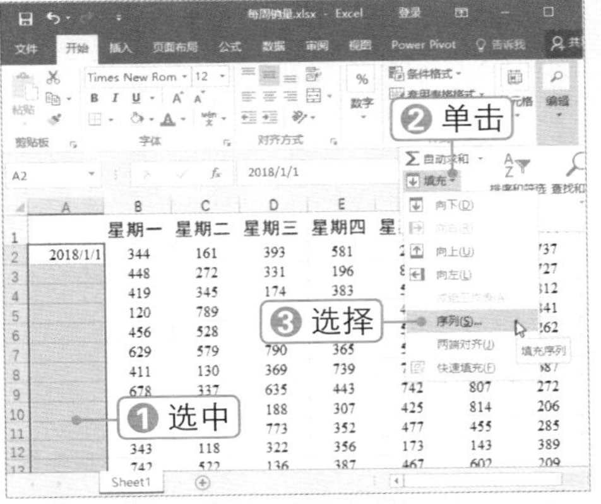


**STEP 2　设置日期序列参数**

弹出“序列”对话框，❶ 设置“步长值”为 7，❷ 选中“日期”单选按钮，❸ 单击 确定 按钮，即可根据所设置的参数自动填充日期数据。

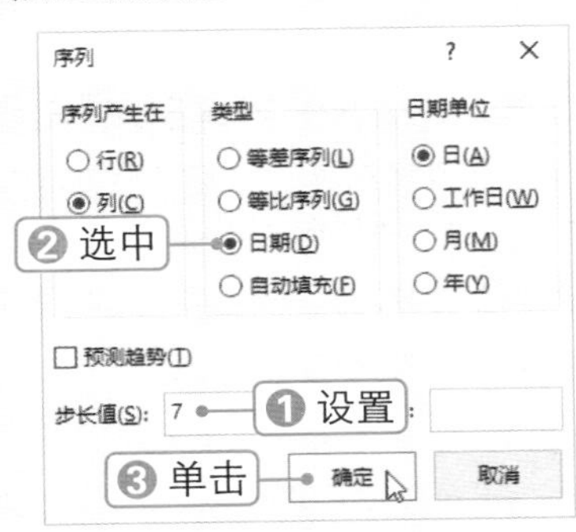


**STEP 3　设置要填充的数据**

也可通过自动填充来填充日期序列，通过设置多个基础数据来更改填充序列的结果。例如，在 A3 单元格中输入日期数据，使其与 A2 单元格的日期相差 7 天，然后选择 A2:A3 单元格区域，并双击右下角的填充柄。

| | A | B | C | D | E | F | G |
|---|---|---|---|---|---|---|---|
| 1 | | 星期一 | 星期二 | 星期三 | 星期四 | 星期五 | 星期六 |
| 2 | 2018/1/1 | 344 | 161 | 393 | 581 | 282 | 422 |
| 3 | 2018/1/8 | 448 | 272 | 331 | 196 | 870 | 849 |
| 4 | | 419 | 345 | 174 | 383 | 512 | 454 |
| 5 | | 120 | 789 | 489 | 577 | 487 | 149 |
| 6 | | 456 | 528 | 749 | 185 | 596 | 369 |
| 7 | | 629 | 579 | 790 | 365 | 507 | 705 |
| 8 | | 411 | 130 | 369 | 739 | 772 | 691 |
| 9 | | 678 | 337 | 635 | 443 | 742 | 807 |
| 10 | | 301 | 372 | 188 | 307 | 425 | 814 |
| 11 | | 706 | 520 | 773 | 352 | 477 | 455 |
| 12 | | 343 | 118 | 322 | 356 | 173 | 143 |
| 13 | | 742 | 522 | 136 | 387 | 467 | 602 |
| 14 | | 503 | 531 | 681 | 326 | 594 | 349 |
| 15 | | 874 | 537 | 271 | 576 | 107 | 371 |
| 16 | | 471 | 650 | 532 | 882 | 221 | 196 |
| 17 | | 477 | 401 | 779 | 310 | 654 | 774 |
| 18 | | 111 | 762 | 195 | 647 | 278 | 352 |

**STEP 4　查看填充效果**

此时即可自动填充序列，每个日期之间相差 7 天。

| | A | B | C | D | E | F | G |
|---|---|---|---|---|---|---|---|
| 1 | | 星期一 | 星期二 | 星期三 | 星期四 | 星期五 | 星期六 |
| 2 | 2018/1/1 | 344 | 161 | 393 | 581 | 282 | 422 |
| 3 | 2018/1/8 | 448 | 272 | 331 | 196 | 870 | 849 |
| 4 | 2018/1/15 | 419 | 345 | 174 | 383 | 512 | 454 |
| 5 | 2018/1/22 | 120 | 789 | 489 | 577 | 487 | 149 |
| 6 | 2018/1/29 | 456 | 528 | 749 | 185 | 596 | 369 |
| 7 | 2018/2/5 | 629 | 579 | 790 | 365 | 507 | 705 |
| 8 | 2018/2/12 | 411 | 130 | 369 | 739 | 772 | 691 |
| 9 | 2018/2/19 | 678 | 337 | 635 | 443 | 742 | 807 |
| 10 | 2018/2/26 | 301 | 372 | 188 | 307 | 425 | 814 |
| 11 | 2018/3/5 | 706 | 520 | 773 | 352 | 477 | 455 |
| 12 | 2018/3/12 | 343 | 118 | 322 | 356 | 173 | 143 |
| 13 | 2018/3/19 | 742 | 522 | 136 | 387 | 467 | 602 |
| 14 | 2018/3/26 | 503 | 531 | 681 | 326 | 594 | 349 |
| 15 | 2018/4/2 | 874 | 537 | 271 | 576 | 107 | 371 |
| 16 | 2018/4/9 | 471 | 650 | 532 | 882 | 221 | 196 |
| 17 | 2018/4/16 | 477 | 401 | 779 | 310 | 654 | 774 |
| 18 | 2018/4/23 | 111 | 762 | 195 | 647 | 278 | 352 |

## 1.2.4 使用快速填充

微课：使用快速填充

Excel 2016的快速填充功能可以“感知”要自动填充的数据。它可以根据某种模式或基于其他单元格中的数据进行自动填充，而无须手动输入数据。例如，在包含文本或文本和数字组合的条目中，如果在单元格中输入的前几个字符与该列中的某个现有条目匹配，则Excel 2016会自动输入剩余的字符。下面将详细介绍如何利用快速填充功能填充与处理数据。

## 1. 快速提取字符

若要在一系列数据中快速提取其中的某些字符，不需借助LEFT、RIGHT、MID、FIND等文本函数提取字符，利用“快速填充”功能即可快速完成操作，具体操作方法如下：

**STEP 1 选择 快速填充(F) 选项**

在 B2 单元格中输入文本“工资”，并使用填充柄填充数据，❶单击“自动填充选项”下拉按钮，❷选择 快速填充(F) 选项。

| | A | B | C |
|---|---|---|---|
| 1 | 项　目 | | 本月实际数 |
| 2 | 1. 工资 | 工资 | 187615 |
| 3 | 2. 职工福利费 | 工资 | 45563 |
| 4 | 3. 折旧费 | 工资 | 7229 |
| 5 | 4. 办公费 | 工资 | 4549 |
| 6 | 5. 差旅费 | 工资 | 4220 |
| 7 | 6. 保险费 | 工资 | 8119 |
| 8 | 7. 工会经费 | 工资 | 2916 |
| 9 | 8. 业务招待费 | 工资 | 6550 |
| 10 | 9. 低值易耗品摊销 | 工资 | 1048 |
| 11 | 10. 物料消耗 | 工资 | 230 |

❶单击
复制单元格(C)
仅填充格式(F)
不带格式填充(O)
快速填充(F)
❷选择

**STEP 2 查看快速填充效果**

此时即可查看快速填充效果。

| | A | B | C |
|---|---|---|---|
| 1 | 项　目 | | 本月实际数 |
| 2 | 1. 工资 | 工资 | 187615 |
| 3 | 2. 职工福利费 | 职工福利费 | 45563 |
| 4 | 3. 折旧费 | 折旧费 | 7229 |
| 5 | 4. 办公费 | 办公费 | 4549 |
| 6 | 5. 差旅费 | 差旅费 | 4220 |
| 7 | 6. 保险费 | 保险费 | 8119 |
| 8 | 7. 工会经费 | 工会经费 | 2916 |
| 9 | 8. 业务招待费 | 业务招待费 | 6550 |
| 10 | 9. 低值易耗品摊销 | 低值易耗品摊销 | 1048 |
| 11 | 10. 物料消耗 | 物料消耗 | 230 |

**STEP 3 单击“快速填充”按钮**

❶在 B2 单元格中输入文本“工资”，❷选择 B2:B11 单元格区域，❸在 数据 选项卡下单击“快速填充”按钮，或直接按【Ctrl+ E】组合键。

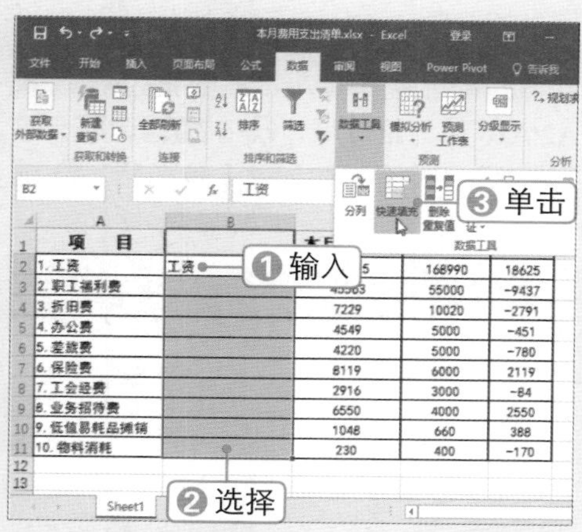


**STEP 4 查看快速填充效果**

此时即可快速填充数据。

| | A | B | C |
|---|---|---|---|
| 1 | 项　目 | | 本月实际数 |
| 2 | 1. 工资 | 工资 | 187615 |
| 3 | 2. 职工福利费 | 职工福利费 | 45563 |
| 4 | 3. 折旧费 | 折旧费 | 7229 |
| 5 | 4. 办公费 | 办公费 | 4549 |
| 6 | 5. 差旅费 | 差旅费 | 4220 |
| 7 | 6. 保险费 | 保险费 | 8119 |
| 8 | 7. 工会经费 | 工会经费 | 2916 |
| 9 | 8. 业务招待费 | 业务招待费 | 6550 |
| 10 | 9. 低值易耗品摊销 | 低值易耗品摊销 | 1048 |
| 11 | 10. 物料消耗 | 物料消耗 | 230 |

## 2. 添加字符

除了提取字符外，使用“快速填充”功能还可以向一系列数据中快速添加字符，而不必逐个更改，具体操作方法如下：

**STEP 1 输入数据**

❶在 H3 单元格中输入与 G3 单元格相同的数据，并为数据添加所需的符号，如括号、短划线。❷选择 H3:H12 单元格区域。

| F | G | H |
|---|---|---|
| 借款期限（天） | 抵押资产及编号 | 抵押资产及编号 |
| 90 | | JTK（2A）-02713 |
| 60 | JTK3C03814 | |
| 240 | JTK2A05665 | |
| 150 | JTK5A07248 | |
| 30 | JTK4C01484 | |
| 180 | JTK1B02391 | |
| 60 | JTK1A02515 | |
| 210 | JTK4B03488 | |
| 30 | JTK3B06162 | |
| 60 | JTK6C08419 | |

❶输入
❷选择

**STEP 2 快速填充数据**

按【Ctrl+E】组合键，即可快速填充表格数据。

| 借款期限（天） | 抵押资产及编号 | 抵押资产及编号 |
|---|---|---|
| 90 | JTK2A02713 | JTK(2A)-02713 |
| 60 | JTK3C03814 | JTK(3C)-03814 |
| 240 | JTK2A05665 | JTK(2A)-05665 |
| 150 | JTK5A07248 | JTK(5A)-07248 |
| 30 | JTK4C01484 | JTK(4C)-01484 |
| 180 | JTK1B02391 | JTK(1B)-02391 |
| 60 | JTK1A02515 | JTK(1A)-02515 |
| 210 | JTK4B03488 | JTK(4B)-03488 |
| 30 | JTK3B06162 | JTK(3B)-06162 |
| 60 | JTK6C08419 | JTK(6C)-08419 |

**实操解疑**

启用快速填充

在填充数据时，若无法自动应用快速填充，则需对 Excel 程序进行设置。方法为：打开“Excel 选项”对话框，在左侧选择“高级”选项，在右侧“为单元格值启用记忆式键入”选项下选中“自动快速填充”复选框即可。

## 3. 合并多个单元格数据

若要将多个单元格中的数据合并到一起，可利用“快速填充”功能瞬间实现。它不仅可以将这些单元格中的字符合并到一起，还可以设置在其合并后进行所需的处理方法，如添加新字符、自动换行等，具体操作方法如下：

**STEP 1 输入数据**

❶在 C2 单元格中输入姓名，将 A2 和 B2 单元格中的文本组合在一起。❷选择 C2:C8 单元格区域。

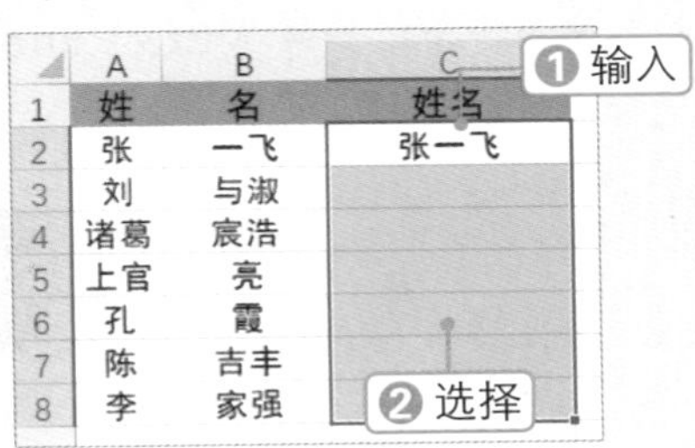

| | A | B | C |
|---|---|---|---|
| 1 | 姓 | 名 | 姓名 |
| 2 | 张 | 一飞 | 张一飞 |
| 3 | 刘 | 与淑 | |
| 4 | 诸葛 | 宸浩 | |
| 5 | 上官 | 亮 | |
| 6 | 孔 | 霞 | |
| 7 | 陈 | 吉丰 | |
| 8 | 李 | 家强 | |



**STEP 2 快速填充数据**

按【Ctrl+E】组合键，即可进行快速填充。

| | A | B | C |
|---|---|---|---|
| 1 | 姓 | 名 | 姓名 |
| 2 | 张 | 一飞 | 张一飞 |
| 3 | 刘 | 与淑 | 刘与淑 |
| 4 | 诸葛 | 宸浩 | 诸葛宸浩 |
| 5 | 上官 | 亮 | 上官亮 |
| 6 | 孔 | 霞 | 孔霞 |
| 7 | 陈 | 吉丰 | 陈吉丰 |
| 8 | 李 | 家强 | 李家强 |

**STEP 3 输入数据**

在 C2 单元格中输入姓名，将 A2 和 B2 单元格中的文本组合在一起。在 C2 单元格中双击，将光标定位到汉字右侧，并按【Alt+Enter】组合键进行换行。

| | A | B | C |
|---|---|---|---|
| 1 | 水果 | 英文名 | 合并 |
| 2 | 苹果 | Apple | 苹果<br>Apple |
| 3 | 香蕉 | Banana | |
| 4 | 葡萄 | Grape | |
| 5 | 橙子 | Orange | |
| 6 | 椰子 | Coconut | |
| 7 | 猕猴桃 | Kiwi | |
| 8 | 菠萝 | Pineapple | |

**STEP 4 快速填充数据**

选择 C2:C8 单元格区域，按【Ctrl+E】组合键即可进行快速填充。

| | A | B | C |
|---|---|---|---|
| 1 | 水果 | 英文名 | 合并 |
| 2 | 苹果 | Apple | 苹果<br>Apple |
| 3 | 香蕉 | Banana | 香蕉<br>Banana |
| 4 | 葡萄 | Grape | 葡萄<br>Grape |
| 5 | 橙子 | Orange | 橙子<br>Orange |
| 6 | 椰子 | Coconut | 椰子<br>Coconut |
| 7 | 猕猴桃 | Kiwi | 猕猴桃<br>Kiwi |
| 8 | 菠萝 | Pineapple | 菠萝<br>Pineapple |

## 4. 快速转换数字格式

若输入的数据为错误的数字格式，可以利用“快速填充”功能将其批量改正，具体操作方法如下：

**STEP 1 输入数据**

由于图中生日列中的数字格式是错误的，可以通过快速填充来进行更正。❶在 E2 单元格中输入正确的生日数据，❷选择 E1:E8 单元格区域。

| 姓名 | 生日 | 生日 |
|---|---|---|
| 张一飞 | 19870126 | 1987/1/26 |
| 刘与淑 | 19860530 | |
| 诸葛宸浩 | 19840425 | |
| 上官亮 | 19890619 | |
| 孔霞 | 19880427 | |
| 陈吉丰 | 19830513 | |
| 李家强 | 19920705 | |

❶输入 ❷选择

**STEP 2 查看填充效果**

按【Ctrl+E】组合键进行快速填充，可以看到得到的结果是不正确的。

| 姓名 | 生日 | 生日 |
|---|---|---|
| 张一飞 | 19870126 | 1987/1/26 |
| 刘与淑 | 19860530 | 1986/1/26 |
| 诸葛宸浩 | 19840425 | 1984/1/26 |
| 上官亮 | 19890619 | 1989/1/26 |
| 孔霞 | 19880427 | 1988/1/26 |
| 陈吉丰 | 19830513 | 1983/1/26 |
| 李家强 | 19920705 | 1992/1/26 |

**STEP 3 增加快速填充基础数据**

在 E3 单元格中输入正确的生日数据，然后选择 E1:E8 单元格区域。

| 姓名 | 生日 | 生日 |
|---|---|---|
| 张一飞 | 19870126 | 1987/1/26 |
| 刘与淑 | 19860530 | 1986/5/30 |
| 诸葛宸浩 | 19840425 | |
| 上官亮 | 19890619 | |
| 孔霞 | 19880427 | |
| 陈吉丰 | 19830513 | |
| 李家强 | 19920705 | |

**STEP 4 查看填充效果**

按【Ctrl+E】组合键进行快速填充，可以看到得到了正确的生日数据。

| 姓名 | 生日 | 生日 |
|---|---|---|
| 张一飞 | 19870126 | 1987/1/26 |
| 刘与淑 | 19860530 | 1986/5/30 |
| 诸葛宸浩 | 19840425 | 1984/4/25 |
| 上官亮 | 19890619 | 1989/6/19 |
| 孔霞 | 19880427 | 1988/4/27 |
| 陈吉丰 | 19830513 | 1983/5/13 |
| 李家强 | 19920705 | 1992/7/5 |

Chapter 01

# 1.3 数据行列转换

■ 关键词：选择性粘贴、转置、运算、编辑栏、剪贴板、两端对齐、数字格式、替换、分列

在处理数据时，有时需要将数据的行列进行转换，或将数据从多行多列转换为单行或单列，也可将单列数据转换为多行多列，下面将介绍如何在 Excel 2016 中进行这些操作。

## 1.3.1 转置数据

微课：转置数据

使用Excel 2016的“转置”功能可以快速实现行列相互转换，具体操作方法如下：

**STEP 1 复制数据**

选择 A1:G5 单元格区域，按【Ctrl+C】组合键复制数据。

| | A | B | C | D | E | F | G |
|---|---|---|---|---|---|---|---|
| 1 | 上半年 | 1月 | 2月 | 3月 | 4月 | 5月 | 6月 |
| 2 | 华北 | 100 | 130 | 125 | 130 | 140 | 180 |
| 3 | 西北 | 60 | 80 | 80 | 100 | 90 | 100 |
| 4 | 华东 | 110 | 120 | 110 | 120 | 140 | 130 |
| 5 | 东北 | 40 | 60 | 70 | 60 | 60 | 80 |

**STEP 2 选择 选择性粘贴(S)... 选项**

❶在 开始 选项卡下单击"粘贴"下拉按钮，❷选择 选择性粘贴(S)... 选项。

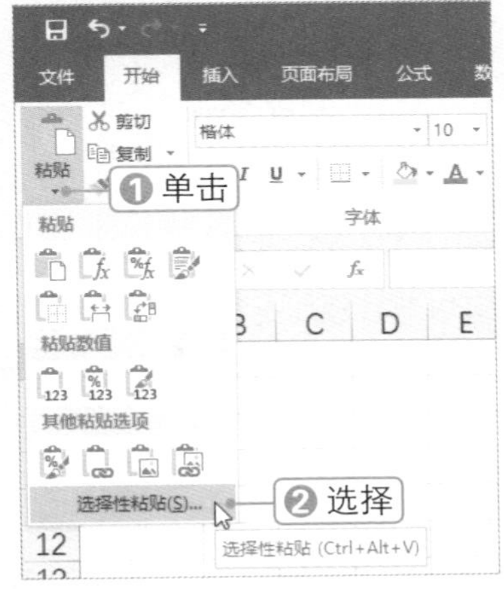


**STEP 3 选中"转置"复选框**

弹出"选择性粘贴"对话框，❶选中"转置"复选框，❷单击 确定 按钮。

选择性粘贴

粘贴

- ◉ 全部(A)　○ 所有使用源主题的单元(H)
- ○ 公式(F)　○ 边框除外(X)
- ○ 数值(V)　○ 列宽(W)
- ○ 格式(T)　○ 公式和数字格式(R)
- ○ 批注(C)　○ 值和数字格式(U)
- ○ 验证(N)　○ 所有合并条件格式(G)

运算

- ◉ 无(O)　○ 乘(M)
- ○ 加(D)　○ 除(I)
- ○ 减(S)

☐ 跳过空单元(B)　☑ 转置(E) ❶选中

粘贴链接(L)　❷单击　确定　取消

**STEP 4 查看转换效果**

此时即可对原数据区域的行和列进行转换。

| | A | B | C | D | E | F | G |
|---|---|---|---|---|---|---|---|
| 1 | 上半年 | 1月 | 2月 | 3月 | 4月 | 5月 | 6月 |
| 2 | 华北 | 100 | 130 | 125 | 130 | 140 | 180 |
| 3 | 西北 | 60 | 80 | 80 | 100 | 90 | 100 |
| 4 | 华东 | 110 | 120 | 110 | 120 | 140 | 130 |
| 5 | 东北 | 40 | 60 | 70 | 60 | 60 | 80 |
| 6 | | | | | | | |
| 7 | 上半年 | 华北 | 西北 | 华东 | 东北 | | |
| 8 | 1月 | 100 | 60 | 110 | 40 | | |
| 9 | 2月 | 130 | 80 | 120 | 60 | | |
| 10 | 3月 | 125 | 80 | 110 | 70 | | |
| 11 | 4月 | 130 | 100 | 120 | 60 | | |
| 12 | 5月 | 140 | 90 | 140 | 60 | | |
| 13 | 6月 | 180 | 100 | 130 | 80 | | |

## 1.3.2 将多行多列转换为单列

将多行多列数据转换为单列数据分为两种顺序：先行后列或先列后行。在转换过程中主要利用了"内容重排"功能，下面将介绍其转换方法。

微课：将多行多列转换为单列

### 1. 按先行后列的顺序转换

若将多行多列数据转换为单列数据，以先行后列的顺序转换方法如下：

**STEP 1 复制数据**

在 开始 选项卡下"剪贴板"组中单击右下角的扩展按钮，打开"剪贴板"窗格，选中数据区域并按【Ctrl+C】组合键进行复制，此时在"剪贴板"窗格中可以看到复制的数据。

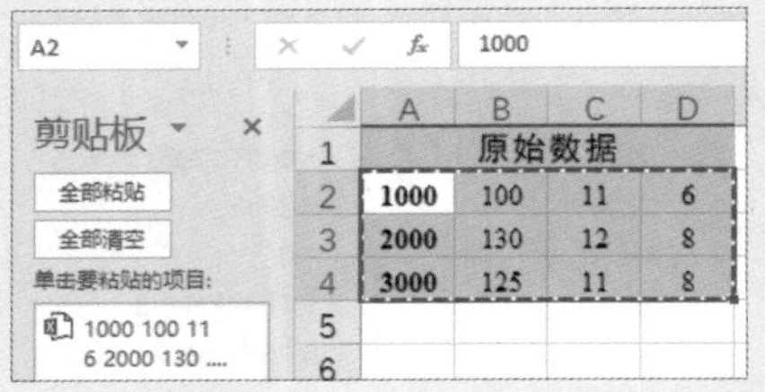

**STEP 2　在编辑栏中粘贴数据**

根据需要调整编辑栏的高度，❶选择 F2 单元格，❷将光标定位到编辑栏中，❸在“剪贴板”窗格中单击要粘贴的项目，将其粘贴到编辑栏中。

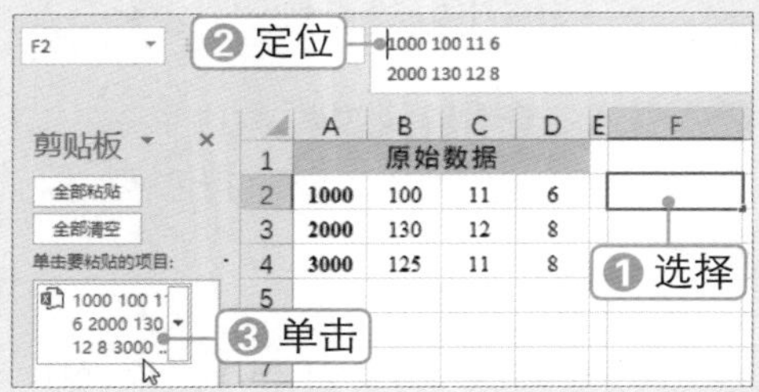


**STEP 3　复制数据**

❶在编辑栏中选中数据并右击，❷选择 复制(C) 命令，然后按【Esc】键。

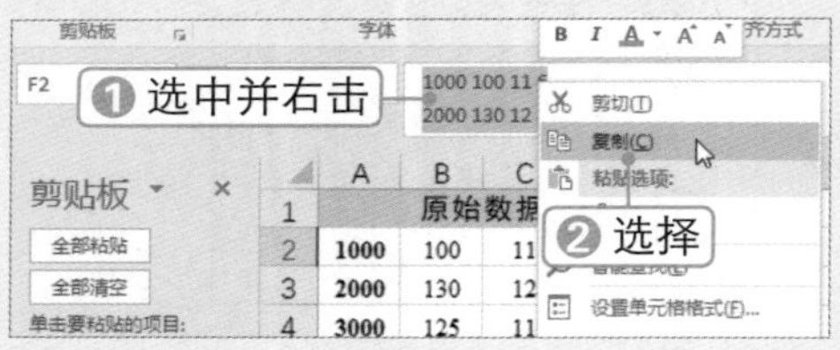


**STEP 4　粘贴数据**

选择 F2 单元格，并按【Ctrl+V】组合键粘贴数据，可以看到复制的数据已粘贴到 3 个单元格中。

| | A | B | C | D | E | F |
|---|---|---|---|---|---|---|
| 1 | 原始数据 | | | | | |
| 2 | 1000 | 100 | 11 | 6 | | 1000 100 11 6 |
| 3 | 2000 | 130 | 12 | 8 | | 2000 130 12 8 |
| 4 | 3000 | 125 | 11 | 8 | | 3000 125 11 8 |
| 5 | | | | | | |

**STEP 5　选择 两端对齐(J) 选项**

❶在“编辑”组中单击 填充 下拉按钮，❷选择 两端对齐(J) 选项（即 Excel 2003 中的“内容重排”选项）。

**STEP 6　单击 确定 按钮**

弹出提示信息框，单击 确定 按钮。

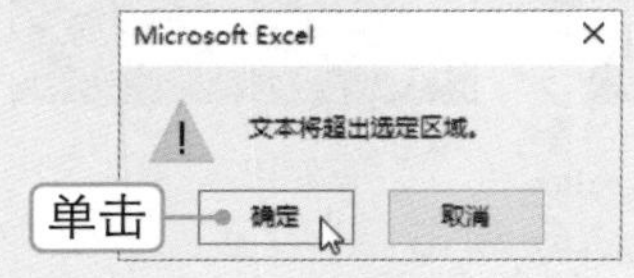


**STEP 7　设置自动调整列宽**

此时可以看到数据已经变为单列，双击 F 列标签右侧的分隔线，设置自动调整列宽。

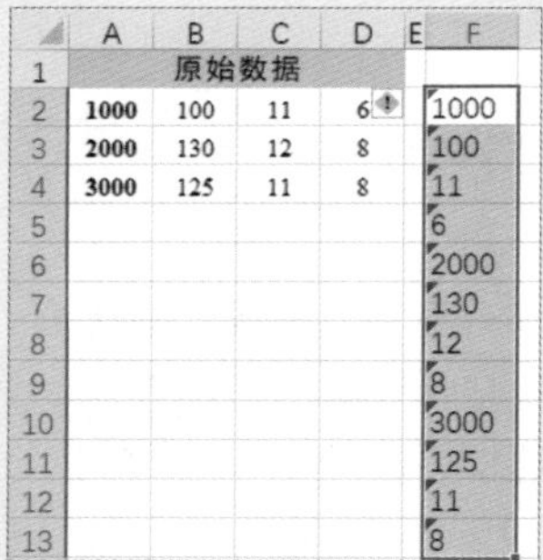

**STEP 8　复制空白单元格**

❶选择任一空白单元格并按【Ctrl+C】组合键进行复制，❷选中 F 列的文本数据。

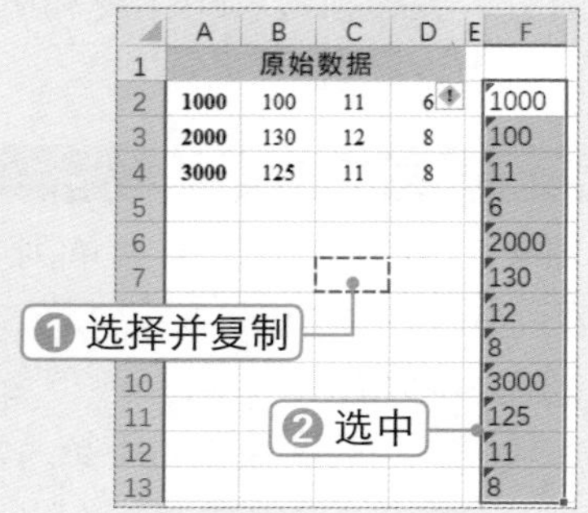

**STEP 9 选中“加”单选按钮**

按【Ctrl+Alt+V】组合键，弹出“选择性粘贴”对话框，❶选中“加”单选按钮，❷单击 确定 按钮

**STEP 10 转换数字格式**

此时即可将文本数据转换为数值数据。

| | A | B | C | D | E | F |
|---|---|---|---|---|---|---|
| 1 | 原始数据 | | | | | 转换结果 |
| 2 | 1000 | 100 | 11 | 6 | | 1000 |
| 3 | 2000 | 130 | 12 | 8 | | 100 |
| 4 | 3000 | 125 | 11 | 8 | | 11 |
| 5 | | | | | | 6 |
| 6 | | | | | | 2000 |
| 7 | | | | | | 130 |
| 8 | | | | | | 12 |
| 9 | | | | | | 8 |
| 10 | | | | | | 3000 |
| 11 | | | | | | 125 |
| 12 | | | | | | 11 |
| 13 | | | | | | 8 |

## 2. 按先列后行的顺序转换

若将多行多列数据转换为单列数据，以先列后列的顺序转换方法如下：

**STEP 1 转置数据**

将原始数据通过“选择性粘贴”的“转置”功能进行行列转换，然后按照前面介绍的先行后列的方法转换为单列数据。

| | A | B | C | D | E | F |
|---|---|---|---|---|---|---|
| 1 | 原始数据 | | | | | 转换结果 |
| 2 | 1000 | 100 | 11 | 6 | | |
| 3 | 2000 | 130 | 12 | 8 | | |
| 4 | 3000 | 125 | 11 | 8 | | |
| 5 | | | | | | |
| 6 | 1000 | 2000 | 3000 | | | |
| 7 | 100 | 130 | 125 | | | |
| 8 | 11 | 12 | 11 | | | |
| 9 | 6 | 8 | 8 | | | |

**STEP 2 复制数据**

选择 A2:A4 单元格区域，并复制数据。打开“剪贴板”窗格，可以看到复制的数据。

剪贴板
全部粘贴
全部清空
单击要粘贴的项目:
1000 2000 3000

| | A | B | C | D |
|---|---|---|---|---|
| 1 | 原始数据 | | | |
| 2 | 1000 | 100 | 11 | 6 |
| 3 | 2000 | 130 | 12 | 8 |
| 4 | 3000 | 125 | 11 | 8 |
| 5 | | | | |
| 6 | 1000 | 2000 | 3000 | |
| 7 | 100 | 130 | 125 | |
| 8 | 11 | 12 | 11 | |
| 9 | 6 | 8 | 8 | |

**STEP 3 单击 全部粘贴 按钮**

采用同样的方法，将原始数据的其他三列依次进行复制。❶选择 F2 单元格，❷在“剪贴板”组中单击 全部粘贴 按钮。

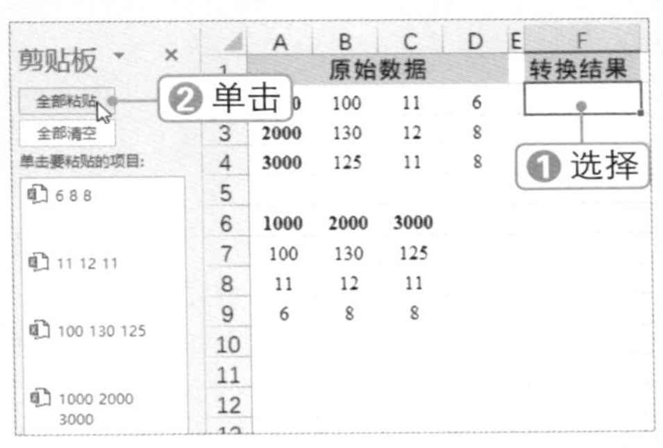


**STEP 4 查看转换效果**

此时即可按先列后行的顺序将原始数据转换为单列数据。

剪贴板
全部粘贴
全部清空
单击要粘贴的项目:
6 8 8
11 12 11
100 130 125
1000 2000 3000

| | A | B | C | D | E | F |
|---|---|---|---|---|---|---|
| 1 | 原始数据 | | | | | 转换结果 |
| 2 | 1000 | 100 | 11 | 6 | | 1000 |
| 3 | 2000 | 130 | 12 | 8 | | 2000 |
| 4 | 3000 | 125 | 11 | 8 | | 3000 |
| 5 | | | | | | 100 |
| 6 | 1000 | 2000 | 3000 | | | 130 |
| 7 | 100 | 130 | 125 | | | 125 |
| 8 | 11 | 12 | 11 | | | 11 |
| 9 | 6 | 8 | 8 | | | 12 |
| 10 | | | | | | 11 |
| 11 | | | | | | 6 |
| 12 | | | | | | 8 |
| 13 | | | | | | 8 |

## 1.3.3 将单列数据转换为多行多列

微课：将单列数据转换为多行多列

若要将单列数据转换为多行多列，可先将其转换为单行数据，然后利用“内容重排”功能将其按一定的宽度分布在多行中，再利用“分列”功能将其分为多列，具体操作方法如下：

**STEP 1 选中单列数据**

选中要转换的单列数据。

| | A | B | C | D | E | F |
|---|---|---|---|---|---|---|
| 1 | 原始 | | 转换结果 | | | |
| 2 | 1000 | | | | | |
| 3 | 100 | | | | | |
| 4 | 11 | | | | | |
| 5 | 6 | | | | | |
| 6 | 2000 | | | | | |
| 7 | 130 | | | | | |
| 8 | 12 | | | | | |
| 9 | 8 | | | | | |
| 10 | 3000 | | | | | |
| 11 | 125 | | | | | |
| 12 | 11 | | | | | |
| 13 | 8 | | | | | |

选中

**STEP 2 设置数字格式**

按【Ctrl+1】组合键，弹出“设置单元格格式”对话框，❶选择“自定义”选项，❷在“类型”文本框中输入0000，❸单击 确定 按钮。

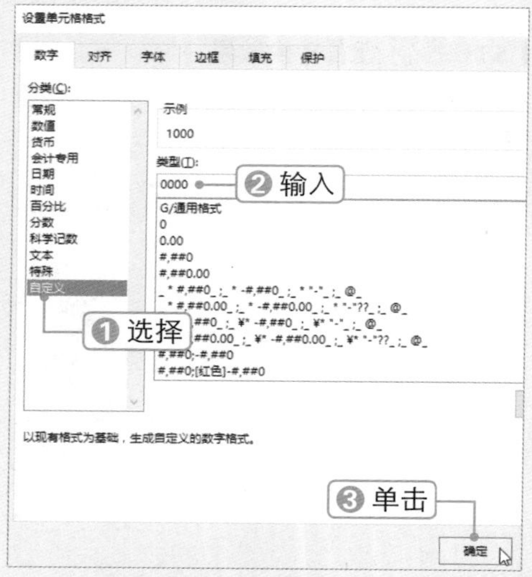


**STEP 3 在编辑栏粘贴数据**

此时原始数据数字显示为相同字长的数字，选中原始数据并进行复制。❶选择C2单元格，❷将光标定位到编辑栏中，❸在“剪贴板”窗格中单击要粘贴的项目，将其粘贴到编辑栏中。

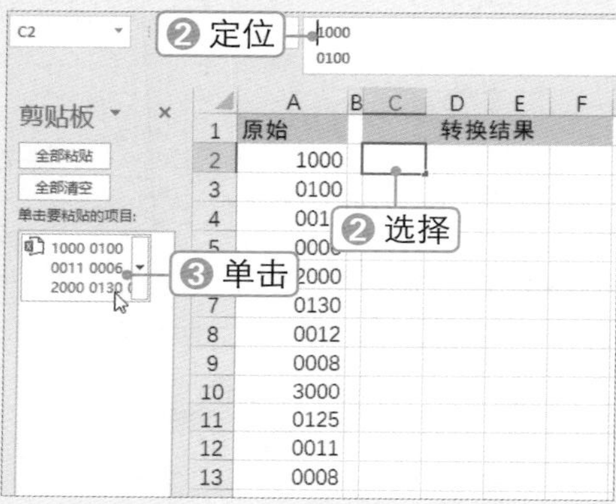


**STEP 4 在编辑栏中选中数据**

调整编辑栏大小，在编辑栏中拖动鼠标选中数据。

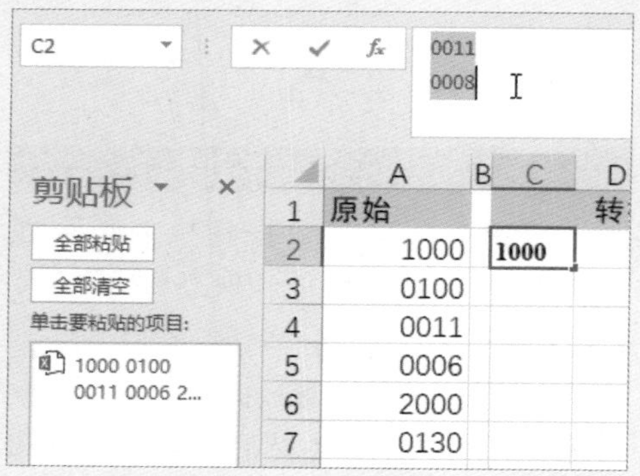


**STEP 5 设置查找和替换内容**

按【Ctrl+H】组合键，弹出“查找和替换”对话框，❶选择“替换”选项卡，❷在“查找内容”下拉列表框中按【Ctrl+Enter】组合键输入换行标记，❸在“替换为”下拉列表框中输入空格，❹单击 全部替换(A) 按钮。

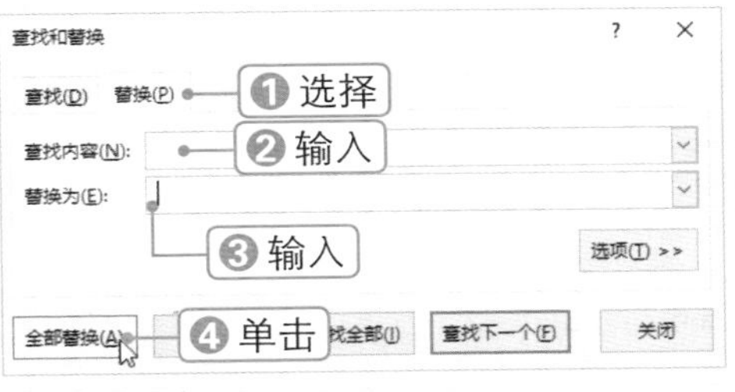


**STEP 6　替换完成**

弹出提示信息框，单击 确定 按钮。

**STEP 7　查看替换效果**

此时即可将 C2 中的多行数据变为单行数据。

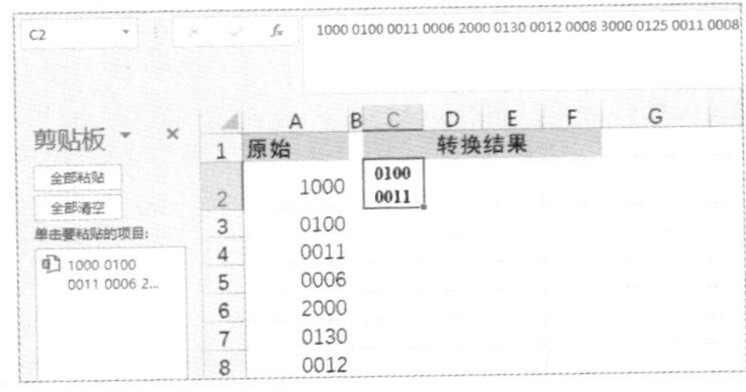

**STEP 8　选择 两端对齐(J) 选项**

❶调整 C2 单元格所在列的列宽，使其显示出 4 个数字，❷在“编辑”组中单击 填充 下拉按钮，❸选择 两端对齐(J) 选项。

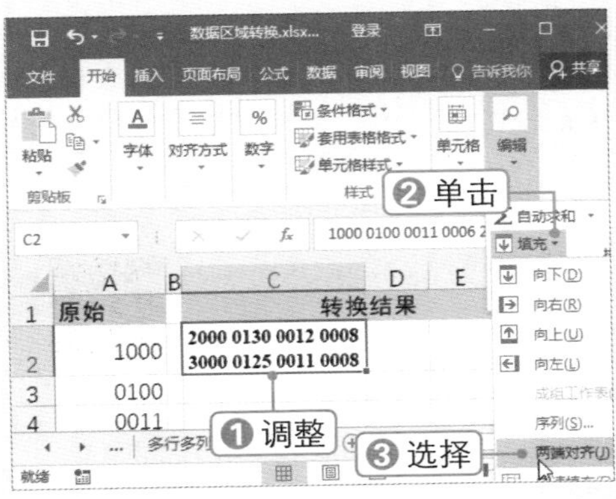


**STEP 9　单击 确定 按钮**

弹出提示信息框，单击 确定 按钮。

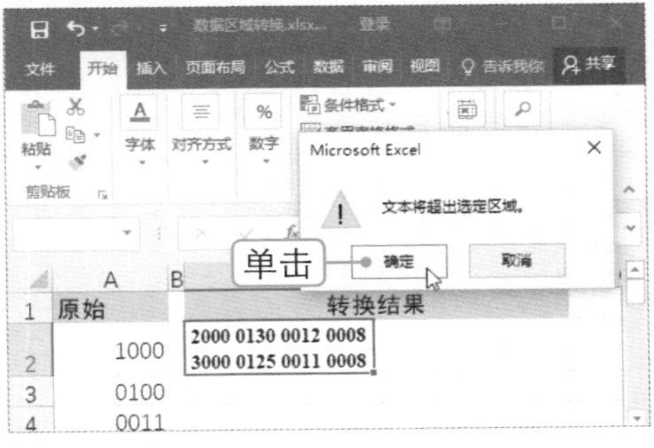


**STEP 10　单击“分列”按钮**

查看内容重排效果，在 数据 选项卡下“数据工具”组中单击“分列”按钮。

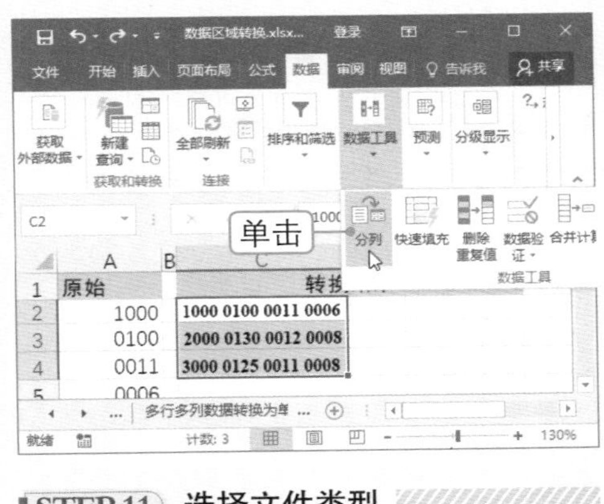


**STEP 11　选择文件类型**

弹出“文本分列向导”对话框，❶选中“分隔符号”单选按钮，❷单击 下一步(N) > 按钮。

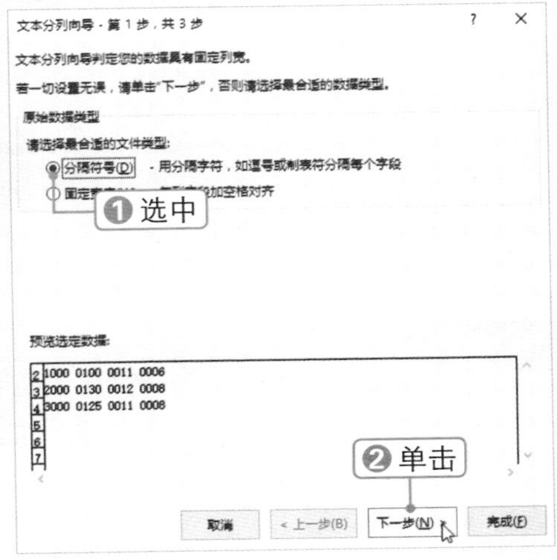

**STEP 12 设置分隔符号**

❶选中“空格”复选框，❷单击 下一步(N) > 按钮。

**STEP 13 单击 完成(F) 按钮**

此时即可在“数据预览”区域查看分列效果，单击 完成(F) 按钮。

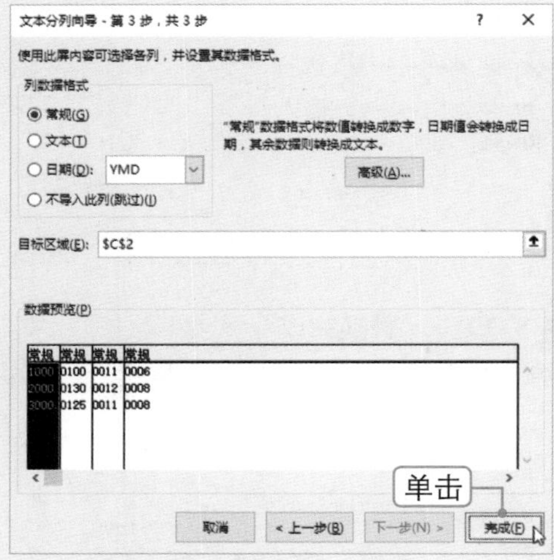


**STEP 14 查看分列效果**

此时即可将数字从文本中分隔，完成单列数据到多行多列的转换。

| | A | B | C | D | E | F |
|---|---|---|---|---|---|---|
| 1 | 原始 | | 转换结果 | | | |
| 2 | 1000 | | 1000 | 100 | 11 | 6 |
| 3 | 0100 | | 2000 | 130 | 12 | 8 |
| 4 | 0011 | | 3000 | 125 | 11 | 8 |
| 5 | 0006 | | | | | |
| 6 | 2000 | | | | | |
| 7 | 0130 | | | | | |
| 8 | 0012 | | | | | |
| 9 | 0008 | | | | | |

Chapter 01

# 1.4 合并与拆分数据

■ 关键词：查找、合并后居中、定位空值、填充公式、粘贴为值、文本分列向导、跳过空单元格

利用“合并单元格”功能可以将相邻的单元格合并为一个单元格。在制作表格时，一般将相同的数据合并到一个单元格中，合并后还可根据需要将其恢复到原来的状态。

## 1.4.1 快速合并单元格

如果工作表中包含大量要合并的单元格，可以利用“查找”功能将这些单元格选中，然后进行合并操作，具体操作方法如下：

微课：快速合并单元格

## STEP 1 查看数据表

打开工作表，可以看到 A 列和 B 列中包含很多重复的数据。

| | A | B | C | D | E | F |
|---|---|---|---|---|---|---|
| 1 | 销售公司 | 月份 | 车型 | 市场价格/万 | 销售数量 | 销售金额 |
| 2 | 北京 | 2018年1月 | 哈弗H6 | 12.8 | 426 | 5452.8 |
| 3 | 北京 | 2018年1月 | 捷达 | 8.8 | 221 | 1944.8 |
| 4 | 北京 | 2018年1月 | 英朗 | 12.2 | 193 | 2354.6 |
| 5 | 北京 | 2018年1月 | 迈腾 | 19 | 171 | 3249 |
| 6 | 北京 | 2018年2月 | 哈弗H6 | 12.8 | 506 | 6476.8 |
| 7 | 北京 | 2018年2月 | 捷达 | 8.8 | 181 | 1592.8 |
| 8 | 北京 | 2018年2月 | 英朗 | 12.2 | 103 | 1256.6 |
| 9 | 北京 | 2018年2月 | 迈腾 | 19 | 159 | 3021 |
| 10 | 北京 | 2018年3月 | 哈弗H6 | 12.8 | 466 | 5964.8 |
| 11 | 北京 | 2018年3月 | 捷达 | 28 | 261 | 7308 |
| 12 | 北京 | 2018年3月 | 英朗 | 12.2 | 203 | 2476.6 |
| 13 | 北京 | 2018年3月 | 迈腾 | 19 | 162 | 3078 |
| 14 | 杭州 | 2018年1月 | 哈弗H6 | 12.8 | 246 | 3148.8 |
| 15 | 杭州 | 2018年1月 | 捷达 | 8.8 | 329 | 2895.2 |

## STEP 2 查找并选择单元格

按【Ctrl+F】组合键，弹出“查找和替换”对话框。❶输入查找内容，❷单击 查找全部(I) 按钮，在下方显示查找出的单元格，❸按【Ctrl+A】组合键，选择找到的单元格。

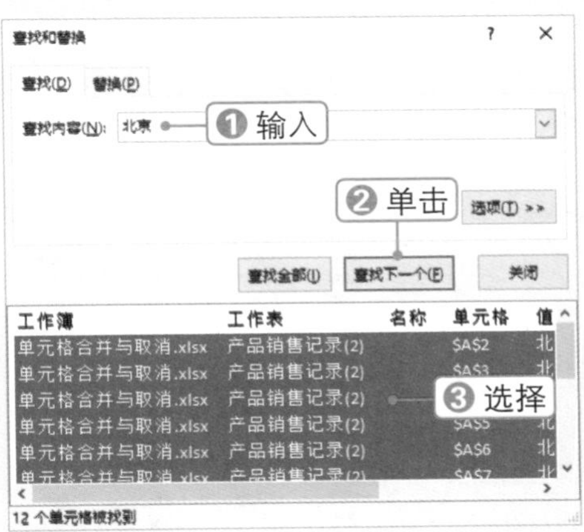


## STEP 3 单击 合并后居中 按钮

此时即可在工作表中选择相对应的单元格，在“对齐方式”组中单击 合并后居中 按钮。

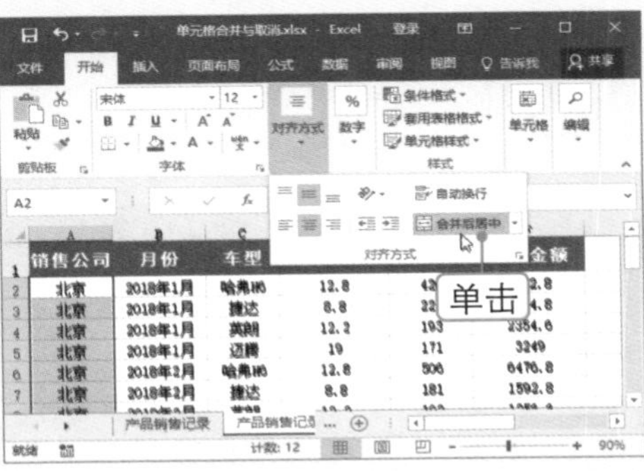


## STEP 4 单击 确定 按钮

弹出提示信息框，单击 确定 按钮。

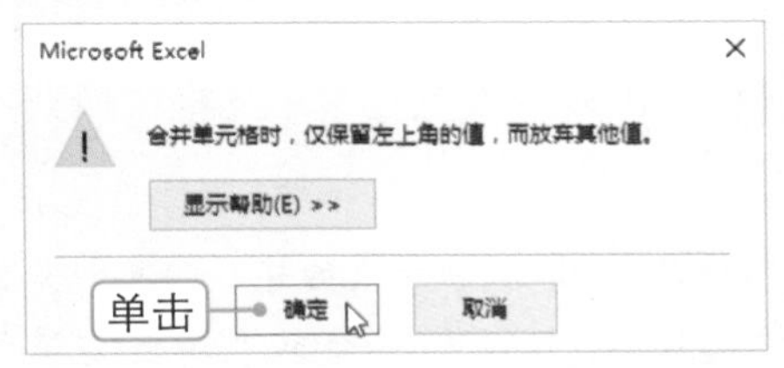


## STEP 5 选中日期数据

采用同样的方法，继续合并 A 列的数据。在“查找和替换”对话框中继续查找日期数据，按【Ctrl+A】组合键选中搜索结果，在工作表中可以看到选择多个单元格区域，对选中的数据进行合并单元格操作。

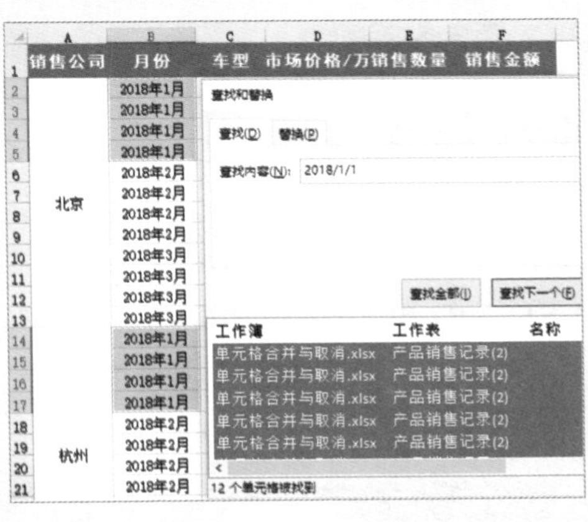


## STEP 6 查看表格效果

此时即可查看合并单元格后的表格显示效果。

| | A | B | C | D | E | F |
|---|---|---|---|---|---|---|
| 1 | 销售公司 | 月份 | 车型 | 市场价格/万 | 销售数量 | 销售金额 |
| 2 | 北京 | 2018年1月 | 哈弗H6 | 12.8 | 426 | 5452.8 |
| 3 | | | 捷达 | 8.8 | 221 | 1944.8 |
| 4 | | | 英朗 | 12.2 | 193 | 2354.6 |
| 5 | | | 迈腾 | 19 | 171 | 3249 |
| 6 | | 2018年2月 | 哈弗H6 | 12.8 | 506 | 6476.8 |
| 7 | | | 捷达 | 8.8 | 181 | 1592.8 |
| 8 | | | 英朗 | 12.2 | 103 | 1256.6 |
| 9 | | | 迈腾 | 19 | 159 | 3021 |
| 10 | | 2018年3月 | 哈弗H6 | 12.8 | 466 | 5964.8 |
| 11 | | | 捷达 | 28 | 261 | 7308 |
| 12 | | | 英朗 | 12.2 | 203 | 2476.6 |
| 13 | | | 迈腾 | 19 | 162 | 3078 |
| 14 | 杭州 | 2018年1月 | 哈弗H6 | 12.8 | 246 | 3148.8 |
| 15 | | | 捷达 | 8.8 | 329 | 2895.2 |
| 16 | | | 英朗 | 12.2 | 169 | 2061.8 |
| 17 | | | 迈腾 | 19 | 281 | 5339 |
| 18 | | 2018年2月 | 哈弗H6 | 12.8 | 244 | 3123.2 |
| 19 | | | 捷达 | 8.8 | 271 | 2384.8 |
| 20 | | | 英朗 | 12.2 | 481 | 5868.2 |
| 21 | | | 迈腾 | 19 | 241 | 4579 |
| 22 | | | 哈弗H6 | 12.8 | 146 | 1868.8 |

## 1.4.2 恢复合并单元格前的状态

微课：恢复合并单元格前的状态

要将合并的单元格恢复为初始未合并状态，除了取消合并操作外，还应设置在空单元格中填充原来的内容，具体操作方法如下：

**STEP 1 取消单元格合并**

❶选择 A、B 两列，❷在“对齐方式”组中单击 合并后居中 按钮，取消单元格合并。

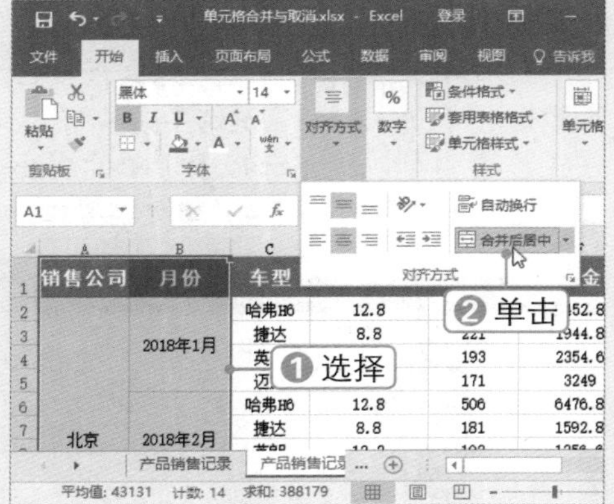


**STEP 2 单击 定位条件(S)... 按钮**

按【F5】键，弹出“定位”对话框，单击 定位条件(S)... 按钮。

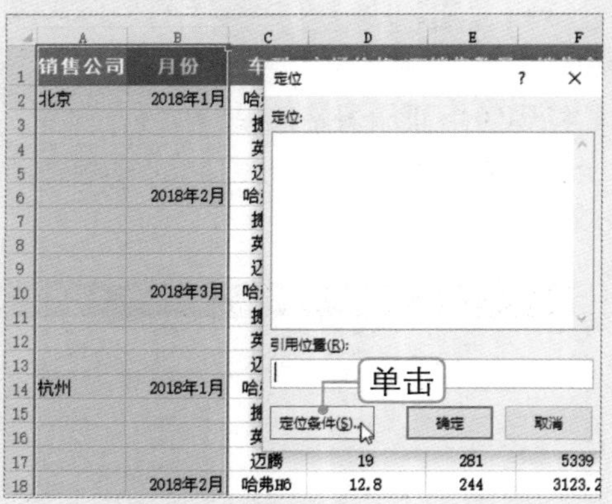


**STEP 3 选中“空值”单选按钮**

弹出“定位条件”对话框，❶选中“空值”单选按钮，❷单击 确定 按钮。

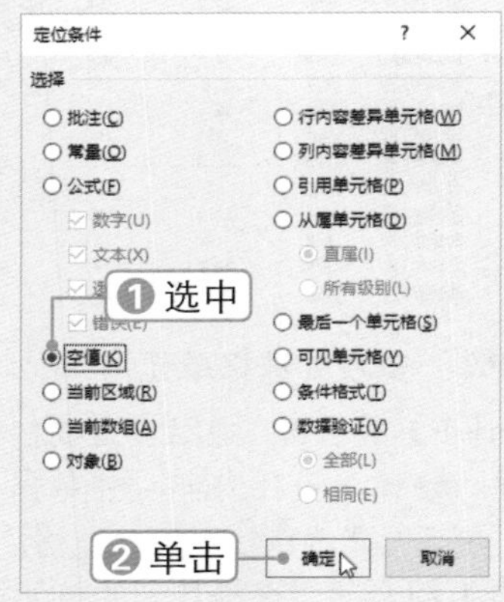


**STEP 4 查看定位效果**

此时即可选中空值数据单元格，可以看到最后选中的单元格为 B3 单元格。

| | A | B | C | D | E | F |
|---|---|---|---|---|---|---|
| 1 | 销售公司 | 月份 | 车型 | 市场价格/万 | 销售数量 | 销售金额 |
| 2 | 北京 | 2018年1月 | 哈弗H6 | 12.8 | 426 | 5452.8 |
| 3 | | | 捷达 | 8.8 | 221 | 1944.8 |
| 4 | | | 英朗 | 12.2 | 193 | 2354.6 |
| 5 | | | 迈腾 | 19 | 171 | 3249 |
| 6 | | 2018年2月 | 哈弗H6 | 12.8 | 506 | 6476.8 |
| 7 | | | 捷达 | 8.8 | 181 | 1592.8 |
| 8 | | | 英朗 | 12.2 | 103 | 1256.6 |
| 9 | | | 迈腾 | 19 | 159 | 3021 |
| 10 | | 2018年3月 | 哈弗H6 | 12.8 | 466 | 5964.8 |
| 11 | | | 捷达 | 28 | 261 | 7308 |
| 12 | | | 英朗 | 12.2 | 203 | 2476.6 |
| 13 | | | 迈腾 | 19 | 162 | 3078 |
| 14 | 杭州 | 2018年1月 | 哈弗H6 | 12.8 | 246 | 3148.8 |
| 15 | | | 捷达 | 8.8 | 329 | 2895.2 |
| 16 | | | 英朗 | 12.2 | 169 | 2061.8 |
| 17 | | | 迈腾 | 19 | 281 | 5339 |
| 18 | | 2018年2月 | 哈弗H6 | 12.8 | 244 | 3123.2 |
| 19 | | | 捷达 | 8.8 | 271 | 2384.8 |
| 20 | | | 英朗 | 12.2 | 481 | 5868.2 |

**STEP 5 输入单元格引用**

在编辑栏中输入等号，然后选择 B2 单元格，也可输入等号后按【↑】键。

B2 =B2

| | A | B | C | D | E | F |
|---|---|---|---|---|---|---|
| 1 | 销售公司 | 月份 | 车型 | 市场价格/万 | 销售数量 | 销售金额 |
| 2 | 北京 | 2018年1月 | 哈弗H6 | 12.8 | 426 | 5452.8 |
| 3 | | =B2 | 捷达 | 8.8 | 221 | 1944.8 |
| 4 | | | 英朗 | 12.2 | 193 | 2354.6 |
| 5 | | | 迈腾 | 19 | 171 | 3249 |
| 6 | | 2018年2月 | 哈弗H6 | 12.8 | 506 | 6476.8 |
| 7 | | | 捷达 | 8.8 | 181 | 1592.8 |

**STEP 6 填充数据**

按【Ctrl+Enter】组合键，即可恢复合并单元格前的数据状态，此时填充的数据实际为其上方未选单元格的引用，需要将其更改为数值数据。

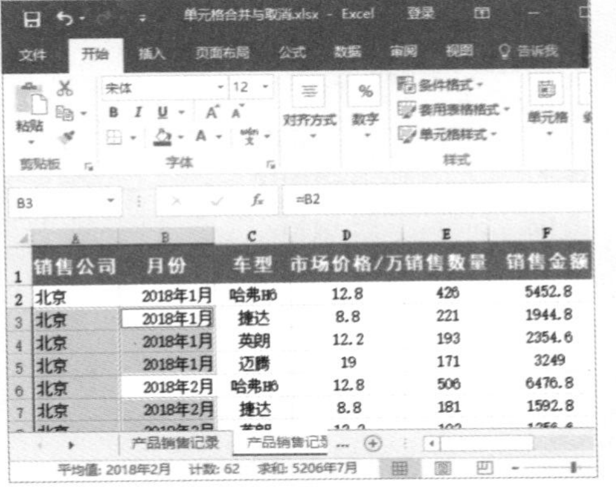

**STEP 7 粘贴为数值**

选择 A2 单元格，按【Ctrl+Shift+ ↓】组合键选择“销售公司”中所有的数据单元格，按【Ctrl+C】组合键复制数据。❶单击“粘贴”下拉按钮，❷选择“值”选项。

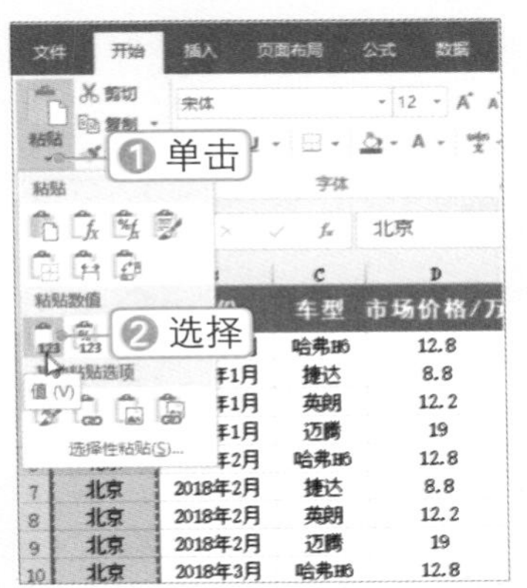


## 1.4.3 数据分列

在Excel单元格中存储数据时，应使每一列存储同一种类型的数据，即将不同类型的数据输入到多列中，以便后续能够顺利地处理数据。使用Excel 2016的“分列”功能可以依据分隔符号或固定宽度将某一列的内容拆分为多列，具体操作方法如下：

微课：数据分列

**STEP 1 选择 插入(I) 命令**

❶选择 B 列并右击，❷选择 插入(I) 命令，在左侧插入一列。

**STEP 2 单击“分列”按钮**

❶选择 A2:A11 单元格区域，❷在 数据 选项卡下“数据工具”组中单击“分列”按钮。

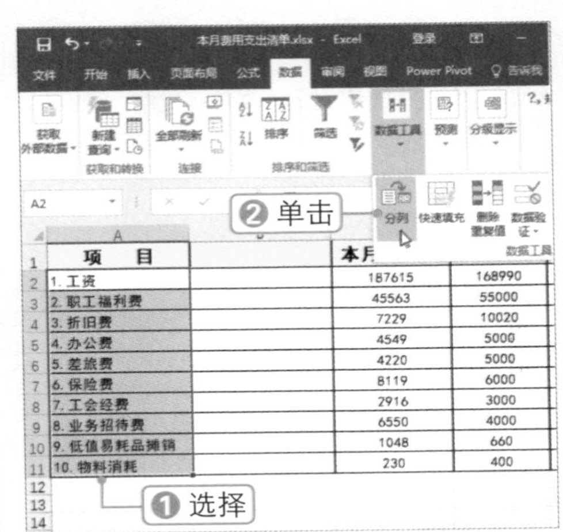


**STEP 3 选择文件类型**

弹出“文本分列向导”对话框，❶选中“分隔符号”单选按钮，❷单击 下一步(N) > 按钮。

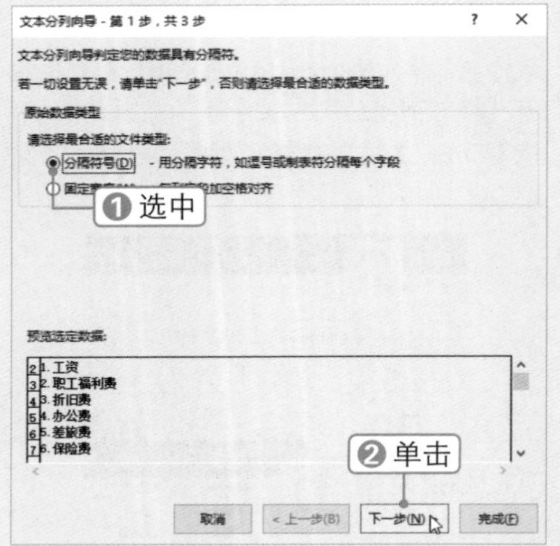


## STEP 4 设置分隔符号

❶选中"其他"复选框，❷输入分隔符号"."，❸单击 下一步(N) > 按钮。

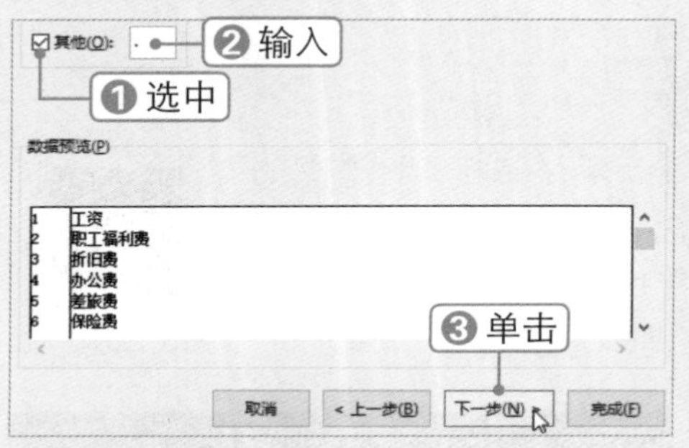


## STEP 5 单击 完成(F) 按钮

此时即可在"数据预览"区域查看分列效果，单击 完成(F) 按钮。

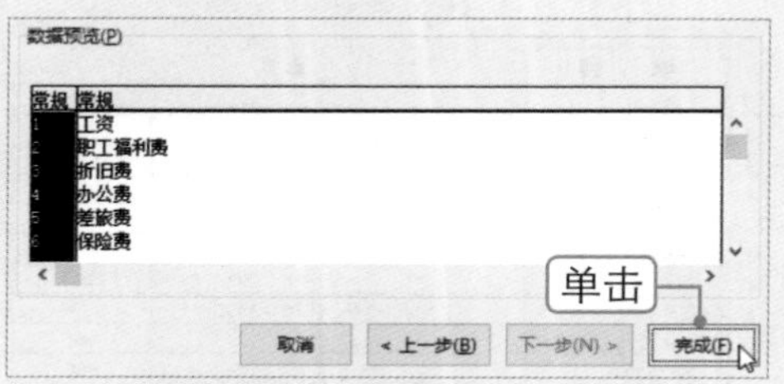


## STEP 6 查看分列效果

此时即可将数字从文本中分隔，查看分列效果。

| | A | B | C |
|---|---|---|---|
| 1 | 项　目 | | 本月实际数 |
| 2 | 1 | 工资 | 187615 |
| 3 | 2 | 职工福利费 | 45563 |
| 4 | 3 | 折旧费 | 7229 |
| 5 | 4 | 办公费 | 4549 |
| 6 | 5 | 差旅费 | 4220 |
| 7 | 6 | 保险费 | 8119 |
| 8 | 7 | 工会经费 | 2916 |
| 9 | 8 | 业务招待费 | 6550 |
| 10 | 9 | 低值易耗品摊销 | 1048 |
| 11 | 10 | 物料消耗 | 230 |
| 12 | | | |

## STEP 7 双击鼠标左键

重新输入列表，选择 A、B 两列，将鼠标指针定位到列标右侧边缘，当其变为双向箭头时双击鼠标左键。

| | A | B | C |
|---|---|---|---|
| 1 | 序号 | 项目 | 本月实际数 |
| 2 | 1 | 工资 | 187615 |
| 3 | 2 | 职工福利费 | 45563 |
| 4 | 3 | 折旧费 | 7229 |
| 5 | 4 | 办公费 | 4549 |
| 6 | 5 | 差旅费 | 4220 |
| 7 | 6 | 保险费 | 8119 |
| 8 | 7 | 工会经费 | 2916 |
| 9 | 8 | 业务招待费 | 6550 |
| 10 | 9 | 低值易耗品摊销 | 1048 |
| 11 | 10 | 物料消耗 | 230 |

## STEP 8 自动调整列宽

此时即可自动调整所选列的列宽。

| | A | B | C | D |
|---|---|---|---|---|
| 1 | 序号 | 项目 | 本月实际数 | 本月计划 |
| 2 | 1 | 工资 | 187615 | 168990 |
| 3 | 2 | 职工福利费 | 45563 | 55000 |
| 4 | 3 | 折旧费 | 7229 | 10020 |
| 5 | 4 | 办公费 | 4549 | 5000 |
| 6 | 5 | 差旅费 | 4220 | 5000 |
| 7 | 6 | 保险费 | 8119 | 6000 |
| 8 | 7 | 工会经费 | 2916 | 3000 |
| 9 | 8 | 业务招待费 | 6550 | 4000 |
| 10 | 9 | 低值易耗品摊销 | 1048 | 660 |
| 11 | 10 | 物料消耗 | 230 | 400 |

## 1.4.4 合并两列中的数据

同一类型的数据分布在多列中，若要将其合并到一列，可在复制数据后利用"选择性粘贴"功能跳过空单元格进行粘贴，具体操作方法如下：

**STEP 1 复制数据**

选择 C2:C11 单元格区域，按【Ctrl+C】组合键进行复制。

| | A | B | C |
|---|---|---|---|
| 1 | 工号 | 姓名1 | 姓名2 |
| 2 | H001 | 高阳 | |
| 3 | H002 | 张松龄 | |
| 4 | H003 | | 吴鹏飞 |
| 5 | H004 | 陈和顺 | |
| 6 | H005 | | 苍壮 |
| 7 | H006 | | 牛华清 |
| 8 | H007 | 杨建 | |
| 9 | H008 | | 何可馨 |
| 10 | H009 | 谢婷 | |
| 11 | H010 | | 祝景山 |

**STEP 2 选择 选择性粘贴(S)... 命令**

❶选择 B2:B11 单元格区域并右击，❷选择 选择性粘贴(S)... 命令。

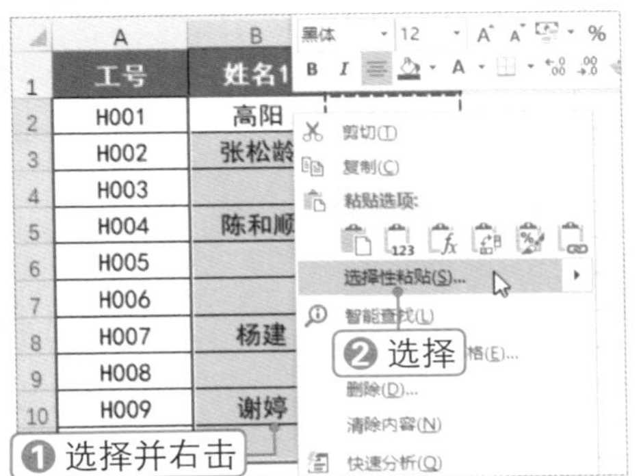


**STEP 3 设置粘贴选项**

弹出“选择性粘贴”对话框，❶选中“跳过空单元”复选框，❷单击 确定 按钮。

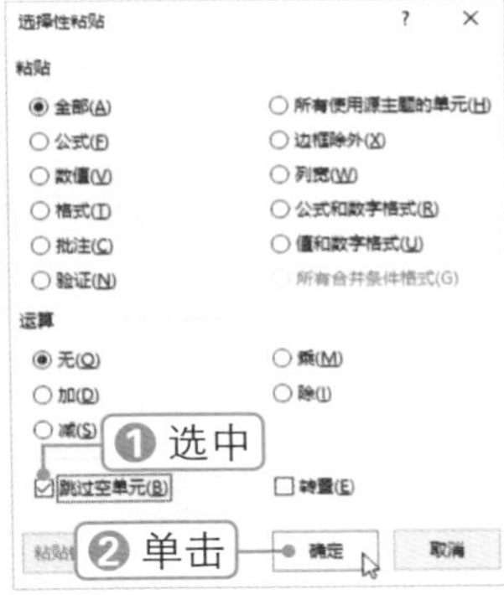


**STEP 4 查看复制效果**

此时即可将 C 列中的数据全部复制到 B 列中。

| | A | B | C |
|---|---|---|---|
| 1 | 工号 | 姓名1 | 姓名2 |
| 2 | H001 | 高阳 | |
| 3 | H002 | 张松龄 | |
| 4 | H003 | 吴鹏飞 | 吴鹏飞 |
| 5 | H004 | 陈和顺 | |
| 6 | H005 | 苍壮 | 苍壮 |
| 7 | H006 | 牛华清 | 牛华清 |
| 8 | H007 | 杨建 | |
| 9 | H008 | 何可馨 | 何可馨 |
| 10 | H009 | 谢婷 | |
| 11 | H010 | 祝景山 | 祝景山 |

Chapter 01

# 1.5 编辑工作表单元格

■ 关键词：插入行、删除单元格、自动调整列宽、隐藏行 / 列、移动数据、复制数据、工作表组

单元格是 Excel 存储数据的最小单元，所有的数据都存储在单元格中。数据录入完成后，有时需要在其中插入新的数据，或对数据进行移动或复制，下面将介绍如何进行这些操作。

## 1.5.1 行列操作

微课：行列操作

对工作表行或列的操作主要包括插入、删除、隐藏、调整宽度等，具体操作方法如下：

## STEP 1 插入行

选择行并右击，选择 插入(I) 命令，或直接按【Ctrl++】组合键，可快速插入行。①单击“插入选项”下拉按钮，②选择 与上面格式相同(A) 选项。

| | A | B | C | D | E |
|---|---|---|---|---|---|
| 1 | 订单编号 | 客户姓名 | 产品名称 | 单价 | 数量 |
| 2 | 8000 | | 华硕主板B250 | 600 | 60 |
| 3 | | | | | |
| 4 | 80002 | 郭芸芸 | 七彩虹750ti显卡 | 800 | 85 |
| 5 | | | | 150 | 120 |
| 6 | | | | 1000 | 85 |
| 7 | | | 飞利浦27寸显示器 | 1200 | 90 |
| 8 | | | 英睿达SSD硬盘250G | 480 | 225 |
| 9 | 80007 | 闫德鑫 | 华硕主板B250 | 600 | 160 |

①单击　②选择　与上面格式相同(A)　与下面格式相同(B)　清除格式(C)

## STEP 2 插入或删除单元格

在插入或删除数据单元格时，若要不影响左侧或右侧的单元格数据，①可在选择单元格区域后右击，②选择相应的命令，如选择 删除(D)... 命令。

## STEP 3 设置下方单元格上移

弹出“删除”对话框，①选中“下方单元格上移”单选按钮，②单击 确定 按钮。

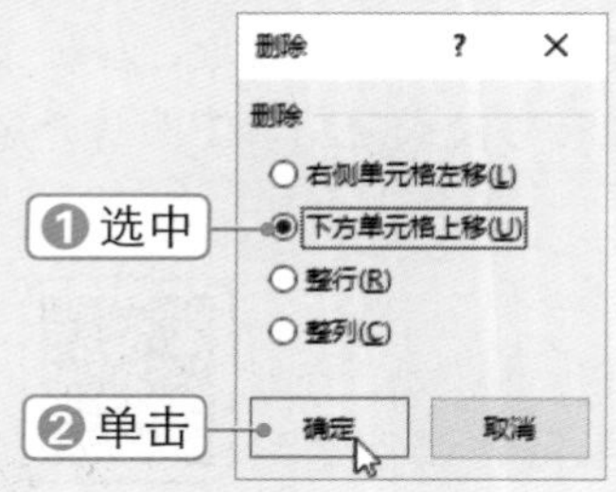


## STEP 4 自动调整行高或列宽

要自动调整行高或列宽，可选择行或列，并将鼠标指针置于其分割线上，当其变为双向箭头时双击，即可自动调整行高或列宽。

| | A | B | C |
|---|---|---|---|
| 1 | 订单编号 | 客户姓名 | 产品名称 |
| 2 | 80001 | 吴凡 | 华硕主板B250 |
| 3 | 80002 | 郭芸芸 | 七彩虹750ti显卡 |
| 4 | 80003 | 许向平 | 金士顿4GB DDR3 |
| 5 | 80004 | 陆淼淼 | 七彩虹1050ti显卡 |
| 6 | 80005 | 毕剑侠 | 飞利浦27寸显示器 |
| 7 | 80006 | 雎小龙 | 英睿达SSD硬盘250G |
| 8 | 80007 | 闫德鑫 | 华硕主板B250 |
| 9 | 80008 | 王琛 | 三星23寸显示器 |
| 10 | 80009 | 张瑞雪 | 英睿达SSD硬盘250G |
| 11 | 80010 | 王丰 | 技嘉主板H110M |
| 12 | 80011 | 骆辉 | 酷睿I5 7500 CPU |

## STEP 5 隐藏列

选中 I 列，①按【Ctrl+Shift+ →】组合键选择右侧的所有列并右击，②选择 隐藏(H) 命令。

## STEP 6 查看隐藏效果

此时即可隐藏数据列外的所有列。

| F | G | H |
|---|---|---|
| 金额 | 订单日期 | 发货日期 |
| 36000 | 2017/12/2 | 2017/12/5 |
| 68000 | 2017/12/2 | 2017/12/8 |
| 18000 | 2017/12/6 | 2017/12/7 |
| 85000 | 2017/12/10 | 2017/12/16 |
| 108000 | 2017/12/25 | 2017/12/29 |
| 108000 | 2017/12/25 | 2017/12/27 |
| 96000 | 2018/1/3 | 2018/1/5 |
| 45500 | 2018/1/3 | 2018/1/4 |
| 134400 | 2018/1/7 | 2018/1/10 |
| 132000 | 2018/1/11 | 2018/1/18 |

## 1.5.2 复制和移动数据

微课：复制和移动数据

在处理工作表数据的过程中，经常需要对单元格中的数据进行移动或复制，具体操作方法如下：

### STEP 1 移动数据

选择数据单元格区域，将鼠标指针置于所选区域边界上时鼠标指针变为✥样式，此时拖动鼠标即可移动数据。

| | A | B | C | D |
|---|---|---|---|---|
| 1 | 订单编号 | 客户姓名 | | 产品名称 |
| 2 | 80001 | 吴凡 | | 华硕主板B250 |
| 3 | 80002 | 郭芸芸 | | 七彩虹750ti显卡 |
| 4 | 80003 | 许向平 | | 金士顿4GB DDR3 |
| 5 | 80004 | 陆淼淼 | | 七彩虹1050ti显卡 |
| 6 | 80005 | 毕剑侠 | | 飞利浦27寸显示器 |
| 7 | 80006 | 睢小龙 | | 英睿达SSD硬盘250G |
| 8 | 80007 | 闫德鑫 | | 华硕主板B250 |
| 9 | 80008 | 王琛 | | 三星23寸显示器 |
| 10 | 80009 | 张瑞雪 | | 英睿达SSD硬盘250G |

### STEP 2 复制数据

在移动数据过程中按住【Ctrl】键，即可复制数据。

| | A | B | C | D |
|---|---|---|---|---|
| 1 | 订单编号 | 客户姓名 | | 产品名称 |
| 2 | 80001 | 吴凡 | 吴凡 | 华硕主板B250 |
| 3 | 80002 | 郭芸芸 | 郭芸芸 | 七彩虹750ti显卡 |
| 4 | 80003 | 许向平 | 许向平 | 金士顿4GB DDR3 |
| 5 | 80004 | 陆淼淼 | 陆淼淼 | 七彩虹1050ti显卡 |
| 6 | 80005 | 毕剑侠 | 毕剑侠 | 飞利浦27寸显示器 |
| 7 | 80006 | 睢小龙 | 睢小龙 | 英睿达SSD硬盘250G |
| 8 | 80007 | 闫德鑫 | 闫德鑫 | 华硕主板B250 |
| 9 | 80008 | 王琛 | | 23寸显示器 |
| 10 | 80009 | 张瑞雪 | | 英睿达SSD硬盘250G |

**实操解疑**

使用快捷键移动或复制数据

选择数据单元格区域，按【Ctrl+C】组合键复制数据，按【Ctrl+X】组合键剪切数据，然后选择目标位置或选择目标位置的第一个单元格，并按【Enter】键确认即可。

### STEP 3 移动列

选择 A 列，在按住【Shift】键的同时向右拖动所选列的数据，即可移动列的位置，如将 A 列移至 B 列右侧。

C1:C25

| | A | B | C | D |
|---|---|---|---|---|
| 1 | 订单编号 | 客户姓名 | 产品名称 | 单价 |
| 2 | 80001 | 吴凡 | 华硕主板B250 | 600 |
| 3 | 80002 | 郭芸芸 | 七彩虹750ti显卡 | 800 |
| 4 | 80003 | 许向平 | 金士顿4GB DDR3 | 150 |
| 5 | 80004 | 陆淼淼 | 七彩虹1050ti显卡 | 1000 |
| 6 | 80005 | 毕剑侠 | 飞利浦27寸显示器 | 1200 |
| 7 | 80006 | 睢小龙 | 英睿达SSD硬盘250G | 480 |
| 8 | 80007 | 闫德鑫 | 华硕主板B250 | 600 |
| 9 | 80008 | 王琛 | 三星23寸显示器 | 650 |
| 10 | 80009 | 张瑞雪 | 英睿达SSD硬盘250G | 480 |
| 11 | 80010 | 王丰 | 技嘉主板H110M | 550 |
| 12 | 80011 | 骆辉 | 酷睿I5 7500 CPU | 1250 |
| 13 | 80012 | 韦晓博 | 先马机箱电源 | 150 |
| 14 | 80013 | 史元 | 七彩虹1050ti显卡 | 1000 |
| 15 | 80014 | 罗广田 | 酷睿I7 6700 CPU | 2250 |

### STEP 4 查看移动效果

此时可以看到“订单编号”所在列变为 B 列。

| | A | B | C |
|---|---|---|---|
| 1 | 客户姓名 | 订单编号 | 产品名称 |
| 2 | 吴凡 | 80001 | 华硕主板B250 |
| 3 | 郭芸芸 | 80002 | 七彩虹750ti显卡 |
| 4 | 许向平 | 80003 | 金士顿4GB DDR3 |
| 5 | 陆淼淼 | 80004 | 七彩虹1050ti显卡 |
| 6 | 毕剑侠 | 80005 | 飞利浦27寸显示器 |
| 7 | 睢小龙 | 80006 | 英睿达SSD硬盘250G |
| 8 | 闫德鑫 | 80007 | 华硕主板B250 |
| 9 | 王琛 | 80008 | 三星23寸显示器 |
| 10 | 张瑞雪 | 80009 | 英睿达SSD硬盘250G |

### STEP 5 移动行数据

选择行数据单元格后，在按住【Shift】键的同时拖到目标位置后松开鼠标。

A7:A9

| | A | B | C |
|---|---|---|---|
| 1 | 客户姓名 | 订单编号 | 产品名称 |
| 2 | 吴凡 | 80001 | 华硕主板B250 |
| 3 | 郭芸芸 | 80002 | 七彩虹750ti显卡 |
| 4 | 许向平 | 80003 | 金士顿4GB DDR3 |
| 5 | 陆淼淼 | 80004 | 七彩虹1050ti显卡 |
| 6 | 毕剑侠 | 80005 | 飞利浦27寸显示器 |
| 7 | 睢小龙 | 80006 | 英睿达SSD硬盘250G |
| 8 | 闫德鑫 | 80007 | 华硕主板B250 |
| 9 | 王琛 | 80008 | 三星23寸显示器 |
| 10 | 张瑞雪 | 80009 | 英睿达SSD硬盘250G |
| 11 | 王丰 | 80010 | 技嘉主板H110M |

**STEP 6 查看移动效果**

此时即可移动行数据，查看移动数据效果。

| | A | B | C |
|---|---|---|---|
| 1 | 客户姓名 | 订单编号 | 产品名称 |
| 2 | 陆淼淼 | 80001 | 华硕主板B250 |
| 3 | 毕剑侠 | 80002 | 七彩虹750ti显卡 |
| 4 | 吴凡 | 80003 | 金士顿4GB DDR3 |
| 5 | 郭芸芸 | 80004 | 七彩虹1050ti显卡 |
| 6 | 许向平 | 80005 | 飞利浦27寸显示器 |
| 7 | 睢小龙 | 80006 | 英睿达SSD硬盘250G |
| 8 | 闫德鑫 | 80007 | 华硕主板B250 |
| 9 | 王琛 | 80008 | 三星23寸显示器 |
| 10 | 张瑞雪 | 80009 | 英睿达SSD硬盘250G |
| 11 | 王丰 | 80010 | 技嘉主板H110M |

**STEP 7 将公式更改为数值**

选择公式单元格所在的列，在此选择F列，按【Ctrl+C】组合键复制数据。❶继续在F列中右击，❷选择"值"粘贴选项，即可将公式数据转换为普通数值。

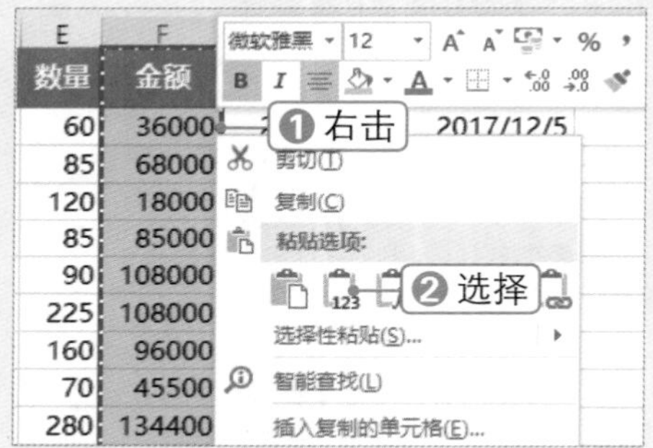


**STEP 8 选择 成组工作表(A)... 选项**

在按住【Ctrl】键的同时单击工作表标签组合工作表，此时在程序标题栏中显示"组"字样。❶选中要复制的数据，❷在"编辑"组中单击 填充 下拉按钮，❸选择 成组工作表(A)... 选项。

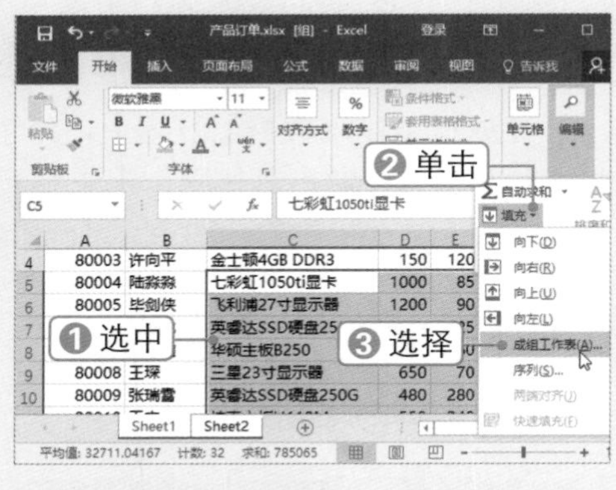


**STEP 9 设置填充选项**

弹出"填充成组工作表"对话框，❶选中"全部"单选按钮，❷单击 确定 按钮。

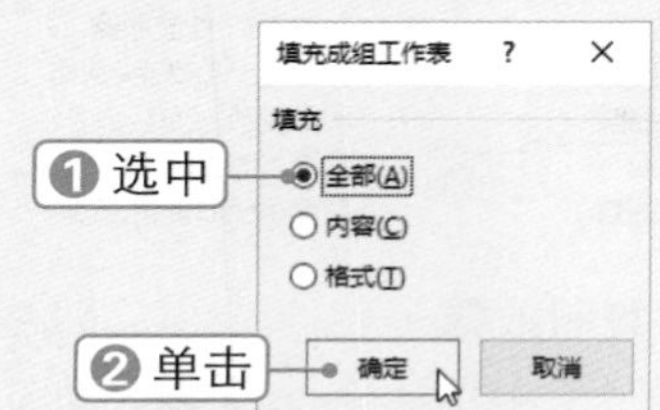


**STEP 10 查看填充效果**

选择Sheet2工作表，可以看到已将数据粘贴到相同的位置。

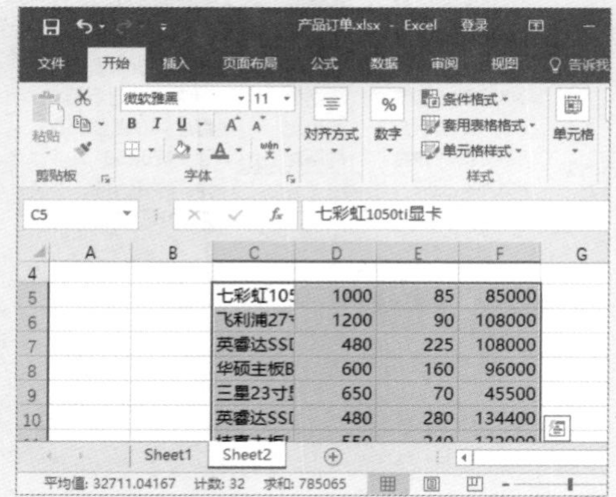

## 1.5.3 统一编辑多个工作表数据

通过将多个工作表组合起来，可以快速对其进行统一的编辑操作，如插入行/列，输入相同的数据等，具体操作方法如下：

微课：统一编辑多个工作表数据

## STEP 1 组合工作表

在按住【Ctrl】键的同时单击工作表标签组合工作表，选择第 1 行。

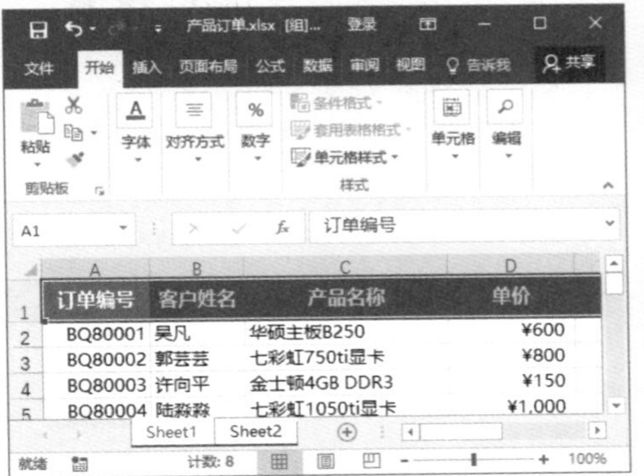

## STEP 2 输入标题

连续按【Ctrl++】组合键插入三行，在 A1 单元格中输入标题文本，并设置字体格式。

客户订单明细

| 订单编号 | 客户姓名 | 产品名称 | 单价 | 数量 |
|---|---|---|---|---|
| BQ80001 | 吴凡 | 华硕主板B250 | ¥600 | 60个 |
| BQ80002 | 郭芸芸 | 七彩虹750ti显卡 | ¥800 | 85个 |
| BQ80003 | 许向平 | 金士顿4GB DDR3 | ¥150 | 120个 |
| BQ80004 | 陆淼淼 | 七彩虹1050ti显卡 | ¥1,000 | 85个 |
| BQ80005 | 毕剑侠 | 飞利浦27寸显示器 | ¥1,200 | 90个 |
| BQ80006 | 雎小龙 | 英睿达SSD硬盘250G | ¥480 | 225个 |
| BQ80007 | 闫德鑫 | 华硕主板B250 | ¥600 | 160个 |
| BQ80008 | 王琛 | 三星23寸显示器 | ¥650 | 70个 |
| BQ80009 | 张瑞雪 | 英睿达SSD硬盘250G | ¥480 | 280个 |
| BQ80010 | 王丰 | 技嘉主板H110M | ¥550 | 240个 |
| BQ80011 | 骆辉 | 酷睿I5 7500 CPU | ¥1,250 | 55个 |
| BQ80012 | 韦晓博 | 先马机箱电源 | ¥150 | 100个 |

## STEP 3 设置填充颜色

选择第 1 行和第 2 行，并分别设置填充颜色。

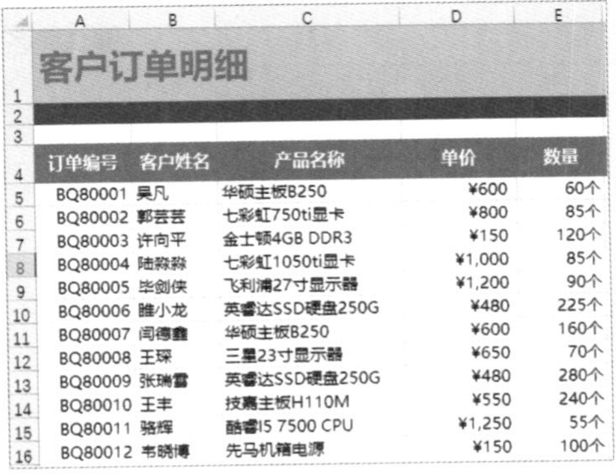

## STEP 4 调整行高

根据需要调整插入各行的行高。

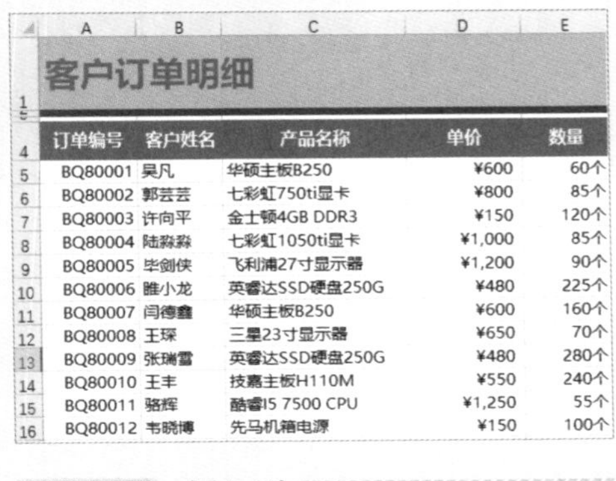

## STEP 5 插入列

在最左侧插入一列，并设置填充颜色。

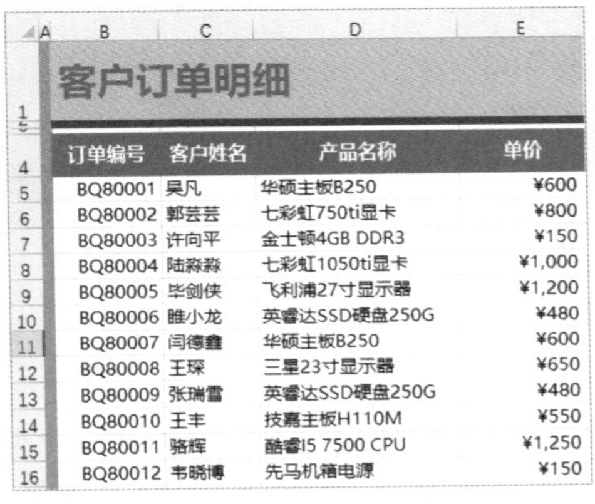

## STEP 6 查看修改效果

选择 Sheet2 工作表，可以看到该工作表应用了同样的设置，根据需要修改标题名称。

订单金额明细

| 订单编号 | 客户姓名 | 金额 | 其他费用 | 预付 |
|---|---|---|---|---|
| BQ80001 | 吴凡 | ¥36,000 | ¥120 | ¥21,720 |
| BQ80002 | 郭芸芸 | ¥68,000 | ¥100 | ¥40,900 |
| BQ80003 | 许向平 | ¥18,000 | ¥50 | ¥10,850 |
| BQ80004 | 陆淼淼 | ¥85,000 | ¥95 | ¥51,095 |
| BQ80005 | 毕剑侠 | ¥108,000 | ¥300 | ¥65,100 |
| BQ80006 | 雎小龙 | ¥108,000 | ¥60 | ¥64,860 |
| BQ80007 | 闫德鑫 | ¥96,000 | ¥110 | ¥57,710 |
| BQ80008 | 王琛 | ¥45,500 | ¥100 | ¥27,400 |
| BQ80009 | 张瑞雪 | ¥134,400 | ¥150 | ¥80,790 |
| BQ80010 | 王丰 | ¥132,000 | ¥180 | ¥79,380 |
| BQ80011 | 骆辉 | ¥68,750 | ¥40 | ¥41,290 |
| BQ80012 | 韦晓博 | ¥15,000 | ¥320 | ¥9,320 |
| BQ80013 | 史元 | ¥65,000 | ¥40 | ¥39,040 |

Chapter 01

# 1.6 设置数据验证

■关键词：数据验证、验证条件、限制时间、限制文本长度、序列、来源、输入信息、圈释无效数据

通过设置数据验证规则可以控制用户输入单元格的数据或数值的类型，以避免输入错误的数据。在 Excel 2016 中，可以设置 8 种数据验证条件来实现不同的功能。

## 1.6.1 限制用户输入

微课：限制用户输入

在编辑数据时，限制用户输入数据的情况非常常见，如只允许输入一定范围内的数字或某个区间的日期和时间，以及固定长度的数字等。设置数据验证的具体操作方法如下：

**STEP 1 单击“数据验证”按钮**

①选择“时间”列的单元格区域，②在 数据 选项卡下单击“数据验证”按钮。

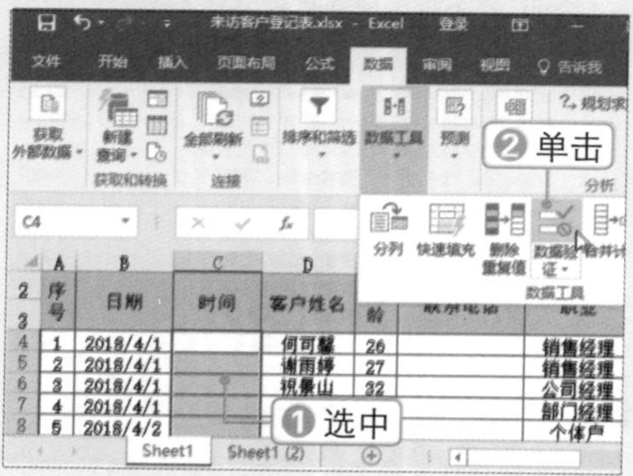


**STEP 2 设置验证条件**

弹出“数据验证”对话框，①在“允许”下拉列表框中选择“时间”选项，②在“数据”下拉列表框中选择“介于”选项，③设置开始和结束时间，④单击 确定 按钮。

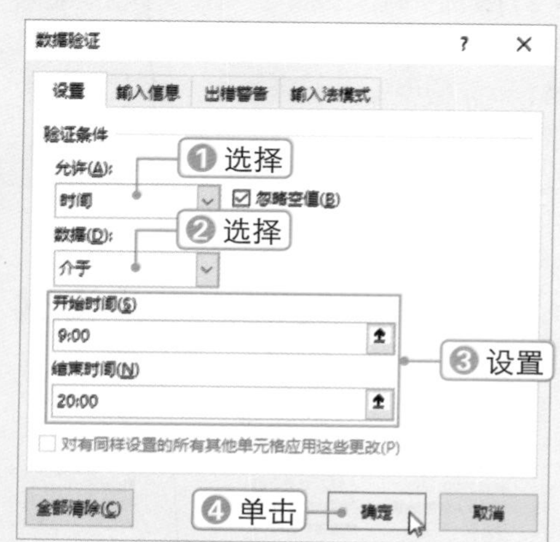


**秒杀技巧 复制数据验证格式**

选择包含数据验证的单元格，按【Ctrl+C】组合键进行复制操作。选择要应用数据验证格式的单元格，按【Ctrl+Alt+V】组合键，弹出“选择性粘贴”对话框，选中“验证”单选按钮，单击“确定”按钮。

**STEP 3 查看验证效果**

输入时间数据，当输入的数据不符合验证条件时，就会弹出错误提示信息框。

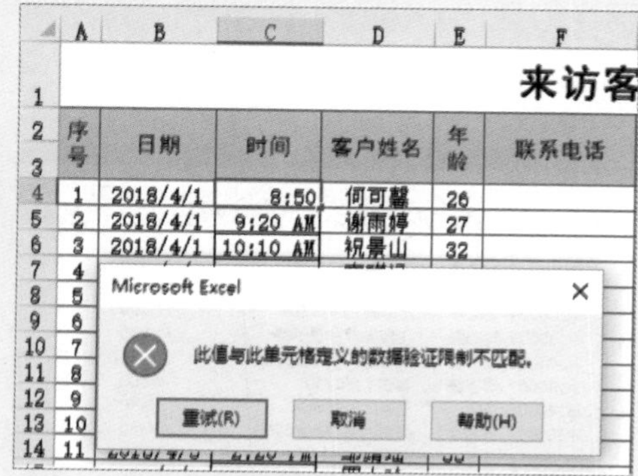

**STEP 4 设置文本长度**

将“联系电话”列的数据设置为文本格式，打开“数据验证”对话框，❶在“允许”下拉列表框中选择“文本长度”选项，❷在“数据”下拉列表框中选择“等于”选项，❸输入“长度”值 11，单击“确定”按钮。

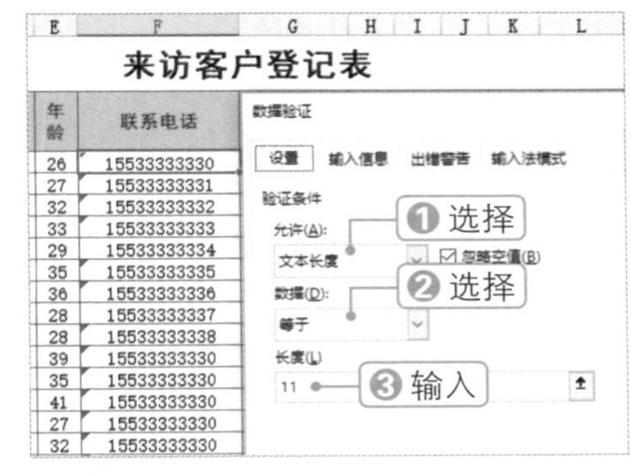

## 1.6.2 创建下拉菜单

下拉菜单是数据验证最常用的一项功能，其验证条件为“序列”。通过设置下拉菜单，不仅可以避免输入错误的数据，还可变“输入”为“选择”，从而减轻数据输入的工作量。利用数据验证创建下拉菜单的具体操作方法如下：

微课：创建下拉菜单

**STEP 1 设置验证条件**

❶选择要设置数据验证的单元格区域，打开“数据验证”对话框，❷在“允许”下拉列表框中选择“序列”选项，❸在“来源”文本框中输入符号“√”。

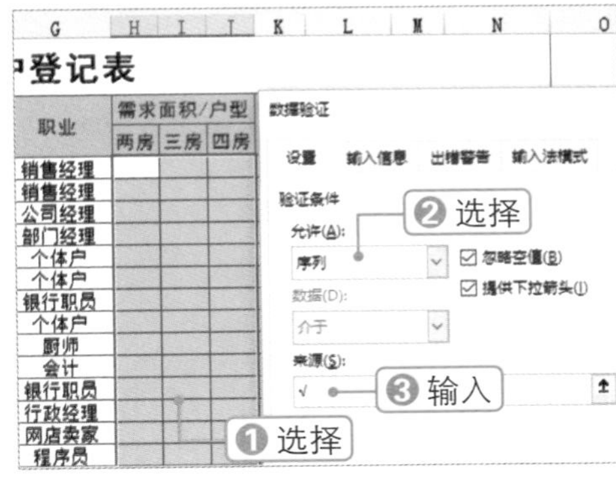

**STEP 2 设置输入信息**

❶选择“输入信息”选项卡，❷输入提示信息“单击选择”，❸单击 确定 按钮。

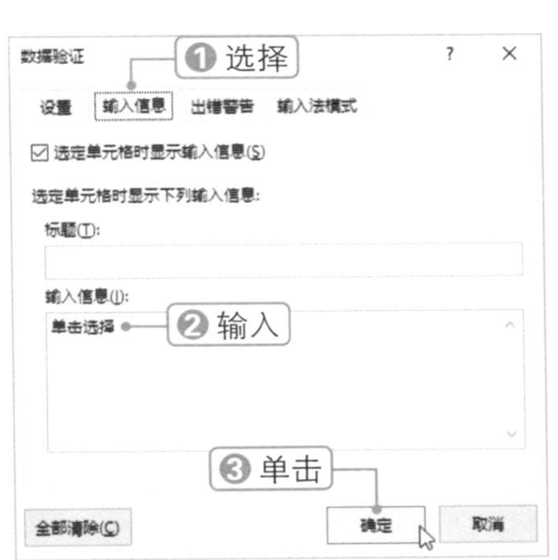

**STEP 3 查看设置效果**

选择单元格，即可显示提示信息。❶单击单元格右侧的下拉按钮，❷选择所需的选项。

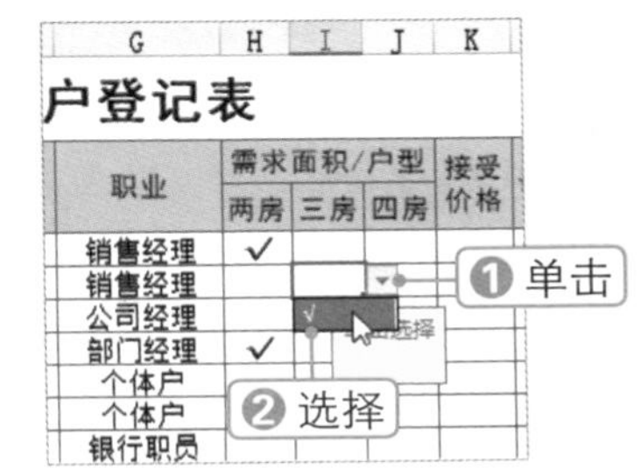

**STEP 4 设置数据验证**

采用同样的方法，设置“认知途径”列单元格的验证条件，将其序列来源设置为“广告，别人介绍，其他途径”。

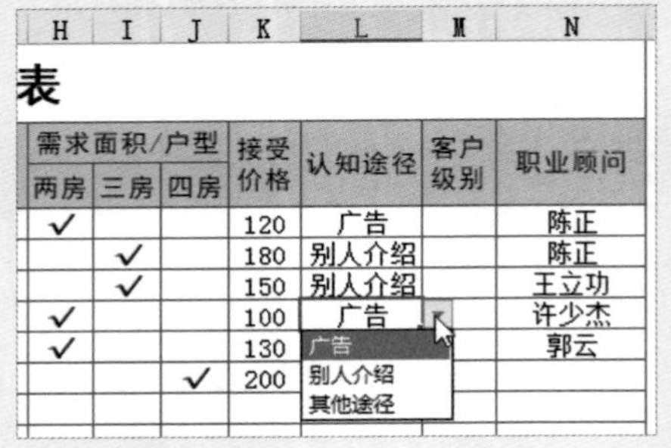

**STEP 5 输入序列文本**

❶ 在 P4:P6 单元格区域中输入文本“低”“中”“高”，❷ 选择“客户级别”列的单元格区域。

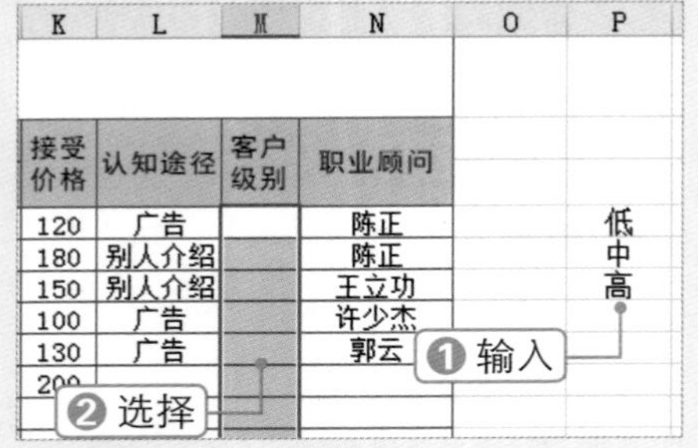


**STEP 6 定位光标**

打开“数据验证”对话框，❶ 在“允许”下拉列表框中选择“序列”选项，❷ 将光标定位到“来源”文本框中。

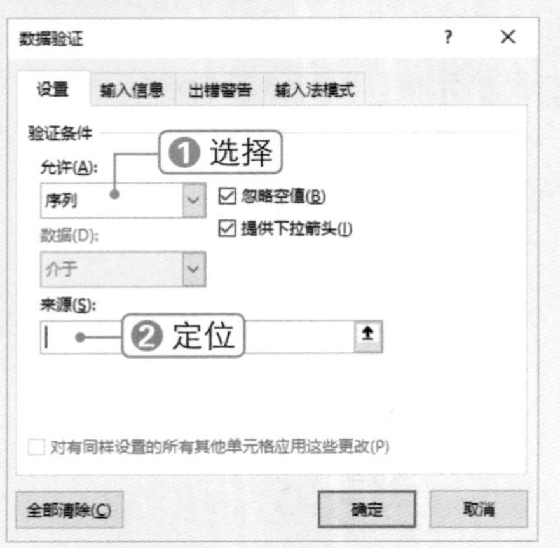


**STEP 7 选择单元格区域**

在工作表中选择 P4:P6 单元格区域，然后松开鼠标。

**STEP 8 单击 确定 按钮**

返回“数据验证”对话框，可以看到“来源”文本框中引用的单元格区域，单击 确定 按钮。

**STEP 9 选择级别选项**

此时即可在单元格下拉菜单中选择所需的级别选项。

| 接受价格 | 认知途径 | 客户级别 | 职业顾问 | | |
|---|---|---|---|---|---|
| 120 | 广告 | 低 | 陈正 | | 低 |
| 180 | 别人介绍 | 高 | 陈正 | | 中 |
| 150 | 别人介绍 | | 王立功 | | 高 |
| 100 | 广告 | 低 | 许少杰 | | |
| 130 | 广告 | 中 | 郭云 | | |
| 200 | | 高 | | | |

**STEP 10 更改引用数据**

更改数据验证所引用的单元格文本及单元格区域的位置，单元格下拉菜单中的相关选项将随之更改，而不必重新设置。

| K | L | M | N | O |
|---|---|---|---|---|
| 接受价格 | 认知途径 | 客户级别 | 职业顾问 | |
| 120 | 广告 | 低 | 陈正 | 高 |
| 180 | 别人介绍 | 高 | 陈正 | 中 |
| 150 | 别人介绍 | | 王立功 | 一般 |
| 100 | 广告 | 高 | 许少杰 | |
| 130 | 广告 | 中 | 郭云 | |
| 200 | | 一般 | | |

## 1.6.3 校验无效数据

只有在设置了数据验证的单元格中输入消息，若输入有误才会出现出错警告。当向其中复制或填充数据，或利用公式计算的无效数据，将不会弹出出错警告，此时可以通过圈释无效数据来进行校验，具体操作方法如下：

微课：校验无效数据

**STEP 1 创建名称**

❶选择 K5:K18 单元格区域，❷在名称框中输入名称 mch，按【Enter】键确认创建名称。

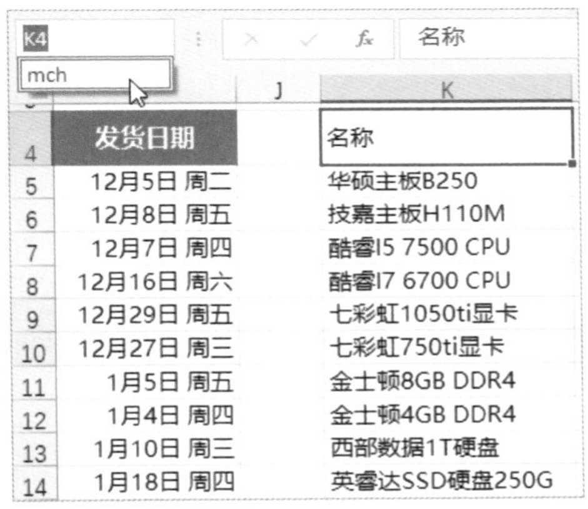


**STEP 2 查看名称**

创建名称后，单击名称框右侧的 ▾ 按钮，即可查看名称。

**STEP 3 单击"数据验证"按钮**

❶选择"产品名称"列的单元格区域，❷在 数据 选项卡下单击"数据验证"按钮。

## STEP 4 设置验证条件

弹出“数据验证”对话框，❶在“允许”下拉列表框中选择“序列”选项，❷在“来源”文本框中输入“=mch”，❸单击 确定 按钮。

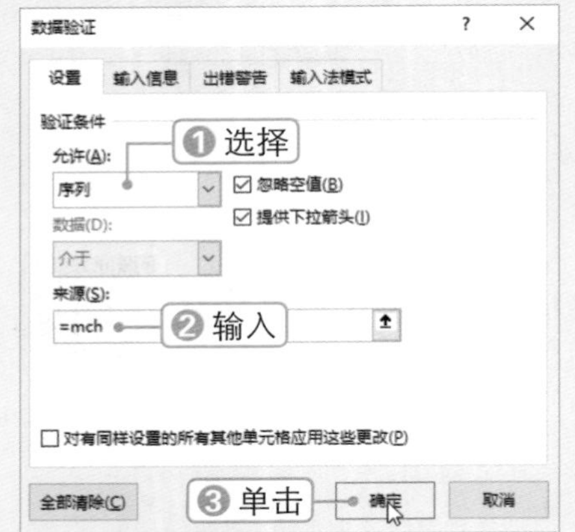


## STEP 5 选择 圈释无效数据(I) 选项

❶单击“数据验证”下拉按钮，❷选择 圈释无效数据(I) 选项，可以看到不符合条件的名称被圈出来了。

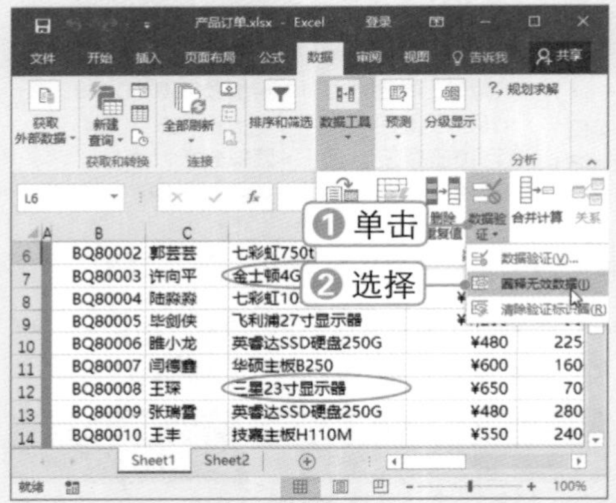


## STEP 6 选择产品名称

单击下拉按钮，在弹出的下拉菜单中选择正确的选项，然后再次设置圈释无效数据即可。

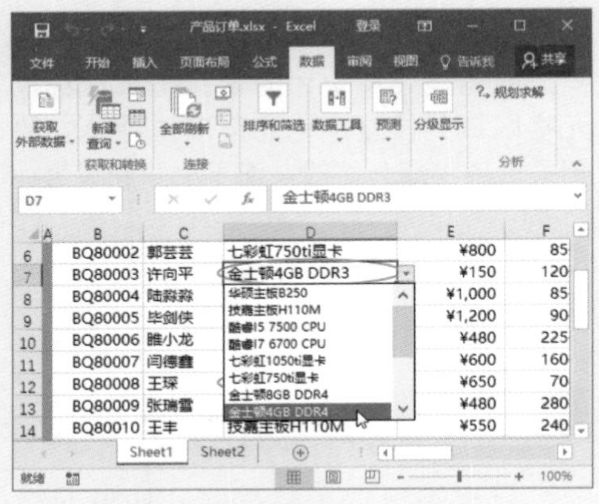

## STEP 7 创建表

❶选择 K4:K18 单元格区域，❷按【Ctrl+T】组合键，弹出“创建表”对话框，选中“表包含标题”复选框，❸单击 确定 按钮。

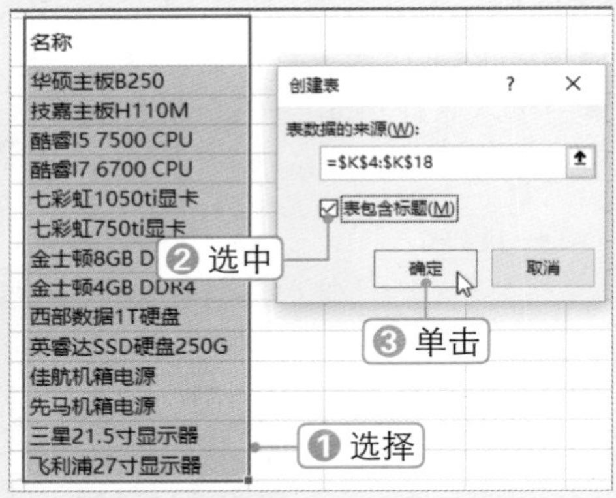


## STEP 8 自动更新数据验证

拖动表格右下角的 标记，调整表格区域大小。应用了数据验证的单元格，其下拉列表选项也随之更改。

## 商务办公 私房实操技巧

### TIP：Excel 自动快速填充

若 Excel 无法执行快速填充，可打开“Excel 选项”对话框，在左侧选择“高级”选项，在右侧的“编辑选项”选项区中选中“自动快速填充”复选框，然后单击“确定”按钮即可。

### TIP：不带格式填充

在使用填充柄填充数据时，为了避免破坏其他单元格的格式，可填充后单击“自动填充选项”下拉按钮，选择“不带格式填充(O)”选项。

### TIP：复制数据验证格式

选择包含数据验证的单元格，按【Ctrl+C】组合键进行复制，然后选择目标单元格，打开“选择性粘贴”对话框，从中选中“验证”单选按钮，单击“确定”按钮即可。

### TIP：利用【F4】键重复操作

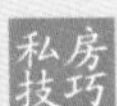

在单元格中进行编辑操作后，若要继续重复该操作，无须重做一遍，只需按【F4】键即可重复上一步的操作。例如，插入行后，按【F4】键即可重复执行插入行操作。

## Ask Answer 高手疑难解答

### 问 怎样转换错误的日期格式？

**图解解答** 在工作表中录入数据时，有时可能会输入错误的日期格式，如下图(左)所示，此时可以利用“分列”功能将日期更改为正确的格式，如下图(右)所示。方法为：

1 选中日期数据，在“数据”选项卡下单击“分列”按钮，弹出“文本分列向导”对话框，单击 下一步(N) > 按钮，在弹出的对话框中取消选择所有的分隔符号复选框，单击 下一步(N) > 按钮，如下图（左）所示。

2 在弹出的对话框中选中“日期”单选按钮，并选择日期格式，单击 完成(F) 按钮，如下图（右）所示。

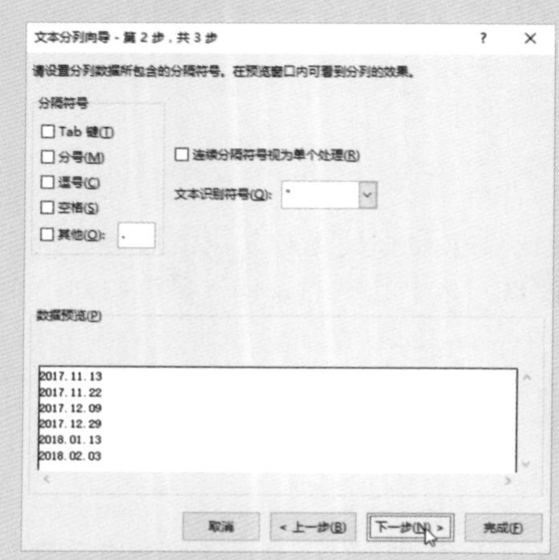
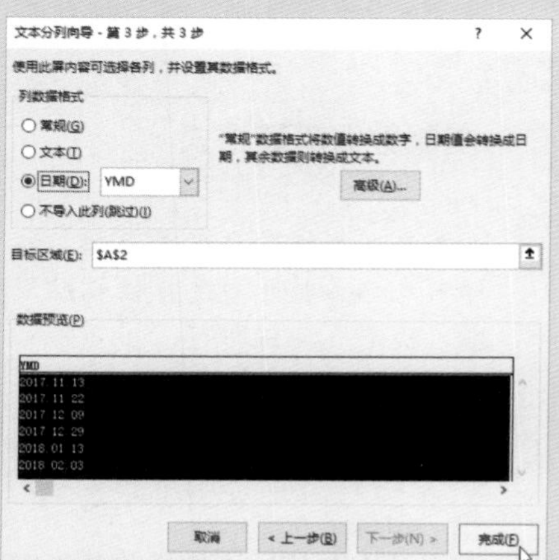

## 问 怎样同时查看一个工作簿中的不同工作表？

**图解解答** 要在 Excel 2016 中查看多个窗口，可选择 视图 选项卡，单击“新建窗口”按钮，创建该窗口的多个副本，然后单击“全部重排”按钮，选中“当前活动工作簿的窗口”复选框，选择一种排列方式，单击“确定”按钮，然后选择不同的工作表即可进行查看，如右图所示。

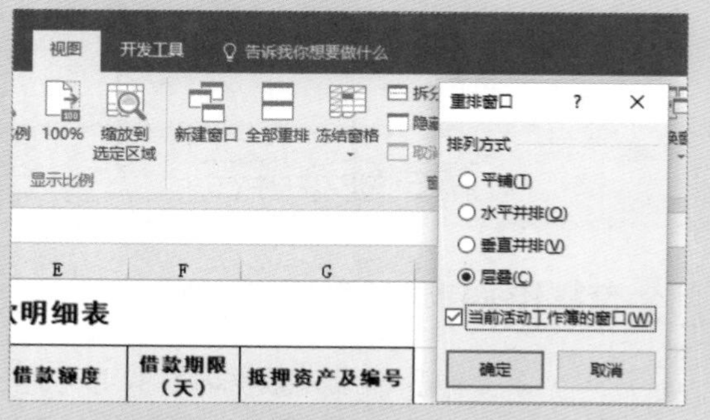

CHAPTER 02

# 专业 Excel 表格格式设置与应用

## 本章导读

Excel 表格的格式设置是制作特定工作表的必要操作，在各种实际应用情景下都要用到。本章将详细介绍如何设置与应用专业的 Excel 表格格式，其中包括设置单元格的数字格式，美化单元格，创建智能表格，设置条件格式，以及插入批注和超链接等。

## 知识要点

01 设置单元格数字格式

02 美化单元格

03 创建与使用“智能”表格

04 设置条件格式

05 插入注释和超链接

## 案例展示

▼自定义数字格式

| 经销商 | 2015年销量 | 2016年销量 | 2017年销量 | 平均年增长率 |
|---|---|---|---|---|
| 易航 | 16000 | 18000 | 25000 | ▲ 25.69% |
| 欣华 | 19000 | 17000 | 18000 | ▼ 2.32% |
| 智恒 | 15500 | 17000 | 18900 | ▲ 10.43% |
| 正太 | 12000 | 11800 | 10890 | ▼ 4.69% |
| 大宇 | 7800 | 10800 | 9000 | ▲ 10.90% |
| 合计 | 70300 | 74600 | 81790 | ▲ 7.88% |

▼设置边框和底纹格式

| | 1月 | 2月 | 3月 | 4月 | 5月 | 6月 | 合计 | 平均值 |
|---|---|---|---|---|---|---|---|---|
| 销售额 | ¥12,300 | ¥14,600 | ¥18,900 | ¥24,100 | ¥32,200 | ¥44,800 | ¥146,900 | ¥24,483 |
| 费用 | ¥10,000 | ¥13,100 | ¥12,200 | ¥23,100 | ¥26,600 | ¥37,600 | ¥122,600 | ¥20,433 |
| 利润 | ¥2,300 | ¥1,500 | ¥6,700 | ¥1,000 | ¥5,600 | ¥7,200 | ¥24,300 | ¥4,050 |
| 累计利润 | ¥2,300 | ¥3,800 | ¥10,500 | ¥11,500 | ¥17,100 | ¥24,300 | | |
| 累计平均 | ¥2,300 | ¥1,900 | ¥3,500 | ¥2,875 | ¥3,420 | ¥4,050 | | |
| 销售变化 | | 18.7% | 29.5% | 27.5% | 33.6% | 39.1% | 264.2% | 29.5% |
| 费用变化 | | 31.0% | -6.9% | 89.3% | 15.2% | 41.4% | 276.0% | 30.3% |
| 利润变化 | | -34.8% | 346.7% | -85.1% | 460.0% | 28.6% | 213.0% | 25.6% |
| 销售额/费用 | 1.2 | 1.1 | 1.5 | 1.0 | 1.2 | 1.2 | 1.2 | |
| 销售额/利润 | 5.3 | 9.7 | 2.8 | 24.1 | 5.8 | 6.2 | 6.0 | |
| 费用额/利润 | 4.3 | 8.7 | 1.8 | 23.1 | 4.8 | 5.2 | 5.0 | |

▼隐藏相同的数据

| 销售公司 | 月份 | 车型 | 市场价格/万 | 销售数量 | 销售金额 |
|---|---|---|---|---|---|
| 北京 | 2018年1月 | 哈弗H6 | 12.8 | 426 | 5452.8 |
| | | 捷达 | 8.8 | 221 | 1944.8 |
| | | 英朗 | 12.2 | 193 | 2354.6 |
| | | 迈腾 | 19 | 171 | 3249 |
| | 2018年2月 | 哈弗H6 | 12.8 | 506 | 6476.8 |
| | | 捷达 | 8.8 | 181 | 1592.8 |
| | | 英朗 | 12.2 | 103 | 1256.6 |
| | | 迈腾 | 19 | 159 | 3021 |
| | 2018年3月 | 哈弗H6 | 12.8 | 466 | 5964.8 |
| | | 捷达 | 28 | 261 | 7308 |
| | | 英朗 | 12.2 | 203 | 2476.6 |
| | | 迈腾 | 19 | 162 | 3078 |
| 杭州 | 2018年1月 | 哈弗H6 | 12.8 | 246 | 3148.8 |
| | | 捷达 | 8.8 | 329 | 2895.2 |

▼插入批注

订单金额明细　客户订单

| 订单编号 | 客户姓名 | 金额 | 其他费用 |
|---|---|---|---|
| BQ80001 | 吴凡 | | ¥120 |
| BQ80002 | 郭芸芸 | | ¥100 |
| BQ80003 | 许向平 | | ¥50 |
| BQ80004 | 陆淼淼 | | ¥95 |
| BQ80005 | 毕剑侠 | | ¥300 |
| BQ80006 | 睢小龙 | ¥108,000 | ¥60 |

凡科电脑总经理，办事细心，资源广泛，已列为我公司一级客户。

Chapter 02

# 2.1 设置单元格数字格式

■ 关键词：应用数字格式、添加单位、设置编号格式、添加前导或后缀符号、格式代码规则

在 Excel 工作表中输入数据后，可根据需要将数据设置为所需的数字格式，如货币格式、会计专用格式等。设置数字格式可以更改数字的外观，而不会更改数字本身。

## 2.1.1 应用预设数字格式

微课：应用预设数字格式

在Excel工作表中输入数据时，通常应用的是默认的“常规”格式，用户可以根据需要应用其他的预设格式，如数字、货币、日期、百分比、科学计数和文本等，具体操作方法如下：

### STEP 1 设置货币格式

①按住【Ctrl】键的同时选择金额数据所在的单元格区域，②单击数字格式下拉按钮，③选择“货币”选项。

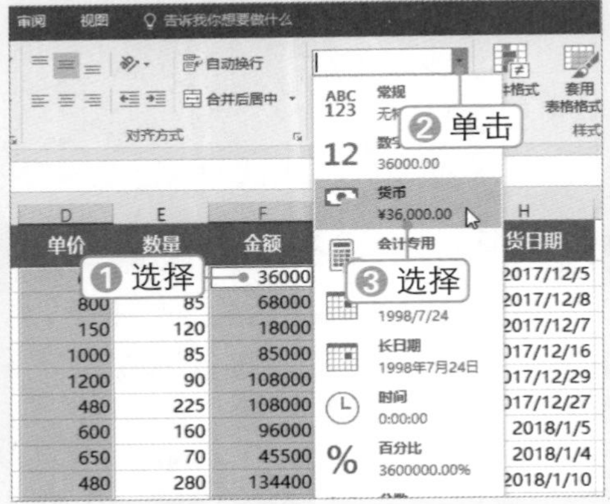


### STEP 2 应用货币格式

此时即可为数据应用货币格式，查看应用效果。

| D 单价 | E 数量 | F 金额 |
|---|---|---|
| ¥600.00 | 60 | ¥36,000.00 |
| ¥800.00 | 85 | ¥68,000.00 |
| ¥150.00 | 120 | ¥18,000.00 |
| ¥1,000.00 | 85 | ¥85,000.00 |
| ¥1,200.00 | 90 | ¥108,000.00 |
| ¥480.00 | 225 | ¥108,000.00 |
| ¥600.00 | 160 | ¥96,000.00 |
| ¥650.00 | 70 | ¥45,500.00 |
| ¥480.00 | 280 | ¥134,400.00 |
| ¥550.00 | 240 | ¥132,000.00 |
| ¥1,250.00 | 55 | ¥68,750.00 |

### STEP 3 设置货币格式

按【Ctrl+1】组合键，弹出“设置单元格格式”对话框，①设置小数位数，②选择货币符号。

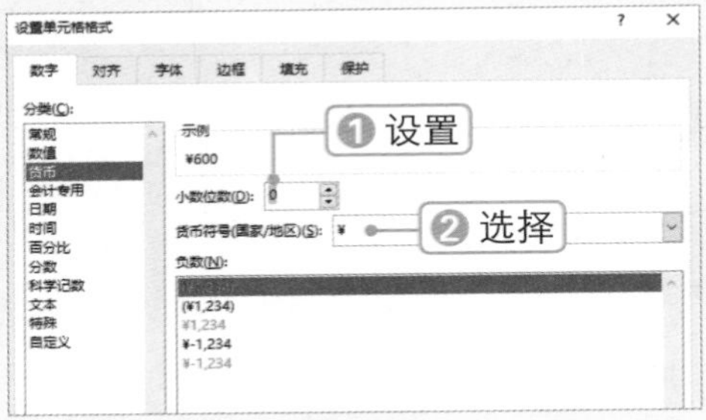


### STEP 4 设置会计专用格式

①选择“会计专用”选项，②设置“小数位数”为 0，③单击 确定 按钮。

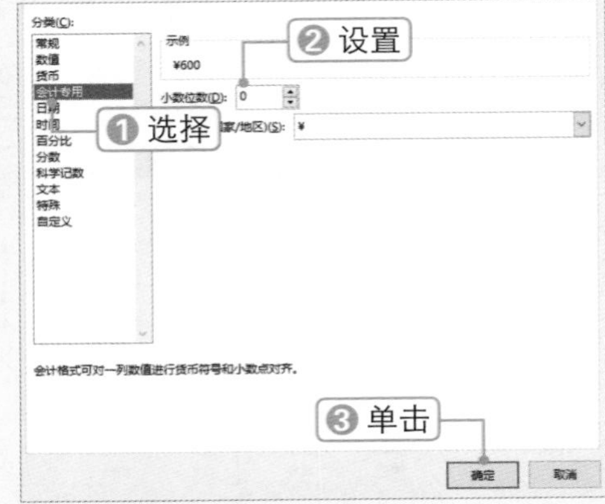

**STEP 5 查看设置效果**

查看“会计专用”数字格式效果，货币符号位于数据的最左侧，当数据为 0 时单元格自动显示“-”符号。

| D 单价 | E 数量 | F 金额 |
|---|---|---|
| ¥ 600 | 60 | ¥ 36,000 |
| ¥ 800 | 85 | ¥ 68,000 |
| ¥ 150 | 0 | ¥ - |
| ¥ 1,000 | 0 | ¥ - |
| ¥ 1,200 | 90 | ¥ 108,000 |
| ¥ 480 | 0 | ¥ - |
| ¥ 600 | 160 | ¥ 96,000 |
| ¥ 650 | 70 | ¥ 45,500 |
| ¥ 480 | 280 | ¥ 134,400 |
| ¥ 550 | 240 | ¥ 132,000 |
| ¥ 1,250 | 55 | ¥ 68,750 |
| ¥ 150 | 100 | ¥ 15,000 |

**STEP 6 设置日期格式**

选中日期列数据，在“设置单元格格式”对话框中设置日期格式。

| 订单日期 | 发货日期 |
|---|---|
| 12月2日 | 12月5日 |
| 12月2日 | 12月8日 |
| 12月6日 | 12月7日 |
| 12月10日 | 12月16日 |
| 12月25日 | 12月29日 |
| 12月25日 | 12月27日 |
| 1月3日 | 1月5日 |
| 1月3日 | 1月4日 |
| 1月7日 | 1月10日 |
| 1月11日 | 1月18日 |
| 1月15日 | 1月16日 |
| 1月17日 | 1月20日 |
| 1月27日 | 2月2日 |
| 1月26日 | 2月1日 |
| 1月28日 | 1月29日 |

## 2.1.2 自定义日期格式

Excel 2016中预设了20多种日期格式，用户可通过“自定义”选项查看各种日期格式代码，并根据需要组合或删除部分代码，使其成为一种新的日期格式，具体操作方法如下：

微课：自定义日期格式

**STEP 1 选择日期类型**

选中日期数据，打开“设置单元格格式”对话框，❶在左侧选择“日期”选项，❷选择日期类型，如“周三”。

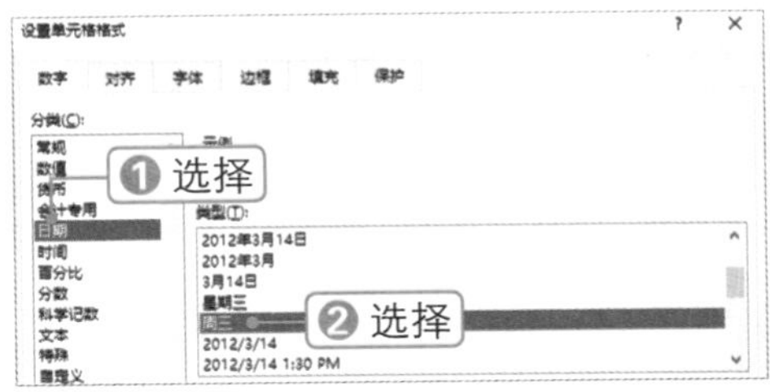


**STEP 2 复制代码**

❶在左侧选择“自定义”选项，查看当前日期类型代码，❷选中并复制代码。

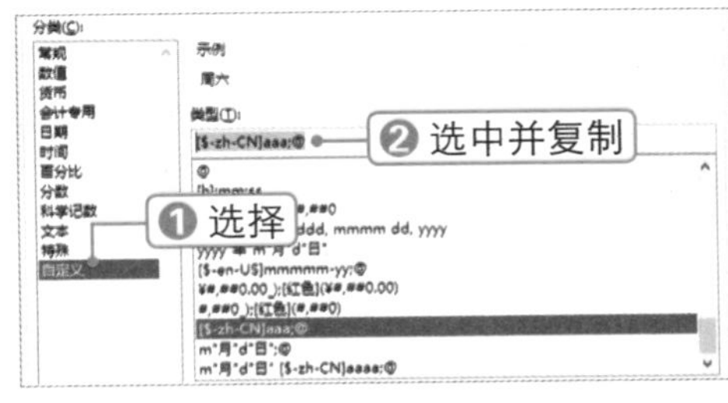


**STEP 3 选择日期类型**

❶在左侧选择“日期”选项，❷选择日期类型，如“3 月 14 日”。

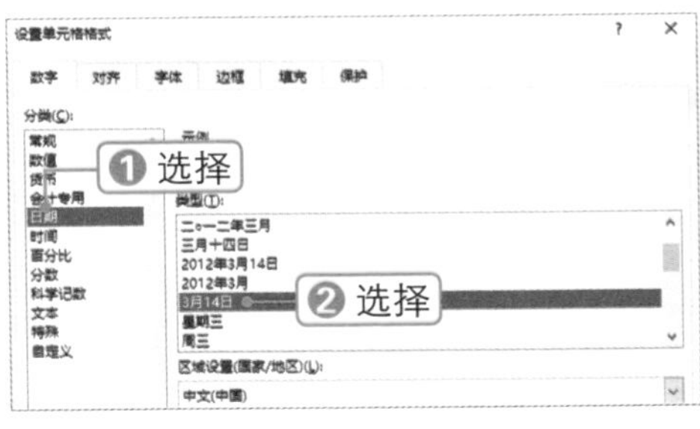


**STEP 4 查看日期代码**

在左侧选择“自定义”选项，查看当前日期类型代码。

**STEP 5 编辑代码**

❶删除代码后面的“;@”字符，按【Ctrl+V】组合键粘贴前面复制的代码，❷单击“确定”按钮。

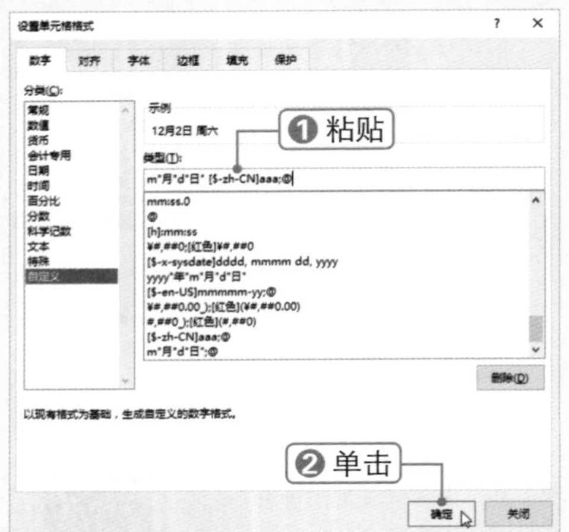


**STEP 6 查看设置效果**

此时即可查看自定义日期格式效果。

| G | H |
|---|---|
| 订单日期 | 发货日期 |
| 12月2日 周六 | 12月5日 周二 |
| 12月2日 周六 | 12月8日 周五 |
| 12月6日 周三 | 12月7日 周四 |
| 12月10日 周日 | 12月16日 周六 |
| 12月25日 周一 | 12月29日 周五 |
| 12月25日 周一 | 12月27日 周三 |
| 1月3日 周三 | 1月5日 周五 |
| 1月3日 周三 | 1月4日 周四 |

**实操解疑**

设置货币符号的位置

为金额数据应用“会计专用”数字格式后，将在单元格的最左侧显示货币符号“¥”。若要调整货币符号的位置，可选择单元格后在“对齐方式”组中单击“增加缩进量”按钮。

## 2.1.3 自定义数字显示方式

微课：自定义数字显示方式

要想在数字前加上0，可使用占位符“0”。如果单元格中的文本长度大于占位符，则显示实际数字；如果单元格中的文本长度小于占位符，则用0补位。要使数字中显示文本信息，可将文本信息使用半角双引号括起来，具体操作方法如下：

**STEP 1 自定义编号格式**

选择编号单元格区域，打开“设置单元格格式”对话框，❶在左侧选择“自定义”选项，❷在“类型”文本框中输入与编号字符相同数量的0，然后在前面输入字符“"BQ"”，查看编号效果。

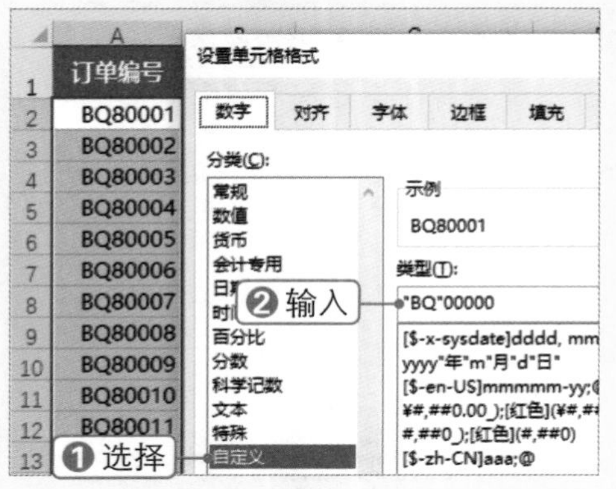


**STEP 2 设置手机号格式**

同样，若对手机号进行自定义格式设置，可将格式类型设置为“000"-"0000"-"0000”。

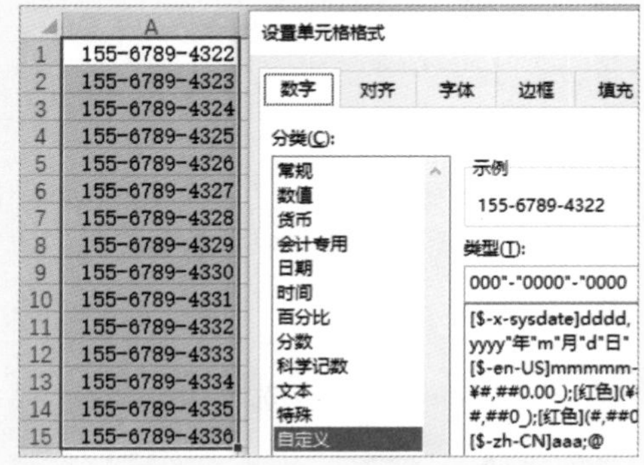

## 2.1.4 使用千位分隔符减小倍数

在数字中使用千位分割符号“,”，可以把原来的数字缩小1/1000，具体操作方法如下：

微课：使用千位分隔符减小倍数

### STEP 1 设置单元格格式

选择“金额”数据单元格区域，并将其设置为“常规”格式。

| 单价 | 数量 | 金额 |
|---|---|---|
| ¥600 | 60 | 36000 |
| ¥800 | 85 | 68000 |
| ¥150 | 120 | 18000 |
| ¥1,000 | 85 | 85000 |
| ¥1,200 | 90 | 108000 |
| ¥480 | 225 | 108000 |
| ¥600 | 160 | 96000 |
| ¥650 | 70 | 45500 |
| ¥480 | 280 | 134400 |

### STEP 2 输入类型代码

按【Ctrl+1】组合键，打开“设置单元格格式”对话框，❶在左侧选择“自定义”选项，❷在“类型”文本框中输入代码“0,”将数字缩小1/1000，在“示例”区域可以预览效果。

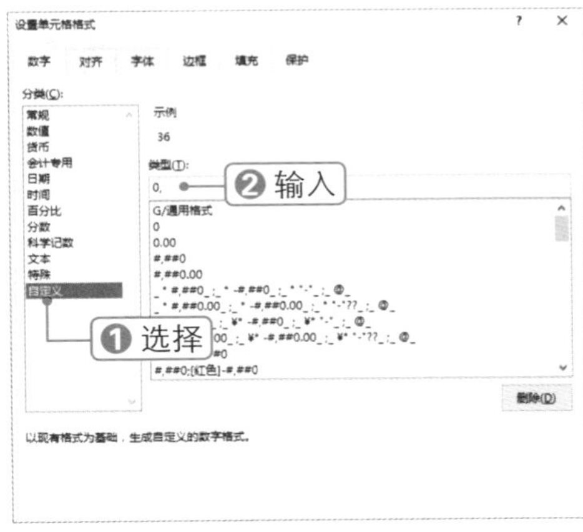


### STEP 3 输入代码

❶在千分号前输入代码“"."#”，用符号“#”占一位，总共是四位，然后把小数点“.”插入到它前面，即小数点向前移动了四位。❷单击 确定 按钮。

### STEP 4 查看设置效果

此时即可将数据从万位上分割，查看显示效果。

| 单价 | 数量 | 金额 |
|---|---|---|
| ¥600 | 60 | 3.6 |
| ¥800 | 85 | 6.8 |
| ¥150 | 120 | 1.8 |
| ¥1,000 | 85 | 8.5 |
| ¥1,200 | 90 | 10.8 |
| ¥480 | 225 | 10.8 |
| ¥600 | 160 | 9.6 |
| ¥650 | 70 | 4.6 |
| ¥480 | 280 | 13.4 |

## 2.1.5 更改数值大小

若要批量更改数值的倍数或大小，而非数值的显示方式，可以利用“选择性粘贴”功能批量操作，具体操作方法如下：

微课：更改数值大小

**STEP 1 复制数据**

将“金额”数据恢复为“常规”格式，在 K3 单元格中输入 10000，❶选择 K3 单元格，按【Ctrl+C】组合键复制数据，❷选择“金额”数据单元格区域。

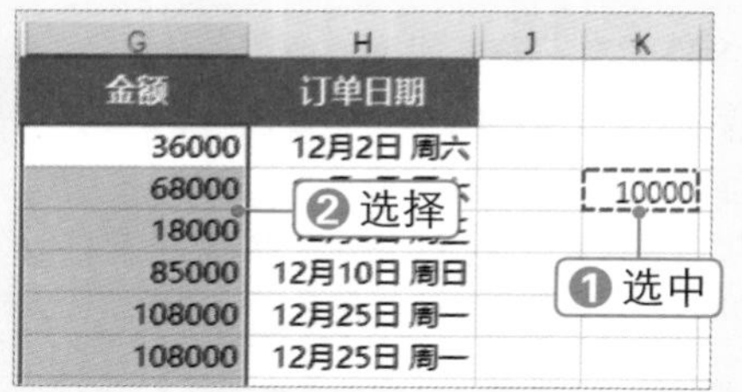


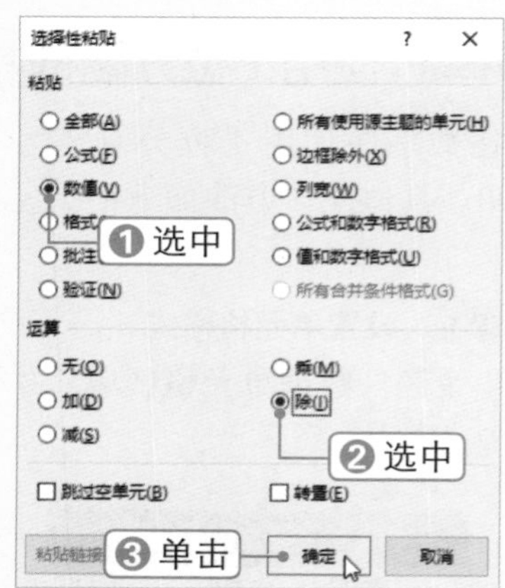


**STEP 2 设置选择性粘贴**

按【Ctrl+Alt+V】组合键，弹出“选择性粘贴”对话框，❶选中“数值”单选按钮，❷选中“除”单选按钮，❸单击 确定 按钮。

**STEP 3 查看设置效果**

此时即可将所选数据除以 10000，按【Esc】键取消单元格复制状态。

| G | H | J | K |
|---|---|---|---|
| 金额 | 订单日期 | | |
| 3.6 | 12月2日 周六 | | |
| 6.8 | 12月2日 周六 | | 10000 |
| 1.8 | 12月6日 周三 | | |
| 8.5 | 12月10日 周日 | | |
| 10.8 | 12月25日 周一 | | |
| 10.8 | 12月25日 周一 | | |

## 2.1.6 对齐小数点

在包含小数点的数据中，为了方便查看，有时需要将小数点进行对齐，使用“?”占位符即可实现，具体操作方法如下：

微课：对齐小数点

**STEP 1 输入代码**

选择“金额”数据单元格区域，打开“设置单元格格式”对话框，❶在左侧选择“自定义”选项，❷输入代码“.???”，单击“确定”按钮。

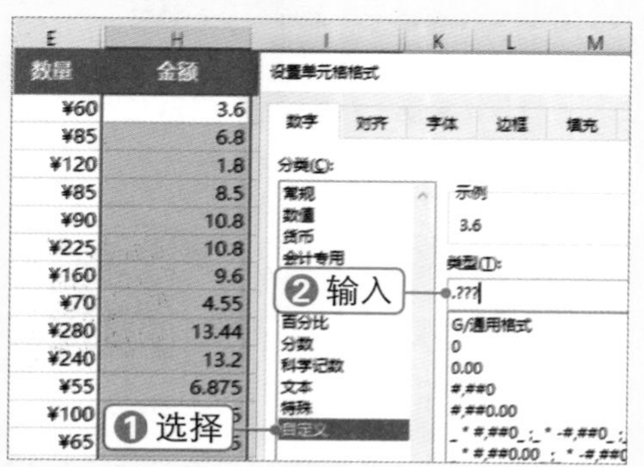


**STEP 2 查看设置效果**

此时即可对齐各个数据的小数位。代码“.???”可以将小数点后无意义的 0（零）变为空格。

| D | E | H |
|---|---|---|
| 单价 | 数量 | 金额 |
| ¥600 | ¥60 | 3.6 |
| ¥800 | ¥85 | 6.8 |
| ¥150 | ¥120 | 1.8 |
| ¥1,000 | ¥85 | 8.5 |
| ¥1,200 | ¥90 | 10.8 |
| ¥480 | ¥225 | 10.8 |
| ¥600 | ¥160 | 9.6 |
| ¥650 | ¥70 | 4.55 |
| ¥480 | ¥280 | 13.44 |
| ¥550 | ¥240 | 13.2 |
| ¥1,250 | ¥55 | 6.875 |
| ¥150 | ¥100 | 1.5 |
| ¥1,000 | ¥65 | 6.5 |

## 2.1.7 添加单位

微课：添加单位

符号“#”为数字占位符，它只显示有意义的0（零），而不显示无意义的0（零），使用它可以为数字添加单位，具体操作方法如下：

### STEP 1 输入代码

选择“金额”数据单元格区域，打开“设置单元格格式”对话框，❶在左侧选择“自定义”选项，❷输入代码“0.00”设置小数点位数，再在后面输入单位“万”，单击“确定”按钮。

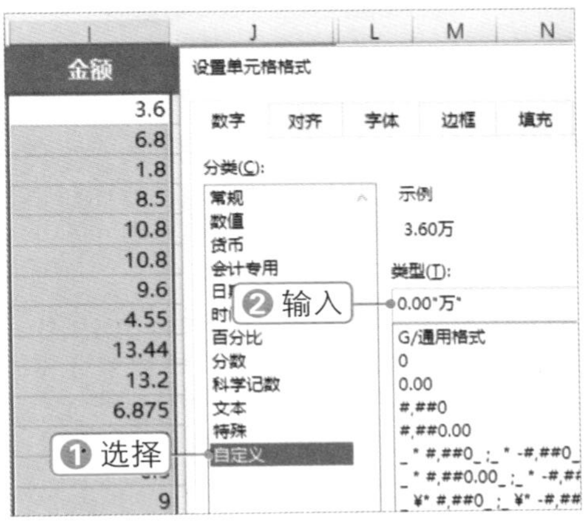


### STEP 2 查看设置效果

此时即可在小数数据后添加单位“万”。

| 单价 | 数量 | 金额 |
|---|---|---|
| ¥600 | 60 | 3.60万 |
| ¥800 | 85 | 6.80万 |
| ¥150 | 120 | 1.80万 |
| ¥1,000 | 85 | 8.50万 |
| ¥1,200 | 90 | 10.80万 |
| ¥480 | 225 | 10.80万 |
| ¥600 | 160 | 9.60万 |
| ¥650 | 70 | 4.55万 |
| ¥480 | 280 | 13.44万 |
| ¥550 | 240 | 13.20万 |

### STEP 3 输入代码

选择“数量”数据单元格区域，打开“设置单元格格式”对话框，❶在左侧选择“自定义”选项，❷输入代码“#"个"”，单击“确定”按钮。

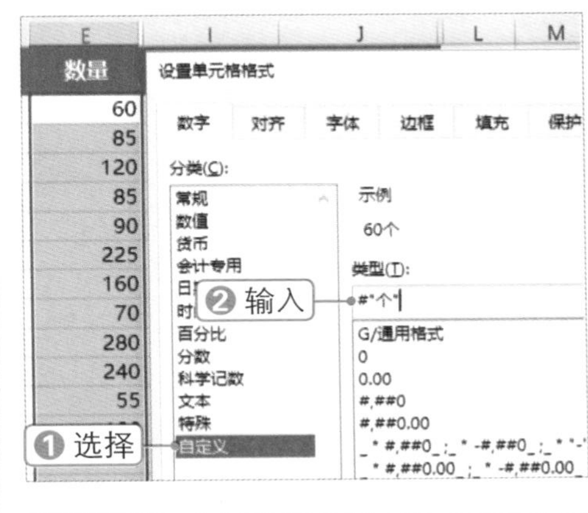


### STEP 4 查看设置效果

此时即可在整数后添加单位“个”。

| 单价 | 数量 | 金额 |
|---|---|---|
| ¥600 | 60个 | 3.60万 |
| ¥800 | 85个 | 6.80万 |
| ¥150 | 120个 | 1.80万 |
| ¥1,000 | 85个 | 8.50万 |
| ¥1,200 | 90个 | 10.80万 |
| ¥480 | 225个 | 10.80万 |
| ¥600 | 160个 | 9.60万 |
| ¥650 | 70个 | 4.55万 |
| ¥480 | 280个 | 13.44万 |
| ¥550 | 240个 | 13.20万 |
| ¥1,250 | 55个 | 6.88万 |
| ¥150 | 100个 | 1.50万 |

## 2.1.8 添加前导或后缀符号

微课：添加前导或后缀符号

使用通配符“*”可以设置在单元格中重复某个字符，为数据添加前导或后缀符号，具体操作方法如下：

**STEP 1 自定义数字格式**

在 A1 单元格中输入 1，并自定义单元格格式，❶在“类型”列表框中选择“G/通用格式”选项，并在代码前输入“*.”，❷单击“确定”按钮。

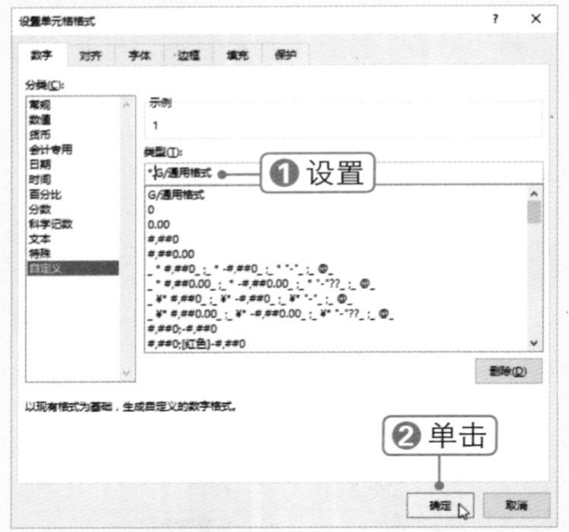


**STEP 2 查看设置效果**

此时即可为数字 1 添加前导符号“.”。

| | A | B | C |
|---|---|---|---|
| 1 | ..........1 | 4 | 7 |
| 2 | 2 | 5 | 8 |
| 3 | 3 | 6 | 9 |

**STEP 3 添加后缀符号**

采用同样的方法自定义数字格式，在“G/通用格式”格式代码后输入字符“*.”，即可在数字后添加后缀符号“.”。

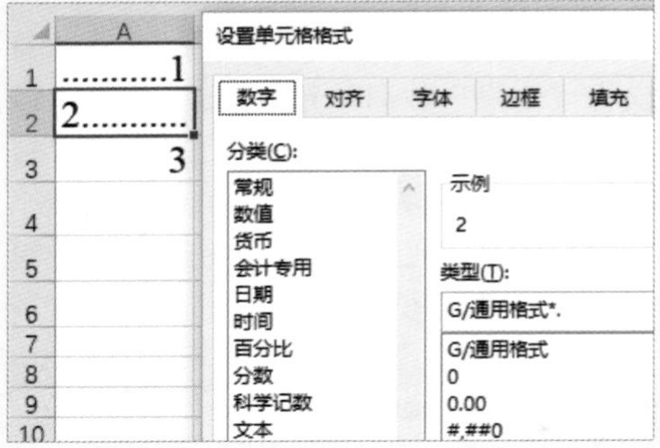


**STEP 4 设置前导或后缀符号**

同样，可以根据需要将前导或后缀符号更改为其他符号。

| | A | B | C |
|---|---|---|---|
| 1 | .............. 1 | ````````````` 4 | 7!!!!!!!!!!!!!! |
| 2 | 2.............. | +++++++ 5 | ******** 8 |
| 3 | -------------3 | 6/////////////// | 9~~~~~~~~~ |
| 4 | | | |
| 5 | | | |
| 6 | | | |

## 2.1.9 自定义数字格式规则

微课：自定义数字格式规则

若要创建自定义数字格式，可先应用所需的内置数字格式，然后更改该格式的代码部分。数字格式最多可包含四个代码部分，各个部分用分号分隔。这些代码部分按先后顺序定义正数、负数、零值和文本的格式。

<POSITIVE>;<NEGATIVE>;<ZERO>;<TEXT>

即：当输入正数时，显示设置的正数格式；当输入负数时，显示设置的负数格式；当输入“0”时，显示设置的0值格式；当输入文本时，显示设置的文本格式。

自定义数字格式中无须包含所有代码部分。如果仅为自定义数字格式指定了两个代码部分，则第一部分用于正数和0，第二部分用于负数；如果仅指定了一个代码部分，则该部分用于所有数字；如果要跳过某一代码部分，然后在其后面包含一个代码部分，则必须为要跳过的部分添加结束分号。

在自定义数字格式代码时，可遵循以下规则：

### 1. 同时显示文本和数字

若要在单元格中同时显示文本和数字，应将文本字符括在双引号（" "）内，或在单个字符前面添加一个反斜杠（\）。例如，为单元格应用自定义格式“0.00"万 利润";0.00"万 亏损"”后，输入数字256.736将显示**256.74万 利润**，输入数字-256.736将显示**256.74万 亏损**。要在数字中显示一些字符时，不需要添加引号，如“$”“+”“-”“(”“)”“:”“^”“'”“{”“}”“<”“>”“=”“/”“!”“&”和“~”空格等。

### 2. 包含文本输入部分

如果包含文本，则文本部分始终是数字格式中的最后一个部分。如果要显示单元格中所输入的任何文本，则应在该部分中包含“@”字符。如果要为输入的文本显示特定的文本字符，应将附加文本用双引号（""）括起来。例如，为单元格应用自定义格式“@"销量"”后，在单元格中输入文本“2018年”，将显示**2018年销量**。

如果格式不包含文本部分，则在应用该格式的单元格中所输入的任何非数字值都不会受该格式的影响，整个单元格将转换为文本格式。

### 3. 添加空格

若要在数字格式中创建一个字符宽度的空格，可输入一个下划线字符“_”，并在后面跟随要使用的字符。例如，如果下划线后面带有右括号“_)”，则正数将与括号中括起的负数相应地对齐。

### 4. 重复字符

若要在格式中重复下一个字符以填满列宽，可使用代码星号“*”。例如，输入代码“0*-”，可在数字后面包含重复的短画线，以填满单元格。还可在任何格式代码之前输入“*0”，使其包含前导数“0”。

### 5. 包含小数位和有效位

若要为包含小数点的分数或数字设置格式，可在数字格式部分中包含以下数字占位数、小数点和千位分隔符。

| | |
|---|---|
| 0（零） | 如果数字的位数少于格式中的0（零）的个数，则此数字占位符会显示无效0（零）。例如，如果输入5.6，但希望将其显示为5.60，可使用格式“#.00” |
| # | 此数字占位符所遵循的规则与0（零）相同。但是，如果所输入数字的小数点任一侧的位数小于格式中“#”符号的个数，则Excel不会显示多余的0（零）。例如，如果自定义格式为“#.##”，而在单元格中输入了5.6，则会显示数字5.6 |
| ? | 此数字占位符所遵循的规则与0（零）相同。但Excel 2016会为小数点任一侧的无效0（零）添加空格，以便使列中的小数点对齐。例如，自定义格式“0.0?”，将列中数字5.6和55.66的小数点对齐 |
| .（句点） | 此数字占位符在数字中显示小数点 |

下面将依据自定义数字格式规则为销量的平均年增长率自定义数字格式，使其看起来更加直观，具体操作方法如下：

**STEP 1 选择单元格区域**

选择“平均年增长率”列的数据单元格区域，可以看到其中包含整数和负数。

| 经销商 | 2015年销量 | 2016年销量 | 2017年销量 | 平均年增长率 |
|---|---|---|---|---|
| 易航 | 16000 | 18000 | 25000 | 25.7% |
| 欣华 | 19000 | 17000 | 18000 | -2.3% |
| 智恒 | 15500 | 17000 | 18900 | 10.4% |
| 正太 | 12000 | 11800 | 10890 | -4.7% |
| 大宇 | 7800 | 10800 | 9000 | 10.9% |
| 合计 | 70300 | 74600 | 81790 | 7.9% |

**STEP 2 自定义数字格式**

在“设置数字格式”对话框中自定义数字格式为“▲ 0.00%; ▼ 0.00%”，查看单元格显示效果。

| 经销商 | 2015年销量 | 2016年销量 | 2017年销量 | 平均年增长率 |
|---|---|---|---|---|
| 易航 | 16000 | 18000 | 25000 | ▲ 25.69% |
| 欣华 | 19000 | 17000 | 18000 | ▼ 2.32% |
| 智恒 | 15500 | 17000 | 18900 | ▲ 10.43% |
| 正太 | 12000 | 11800 | 10890 | ▼ 4.69% |
| 大宇 | 7800 | 10800 | 9000 | ▲ 10.90% |
| 合计 | 70300 | 74600 | 81790 | ▲ 7.88% |

**STEP 3 编辑格式代码**

打开“设置单元格格式”对话框，①在占位符“0”前添加“?”占位符，②单击 确定 按钮。

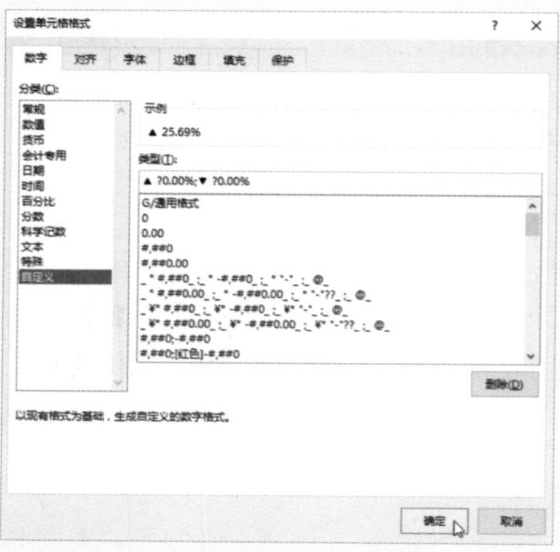


**STEP 4 查看对齐效果**

此时可以看到E列中的“▲”和“▼”符号已经对齐。

| 经销商 | 2015年销量 | 2016年销量 | 2017年销量 | 平均年增长率 |
|---|---|---|---|---|
| 易航 | 16000 | 18000 | 25000 | ▲ 25.69% |
| 欣华 | 19000 | 17000 | 18000 | ▼ 2.32% |
| 智恒 | 15500 | 17000 | 18900 | ▲ 10.43% |
| 正太 | 12000 | 11800 | 10890 | ▼ 4.69% |
| 大宇 | 7800 | 10800 | 9000 | ▲ 10.90% |
| 合计 | 70300 | 74600 | 81790 | ▲ 7.88% |

Chapter 02

# 2.2 美化单元格

■ 关键词：自定义边框、填充颜色、应用单元格样式、主题颜色、新建单元格样式、修改样式

通过对工作表单元格样式进行格式化设置，可以使其看起来更加美观，以便于浏览和查看。下面将介绍如何设置单元格边框和底纹格式，以及如何自定义单元格样式等。

## 2.2.1 设置边框和底纹格式

使用Excel 2016制作的普通表格默认情况下没有边框线，需要用户进行设置。默认的单元格为透明背景，可以根据需要设置纯色、渐变或图案填充。设置单元格边框和底纹格式的具体操作方法如下：

微课：设置边框和底纹格式

## STEP 1 设置数字格式

打开素材文件，对数据进行数字格式设置。

| | 1月 | 2月 | 3月 | 4月 | 5月 | 6月 | 合计 | 平均值 |
|---|---|---|---|---|---|---|---|---|
| 销售额 | ¥12,300 | ¥14,600 | ¥18,900 | ¥24,100 | ¥32,200 | ¥44,800 | ¥146,900 | ¥24,483 |
| 费用 | ¥10,000 | ¥13,100 | ¥12,200 | ¥23,100 | ¥26,600 | ¥37,600 | ¥122,600 | ¥20,433 |
| 利润 | ¥2,300 | ¥1,500 | ¥6,700 | ¥1,000 | ¥5,600 | ¥7,200 | ¥24,300 | ¥4,050 |
| 累计利润 | ¥2,300 | ¥3,800 | ¥10,500 | ¥11,500 | ¥17,100 | ¥24,300 | | |
| 累计平均 | ¥2,300 | ¥1,900 | ¥3,500 | ¥2,875 | ¥3,420 | ¥4,050 | | |
| 销售变化 | | 18.7% | 29.5% | 27.5% | 33.6% | 39.1% | 264.2% | 29.5% |
| 费用变化 | | 31.0% | -6.9% | 89.3% | 15.2% | 41.4% | 276.0% | 30.3% |
| 利润变化 | | -34.8% | 346.7% | -85.1% | 460.0% | 28.6% | 213.0% | 25.6% |
| 销售额/费用 | 1.2 | 1.1 | 1.5 | 1.0 | 1.2 | 1.2 | 1.2 | |
| 销售额/利润 | 5.3 | 9.7 | 2.8 | 24.1 | 5.8 | 6.2 | 6.0 | |
| 费用额/利润 | 4.3 | 8.7 | 1.8 | 23.1 | 4.8 | 5.2 | 5.0 | |

## STEP 2 选择 其他边框(M)... 选项

在上方和左侧分别插入一个空行和空列，❶选择 B3:J13 单元格区域，❷在“字体”组中单击“边框”下拉按钮，❸选择 其他边框(M)... 选项。

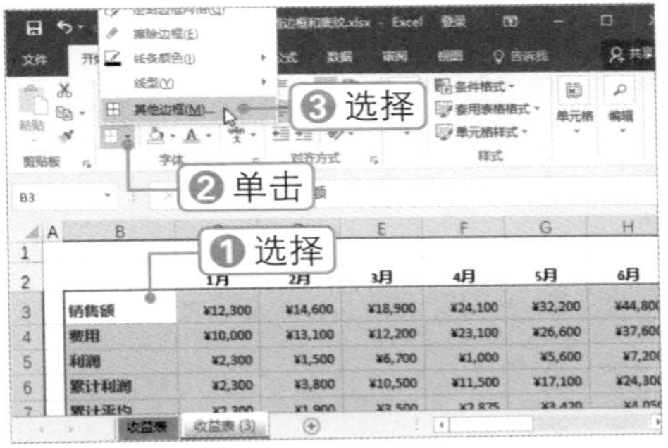


## STEP 3 设置边框样式

弹出“设置单元格格式”对话框，❶选择“边框”选项卡，❷选择线条样式，❸选择线条颜色。

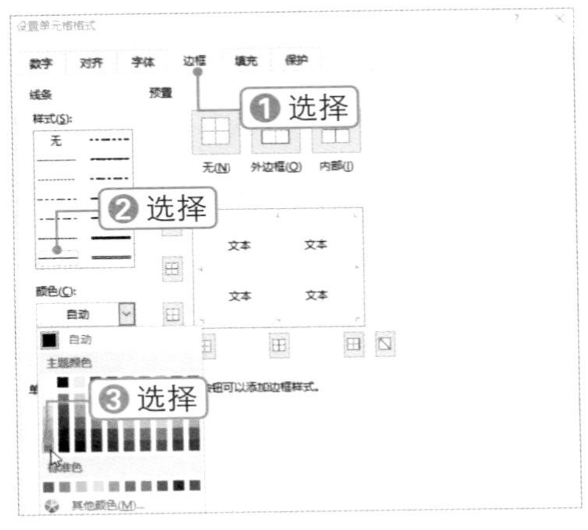


## STEP 4 应用线条样式

❶在边框预览区分别单击“中框线”按钮和“下框线”按钮，应用线条样式，❷单击 确定 按钮。

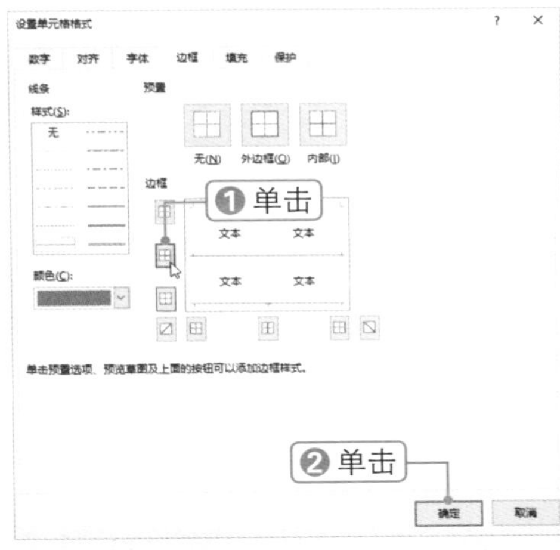


## STEP 5 查看设置效果

此时即可查看为单元格设置边框样式后的效果。

| | 1月 | 2月 | 3月 | 4月 | 5月 | 6月 | 合计 | 平均值 |
|---|---|---|---|---|---|---|---|---|
| 销售额 | ¥12,300 | ¥14,600 | ¥18,900 | ¥24,100 | ¥32,200 | ¥44,800 | ¥146,900 | ¥24,483 |
| 费用 | ¥10,000 | ¥13,100 | ¥12,200 | ¥23,100 | ¥26,600 | ¥37,600 | ¥122,600 | ¥20,433 |
| 利润 | ¥2,300 | ¥1,500 | ¥6,700 | ¥1,000 | ¥5,600 | ¥7,200 | ¥24,300 | ¥4,050 |
| 累计利润 | ¥2,300 | ¥3,800 | ¥10,500 | ¥11,500 | ¥17,100 | ¥24,300 | | |
| 累计平均 | ¥2,300 | ¥1,900 | ¥3,500 | ¥2,875 | ¥3,420 | ¥4,050 | | |
| 销售变化 | | 18.7% | 29.5% | 27.5% | 33.6% | 39.1% | 264.2% | 29.5% |
| 费用变化 | | 31.0% | -6.9% | 89.3% | 15.2% | 41.4% | 276.0% | 30.3% |
| 利润变化 | | -34.8% | 346.7% | -85.1% | 460.0% | 28.6% | 213.0% | 25.6% |
| 销售额/费用 | 1.2 | 1.1 | 1.5 | 1.0 | 1.2 | 1.2 | 1.2 | |
| 销售额/利润 | 5.3 | 9.7 | 2.8 | 24.1 | 5.8 | 6.2 | 6.0 | |
| 费用额/利润 | 4.3 | 8.7 | 1.8 | 23.1 | 4.8 | 5.2 | 5.0 | |

## STEP 6 设置边框样式

选择 C2:J2 单元格区域，打开“设置单元格格式”对话框，❶选择边框样式，❷单击“下框线”按钮，❸单击 确定 按钮。

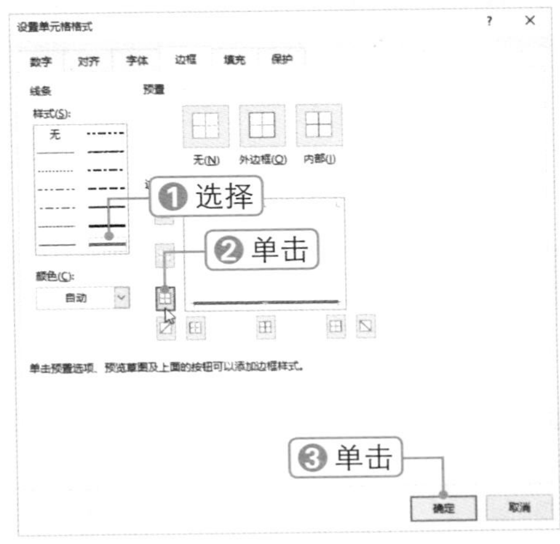

## STEP 7 插入行

按住【Ctrl】键的同时选择多行，然后按【Ctrl++】组合键插入行。

| | 1月 | 2月 | 3月 | 4月 | 5月 | 6月 | 合计 | 平均值 |
|---|---|---|---|---|---|---|---|---|
| 销售额 | ¥12,300 | ¥14,600 | ¥18,900 | ¥24,100 | ¥32,200 | ¥44,800 | ¥146,900 | ¥24,483 |
| 费用 | ¥10,000 | ¥13,100 | ¥12,200 | ¥23,100 | ¥26,600 | ¥37,600 | ¥122,600 | ¥20,433 |
| 利润 | ¥2,300 | ¥1,500 | ¥6,700 | ¥1,000 | ¥5,600 | ¥7,200 | ¥24,300 | ¥4,050 |
| 累计利润 | ¥2,300 | ¥3,800 | ¥10,500 | ¥11,500 | ¥17,100 | ¥24,300 | | |
| 累计平均 | ¥2,300 | ¥1,900 | ¥3,500 | ¥2,875 | ¥3,420 | ¥4,050 | | |
| 销售变化 | | 18.7% | 29.5% | 27.5% | 33.6% | 39.1% | 264.2% | 29.5% |
| 费用变化 | | 31.0% | -6.9% | 89.3% | 15.2% | 41.4% | 276.0% | 30.3% |
| 利润变化 | | -34.8% | 346.7% | -85.1% | 460.0% | 28.6% | 213.0% | 25.6% |
| 销售额/费用 | 1.2 | 1.1 | 1.5 | 1.0 | 1.2 | 1.2 | 1.2 | |
| 销售额/利润 | 5.3 | 9.7 | 2.8 | 24.1 | 5.8 | 6.2 | 6.0 | |
| 费用额/利润 | 4.3 | 8.7 | 1.8 | 23.1 | 4.8 | 5.2 | 5.0 | |

## STEP 8 选择填充颜色

❶选择 B5:J5 单元格区域，❷在“字体”组中单击“填充颜色”下拉按钮，❸选择所需的填充颜色。

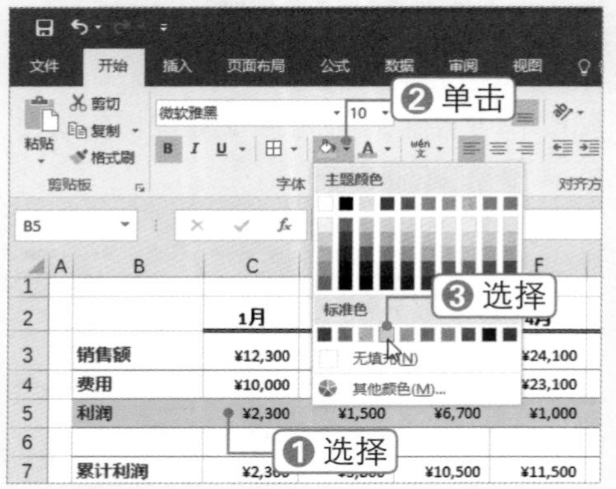


## STEP 9 单击扩展按钮

❶选择 C2:J2 单元格区域，❷在“字体”组中单击右下角的扩展按钮。

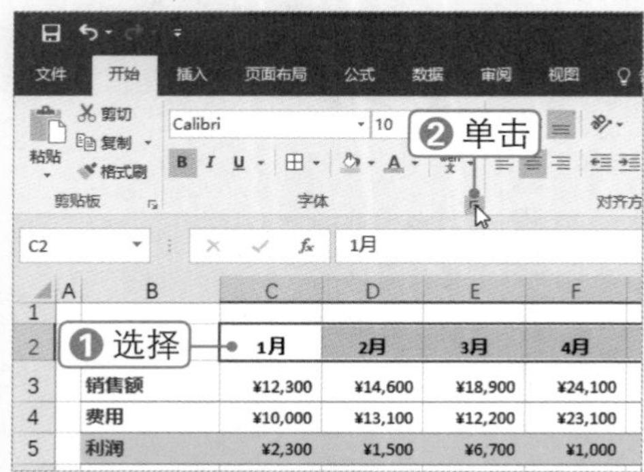


## STEP 10 单击“填充效果”按钮

弹出“设置单元格格式”对话框，❶选择“填充”选项卡，❷单击“填充效果”按钮。

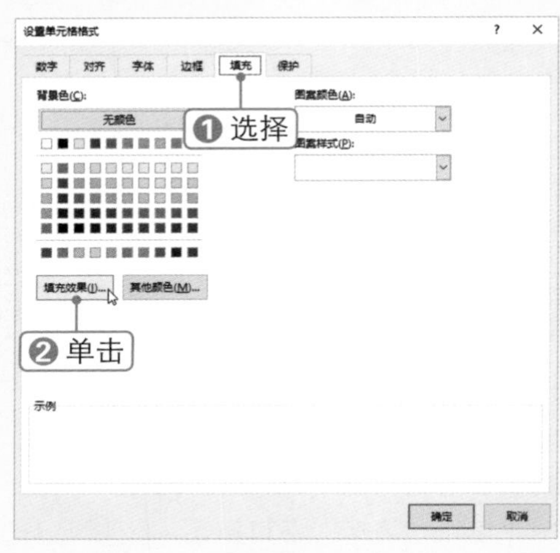


## STEP 11 设置渐变填充

弹出“填充效果”对话框，❶选择“颜色”为蓝色，❷选择底纹样式，❸选择变形样式，❹依次单击“确定”按钮。

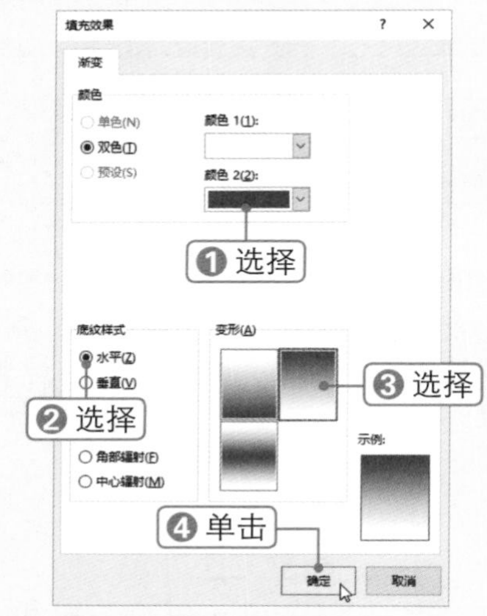


## STEP 12 取消网格线

在“视图”选项卡下取消选择“网格线”复选框，查看表格边框和底纹效果。

| | 1月 | 2月 | 3月 | 4月 | 5月 | 6月 | 合计 | 平均值 |
|---|---|---|---|---|---|---|---|---|
| 销售额 | ¥12,300 | ¥14,600 | ¥18,900 | ¥24,100 | ¥32,200 | ¥44,800 | ¥146,900 | ¥24,483 |
| 费用 | ¥10,000 | ¥13,100 | ¥12,200 | ¥23,100 | ¥26,600 | ¥37,600 | ¥122,600 | ¥20,433 |
| 利润 | ¥2,300 | ¥1,500 | ¥6,700 | ¥1,000 | ¥5,600 | ¥7,200 | ¥24,300 | ¥4,050 |
| | | | | | | | | |
| 累计利润 | ¥2,300 | ¥3,800 | ¥10,500 | ¥11,500 | ¥17,100 | ¥24,300 | | |
| 累计平均 | ¥2,300 | ¥1,900 | ¥3,500 | ¥2,875 | ¥3,420 | ¥4,050 | | |
| | | | | | | | | |
| 销售变化 | | 18.7% | 29.5% | 27.5% | 33.6% | 39.1% | 264.2% | 29.5% |
| 费用变化 | | 31.0% | -6.9% | 89.3% | 15.2% | 41.4% | 276.0% | 30.3% |
| 利润变化 | | -34.8% | 346.7% | -85.1% | 460.0% | 28.6% | 213.0% | 25.6% |
| | | | | | | | | |
| 销售额/费用 | 1.2 | 1.1 | 1.5 | 1.0 | 1.2 | 1.2 | 1.2 | |
| 销售额/利润 | 5.3 | 9.7 | 2.8 | 24.1 | 5.8 | 6.2 | 6.0 | |
| 费用额/利润 | 4.3 | 8.7 | 1.8 | 23.1 | 4.8 | 5.2 | 5.0 | |

## 2.2.2 应用单元格样式

微课：应用单元格样式

单元格样式是字体格式、数字格式、单元格边框和底纹等单元格属性的集合，通过应用单元格样式可以快速为单元格应用这些属性，也可以将自定义的单元格格式保存为单元格样式。应用单元格样式的具体操作方法如下：

### STEP 1 选择单元格区域

选择要应用单元格样式的单元格区域。

| | A | B | C | D | E | F | G | H | I |
|---|---|---|---|---|---|---|---|---|---|
| 1 | 武安市裕丰钢铁有限公司全国销售（单位：百万） | | | | | | | | |
| 2 | | | | | | | | | |
| 3 | | 1月 | 2月 | 3月 | 4月 | 5月 | 6月 | 总计 | 百分比 |
| 4 | 华北 | 100 | 130 | 125 | 130 | 140 | 180 | 805 | 33.3% |
| 5 | 西北 | 60 | 80 | 80 | 100 | 90 | 100 | 510 | 21.1% |
| 6 | 华东 | 110 | 120 | 110 | 120 | 140 | 130 | 730 | 30.2% |
| 7 | 东北 | 40 | 60 | 70 | 60 | 60 | 80 | 370 | 15.3% |
| 8 | | | | | | | | | |
| 9 | 合计 | 310 | 390 | 385 | 410 | 430 | 490 | 2,415 | |
| 10 | 平均值 | 78 | 98 | 96 | 103 | 108 | 123 | 604 | |

### STEP 2 选择样式

❶在 开始 选项卡下“样式”组中单击“单元格样式”下拉按钮，❷选择所需的样式，即可应用该样式。

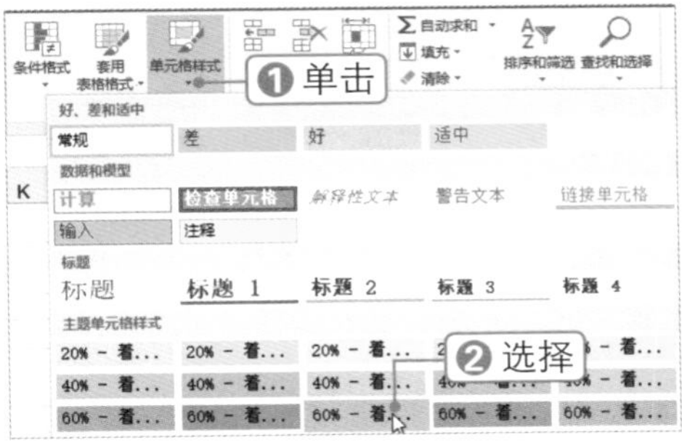


### STEP 3 应用主题样式

❶选择 页面布局 选项卡，❷单击“主题”下拉按钮，❸选择所需的主题样式。

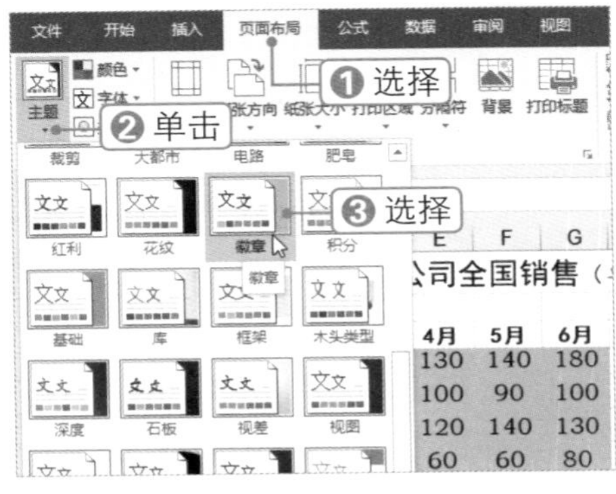


### STEP 4 应用颜色样式

❶单击 颜色 下拉按钮，❷选择所需的颜色样式，应用了样式的单元格的颜色也随之变化。

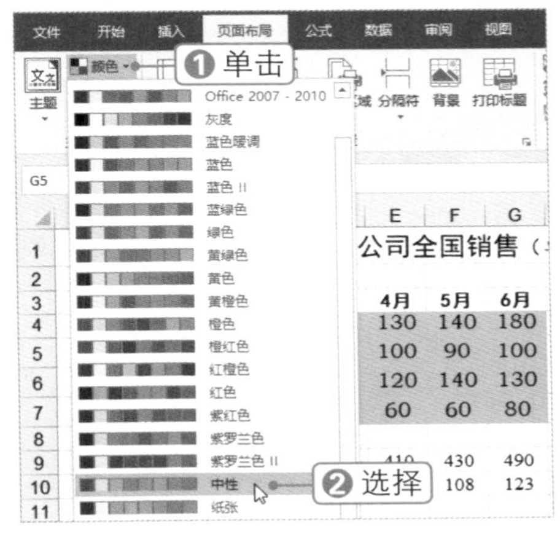


### STEP 5 查看单元格样式

在 开始 选项卡下单击“单元格样式”下拉按钮，在弹出的列表中可以看到单元格样式随着主题的改变而改变。

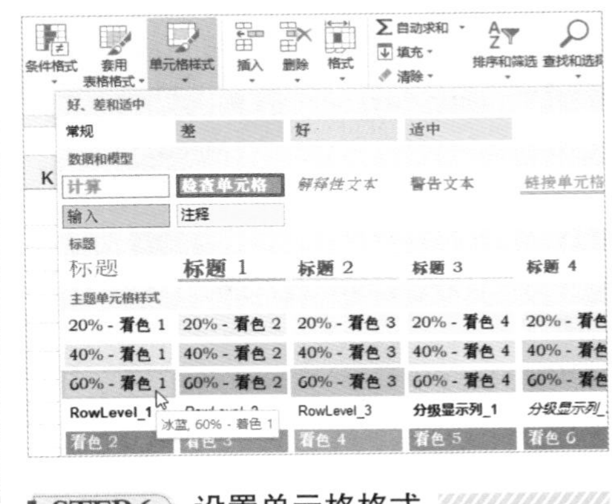


### STEP 6 设置单元格格式

❶选择单元格区域，❷根据需要在“字体”组中设置填充颜色、字体与边框等格式。

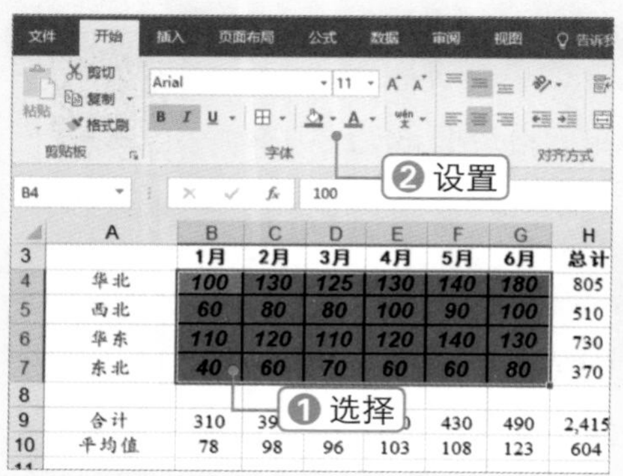


## STEP 7 选择 新建单元格样式(N)... 选项

❶选择单元格区域，❷在“单元格样式”下拉列表中选择 新建单元格样式(N)... 选项。

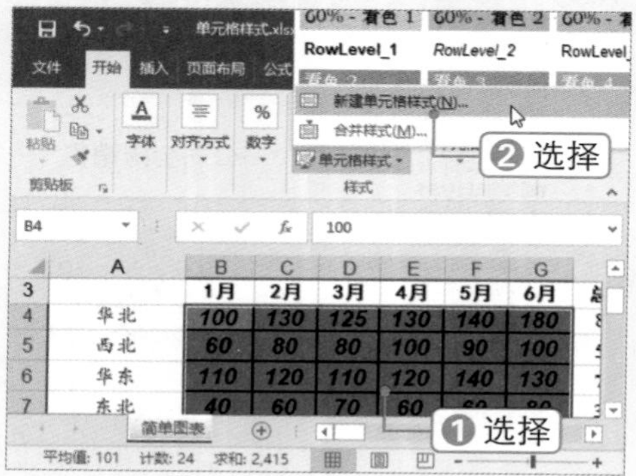


## STEP 8 新建样式

弹出“样式”对话框，❶输入样式名，❷选择样式中要包括的格式，❸单击 确定 按钮。

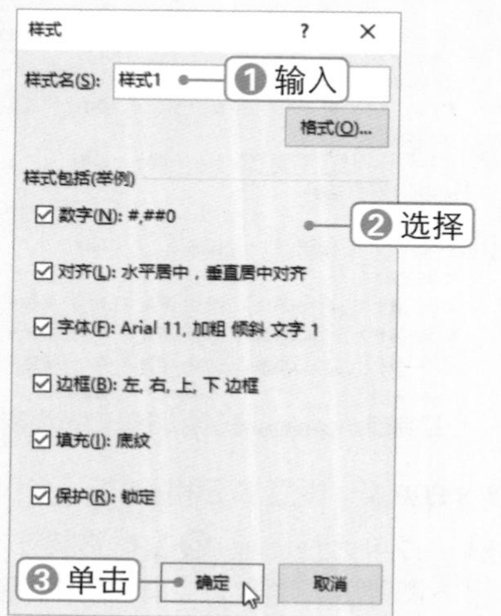


## STEP 9 应用自定义样式

❶选择 B4:G7 和 B9:G10 单元格区域，❷单击 单元格样式 下拉按钮，❸选择创建的自定义样式。

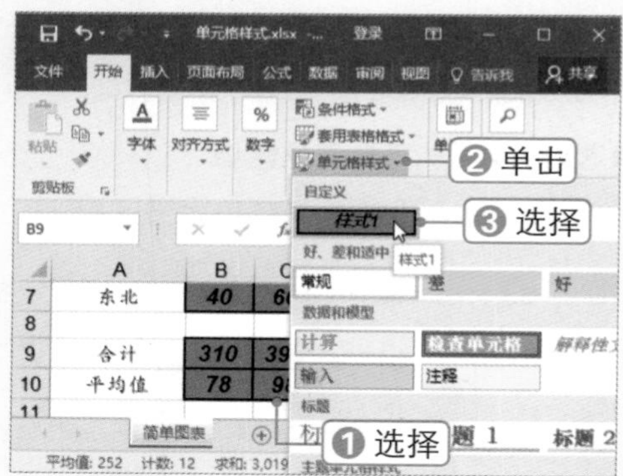


## STEP 10 选择 修改(M)... 命令

❶单击“单元格样式”下拉按钮，❷右击创建的样式，❸选择 修改(M)... 命令。

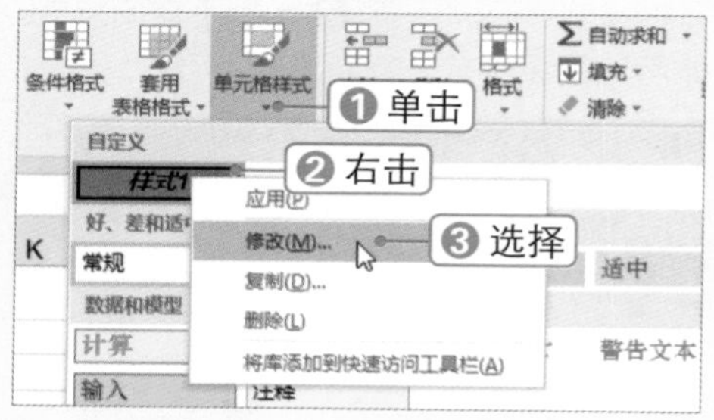


## STEP 11 单击 格式(O)... 按钮

弹出“样式”对话框，单击 格式(O)... 按钮。

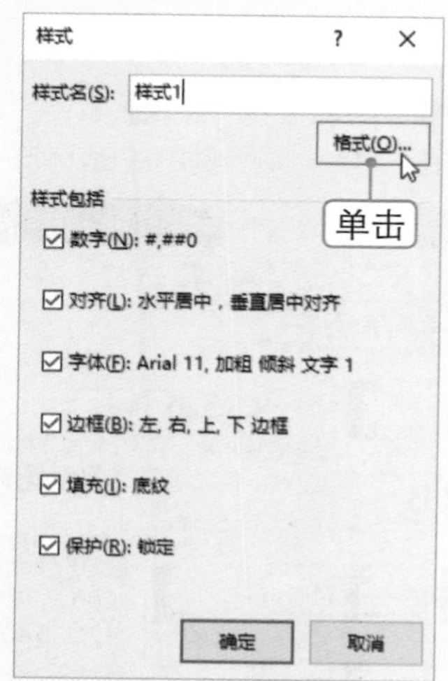

**STEP 12 设置单元格格式**

弹出“设置单元格格式”对话框，❶对样式的字体、边框、颜色与填充等进行设置，❷依次单击 确定 按钮。

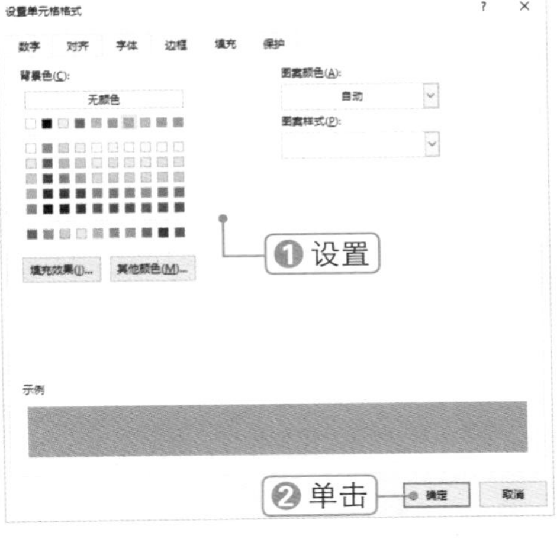


**STEP 13 查看设置效果**

此时应用了该样式的单元格格式都将发生改变。

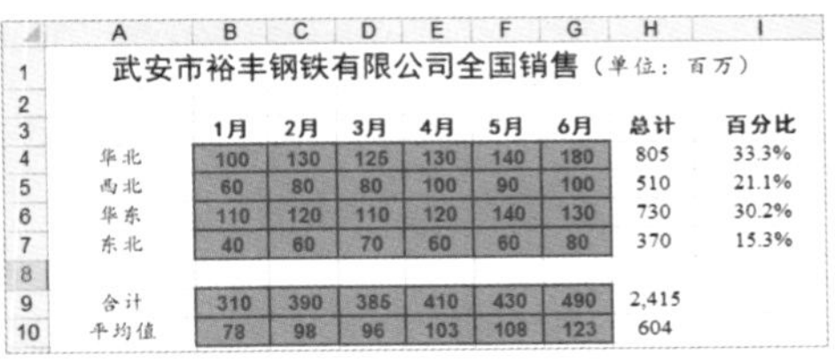

| | 武安市裕丰钢铁有限公司全国销售（单位：百万） | | | | | | | |
|---|---|---|---|---|---|---|---|---|
| | 1月 | 2月 | 3月 | 4月 | 5月 | 6月 | 总计 | 百分比 |
| 华北 | 100 | 130 | 125 | 130 | 140 | 180 | 805 | 33.3% |
| 西北 | 60 | 80 | 80 | 100 | 90 | 100 | 510 | 21.1% |
| 华东 | 110 | 120 | 110 | 120 | 140 | 130 | 730 | 30.2% |
| 东北 | 40 | 60 | 70 | 60 | 60 | 80 | 370 | 15.3% |
| | | | | | | | | |
| 合计 | 310 | 390 | 385 | 410 | 430 | 490 | 2,415 | |
| 平均值 | 78 | 98 | 96 | 103 | 108 | 123 | 604 | |

**秒杀技巧　使用快捷键设置格式**

选择单元格后按【Ctrl+5】组合键，可快速为数据添加删除线；再次按【Ctrl+5】组合键，可取消删除线。按【Ctrl+Shift+&】组合键，可添加外边框；按【Ctrl+Shift+_】组合键，可删除外边框。

Chapter 02

# 2.3 创建与使用“智能”表格

■ 关键词：插入表格、表格区域、表格样式、切片器、结构化引用、自建名称、自动扩展、汇总

Excel 表格是工作表中独立于其他行列的一块区域，通过表功能可以非常便捷地管理表行或列中的数据。它可以自动扩展数据，可以与数据验证、函数、图表、数据透视图等结合使用，使数据管理起来更加便捷，十分智能。

## 2.3.1 创建“智能”表格

微课：创建“智能”表格

在工作表中创建“智能”表格即将普通的数据单元格进行“表格化”操作，下面将详细介绍如何创建“智能”表格并设置表格样式，具体操作方法如下：

**STEP 1 单击“表格”按钮**

❶选择任意数据单元格，❷选择 插入 选项卡，❸单击“表格”按钮。也可选择单元格后，直接按【Ctrl+T】组合键。

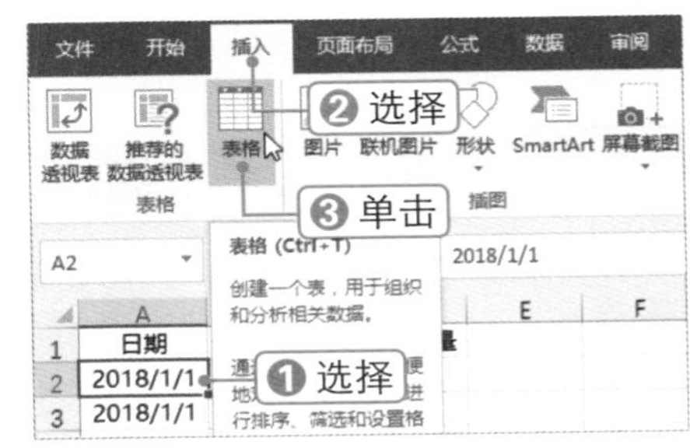

**STEP 2　选择数据来源**

弹出“创建表”对话框，Excel 将自动选择连续的数据区域，也可收到选择表数据的来源。❶选中“表包含标题”复选框，❷单击 确定 按钮。

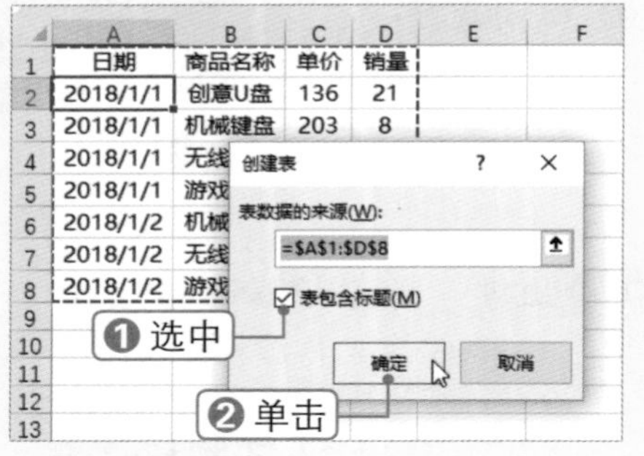


**STEP 3　创建表**

此时即可创建表格，并应用默认的表格样式。拖动表格右下角的控制柄，即可调整表格区域大小。

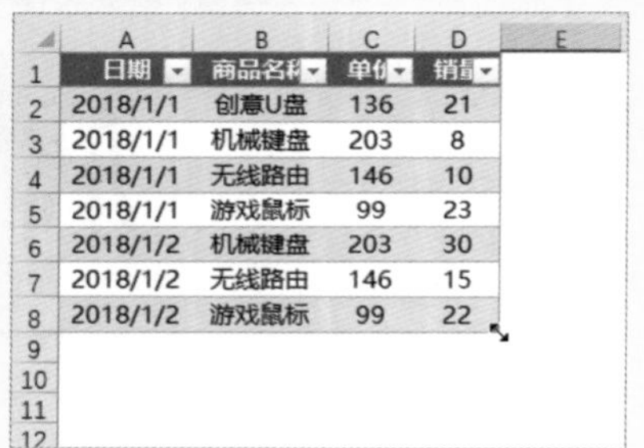

**STEP 4　设置表格样式**

❶选择 设计 选项卡，❷在“表格样式选项”组中取消选择“筛选按钮”复选框，❸选中“最后一列”复选框，❹右击表格样式，❺选择 应用并保留格式(M) 命令，应用表格格式，并保留表格原有的字体格式。

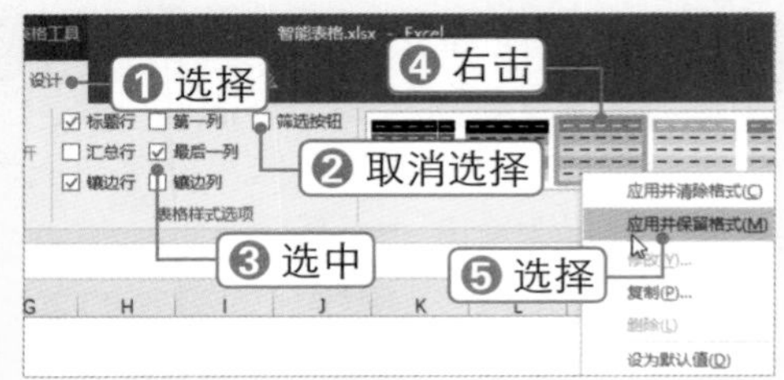


**STEP 5　删除表格**

若要删除表格，可在 设计 选项卡下单击 转换为区域 按钮。

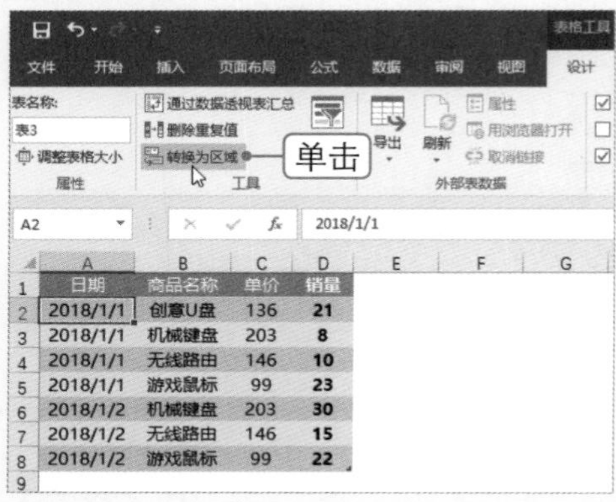


**STEP 6　插入切片器**

在 设计 选项卡下单击“插入切片器”按钮，即可插入切片器。通过单击切片器上的按钮，可以很直观地对表格数据进行筛选操作。

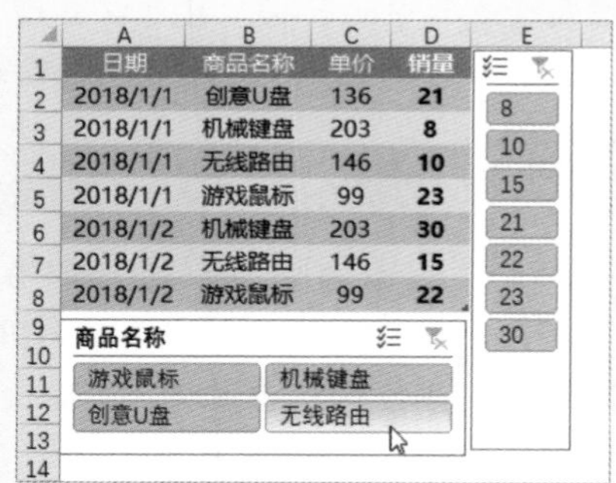

## 2.3.2　使用“智能”表格

在表格中执行数据计算、筛选或排序操作时，不会影响表格外的其他数据，且表格还具有结构化引用、自建名称、快速填充、自动扩展和多角度汇总数据等优点。使用“智能”表格的方法如下：

微课：使用“智能”表格

## STEP 1 插入表列

❶在表格中右击单元格，❷选择 插入(I) 选项，❸选择 在右侧插入表列(R) 命令。

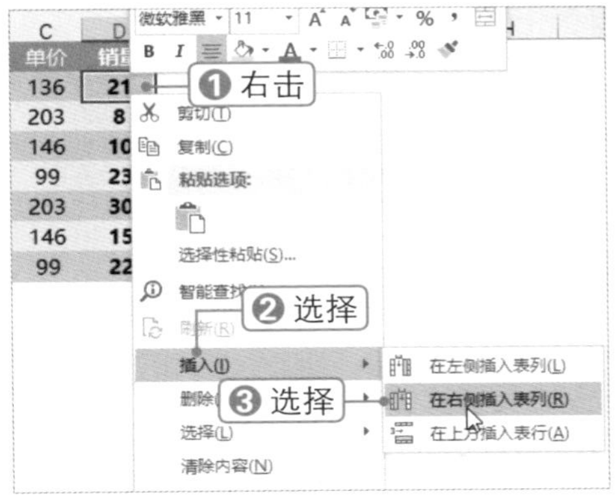


## STEP 2 输入公式

此时即可在表格中插入列，输入名称。❶选择 E2 单元格，❷在编辑栏中输入等号，然后选择 C2 单元格，此时 Excel 自动将单元格引用更改为表格列名称“[@单价]”，输入乘号，然后选择 D2 单元格。

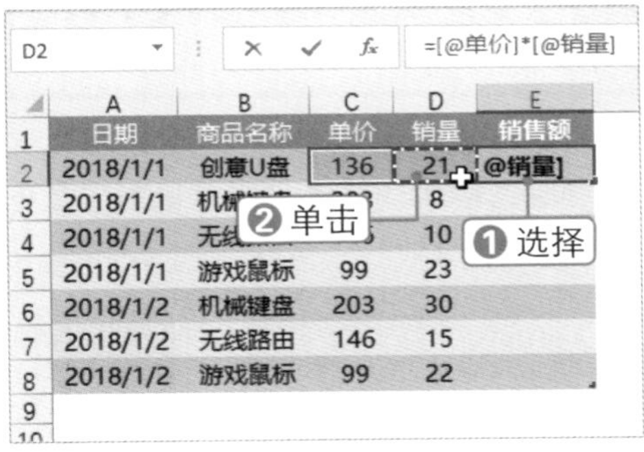


| | A | B | C | D | E |
|---|---|---|---|---|---|
| 1 | 日期 | 商品名称 | 单价 | 销量 | 销售额 |
| 2 | 2018/1/1 | 创意U盘 | 136 | 21 | @销量] |
| 3 | 2018/1/1 | 机械键盘 | 203 | 8 | |
| 4 | 2018/1/1 | 无线路由 | | 10 | |
| 5 | 2018/1/1 | 游戏鼠标 | 99 | 23 | |
| 6 | 2018/1/2 | 机械键盘 | 203 | 30 | |
| 7 | 2018/1/2 | 无线路由 | 146 | 15 | |
| 8 | 2018/1/2 | 游戏鼠标 | 99 | 22 | |

## STEP 3 自动填充公式

按【Enter】键确认，即可将公式自动填充到表格的整列。

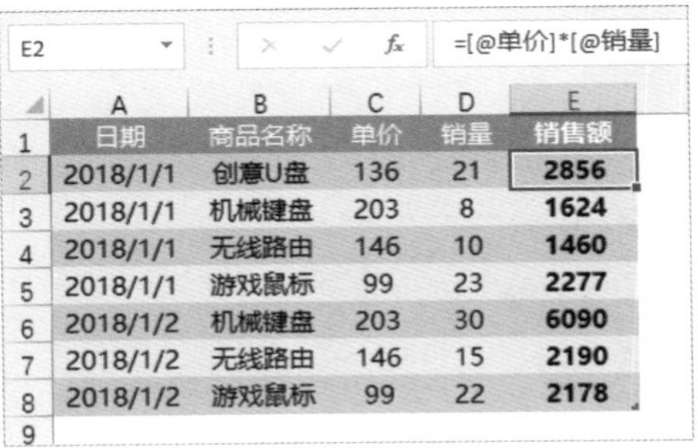


| | A | B | C | D | E |
|---|---|---|---|---|---|
| 1 | 日期 | 商品名称 | 单价 | 销量 | 销售额 |
| 2 | 2018/1/1 | 创意U盘 | 136 | 21 | 2856 |
| 3 | 2018/1/1 | 机械键盘 | 203 | 8 | 1624 |
| 4 | 2018/1/1 | 无线路由 | 146 | 10 | 1460 |
| 5 | 2018/1/1 | 游戏鼠标 | 99 | 23 | 2277 |
| 6 | 2018/1/2 | 机械键盘 | 203 | 30 | 6090 |
| 7 | 2018/1/2 | 无线路由 | 146 | 15 | 2190 |
| 8 | 2018/1/2 | 游戏鼠标 | 99 | 22 | 2178 |

## STEP 4 修改表名

在 设计 选项卡下“属性”组中可修改表名称。

| | A | B | C | D | E |
|---|---|---|---|---|---|
| 1 | 日期 | 商品名称 | 单价 | 销量 | 销售额 |
| 2 | 2018/1/1 | 创意U盘 | 136 | 21 | 2856 |
| 3 | 2018/1/1 | 机械键盘 | 203 | 8 | 1624 |
| 4 | 2018/1/1 | 无线路由 | 146 | 10 | 1460 |
| 5 | 2018/1/1 | 游戏鼠标 | 99 | 23 | 2277 |
| 6 | 2018/1/2 | 机械键盘 | 203 | 30 | 6090 |
| 7 | 2018/1/2 | 无线路由 | 146 | 15 | 2190 |
| 8 | 2018/1/2 | 游戏鼠标 | 99 | 22 | 2178 |

## STEP 5 计算总销售额

在 G 列编辑数据，在 G2 单元格中利用 SUMIF 函数计算“游戏鼠标”的总销售额。在设置函数参数时，函数参数将自动转换为表格的结构化引用样式。

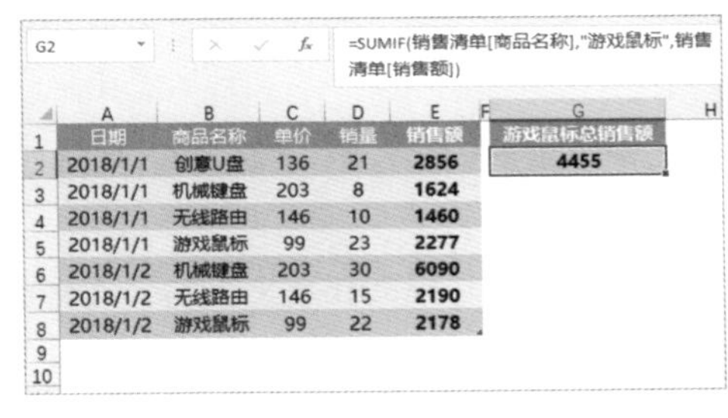


| | A | B | C | D | E | F | G |
|---|---|---|---|---|---|---|---|
| 1 | 日期 | 商品名称 | 单价 | 销量 | 销售额 | | 游戏鼠标总销售额 |
| 2 | 2018/1/1 | 创意U盘 | 136 | 21 | 2856 | | 4455 |
| 3 | 2018/1/1 | 机械键盘 | 203 | 8 | 1624 | | |
| 4 | 2018/1/1 | 无线路由 | 146 | 10 | 1460 | | |
| 5 | 2018/1/1 | 游戏鼠标 | 99 | 23 | 2277 | | |
| 6 | 2018/1/2 | 机械键盘 | 203 | 30 | 6090 | | |
| 7 | 2018/1/2 | 无线路由 | 146 | 15 | 2190 | | |
| 8 | 2018/1/2 | 游戏鼠标 | 99 | 22 | 2178 | | |

## STEP 6 自动扩展表格数据

在表格下方输入新的数据，Excel 会自动将数据扩展到表格中，G2 单元格中的函数结果将自动得到更新，而无须重新修改函数参数。

G2 =SUMIF(销售清单[商品名称],"游戏鼠标",销售清单[销售额])

| | A | B | C | D | E | F | G |
|---|---|---|---|---|---|---|---|
| 1 | 日期 | 商品名称 | 单价 | 销量 | 销售额 | | 游戏鼠标总销售额 |
| 2 | 2018/1/1 | 创意U盘 | 136 | 21 | 2856 | | 5445 |
| 3 | 2018/1/1 | 机械键盘 | 203 | 8 | 1624 | | |
| 4 | 2018/1/1 | 无线路由 | 146 | 10 | 1460 | | |
| 5 | 2018/1/1 | 游戏鼠标 | 99 | 23 | 2277 | | |
| 6 | 2018/1/2 | 机械键盘 | 203 | 30 | 6090 | | |
| 7 | 2018/1/2 | 无线路由 | 146 | 15 | 2190 | | |
| 8 | 2018/1/2 | 游戏鼠标 | 99 | 22 | 2178 | | |
| 9 | 2018/1/3 | 创意U盘 | 136 | 16 | 2176 | | |
| 10 | 2018/1/3 | 机械键盘 | 203 | 4 | 812 | | |
| 11 | 2018/1/3 | 无线路由 | 146 | 22 | 3212 | | |
| 12 | 2018/1/3 | 游戏鼠标 | 99 | 10 | 990 | | |

**STEP 7　显示汇总行**

在 设计 选项卡下“表格样式选项”组中选中“汇总行”复选框，此时在表格下方会自动添加汇总行。

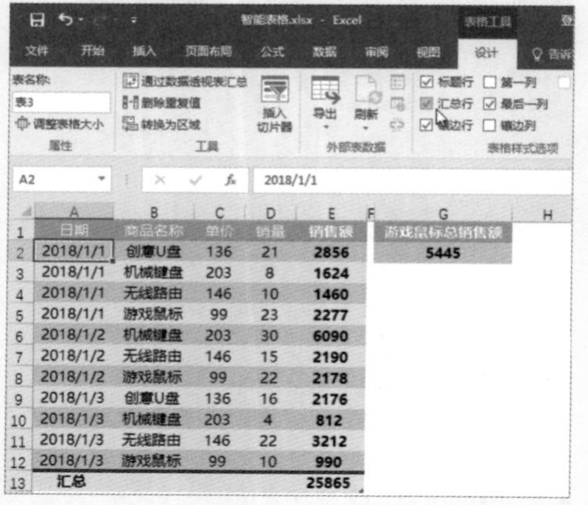

**STEP 8　更改汇总方式**

❶选择汇总数据单元格，单击其中的下拉按钮，❷选择“最大值”选项，即可显示销售额的最大值。

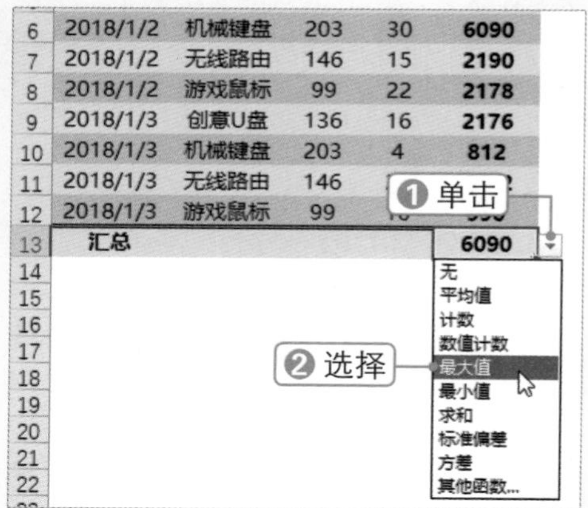


Chapter 02

# 2.4 设置条件格式

■关键词：突出显示单元格规则、数据条、色阶、图标集、规则管理器、自定义规则、使用公式确定值

在 Excel 2016 中，使用条件格式功能可以为满足某种自定义条件的单元格设置相应的单元格格式，如颜色、字体等；也可使用颜色刻度、数据条和图标集直观地显示数据，这在很大程度上提高了表格的设计性和可读性。

## 2.4.1 应用默认可视化格式

使用数据条、色阶和图标集条件格式可以实现非常丰富的单元格可视化效果。例如，通过应用色阶格式使单元格填充不同的颜色，以更加直观地显示数据，帮助用户了解数据的分布和变化，具体操作方法如下：

微课：应用默认可视化格式

**STEP 1　选择数据条样式**

选择要应用的数据区域后，❶在 开始 选项卡下单击“样式”组中单击“条件格式”下拉按钮，❷选择“数据条”选项，❸选择要应用的样式。

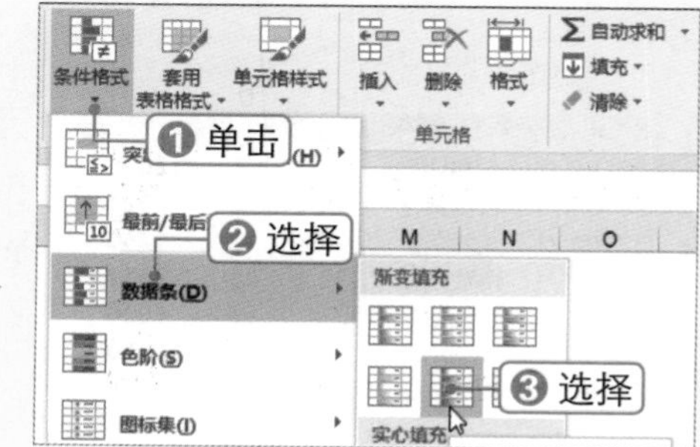

**STEP 2 查看设置效果**

此时即可为数据单元格添加不同长度的底纹颜色，其长度会根据数值大小而自动调整。

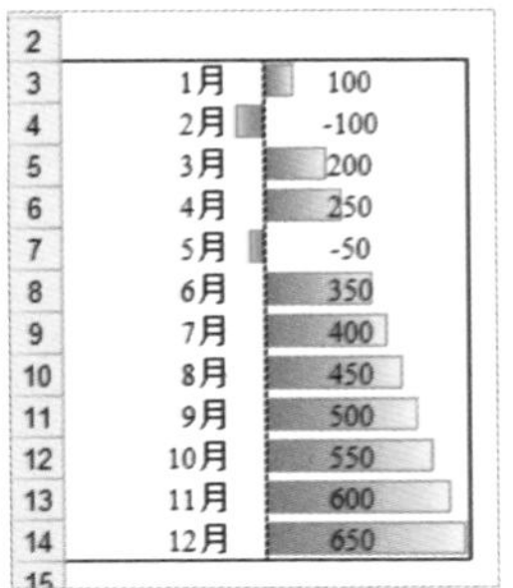

**实操解疑**

**为唯一或重复值应用条件格式**

选择要应用条件格式的数据后，单击“条件格式”下拉按钮，选择“新建规则”选项，在弹出的对话框中选择“仅对唯一值或重复值设置格式”选项，然后设置规则格式即可。

**STEP 3 应用其他条件格式**

采用同样的方法，分别对数据区域应用“色阶”“图标”“突出显示单元格规则”“最前 / 最后规则”等条件格式。

| | 色阶 | | 图标 |
|---|---|---|---|
| 1月 | 100 | 1月 | 100 |
| 2月 | -100 | 2月 | -100 |
| 3月 | 200 | 3月 | 200 |
| 4月 | 250 | 4月 | 250 |
| 5月 | -50 | 5月 | -50 |
| 6月 | 350 | 6月 | 350 |
| 7月 | 400 | 7月 | 400 |
| 8月 | 450 | 8月 | 450 |
| 9月 | 500 | 9月 | 500 |
| 10月 | 550 | 10月 | 550 |
| 11月 | 600 | 11月 | 600 |
| 12月 | 650 | 12月 | 650 |

| | 大于400 | | 前30% |
|---|---|---|---|
| 1月 | 100 | 1月 | 100 |
| 2月 | -100 | 2月 | -100 |
| 3月 | 200 | 3月 | 200 |
| 4月 | 250 | 4月 | 250 |
| 5月 | -50 | 5月 | -50 |
| 6月 | 350 | 6月 | 350 |
| 7月 | 400 | 7月 | 400 |
| 8月 | 450 | 8月 | 450 |
| 9月 | 500 | 9月 | 500 |
| 10月 | 550 | 10月 | 550 |
| 11月 | 600 | 11月 | 600 |
| 12月 | 650 | 12月 | 650 |

**STEP 4 清除条件格式**

❶选择应用条件格式的单元格区域，❷单击“条件格式”下拉按钮，❸选择“清除所选单元格的规则(S)”选项。

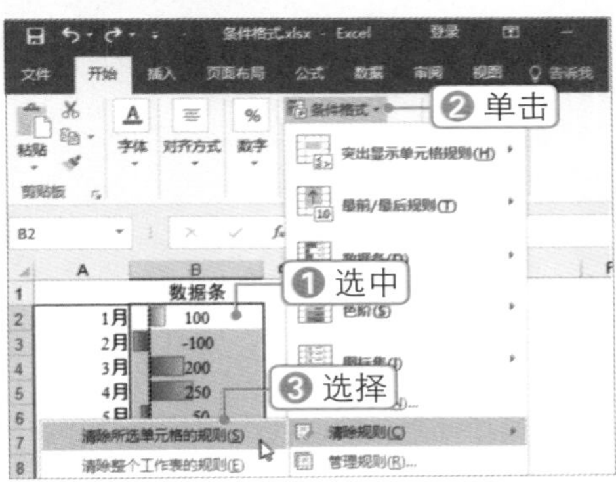


## 2.4.2 叠加多种条件格式

同一组数据可以应用多种条件格式，这些条件格式相互进行叠加，如果发生冲突，则应用优先级较高的条件格式，用户可根据需要更改其优先级，具体操作方法如下：

微课：叠加多种条件格式

**STEP 1 选择“高于平均值”选项**

❶选择已应用了“前 30%”条件格式的单元格区域，❷单击“条件格式”下拉按钮，❸选择“最前 / 最后规则”选项，❹选择“高于平均值”选项。

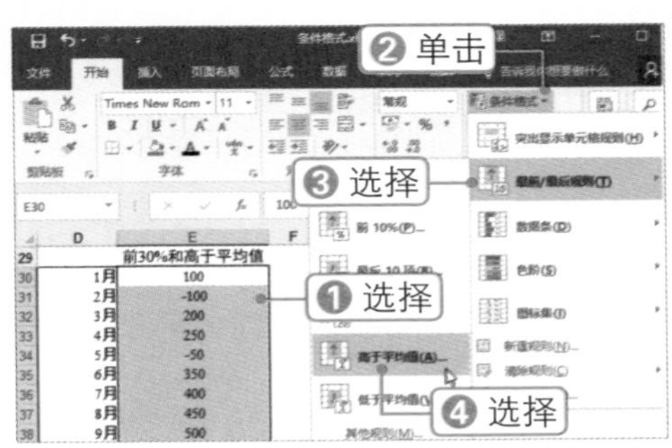

**STEP 2 选择格式**

弹出“高于平均值”对话框，❶在其下拉列表框中选择“浅红填充色深红色文本”选项，❷单击 确定 按钮。

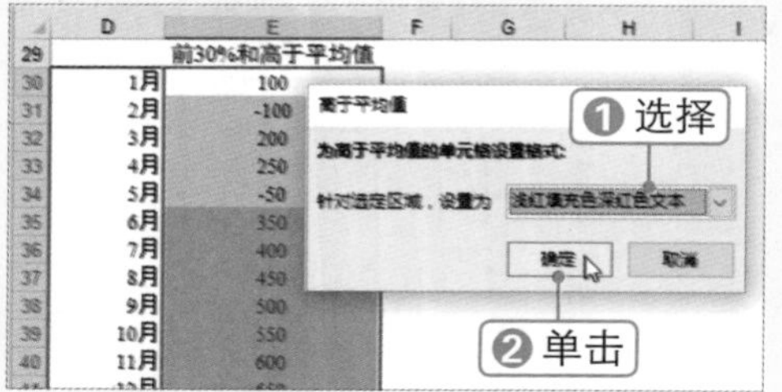


**STEP 3 选择 管理规则(R)... 选项**

可以看到应用新格式后，原来的“前 30%”条件格式被覆盖了。❶单击 条件格式 下拉按钮，❷选择 管理规则(R)... 选项。

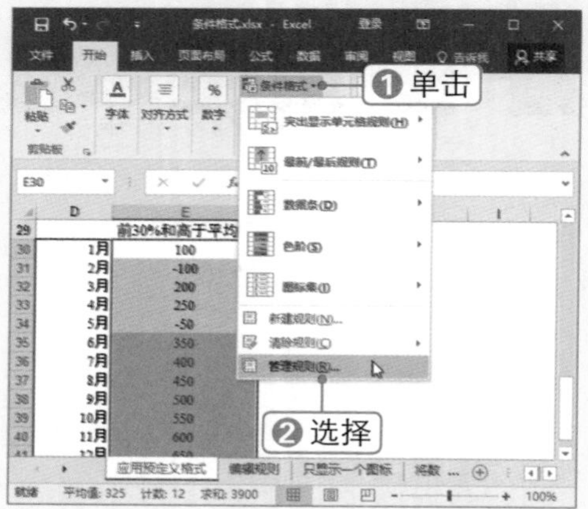


**STEP 4 单击“下移”按钮**

弹出“条件格式规则管理器”对话框，❶选择“高于平均值”规则，❷单击“下移”按钮▼。

**STEP 5 调整规则优先级**

此时即可调整该规则的优先级，单击 确定 按钮。

**STEP 6 查看设置效果**

此时即可在数据区域中显示出“前 30%”的条件格式效果。

| | 前30%和高于平均值 |
|---|---|
| 1月 | 100 |
| 2月 | -100 |
| 3月 | 200 |
| 4月 | 250 |
| 5月 | -50 |
| 6月 | 350 |
| 7月 | 400 |
| 8月 | 450 |
| 9月 | 500 |
| 10月 | 550 |
| 11月 | 600 |
| 12月 | 650 |

## 2.4.3 编辑数据条规则

微课：编辑数据条规则

应用数据条格式可以为数据单元格添加不同长度的底纹颜色，其长度会根据数值大小而自动调整。若基于单元格数值自动应用的格式无法满足需要，则需要对其格式进行自定义设置，具体操作方法如下：

**STEP 1 引用单元格数值**

选择 C2 单元格并输入“=B2”，按【Enter】键确认引用 B2 单元格的数值，双击 C2 单元格右下角的填充柄。

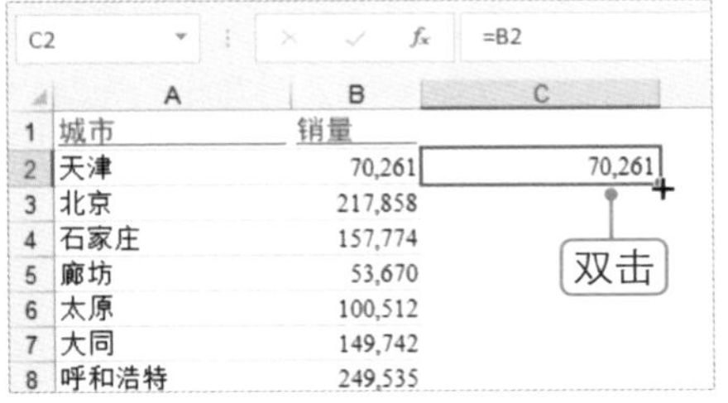

|   | A | B | C |
|---|---|---|---|
| 1 | 城市 | 销量 | |
| 2 | 天津 | 70,261 | 70,261 |
| 3 | 北京 | 217,858 | |
| 4 | 石家庄 | 157,774 | |
| 5 | 廊坊 | 53,670 | |
| 6 | 太原 | 100,512 | |
| 7 | 大同 | 149,742 | |
| 8 | 呼和浩特 | 249,535 | |



**STEP 2 选择 其他规则(M)... 选项**

此时即可填充 C 列数据，❶选择 C 列的数据单元格区域，❷单击 条件格式 下拉按钮，❸选择“数据条”选项，❹选择 其他规则(M)... 选项。

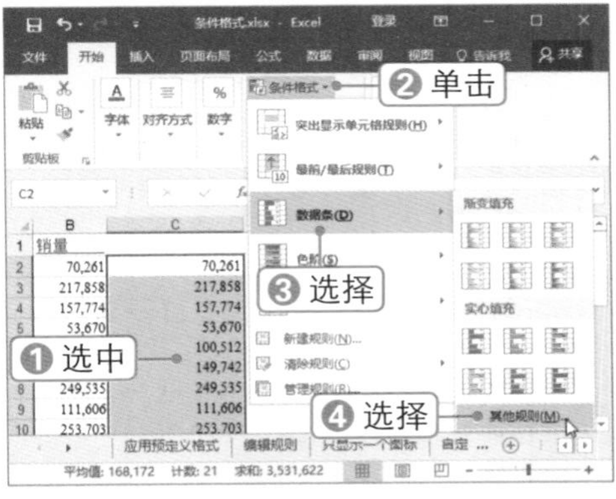



**STEP 3 编辑规则**

弹出“编辑规则说明”对话框，❶选中“仅显示数据条”复选框，❷设置填充颜色，❸单击 确定 按钮。

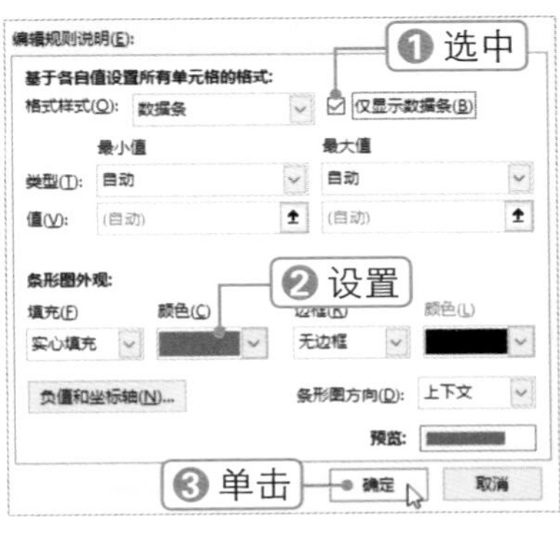



**STEP 4 查看设置效果**

此时即可应用自定义的数据条格式。

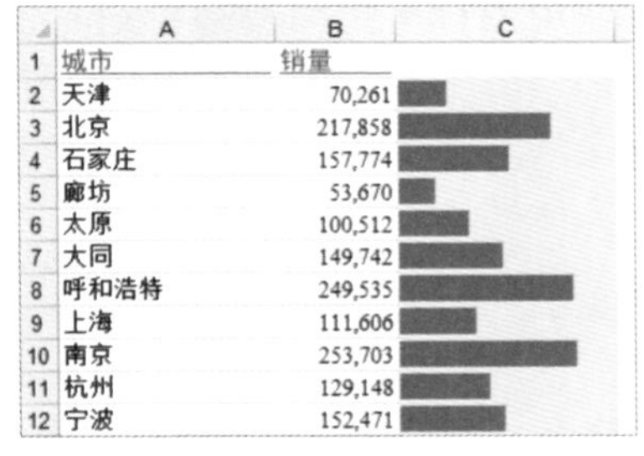

|   | A | B | C |
|---|---|---|---|
| 1 | 城市 | 销量 | |
| 2 | 天津 | 70,261 | |
| 3 | 北京 | 217,858 | |
| 4 | 石家庄 | 157,774 | |
| 5 | 廊坊 | 53,670 | |
| 6 | 太原 | 100,512 | |
| 7 | 大同 | 149,742 | |
| 8 | 呼和浩特 | 249,535 | |
| 9 | 上海 | 111,606 | |
| 10 | 南京 | 253,703 | |
| 11 | 杭州 | 129,148 | |
| 12 | 宁波 | 152,471 | |

**STEP 5 设置最大值**

选择销量数据单元格区域后，打开“编辑规则说明”对话框，❶设置“最大值”为“数字”类型，❷输入最大数字 200000，❸单击 确定 按钮。

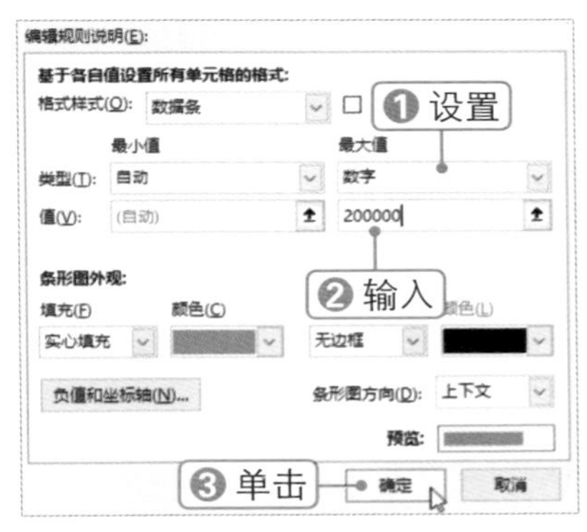



**STEP 6 查看设置效果**

此时“销量”列中的数据条以最大值为目标值显示各地销量情况。

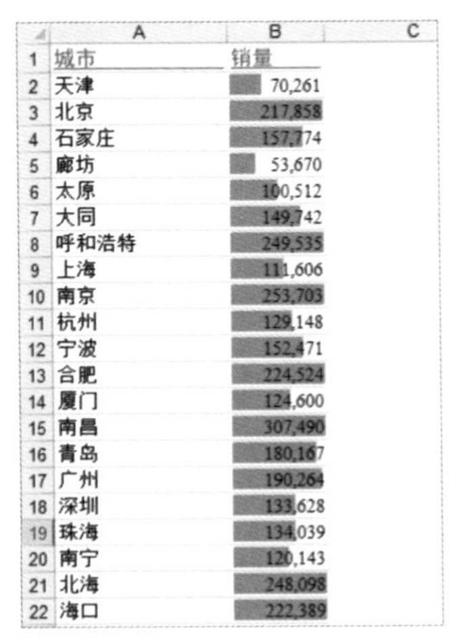

|   | A | B | C |
|---|---|---|---|
| 1 | 城市 | 销量 | |
| 2 | 天津 | 70,261 | |
| 3 | 北京 | 217,858 | |
| 4 | 石家庄 | 157,774 | |
| 5 | 廊坊 | 53,670 | |
| 6 | 太原 | 100,512 | |
| 7 | 大同 | 149,742 | |
| 8 | 呼和浩特 | 249,535 | |
| 9 | 上海 | 111,606 | |
| 10 | 南京 | 253,703 | |
| 11 | 杭州 | 129,148 | |
| 12 | 宁波 | 152,471 | |
| 13 | 合肥 | 224,524 | |
| 14 | 厦门 | 124,600 | |
| 15 | 南昌 | 307,490 | |
| 16 | 青岛 | 180,167 | |
| 17 | 广州 | 190,264 | |
| 18 | 深圳 | 133,628 | |
| 19 | 珠海 | 134,039 | |
| 20 | 南宁 | 120,143 | |
| 21 | 北海 | 248,098 | |
| 22 | 海口 | 222,389 | |

## 2.4.4 编辑图标集规则

微课：编辑图标集规则

使用图标集可以对数据进行注释，并按大小将数据分为3~5个类别，每个图标代表了一个数据范围。下面将详细介绍如何在图标集格式中应用公式，通过编辑规则使其只显示一种或两种图标，具体操作方法如下：

**STEP 1 选择 管理规则(R)... 选项**

为“销量”列数据应用图标集条件格式，❶单击 条件格式 下拉按钮，❷选择 管理规则(R)... 选项。

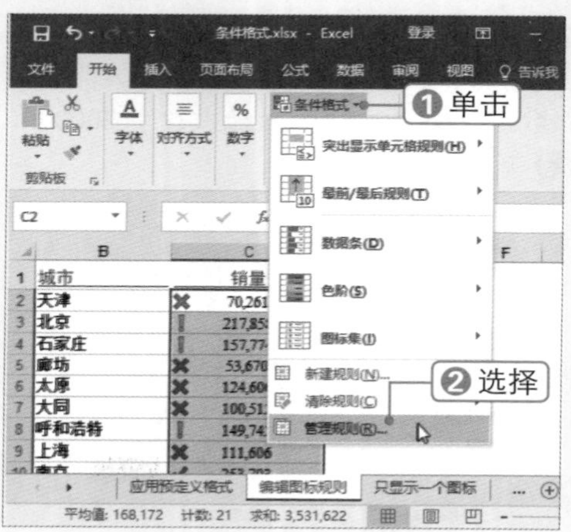


**STEP 2 单击 编辑规则(E)... 按钮**

弹出“条件格式规则管理器”对话框，单击 编辑规则(E)... 按钮。

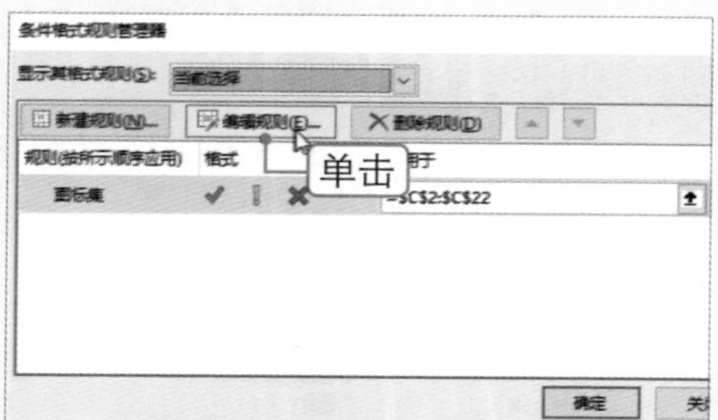


**STEP 3 输入公式**

弹出“编辑规则说明”对话框，❶在第一个图标右侧的“类型”下拉列表框中选择“公式”选项，❷在“值”文本框中输入公式“=AVERAGE(”。

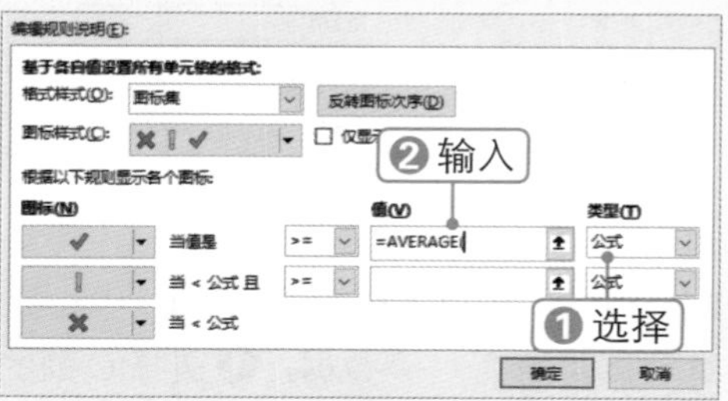


**STEP 4 选择单元格区域**

在工作表中选择 C2:C22 单元格区域。

**STEP 5 设置第 2 个图标值**

松开鼠标后，返回“编辑规则说明”对话框，❶将公式复制到第 2 个图标的“值”文本框中，❷依次单击 确定 按钮。

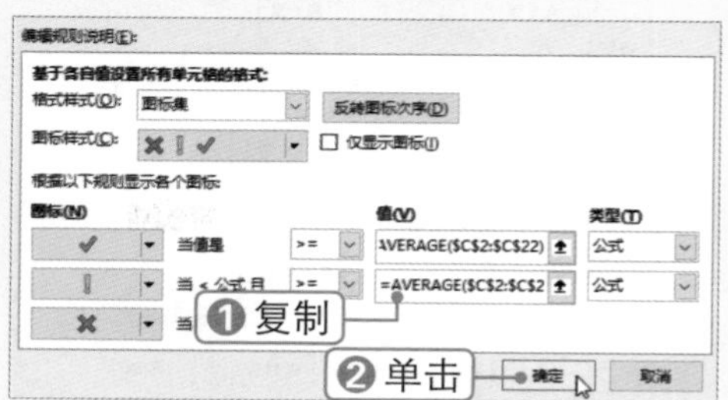

## STEP 6 查看条件格式效果

此时“销量”数据中只包含两种图标，✔表示高于平均值，✖表示低于平均值。

| | B | | C | D |
|---|---|---|---|---|
| 1 | 城市 | | 销量 | |
| 2 | 天津 | ✖ | 70,261 | |
| 3 | 北京 | ✔ | 217,858 | |
| 4 | 石家庄 | ✖ | 157,774 | |
| 5 | 廊坊 | ✖ | 53,670 | |
| 6 | 太原 | ✖ | 124,600 | |
| 7 | 大同 | ✖ | 100,512 | |
| 8 | 呼和浩特 | ✖ | 149,742 | |
| 9 | 上海 | ✖ | 111,606 | |
| 10 | 南京 | ✔ | 253,703 | |
| 11 | 杭州 | ✖ | 129,148 | |
| 12 | 宁波 | ✖ | 152,471 | |
| 13 | 合肥 | ✔ | 224,524 | |
| 14 | 厦门 | ✔ | 249,535 | |
| 15 | 南昌 | ✔ | 307,490 | |
| 16 | 青岛 | ✔ | 180,167 | |
| 17 | 广州 | ✔ | 190,264 | |
| 18 | 深圳 | ✖ | 133,628 | |

**秒杀技巧　更改规则应用范围**

打开“条件格式规则管理器”对话框，在“显示其格式规则”下拉列表框中选择“当前工作表”选项，即可查看工作表中所有的规则。选择规则，在“应用于”文本框中重新选择数据区域即可。

## STEP 7 单击[新建规则(N)...]按钮

打开“条件格式规则管理器”对话框，单击[新建规则(N)...]按钮。

## STEP 8 编辑规则

弹出“新建格式规则”对话框，❶选择“只为包含以下内容的单元格设置格式”规则类型，❷在下方编辑规则且不进行格式设置，❸单击[确定]按钮。

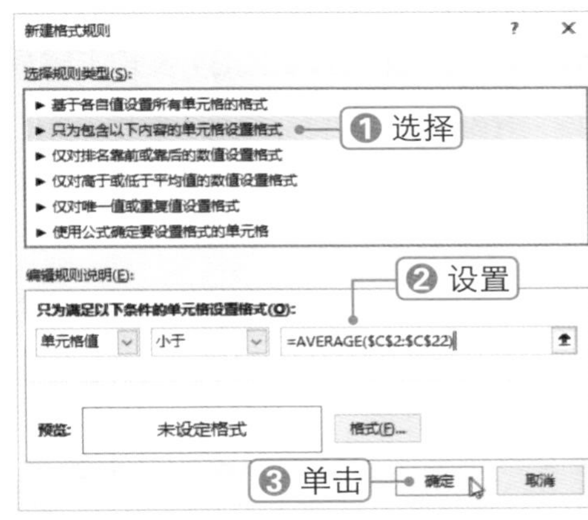


## STEP 9 选中右侧复选框

返回“条件格式规则管理器”对话框，❶选中规则右侧的“如果为真则停止”复选框，❷单击[确定]按钮。

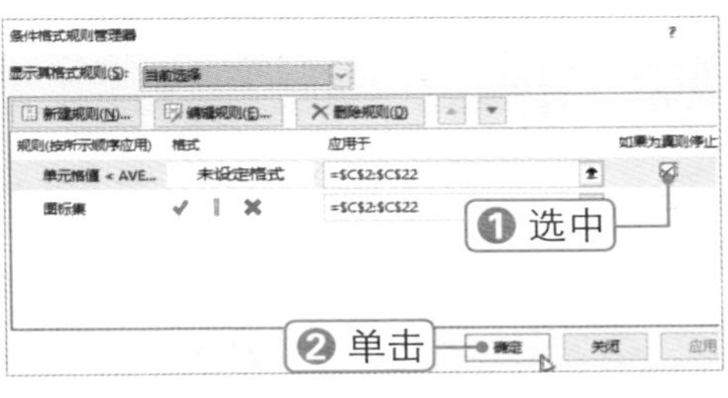


## STEP 10 查看应用条件格式效果

此时“销量”数据中只为大于平均值的单元格应用✔图标。

| | A | B | | C | D |
|---|---|---|---|---|---|
| 1 | 地区 | 城市 | | 销量 | |
| 2 | 华北区 | 天津 | | 70,261 | |
| 3 | 华北区 | 北京 | ✔ | 217,858 | |
| 4 | 华北区 | 石家庄 | | 157,774 | |
| 5 | 华北区 | 廊坊 | | 53,670 | |
| 6 | 华北区 | 太原 | | 124,600 | |
| 7 | 华北区 | 大同 | | 100,512 | |
| 8 | 华北区 | 呼和浩特 | | 149,742 | |
| 9 | 华东区 | 上海 | | 111,606 | |
| 10 | 华东区 | 南京 | ✔ | 253,703 | |
| 11 | 华东区 | 杭州 | | 129,148 | |
| 12 | 华东区 | 宁波 | | 152,471 | |
| 13 | 华东区 | 合肥 | ✔ | 224,524 | |
| 14 | 华东区 | 厦门 | ✔ | 249,535 | |
| 15 | 华东区 | 南昌 | ✔ | 307,490 | |
| 16 | 华东区 | 青岛 | ✔ | 180,167 | |
| 17 | 华南区 | 广州 | ✔ | 190,264 | |
| 18 | 华南区 | 深圳 | | 133,628 | |
| 19 | 华南区 | 珠海 | | 134,039 | |
| 20 | 华南区 | 南宁 | | 120,143 | |
| 21 | 华南区 | 北海 | ✔ | 248,098 | |
| 22 | 华南区 | 海口 | ✔ | 222,389 | |

## 2.4.5 使用公式创建条件格式

微课：使用公式创建条件格式

当内置的条件格式无法满足实际应用时，可以使用自定义的公式来定义条件格式，以完成所需的设置。下面将详细介绍如何使用公式创建条件格式。

### 1. 隐藏相同的数据

当连续相邻的单元格内容相同时，可以将其合并到一个单元格中。还可自定义条件格式，使相同的内容隐藏起来，只显示第一个单元格中的内容，具体操作方法如下：

**STEP 1 选择 新建规则(N)... 选项**

❶选择A列，❷单击 条件格式 按钮，❸选择 新建规则(N)... 选项。

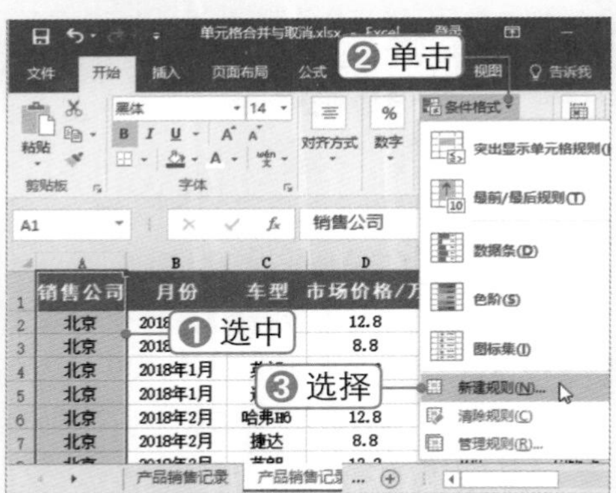


**STEP 2 输入公式**

弹出“选择规则类型”对话框，❶选择“使用公式确定要设置格式的单元格”选项，❷在下方的文本框中输入公式“=A1=A1048576”（Excel 最大的行数即为1048576），❸单击 格式(F)... 按钮。

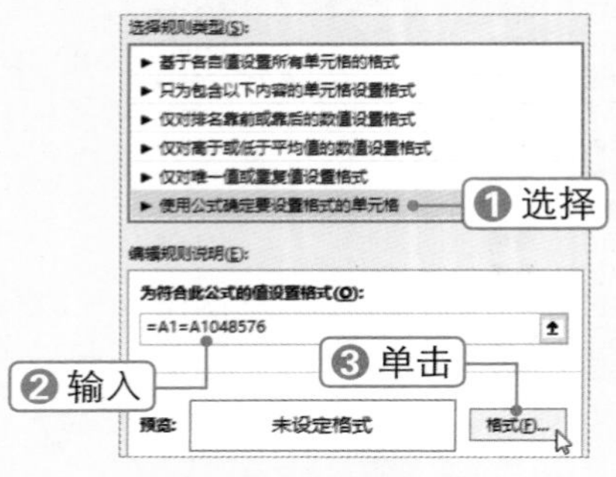


**STEP 3 设置字体颜色**

弹出“设置单元格格式”对话框，❶选择“字体”选项卡，❷设置文本颜色与工作表背景相同，在此将其设置为白色，❸依次单击 确定 按钮。

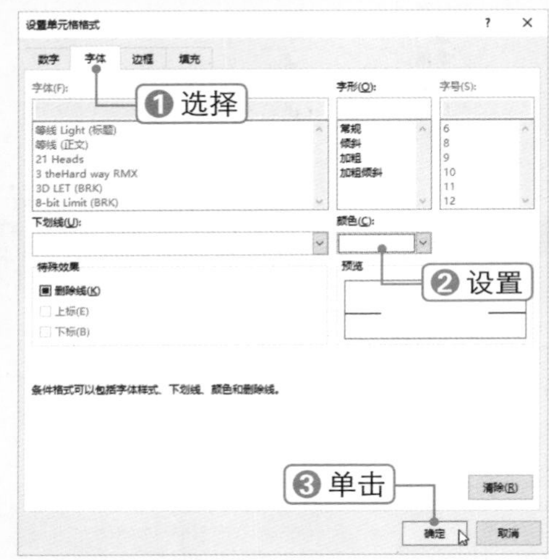


**STEP 4 设置 B 列条件格式**

采用同样的方法，选择B列，并设置B列条件格式，单击 确定 按钮。

**STEP 5 查看设置效果**

此时即可查看应用条件格式后的表格效

果，可以看到 A、B 列中与上方相邻单元格相同的数据看不到了。

| 销售公司 | 月份 | 车型 | 市场价格/万 | 销售数量 | 销售金额 |
|---|---|---|---|---|---|
| 北京 | 2018年1月 | 哈弗H6 | 12.8 | 426 | 5452.8 |
| | | 捷达 | 8.8 | 221 | 1944.8 |
| | | 英朗 | 12.2 | 193 | 2354.6 |
| | | 迈腾 | 19 | 171 | 3249 |
| | 2018年2月 | 哈弗H6 | 12.8 | 506 | 6476.8 |
| | | 捷达 | 8.8 | 181 | 1592.8 |
| | | 英朗 | 12.2 | 103 | 1256.6 |
| | | 迈腾 | 19 | 159 | 3021 |
| | 2018年3月 | 哈弗H6 | 12.8 | 466 | 5964.8 |
| | | 捷达 | 28 | 261 | 7308 |
| | | 英朗 | 12.2 | 203 | 2476.6 |
| | | 迈腾 | 19 | 162 | 3078 |
| 杭州 | 2018年1月 | 哈弗H6 | 12.8 | 246 | 3148.8 |
| | | 捷达 | 8.8 | 329 | 2895.2 |
| | | 英朗 | 12.2 | 169 | 2061.8 |
| | | 迈腾 | 19 | 281 | 5339 |
| | 2018年2月 | 哈弗H6 | 12.8 | 244 | 3123.2 |
| | | 捷达 | 8.8 | 271 | 2384.8 |
| | | 英朗 | 12.2 | 481 | 5868.2 |
| | | 迈腾 | 19 | 241 | 4579 |

## 2. 设置每隔数行应用填充颜色

为了提高数据的可读性，更好地区分数据，可以利用条件格式使单元格区域每隔数行应用填充颜色，具体操作方法如下：

### STEP 1 选择单元格区域

选择 A2 单元格，先按【Ctrl+Shift+ ↓ 】组合键，再按【Ctrl+Shift+ →】组合键，选择单元格区域。

A2　fx　1

| 序号 | 行政区代码 | 行政区 |
|---|---|---|
| 1 | 110000 | 北京市 |
| 2 | 110100 | 北京市市辖区 |
| 3 | 110101 | 北京市东城区 |
| 4 | 110102 | 北京市西城区 |
| 5 | 110103 | 北京市崇文区 |
| 6 | 110104 | 北京市宣武区 |
| 7 | 110105 | 北京市朝阳区 |
| 8 | 110106 | 北京市丰台区 |
| 9 | 110107 | 北京市石景山区 |
| 10 | 110108 | 北京市海淀区 |
| 11 | 110109 | 北京市门头沟区 |
| 12 | 110111 | 北京市房山区 |
| 13 | 110112 | 北京市通州区 |
| 14 | 110113 | 北京市顺义区 |
| 15 | 110114 | 北京市昌平区 |
| 16 | 110115 | 北京市大兴区 |
| 17 | 110116 | 北京市怀柔区 |

### STEP 2 输入公式

打开“新建格式规则”对话框，❶选择“使用公式确定要设置格式的单元格”选项，❷在下方的文本框中输入公式“=mod(row(A1),5)=0”，❸单击 格式(F)... 按钮。

### STEP 3 设置填充颜色

弹出“设置单元格格式”对话框，❶选择“填充”选项卡，❷选择背景色，❸依次单击 确定 按钮。

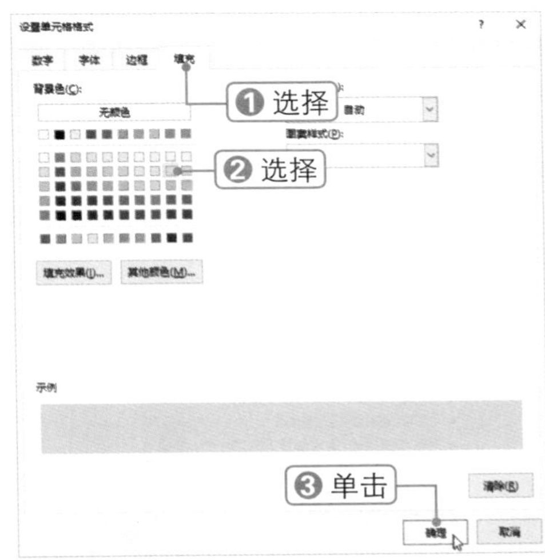


### STEP 4 查看设置效果

此时即可在数据表中每 5 行的最后一行为其应用填充颜色。

| 序号 | 行政区代码 | 行政区 |
|---|---|---|
| 1 | 110000 | 北京市 |
| 2 | 110100 | 北京市市辖区 |
| 3 | 110101 | 北京市东城区 |
| 4 | 110102 | 北京市西城区 |
| 5 | 110103 | 北京市崇文区 |
| 6 | 110104 | 北京市宣武区 |
| 7 | 110105 | 北京市朝阳区 |
| 8 | 110106 | 北京市丰台区 |
| 9 | 110107 | 北京市石景山区 |
| 10 | 110108 | 北京市海淀区 |
| 11 | 110109 | 北京市门头沟区 |
| 12 | 110111 | 北京市房山区 |
| 13 | 110112 | 北京市通州区 |
| 14 | 110113 | 北京市顺义区 |
| 15 | 110114 | 北京市昌平区 |
| 16 | 110115 | 北京市大兴区 |

## 3. 标记商品强势与弱势

下面通过商品“休闲裤”每月的销量与另外两种商品进行比较，使用条件格式来判断“休闲裤”销量是处于强势还是弱势，具体操作方法如下：

**STEP 1 选择单元格区域**

选择要应用条件格式的单元格区域。

| | A | B | C | D | E | F |
|---|---|---|---|---|---|---|
| 1 | 强势 | | | | | |
| 2 | 弱势 | | | | | |
| 3 | | 竞争商品比较 | | | | |
| 4 | 产品名称 | 休闲裤 | 商品1 | 商品2 | 最大值 | 最小值 |
| 5 | 市场价格 | ¥150 | ¥140 | ¥160 | | |
| 6 | 1月销量 | 19861 | 16632 | 9870 | 19861 | 9870 |
| 7 | 2月销量 | 21182 | 18198 | 19235 | 21182 | 18198 |
| 8 | 3月销量 | 19482 | 21317 | 20799 | 21317 | 19482 |
| 9 | 4月销量 | 20381 | 16241 | 20511 | 20511 | 16241 |
| 10 | 5月销量 | 23006 | 20381 | 21700 | 23006 | 20381 |
| 11 | 6月销量 | 22565 | 20539 | 22981 | 22981 | 20539 |

**STEP 2 新建格式规则**

打开“选择规则类型”对话框，❶选择“使用公式确定要设置格式的单元格”选项，❷在下方的文本框中输入公式并设置填充颜色，即当 B 列中的数据与 E 列相同时应用格式，❸单击[确定]按钮。

**STEP 3 新建格式规则**

采用同样的方法新建格式规则，❶设置当 B 列中的数据与 F 列相同时应用格式，❷单击[确定]按钮。

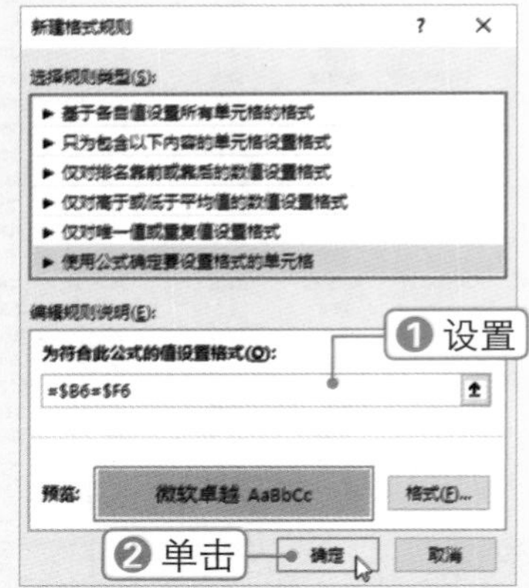


**STEP 4 查看设置效果**

此时即可将休闲裤销量较“商品 1”“商品 2”多的月份显示为蓝色填充，较少的月份显示为黄色填充。

| | A | B | C | D |
|---|---|---|---|---|
| 1 | 强势 | | | |
| 2 | 弱势 | | | |
| 3 | | 竞争商品比较 | | |
| 4 | 产品名称 | 休闲裤 | 商品1 | 商品2 |
| 5 | 市场价格 | ¥150 | ¥140 | ¥160 |
| 6 | 1月销量 | 19861 | 16632 | 9870 |
| 7 | 2月销量 | 21182 | 18198 | 19235 |
| 8 | 3月销量 | 19482 | 21317 | 20799 |
| 9 | 4月销量 | 20381 | 16241 | 20511 |
| 10 | 5月销量 | 23006 | 20381 | 21700 |
| 11 | 6月销量 | 22565 | 20539 | 22981 |

Chapter 02

# 2.5 插入注释和超链接

■ 关键词：链接、单元格引用、插入批注、设置批注格式、设置图片填充、数据验证、输入信息

当工作表编辑完成后，若要交给他人查看，可在单元格中插入注释或超链接，以引导他人快速查看或操作工作表。

## 2.5.1 插入超链接

微课：插入超链接

若要从工作表中快速访问另一个文件或网页上的相关信息，可以插入超链接。例如，若想插入超链接快速跳转到目标工作表，具体操作方法如下：

**STEP 1 选择 链接(I) 命令**

在工作表中插入形状并输入文本，❶右击形状，❷选择 链接(I) 命令。

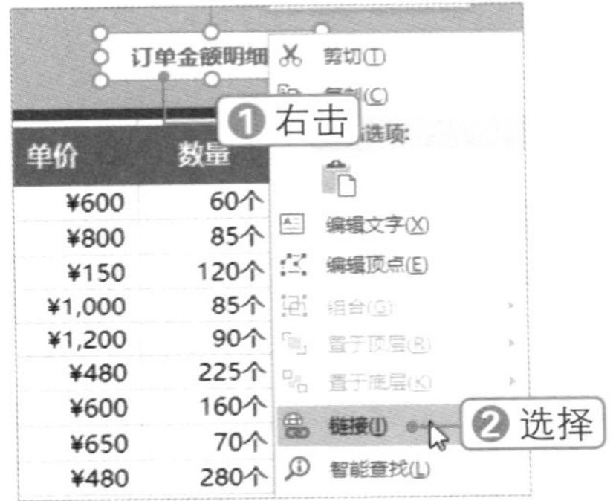


**STEP 2 设置超链接**

弹出“插入超链接”对话框，❶在左侧单击“本文档中的位置”按钮，❷选择位置，在此选择 Sheet2 工作表，❸单击 确定 按钮。

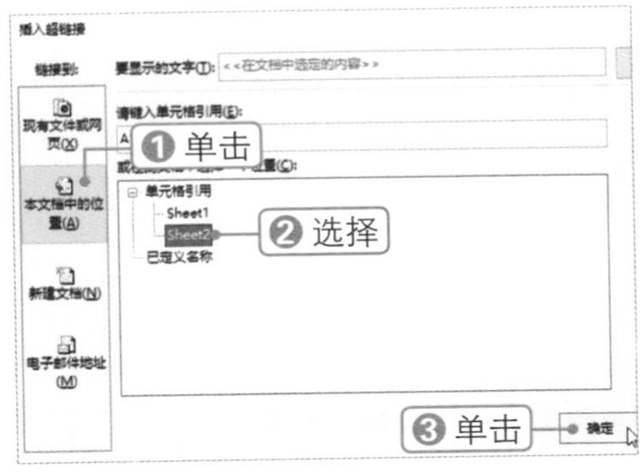


**STEP 3 单击超链接**

将鼠标指针置于形状上，当指针变为手形样式时单击超链接。

订单金额明细 >

| 单价 | 数量 | 金额（万） | 订单日期 |
|---|---|---|---|
| ¥600 | 60个 | 3.6 | 12月2日 周六 |
| ¥800 | 85个 | 6.8 | 12月2日 周六 |
| ¥150 | 120个 | 1.8 | 12月6日 周三 |
| ¥1,000 | 85个 | 8.5 | 12月10日 周日 |
| ¥1,200 | 90个 | 10.8 | 12月25日 周一 |
| ¥480 | 225个 | 10.8 | 12月25日 周一 |
| ¥600 | 160个 | 9.6 | 1月3日 周三 |
| ¥650 | 70个 | 4.6 | 1月3日 周三 |
| ¥480 | 280个 | 13.4 | 1月7日 周日 |
| ¥550 | 240个 | 13.2 | 1月11日 周四 |
| ¥1,250 | 55个 | 6.9 | 1月15日 周一 |

**STEP 4 查看链接效果**

此时即可跳转到 Sheet2 工作表，并选择 A1 单元格。采用同样的方法，在 Sheet2 工作表中插入形状并创建超链接。

订单金额明细　　客户订单明细 >

| 订单编号 | 客户姓名 | 金额 | 其他费用 | 预付 |
|---|---|---|---|---|
| BQ80001 | 吴凡 | ¥36,000 | ¥120 | ¥21,720 |
| BQ80002 | 郭芸芸 | ¥68,000 | ¥100 | ¥40,900 |
| BQ80003 | 许向平 | ¥18,000 | ¥50 | ¥10,850 |
| BQ80004 | 陆淼淼 | ¥85,000 | ¥95 | ¥51,095 |
| BQ80005 | 毕剑侠 | ¥108,000 | ¥300 | ¥65,100 |
| BQ80006 | 睢小龙 | ¥108,000 | ¥60 | ¥64,860 |
| BQ80007 | 闫德鑫 | ¥96,000 | ¥110 | ¥57,710 |
| BQ80008 | 王琛 | ¥45,500 | ¥100 | ¥27,400 |
| BQ80009 | 张瑞雪 | ¥134,400 | ¥150 | ¥80,790 |
| BQ80010 | 王丰 | ¥132,000 | ¥180 | ¥79,380 |
| BQ80011 | 骆辉 | ¥68,750 | ¥40 | ¥41,290 |

## 2.5.2 插入与编辑批注

微课：插入与编辑批注

使用批注功能可以为单元格添加附加信息，当他人查看该工作簿时以便于理解。插入与编辑批注的具体操作方法如下：

**STEP 1** 选择 插入批注(M) 命令

❶右击单元格，❷选择 插入批注(M) 命令。也可通过按【Shift+F2】组合键快速插入批注。

**STEP 2** 选择 设置批注格式(O)... 命令

此时即可显示批注框，调整批注框大小，❶输入批注内容，❷选中批注框并右击，❸选择 设置批注格式(O)... 命令。

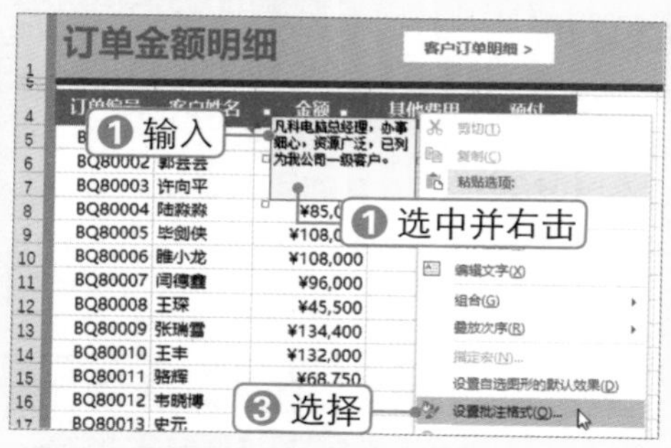


**实操解疑**

**自动调整批注框大小**

打开“设置批注格式”对话框，选择“对齐”选项卡，选中“自动调整大小”复选框，单击“确定”按钮，即可依据批注框文本多少自动调整批注框大小。

**STEP 3** 设置字体格式

弹出“设置批注格式”对话框，在“字体”选项卡下设置字体、字号等格式。

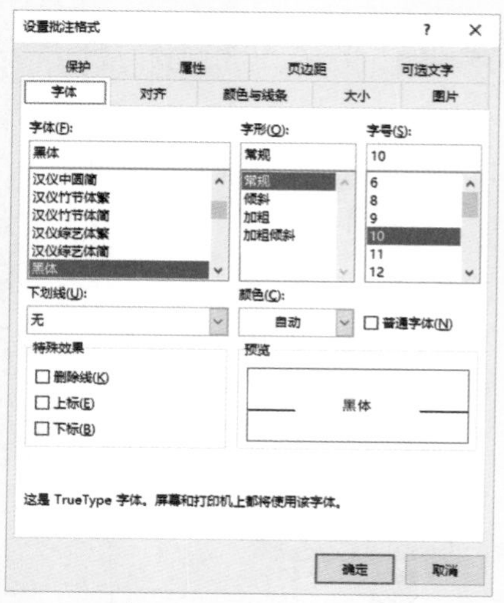

**STEP 4** 设置颜色与线条格式

❶选择“颜色与线条”选项卡，❷设置填充颜色，❸设置线条格式，❹单击 确定 按钮。

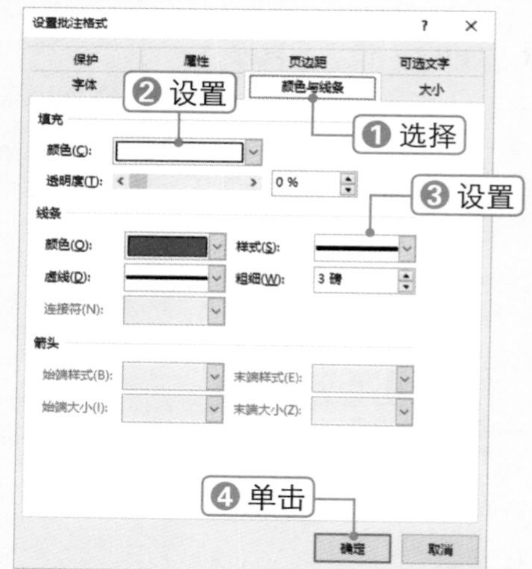


**STEP 5** 查看批注效果

将鼠标指针移至批注单元格上，即可显示批注信息。

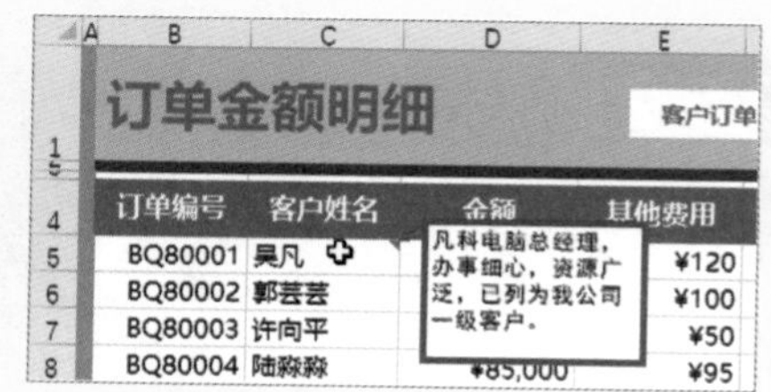

## STEP 6 选择 填充效果(F)... 选项

打开“设置批注格式”对话框，❶选择“颜色与线条”选项卡，❷单击“颜色”下拉按钮，❸选择 填充效果(F)... 选项。

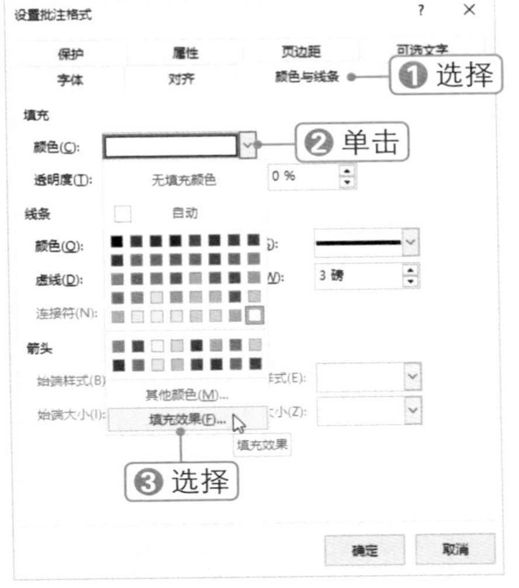


## STEP 7 单击 选择图片(L)... 按钮

弹出“填充效果”对话框，❶选择“图片”选项卡，❷单击 选择图片(L)... 按钮。

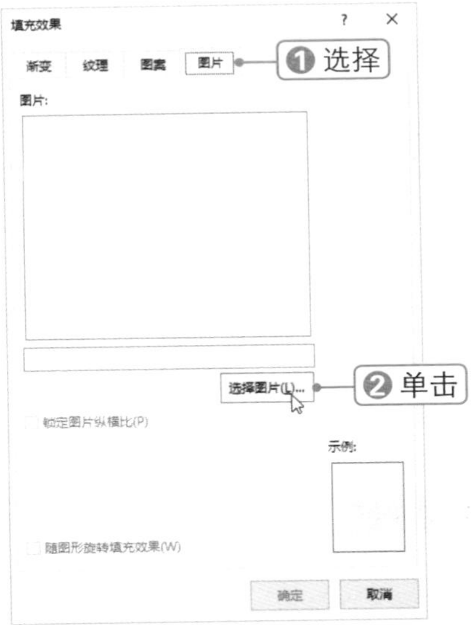


## STEP 8 插入图片

弹出“选择图片”对话框，❶选择图片，❷单击 插入(S) 按钮，然后依次单击 确定 按钮。

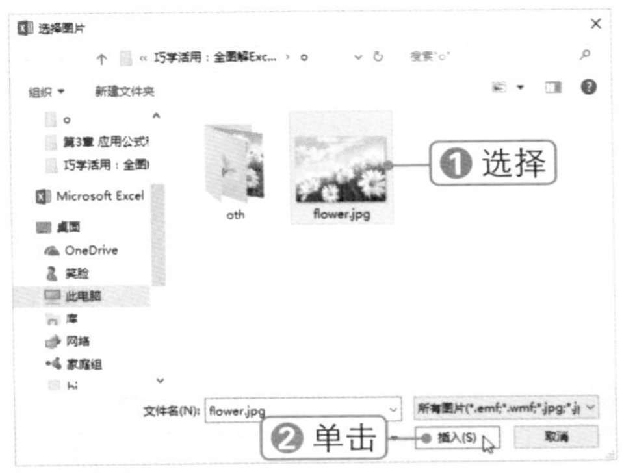


## STEP 9 设置图片格式

再次打开“设置批注格式”对话框，可以看到多了一个“图片”选项卡。❶选择“图片”选项卡，❷分别调整图片的亮度和对比度，❸单击 确定 按钮。

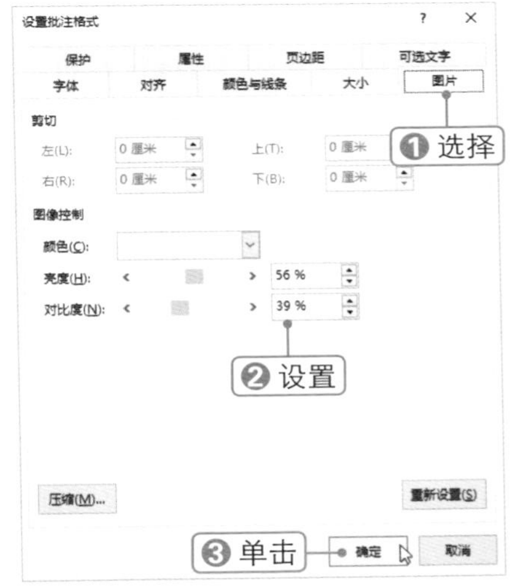


## STEP 10 查看设置效果

此时即可在批注框中设置图片背景。

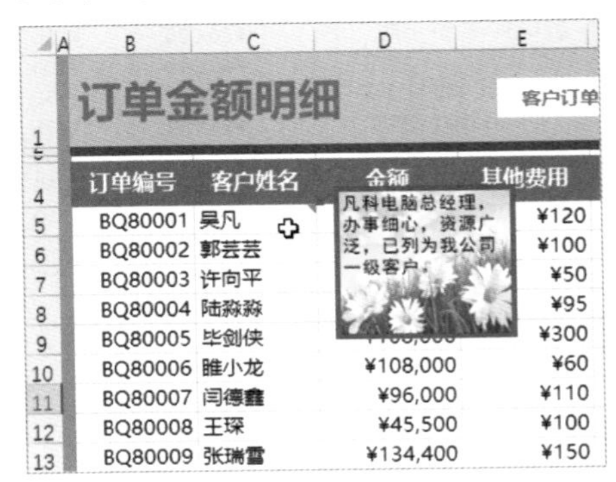

## 2.5.3 设置单元格输入信息

微课：设置单元格输入信息

利用数据验证可以为单元格设置输入信息来引导用户输入正确的信息，具体操作方法如下：

### STEP 1 输入信息

选择 A1 单元格，打开“数据验证”对话框。❶选择“输入信息”选项卡，❷在“输入信息”文本框中输入所需的内容，❸单击 确定 按钮。

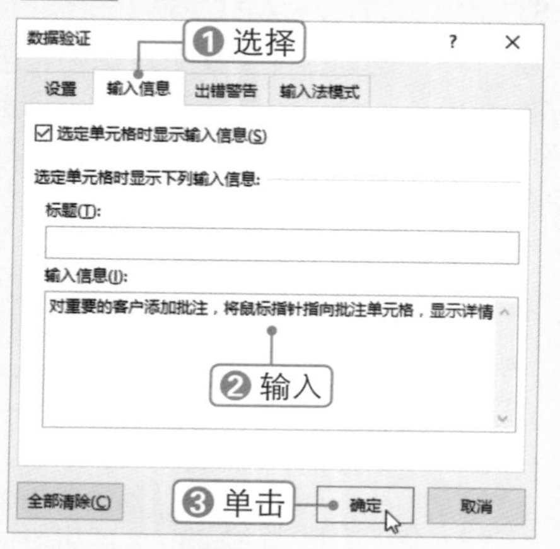


### STEP 2 单击超链接

选择 A1 单元格后，即可显示相应的提示信息。采用同样的方法，在 Sheet1 工作表的 A1 单元格中设置文本信息，单击超链接。

订单金额明细　客户订单明细 >

对重要的客户添加批注，将鼠标指针指向批注单元格，显示详情

| | B | C | D | E |
|---|---|---|---|---|
| 4 | | 客户姓名 | 金额 | 其他费用 |
| 5 | | 凡 | ¥36,000 | ¥120 |
| 6 | | 芸芸 | ¥68,000 | ¥100 |
| 7 | BQ80003 | 许向平 | ¥18,000 | ¥50 |
| 8 | BQ80004 | 陆淼淼 | ¥85,000 | ¥95 |
| 9 | BQ80005 | 毕剑侠 | ¥108,000 | ¥300 |
| 10 | BQ80006 | 雎小龙 | ¥108,000 | ¥60 |
| 11 | BQ80007 | 闫德鑫 | ¥96,000 | ¥110 |
| 12 | BQ80008 | 王琛 | ¥45,500 | ¥100 |
| 13 | BQ80009 | 张瑞雪 | ¥134,400 | ¥150 |

### STEP 3 查看提示信息

自动跳转到 Sheet1 工作表，并定位到 A1 单元格，查看提示信息。

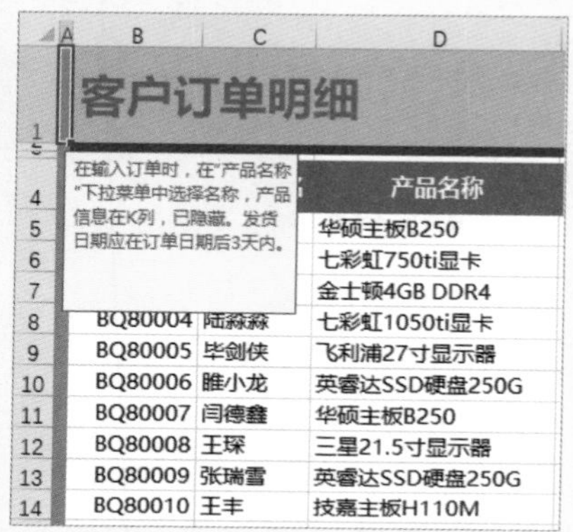


### STEP 4 设置输入信息

数据验证有时无法限制文本的输入，此时便可设置输入提醒，例如，在需要输入地址的单元格中设置输入信息。

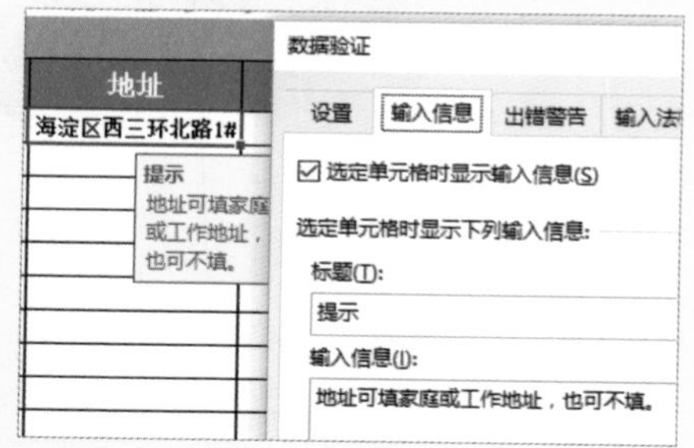


**秒杀技巧　使用信息框显示提示信息**

在“数据验证”对话框中选择“出错警告”选项卡，在“样式”下拉列表框中选择“信息”选项，然后输入提示信息，单击“确定”按钮。当输入的数据不符合数据验证时，就会弹出提示信息框。

## 商务办公 私房实操技巧

### TIP：让单元格显示其他内容

通过设置数字格式可以使单元格中原来的文本显示为其他信息。例如，单元格中原本显示的是“北二环”，设置其数字格式为“;;; 南三环”，此时该单元格显示为“南三环”，选择单元格后，通过编辑栏可以查看其原本的内容。

### TIP：使用快捷键更改数字格式

按【Ctrl+Shift+$】组合键，可将数字设置为货币格式；按【Ctrl+Shift+#】组合键，可将数字设置为日期格式；按【Ctrl+Shift+@】组合键，可将数字设置为时间格式；按【Ctrl+Shift+~】组合键，可将数字格式恢复为常规格式。

### TIP：将数据粘贴为图片链接

选择单元格后进行复制，在“开始”选项卡下单击“粘贴”下拉按钮，选择“链接的图片”选项，即可将数据粘贴为图片。当数据更新时，图片中的数字也会自动更新。可将粘贴的图片链接移到其他工作表，以对照数据。

### TIP：清除单元格

在开始选项卡下“编辑”组中单击清除按钮，在弹出的下拉列表中可以设置清除单元格格式、内容、批注、超链接，或全部清除。

## Ask Answer 高手疑难解答

### 问 怎样冻结窗格？

**图解解答** 通过冻结窗格可以使工作表的某一区域即使在滚动到工作表的另一区域时仍保持可见，方法如下：

1. 选择 D5 单元格，选择视图选项卡，单击冻结窗格下拉按钮，选择“冻结拆分窗格”选项，如下图（左）所示。

2 在工作表中滚动滚动条，查看冻结窗格效果，如下图（右）所示。

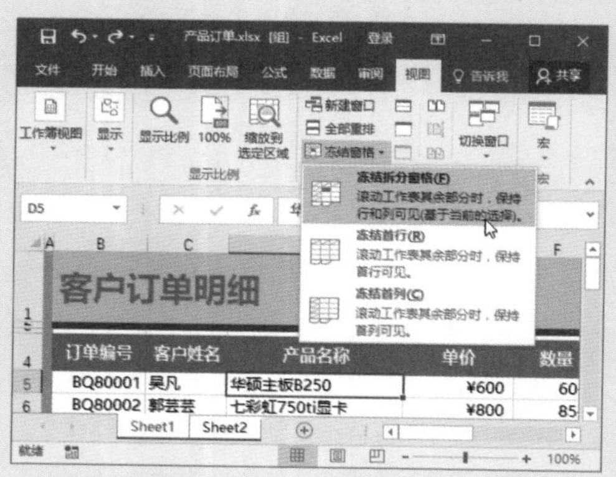


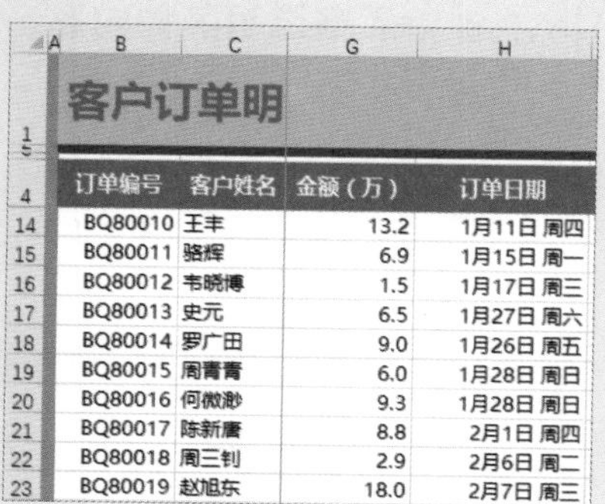

客户订单明

| 订单编号 | 客户姓名 | 金额（万） | 订单日期 |
|---|---|---|---|
| BQ80010 | 王丰 | 13.2 | 1月11日 周四 |
| BQ80011 | 骆辉 | 6.9 | 1月15日 周一 |
| BQ80012 | 韦晓博 | 1.5 | 1月17日 周三 |
| BQ80013 | 史元 | 6.5 | 1月27日 周六 |
| BQ80014 | 罗广田 | 9.0 | 1月26日 周五 |
| BQ80015 | 周青青 | 6.0 | 1月28日 周日 |
| BQ80016 | 何微渺 | 9.3 | 1月28日 周日 |
| BQ80017 | 陈新赓 | 8.8 | 2月1日 周四 |
| BQ80018 | 周三钊 | 2.9 | 2月6日 周二 |
| BQ80019 | 赵旭东 | 18.0 | 2月7日 周三 |

## 问 自定义数字格式时怎样使用颜色格式？

**图解解答** 在单元格格式的自定义格式中，主要包括红色、蓝色、绿色、黄色、蓝绿色、黑色、白色和洋红色等。可以按照不同的条件对单元格应用自定义格式，使数据显示不同的字体颜色，方法如下：

1 选择数字单元格区域，打开“设置单元格格式”对话框，设置自定义格式，输入代码“[ 红色 ][>=85]00;[ 蓝色 ][>=70]00;[ 绿色 ]00”，单击“确定”按钮，如下图（左）所示。

2 此时即可为不同区间的数字应用不用的字体颜色，效果如下图（右）所示。

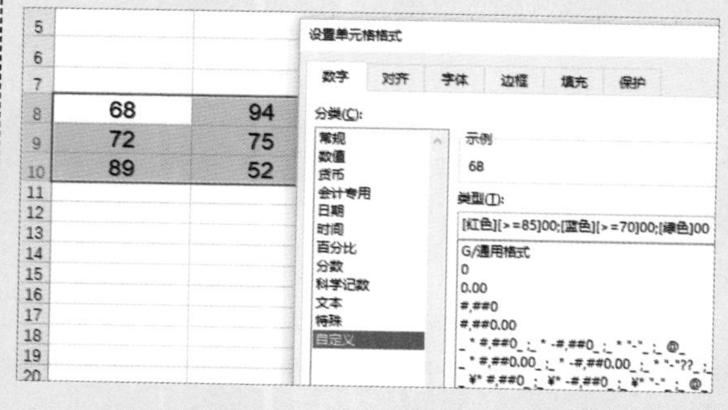


| 68 | 94 | 82 |
|---|---|---|
| 72 | 75 | 93 |
| 89 | 52 | 64 |

# 应用公式和函数计算数据

## 本章导读

在制作电子表格时，经常需要对大量的数据进行计算。借助 Excel 中的公式和函数，可以发挥其强大的数据计算功能，能够满足各种工作需要。本章将详细介绍如何在 Excel 2016 中应用公式和函数计算数据。

## 知识要点

01 公式和函数基本知识
02 数学计算函数
03 逻辑函数
04 统计函数
05 文本函数
06 日期与时间函数
07 查找和引用函数

## 案例展示

▼设置库存提醒

E2 =IF(D2<=$H$2,IF(D2<=$G$2,"补货","准备"),"充足")

| | A | B | C | D | E | F | G | H |
|---|---|---|---|---|---|---|---|---|
| 1 | 代码 | 商品名称 | 规格型号 | 库存 | 库存提醒 | | 补货 | 准备 |
| 2 | M-01 | 打印机 | 三星 | 28 | 充足 | | 5 | 10 |
| 3 | M-02 | 打印机 | 联想 | 19 | 充足 | | | |
| 4 | M-03 | 点钞机 | JBY-D607 | 9 | 准备 | | | |
| 5 | M-04 | 电脑 | 联想一体机 | 4 | 补货 | | | |
| 6 | M-05 | 电脑 | 长城DDX | 5 | 补货 | | | |
| 7 | M-06 | 多屉柜 | 3000*1500*780 | 7 | 准备 | | | |
| 8 | M-07 | 扫描仪 | 富士通 | 23 | 充足 | | | |
| 9 | M-08 | 扫描仪 | 佳能 | 9 | 准备 | | | |
| 10 | M-09 | 铁皮柜 | 800*800*1000 | 15 | 充足 | | | |
| 11 | M-10 | 铁皮柜 | 1600*1600*1200 | 3 | 补货 | | | |

▼计算销售提成

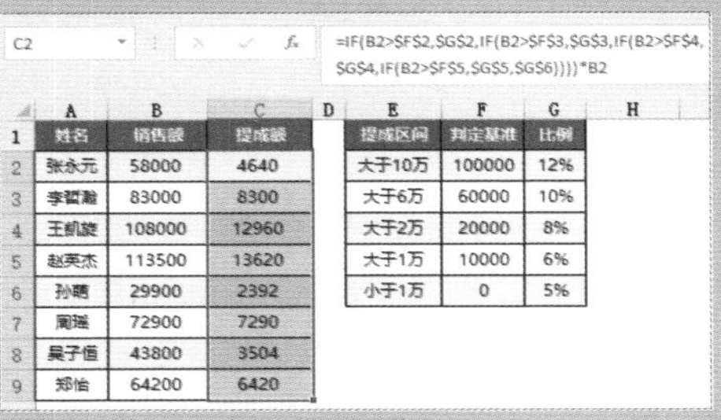

C2 =IF(B2>$F$2,$G$2,IF(B2>$F$3,$G$3,IF(B2>$F$4,$G$4,IF(B2>$F$5,$G$5,$G$6))))*B2

| | A | B | C | D | E | F | G |
|---|---|---|---|---|---|---|---|
| 1 | 姓名 | 销售额 | 提成额 | | 提成区间 | 判定基准 | 比例 |
| 2 | 张永元 | 58000 | 4640 | | 大于10万 | 100000 | 12% |
| 3 | 李哲瀚 | 83000 | 8300 | | 大于6万 | 60000 | 10% |
| 4 | 王凯旋 | 108000 | 12960 | | 大于2万 | 20000 | 8% |
| 5 | 赵英杰 | 113500 | 13620 | | 大于1万 | 10000 | 6% |
| 6 | 孙萌 | 29900 | 2392 | | 小于1万 | 0 | 5% |
| 7 | 周瑶 | 72900 | 7290 | | | | |
| 8 | 吴子恒 | 43800 | 3504 | | | | |
| 9 | 郑怡 | 64200 | 6420 | | | | |

▼设置员工生日提醒

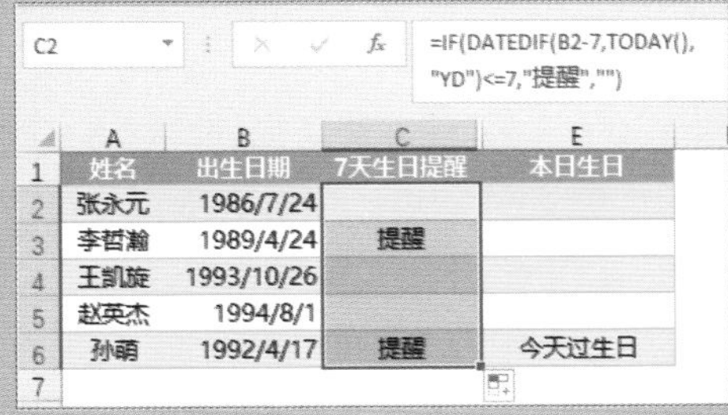

C2 =IF(DATEDIF(B2-7,TODAY(),"YD")<=7,"提醒","")

| | A | B | C | E |
|---|---|---|---|---|
| 1 | 姓名 | 出生日期 | 7天生日提醒 | 本日生日 |
| 2 | 张永元 | 1986/7/24 | | |
| 3 | 李哲瀚 | 1989/4/24 | 提醒 | |
| 4 | 王凯旋 | 1993/10/26 | | |
| 5 | 赵英杰 | 1994/8/1 | | |
| 6 | 孙萌 | 1992/4/17 | 提醒 | 今天过生日 |

▼统计销量最高的部门

B13 =INDEX($B$1:$G$1,MATCH(MAX(B2:G2),B2:G2,0))

| | A | B | C | D | E | F | G |
|---|---|---|---|---|---|---|---|
| 4 | 三部门 | 198500 | 199650 | 225630 | 255600 | 235630 | 198900 |
| 5 | 四部门 | 300690 | 246000 | 240010 | 305960 | 240810 | 360690 |
| 6 | 五部门 | 274000 | 300090 | 187950 | 266400 | 185950 | 244000 |
| 12 | 部门产量最高的月份 | | | | | | |
| 13 | 一部门 | 2月 | | | | | |
| 14 | 二部门 | 2月 | | | | | |
| 15 | 三部门 | 4月 | | | | | |
| 16 | 四部门 | 6月 | | | | | |
| 17 | 五部门 | 2月 | | | | | |

Chapter 03

# 3.1 公式和函数基本知识

■ 关键词：公式结构、运算符、单元格引用方式、输入与修改公式、公式求值、函数构成、函数语法

Excel 2016 中内置了大量的函数，使用这些函数可以对工作表中的数据进行分析与运算。函数是 Excel 预先定义的执行统计、分析等处理数据任务的内部工具。公式是由用户自行设计并结合常量数据、单元格引用、运算符元素等进行数据处理和计算的算式。

## 3.1.1 认识公式

公式不同于文本、数字等存储格式，它有自己的语法规则，如结构、运算符号及优先次序等。使用公式是为了有目的地计算结果，因此Excel的公式必须返回值。

### 1. 公式的结构

输入公式时，必须以“=”开始，然后输入公式的内容，如公式“=(G1-E1)*0.75”。在Excel 2016中，公式可以为下列部分或全部内容：

- 函数：Excel中的一些函数，如SUM、AVERAGE、IF等。
- 单元格引用：可以是当前工作簿中的单元格，也可以是其他工作簿中的单元格。例如，在公式“=Sheet1!A1”中，引用的是Sheet1工作表A1单元格中的数值。
- 运算符：公式中使用的运算符，如“+”“-”“*”“/”及“>”等。
- 常量：公式中输入的数字或文本值，如8等。
- 括号：用于控制公式计算次序。

### 2. 运算符

运算符的作用在于对公式中的元素执行特定类型的运算。在Excel公式中可以使用的运算符主要有算术运算符、文本连接符、比较运算符和引用运算符4种，它们负责完成各种复杂的运算。

当公式或函数比较复杂时，各种运算之间的计算顺序按照运算符的优先级进行计算。默认的计算顺序是由左及右，优先级由高及低。

下表列出了不同运算符之间的优先级别。

| 类型 | 级别 | 运算符 | 说　明 |
|---|---|---|---|
| 引用运算符 | 1 | :（冒号） | 连续区域运算 |
| | | （单个空格） | 取多个引用的交集为一个引用 |
| | | ,（逗号） | 将多个引用合并为一个引用 |

续上表

| 类型 | 级别 | 运算符 | 说　明 |
| --- | --- | --- | --- |
| 算数运算符 | 2 | —（负数） | 完成基本的数学运算，生成数字结果 |
| | 3 | %（百分比） | |
| | 4 | ^（乘方） | |
| | 5 | * 和 /（乘和除） | |
| | 6 | + 和 —（加和减） | |
| 文本连接符 | 7 | & | 连接两个字符串以合并成一个长文本 |
| 比较运算符 | 8 | = | 比较两个值，结果为一个逻辑值：TRUE或FALSE |
| | | <和> | |
| | | <= | |
| | | >= | |
| | | < > | |

## 3.1.2 输入与修改公式

微课：输入与修改公式

在单元格中输入公式时，可以直接输入，也可结合鼠标单击的方式进行输入。例如，在输入公式时，要引用工作表中的一个或多个单元格，则可以选择单元格或单元格区域将其添加到公式中。

单元格引用可分为一维引用、二维引用和三维引用。一维引用为单行或单列引用，如A1:A10、A1:J1；二维引用为多行多列引用，如A1:J10；三维引用为引用其他工作表或多个工作表的引用，如Sheet1:Sheet3!A1。

单元格的引用方式分为3种：相对引用、绝对引用和混合引用，在公式编辑栏中可以通过按【F4】键快速切换引用方式。

- **相对引用**：指包含公式和单元格引用的单元格的相对位置，例如，在单元格区域中复制公式即为相对引用。运用相对引用时，当公式所在的单元格位置改变时，引用也会随之改变。
- **绝对引用**：与相对引用不同，在使用绝对引用时，即使公式所在单元格的位置发生改变，引用也不会随之改变。在行号和列标前添加一个“$”符号，即可成为绝对引用，如$A$1。
- **混合引用**：指在公式中既有相对引用，又有绝对引用，如“A$1+$G1”，使用“$”符号锁定单元格引用的列标或行号。

下面以制作乘法口诀表为例，介绍如何在单元格中输入和修改公式，具体操作方法如下：

**STEP 1　选择引用单元格**

❶选择 B2 单元格，❷在编辑栏中输入“=”，选择要引用的单元格即可将其添加到公式中，在此选择 A2 单元格。

**STEP 2　继续操作**

输入乘号“*”，然后选择 B1 单元格，按【Enter】键即可得到计算结果。

**STEP 3　更改单元格引用**

当 B2 单元格中的公式向右填充时，应使公式 A2*B1 逐个变为 A2*C1、A2*D1、A2*E1……，因此需要将 A2 引用中的列锁定。在编辑栏中将光标定位到 A2 单元格引用中，然后多次按【F4】键更改其单元格引用方式，使其变为 $A2。

**STEP 4　复制公式**

向右拖动填充柄复制公式，查看计算结果。

**STEP 5　复制公式**

当 B2 单元格中的公式向下填充时，应使公式 $A2*C1 逐个变为 $A3*B1、$A4*B1、$A5*B1……，因此需将 B1 引用中的行锁定。在编辑栏中将 B1 引用方式改为 B$1，向下拖动填充公式。

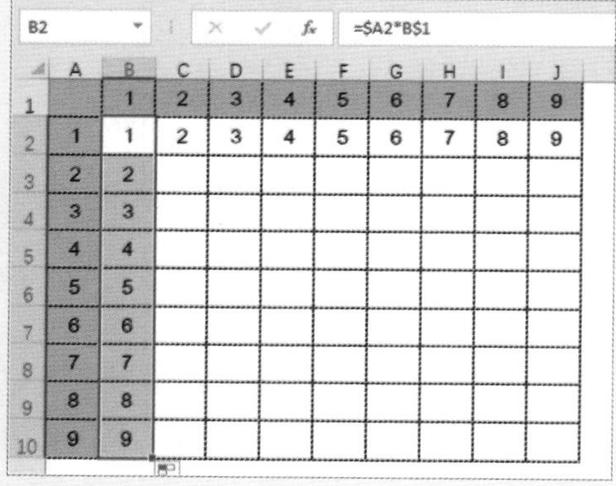


**STEP 6　复制公式**

将填充柄向右拖动，填充右侧的单元格区域，查看计算结果。

## 3.1.3 公式求值

公式求值用来显示公式或函数的具体计算过程，可用来调试公式或函数，还可通过【F9】键快速对公式求值，具体操作方法如下：

**STEP 1 单击“公式求值”按钮**

❶选择要对公式求值的单元格，❷选择 公式 选项卡，❸在“公式审核”组中单击“公式求值”按钮。

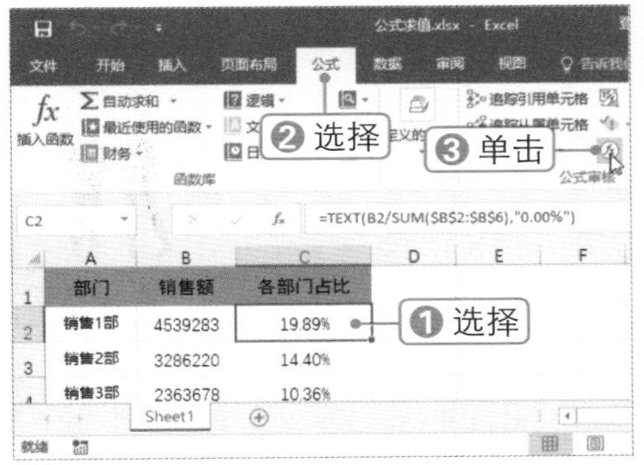


**STEP 2 单击 求值(E) 按钮**

弹出“公式求值”对话框，通过单击 求值(E) 按钮逐步进行求值。

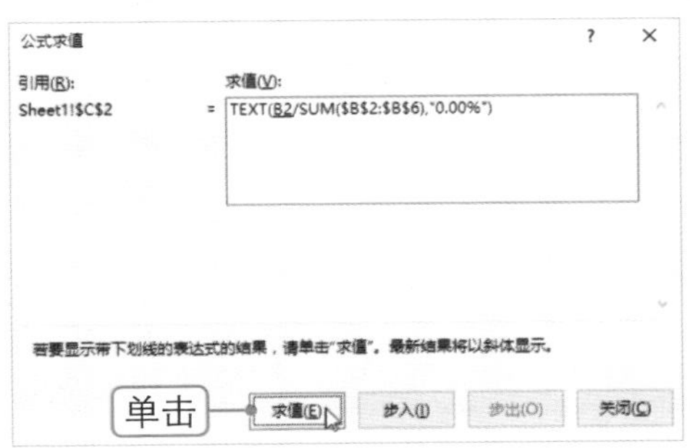


**STEP 3 选中函数**

也可利用【F9】键对公式进行求值，在编辑栏中选中要进行求值的函数。

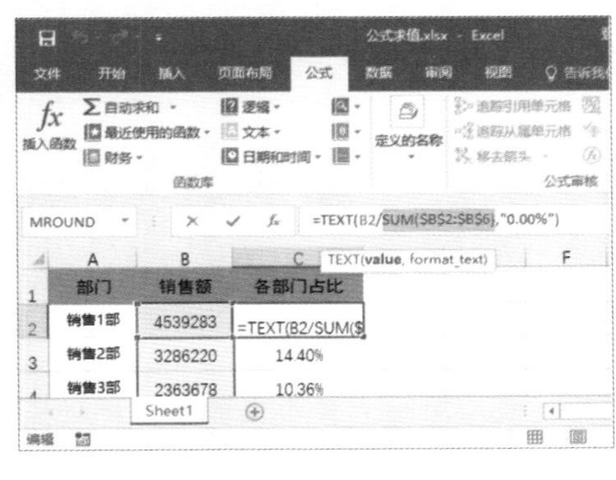

**STEP 4 查看运算结果**

按【F9】键即可得出所选函数的运算结果，按【Esc】键或【Ctrl+Z】组合键取消操作。

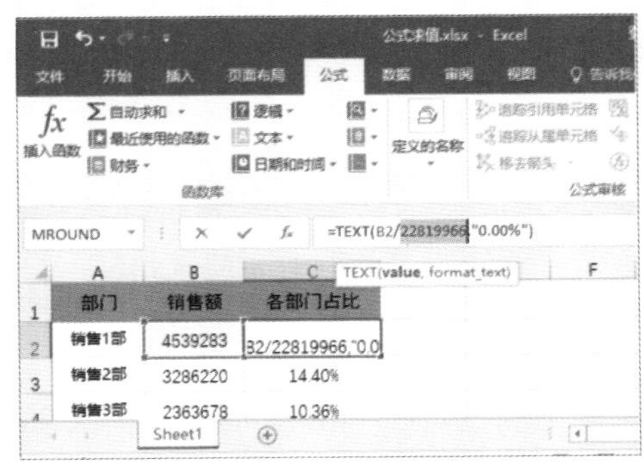

## 3.1.4 认识函数

函数由函数名和相应的参数组成。函数名是固定不变的，参数的数据类型一般是数字和文本、逻辑值、数组、单元格引用和表达式等。各参数的含义如下：

- 数字和文本：即不进行计算，也不发生改变的常量。
- 逻辑值：也就是TRUE和FLASE这两个逻辑值。

- 数组：用于建立可生成多个结果，或可对在行和列中排列的一组参数进行计算的单个公式。
- 单元格引用：通过单元格引用确定参数所在的单元格位置。
- 表达式：在Excel中，当遇到一个表达式作为参数时，会先计算这个表达式，然后使用其结果作为参数值。当使用表达式时，表达式中也可能包含其他函数，这就是函数的嵌套。

在Excel 2016中，包含财务函数、文本函数、日期和时间函数、统计函数、工程函数、逻辑函数、查找和引用函数，以及数学和三角函数等多种函数类型，下面将对办公中常用函数的作用、语法及应用方法进行详细介绍。

Chapter 03

# 3.2 数学计算函数

■ 关键词：SUM、PRODUCT、INT、MOD、ABS、EVEN、ODD、RAND、SUMIF、SUMIFS、ROUND

Excel 2016 中数学函数用于对数值数据进行数学运算或汇总，如计算总销量，计算工时，汇总业绩等，下面将介绍数学计算函数的应用方法。

## 3.2.1 常用数学函数

常用的数学函数主要包括SUM、PRODUCT、INT、MOD、ABS、EVEN、ODD、RAND、SUMIF、SUMIFS和ROUND等函数，下面将介绍其具体作用和语法。

### 1. SUM函数

将指定为参数的所有数字相加。每个参数都可以是区域、单元格引用、数组、常量、公式或另一个函数的结果。

函数语法：SUM(number1,[number2],...])

### 2. PRODUCT函数

可计算用作参数的所有数字的乘积，然后返回乘积。如果需要让许多单元格相乘，则使用PRODUCT函数很方便。例如，公式“=PRODUCT(A1:A3, C1:C3)”等同于A1*A2*A3*C1*C2*C3。

函数语法：PRODUCT(number1,[number2],...)

### 3. INT函数

将数字向下舍入到最接近的整数。

函数语法：INT(number)

### 4. MOD函数

返回两数相除的余数，结果的正负号与除数相同。

函数语法：MOD(number, divisor)

number表示被除数，divisor表示除数。

### 5. ABS函数

返回数字的绝对值。

函数语法：ABS(number)

## 6. EVEN函数

返回沿绝对值增大方向取整后最接近的偶数。使用该函数可以处理那些成对出现的对象。

函数语法：EVEN(number)

## 7. ODD函数

返回对指定数值进行向上舍入后的奇数。

函数语法：ODD(number)

## 8. RAND函数

返回大于等于0及小于1的均匀分布随机实数。

函数语法：RAND()

若要生成a与b之间的随机实数，可使用公式“RAND()*(b-a)+a”。

## 9. SUMIF函数

SUMIF 函数用于对区域中符合指定条件的值求和。

函数语法：SUMIF(range,criteria,[sum_range])

- range：用于条件计算的单元格区域。
- criteria：用于确定对哪些单元格求和的条件，其形式可以为数字、表达式、单元格引用、文本或函数，如24、">24"、B3、"24"、"小明"或TODAY()。
- sum_range：可选参数。要求和的实际单元格（如果要对未在range参数中指定的单元格求和）。如果sum_range参数被省略，Excel会对在range参数中指定的单元格（即应用条件的单元格）求和。

## 10. SUMIFS函数

SUMIFS函数用于对工作表中满足其多个条件的全部参数进行求和。

函数语法：SUMIFS(sum_range,criteria_range1,criteria1,[criteria_range2, criteria2],...)

- Sum_range：要求和的单元格区域。
- Criteria_range1：使用Criteria1测试的区域。Criteria_range1和Criteria1设置用于搜索某个区域是否符合特定条件的搜索对。一旦在该区域中找到了项，将计算Sum_range中的相应值的和。
- Criteria1：定义将计算Criteria_range1中的哪些单元格的和的条件。例如，可以将条件设置为32、">32"、B4、"苹果"或"32"。可以在条件中使用通配符，即问号（?）和星号（*）。问号匹配任一单个字符，星号匹配任一字符序列。如果要查找实际的问号或星号，可在字符前输入波形符（~）。
- Criteria_range2, criteria2,…：可选参数，表示附加的区域及其关联条件，最多可以输入127个区域/条件对。

## 11. ROUND函数

ROUND函数将数字四舍五入到指定的位数。例如，如果单元格A1的值为3.458，使用公式“=ROUND(A1,2)”即可将该数值舍入为两位小数，得出3.46。

函数语法：ROUND(number, num_digits)

- number：要四舍五入的数字。
- num_digits：要进行四舍五入运算的位数。如果num_digits小于0，则将数字四舍五入到小数点左边的相应位数。

若要始终进行向上舍入（远离0），可使用ROUNDUP函数。

若要始终进行向下舍入（朝向0），可使用ROUNDDOWN函数。

若要将某个数字四舍五入为指定的倍数（例如，四舍五入为最接近的0.5倍），可使用MROUND函数。

## 3.2.2 课程满意率调查

微课：课程满意率调查

下面根据课程满意度调查数据，利用SUM函数统计满意率，具体操作方法如下：

### STEP 1 计算满意率

在 G3 单元格中输入公式“=B3/SUM(B3:E3)”，并按【Enter】键确认，得出计算结果。

G3 =B3/SUM(B3:E3)

| | 调查数据 | | | | 满意率统计 | | | |
|---|---|---|---|---|---|---|---|---|
| | 很满意 | 满意 | 一般 | 不满意 | 很满意 | 满意 | 一般 | 不满意 |
| 专业度 | 25 | 10 | | | 0.714 | | | |
| 主题把控 | 18 | 16 | 1 | | | | | |
| 讲课技巧 | 27 | 4 | 4 | | | | | |
| 逻辑表达 | 22 | 10 | 3 | | | | | |
| 课堂互动 | 20 | 5 | 10 | | | | | |
| 讲师形象 | 27 | 7 | 1 | | | | | |

### STEP 2 复制公式

在公式中选中 B3:E3 单元格区域引用后，通过按【F4】键将其更改为混合引用，然后向下和向右拖动填充柄复制公式。

G3 =B3/SUM($B3:$E3)

| | 调查数据 | | | | 满意率统计 | | | |
|---|---|---|---|---|---|---|---|---|
| | 很满意 | 满意 | 一般 | 不满意 | 很满意 | 满意 | 一般 | 不满意 |
| 专业度 | 25 | 10 | | | 0.714 | 0.286 | 0 | 0 |
| 主题把控 | 18 | 16 | 1 | | 0.514 | 0.457 | 0.029 | 0 |
| 讲课技巧 | 27 | 4 | 4 | | 0.771 | 0.114 | 0.114 | 0 |
| 逻辑表达 | 22 | 10 | 3 | | 0.629 | 0.286 | 0.086 | 0 |
| 课堂互动 | 20 | 5 | 10 | | 0.571 | 0.143 | 0.286 | 0 |
| 讲师形象 | 27 | 7 | 1 | | 0.771 | 0.2 | 0.029 | 0 |

### STEP 3 修改公式

在编辑栏中的公式前嵌套 ROUND 函数，修改公式为“=ROUND(B3/SUM($B3:$E3),2)”，按【Ctrl+Enter】组合键填充公式，将数字设置为两位小数。

G3 =ROUND(B3/SUM($B3:$E3),2)

| | 调查数据 | | | | 满意率统计 | | | |
|---|---|---|---|---|---|---|---|---|
| | 很满意 | 满意 | 一般 | 不满意 | 很满意 | 满意 | 一般 | 不满意 |
| 专业度 | 25 | 10 | | | 0.71 | 0.29 | 0 | 0 |
| 主题把控 | 18 | 16 | 1 | | 0.51 | 0.46 | 0.03 | 0 |
| 讲课技巧 | 27 | 4 | 4 | | 0.77 | 0.11 | 0.11 | 0 |
| 逻辑表达 | 22 | 10 | 3 | | 0.63 | 0.29 | 0.09 | 0 |
| 课堂互动 | 20 | 5 | 10 | | 0.57 | 0.14 | 0.29 | 0 |
| 讲师形象 | 27 | 7 | 1 | | 0.77 | 0.2 | 0.03 | 0 |

### STEP 4 输入公式

在 L2 单元格中输入公式“=IF(G2=0,"",TEXT(G2,"0%"))”，向下和向右拖动填充柄复制公式，将数字设置为百分数格式。

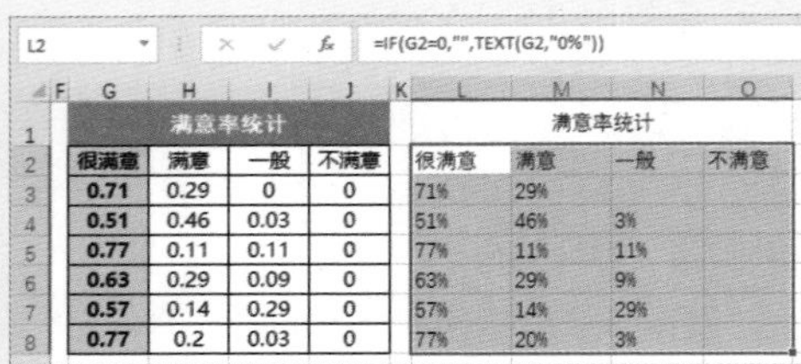

L2 =IF(G2=0,"",TEXT(G2,"0%"))

| 满意率统计 | | | | 满意率统计 | | | |
|---|---|---|---|---|---|---|---|
| 很满意 | 满意 | 一般 | 不满意 | 很满意 | 满意 | 一般 | 不满意 |
| 0.71 | 0.29 | 0 | 0 | 71% | 29% | | |
| 0.51 | 0.46 | 0.03 | 0 | 51% | 46% | 3% | |
| 0.77 | 0.11 | 0.11 | 0 | 77% | 11% | 11% | |
| 0.63 | 0.29 | 0.09 | 0 | 63% | 29% | 9% | |
| 0.57 | 0.14 | 0.29 | 0 | 57% | 14% | 29% | |
| 0.77 | 0.2 | 0.03 | 0 | 77% | 20% | 3% | |

### STEP 5 复制单元格区域

❶选择 G1:J8 单元格区域，按【Ctrl+C】组合键进行复制，❷选择 L1:O8 单元格区域。

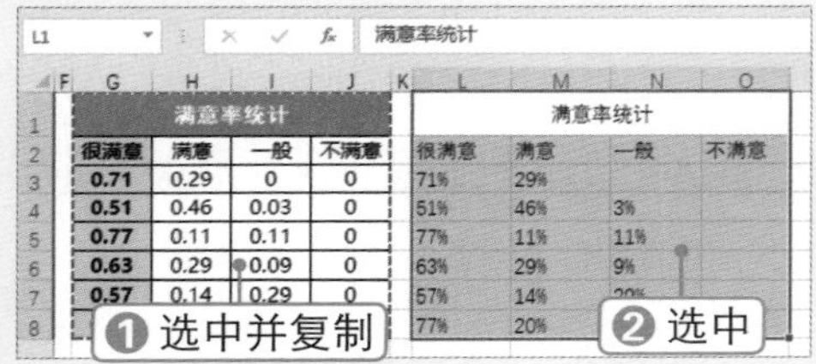


### STEP 6 粘贴格式

❶单击“粘贴”下拉按钮，❷选择“格式”选项，即可复制格式。

❶ 单击
❷ 选择

| 满意率统计 | | | |
|---|---|---|---|
| 很满意 | 满意 | 一般 | 不满意 |
| 71% | 29% | | |
| 51% | 46% | 3% | |
| 77% | 11% | 11% | |
| 63% | 29% | 9% | |
| 57% | 14% | 29% | |
| 77% | 20% | 3% | |

**秒杀技巧　使用快捷键快速求和**

选择要进行求和的数据，按【Alt+=】组合键即可自动插入 SUM 函数，得到求和结果。

## 3.2.3 按月份统计某车型销售额

下面根据某集团第一季度车辆销售报表对每个月的车型销售情况进行统计，具体操作方法如下：

微课：按月份统计某车型销售额

### STEP 1 设置数据验证

为 I2:I4 单元格区域设置数据验证，这样就可以在单元格下拉列表中选择各种车型。

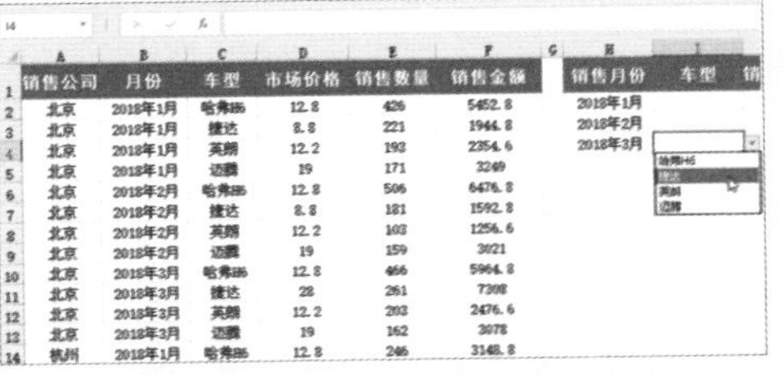

### STEP 2 打开“插入函数”对话框

选择 J1 单元格，在编辑栏左侧单击“插入函数”按钮 $f_x$，或者直接按【Shift+F3】组合键，打开“插入函数”对话框。

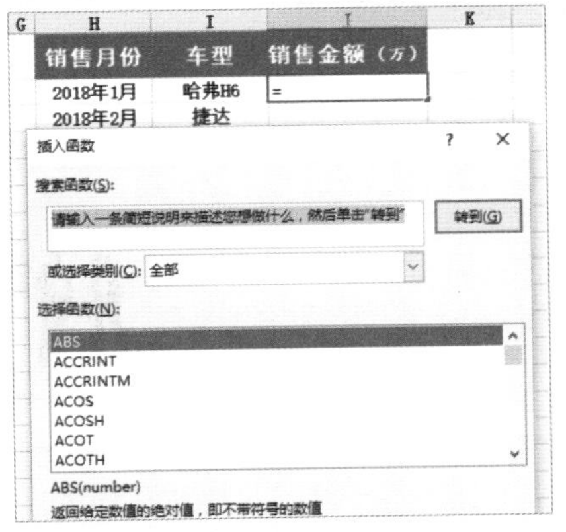


### STEP 3 选择函数

①选择 SUMIFS 函数，②单击 确定 按钮。

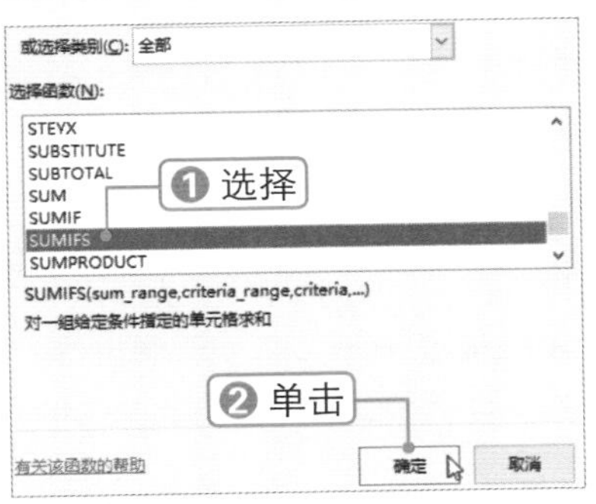


### STEP 4 设置函数参数

弹出“函数参数”对话框，①设置 SUMIFS 函数参数，②单击 确定 按钮。

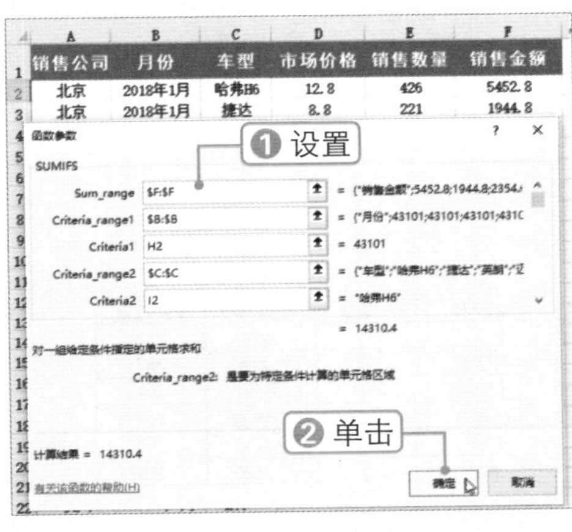


### STEP 5 复制公式

查看计算结果，向下拖动填充柄复制公式。

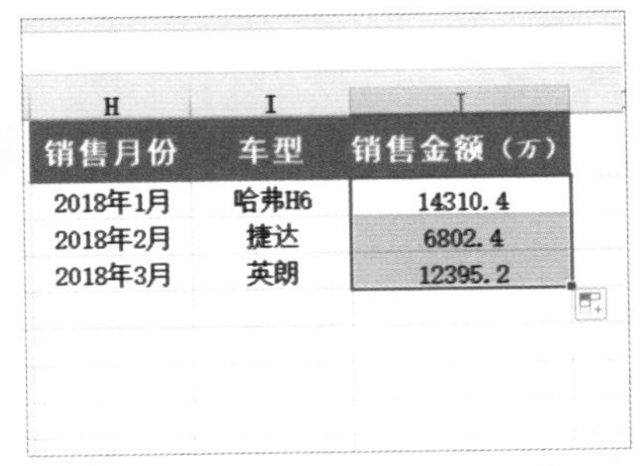

| 销售月份 | 车型 | 销售金额（万） |
|---|---|---|
| 2018年1月 | 哈弗H6 | 14310.4 |
| 2018年2月 | 捷达 | 6802.4 |
| 2018年3月 | 英朗 | 12395.2 |

### STEP 6 查看销售金额

在 I 列中选择车型，查看销售金额。

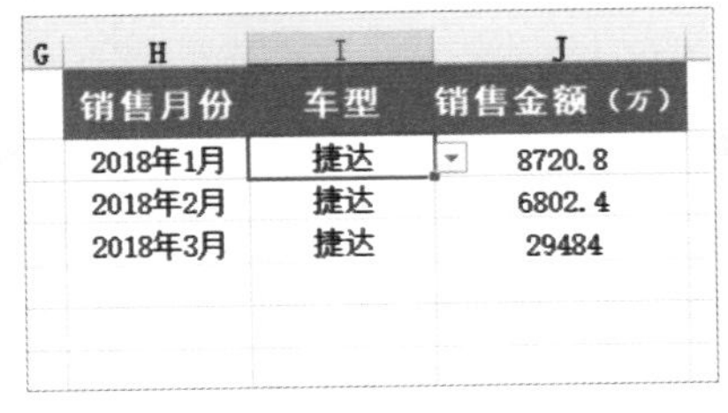

| 销售月份 | 车型 | 销售金额（万） |
|---|---|---|
| 2018年1月 | 捷达 | 8720.8 |
| 2018年2月 | 捷达 | 6802.4 |
| 2018年3月 | 捷达 | 29484 |

## 3.2.4 使用SUMIF函数多行多列求和

在对多组数据进行求和时，若多列数据都满足条件，也可以使用SUMIF函数进行多列求和，具体操作方法如下：

微课：使用 SUMIF 函数多行多列求和

**STEP 1 多列求和**

若计算销售员“张永元”1 月和 2 月的总销量，常规方法为：在 B10 单元格中输入公式“=SUMIF(A1:A7,A10,B1:B7)+SUMIF(C1:C7,A10,D1:D7)”。

B10 =SUMIF(A1:A7,A10,B1:B7)+SUMIF(C1:C7,A10,D1:D7)

| | A | B | C | D | E |
|---|---|---|---|---|---|
| 1 | 业务员 | 1月销量 | 业务员 | 2月销量 | |
| 2 | 张永元 | 290 | 孙萌 | 312 | |
| 3 | 李哲瀚 | 313 | 张永元 | 257 | |
| 4 | 王凯旋 | 291 | 周瑶 | 251 | |
| 5 | 赵英杰 | 259 | 李哲瀚 | 264 | |
| 6 | 孙萌 | 309 | 王凯旋 | 282 | |
| 7 | 周瑶 | 278 | 赵英杰 | 258 | |
| 8 | | | | | |
| 9 | 销售员 | 业绩 | | | |
| 10 | 张永元 | 547 | | | |

**STEP 2 简写公式**

也可直接将公式简写为“=SUMIF(A1: C7,A10,B1:D7)”。该公式中求和区域 B1:D7 相比条件区域 A1:C7，向右整体移动了一列，这样 Excel 才能顺利找到业务员对应的业绩，因此这两个区域不能全选为 A1:D7。

B10 =SUMIF(A1:C7,A10,B1:D7)

| | A | B | C | D | E |
|---|---|---|---|---|---|
| 1 | 业务员 | 1月销量 | 业务员 | 2月销量 | |
| 2 | 张永元 | 290 | 孙萌 | 312 | |
| 3 | 李哲瀚 | 313 | 张永元 | 257 | |
| 4 | 王凯旋 | 291 | 周瑶 | 251 | |
| 5 | 赵英杰 | 259 | 李哲瀚 | 264 | |
| 6 | 孙萌 | 309 | 王凯旋 | 282 | |
| 7 | 周瑶 | 278 | 赵英杰 | 258 | |
| 8 | | | | | |
| 9 | 销售员 | 业绩 | | | |
| 10 | 张永元 | 547 | | | |

Chapter 03

# 3.3 逻辑函数

■ 关键词：IF、AND、INT、OR、NOT、IFERROR、TRUE、FALSE、库存提醒、计算销售提成

逻辑函数用于判断数值真假或检测数值是否符合规定条件，下面将介绍常用逻辑函数的应用方法。

## 3.3.1 常用逻辑函数

常用的逻辑函数主要包括IF、AND、INT、OR、NOT、IFERROR、TRUE、FALSE等函数，下面将介绍其具体作用和语法。

### 1. IF函数

如果指定条件的计算结果为TRUE，IF函数将返回某个值；如果该条件的计算结果为FALSE，则返回另一个值。

函数语法：IF(logical_test,[value_if_true],[value_if_false])

- logical_test：计算结果为TRUE或FALSE的任何值或表达式。

- value_if_true：可选参数。logical_test参数的计算结果为TRUE时所要返回的值。
- value_if_false：可选参数。logical_test参数的计算结果为FALSE时所要返回的值。

### 2. AND、OR和NOT函数

#### (1) AND 函数

当所有参数的计算结果为TRUE时，返回TRUE；只要有一个参数的计算结果为FALSE，即返回FALSE。

函数语法：AND(logical1,[logical2],...)

函数参数可以为操作、事件、方法、属性、函数或过程提供信息的值。

#### (2) OR 函数

在其参数组中，任何一个参数逻辑值为TRUE，即返回TRUE；任何一个参数的逻辑值为FALSE，即返回FALSE。

函数语法：OR(logical1,[logical2],...)

#### (3) NOT 函数

对参数值求反。当要确保一个值不等于某一特定值时，可以使用NOT函数。

函数语法：NOT(logical)

这三个函数的一种常见用途就是扩大用于执行逻辑检验的其他函数的效用。例如，通过将AND函数用作IF函数的logical_test参数，可以检验多个不同的条件，而不仅仅是一个条件。

### 3. IFERROR函数

如果公式的计算结果错误，则返回指定的值，否则返回公式的结果。使用IFERROR函数可以捕获和处理公式中的错误。

函数语法：IFERROR(value, value_if_error)

- value：检查是否存在错误的参数。
- Value_if_error：公式的计算结果错误时返回的值。计算以下错误类型：#N/A、#VALUE!、#REF!、#DIV/0!、#NUM!、#NAME?或#NULL!。

例如，公式“=IFERROR(A2/B2,"计算错误")”，若未找到错误，则返回公式的值，否则返回“计算错误”。

### 4. TRUE和FALSE函数

TRUE函数返回逻辑值TRUE。

函数语法：TRUE。

FALSE函数返回逻辑值FALSE。

函数语法：FALSE。

TRUE和FALSE函数主要是为了与其他电子表格程序兼容。

**实操解疑**

**应用 IFNA 函数**

该函数表示如果公式返回错误值“#N/A”，则结果返回用户指定的值，否则返回公式的结果。#N/A 错误通常表示公式找不到要求查找的内容。

## 3.3.2 设置库存提醒

微课：设置库存提醒

下面使用IF函数设置库存提醒，当库存数量小于5时提醒“补货”，当数量小于10时提醒“准备”，否则提醒“充足”，具体操作方法如下：

**STEP 1 输入函数**

在 E2 单元格中输入公式“=IF(D2<=$G$2,"补货","准备")”，并按【Enter】键确认，查看结果。

E2 =IF(D2<=$G$2,"补货","准备")

| | A | B | C | D | E | F | G | H |
|---|---|---|---|---|---|---|---|---|
| 1 | 代码 | 商品名称 | 规格型号 | 库存 | 库存提醒 | | 补货 | 准备 |
| 2 | M-01 | 打印机 | 三星 | 28 | 准备 | | 5 | 10 |
| 3 | M-02 | 打印机 | 联想 | 19 | | | | |
| 4 | M-03 | 点钞机 | JBY-D607 | 9 | | | | |
| 5 | M-04 | 电脑 | 联想一体机 | 4 | | | | |
| 6 | M-05 | 电脑 | 长城DDX | 5 | | | | |
| 7 | M-06 | 多屉柜 | 3000*1500*780 | 7 | | | | |
| 8 | M-07 | 扫描仪 | 富士通 | 23 | | | | |
| 9 | M-08 | 扫描仪 | 佳能 | 9 | | | | |
| 10 | M-09 | 铁皮柜 | 800*800*1000 | 15 | | | | |
| 11 | M-10 | 铁皮柜 | 1600*1600*1200 | 3 | | | | |

**STEP 2 嵌套函数**

在函数外再嵌套一层 IF 函数，编辑公式为“=IF(D2<=$H$2,IF(D2<=$G$2,"补货","准备"),"充足")”，向下复制公式，查看计算结果。还可在 G2 和 H2 单元格中修改“补货”和“准备”条件。

E2 =IF(D2<=$H$2,IF(D2<=$G$2,"补货","准备"),"充足")

| | A | B | C | D | E | F | G | H |
|---|---|---|---|---|---|---|---|---|
| 1 | 代码 | 商品名称 | 规格型号 | 库存 | 库存提醒 | | 补货 | 准备 |
| 2 | M-01 | 打印机 | 三星 | 28 | 充足 | | 5 | 10 |
| 3 | M-02 | 打印机 | 联想 | 19 | 充足 | | | |
| 4 | M-03 | 点钞机 | JBY-D607 | 9 | 准备 | | | |
| 5 | M-04 | 电脑 | 联想一体机 | 4 | 补货 | | | |
| 6 | M-05 | 电脑 | 长城DDX | 5 | 补货 | | | |
| 7 | M-06 | 多屉柜 | 3000*1500*780 | 7 | 准备 | | | |
| 8 | M-07 | 扫描仪 | 富士通 | 23 | 充足 | | | |
| 9 | M-08 | 扫描仪 | 佳能 | 9 | 准备 | | | |
| 10 | M-09 | 铁皮柜 | 800*800*1000 | 15 | 充足 | | | |
| 11 | M-10 | 铁皮柜 | 1600*1600*1200 | 3 | 补货 | | | |

## 3.3.3 计算销售提成

销售提成比率是根据销售额的多少而变化的。下面使用IF函数先确定提成比率，然后乘以销售额来计算销售提成，具体操作方法如下：

微课：计算销售提成

**STEP 1 制作提成比例表**

在 E1:G6 单元格区域制作提成比例表。

C2

| | A | B | C | D | E | F | G |
|---|---|---|---|---|---|---|---|
| 1 | 姓名 | 销售额 | 提成额 | | 提成区间 | 判定基准 | 比例 |
| 2 | 张永元 | 58000 | | | 大于10万 | 100000 | 12% |
| 3 | 李哲瀚 | 83000 | | | 大于6万 | 60000 | 10% |
| 4 | 王凯旋 | 108000 | | | 大于2万 | 20000 | 8% |
| 5 | 赵英杰 | 113500 | | | 大于1万 | 10000 | 6% |
| 6 | 孙萌 | 29900 | | | 小于1万 | 0 | 5% |
| 7 | 周瑶 | 72900 | | | | | |
| 8 | 吴子恒 | 43800 | | | | | |
| 9 | 郑怡 | 64200 | | | | | |

**STEP 2 计算提成**

在 C2 单元格中输入公式“=IF(B2>$F$2,$G$2,IF(B2>$F$3,$G$3,IF(B2>$F$4,$G$4,IF(B2>$F$5,$G$5,$G$6))))*B2”，并按【Enter】键确认，即可计算提成。向下复制公式，查看计算结果。

C2 =IF(B2>$F$2,$G$2,IF(B2>$F$3,$G$3,IF(B2>$F$4,$G$4,IF(B2>$F$5,$G$5,$G$6))))*B2

| | A | B | C | D | E | F | G | H |
|---|---|---|---|---|---|---|---|---|
| 1 | 姓名 | 销售额 | 提成额 | | 提成区间 | 判定基准 | 比例 | |
| 2 | 张永元 | 58000 | 4640 | | 大于10万 | 100000 | 12% | |
| 3 | 李哲瀚 | 83000 | 8300 | | 大于6万 | 60000 | 10% | |
| 4 | 王凯旋 | 108000 | 12960 | | 大于2万 | 20000 | 8% | |
| 5 | 赵英杰 | 113500 | 13620 | | 大于1万 | 10000 | 6% | |
| 6 | 孙萌 | 29900 | 2392 | | 小于1万 | 0 | 5% | |
| 7 | 周瑶 | 72900 | 7290 | | | | | |
| 8 | 吴子恒 | 43800 | 3504 | | | | | |
| 9 | 郑怡 | 64200 | 6420 | | | | | |

## 3.3.4 票据到期前提醒

下面设置在票据到期前一个月进行提醒，具体操作方法如下：

微课：票据到期前提醒

**STEP 1** 设置条件

在 G1:H2 单元格区域中编辑目标日期和提醒天数。

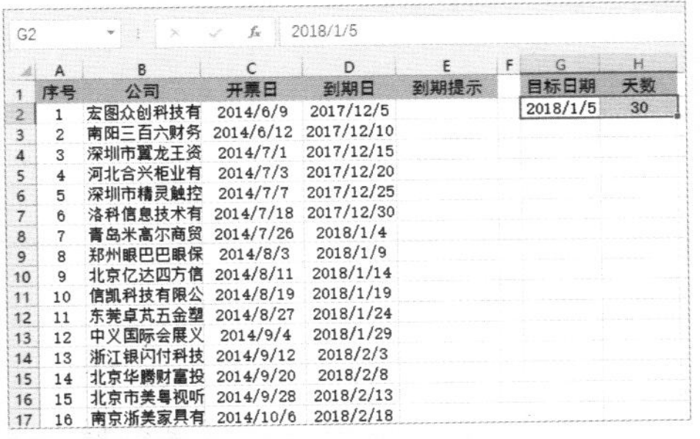

| 序号 | 公司 | 开票日 | 到期日 | 到期提示 | | 目标日期 | 天数 |
|---|---|---|---|---|---|---|---|
| 1 | 宏图众创科技有 | 2014/6/9 | 2017/12/5 | | | 2018/1/5 | 30 |
| 2 | 南阳三百六财务 | 2014/6/12 | 2017/12/10 | | | | |
| 3 | 深圳市翼龙王资 | 2014/7/1 | 2017/12/15 | | | | |
| 4 | 河北合兴柜业有 | 2014/7/3 | 2017/12/20 | | | | |
| 5 | 深圳市精灵触控 | 2014/7/7 | 2017/12/25 | | | | |
| 6 | 洛科信息技术有 | 2014/7/18 | 2017/12/30 | | | | |
| 7 | 青岛米高尔商贸 | 2014/7/26 | 2018/1/4 | | | | |
| 8 | 郑州眼巴巴眼保 | 2014/8/3 | 2018/1/9 | | | | |
| 9 | 北京亿达四方信 | 2014/8/11 | 2018/1/14 | | | | |
| 10 | 信凯科技有限公 | 2014/8/19 | 2018/1/19 | | | | |
| 11 | 东莞卓芃五金塑 | 2014/8/27 | 2018/1/24 | | | | |
| 12 | 中义国际会展义 | 2014/9/4 | 2018/1/29 | | | | |
| 13 | 浙江银闪付科技 | 2014/9/12 | 2018/2/3 | | | | |
| 14 | 北京华腾财富投 | 2014/9/20 | 2018/2/8 | | | | |
| 15 | 北京市美粤视听 | 2014/9/28 | 2018/2/13 | | | | |
| 16 | 南京浙美家具有 | 2014/10/6 | 2018/2/18 | | | | |

**STEP 2** 计算到期时间

在 E2 单元格中输入公式“=IF(AND(D2-$G$2<=$H$2,D2-$G$2>0),D2-$G$2,0)”，并按【Enter】键确认，即可得出结果。向下复制公式，查看计算结果。

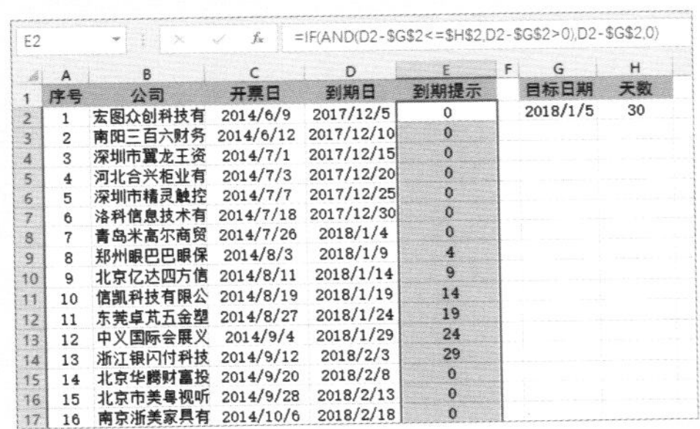

| 序号 | 公司 | 开票日 | 到期日 | 到期提示 | | 目标日期 | 天数 |
|---|---|---|---|---|---|---|---|
| 1 | 宏图众创科技有 | 2014/6/9 | 2017/12/5 | 0 | | 2018/1/5 | 30 |
| 2 | 南阳三百六财务 | 2014/6/12 | 2017/12/10 | 0 | | | |
| 3 | 深圳市翼龙王资 | 2014/7/1 | 2017/12/15 | 0 | | | |
| 4 | 河北合兴柜业有 | 2014/7/3 | 2017/12/20 | 0 | | | |
| 5 | 深圳市精灵触控 | 2014/7/7 | 2017/12/25 | 0 | | | |
| 6 | 洛科信息技术有 | 2014/7/18 | 2017/12/30 | 0 | | | |
| 7 | 青岛米高尔商贸 | 2014/7/26 | 2018/1/4 | 0 | | | |
| 8 | 郑州眼巴巴眼保 | 2014/8/3 | 2018/1/9 | 4 | | | |
| 9 | 北京亿达四方信 | 2014/8/11 | 2018/1/14 | 9 | | | |
| 10 | 信凯科技有限公 | 2014/8/19 | 2018/1/19 | 14 | | | |
| 11 | 东莞卓芃五金塑 | 2014/8/27 | 2018/1/24 | 19 | | | |
| 12 | 中义国际会展义 | 2014/9/4 | 2018/1/29 | 24 | | | |
| 13 | 浙江银闪付科技 | 2014/9/12 | 2018/2/3 | 29 | | | |
| 14 | 北京华腾财富投 | 2014/9/20 | 2018/2/8 | 0 | | | |
| 15 | 北京市美粤视听 | 2014/9/28 | 2018/2/13 | 0 | | | |
| 16 | 南京浙美家具有 | 2014/10/6 | 2018/2/18 | 0 | | | |

**STEP 3** 创建条件格式

❶选择数据表单元格区域，❷使用公式新建条件格式，设置公式为“=$E2>0”，并设置其格式，❸单击 确定 按钮。

**STEP 4** 查看应用效果

此时即可为快到期的条目应用条件格式效果。

| 序号 | 公司 | 开票日 | 到期日 | 到期提示 | | 目标日期 | 天数 |
|---|---|---|---|---|---|---|---|
| 1 | 宏图众创科技有 | 2014/6/9 | 2017/12/5 | 0 | | 2018/1/5 | 30 |
| 2 | 南阳三百六财务 | 2014/6/12 | 2017/12/10 | 0 | | | |
| 3 | 深圳市翼龙王资 | 2014/7/1 | 2017/12/15 | 0 | | | |
| 4 | 河北合兴柜业有 | 2014/7/3 | 2017/12/20 | 0 | | | |
| 5 | 深圳市精灵触控 | 2014/7/7 | 2017/12/25 | 0 | | | |
| 6 | 洛科信息技术有 | 2014/7/18 | 2017/12/30 | 0 | | | |
| 7 | 青岛米高尔商贸 | 2014/7/26 | 2018/1/4 | 0 | | | |
| 8 | 郑州眼巴巴眼保 | 2014/8/3 | 2018/1/9 | 4 | | | |
| 9 | 北京亿达四方信 | 2014/8/11 | 2018/1/14 | 9 | | | |
| 10 | 信凯科技有限公 | 2014/8/19 | 2018/1/19 | 14 | | | |
| 11 | 东莞卓芃五金塑 | 2014/8/27 | 2018/1/24 | 19 | | | |
| 12 | 中义国际会展义 | 2014/9/4 | 2018/1/29 | 24 | | | |
| 13 | 浙江银闪付科技 | 2014/9/12 | 2018/2/3 | 29 | | | |
| 14 | 北京华腾财富投 | 2014/9/20 | 2018/2/8 | 0 | | | |

## 3.3.5 为号码应用条件格式

在输入数字号码时，可使用数据验证对输入的数字进行限制。例如，输入手机号码时，限制字符长度为11，必须为数值且第一位数字为1，具体操作方法如下：

微课：为号码应用条件格式

**STEP 1** 自定义验证条件

❶选择 B2:B7 单元格区域，❷打开“数据验证”对话框，在“允许”下拉列表框中选择“自定义”选项，❸输入公式“=AND(LEN(B2)=11,ISNUMBER(B2),LEFT(B2,1)="1")”，❹单击 确定 按钮。

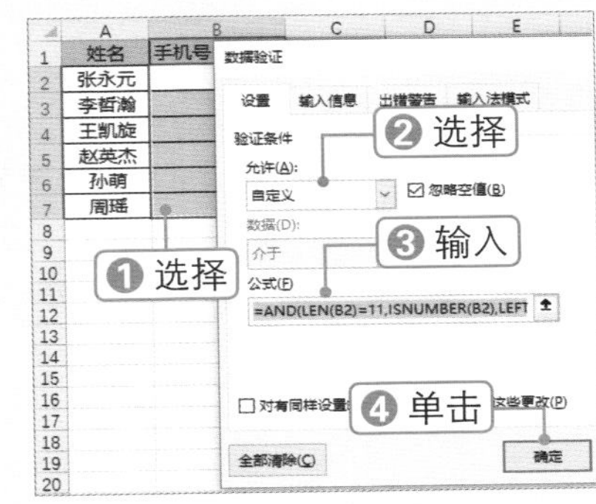

**STEP 2 输入手机号**

输入手机号，当不符合条件时将弹出错误提示信息框。

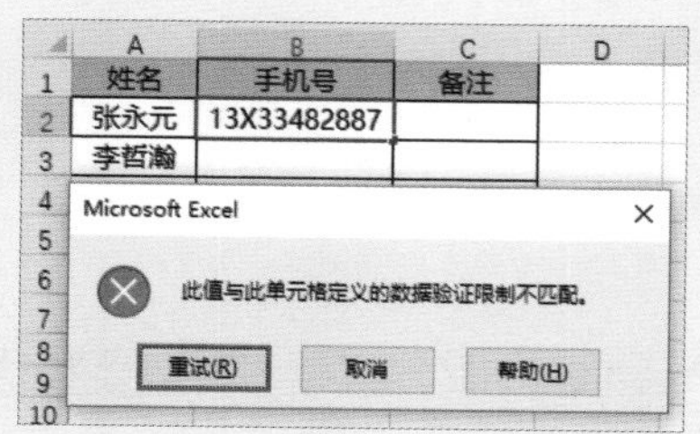


Chapter 03

# 3.4 统计函数

■关键词：AVERAGE、AVERAGEIF、AVERAGEIFS、COUNT、COUNTIF、COUNTIFS、MAX、MIN

统计函数主要用于对数组或数据区域进行统计分析，下面将介绍常用统计函数的应用方法。

## 3.4.1 常用统计函数

常用的统计函数主要包括AVERAGE、AVERAGEA、AVERAGEIF、AVERAGEIFS、COUNT、COUNTA、COUNTBLANK、COUNTIF、COUNTIFS、MAX和MIN等函数，下面将介绍其具体作用和语法。

### 1. AVERAGE函数

返回参数的平均值。

函数语法：AVERAGE(number1,[number2], ...)

number1表示要计算平均值的第一个数字、单元格引用或单元格区域；number2为可选参数，表示要计算平均值的其他数字、单元格引用或单元格区域。

### 2. AVERAGEA函数

计算参数列表中数值的平均值（算术平均值）。AVERAGEA函数用于计算趋中性，趋中性是统计分布中一组数字中间的位置。三种最常见的趋中性计算方法是：平均值、中值和众数。

函数语法：AVERAGEA(value1,[value2],...)

value1，value2,...为需要计算平均值的1~255个单元格、单元格区域或值。

### 3. AVERAGEIF函数

返回某个区域内满足给定条件的所有单元格的平均值（算术平均值）。

函数语法：AVERAGEIF(range,criteria,[average_range])

- range：要计算平均值的一个或多个单元格，其中包括数字或包含数字的名称、数组或引用。
- criteria：数字、表达式、单元格引用或文本形式的条件，用于定义要对哪些单元格计算平均值。
- average_range：可选参数。要计算平均值的实际单元格集。如果忽略，则使用range。

## 4. AVERAGEIFS函数

返回满足多重条件的所有单元格的平均值（算术平均值）。

函数语法：AVERAGEIFS(average_range,criteria_range1,criteria1, [criteria_range2,criteria2],...)

- average_range：要计算平均值的一个或多个单元格，其中包括数字或包含数字的名称、数组或引用。
- criteria_range1,criteria_range2,...：criteria_range1是必需的，随后的criteria_range是可选的。在函数中计算关联条件的1~127个区域。
- criteria1,criteria2,...：criteria1是必需的，随后的criteria是可选的。数字、表达式、单元格引用或文本形式的1~127个条件，用于定义将对哪些单元格求平均值。

## 5. COUNT函数

计算包含数字的单元格以及参数列表中数字的个数。使用COUNT函数可以获取区域或数字数组中数字字段的输入项的个数。

函数语法：COUNT(value1,[value2],...)

value1为要计算其中数字的个数的第一个项、单元格引用或区域；value2,...为要计算其中数字的个数的其他项、单元格引用或区域。

## 6. COUNTA函数

计算区域中不为空的单元格的个数。

函数语法：COUNTA(value1,[value2],...)

## 7. COUNTBLANK函数

计算指定单元格区域中空白单元格的个数。

函数语法：COUNTBLANK(range)

range为需要计算其中空白单元格个数的区域。

## 8. COUNTIF函数

对区域中满足单个指定条件的单元格进行计数。

函数语法：COUNTIF(range,criteria)

- range：要对其进行计数的一个或多个单元格，其中包括数字或名称、数组或包含数字的引用。空值和文本值将被忽略。
- criteria：用于定义将对哪些单元格进行计数的数字、表达式、单元格引用或文本字符串。

## 9. COUNTIFS函数

将条件应用于跨多个区域的单元格，并计算符合所有条件的次数。

函数语法：COUNTIFS(criteria_range1,criteria1,[criteria_range2,criteria2]…)

- criteria_range1：在其中计算关联条件的第一个区域。
- criteria1：条件的形式为数字、表达式、单元格引用或文本，它定义了要计数的单元格范围。例如，条件可以表示为32、">32"、B4、"apples"或"32"。
- criteria_range2,criteria2,...：可选参数，附加的区域及其关联条件，最多允许127个区域/条件对。每一个附加的区域都必须与参数criteria_range1具有相同的行数和列数。这些区域无须彼此相邻。

## 10. MAX和MIN函数

### (1) MAX 函数

返回一组值中的最大值。

函数语法：MAX(number1,[number2],...)

### (2) MIN 函数

返回一组值中的最小值。

函数语法：MIN(number1,[number2],...)

两个函数的参数可以是数字，或者是包含数字的名称、数组或引用。

## 11. MAXA和MINA函数

### (1) MAXA 函数

返回参数列表中的最大值。

函数语法：MAXA(value1,[value2],...)

### (2) MINA 函数

返回参数列表中的最小值。

函数语法：MINA(value1,[value2],...)

**秒杀技巧　应用 FORECAST 函数**

根据现有值计算或预测未来值。预测值为给定 x 值后求得的 y 值。已知值为现有的 x 值和 y 值，并通过线性回归来预测新值。可以使用该函数来预测未来销售、库存需求或消费趋势等。

## 3.4.2 销售业绩统计

下面依据销售人员的销售数据，使用统计函数统计各部门的销售状况，具体操作方法如下：

微课：销售业绩统计

### STEP 1 计算总销售额

选择 D21 单元格，按【Alt+=】组合键即可快速插入 SUM 函数，自动进行求和运算。

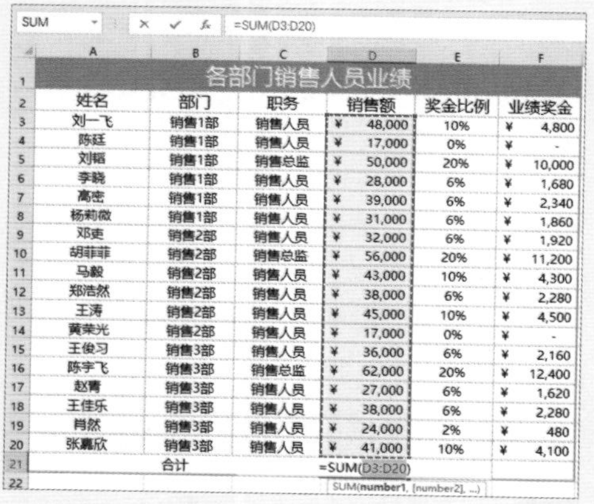

=SUM(D3:D20)

| 各部门销售人员业绩 | | | | | |
|---|---|---|---|---|---|
| 姓名 | 部门 | 职务 | 销售额 | 奖金比例 | 业绩奖金 |
| 刘一飞 | 销售1部 | 销售人员 | ¥ 48,000 | 10% | ¥ 4,800 |
| 陈廷 | 销售1部 | 销售人员 | ¥ 17,000 | 0% | ¥ - |
| 刘韬 | 销售1部 | 销售总监 | ¥ 50,000 | 20% | ¥ 10,000 |
| 李晓 | 销售1部 | 销售人员 | ¥ 28,000 | 6% | ¥ 1,680 |
| 高密 | 销售1部 | 销售人员 | ¥ 39,000 | 6% | ¥ 2,340 |
| 杨莉微 | 销售1部 | 销售人员 | ¥ 31,000 | 6% | ¥ 1,860 |
| 邓吏 | 销售2部 | 销售人员 | ¥ 32,000 | 6% | ¥ 1,920 |
| 胡菲菲 | 销售2部 | 销售总监 | ¥ 56,000 | 20% | ¥ 11,200 |
| 马毅 | 销售2部 | 销售人员 | ¥ 43,000 | 10% | ¥ 4,300 |
| 郑浩然 | 销售2部 | 销售人员 | ¥ 38,000 | 6% | ¥ 2,280 |
| 王涛 | 销售2部 | 销售人员 | ¥ 45,000 | 10% | ¥ 4,500 |
| 黄荣光 | 销售2部 | 销售人员 | ¥ 17,000 | 0% | ¥ - |
| 王俊习 | 销售3部 | 销售人员 | ¥ 36,000 | 6% | ¥ 2,160 |
| 陈宇飞 | 销售3部 | 销售总监 | ¥ 62,000 | 20% | ¥ 12,400 |
| 赵菁 | 销售3部 | 销售人员 | ¥ 27,000 | 6% | ¥ 1,620 |
| 王佳乐 | 销售3部 | 销售人员 | ¥ 38,000 | 6% | ¥ 2,280 |
| 肖然 | 销售3部 | 销售人员 | ¥ 24,000 | 2% | ¥ 480 |
| 张嘉欣 | 销售3部 | 销售人员 | ¥ 41,000 | 10% | ¥ 4,100 |
| 合计 | | | =SUM(D3:D20) | | |

### STEP 2 设置数据验证

在 H1:J5 单元格区域制作统计表格，并为 H2 单元格设置数据验证。

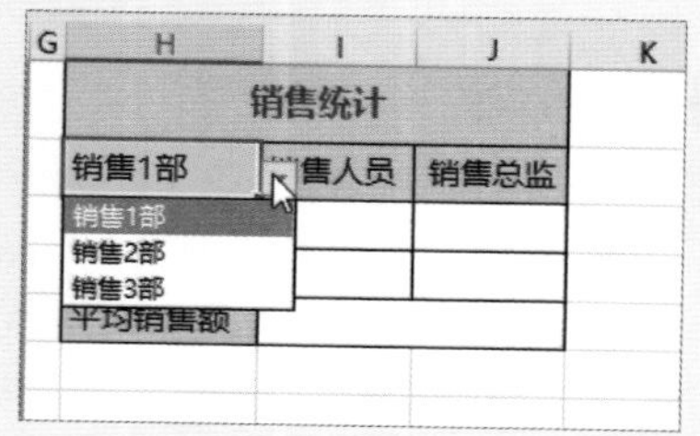

| 销售统计 | | |
|---|---|---|
| 销售1部 | 销售人员 | 销售总监 |
| 销售1部 | | |
| 销售2部 | | |
| 销售3部 | | |
| 平均销售额 | | |

### STEP 3 汇总部门人数

选择 I3 单元格，在编辑栏中输入公式"=COUNTIFS(B3:B20,H2,C3:C20,I2)"，按【Enter】键确认即可得出结果。采用同样的方法，计算 J3 单元格。

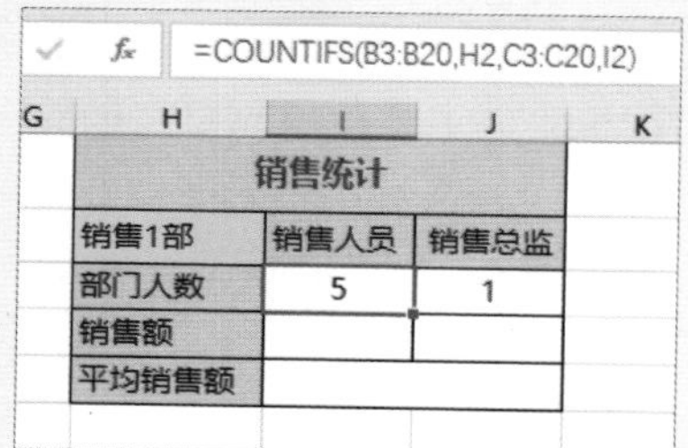

=COUNTIFS(B3:B20,H2,C3:C20,I2)

| 销售统计 | | |
|---|---|---|
| 销售1部 | 销售人员 | 销售总监 |
| 部门人数 | 5 | 1 |
| 销售额 | | |
| 平均销售额 | | |

### STEP 4 汇总部门销售额

选择 I4 单元格，在编辑栏中输入公式"=SUMIFS(D3:D20,B3:B20,H2,C3:C20,I2)"，按【Enter】键确认即可得出结果。采用同样的方法，计算 J4 单元格。

=SUMIFS(D3:D20,B3:B20,H2,C3:C20,I2)

| 销售统计 | | |
|---|---|---|
| 销售1部 | 销售人员 | 销售总监 |
| 部门人数 | 5 | 1 |
| 销售额 | 163000 | 50000 |
| 平均销售额 | | |

**STEP 5 计算部门平均销售额**

选择 I5 单元格，在编辑栏中输入公式“=AVERAGEIF(B3:B20,H2,D3:D20)”。

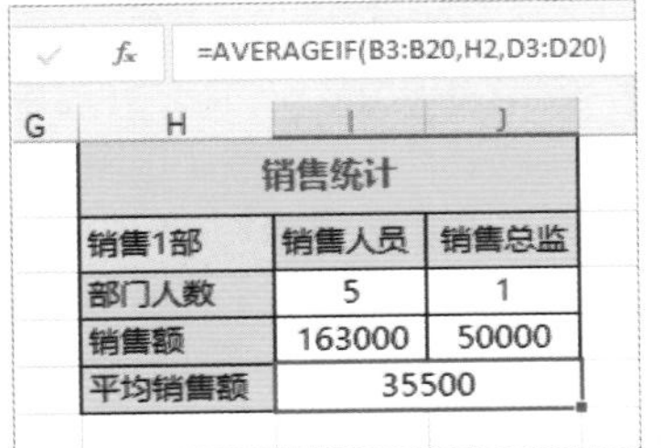

=AVERAGEIF(B3:B20,H2,D3:D20)

| 销售统计 | | |
|---|---|---|
| 销售1部 | 销售人员 | 销售总监 |
| 部门人数 | 5 | 1 |
| 销售额 | 163000 | 50000 |
| 平均销售额 | 35500 | |

**STEP 6 选择部门**

在 H2 单元格中选择“销售 3 部”，查看统计结果。

| 销售统计 | | |
|---|---|---|
| 销售3部 | 销售人员 | 销售总监 |
| 部门人数 | 5 | 1 |
| 销售额 | 166000 | 62000 |
| 平均销售额 | 38000 | |

Chapter 03

# 3.5 文本函数

■ 关键词：LEFT、RIGHT、LEN、MID、TEXT、REPT、TRIM、CLEAN、合并文本和数字

文本函数是以公式的方式对文本进行处理的一种函数，下面将介绍常用文本函数的应用方法。

## 3.5.1 常用文本函数

常用的文本函数主要包括CONCATENATE、LEFT、RIGHT、LEN、MID、SEARCH、TEXT、REPT、TRIM、CLEAN等函数，下面将介绍其具体作用和语法。

### 1. CONCATENATE函数

将两个或多个文本字符串连接为一个字符串。

函数语法：CONCATENATE(text1,[text2],...)

也可用“与”号（&）计算运算符代替CONCATENATE函数来连接文本项。例如，“A1&B1”与“CONCATENATE(A1,B1)”返回的值相同。

### 2. LEFT和LEFTB函数

#### (1) LEFT 函数

根据所指定的字符数返回文本字符串中第一个字符或前几个字符。

函数语法：LEFT(text,[num_chars])

#### (2) LEFTB 函数

基于所指定的字节数返回文本字符串中的第一个或前几个字符。

函数语法：LEFTB(text,[num_bytes])

### 3. RIGHT和RIGHTB 函数

#### (1) RIGHT 函数

根据所指定的字符数返回文本字符串中最后一个或多个字符。

函数语法：RIGHT(text,[num_chars])

- text：包含要提取字符的文本字符串。

● num_chars：可选参数。指定提取字符的数量。

### (2) RIGHTB 函数

根据所指定的字节数返回文本字符串中最后一个或多个字符。

函数语法：RIGHTB(text,[num_bytes])

● text：包含要提取字符的文本字符串。

● num_bytes：可选参数。按字节指定提取字符的数量。

## 4. LEN和LENB函数

### (1) LEN 函数

返回文本字符串中的字符个数，空格也将作为字符进行计数。

函数语法：LEN(text)

### (2) LENB 函数

返回文本字符串中用于代表字符的字节数。

函数语法：LENB(text)

## 5. MID和MIDB函数

### (1) MID 函数

返回文本字符串中从指定位置开始的特定数目的字符，该数目由用户指定。

函数语法：MID(text,start_num,num_chars)

● text：包含要提取字符的文本字符串。

● start_num：文本中要提取的第一个字符的位置。文本中第一个字符的 start_num为1，依此类推。

● num_chars：指定从文本中返回字符的个数。

### (2) MIDB 函数

根据指定的字节数返回文本字符串中从指定位置开始的特定数目的字符。

函数语法：MIDB (text,start_num,num_bytes)

● text：包含要提取字符的文本字符串。

● start_num：文本中要提取的第一个字符的位置。文本中第一个字符的start_num为1，依此类推。

● num_bytes：指定从文本中返回字符的个数（字节数）。

## 6. SEARCH和SEARCHB函数

SEARCH和SEARCHB函数可在第二个文本字符串中查找第一个文本字符串，并返回第一个文本字符串的起始位置的编号，该编号从第二个文本字符串的第一个字符算起。例如，若要查找字母“n”在单词“printer”中的位置，可以使用函数：“=SEARCH("n", "printer")”，结果将返回4。

SEARCH函数语法：SEARCH(find_text,within_text,[start_num])

SEARCHB函数语法：SEARCHB (find_text,within_text,[start_num])

● find_text：要查找的文本。

● within_text：要在其中搜索find_text参数的值的文本。

● start_num：可选参数。within_text参数中从中开始搜索的字符编号。

## 7. TEXT函数

将数值转换为文本，并可使用户通过使用特殊格式字符串来指定显示格式。例如，假设A1单元格含有数字88.9，若要将数字格式设置为人民币金额，可以使用公式：“=TEXT(A1,"￥0.00")”，结果将显示“￥88.90”。

函数语法：TEXT(value,format_text)

● value：数值、计算结果为数值的公式，或对包含数值的单元格的引用。

● format_text：使用双引号括起来作为文本字符串的数字格式，例如，"m/d/

yyyy"或"#,##0.00"。可以根据需要复制代码，打开“设置单元格格式”对话框，从“自定义”格式类型中复制格式代码（分号和@符号除外），将该代码作为format_text参数。

### 8. REPT函数

按照给定的次数重复显示文本。可以通过REPT函数不断地重复显示某一文本字符串，对单元格进行填充。

函数语法：REPT(text,number_times)

- text：需要重复显示的文本。
- number_times：用于指定文本重复次数的正数。

### 9. TRIM函数

删除字符串中多余的空格，但会保留英文单词之间的空格。

函数语法：TRIM(text)

text：要删除空格的文本字符串，或含有文本字符串的单元格引用。

### 10. CLEAN函数

删除文本中所有不能打印的字符。对从其他应用程序导入的文本使用CLEAN函数，将删除其中含有的当前操作系统无法打印的字符。例如，可以使用CLEAN函数删除某些通常出现在数据文件开头和结尾处且无法打印的低级计算机代码。

函数语法：CLEAN(text)

text：要从中删除非打印字符的任何工作表信息。

## 3.5.2 编辑乘法口诀表

下面使用文本函数编辑乘法口诀表，使其变为常见的乘法口诀样式，具体操作方法如下：

微课：编辑乘法口诀表

**STEP 1 输入公式**

在B2单元格中输入公式“=$A2&"×"&B$1&"="&$A2*B$1”，并按【Enter】键确认，即可查看结果。

B2 =$A2&"×"&B$1&"="&$A2*B$1

| | A | B | C | D | E | F | G |
|---|---|---|---|---|---|---|---|
| 1 | | 1 | 2 | 3 | 4 | 5 | 6 |
| 2 | 1 | 1×1=1 | | | | | |
| 3 | 2 | | | | | | |
| 4 | 3 | | | | | | |
| 5 | 4 | | | | | | |
| 6 | 5 | | | | | | |
| 7 | 6 | | | | | | |
| 8 | 7 | | | | | | |
| 9 | 8 | | | | | | |
| 10 | 9 | | | | | | |

**STEP 2 复制公式**

将公式复制到其他单元格，可以看到并不是我们想要的效果。

| | A | B | C | D | E | F | G | H | I | J |
|---|---|---|---|---|---|---|---|---|---|---|
| 1 | | 1 | 2 | 3 | 4 | 5 | 6 | 7 | 8 | 9 |
| 2 | 1 | 1×1=1 | 1×2=2 | 1×3=3 | 1×4=4 | 1×5=5 | 1×6=6 | 1×7=7 | 1×8=8 | 1×9=9 |
| 3 | 2 | 2×1=2 | 2×2=4 | 2×3=6 | 2×4=8 | 2×5=10 | 2×6=12 | 2×7=14 | 2×8=16 | 2×9=18 |
| 4 | 3 | 3×1=3 | 3×2=6 | 3×3=9 | 3×4=12 | 3×5=15 | 3×6=18 | 3×7=21 | 3×8=24 | 3×9=27 |
| 5 | 4 | 4×1=4 | 4×2=8 | 4×3=12 | 4×4=16 | 4×5=20 | 4×6=24 | 4×7=28 | 4×8=32 | 4×9=36 |
| 6 | 5 | 5×1=5 | 5×2=10 | 5×3=15 | 5×4=20 | 5×5=25 | 5×6=30 | 5×7=35 | 5×8=40 | 5×9=45 |
| 7 | 6 | 6×1=6 | 6×2=12 | 6×3=18 | 6×4=24 | 6×5=30 | 6×6=36 | 6×7=42 | 6×8=48 | 6×9=54 |
| 8 | 7 | 7×1=7 | 7×2=14 | 7×3=21 | 7×4=28 | 7×5=35 | 7×6=42 | 7×7=49 | 7×8=56 | 7×9=63 |
| 9 | 8 | 8×1=8 | 8×2=16 | 8×3=24 | 8×4=32 | 8×5=40 | 8×6=48 | 8×7=56 | 8×8=64 | 8×9=72 |
| 10 | 9 | 9×1=9 | 9×2=18 | 9×3=27 | 9×4=36 | 9×5=45 | 9×6=54 | 9×7=63 | 9×8=72 | 9×9=81 |

**STEP 3 修改公式**

修改B2单元格中的公式为“=IF($A2>B$1,"",$A2&"×"&B$1&"="&$A2*B$1)”，并复制公式。

B2 =IF($A2>B$1,"",$A2&"×"&B$1&"="&$A2*B$1)

| | A | B | C | D | E | F | G | H | I | J |
|---|---|---|---|---|---|---|---|---|---|---|
| 1 | | 1 | 2 | 3 | 4 | 5 | 6 | 7 | 8 | 9 |
| 2 | 1 | 1×1=1 | 1×2=2 | 1×3=3 | 1×4=4 | 1×5=5 | 1×6=6 | 1×7=7 | 1×8=8 | 1×9=9 |
| 3 | 2 | | 2×2=4 | 2×3=6 | 2×4=8 | 2×5=10 | 2×6=12 | 2×7=14 | 2×8=16 | 2×9=18 |
| 4 | 3 | | | 3×3=9 | 3×4=12 | 3×5=15 | 3×6=18 | 3×7=21 | 3×8=24 | 3×9=27 |
| 5 | 4 | | | | 4×4=16 | 4×5=20 | 4×6=24 | 4×7=28 | 4×8=32 | 4×9=36 |
| 6 | 5 | | | | | 5×5=25 | 5×6=30 | 5×7=35 | 5×8=40 | 5×9=45 |
| 7 | 6 | | | | | | 6×6=36 | 6×7=42 | 6×8=48 | 6×9=54 |
| 8 | 7 | | | | | | | 7×7=49 | 7×8=56 | 7×9=63 |
| 9 | 8 | | | | | | | | 8×8=64 | 8×9=72 |
| 10 | 9 | | | | | | | | | 9×9=81 |

**STEP 4　转置粘贴**

选择 A1:J10 单元格区域，并进行转置粘贴得到常见的乘法口诀表。还可将 B2 中的公式改为“=IF(B$1>$A2,"", B$1&"×"&$A2&"="&B$1*$A2)”，并复制公式。

|  | 1 | 2 | 3 | 4 | 5 | 6 | 7 | 8 | 9 |
|---|---|---|---|---|---|---|---|---|---|
| 1 | 1×1=1 |  |  |  |  |  |  |  |  |
| 2 | 1×2=2 | 2×2=4 |  |  |  |  |  |  |  |
| 3 | 1×3=3 | 2×3=6 | 3×3=9 |  |  |  |  |  |  |
| 4 | 1×4=4 | 2×4=8 | 3×4=12 | 4×4=16 |  |  |  |  |  |
| 5 | 1×5=5 | 2×5=10 | 3×5=15 | 4×5=20 | 5×5=25 |  |  |  |  |
| 6 | 1×6=6 | 2×6=12 | 3×6=18 | 4×6=24 | 5×6=30 | 6×6=36 |  |  |  |
| 7 | 1×7=7 | 2×7=14 | 3×7=21 | 4×7=28 | 5×7=35 | 6×7=42 | 7×7=49 |  |  |
| 8 | 1×8=8 | 2×8=16 | 3×8=24 | 4×8=32 | 5×8=40 | 6×8=48 | 7×8=56 | 8×8=64 |  |
| 9 | 1×9=9 | 2×9=18 | 3×9=27 | 4×9=36 | 5×9=45 | 6×9=54 | 7×9=63 | 8×9=72 | 9×9=81 |

## 3.5.3 合并文本和数字

若单元格中分别放置文本和数字，在使用“&”将其进行合并时，可能无法得到所需的格式，此时可以使用TEXT函数转换数字格式，具体操作方法如下：

微课：合并文本和数字

**STEP 1　输入公式**

在 C2 单元格中输入公式“=A2&B2”，并复制公式，查看结果。

C2　=A2&B2

| 文本 | 数字 | 合并 |
|---|---|---|
| 年产量提高 | 38% | 年产量提高0.38 |
| 统计日期 | 2017/12/25 | 统计日期43094 |

**STEP 2　添加空格**

将公式修改为“A2&" "&B2”，可在文本和数字之间添加空格。

C2　=A2&" "&B2

| 文本 | 数字 | 合并 |
|---|---|---|
| 年产量提高 | 38% | 年产量提高 0.38 |
| 统计日期 | 2017/12/25 | 统计日期 43094 |

**STEP 3　修改公式**

选择 C2 单元格，修改公式为“=A2&" "&TEXT(B2,"0%")”，可将数字设置为百分比格式。

C2　=A2&" "&TEXT(B2,"0%")

| 文本 | 数字 | 合并 |
|---|---|---|
| 年产量提高 | 38% | 年产量提高 38% |
| 统计日期 | 2017/12/25 | 统计日期 43094 |

**STEP 4　修改公式**

选择 C3 单元格，修改公式为“=A3&" "&TEXT(B3,"yyyy/m/d")”，可将数字设置为日期格式。

C3　=A3&" "&TEXT(B3,"yyyy/m/d")

| 文本 | 数字 | 合并 |
|---|---|---|
| 年产量提高 | 38% | 年产量提高 38% |
| 统计日期 | 2017/12/25 | 统计日期 2017/12/25 |

**实操解疑**

**使用 TEXT 函数添加新行**

先在“文本对齐”组中设置单元格“自动换行”，然后在公式中使用包括具有换行符的函数“&CHAR(10)”即可。

## 3.5.4 使用TEXT函数进行成绩评定

TEXT函数的第二个参数即为数字格式，通过对数字格式的各区段进行条件设置，可使TEXT函数达到IF函数的判断功能，具体操作方法如下：

微课：使用 TEXT 函数进行成绩评定

**STEP 1 输入公式**

在 C2 单元格中输入公式 "=TEXT(B2,"[>=85] 优 ;[>=70] 良 ; 中 ;")"，并按【Enter】键确认。

| | A | B | C |
|---|---|---|---|
| 1 | 姓名 | 成绩 | 评定 |
| 2 | 孙紫蓝 | 95 | =TEXT(B2,"[>=85]优;[>=70]良;中;") |
| 3 | 鹿智勇 | 62 | |
| 4 | 韦子昂 | 70 | |
| 5 | 尹秀巧 | 69 | |
| 6 | 秦曾明 | 74 | |
| 7 | 许星 | 83 | |
| 8 | 曹颜敏 | 88 | |
| 9 | 彦文斌 | 76 | |

**STEP 2 复制公式**

将公式复制到下面的单元格区域中，查看结果。需要注意的是 TEXT 函数设置的条件不能超过四个区段，且最多只能设置两个条件，区段 3 不能设置条件。

| | A | B | C |
|---|---|---|---|
| 1 | 姓名 | 成绩 | 评定 |
| 2 | 孙紫蓝 | 95 | 优 |
| 3 | 鹿智勇 | 62 | 中 |
| 4 | 韦子昂 | 70 | 良 |
| 5 | 尹秀巧 | 69 | 中 |
| 6 | 秦曾明 | 74 | 良 |
| 7 | 许星 | 83 | 良 |
| 8 | 曹颜敏 | 88 | 优 |
| 9 | 彦文斌 | 76 | 良 |
| 10 | | | |

## 3.5.5 将文本数字转换为数值

微课：将文本数字转换为数值

使用文本函数运算得到的结果为文本格式，文本格式的数字在公式中进行数值运算时就会出错，此时便需要将以文本格式存储的数字转换为数值，具体操作方法如下：

**STEP 1 计算各部门占比**

在 C2 单元格中输入公式，计算各部门销售额所占比率，该公式外嵌套了 TEXT 函数，其所得结果为文本格式。

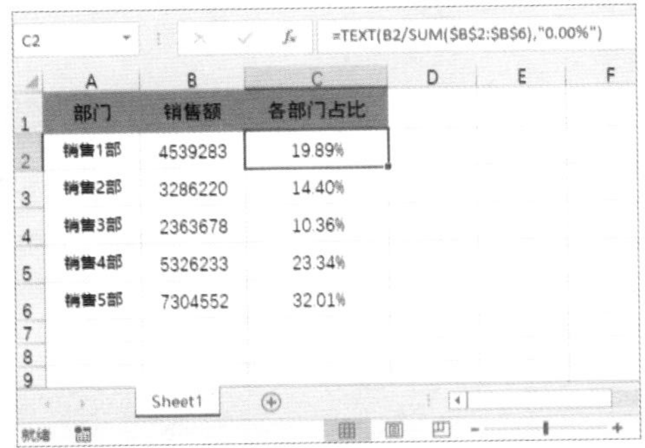

C2 =TEXT(B2/SUM($B$2:$B$6),"0.00%")

| | A | B | C | D | E | F |
|---|---|---|---|---|---|---|
| 1 | 部门 | 销售额 | 各部门占比 | | | |
| 2 | 销售1部 | 4539283 | 19.89% | | | |
| 3 | 销售2部 | 3286220 | 14.40% | | | |
| 4 | 销售3部 | 2363678 | 10.36% | | | |
| 5 | 销售4部 | 5326233 | 23.34% | | | |
| 6 | 销售5部 | 7304552 | 32.01% | | | |

**STEP 2 设置公式乘以 1**

在 C2 单元格的公式后乘以 1，即可将文本数字转换为数值。可以看出，借助数学运算可快速将以文本格式存储的数字转换为数值。

C2 =TEXT(B2/SUM($B$2:$B$6),"0.00%")*1

| | A | B | C | D | E | F |
|---|---|---|---|---|---|---|
| 1 | 部门 | 销售额 | 各部门占比 | | | |
| 2 | 销售1部 | 4539283 | 0.1989 | | | |
| 3 | 销售2部 | 3286220 | 0.144 | | | |
| 4 | 销售3部 | 2363678 | 0.1036 | | | |
| 5 | 销售4部 | 5326233 | 0.2334 | | | |
| 6 | 销售5部 | 7304552 | 0.3201 | | | |

**STEP 3 输入两个负号**

在公式前输入两个负号 "-"，即进行负负运算，其结果不变，将文本数字转换为数值。

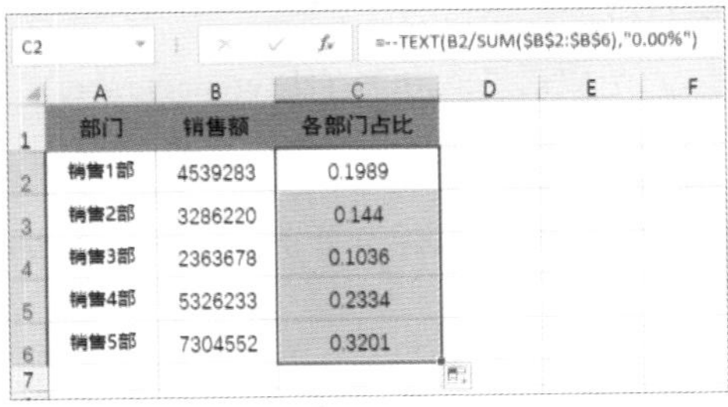

C2 =--TEXT(B2/SUM($B$2:$B$6),"0.00%")

| | A | B | C | D | E | F |
|---|---|---|---|---|---|---|
| 1 | 部门 | 销售额 | 各部门占比 | | | |
| 2 | 销售1部 | 4539283 | 0.1989 | | | |
| 3 | 销售2部 | 3286220 | 0.144 | | | |
| 4 | 销售3部 | 2363678 | 0.1036 | | | |
| 5 | 销售4部 | 5326233 | 0.2334 | | | |
| 6 | 销售5部 | 7304552 | 0.3201 | | | |

**STEP 4 使用 VALUE 参数**

在公式前嵌套 VALUE 函数，也可将文本数字转换为数值。VALUE 函数的作用为将代表数值的文本字符串转换为数值。

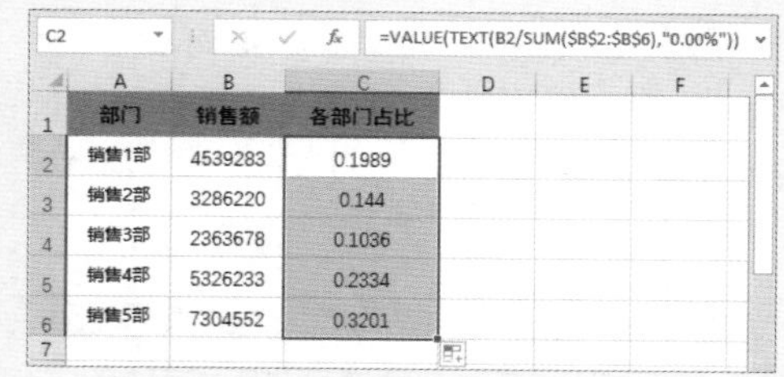
C2 =VALUE(TEXT(B2/SUM($B$2:$B$6),"0.00%"))

| | A | B | C | D | E | F |
|---|---|---|---|---|---|---|
| 1 | 部门 | 销售额 | 各部门占比 | | | |
| 2 | 销售1部 | 4539283 | 0.1989 | | | |
| 3 | 销售2部 | 3286220 | 0.144 | | | |
| 4 | 销售3部 | 2363678 | 0.1036 | | | |
| 5 | 销售4部 | 5326233 | 0.2334 | | | |
| 6 | 销售5部 | 7304552 | 0.3201 | | | |
| 7 | | | | | | |

Chapter 03

# 3.6 日期与时间函数

■ 关键词：YEAR、MONTH、DAY、DAYS、DAYS360、DATE、DATEIF、TODAY、NOW、生日提醒

日期与时间函数用于计算两个日期之间的天数，指定月份的最后一天，将时间和日期转换成序列号，返回指定时间，计算周次等，下面将介绍常用的日期与时间函数的应用方法。

## 3.6.1 常用日期和时间函数

常用的日期和时间函数主要包括YEAR、MONTH、DAY、DAYS、DAYS360、DATE、DATEIF、TODAY、NOW、WEEKDAY、TIME等函数，下面将介绍其具体作用和语法。

### 1. YEAR、MONTH、DAY函数

#### (1) YEAR 函数

用于返回对应于某个日期的年份。

函数语法：YEAR(serial_number)

#### (2) MONTH 函数

用于返回日期（以序列数表示）中的月份。

函数语法：MONTH(serial_number)

#### (3) DAY 函数

用于返回以序列数表示的某个日期的天数。

函数语法：DAY(serial_number)

Excel 2016可将日期存储为可用于计算的序列号。默认情况下，1900年1月1日的序列号是1，而2018年1月1日的序列号是43101，这是因为它距1900年1月1日有43101天。

### 2. DAYS函数

用于计算两个日期之间的天数。

函数语法：DAYS(end_date,start_date)

start_date和end_date是用于计算期间天数的起止日期。

### 3. DAYS360函数

每个月以30天计，按照一年360天的算法，DAYS360函数返回两个日期间相差的天数，这在一些会计计算中会用到。

函数语法：DAYS360(start_date,end_date,[method])

- start_date、end_date：用于计算期间天数的起止日期。如果start_date在end_date之后，则DAYS360函数将返回一

个负数。应使用DATE函数输入日期，或从其他公式或函数派生日期。如果日期以文本形式输入，则会出现问题。

- method：可选参数。逻辑值，用于指定在计算中是采用美国方法还是欧洲方法。

FALSE或被省略：采用美国方法。如果起始日期是一个月的最后一天，则等于同月的30日；如果终止日期是一个月的最后一天，并且起始日期早于30日，则终止日期等于下一个月的1日，否则终止日期等于本月的30日。

TRUE：采用欧洲方法。如果起始日期和终止日期为某月的31日，则等于当月的30日。

## 4. DATE函数

返回表示特定的日期序列号。

函数语法：DATE(year,month,day)

- year：表示年份，参数值可以包括1～4位数字。Excel将根据用户的计算机使用的日期系统。默认情况下，Microsoft Excel for Windows使用1900年日期系统，即1900年1月1日的第一个日期。

如果year介于0到1899之间（包含这两个值），则Excel会将该值与1900相加来计算年份。例如，DATE(117,3,8)返回2017年3月8日(1900+117)；如果year介于1900到9999之间（包含这两个值），则Excel将使用该数值作为年份；如果year小于0或大于等于10000，则Excel返回错误值#NUM!。

- month：表示月，其值可以为正整数或负整数，表示一年中从1月至12月的各个月。

如果month大于12，则将该月份数与指定年中的第一个月相加。例如，DATE(2016,15,8)返回代表2017年3月8日的序列数；如果month小于1，则从指定年份的1月份开始递减该月份数，然后再加上1个月。例如，DATE(2017, -4,9)返回代表2016年8月9日的序列号。

- day：表示日，其值可以为正整数或负整数，表示一月中从1日到31日的各天。

如果day大于月中指定的天数，则将天数与该月中的第一天相加。例如，DATE(2017,4,35)返回代表2017年5月5日的序列数；如果day小于1，则从指定月份的第一天开始递减该天数，然后加上1天。例如，DATE(2017,5,-15)返回代表2017年4月15日的序列号。

## 5. DATEDIF函数

用于计算天数、月或两个日期之间的年数。

函数语法：DATEDIF(start_date,end_date,unit)

- start_date：表示时间段的第一个（即起始）日期的日期。
- end_date：表示时间段的最后一个（即结束）日期的日期。
- unit：要返回的信息类型。

Y：一段时期内的整年数。

M：一段时期内的整月数。

D：一段时期内的天数。

MD：start_date与end_date之间天数之差，忽略日期中的月份和年份。

YM：start_date与end_date之间月份之差，忽略日期中的天和年份。

YD：start_date与end_date的日期部分之差，忽略日期中的年份。

## 6. TODAY、NOW函数

### (1) TODAY函数

返回当前日期的序列号。

函数语法：TODAY()

该函数无参数。例如，公式“=YEAR(TODAY())-1996”，使用TODAY函数作为YEAR函数的参数来获取当前年份，然后减去1996，最终返回对方的年龄。

### （2）NOW 函数

用于返回当前日期和时间的序列号。

函数语法：NOW ()

该函数无参数。NOW函数的结果仅在计算工作表或运行含有该函数的宏时才改变，它并不会持续更新。

### 7. WEEKDAY函数

用于返回对应于某个日期的一周中的第几天。默认情况下，天数是1（星期日）到7（星期六）范围内的整数。

函数语法：WEEKDAY(serial_number,[return_type])

- serial_number：尝试查找的那一天的日期。应使用DATE函数输入日期，或将日期作为其他公式或函数的结果输入。如果日期以文本形式输入，则会出现问题。
- return_type：可选参数。用于确定返回值类型的数字。

1或省略数字：返回值为数字1（星期日）到7（星期六）。

2：返回值为数字1（星期一）到7（星期日）。

3：返回值为数字0（星期一）到6（星期日）。

### 8. TIME函数

TIME函数用于返回特定时间的十进制数字。由其返回的十进制数字是一个范围在0到0.99988426之间的值，表示0:00:00（12:00:00 AM）到23:59:59（11:59:59 PM）之间的时间。

函数语法：TIME(hour,minute,second)

- hour：表示小时，其值为0到32767之间的数字。任何大于23的值都会除以24，余数将作为小时值。例如，“TIME(27,0,0)=TIME(3,0,0)=.125”或3:00 AM。
- minute：表示分钟，其值为0到32767之间的数字。任何大于59的值将转换为小时和分钟。例如，“TIME(0,750,0)=TIME(12,30,0)=.520833”或12:30 PM。
- second：表示秒，其值为0到32767之间的数字。任何大于59的值将转换为小时、分钟和秒。例如，“TIME(0,0,2000)=TIME(0,33,22)=.023148”或12:33:20 AM。

## 3.6.2 设置员工生日提醒

微课：设置员工生日提醒

根据员工的出生日期，当员工在本月、本日或未来几天过生日时，可以使用日期函数在表格中设置生日提醒，以提前送上祝福，具体操作方法如下：

**STEP 1 输入出生日期数据**

在表格中输入员工的出生日期数据。

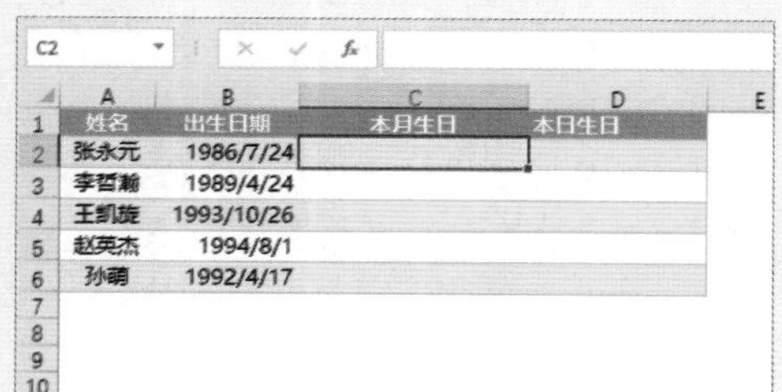

| 姓名 | 出生日期 | 本月生日 | 本日生日 |
|---|---|---|---|
| 张永元 | 1986/7/24 | | |
| 李哲瀚 | 1989/4/24 | | |
| 王凯旋 | 1993/10/26 | | |
| 赵英杰 | 1994/8/1 | | |
| 孙萌 | 1992/4/17 | | |

**STEP 2 设置本月生日提醒**

在 C2 单元格中输入公式“=IF(MONTH(B2)=MONTH(TODAY())," 本月 "&DAY(B2)&" 日过生日 ","")”，并向下复制公式，查看结果。

=IF(MONTH(B2)=MONTH(TODAY()),"本月"&DAY(B2)&"日过生日","")

| 姓名 | 出生日期 | 本月生日 | 本日生日 |
|---|---|---|---|
| 张永元 | 1986/7/24 | | |
| 李哲瀚 | 1989/4/24 | 本月24日过生日 | |
| 王凯旋 | 1993/10/26 | | |
| 赵英杰 | 1994/8/1 | | |
| 孙萌 | 1992/4/17 | 本月17日过生日 | |

**STEP 3 设置本日生日提醒**

在 D2 单元格中输入公式“=IF(AND(MONTH(B2)=MONTH(TODAY()),DAY(B2)=DAY(TODAY())),"今天过生日","")”，并向下复制公式，查看结果。

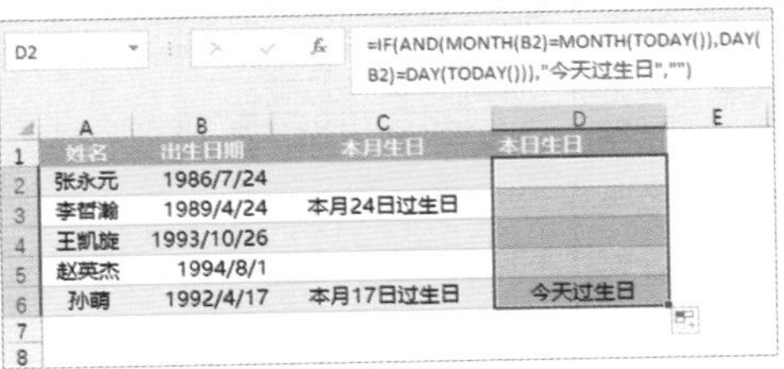

D2 =IF(AND(MONTH(B2)=MONTH(TODAY()),DAY(B2)=DAY(TODAY())),"今天过生日","")

| | A | B | C | D |
|---|---|---|---|---|
| 1 | 姓名 | 出生日期 | 本月生日 | 本日生日 |
| 2 | 张永元 | 1986/7/24 | | |
| 3 | 李哲瀚 | 1989/4/24 | 本月24日过生日 | |
| 4 | 王凯旋 | 1993/10/26 | | |
| 5 | 赵英杰 | 1994/8/1 | | |
| 6 | 孙萌 | 1992/4/17 | 本月17日过生日 | 今天过生日 |

**STEP 4 设置 7 天生日提醒**

插入一列，在 C2 单元格中输入公式“=IF(DATEDIF(B2-7,TODAY(),"YD")<=7,"提醒","")”，查看结果。

C2 =IF(DATEDIF(B2-7,TODAY(),"YD")<=7,"提醒","")

| | A | B | C | E |
|---|---|---|---|---|
| 1 | 姓名 | 出生日期 | 7天生日提醒 | 本日生日 |
| 2 | 张永元 | 1986/7/24 | | |
| 3 | 李哲瀚 | 1989/4/24 | 提醒 | |
| 4 | 王凯旋 | 1993/10/26 | | |
| 5 | 赵英杰 | 1994/8/1 | | |
| 6 | 孙萌 | 1992/4/17 | 提醒 | 今天过生日 |

## 3.6.3 设置值班安排提醒

在员工值班时间表中，通过设置条件格式提前一天进行提醒，具体操作方法如下：

微课：设置值班安排提醒

**STEP 1 限制重复输入**

为 B 列的数据设置数据验证条件，❶在“允许”下拉列表框中选择“自定义”选项，❷在“公式”文本框中输入公式“=COUNTIF(B:B,B2)=1”，❸单击 确定 按钮。

数据验证：设置 | 输入信息 | 出错警告 | 输入法模式；验证条件 允许(A): 自定义 ❶选择；☑忽略空值(B)；数据(D): 介于；公式(F): =COUNTIF(B:B,B2)=1 ❷输入；□对有同样设置的所有其他单元格应用这些更改(P)；全部清除(C) ❸单击 确定 取消

**STEP 2 计算起讫时间**

在 C2 单元格中输入公式“=IF(MOD(B2,7)<2,"9:00~17:00","22:00~6:00")”，并将公式复制到下方的单元格中，得出周六、日值白班，其他天值夜班。

C2 =IF(MOD(B2,7)<2,"9:00~17:00","22:00~6:00")

| | A | B | C |
|---|---|---|---|
| 1 | 值班人 | 值班日期 | 起讫时间 |
| 2 | 郑怡 | 2018/3/19 | 22:00~6:00 |
| 3 | 张永元 | 2018/3/21 | 22:00~6:00 |
| 4 | 赵英杰 | 2018/3/23 | 22:00~6:00 |
| 5 | 孙萌 | 2018/3/25 | 9:00~17:00 |
| 6 | 张永元 | 2018/3/27 | 22:00~6:00 |
| 7 | 孙萌 | 2018/3/29 | 22:00~6:00 |
| 8 | 赵英杰 | 2018/3/31 | 9:00~17:00 |
| 9 | 李哲瀚 | 2018/4/2 | 22:00~6:00 |
| 10 | 赵英杰 | 2018/4/4 | 22:00~6:00 |
| 11 | 吴子恒 | 2018/4/6 | 22:00~6:00 |
| 12 | 李哲瀚 | 2018/4/8 | 9:00~17:00 |
| 13 | 王凯旋 | 2018/4/10 | 22:00~6:00 |

**STEP 3 设置条件格式**

❶选择 A2:C26 单元格区域，使用公式新建条件格式，设置公式为“=$B2=TODAY()+1”，❷设置格式样式，❸单击 确定 按钮。

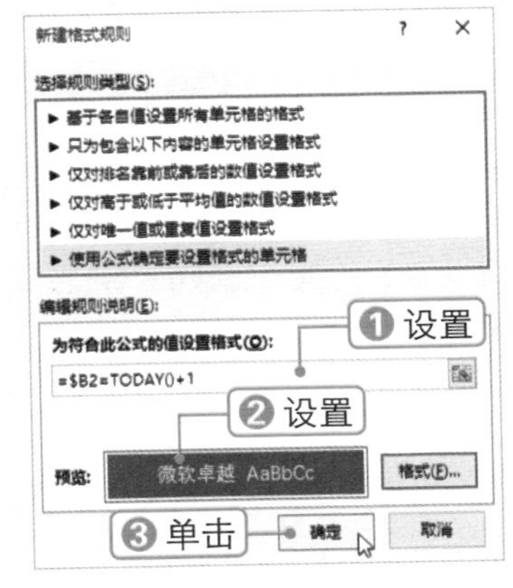

**STEP 4** 查看设置效果

此时即可在值班前一天应用所设置的条件格式。

| | A | B | C | D | E |
|---|---|---|---|---|---|
| 1 | 值班人 | 值班日期 | 起讫时间 | | 今天 |
| 2 | 郑怡 | 2018/3/19 | 22:00~6:00 | | 2018/4/17 |
| 3 | 张永元 | 2018/3/21 | 22:00~6:00 | | |
| 4 | 赵英杰 | 2018/3/23 | 22:00~6:00 | | |
| 5 | 孙萌 | 2018/3/25 | 9:00~17:00 | | |
| 6 | 张永元 | 2018/3/27 | 22:00~6:00 | | |
| 7 | 孙萌 | 2018/3/29 | 22:00~6:00 | | |
| 8 | 赵英杰 | 2018/3/31 | 9:00~17:00 | | |
| 9 | 李哲瀚 | 2018/4/2 | 22:00~6:00 | | |
| 10 | 赵英杰 | 2018/4/4 | 22:00~6:00 | | |
| 11 | 吴子恒 | 2018/4/6 | 22:00~6:00 | | |
| 12 | 李哲瀚 | 2018/4/8 | 9:00~17:00 | | |
| 13 | 王凯旋 | 2018/4/10 | 22:00~6:00 | | |
| 14 | 张永元 | 2018/4/12 | 22:00~6:00 | | |
| 15 | 郑怡 | 2018/4/14 | 9:00~17:00 | | |
| 16 | 王凯旋 | 2018/4/16 | 22:00~6:00 | | |
| 17 | 周瑶 | 2018/4/18 | 22:00~6:00 | | |
| 18 | 吴子恒 | 2018/4/20 | 22:00~6:00 | | |

**秒杀技巧** 隐藏单元格中的0值

通过设置数字格式可隐藏单元格中的0值，方法为：选择单元格，打开“设置单元格格式”对话框，自定义数字格式为“0;;;@”即可。

Chapter 03

# 3.7 查找和引用函数

■ 关键词：VLOOKUP、HLOOKUP、INDEX、MATCH、INDIRECT、OFFSET、ROW、COLUMN

查找和引用函数用于按指定的要求对数据进行查找操作，并返回需要的值或引用，下面将介绍常用的查找与引用函数的应用方法。

## 3.7.1 常用查找和引用函数

常用的查找和引用函数主要包括VLOOKUP、HLOOKUP、INDEX、MATCH、INDIRECT、OFFSET、ROW、COLUMN、CHOOSE等函数，下面将介绍其具体作用和语法。

### 1. VLOOKUP函数

用于在表格或区域中按行查找内容。可以使用VLOOKUP函数搜索某个单元格区域的第一列，然后返回该区域相同行上任何单元格中的值。

函数语法：VLOOKUP(lookup_value,table_array,col_index_num,[range_lookup])

- lookup_value：要在表格或区域的第一列中搜索的值。lookup_value参数可以是值或引用。
- table_array：包含数据的单元格区域。table_array第一列中的值是由lookup_value搜索的值，可以是文本、数字或逻辑值。文本不区分大小写。
- col_index_num：table_array参数中必须返回的匹配值的列号。
- range_lookup：可选参数，一个逻辑值，指定查找精确匹配值还是近似匹配值。如果range_lookup为TRUE或被省略，则返回精确匹配值或近似匹配值；如果找不到精确匹配值，则返回小于lookup_value的最大值。且必须按升序排列table_array第一列中的值，否则可能无法返回正确的值；如果range_lookup为FALSE，则不需对table_array第一列中的值进行排序，只查找精确匹配值。

## 2. HLOOKUP函数

在表格的首行或数值数组中搜索值，然后返回表格或数组中指定行的所在列中的值。当比较值位于数据表格的首行时，如果要向下查看指定的行数，则可使用HLOOKUP函数；当比较值位于所需查找的数据的左侧一列时，则可使用VLOOKUP函数。

HLOOKUP中的H代表“行”。

函数语法：HLOOKUP(lookup_value, table_array,row_index_num,[range_lookup])

- lookup_value：要在表格的第一行中查找的值，可以是数值、引用或文本字符串。
- table_array：在其中查找数据的信息表，使用对区域或区域名称的引用。
- row_index_num：table_array中将返回的匹配值的行号。
- range_lookup：可选参数。一个逻辑值，指定查找精确匹配值，还是近似匹配值。如果为TRUE或被省略，则返回近似匹配值；如果找不到精确匹配值，则返回小于lookup_value的最大值；如果为False，则查找精确匹配值。

## 3. INDEX函数

返回表格或区域中的值或值的引用。

INDEX函数有两种形式：数组形式和引用形式。当INDEX函数的第一个参数为数组常量时，使用数组形式。

数组形式的语法：INDEX(array,row_num,[column_num])

- array：单元格区域或数组常量，如果为单行或单列，那么参数row_num或column_num可省略一个；如果数组有多行和多列，但只使用row_num或column_num，INDEX函数返回数组中的整行或整列，且返回值也为数组。
- row_num：数组中的行序号，函数从该行返回数值。如果省略row_num，则必须有column_num。
- column_num：可选参数。代表数组中列序号，函数从该列返回数值。如果省略column_num，则必须有row_num。row_num和column_num可以是数值，也可以是其他函数的返回值。

引用形式的语法：INDEX(reference, row_num,[column_num],[area_num])

- reference：一个或多个单元格区域的引用。
- row_num：引用中某行的行号，函数从该行返回一个引用。
- column_num：可选参数，代表引用中某列的列标，函数从该列返回一个引用。
- area_num：可选参数，代表选择引用中的一个区域，以从中返回row_num和column_num的交叉区域。选中或输入的第一个区域序号为1，第二个为2，依此类推。如果省略area_num，则INDEX函数使用区域1。

## 4. MATCH函数

MATCH函数可在单元格区域中搜索指定项，然后返回该项在单元格区域中的相对位置。例如，如果A1:A3单元格区域包含值5、25和38，则公式“=MATCH(25,A1:A3,0)”会返回数字2，因为值25是单元格区域中的第二项。

如果需要获得单元格区域中某个项目的位置而不是项目本身，则应该使用MATCH函数。MATCH函数和INDEX函数的组合应用可实现类似VLOOKUP函数的应用，使其更加灵活。例如，可以使用MATCH函数为INDEX函数的row_num参数提供值。

函数语法：MATCH(lookup_value, lookup_array,[match_type])

- lookup_value：需要在lookup_array中查找的值。

● lookup_array：要搜索的单元格区域。

● match_type：可选参数。默认值为1，MATCH函数会查找小于或等于lookup_value的最大值，lookup_array参数中的值必须按升序排列。若match_type为0，MATCH函数会查找等于lookup_value的第一个值；若match_type为-1，MATCH函数会查找大于或等于lookup_value的最小值，lookup_array参数中的值必须按降序排列。

## 5. INDIRECT函数

返回由文本字符串指定的引用。此函数立即对引用进行计算，并显示其内容。如果需要更改公式中对单元格的引用，而不更改公式本身，可使用INDIRECT函数。

函数语法：INDIRECT(ref_text,[a1])

● ref_text：对单元格的引用，包含A1样式的引用，R1C1样式的引用，定义为引用的名称或对作为文本字符串的单元格的引用。如果ref_text不是合法的单元格引用，则INDIRECT函数返回错误值。

如果ref_text是对另一个工作簿的引用（外部引用），则被引用的工作簿必须已打开。如果源工作簿没有打开，则INDIRECT函数返回错误值#REF!。

如果ref_text引用的单元格区域超出1,048,576这一行限制或16,384(XFD)这一列限制，则INDIRECT函数返回错误值#REF!。

● a1：可选参数。一个逻辑值，用于指定包含在单元格ref_text中的引用的类型。

如果a1为TRUE或被省略，ref_text被解释为A1样式的引用。

如果a1为FALSE，则将ref_text解释为R1C1样式的引用。

## 6. OFFSET函数

以指定的引用为参照系，通过给定偏移量得到新的引用。返回的引用可以为一个单元格或单元格区域，并可以指定返回的行数或列数。

函数语法：OFFSET(reference,rows,cols,[height],[width])

● reference：要以其为偏移量的底数的引用，只能是单元格引用，不能是数组。

● rows：需要左上角单元格引用的向上或向下行数。例如，使用2作为rows参数，可指定引用中的左上角单元格为引用下方的2行。rows可为正数（表示在起始引用的下方）或负数（表示在起始引用的上方）。

● cols：需要结果的左上角单元格引用的从左到右的列数。例如，使用5作为cols参数，可指定引用中的左上角单元格为引用右方的5列。cols可为正数（这意味着在起始引用的右侧）或负数（这意味着在起始引用的左侧）。rows和cols参数用于指定目标单元格区域的大小，如果不指定，则目标引用尺寸与源引用相同。

● height：可选参数。需要返回的引用的行高，可使用负数作为参数。

● width：可选参数。需要返回的引用的列宽，可使用负数作为参数。

## 7. ROW和ROWS函数

### (1) ROW 函数

返回引用的行号。例如，公式“ROW(E8)”返回8。

函数语法：ROW([reference])。

reference为需要返回其行号的单元格或单元格区域，若省略则是对ROW函数所在单元格的引用。

### (2) ROWS 函数

返回引用或数组的行数。

函数语法：ROWS(array)。

array为需要计算其行数的数组、数组公式或对单元格区域的引用。例如，公式“ROWS(B2:C8)”返回7。

## 8. COLUMN和COLUMNS函数

### (1) COLUMN 函数

返回指定单元格引用的列号。例如，公式“COLUMN(E8)”返回5，因为E列为第五列。

函数语法：COLUMN([reference])。

reference为需要返回其列号的单元格或单元格区域。若被省略，则是对COLUMN函数所在单元格的引用。参数reference不能引用多个区域。

### (2) COLUMNS 函数

返回数组或引用的列数。

函数语法：COLUMNS(array)。

array为需要计算其列数的数组、数组公式或对单元格区域的引用。例如，公式“COLUMNS(B1:F6)”返回5。

## 9. CHOOSE函数

使用指定的值参数返回数值参数列表中的数值。

函数语法：CHOOSE(index_num, value1,[value2],...)

- index_num：所选定的值参数。index_num必须为1~254之间的数字，或者为公式对包含1~254之间某个数字单元格的引用。
- value1,value2, ...：value1是必需的，后续值是可选的，代表1~254个数值参数。CHOOSE函数基于index_num从这些值参数中选择一个数值或一项要执行的操作。参数可以为数字、单元格引用、已定义名称、公式、函数或文本。

## 3.7.2 使用VLOOKUP函数计算年龄所属分段

下面根据员工年龄，使用VLOOKUP函数的模糊查找功能计算年龄所属分段，以对不同年龄分段的员工进行汇总，具体操作方法如下：

微课：使用 VLOOKUP 函数计算年龄所属分段

**STEP 1 制作年龄分段表**

在 E1:F6 单元格区域制作年龄分段表，划分年龄分段区间，年龄临界点按升序排序。

H9

| | A | B | C | D | E | F |
|---|---|---|---|---|---|---|
| 1 | 姓名 | 年龄 | 所属年龄分段 | | 年龄临界点 | 要返回的内容 |
| 2 | 吴凡 | 35 | | | 0 | 20岁及以下 |
| 3 | 郭芸芸 | 33 | | | 21 | 21~30岁 |
| 4 | 许向平 | 30 | | | 31 | 31~40岁 |
| 5 | 陆淼淼 | 36 | | | 41 | 41~50岁 |
| 6 | 毕剑侠 | 34 | | | 51 | 50岁及以上 |
| 7 | 睢小龙 | 36 | | | | |
| 8 | 闫德鑫 | 33 | | | | |
| 9 | 王琛 | 34 | | | | |
| 10 | 张瑞雪 | 36 | | | | |
| 11 | 王丰 | 25 | | | | |
| 12 | 骆辉 | 29 | | | | |
| 13 | 韦晓博 | 32 | | | | |
| 14 | 史元 | 41 | | | | |
| 15 | 罗广田 | 25 | | | | |
| 16 | 周青青 | 36 | | | | |
| 17 | 何微渺 | 49 | | | | |
| 18 | 陈新膺 | 45 | | | | |

**STEP 2 输入并复制公式**

在 C2 单元格中输入公式“=VLOOKUP(B2, $E$2:$F$6,2,1)”，并向下复制公式，查看结果。

C2 =VLOOKUP(B2,$E$2:$F$6,2,1)

| | A | B | C | D | E | F |
|---|---|---|---|---|---|---|
| 1 | 姓名 | 年龄 | 所属年龄分段 | | 年龄临界点 | 要返回的内容 |
| 2 | 吴凡 | 35 | 31~40岁 | | 0 | 20岁及以下 |
| 3 | 郭芸芸 | 33 | 31~40岁 | | 21 | 21~30岁 |
| 4 | 许向平 | 30 | 21~30岁 | | 31 | 31~40岁 |
| 5 | 陆淼淼 | 36 | 31~40岁 | | 41 | 41~50岁 |
| 6 | 毕剑侠 | 34 | 31~40岁 | | 51 | 50岁及以上 |
| 7 | 睢小龙 | 36 | 31~40岁 | | | |
| 8 | 闫德鑫 | 33 | 31~40岁 | | | |
| 9 | 王琛 | 34 | 31~40岁 | | | |
| 10 | 张瑞雪 | 36 | 31~40岁 | | | |
| 11 | 王丰 | 25 | 21~30岁 | | | |
| 12 | 骆辉 | 29 | 21~30岁 | | | |
| 13 | 韦晓博 | 32 | 31~40岁 | | | |
| 14 | 史元 | 41 | 41~50岁 | | | |
| 15 | 罗广田 | 25 | 21~30岁 | | | |
| 16 | 周青青 | 36 | 31~40岁 | | | |
| 17 | 何微渺 | 49 | 41~50岁 | | | |
| 18 | 陈新膺 | 45 | 41~50岁 | | | |

## 3.7.3 使用HLOOKUP函数模糊查找计算提成

微课：使用 HLOOKUP 函数模糊查找计算提成

不同的销售额其销售提成也不同，下面将介绍如何使用HLOOKUP函数的模糊查找功能计算业绩提成，具体操作方法如下：

**STEP 1 新建名称**

在 G1:M3 单元格区域编辑提成比率表，提成率从左到右依次升序排序。❶选择 H2:M3 单元格区域，❷按【Ctrl+F3】组合键新建名称，输入名称，❸单击 确定 按钮。

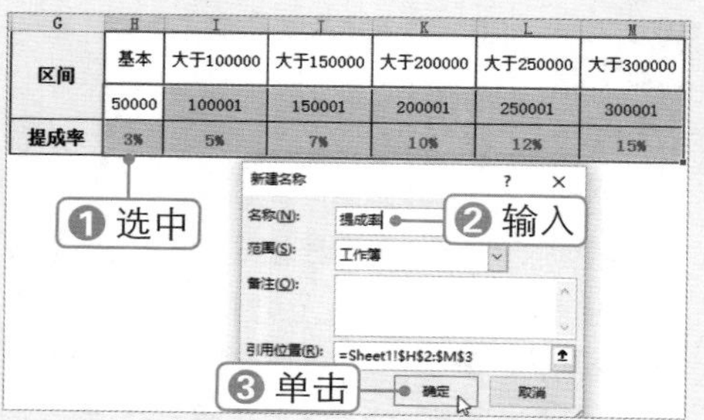


**STEP 2 单击“插入函数”按钮**

❶选择 E2 单元格，❷单击“插入函数”按钮 *fx*。

| | A | B | C | D | E |
|---|---|---|---|---|---|
| 1 | 员工姓名 | 售量 | 单价 | 销售额 | 业绩提成 |
| 2 | 张晓东 | 317 | 220 | 69740 | |
| 3 | 闫辉 | 500 | 220 | 110000 | |
| 4 | 冯小芹 | 876 | 220 | 192720 | |
| 5 | 陆刚 | 1106 | 220 | 243320 | |
| 6 | 睢伟 | 635 | 220 | 139700 | |

❶ 选择　❷ 单击

**STEP 3 设置函数参数**

弹出“函数参数”对话框，❶设置函数参数，其中 Table_array 参数使用名称替代，❷单击 确定 按钮。

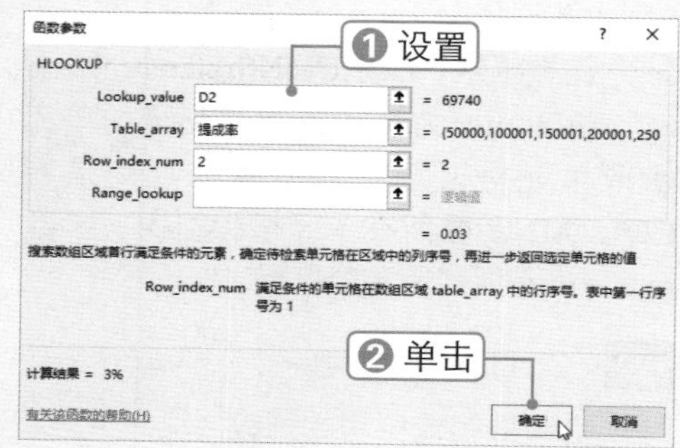


**STEP 4 填充公式**

查看运算结果，填充公式到下方的单元格中。

E2　=HLOOKUP(D2,提成率,2)*D2

| | A | B | C | D | E |
|---|---|---|---|---|---|
| 1 | 员工姓名 | 售量 | 单价 | 销售额 | 业绩提成 |
| 2 | 张晓东 | 317 | 220 | 69740 | 2092.2 |
| 3 | 闫辉 | 500 | 220 | 110000 | 5500 |
| 4 | 冯小芹 | 876 | 220 | 192720 | 13490.4 |
| 5 | 陆刚 | 1106 | 220 | 243320 | 24332 |
| 6 | 睢伟 | 635 | 220 | 139700 | 6985 |

## 3.7.4 使用OFFSET函数得到姓名区域

微课：使用 OFFSET 函数得到姓名区域

下面使用OFFSET函数动态得到编号列表，并依据编号列表得到姓名区域，具体操作方法如下：

**STEP 1 输入公式**

在 C2 单元格中输入公式“=OFFSET(A2,0,0,COUNTA(A2:A29))”，即可得到动态的编号引用，可根据需要将公式中的 A29 修改为更大的行数。

C2　=OFFSET(A2,0,0,COUNTA(A2:A29))

| | A | B | C | D | E | F |
|---|---|---|---|---|---|---|
| 1 | 编号 | 姓名 | 编号列表 | 姓名列表 | | |
| 2 | A001 | 张永元 | A001 | | | |
| 3 | A002 | 李哲瀚 | | | | |
| 4 | A003 | 王凯旋 | | | | |
| 5 | A004 | 赵英杰 | | | | |
| 6 | A005 | 孙鹏 | | | | |
| 7 | | | | | | |
| 8 | | | | | | |

### STEP 2 新建名称

打开“新建名称”对话框，❶输入名称num，❷将公式粘贴到“引用位置”文本框中，❸单击 确定 按钮。

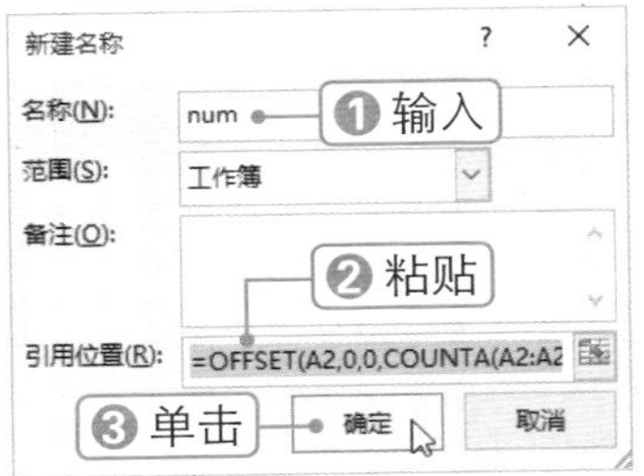


### STEP 3 设置数据验证

❶选择C2单元格，❷打开“数据验证”对话框，设置验证条件，❸单击 确定 按钮。

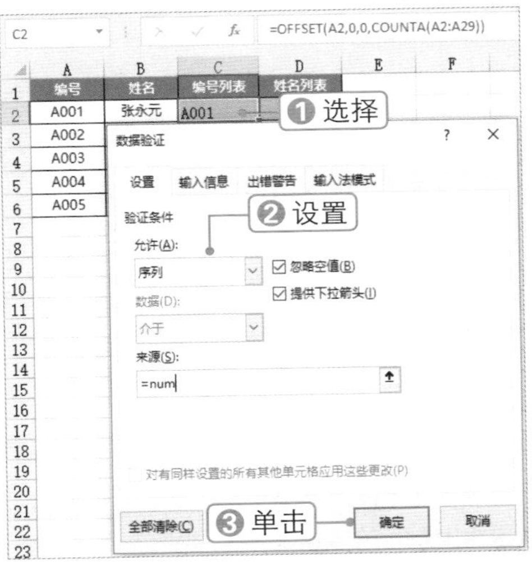


### STEP 4 输入公式

在D2单元格中输入公式“=OFFSET(A2:A29,0,1)”，即可依据编号区域得到姓名区域。

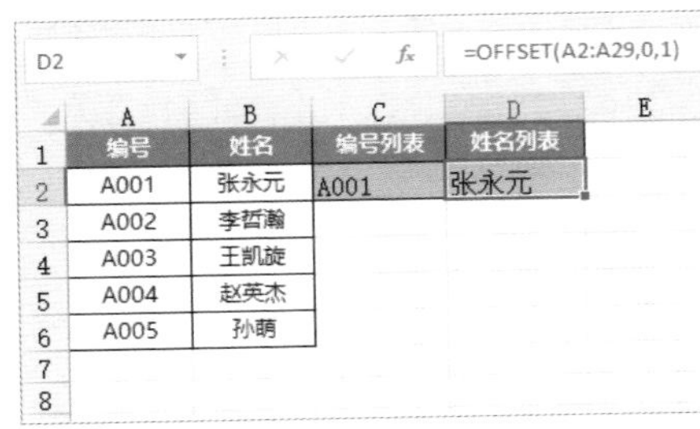


### STEP 5 新建名称

打开“新建名称”对话框，❶输入名称name，❷将公式粘贴到“引用位置”文本框中，❸单击 确定 按钮。

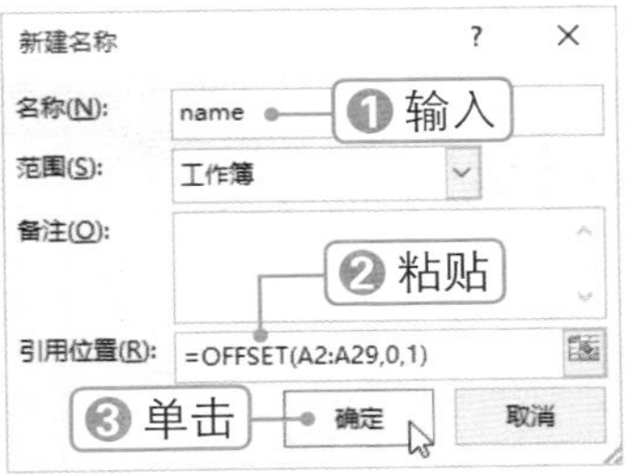


### STEP 6 设置验证条件

❶选择D2单元格，❷打开“数据验证”对话框，设置验证条件，❸单击 确定 按钮。

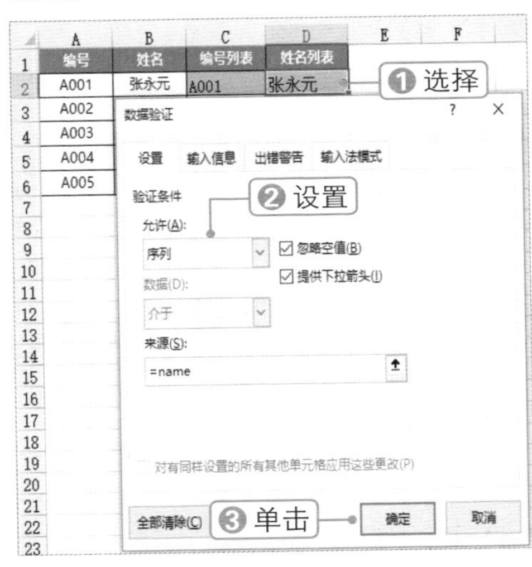


### STEP 7 查看数据验证效果

单击C2单元格的下拉按钮，查看数据验证效果。

| 编号 | 姓名 | 编号列表 | 姓名列表 |
|---|---|---|---|
| A001 | 张永元 | A001 | 永元 |
| A002 | 李哲瀚 | A001 | |
| A003 | 王凯旋 | A002 | |
| A004 | 赵英杰 | A003 | |
| A005 | 孙萌 | A004 | |
| | | A005 | |

**STEP 8** 查看动态编号效果

在数据表中增加三行，并输入编号和姓名。单击 C2 单元格的下拉按钮，可以看到其中的编号也随之增加。

| | A | B | C | D |
|---|---|---|---|---|
| 1 | 编号 | 姓名 | 编号列表 | 姓名列表 |
| 2 | A001 | 张永元 | A001 | 永元 |
| 3 | A002 | 李哲瀚 | | |
| 4 | A003 | 王凯旋 | | |
| 5 | A004 | 赵英杰 | | |
| 6 | A005 | 孙晴 | | |
| 7 | A006 | 周瑶 | | |
| 8 | A007 | 吴子恒 | | |
| 9 | A008 | 郑怡 | | |
| 10 | | | | |

A001
A002
A003
A004
A005
A006
A007
A008

**STEP 9** 查看姓名列表

单击 D2 单元格的下拉按钮，查看姓名列表。

| | A | B | C | D | E |
|---|---|---|---|---|---|
| 1 | 编号 | 姓名 | 编号列表 | 姓名列表 | |
| 2 | A001 | 张永元 | A001 | 张永元 | |
| 3 | A002 | 李哲瀚 | | | |
| 4 | A003 | 王凯旋 | | | |
| 5 | A004 | 赵英杰 | | | |
| 6 | A005 | 孙晴 | | | |
| 7 | A006 | 周瑶 | | | |
| 8 | A007 | 吴子恒 | | | |
| 9 | A008 | 郑怡 | | | |
| 10 | | | | | |
| 11 | | | | | |

张永元
李哲瀚
王凯旋
赵英杰
孙晴
周瑶
吴子恒
郑怡

## 3.7.5 使用查找和引用函数统计产量最高的部门

微课：使用查找和引用函数统计产量最高的部门

下面依据各部门每月的产量数据，使用查找和引用函数计算月产量最高的部门和各部门产量最高的月份，具体操作方法如下：

**STEP 1** 制作数据表格

在 A9:F10 单元格区域制作所需的数据表格。

A10

| | A | B | C | D | E | F | G |
|---|---|---|---|---|---|---|---|
| 1 | 部门 | 1月 | 2月 | 3月 | 4月 | 5月 | 6月 |
| 2 | 一部门 | 345000 | 365840 | 198540 | 233500 | 194540 | 345500 |
| 3 | 二部门 | 245000 | 360020 | 154620 | 196670 | 254620 | 215000 |
| 4 | 三部门 | 198500 | 199650 | 225630 | 255600 | 235630 | 198900 |
| 5 | 四部门 | 300690 | 246000 | 240010 | 305960 | 240810 | 360690 |
| 6 | 五部门 | 274000 | 300090 | 187950 | 266400 | 185950 | 244000 |
| 8 | 月产量最高部门 | | | | | | |
| 9 | 1月 | 2月 | 3月 | 4月 | 5月 | 6月 | |
| 10 | | | | | | | |

**STEP 2** 输入公式

在 A10 单元格中输入公式“=INDEX($A$2:$G$6,MATCH(MAX(B$2:B$6),B$2:B$6,0),1)”，并按【Enter】键确认，即可得出结果，然后向右填充公式。

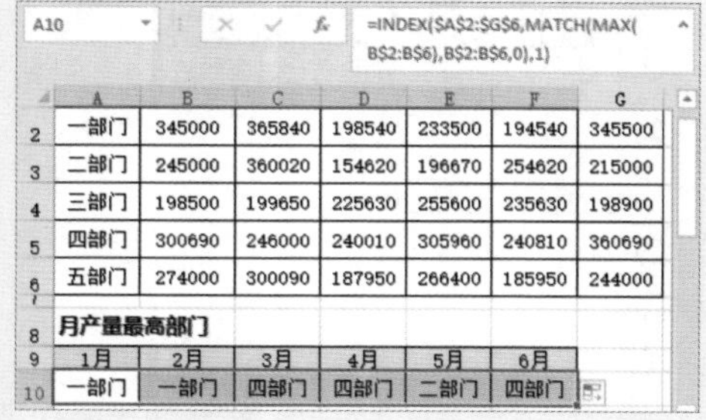

A10 =INDEX($A$2:$G$6,MATCH(MAX(B$2:B$6),B$2:B$6,0),1)

| | A | B | C | D | E | F | G |
|---|---|---|---|---|---|---|---|
| 2 | 一部门 | 345000 | 365840 | 198540 | 233500 | 194540 | 345500 |
| 3 | 二部门 | 245000 | 360020 | 154620 | 196670 | 254620 | 215000 |
| 4 | 三部门 | 198500 | 199650 | 225630 | 255600 | 235630 | 198900 |
| 5 | 四部门 | 300690 | 246000 | 240010 | 305960 | 240810 | 360690 |
| 6 | 五部门 | 274000 | 300090 | 187950 | 266400 | 185950 | 244000 |
| 8 | 月产量最高部门 | | | | | | |
| 9 | 1月 | 2月 | 3月 | 4月 | 5月 | 6月 | |
| 10 | 一部门 | 一部门 | 四部门 | 四部门 | 二部门 | 四部门 | |

**STEP 3** 制作数据表格

在 A13:B17 单元格区域制作所需的数据表格。

| | A | B | C | D | E | F | G |
|---|---|---|---|---|---|---|---|
| 1 | 部门 | 1月 | 2月 | 3月 | 4月 | 5月 | 6月 |
| 2 | 一部门 | 345000 | 365840 | 198540 | 233500 | 194540 | 345500 |
| 3 | 二部门 | 245000 | 360020 | 154620 | 196670 | 254620 | 215000 |
| 4 | 三部门 | 198500 | 199650 | 225630 | 255600 | 235630 | 198900 |
| 5 | 四部门 | 300690 | 246000 | 240010 | 305960 | 240810 | 360690 |
| 6 | 五部门 | 274000 | 300090 | 187950 | 266400 | 185950 | 244000 |
| 12 | 部门产量最高的月份 | | | | | | |
| 13 | 一部门 | | | | | | |
| 14 | 二部门 | | | | | | |
| 15 | 三部门 | | | | | | |
| 16 | 四部门 | | | | | | |
| 17 | 五部门 | | | | | | |

**STEP 4** 输入并填充公式

在 B13 单元格中输入公式“=INDEX($B$1:$G$1,MATCH(MAX(B2:G2),B2:G2,0))”，并按【Enter】键确认，即可得出结果，然后向下填充公式。

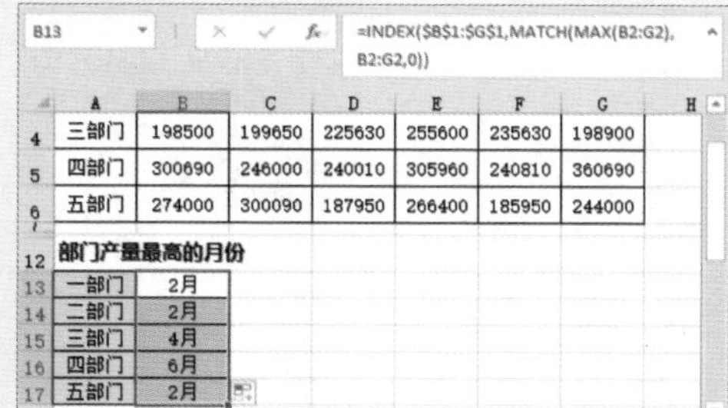

B13 =INDEX($B$1:$G$1,MATCH(MAX(B2:G2),B2:G2,0))

| | A | B | C | D | E | F | G |
|---|---|---|---|---|---|---|---|
| 4 | 三部门 | 198500 | 199650 | 225630 | 255600 | 235630 | 198900 |
| 5 | 四部门 | 300690 | 246000 | 240010 | 305960 | 240810 | 360690 |
| 6 | 五部门 | 274000 | 300090 | 187950 | 266400 | 185950 | 244000 |
| 12 | 部门产量最高的月份 | | | | | | |
| 13 | 一部门 | 2月 | | | | | |
| 14 | 二部门 | 2月 | | | | | |
| 15 | 三部门 | 4月 | | | | | |
| 16 | 四部门 | 6月 | | | | | |
| 17 | 五部门 | 2月 | | | | | |

## 商务办公 私房实操技巧

### TIP：快速填充公式

对于非相邻单元格中的公式，可以利用【Ctrl+Enter】快捷键快速填充公式，方法如下：

1. 按住【Ctrl】键的同时选择要进行计算的单元格，输入计算公式，如下图（左）所示。
2. 按【Ctrl+Enter】组合键即可快速填充公式，得到所有所选单元格的计算结果，如下图（右）所示。

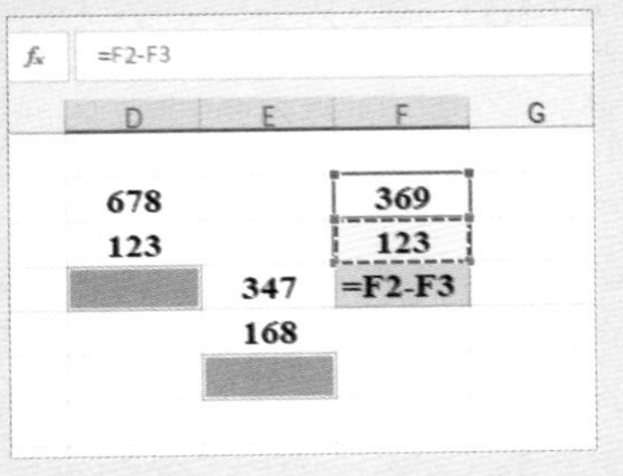


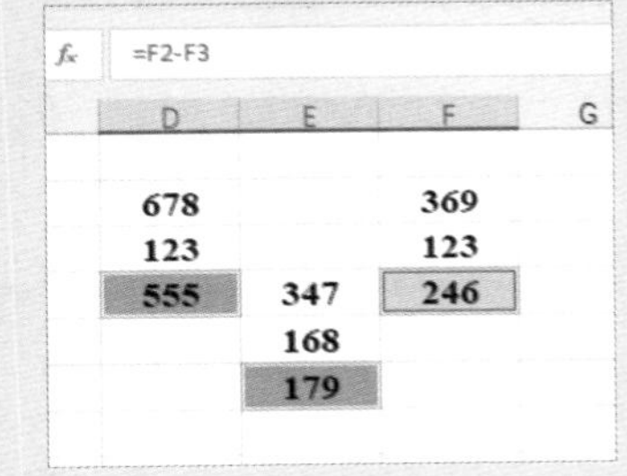


### TIP：在任务栏查看统计结果

选中数据后，在任务栏中即可查看所选数据的“最小值”“最大值”“和”“平均值”“计数”等结果。

### TIP：自动填充序号

当输入项目后，可以利用公式使序号列自动填充相应的序号，方法为：在序号列输入公式“=IF(B2="","",ROW()-1)”，如右图所示。

A2 =IF(B2="","",ROW()-1)

| | A | B | C | D | E |
|---|---|---|---|---|---|
| 1 | 序号 | 公司 | 开票日 | 到期日 | 到期提示 |
| 2 | 1 | 宏图众创科技有 | 2014/6/9 | 2017/12/5 | 0 |
| 3 | 2 | 南阳三百六财务 | 2014/6/12 | 2017/12/10 | 0 |
| 4 | 3 | 深圳市翼龙王资 | 2014/7/1 | 2017/12/15 | 0 |
| 5 | 4 | 河北合兴柜业有 | 2014/7/3 | 2017/12/20 | 0 |
| 6 | 5 | 深圳市精灵触控 | 2014/7/7 | 2017/12/25 | 0 |
| 7 | 6 | 洛科信息技术有 | 2014/7/18 | 2017/12/30 | 0 |
| 8 | 7 | 青岛米高尔商贸 | 2014/7/26 | 2018/1/4 | 0 |
| 9 | 8 | 郑州眼巴巴眼保 | 2014/8/3 | 2018/1/9 | 4 |
| 10 | 9 | 北京亿达四方信 | 2014/8/11 | 2018/1/14 | 9 |
| 11 | 10 | 信凯科技有限公 | 2014/8/19 | 2018/1/19 | 14 |
| 12 | 11 | 东莞卓苋五金塑 | 2014/8/27 | 2018/1/24 | 19 |
| 13 | 12 | 中义国际会展义 | 2014/9/4 | 2018/1/29 | 24 |
| 14 | 13 | 浙江银闪付科技 | 2014/9/12 | 2018/2/3 | 29 |
| 15 | 14 | 北京华腾财富投 | 2014/9/20 | 2018/2/8 | 0 |
| 16 | 15 | 北京市美粤视听 | 2014/9/28 | 2018/2/13 | 0 |
| 17 | 16 | 南京浙美家具有 | 2014/10/6 | 2018/2/18 | 0 |
| 18 | 17 | 甘肃莱斯教育科 | 2014/10/14 | 2018/2/23 | 0 |
| 19 | 18 | 广西鑫电健电气 | 2014/10/22 | 2018/2/28 | 0 |
| 20 | 19 | 陕西文众网络有 | 2014/10/30 | 2018/3/5 | 0 |

TIP

私房技巧 若某一列不允许出现重复的值，可使用公式检查该列是否包含重复的值，方法为：在 B2 列中输入公式“=IF(MATCH($A2,$A$2:$A$13,0)=ROW()-1,"","重复")”，然后向下填充公式（为了便于查看，在此已将重复的值填充了颜色），如右图所示。

| | A | B |
|---|---|---|
| 1 | 产品型号 | 检查重复 |
| 2 | LE32MUF3 | |
| 3 | LE46ZA1 | |
| 4 | LE32MXF5 | |
| 5 | LE32MXF1 | |
| 6 | LE32KNH3 | |
| 7 | LE46ZA1 | 重复 |
| 8 | LE42PUV1 | |
| 9 | LE46PUV1 | |
| 10 | LE42UT8 | |
| 11 | LE32MXF5 | 重复 |
| 12 | LE32MXF8 | |
| 13 | LE55LXZ1 | |

Ask Answer

## 高手疑难解答

### 问 怎样查看有哪些单元格是重复的？

图解解答 例如，统计 B:D 列中有哪些单元格是重复的，在 A2 单元格中输入公式“=IF(B2:D2=B3:D3,"有重复","")”，按【Ctrl+Shift+Enter】组合键进行数组运算得出结果，然后双击填充柄向下填充公式即可，如右图所示。

| | 检验重复 | 日期 | 销售员 | 地区 | 商品名称 | 单价 |
|---|---|---|---|---|---|---|
| 2 | 有重复 | 2018/1/1 | 武衡 | 上海 | 无线路由 | 146 |
| 3 | 有重复 | 2018/1/1 | 李艳红 | 上海 | 机械键盘 | 203 |
| 4 | 有重复 | 2018/1/1 | 武衡 | 上海 | 游戏鼠标 | 99 |
| 5 | 有重复 | 2018/1/1 | 卢旭东 | 上海 | 无线路由 | 146 |
| 6 | 有重复 | 2018/1/1 | 孙玉娇 | 上海 | 创意U盘 | 136 |
| 7 | 有重复 | 2018/1/1 | 谷秀巧 | 北京 | 无线路由 | 146 |
| 8 | 有重复 | 2018/1/1 | 杨晓彤 | 北京 | 机械键盘 | 203 |
| 9 | 有重复 | 2018/1/1 | 谷秀巧 | 北京 | 游戏鼠标 | 99 |
| 10 | 有重复 | 2018/1/1 | 李明睿 | 北京 | 无线路由 | 146 |
| 11 | | 2018/1/1 | 王立辉 | 北京 | 创意U盘 | 136 |
| 12 | 有重复 | 2018/1/2 | 卢旭东 | 上海 | 无线路由 | 146 |
| 13 | 有重复 | 2018/1/2 | 武衡 | 上海 | 机械键盘 | 203 |
| 14 | 有重复 | 2018/1/2 | 卢旭东 | 上海 | 游戏鼠标 | 99 |
| 15 | 有重复 | 2018/1/2 | 李艳红 | 上海 | 无线路由 | 146 |

### 问 怎样计算一列中有多少个条目？

图解解答 例如，统计 C 列中总共有多少个销售员，在 I2 单元格中输入公式“=SUM(1/(COUNTIF(C2:C199,C2:C199)))”，按【Ctrl+Shift+Enter】组合键进行数组运算，即可得出结果，如右图所示。

| 日期 | 销售员 | 地区 | 商品名称 | 单价 | 销量 | 销售额 | 销售员总人数 |
|---|---|---|---|---|---|---|---|
| 2018/1/1 | 武衡 | 上海 | 无线路由 | 146 | 31 | 4526 | 10 |
| 2018/1/1 | 李艳红 | 上海 | 机械键盘 | 203 | 33 | 6699 | |
| 2018/1/1 | 武衡 | 上海 | 游戏鼠标 | 99 | 12 | 1188 | |
| 2018/1/1 | 卢旭东 | 上海 | 无线路由 | 146 | 36 | 5256 | |
| 2018/1/1 | 孙玉娇 | 上海 | 创意U盘 | 136 | 24 | 3264 | |
| 2018/1/1 | 谷秀巧 | 北京 | 无线路由 | 146 | 10 | 1460 | |
| 2018/1/1 | 杨晓彤 | 北京 | 机械键盘 | 203 | 8 | 1624 | |
| 2018/1/1 | 谷秀巧 | 北京 | 游戏鼠标 | 99 | 23 | 2277 | |
| 2018/1/1 | 李明睿 | 北京 | 无线路由 | 146 | 21 | 3066 | |
| 2018/1/1 | 王立辉 | 北京 | 创意U盘 | 136 | 21 | 2856 | |
| 2018/1/2 | 卢旭东 | 上海 | 无线路由 | 146 | 22 | 3212 | |
| 2018/1/2 | 武衡 | 上海 | 机械键盘 | 203 | 6 | 1218 | |
| 2018/1/2 | 卢旭东 | 上海 | 游戏鼠标 | 99 | 27 | 2673 | |
| 2018/1/2 | 李艳红 | 上海 | 无线路由 | 146 | 8 | 1168 | |
| 2018/1/2 | 李明睿 | 北京 | 无线路由 | 146 | 15 | 2190 | |
| 2018/1/2 | 谷秀巧 | 北京 | 机械键盘 | 203 | 30 | 6090 | |

CHAPTER 04

# 函数在行业领域中的应用

## 本章导读

学习了常用函数的用法之后，本章将学习如何在实际工作中使用函数处理数据。例如，在人力资源管理中使用函数制作联动菜单、制作员工信息查询表、制作工资条，在市场销售中使用函数制作报价单，统计员工销售业绩，制作销售业绩查询表等。

## 知识要点

01 在人力资源管理中的应用

02 在市场销售中的应用

## 案例展示

### ▼计算个人所得税

K2 =VLOOKUP(A2,tax,8,0)

| | H | I | J | K | L |
|---|---|---|---|---|---|
| 1 | 岗位津贴 | 应发工资 | 社保扣款 | 应扣所得税 | 实发工资 |
| 2 | 4000 | 8200 | 480 | 289 | 7431 |
| 3 | 4000 | 8400 | 480 | 329 | 7591 |
| 4 | 4000 | 8000 | 480 | 297 | 7223 |
| 5 | 4000 | 8050 | 480 | 302 | 7268 |
| 6 | 2500 | 4850 | 480 | 26.1 | 4343.9 |
| 7 | 2500 | 3650 | 480 | 0 | 3170 |
| 8 | 2500 | 3950 | 480 | 0 | 3470 |
| 9 | 2500 | 4300 | 480 | 9.6 | 3810.4 |
| 10 | 2800 | 5700 | 480 | 67 | 5153 |
| 11 | 2200 | 5200 | 480 | 36.6 | 4683.4 |
| 12 | 2500 | 4150 | 480 | 5.1 | 3664.9 |

### ▼创建工资查询表并添加超链接

| | | | | | |
|---|---|---|---|---|---|
| 28 | HY88027 | 罗志恩 | 市场拓展部 | 专员 | 800 |
| 29 | HY88028 | 陈亚男 | 行政部 | 办事员 | 1500 |
| 30 | HY88029 | 武泽国 | 培训部 | 教员 | 1000 |
| 31 | HY88030 | 张冬梅 | 市场拓展部 | 专员 | 800 |
| 32 | HY88031 | 候吉祥 | 企划部 | 商务拓展 | 2000 |
| 33 | HY88032 | 白桦 | 市场拓展部 | 专员 | 800 |
| 34 | HY88033 | 睢立涛 | 培训部 | 教员 | 1000 |
| 35 | HY88034 | 曹建华 | 市场拓展部 | 专员 | 800 |
| 36 | HY88035 | 邓建飞 | 市场拓展部 | 专员 | 800 |
| 37 | HY88036 | 张爱民 | 市场拓展部 | 专员 | 800 |
| 38 | HY88037 | 冯占占 | 培训部 | 教员 | 1000 |
| 39 | HY88038 | 周三强 | 行政部 | 办事员 | 1500 |
| 40 | HY88039 | 鹿静敏 | 市场拓展部 | 专员 | 800 |
| 41 | HY88040 | 古晓东 | 市场拓展部 | 专员 | 800 |

### ▼制作电脑报价单

B15 =SUM(C7:C13)

| | A | B | C | D |
|---|---|---|---|---|
| 4 | 报价日期 | 2017/11/3 | 有效日期 | 2018/11/3 |
| 5 | | | | |
| 6 | 商品类别 | 商品名称 | 价格 | 备注 |
| 7 | 主板 | 华硕PRIME B350-PLUS AM4 | 1109 | |
| 8 | CPU | 英特尔I3 7100 | 730 | |
| 9 | 内存 | 金邦千禧条 8GB DDR3 | 300 | |
| 10 | 硬盘 | 西部数据1TB | 280 | |
| 11 | 显卡 | | | |
| 12 | 显示器 | SANC G7 Air 27英寸 | 1100 | |
| 13 | 机箱 | 爱国者月光宝盒曜 | 450 | |
| 14 | | | | |
| 15 | 总价 | ¥3,969.00 | 折扣 | ¥595.35 |
| 16 | 成交价格 | ¥3,373.65 | | |

### ▼创建多条件查询表

| | A | B | C | D | E | F |
|---|---|---|---|---|---|---|
| 1 | 日期 | 商品名称 | 单价 | 销量 | 销售额 | 销售员 |
| 2 | 2018/1/1 | 无线路由 | 146 | 31 | 4526 | 武衡 |
| 3 | 2018/1/1 | 机械键盘 | 203 | 33 | 6699 | 李艳红 |
| 4 | 2018/1/1 | 游戏鼠标 | 99 | 12 | 1188 | 武衡 |
| 5 | 2018/1/1 | 无线路由 | 146 | 36 | 5256 | 卢旭东 |
| 6 | 2018/1/1 | 创意U盘 | 136 | 24 | 3264 | 孙玉娇 |
| 7 | 2018/1/2 | 无线路由 | 146 | 22 | 3212 | 卢旭东 |
| 8 | 2018/1/2 | 机械键盘 | 203 | 6 | 1218 | 武衡 |
| 9 | 2018/1/2 | 游戏鼠标 | 99 | 27 | 2673 | 卢旭东 |
| 10 | 2018/1/2 | 无线路由 | 146 | 8 | 1168 | 李艳红 |
| 11 | 2018/1/3 | 创意U盘 | 136 | 2 | 272 | 卢旭东 |
| 12 | 2018/1/3 | 无线路由 | 146 | 8 | 1168 | 卢旭东 |
| 13 | 2018/1/3 | 机械键盘 | 203 | 34 | 6902 | 陈自强 |
| 14 | 2018/1/3 | 游戏鼠标 | 99 | 32 | 3168 | 孙玉娇 |
| 15 | 2018/1/3 | 无线路由 | 146 | 2 | 292 | 卢旭东 |
| 16 | 2018/1/4 | 创意U盘 | 136 | 4 | 544 | 武衡 |
| 17 | 2018/1/4 | 无线路由 | 146 | 14 | 2044 | 李艳红 |
| 18 | 2018/1/4 | 机械键盘 | 203 | 5 | 1015 | 卢旭东 |
| 19 | 2018/1/4 | 游戏鼠标 | 99 | 14 | 1386 | 陈自强 |
| 20 | 2018/1/4 | 无线路由 | 146 | 27 | 3942 | 李艳红 |
| 21 | 2018/1/5 | 创意U盘 | 136 | 8 | 1088 | 武衡 |

| 查询表 | |
|---|---|
| 销售员 | 武衡 |
| 商品名称 | 游戏鼠标 |

| 查询结果 | |
|---|---|
| 销量 | 85 |
| 销售额 | 8415 |

Chapter 04

# 4.1 在人力资源管理中的应用

■ 关键词：制作多级菜单、档案信息表、档案查询表、计算个税、生成工资条、添加超链接

下面将介绍 Excel 函数在企业人力资源管理方面的应用，如为成百上千的员工建立档案信息表以及查询表，在员工薪酬核算中计算个人所得税，创建工资查询表及工资条等。

## 4.1.1 制作多级联动菜单

多级菜单在日常工作中比较常见，如将员工部门作为一级菜单，将员工职位作为二级菜单。下面将详细介绍利用定义名称和INDIRECT函数（用于返回由文本字符串指定的引用）制作多级联动菜单的方法。

微课：制作二级联动菜单

### 1. 制作二级联动菜单

下面创建二级联动菜单，将公司在各地的子公司作为一级菜单，将各部门作为其子菜单，具体操作方法如下：

**STEP 1 设置定位条件**

❶选择 A1:C8 单元格区域，❷打开“定位条件”对话框，选中“常量”单选按钮，单击“确定”按钮。

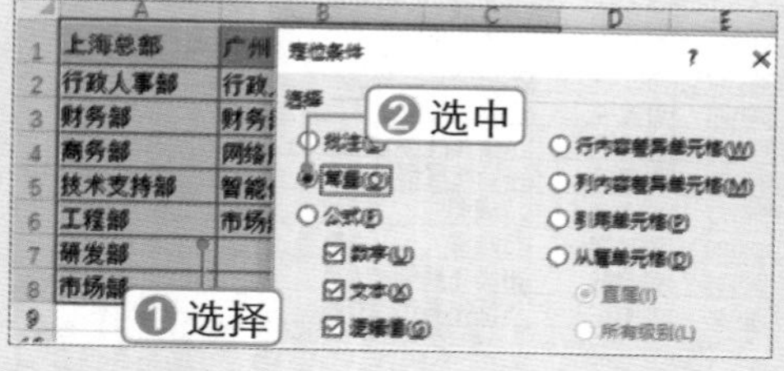


**实操解疑**

**使用 INDIRECT 函数创建下拉菜单**

要使用 INDIRECT 函数创建下拉菜单，需要将引用的单元格设置为文本字符串，方法为：添加双引号。若要为 A1:C1 单元格区域创建下拉菜单，可在“数据验证”对话框中自定义序列为“=INDIRECT("$A$1:$C$1")”。

**STEP 2 单击“根据所选内容创建”按钮**

此时即可选择所有的数据单元格，在“公式”选项卡下单击“根据所选内容创建”按钮。

**STEP 3 设置名称区域**

弹出“根据所选内容创建名称”对话框，❶选中“首行”复选框，❷单击“确定”按钮。

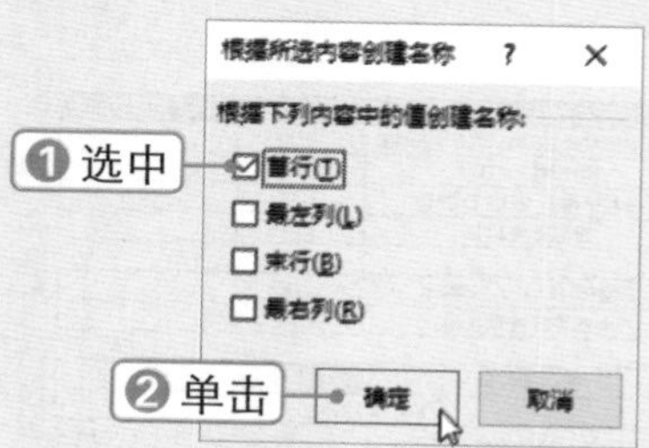

**STEP 4 查看名称列表**

创建名称后，在编辑栏左侧的名称栏中单击 ▾ 按钮，可查看名称列表。

北京分公司
广州分公司
上海总部

| | A | B | C |
|---|---|---|---|
| 1 | | 广州分公司 | 北京分公司 |
| 2 | 行政人事部 | 行政人事部 | 行政人事部 |
| 3 | 财务部 | 财务部 | 技术支持部 |
| 4 | 商务部 | 网络服务中心 | 研发部 |
| 5 | 技术支持部 | 智能化工程部 | 工程部 |
| 6 | 工程部 | 市场部 | |
| 7 | 研发部 | | |
| 8 | 市场部 | | |

**STEP 5 为标题创建名称**

❶选择 A1:C1 单元格区域，❷在名称框中输入名称 co，并按【Enter】键确认。

co ❷输入　上海总部

| | A | B | C |
|---|---|---|---|
| 1 | 上海总部 | 广州分公司 | 北京分公司 |
| 2 | 行政人事部 | 行政人事部 | 行政人事部 |
| 3 | 财务部 | 财务部 | 技术支持部 |
| 4 | 商务部 | 网络服务中心 | 研发部 |
| 5 | 技术支持部 | 智能化工程部 | 工程部 |
| 6 | 工程部 | 市场部 | |
| 7 | 研发部 | | |
| 8 | 市场部 | | |

❶选择

**STEP 6 设置数据验证**

切换工作表，❶选择“工作地区”数据单元格区域，❷打开“数据验证”对话框，在“允许”下拉列表框中选择“序列”选项，❸在“来源”文本框中输入“=co”，❹单击“确定”按钮。

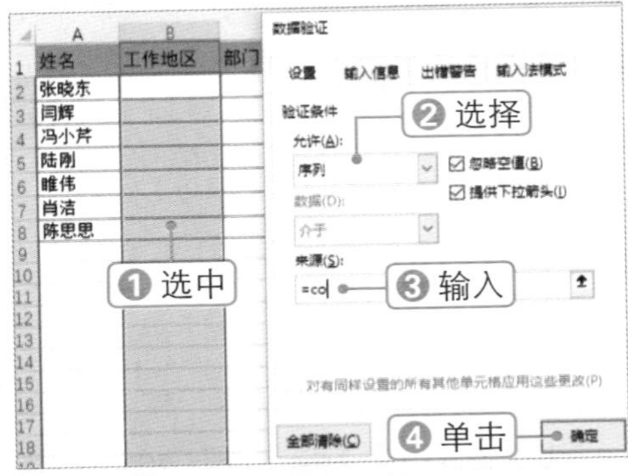


**STEP 7 设置数据验证**

❶选择“部门”数据单元格区域，❷打开“数据验证”对话框，在“允许”下拉列表框中选择“序列”选项，❸在“来源”文本框中输入公式“=INDIRECT(B2)”，单击“确定”按钮。

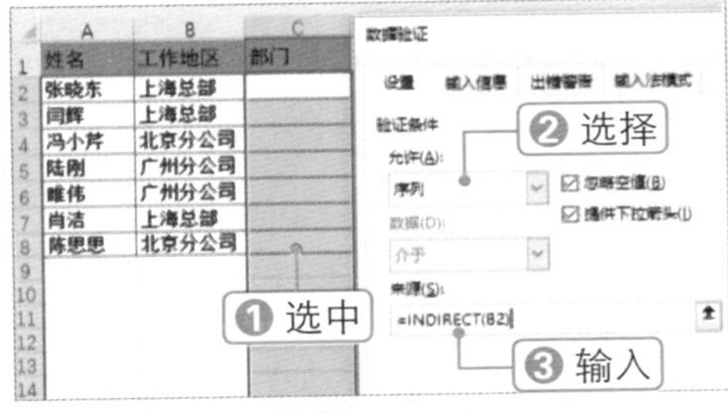


**STEP 8 查看菜单效果**

在 B 列中选择工作地区后，在 C 列可以选择其所包含的部门。

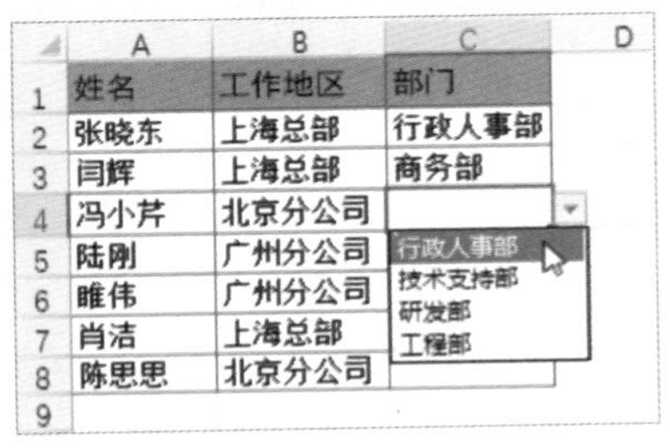

## 2. 制作三级联动菜单

下面将全国各地域作为一级菜单，将城市作为二级菜单，将城区作为三级菜单，创建三级联动菜单，具体操作方法如下：

**STEP 1 创建名称**

❶选择 D2:D4 单元格区域，❷在名称框中输入名称 area，并按【Enter】键确认创建名称。

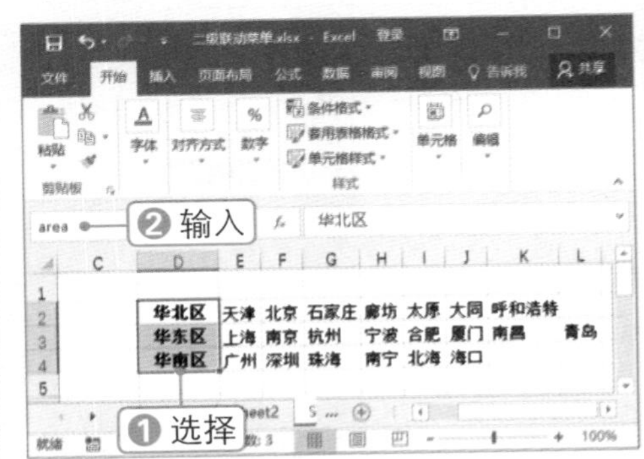

**STEP 2 单击 根据所选内容创建 按钮**

❶选择 D2:L4 单元格区域，❷在 公式 选项卡下单击 根据所选内容创建 按钮。

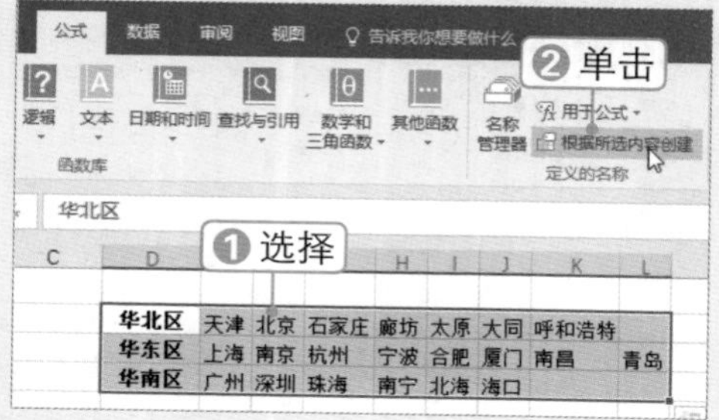


**STEP 3 选择名称区域**

弹出“根据所选内容创建名称”对话框，❶选中“最左列”复选框，❷单击 确定 按钮。

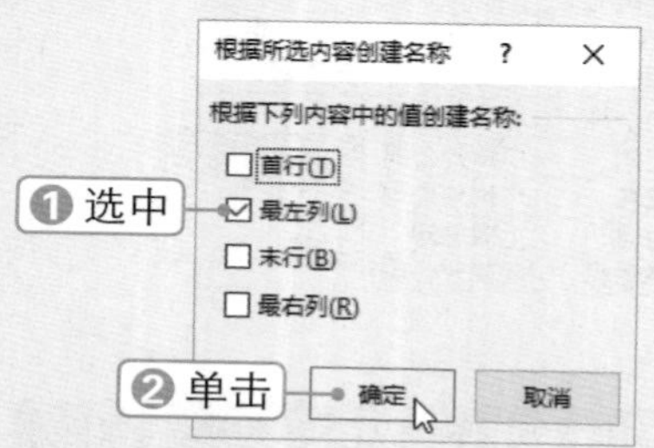


**STEP 4 设置数据验证**

按照前面的方法，对 A 列单元格区域和 B 列单元格区域设置数据验证条件，查看菜单效果，可以看到在城市列表下方还包含空的单元格。

| | A | B |
|---|---|---|
| 1 | 地区 | 城市 |
| 2 | 华北区 | 石家庄 |
| 3 | 华南区 | |
| 4 | | 广州 |
| 5 | | 深圳 |
| 6 | | 珠海 |
| 7 | | 南宁 |
| 8 | | 北海 |
| 9 | | 海口 |
| 10 | | |

**STEP 5 删除单元格**

❶按住【Ctrl】键的同时选择城市单元格中的空值单元格并右击，❷选择 删除(D)... 命令。

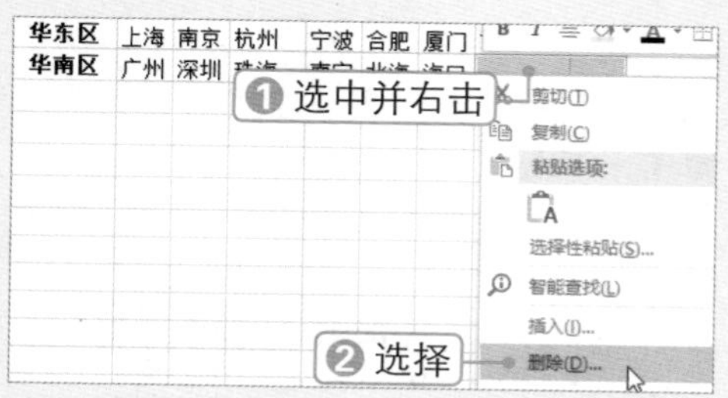


**STEP 6 设置删除选项**

弹出“删除”对话框，❶选中“右侧单元格左移”单选按钮，❷单击 确定 按钮。

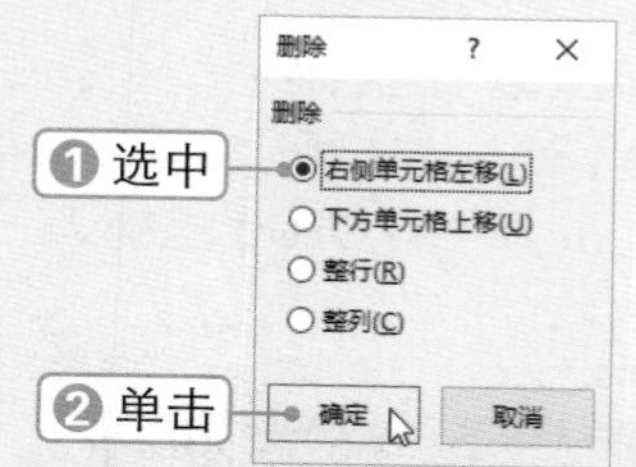


**STEP 7 查看删除效果**

打开城市下拉列表，可以看到空的选项已被删除。

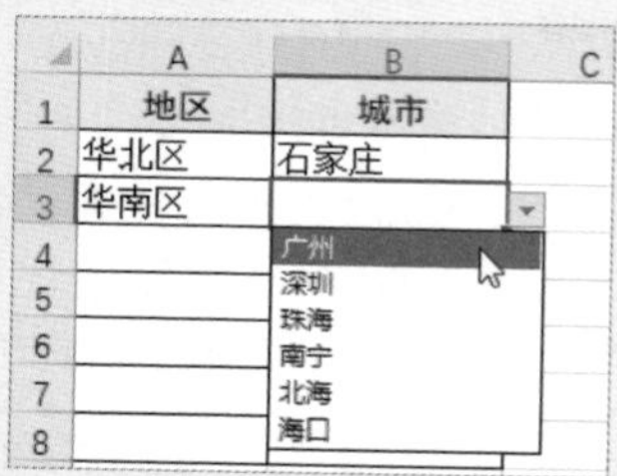


**STEP 8 输入数据**

在 D6 单元格中输入“=E2”，引用 E2 单元格数据，在其右侧输入各城区名称。采用同样的方法，设置其下方的数据。

=E2

| C | D | E | F | G | H | I |
|---|---|---|---|---|---|---|
| | 华北区 | 天津 | 北京 | 石家庄 | 廊坊 | 太原 |
| | 华东区 | 上海 | 南京 | 杭州 | 宁波 | 合肥 |
| | 华南区 | 广州 | 深圳 | 珠海 | 南宁 | 北海 |
| | | | | | | |
| | 天津 | 红桥区 | 东丽区 | 西青区 | 津南区 | 北辰区 |
| | 北京 | 东城区 | 西城区 | 海淀区 | 朝阳区 | 丰台区 |

**STEP 9 创建名称**

❶选择 D6:J7 单元格区域，❷打开“根

据所选内容创建名称”对话框，选中“最左列”复选框，❸单击 确定 按钮。

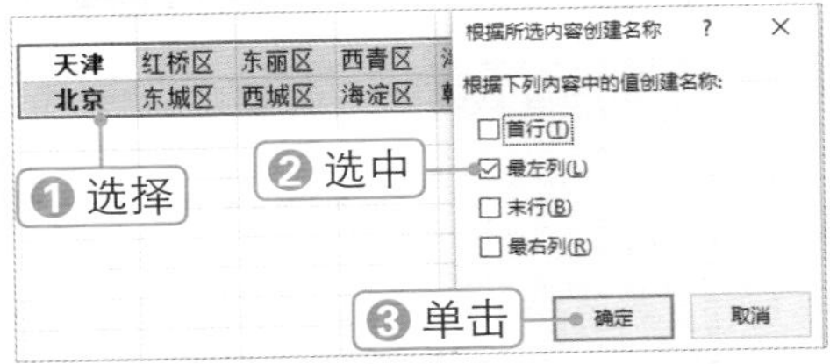


**STEP 10 设置数据验证**

❶选择 C 列单元格区域，❷打开“数据验证”对话框，设置验证条件，单击“确定”按钮。

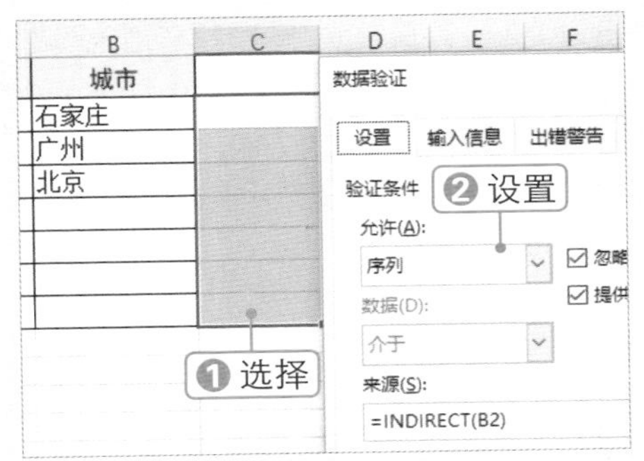


**实操解疑**

认识 Excel 名称类型

在 Excel 中名称的类型主要包括两种：一种是自定义的名称，即用户创建的表示单元格、单元格区域、公式或常量值的名称；另一种为 Excel 表格的名称，Excel 会在每次插入表格时创建默认的表格名，用户可更改此名称。

**STEP 11 查看菜单效果**

在 B5 单元格下拉菜单中选择“天津”选项，在 C5 单元格下拉菜单中可选择所需的城区选项。

| | A | B | C |
|---|---|---|---|
| 1 | 地区 | 城市 | |
| 2 | 华北区 | 石家庄 | |
| 3 | 华南区 | 广州 | |
| 4 | 华北区 | 北京 | 海淀区 |
| 5 | 华北区 | 天津 | |
| 6 | | | 红桥区 |
| 7 | | | 东丽区 |
| 8 | | | 西青区 |
| 9 | | | 津南区 |
| 10 | | | 北辰区 |
| | | | 武清区 |

## 4.1.2 制作员工档案信息表

下面将使用函数制作员工档案信息表，其中通过员工的入职时间计算工龄，通过员工的身份证号使用函数分别计算性别、生日、年龄及籍贯等，具体操作方法如下：

微课：制作员工档案信息表

**STEP 1 计算工龄**

选择 F2 单元格，在编辑栏中输入公式“=DATEDIF(E2,TODAY(),"Y")”，然后将公式填充到该列的其他单元格中，即可计算出工龄。

F2 =DATEDIF(E2,TODAY(),"Y")

| | A | B | C | D | E | F |
|---|---|---|---|---|---|---|
| 1 | 编号 | 姓名 | 部门 | 职务 | 入职时间 | 工龄 |
| 2 | VF18001 | 吴凡 | 市场拓展部 | 经理 | 2009/6/4 | 8 |
| 3 | VF18002 | 郭芸芸 | 企划部 | 经理 | 2008/5/18 | 9 |
| 4 | VF18003 | 许向平 | 培训部 | 经理 | 2009/5/16 | 8 |
| 5 | VF18004 | 陆淼淼 | 行政部 | 经理 | 2009/3/8 | 8 |
| 6 | VF18005 | 毕剑侠 | 培训部 | 教员 | 2010/8/13 | 7 |
| 7 | VF18006 | 睢小龙 | 市场拓展部 | 专员 | 2014/3/3 | 3 |
| 8 | VF18007 | 闫德鑫 | 市场拓展部 | 专员 | 2013/5/20 | 4 |
| 9 | VF18008 | 王琛 | 市场拓展部 | 专员 | 2011/7/18 | 6 |
| 10 | VF18009 | 张瑞雪 | 行政部 | 会计 | 2009/4/10 | 8 |
| 11 | VF18010 | 王丰 | 行政部 | 办事员 | 2009/4/15 | 8 |
| 12 | VF18011 | 骆辉 | 市场拓展部 | 专员 | 2012/6/8 | 5 |
| 13 | VF18012 | 韦晓博 | 市场拓展部 | 专员 | 2014/3/30 | 3 |
| 14 | VF18013 | 史元 | 市场拓展部 | 专员 | 2013/10/24 | 4 |
| 15 | VF18014 | 罗广田 | 培训部 | 教员 | 2012/5/8 | 5 |
| 16 | VF18015 | 周青青 | 企划部 | 高级美工 | 2010/8/13 | 7 |
| 17 | VF18016 | 何微渺 | 市场拓展部 | 专员 | 2013/2/24 | 4 |
| 18 | VF18017 | 陈新唐 | 企划部 | 网站编辑 | 2009/10/18 | 8 |
| 19 | VF18018 | 周三钊 | 行政部 | 办事员 | 2009/6/28 | 8 |
| 20 | VF18019 | 赵旭东 | 市场拓展部 | 专员 | 2015/10/10 | 2 |
| 21 | VF18020 | 肖彧 | 市场拓展部 | 专员 | 2013/3/18 | 4 |

**实操解疑**

隐藏由公式返回的 0（零）值

选择包含 0（零）值的单元格区域，在“开始”选项卡下单击“条件格式”下拉按钮，选择“突出显示单元格规则”|选择“等于”选项，设置条件为 0，自定义单元格字体颜色为白色，然后单击“确定”按钮即可。

## STEP 2 计算性别

选择 H2 单元格，在编辑栏中输入公式"=IF(ISODD(MID(G2,17,1)),"男","女")"，然后将公式填充到该列的其他单元格中，即可计算出性别。

=IF(ISODD(MID(G2,17,1)),"男","女")

| 职务 | 入职时间 | 工龄 | 身份证号 | 性别 |
|---|---|---|---|---|
| 经理 | 2009/6/4 | 8 | 110108197807241253 | 男 |
| 经理 | 2008/5/18 | 9 | 500383197601174964 | 女 |
| 经理 | 2009/5/16 | 8 | 431300198302262746 | 女 |
| 经理 | 2009/3/8 | 8 | 420600198408014862 | 女 |
| 教员 | 2010/8/13 | 7 | 371722198703160281 | 女 |
| 专员 | 2014/3/3 | 3 | 361100198304112765 | 女 |
| 专员 | 2013/5/20 | 4 | 431024198210131934 | 男 |
| 专员 | 2011/7/18 | 6 | 110115197903283838 | 男 |
| 会计 | 2009/4/10 | 8 | 130100198401106931 | 男 |
| 办事员 | 2009/4/15 | 8 | 141100197908173448 | 女 |
| 专员 | 2012/6/8 | 5 | 211421198602116641 | 女 |
| 专员 | 2014/3/30 | 3 | 210400198909165476 | 男 |
| 专员 | 2013/10/24 | 4 | 320705198811202129 | 女 |
| 教员 | 2012/5/8 | 5 | 340822198504205674 | 男 |
| 高级美工 | 2010/8/13 | 7 | 320411198710270876 | 男 |
| 专员 | 2013/2/24 | 4 | 330200198107115722 | 女 |
| 网站编辑 | 2009/10/18 | 8 | 410181198006241549 | 女 |
| 办事员 | 2009/6/28 | 8 | 411721198007114842 | 女 |
| 专员 | 2015/10/10 | 2 | 110108197807241253 | 男 |

## STEP 3 计算生日

选择 I2 单元格，在编辑栏中输入公式"=DATE(MID(G2,7,4),MID(G2,11,2),MID(G2,13,2))"，然后将公式填充到该列的其他单元格中，即可计算出生日。

=DATE(MID(G2,7,4),MID(G2,11,2),MID(G2,13,2))

| 职务 | 入职时间 | 工龄 | 身份证号 | 性别 | 生日 |
|---|---|---|---|---|---|
| 经理 | 2009/6/4 | 8 | 110108197807241253 | 男 | 1978/7/24 |
| 经理 | 2008/5/18 | 9 | 500383197601174964 | 女 | 1976/1/17 |
| 经理 | 2009/5/16 | 8 | 431300198302262746 | 女 | 1983/2/26 |
| 经理 | 2009/3/8 | 8 | 420600198408014862 | 女 | 1984/8/1 |
| 教员 | 2010/8/13 | 7 | 371722198703160281 | 女 | 1987/3/16 |
| 专员 | 2014/3/3 | 3 | 361100198304112765 | 女 | 1983/4/11 |
| 专员 | 2013/5/20 | 4 | 431024198210131934 | 男 | 1982/10/13 |
| 专员 | 2011/7/18 | 6 | 110115197903283838 | 男 | 1979/3/28 |
| 会计 | 2009/4/10 | 8 | 130100198401106931 | 男 | 1984/1/10 |
| 办事员 | 2009/4/15 | 8 | 141100197908173448 | 女 | 1979/8/17 |
| 专员 | 2012/6/8 | 5 | 211421198602116641 | 女 | 1986/2/11 |
| 专员 | 2014/3/30 | 3 | 210400198909165476 | 男 | 1989/9/16 |
| 专员 | 2013/10/24 | 4 | 320705198811202129 | 女 | 1988/11/20 |
| 教员 | 2012/5/8 | 5 | 340822198504205674 | 男 | 1985/4/20 |
| 高级美工 | 2010/8/13 | 7 | 320411198710270876 | 男 | 1987/10/27 |
| 专员 | 2013/2/24 | 4 | 330200198107115722 | 女 | 1981/7/11 |
| 网站编辑 | 2009/10/18 | 8 | 410181198006241549 | 女 | 1980/6/24 |
| 办事员 | 2009/6/28 | 8 | 411721198007114842 | 女 | 1980/7/11 |
| 专员 | 2015/10/10 | 2 | 110108197807241253 | 男 | 1978/7/24 |

## STEP 4 计算年龄

选择 J2 单元格，在编辑栏中输入公式"=INT((NOW()-I2)/365)"，然后将公式填充到该列的其他单元格中，即可计算出年龄。

=INT((NOW()-I2)/365)

| 工龄 | 身份证号 | 性别 | 生日 | 年龄 |
|---|---|---|---|---|
| 8 | 110108197807241253 | 男 | 1978/7/24 | 39 |
| 9 | 500383197601174964 | 女 | 1976/1/17 | 41 |
| 8 | 431300198302262746 | 女 | 1983/2/26 | 34 |
| 8 | 420600198408014862 | 女 | 1984/8/1 | 33 |
| 7 | 371722198703160281 | 女 | 1987/3/16 | 30 |
| 3 | 361100198304112765 | 女 | 1983/4/11 | 34 |
| 4 | 431024198210131934 | 男 | 1982/10/13 | 35 |
| 6 | 110115197903283838 | 男 | 1979/3/28 | 38 |
| 8 | 130100198401106931 | 男 | 1984/1/10 | 33 |
| 8 | 141100197908173448 | 女 | 1979/8/17 | 38 |
| 5 | 211421198602116641 | 女 | 1986/2/11 | 31 |
| 3 | 210400198909165476 | 男 | 1989/9/16 | 28 |
| 4 | 320705198811202129 | 女 | 1988/11/20 | 28 |
| 5 | 340822198504205674 | 男 | 1985/4/20 | 32 |
| 7 | 320411198710270876 | 男 | 1987/10/27 | 30 |

## STEP 5 定义名称

选择"行政区代码"工作表，❶全选表格，❷在名称框中输入名称 xzq，并按【Enter】键确认。

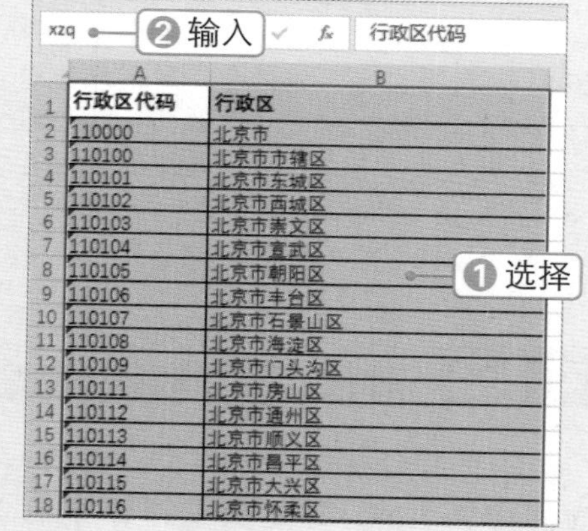


| 行政区代码 | 行政区 |
|---|---|
| 110000 | 北京市 |
| 110100 | 北京市市辖区 |
| 110101 | 北京市东城区 |
| 110102 | 北京市西城区 |
| 110103 | 北京市崇文区 |
| 110104 | 北京市宣武区 |
| 110105 | 北京市朝阳区 |
| 110106 | 北京市丰台区 |
| 110107 | 北京市石景山区 |
| 110108 | 北京市海淀区 |
| 110109 | 北京市门头沟区 |
| 110111 | 北京市房山区 |
| 110112 | 北京市通州区 |
| 110113 | 北京市顺义区 |
| 110114 | 北京市昌平区 |
| 110115 | 北京市大兴区 |
| 110116 | 北京市怀柔区 |

## STEP 6 计算籍贯

选择 K2 单元格，在编辑栏中输入公式"=VLOOKUP(LEFT(G2,6),xzq,2,0)"，然后将公式填充到该列的其他单元格中，即可计算出籍贯。

K2 =VLOOKUP(LEFT(G2,6),xzq,2,0)

| 身份证号 | 性别 | 生日 | 年龄 | 籍贯 |
|---|---|---|---|---|
| 110108197807241253 | 男 | 1978/7/24 | 39 | 北京市海淀区 |
| 500383197601174964 | 女 | 1976/1/17 | 41 | 重庆市永川市 |
| 431300198302262746 | 女 | 1983/2/26 | 34 | 湖南省娄底市 |
| 420600198408014862 | 女 | 1984/8/1 | 33 | 湖北省襄樊市 |
| 371722198703160281 | 女 | 1987/3/16 | 30 | 山东省单县 |
| 361100198304112775 | 男 | 1983/4/11 | 34 | 江西省上饶市 |
| 431024198210131934 | 男 | 1982/10/13 | 35 | 湖南省嘉禾县 |
| 110115197903283838 | 男 | 1979/3/28 | 38 | 北京市大兴区 |
| 130100198401106931 | 男 | 1984/1/10 | 33 | 河北省石家庄市 |
| 141100197908173448 | 女 | 1979/8/17 | 38 | 山西省吕梁市 |
| 211421198602116641 | 女 | 1986/2/11 | 31 | 辽宁省绥中县 |
| 210400198909165476 | 男 | 1989/9/16 | 28 | 辽宁省抚顺市 |
| 320705198811202129 | 女 | 1988/11/20 | 28 | 江苏省连云港市新浦区 |
| 340822198504205674 | 男 | 1985/4/20 | 32 | 安徽省怀宁县 |
| 320411198710270866 | 女 | 1987/10/27 | 30 | 江苏省常州市新北区 |
| 330200198107115722 | 女 | 1981/7/11 | 36 | 浙江省宁波市 |
| 410181198006241549 | 女 | 1980/6/24 | 37 | 河南省巩义市 |
| 411721198007114842 | 女 | 1980/7/11 | 37 | 河南省西平县 |
| 110108197807241253 | 男 | 1978/7/24 | 39 | 北京市海淀区 |

## 4.1.3 制作员工档案查询表

微课：制作员工档案查询表

下面主要使用数据验证和查询应用函数制作员工档案查询表，使用户可以通过输入或选择员工的编号或姓名来查询该员工的档案信息，具体操作方法如下：

**STEP 1 创建名称**

在"员工信息表"中全选数据单元格，在名称框中输入名称 infor。采用同样的方法，创建名称"编号"和"姓名"。

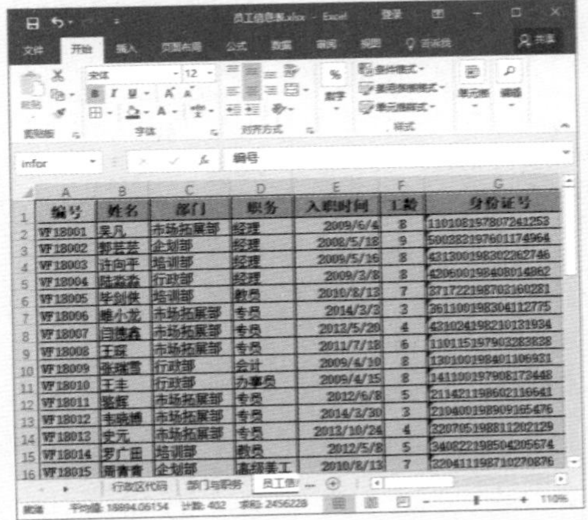

**STEP 2 添加批注**

创建"查询表"并设置单元格格式，在 B2 单元格中添加批注。在 审阅 选项卡下单击 显示/隐藏批注 按钮，显示批注内容。

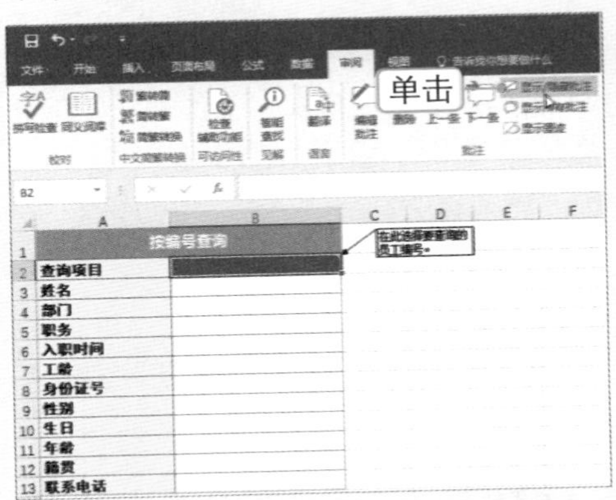


**STEP 3 设置数据验证**

①选择 B2 单元格，②打开"数据验证"对话框，在"允许"下拉列表框中选择"序列"选项，③在"来源"文本框中输入"=编号"，④单击 确定 按钮。

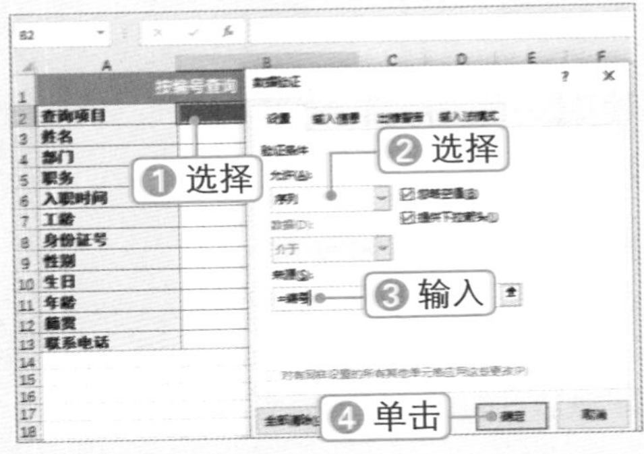


**STEP 4 选择编号**

①单击 B2 单元格下拉按钮，②选择要查询的编号。

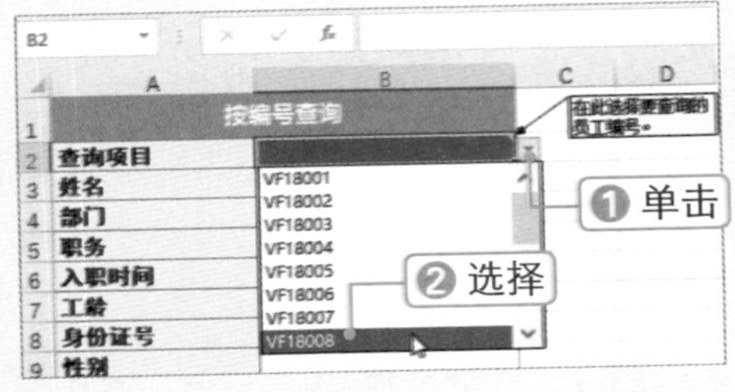


**STEP 5 输入并复制公式**

在 B3 单元格中输入公式"=VLOOKUP($B$2,infor,ROW(A2),0)"，并向下复制公式，查看查询效果。

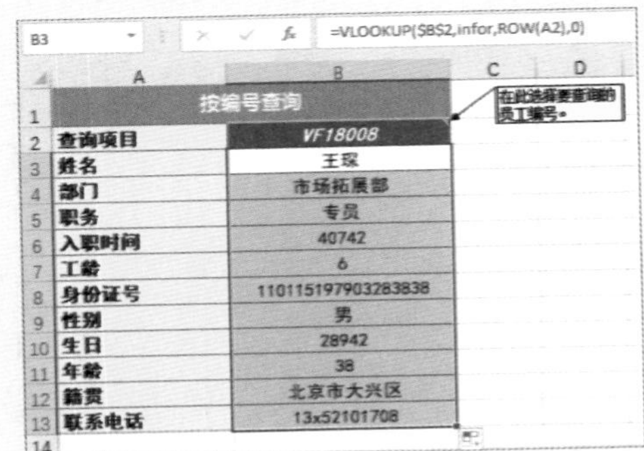

**STEP 6　选择姓名**

将查询表复制一份，并修改内容，设置数据验证。在 B16 单元格中选择姓名。

| 按姓名查询 | |
|---|---|
| 查询项目 | 史元 |
| 编号 | #REF! |
| 部门 | #REF! |
| 职务 | #REF! |
| 入职时间 | #REF! |
| 工龄 | #REF! |
| 身份证号 | #REF! |
| 性别 | #REF! |
| 生日 | #REF! |
| 年龄 | #REF! |
| 籍贯 | #REF! |
| 联系电话 | #REF! |

**STEP 7　计算编号**

在 B17 单元格中输入公式"=INDEX( 编号 ,MATCH(B16, 姓名 ,0),0)"，并按【Enter】键确认，即可计算出编号。

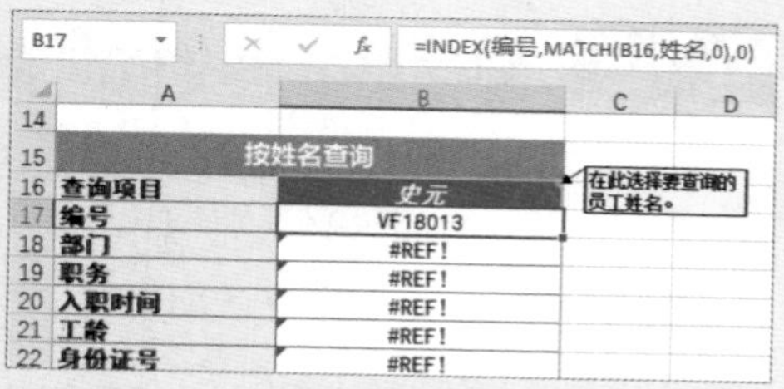


| 按姓名查询 | |
|---|---|
| 查询项目 | 史元 |
| 编号 | VF18013 |
| 部门 | #REF! |
| 职务 | #REF! |
| 入职时间 | #REF! |
| 工龄 | #REF! |
| 身份证号 | #REF! |

**STEP 8　修改公式**

选择 B18 单元格，在编辑栏中修改公式。使用 OFFSET 函数使 infor 单元格区域整体向右偏移一列，然后向下复制公式，查看计算效果。

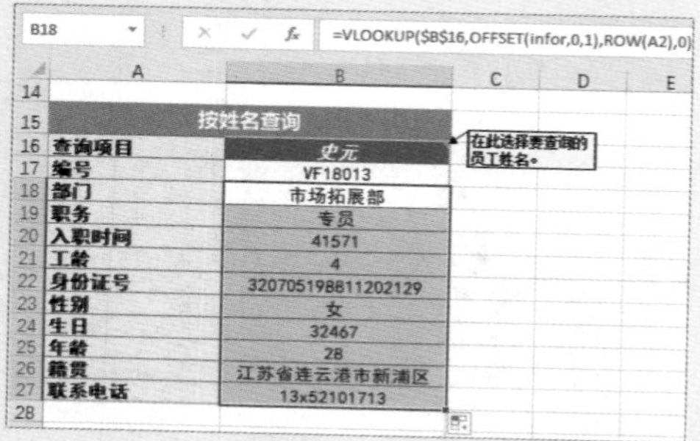


| 按姓名查询 | |
|---|---|
| 查询项目 | 史元 |
| 编号 | VF18013 |
| 部门 | 市场拓展部 |
| 职务 | 专员 |
| 入职时间 | 41571 |
| 工龄 | 4 |
| 身份证号 | 320705198811202129 |
| 性别 | 女 |
| 生日 | 32467 |
| 年龄 | 28 |
| 籍贯 | 江苏省连云港市新浦区 |
| 联系电话 | 13x52101713 |

## 4.1.4 计算个人所得税

微课：计算个人所得税

缴纳个人所得税是收入达到缴纳标准的公民应尽的义务，在计算员工实发工资时，应扣除个人所得税。下面依据国家规定的个税起征点和个税税率表计算个人所得税，具体操作方法如下：

**STEP 1　创建名称**

切换到"工资表"工作表，按【Ctrl+A】组合键全选表格，在名称框中输入名称 payroll。

payroll　编号

| 编号 | 姓名 | 部门 | 职务 | 基本工资 | 工龄工资 |
|---|---|---|---|---|---|
| HY88001 | 吴凡 | 市场拓展部 | 经理 | 2500 | 1200 |
| HY88002 | 郭芸芸 | 企划部 | 经理 | 2500 | 1350 |
| HY88003 | 许向平 | 培训部 | 经理 | 2500 | 1200 |
| HY88004 | 陆淼淼 | 行政部 | 经理 | 2500 | 1200 |
| HY88005 | 毕剑侠 | 培训部 | 教员 | 1000 | 1050 |
| HY88006 | 睢小龙 | 市场拓展部 | 专员 | 800 | 300 |
| HY88007 | 闫德鑫 | 市场拓展部 | 专员 | 800 | 600 |
| HY88008 | 王琛 | 市场拓展部 | 专员 | 800 | 900 |
| HY88009 | 张瑞雪 | 行政部 | 会计 | 1500 | 1200 |
| HY88010 | 王丰 | 行政部 | 办事员 | 1500 | 1200 |
| HY88011 | 骆辉 | 市场拓展部 | 专员 | 800 | 750 |
| HY88012 | 韦晓博 | 市场拓展部 | 专员 | 800 | 300 |
| HY88013 | 史元 | 市场拓展部 | 专员 | 800 | 600 |
| HY88014 | 罗广田 | 培训部 | 教员 | 1500 | 750 |
| HY88015 | 周青青 | 企划部 | 高级美工 | 2000 | 1050 |
| HY88016 | 何微渺 | 市场拓展部 | 专员 | 800 | 600 |

**STEP 2　编辑编号**

新建"所得税计算表"工作表，并编辑表格内容。在 A2 单元格中输入"= 工资表 !A2"，引用"工资表"中的内容，然后向下填充公式。

A2　=工资表!A2

| 编号 | 姓名 | 应发工资 | 社保扣款 | 应纳税所得额 | 税率 |
|---|---|---|---|---|---|
| HY88001 | | | | | |
| HY88002 | | | | | |
| HY88003 | | | | | |
| HY88004 | | | | | |
| HY88005 | | | | | |
| HY88006 | | | | | |
| HY88007 | | | | | |
| HY88008 | | | | | |
| HY88009 | | | | | |
| HY88010 | | | | | |
| HY88011 | | | | | |
| HY88012 | | | | | |
| HY88013 | | | | | |
| HY88014 | | | | | |
| HY88015 | | | | | |

## STEP 3 计算姓名

在 B2 单元格中输入公式“=VLOOKUP($A2,payroll,2,0)”，并按【Enter】键确认，即可计算出姓名，并向下填充公式。

B2 =VLOOKUP($A2,payroll,2,0)

| | A | B | C | D | E | F | G | H |
|---|---|---|---|---|---|---|---|---|
| 1 | 编号 | 姓名 | 应发工资 | 社保扣款 | 应纳税所得额 | 税率 | 速算扣除数 | 应交所得税 |
| 2 | HY88001 | 吴凡 | | | | | | |
| 3 | HY88002 | 郭芸芸 | | | | | | |
| 4 | HY88003 | 许向平 | | | | | | |
| 5 | HY88004 | 陆淼淼 | | | | | | |
| 6 | HY88005 | 毕剑侠 | | | | | | |
| 7 | HY88006 | 睢小龙 | | | | | | |
| 8 | HY88007 | 闫德鑫 | | | | | | |
| 9 | HY88008 | 王琛 | | | | | | |
| 10 | HY88009 | 张瑞雪 | | | | | | |
| 11 | HY88010 | 王丰 | | | | | | |
| 12 | HY88011 | 骆辉 | | | | | | |
| 13 | HY88012 | 韦晓博 | | | | | | |
| 14 | HY88013 | 史元 | | | | | | |
| 15 | HY88014 | 罗广田 | | | | | | |
| 16 | HY88015 | 周青青 | | | | | | |
| 17 | HY88016 | 何微涛 | | | | | | |
| 18 | HY88017 | 陈新唐 | | | | | | |
| 19 | HY88018 | 周三钊 | | | | | | |
| 20 | HY88019 | 赵旭东 | | | | | | |
| 21 | HY88020 | 肖彧 | | | | | | |
| 22 | HY88021 | 朱阳阳 | | | | | | |
| 23 | HY88022 | 孙丽 | | | | | | |
| 24 | HY88023 | 袁志强 | | | | | | |
| 25 | HY88024 | 乔娜 | | | | | | |
| 26 | HY88025 | 杨高 | | | | | | |
| 27 | HY88026 | 邹玉清 | | | | | | |
| 28 | HY88027 | 罗志恩 | | | | | | |

## STEP 4 计算其他项目

采用同样的方法,计算“应发工资”和“社保扣款”列的数据。

C2 =VLOOKUP($A2,payroll,9,0)

| | A | B | C | D | E | F | G | H |
|---|---|---|---|---|---|---|---|---|
| 1 | 编号 | 姓名 | 应发工资 | 社保扣款 | 应纳税所得额 | 税率 | 速算扣除数 | 应交所得税 |
| 2 | HY88001 | 吴凡 | 8200 | 480 | | | | |
| 3 | HY88002 | 郭芸芸 | 8400 | 480 | | | | |
| 4 | HY88003 | 许向平 | 8000 | 480 | | | | |
| 5 | HY88004 | 陆淼淼 | 8050 | 480 | | | | |
| 6 | HY88005 | 毕剑侠 | 4700 | 480 | | | | |
| 7 | HY88006 | 睢小龙 | 3650 | 480 | | | | |
| 8 | HY88007 | 闫德鑫 | 3950 | 480 | | | | |
| 9 | HY88008 | 王琛 | 4150 | 480 | | | | |
| 10 | HY88009 | 张瑞雪 | 5700 | 480 | | | | |
| 11 | HY88010 | 王丰 | 5200 | 480 | | | | |
| 12 | HY88011 | 骆辉 | 4150 | 480 | | | | |
| 13 | HY88012 | 韦晓博 | 3650 | 480 | | | | |
| 14 | HY88013 | 史元 | 3700 | 480 | | | | |
| 15 | HY88014 | 罗广田 | 4950 | 480 | | | | |
| 16 | HY88015 | 周青青 | 6300 | 480 | | | | |
| 17 | HY88016 | 何微涛 | 3950 | 480 | | | | |
| 18 | HY88017 | 陈新唐 | 5350 | 480 | | | | |
| 19 | HY88018 | 周三钊 | 5800 | 480 | | | | |
| 20 | HY88019 | 赵旭东 | 3500 | 480 | | | | |
| 21 | HY88020 | 肖彧 | 4000 | 480 | | | | |
| 22 | HY88021 | 朱阳阳 | 3400 | 480 | | | | |
| 23 | HY88022 | 孙丽 | 4600 | 480 | | | | |
| 24 | HY88023 | 袁志强 | 4820 | 480 | | | | |
| 25 | HY88024 | 乔娜 | 6540 | 480 | | | | |
| 26 | HY88025 | 杨高 | 4750 | 480 | | | | |
| 27 | HY88026 | 邹玉清 | 4950 | 480 | | | | |
| 28 | HY88027 | 罗志恩 | 4400 | 480 | | | | |
| 29 | HY88028 | 陈亚男 | 4900 | 480 | | | | |
| 30 | HY88029 | 武泽国 | 4450 | 480 | | | | |

## STEP 5 编辑个税税率表

在 J1:O8 单元格区域中编辑“个税税率表”。

| J | K | L | M | N | O |
|---|---|---|---|---|---|
| 级数 | 应纳税所得额（含税） | 应纳税所得额（不含税） | 税率 | 速算扣除数 | 起征额 |
| 1 | 不超过1500元 | 不超过1455元 | 3% | 0 | 3500 |
| 2 | 超过1500-4500元部分 | 超过1455-4155元部分 | 10% | 105 | |
| 3 | 超过4500-9000元部分 | 超过4155-7755元部分 | 20% | 555 | |
| 4 | 超过9000-35000元部分 | 超过7755-27255元部分 | 25% | 1055 | |
| 5 | 超过35000-55000元部分 | 超过27255-41255元部分 | 30% | 2755 | |
| 6 | 超过55000-80000元部分 | 超过41255-57505元部分 | 35% | 5505 | |
| 7 | 超过80000元部分 | 超过57505元部分 | 45% | 13505 | |

## STEP 6 计算应纳税所得额

在 E2 单元格中输入公式“=IF(C2-D2-3500>0,C2-D2-3500,0)”，并按【Enter】键确认，即可计算出应纳税所得额，并向下填充公式。

E2 =IF(C2-D2-3500>0,C2-D2-3500,0)

| | A | B | C | D | E | F | G | H |
|---|---|---|---|---|---|---|---|---|
| 1 | 编号 | 姓名 | 应发工资 | 社保扣款 | 应纳税所得额 | 税率 | 速算扣除数 | 应缴所得税 |
| 2 | HY88001 | 吴凡 | 8200 | 480 | 4220 | | | |
| 3 | HY88002 | 郭芸芸 | 8400 | 480 | 4420 | | | |
| 4 | HY88003 | 许向平 | 8000 | 480 | 4020 | | | |
| 5 | HY88004 | 陆淼淼 | 8050 | 480 | 4070 | | | |
| 6 | HY88005 | 毕剑侠 | 4700 | 480 | 720 | | | |
| 7 | HY88006 | 睢小龙 | 3650 | 480 | 0 | | | |
| 8 | HY88007 | 闫德鑫 | 3950 | 480 | 0 | | | |
| 9 | HY88008 | 王琛 | 4150 | 480 | 170 | | | |
| 10 | HY88009 | 张瑞雪 | 5700 | 480 | 1720 | | | |
| 11 | HY88010 | 王丰 | 5200 | 480 | 1220 | | | |
| 12 | HY88011 | 骆辉 | 4150 | 480 | 170 | | | |
| 13 | HY88012 | 韦晓博 | 3650 | 480 | 0 | | | |
| 14 | HY88013 | 史元 | 3700 | 480 | 0 | | | |
| 15 | HY88014 | 罗广田 | 4950 | 480 | 970 | | | |
| 16 | HY88015 | 周青青 | 6300 | 480 | 2320 | | | |
| 17 | HY88016 | 何微涛 | 3950 | 480 | 0 | | | |
| 18 | HY88017 | 陈新唐 | 5350 | 480 | 1370 | | | |
| 19 | HY88018 | 周三钊 | 5800 | 480 | 1820 | | | |
| 20 | HY88019 | 赵旭东 | 3500 | 480 | 0 | | | |
| 21 | HY88020 | 肖彧 | 4000 | 480 | 20 | | | |
| 22 | HY88021 | 朱阳阳 | 3400 | 480 | 0 | | | |
| 23 | HY88022 | 孙丽 | 4600 | 480 | 620 | | | |
| 24 | HY88023 | 袁志强 | 4820 | 480 | 840 | | | |
| 25 | HY88024 | 乔娜 | 6540 | 480 | 2560 | | | |
| 26 | HY88025 | 杨高 | 4750 | 480 | 770 | | | |
| 27 | HY88026 | 邹玉清 | 4950 | 480 | 970 | | | |
| 28 | HY88027 | 罗志恩 | 4400 | 480 | 420 | | | |

## STEP 7 计算税率

在 F2 单元格中输入公式“=IF(E2<=1455,0.03,IF(E2<=4155,0.1,IF(E2<=7755,0.2,IF(E2<=27255,0.25,IF(E2<=41255,0.3,IF(E2<=57505,0.35,0.45))))))”，并按【Enter】键确认，即可计算出税率，并向下填充公式。

F2 =IF(E2<=1455,0.03,IF(E2<=4155,0.1,IF(E2<=7755,0.2,IF(E2<=27255,0.25,IF(E2<=41255,0.3,IF(E2<=57505,0.35,0.45))))))

| | A | B | C | D | E | F | G | H |
|---|---|---|---|---|---|---|---|---|
| 1 | 编号 | 姓名 | 应发工资 | 社保扣款 | 应纳税所得额 | 税率 | 速算扣除数 | 应缴所得税 |
| 2 | HY88001 | 吴凡 | 8200 | 480 | 4220 | 0.2 | | |
| 3 | HY88002 | 郭芸芸 | 8400 | 480 | 4420 | 0.2 | | |
| 4 | HY88003 | 许向平 | 8000 | 480 | 4020 | 0.1 | | |
| 5 | HY88004 | 陆淼淼 | 8050 | 480 | 4070 | 0.1 | | |
| 6 | HY88005 | 毕剑侠 | 4700 | 480 | 720 | 0.03 | | |
| 7 | HY88006 | 睢小龙 | 3650 | 480 | 0 | 0.03 | | |
| 8 | HY88007 | 闫德鑫 | 3950 | 480 | 0 | 0.03 | | |
| 9 | HY88008 | 王琛 | 4150 | 480 | 170 | 0.03 | | |
| 10 | HY88009 | 张瑞雪 | 5700 | 480 | 1720 | 0.1 | | |
| 11 | HY88010 | 王丰 | 5200 | 480 | 1220 | 0.03 | | |
| 12 | HY88011 | 骆辉 | 4150 | 480 | 170 | 0.03 | | |
| 13 | HY88012 | 韦晓博 | 3650 | 480 | 0 | 0.03 | | |
| 14 | HY88013 | 史元 | 3700 | 480 | 0 | 0.03 | | |
| 15 | HY88014 | 罗广田 | 4950 | 480 | 970 | 0.03 | | |
| 16 | HY88015 | 周青青 | 6300 | 480 | 2320 | 0.1 | | |
| 17 | HY88016 | 何微涛 | 3950 | 480 | 0 | 0.03 | | |

**秒杀技巧　设置名称的应用范围**

选择要创建名称的单元格，在“公式”选项卡下单击“新建名称”按钮，在弹出的对话框中输入名称，并在“范围”下拉列表框中选择名称的应用范围，然后单击“确定”按钮。

## STEP 8 计算速算扣除数

在 G2 单元格中输入公式“=VLOOKUP(F2,$M$2:$N$8,2,0)”，并按【Enter】键确

认，即可计算出速算扣除数，并向下填充公式。

G2 =VLOOKUP(F2,$M$2:$N$8,2,0)

| | A | B | C | D | E | F | G | H |
|---|---|---|---|---|---|---|---|---|
| 1 | 编号 | 姓名 | 应发工资 | 社保扣款 | 应纳税所得额 | 税率 | 速算扣除数 | 应缴所得税 |
| 2 | HY88001 | 吴凡 | 8200 | 480 | 4220 | 0.2 | 555 | |
| 3 | HY88002 | 郭芸芸 | 8400 | 480 | 4420 | 0.2 | 555 | |
| 4 | HY88003 | 许向平 | 8000 | 480 | 4020 | 0.1 | 105 | |
| 5 | HY88004 | 陆淼淼 | 8050 | 480 | 4070 | 0.1 | 105 | |
| 6 | HY88005 | 毕剑侠 | 4700 | 480 | 720 | 0.03 | 0 | |
| 7 | HY88006 | 睢小龙 | 3650 | 480 | 0 | 0.03 | 0 | |
| 8 | HY88007 | 闫德鑫 | 3950 | 480 | 0 | 0.03 | 0 | |
| 9 | HY88008 | 王琛 | 4150 | 480 | 170 | 0.03 | 0 | |
| 10 | HY88009 | 张瑞雪 | 5700 | 480 | 1720 | 0.1 | 105 | |
| 11 | HY88010 | 王丰 | 5200 | 480 | 1220 | 0.03 | 0 | |
| 12 | HY88011 | 骆辉 | 4150 | 480 | 170 | 0.03 | 0 | |
| 13 | HY88012 | 韦晓博 | 3650 | 480 | 0 | 0.03 | 0 | |
| 14 | HY88013 | 史元 | 3700 | 480 | 0 | 0.03 | 0 | |
| 15 | HY88014 | 罗广田 | 4950 | 480 | 970 | 0.03 | 0 | |
| 16 | HY88015 | 周青青 | 6300 | 480 | 2320 | 0.1 | 105 | |
| 17 | HY88016 | 何微涛 | 3950 | 480 | 0 | 0.03 | 0 | |
| 18 | HY88017 | 陈新唐 | 5350 | 480 | 1370 | 0.03 | 0 | |
| 19 | HY88018 | 周三钊 | 5800 | 480 | 1820 | 0.1 | 105 | |
| 20 | HY88019 | 赵旭东 | 3500 | 480 | 0 | 0.03 | 0 | |
| 21 | HY88020 | 肖彧 | 4000 | 480 | 20 | 0.03 | 0 | |
| 22 | HY88021 | 朱阳阳 | 3400 | 480 | 0 | 0.03 | 0 | |
| 23 | HY88022 | 孙丽 | 4600 | 480 | 620 | 0.03 | 0 | |
| 24 | HY88023 | 袁志强 | 4820 | 480 | 840 | 0.03 | 0 | |
| 25 | HY88024 | 乔鹏 | 6540 | 480 | 2560 | 0.1 | 105 | |
| 26 | HY88025 | 杨高 | 4750 | 480 | 770 | 0.03 | 0 | |
| 27 | HY88026 | 邹玉清 | 4950 | 480 | 970 | 0.03 | 0 | |
| 28 | HY88027 | 罗志恩 | 4400 | 480 | 420 | 0.03 | 0 | |

## STEP 9 计算应缴所得税

在 H2 单元格中输入公式“=E2*F2-G2”，并按【Enter】键确认，即可计算出应缴所得税，并向下填充公式。

H2 =E2*F2-G2

| | A | B | C | D | E | F | G | H |
|---|---|---|---|---|---|---|---|---|
| 1 | 编号 | 姓名 | 应发工资 | 社保扣款 | 应纳税所得额 | 税率 | 速算扣除数 | 应缴所得税 |
| 2 | HY88001 | 吴凡 | 8200 | 480 | 4220 | 0.2 | 555 | 289 |
| 3 | HY88002 | 郭芸芸 | 8400 | 480 | 4420 | 0.2 | 555 | 329 |
| 4 | HY88003 | 许向平 | 8000 | 480 | 4020 | 0.1 | 105 | 297 |
| 5 | HY88004 | 陆淼淼 | 8050 | 480 | 4070 | 0.1 | 105 | 302 |
| 6 | HY88005 | 毕剑侠 | 4700 | 480 | 720 | 0.03 | 0 | 21.6 |
| 7 | HY88006 | 睢小龙 | 3650 | 480 | 0 | 0.03 | 0 | 0 |
| 8 | HY88007 | 闫德鑫 | 3950 | 480 | 0 | 0.03 | 0 | 0 |
| 9 | HY88008 | 王琛 | 4150 | 480 | 170 | 0.03 | 0 | 5.1 |
| 10 | HY88009 | 张瑞雪 | 5700 | 480 | 1720 | 0.1 | 105 | 67 |
| 11 | HY88010 | 王丰 | 5200 | 480 | 1220 | 0.03 | 0 | 36.6 |
| 12 | HY88011 | 骆辉 | 4150 | 480 | 170 | 0.03 | 0 | 5.1 |
| 13 | HY88012 | 韦晓博 | 3650 | 480 | 0 | 0.03 | 0 | 0 |
| 14 | HY88013 | 史元 | 3700 | 480 | 0 | 0.03 | 0 | 0 |
| 15 | HY88014 | 罗广田 | 4950 | 480 | 970 | 0.03 | 0 | 29.1 |
| 16 | HY88015 | 周青青 | 6300 | 480 | 2320 | 0.1 | 105 | 127 |
| 17 | HY88016 | 何微涛 | 3950 | 480 | 0 | 0.03 | 0 | 0 |
| 18 | HY88017 | 陈新唐 | 5350 | 480 | 1370 | 0.03 | 0 | 41.1 |
| 19 | HY88018 | 周三钊 | 5800 | 480 | 1820 | 0.1 | 105 | 77 |
| 20 | HY88019 | 赵旭东 | 3500 | 480 | 0 | 0.03 | 0 | 0 |
| 21 | HY88020 | 肖彧 | 4000 | 480 | 20 | 0.03 | 0 | 0.6 |
| 22 | HY88021 | 朱阳阳 | 3400 | 480 | 0 | 0.03 | 0 | 0 |
| 23 | HY88022 | 孙丽 | 4600 | 480 | 620 | 0.03 | 0 | 18.6 |
| 24 | HY88023 | 袁志强 | 4820 | 480 | 840 | 0.03 | 0 | 25.2 |
| 25 | HY88024 | 乔鹏 | 6540 | 480 | 2560 | 0.1 | 105 | 151 |
| 26 | HY88025 | 杨高 | 4750 | 480 | 770 | 0.03 | 0 | 23.1 |
| 27 | HY88026 | 邹玉清 | 4950 | 480 | 970 | 0.03 | 0 | 29.1 |
| 28 | HY88027 | 罗志恩 | 4400 | 480 | 420 | 0.03 | 0 | 12.6 |

## STEP 10 创建名称

按【Ctrl+A】组合键全选表格，在名称框中输入名称 tax。

tax 编号

| | A | B | C | D | E | F | G | H |
|---|---|---|---|---|---|---|---|---|
| 1 | 编号 | 姓名 | 应发工资 | 社保扣款 | 应纳税所得额 | 税率 | 速算扣除数 | 应交所得税 |
| 2 | HY88001 | 吴凡 | 8200 | 480 | 4220 | 0.2 | 555 | 289 |
| 3 | HY88002 | 郭芸芸 | 8400 | 480 | 4420 | 0.2 | 555 | 329 |
| 4 | HY88003 | 许向平 | 8000 | 480 | 4020 | 0.1 | 105 | 297 |
| 5 | HY88004 | 陆淼淼 | 8050 | 480 | 4070 | 0.1 | 105 | 302 |
| 6 | HY88005 | 毕剑侠 | 4700 | 480 | 720 | 0.03 | 0 | 21.6 |
| 7 | HY88006 | 睢小龙 | 3650 | 480 | 0 | 0.03 | 0 | 0 |
| 8 | HY88007 | 闫德鑫 | 3950 | 480 | 0 | 0.03 | 0 | 0 |
| 9 | HY88008 | 王琛 | 4150 | 480 | 170 | 0.03 | 0 | 5.1 |
| 10 | HY88009 | 张瑞雪 | 5700 | 480 | 1720 | 0.1 | 105 | 67 |
| 11 | HY88010 | 王丰 | 5200 | 480 | 1220 | 0.03 | 0 | 36.6 |
| 12 | HY88011 | 骆辉 | 4150 | 480 | 170 | 0.03 | 0 | 5.1 |
| 13 | HY88012 | 韦晓博 | 3650 | 480 | 0 | 0.03 | 0 | 0 |
| 14 | HY88013 | 史元 | 3700 | 480 | 0 | 0.03 | 0 | 0 |
| 15 | HY88014 | 罗广田 | 4950 | 480 | 970 | 0.03 | 0 | 29.1 |
| 16 | HY88015 | 周青青 | 6300 | 480 | 2320 | 0.1 | 105 | 127 |
| 17 | HY88016 | 何微涛 | 3950 | 480 | 0 | 0.03 | 0 | 0 |
| 18 | HY88017 | 陈新唐 | 5350 | 480 | 1370 | 0.03 | 0 | 41.1 |
| 19 | HY88018 | 周三钊 | 5800 | 480 | 1820 | 0.1 | 105 | 77 |
| 20 | HY88019 | 赵旭东 | 3500 | 480 | 0 | 0.03 | 0 | 0 |
| 21 | HY88020 | 肖彧 | 4000 | 480 | 20 | 0.03 | 0 | 0.6 |
| 22 | HY88021 | 朱阳阳 | 3400 | 480 | 0 | 0.03 | 0 | 0 |
| 23 | HY88022 | 孙丽 | 4600 | 480 | 620 | 0.03 | 0 | 18.6 |
| 24 | HY88023 | 袁志强 | 4820 | 480 | 840 | 0.03 | 0 | 25.2 |
| 25 | HY88024 | 乔鹏 | 6540 | 480 | 2560 | 0.1 | 105 | 151 |

## STEP 11 计算应扣所得税

切换到“工资表”工作表，在 K2 单元格中输入公式“=VLOOKUP(A2,tax,8,0)”，并按【Enter】键确认，即可计算出应扣所得税，并向下填充公式。

K2 =VLOOKUP(A2,tax,8,0)

| | H | I | J | K | L |
|---|---|---|---|---|---|
| 1 | 岗位津贴 | 应发工资 | 社保扣款 | 应扣所得税 | 实发工资 |
| 2 | 4000 | 8200 | 480 | 289 | 7431 |
| 3 | 4000 | 8400 | 480 | 329 | 7591 |
| 4 | 4000 | 8000 | 480 | 297 | 7223 |
| 5 | 4000 | 8050 | 480 | 302 | 7268 |
| 6 | 2500 | 4850 | 480 | 26.1 | 4343.9 |
| 7 | 2500 | 3650 | 480 | 0 | 3170 |
| 8 | 2500 | 3950 | 480 | 0 | 3470 |
| 9 | 2500 | 4300 | 480 | 9.6 | 3810.4 |
| 10 | 2800 | 5700 | 480 | 67 | 5153 |
| 11 | 2200 | 5200 | 480 | 36.6 | 4683.4 |
| 12 | 2500 | 4150 | 480 | 5.1 | 3664.9 |
| 13 | 2500 | 3650 | 480 | 0 | 3170 |
| 14 | 2500 | 4000 | 480 | 0.6 | 3519.4 |
| 15 | 2500 | 4950 | 480 | 29.1 | 4440.9 |

# 4.1.5 生成工资条

在工资表制作完成后，需要为每位员工制作单独的工资条。下面使用OFFSET函数快速生成工资条，具体操作方法如下：

微课：生成工资条

## STEP 1 复制数据

切换到“工资表”工作表，选择 A1:L2 单元格区域并复制数据。

A1 编号

| | A | B | C | D | E | F | G |
|---|---|---|---|---|---|---|---|
| 1 | 编号 | 姓名 | 部门 | 职务 | 基本工资 | 工龄工资 | 绩效 |
| 2 | HY88001 | 吴凡 | 市场拓展部 | 经理 | 2500 | 1200 | |
| 3 | HY88002 | 郭芸芸 | 企划部 | 经理 | 2500 | 1350 | |
| 4 | HY88003 | 许向平 | 培训部 | 经理 | 2500 | 1200 | |
| 5 | HY88004 | 陆淼淼 | 行政部 | 经理 | 2500 | 1200 | |
| 6 | HY88005 | 毕剑侠 | 培训部 | 教员 | 1000 | 1050 | |
| 7 | HY88006 | 睢小龙 | 市场拓展部 | 专员 | 800 | 300 | |
| 8 | HY88007 | 闫德鑫 | 市场拓展部 | 专员 | 800 | 600 | |
| 9 | HY88008 | 王琛 | 市场拓展部 | 专员 | 800 | 900 | |
| 10 | HY88009 | 张瑞雪 | 行政部 | 会计 | 1500 | 1200 | |
| 11 | HY88010 | 王丰 | 行政部 | 办事员 | 1500 | 1200 | |

**STEP 2 输入公式**

创建“工资条”工作表，按【Ctrl+V】组合键粘贴数据。❶选择 A2 单元格，❷在编辑栏中输入公式“=OFFSET( 工资表 ! $A$1,ROW()/3+1,COLUMN()-1)”，按【Enter】键确认，即可得出结果，并向右填充公式。

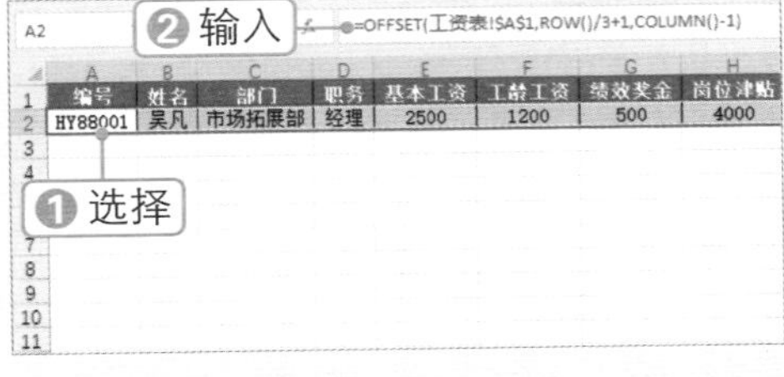


**STEP 3 拖动填充柄**

选择 A1:L3 单元格区域，然后向下拖动填充柄。

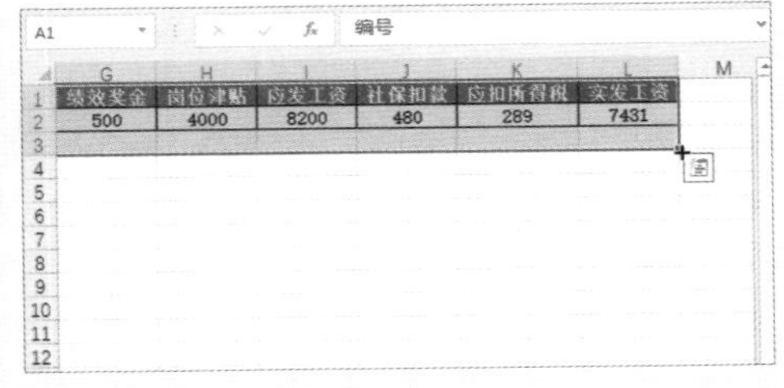

**STEP 4 生成工资条**

此时即可生成工资条，查看工资条效果。

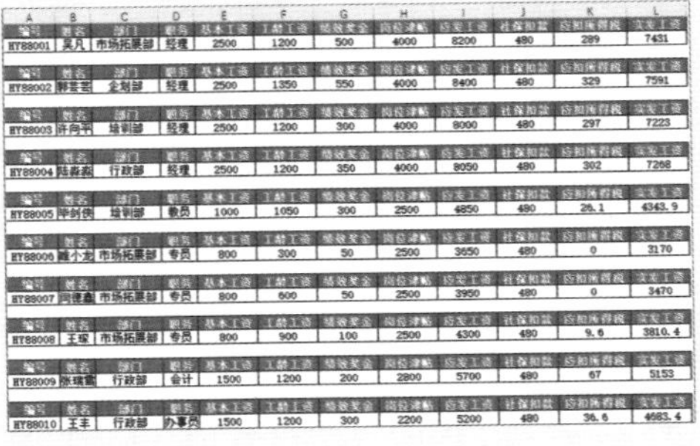

## 4.1.6 创建工资查询表并添加超链接

下面在工资表中设置通过选择或收入员工编号查询员工的姓名和实发工资，并使用函数为员工姓名创建链接，使用户单击姓名后能够自动跳转到工资表中的相应位置，具体操作方法如下：

微课：创建工资查询表并添加超链接

**STEP 1 创建名称**

❶选择编号单元格区域，❷在名称框中输入名称 num，并按【Enter】键确认。

num ——❷ 输入　　HY88001

| 编号 | 姓名 | 部门 | 职务 | 基本工资 | 工龄工资 |
|---|---|---|---|---|---|
| HY88001 | 吴凡 | 市场拓展部 | 经理 | 2500 | 1200 |
| HY88002 | 郭芸芸 | 企划部 | 经理 | 2500 | 1350 |
| HY88003 | 许向平 | 培训部 | 经理 | 2500 | 1200 |
| HY88004 | 陆淼淼 | 行政部 | 经理 | 2500 | 1200 |
| HY88005 | 毕剑侠 | 培训部 | 教员 | 1000 | 1050 |
| HY88006 | 睢小龙 | 市场拓展部 | 专员 | 800 | 300 |
| HY88007 | 闫[illegible] | [illegible]展部 | 专员 | 800 | 600 |
| HY88008 | 王[illegible] | [illegible]展部 | 专员 | 800 | 900 |
| HY88009 | 张瑞雪 | 行政部 | 会计 | 1500 | 1200 |
| HY88010 | 王丰 | 行政部 | 办事员 | 1500 | 1200 |
| HY88011 | 骆辉 | 市场拓展部 | 专员 | 800 | 750 |
| HY88012 | 韦晓博 | 市场拓展部 | 专员 | 800 | 300 |
| HY88013 | 史元 | 市场拓展部 | 专员 | 800 | 600 |
| HY88014 | 罗广田 | 培训部 | 教员 | 1500 | 750 |
| HY88015 | 周青青 | 企划部 | 高级美工 | 2000 | 1050 |
| HY88016 | 何微渺 | 市场拓展部 | 专员 | 800 | 600 |
| HY88017 | 陈新唐 | 企划部 | 网站编辑 | 1500 | 1200 |
| HY88018 | 周三钊 | 行政部 | 办事员 | 2000 | 1200 |
| HY88019 | 赵旭东 | 市场拓展部 | 专员 | 800 | 200 |
| HY88020 | 肖彧 | 市场拓展部 | 专员 | 800 | 600 |
| HY88021 | 朱阳阳 | 市场拓展部 | 专员 | 800 | 100 |

❶ 选择

**STEP 2 设置数据验证**

在 N1:O3 单元格区域编辑查询表，❶选择 O1 单元格，❷打开“数据验证”对话框，在“允许”下拉列表框中选择“序列”选项，❸在“来源”文本框中输入“=num”，❹单击 确定 按钮。

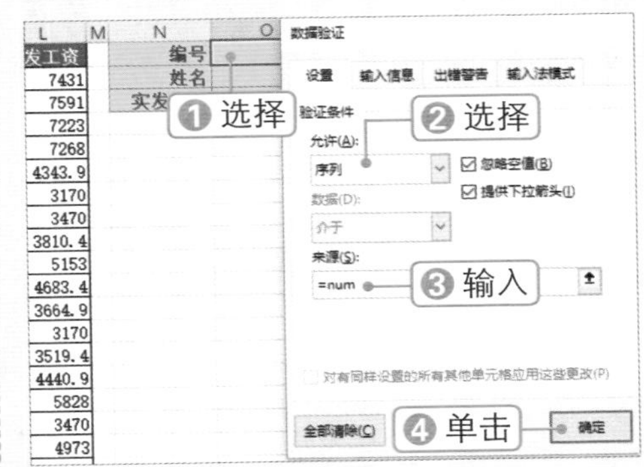

**STEP 3 计算实发工资**

❶在 O1 单元格中选择要查询的编号，❷在 O3 单元格中输入公式“=VLOOKUP(O1,payroll,12,0)”，并按【Enter】键确认，计算实发工资。

O3 ❷输入 =VLOOKUP(O1,payroll,12,0)

| | J | K | L | M | N | O |
|---|---|---|---|---|---|---|
| 1 | 社保扣款 | 应扣所得税 | 实发工资 | | ❶选择 | HY88034 |
| 2 | 480 | 289 | 7431 | | 姓名 | |
| 3 | 480 | 329 | 7591 | | 实发工资 | 3470 |
| 4 | 480 | 297 | 7223 | | | |
| 5 | 480 | 302 | 7268 | | | |
| 6 | 480 | 26.1 | 4343.9 | | | |
| 7 | 480 | 0 | 3170 | | | |
| 8 | 480 | 0 | 3470 | | | |
| 9 | 480 | 9.6 | 3810.4 | | | |
| 10 | 480 | 67 | 5153 | | | |
| 11 | 480 | 36.6 | 4683.4 | | | |
| 12 | 480 | 5.1 | 3664.9 | | | |
| 13 | 480 | 0 | 3170 | | | |
| 14 | 480 | 0.6 | 3519.4 | | | |
| 15 | 480 | 29.1 | 4440.9 | | | |

**STEP 4 计算姓名并创建超链接**

❶选择 O2 单元格，❷在编辑栏中输入公式“=HYPERLINK("# 工资表 !B"&MATCH(O1,A:A,0),VLOOKUP(O1,A:L,2,0))”，并按【Enter】键确认，为得到的“姓名”创建超链接，单击即可跳转到相应位置。

O2 ❷输入 =HYPERLINK("#工资表!B"&MATCH(O1,A:A,0),VLOOKUP(O1,A:L,2,0))

| | J | K | L | M | N | O |
|---|---|---|---|---|---|---|
| 1 | 社保扣款 | 应扣所得税 | 实发工资 | | 编号 | HY88034 |
| 2 | 480 | 289 | 7431 | | 姓名 | 曹建华 |
| 3 | 480 | 329 | 7591 | | 实发工资 | 3470 |
| 4 | 480 | 297 | 7223 | | | ❶选择 |
| 5 | 480 | 302 | 7268 | | | |
| 6 | 480 | 26.1 | 4343.9 | | | |
| 7 | 480 | 0 | 3170 | | | |
| 8 | 480 | 0 | 3470 | | | |
| 9 | 480 | 9.6 | 3810.4 | | | |
| 10 | 480 | 67 | 5153 | | | |
| 11 | 480 | 36.6 | 4683.4 | | | |
| 12 | 480 | 5.1 | 3664.9 | | | |
| 13 | 480 | 0 | 3170 | | | |
| 14 | 480 | 0.6 | 3519.4 | | | |

**STEP 5 新建条件格式**

❶选择工资表数据区域，❷打开“新建格式规则”对话框，使用公式设置规则，输入公式“=$A1=$O$1”，❸设置格式，❹单击 确定 按钮。

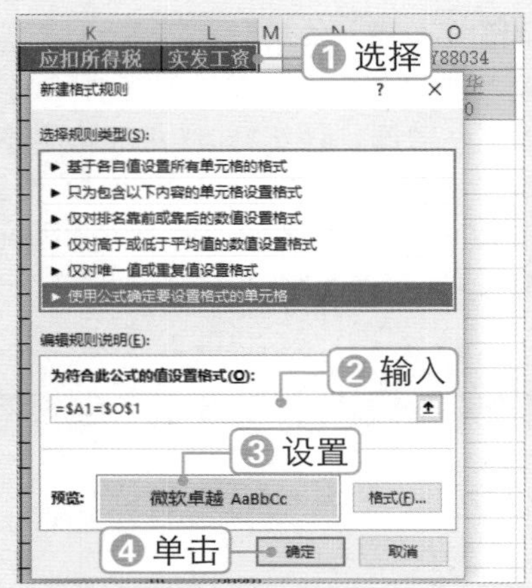


**STEP 6 单击姓名超链接**

在 O1 单元格中选择编号，单击 O2 单元格中的姓名。

| J | K | L | M | N | O |
|---|---|---|---|---|---|
| 社保扣款 | 应扣所得税 | 实发工资 | | 编号 | HY88033 |
| 480 | 289 | 7431 | | 姓名 | 睢立涛 |
| 480 | 329 | 7591 | | 实发工资 | 33 |
| 480 | 297 | 7223 | | | |
| 480 | 302 | 7268 | | | |
| 480 | 26.1 | 4343.9 | | | |
| 480 | 0 | 3170 | | | |
| 480 | 0 | 3470 | | | |
| 480 | 9.6 | 3810.4 | | | |
| 480 | 67 | 5153 | | | |
| 480 | 36.6 | 4683.4 | | | |
| 480 | 5.1 | 3664.9 | | | |
| 480 | 0 | 3170 | | | |

**STEP 7 查看链接效果**

此时即可跳转到相应的位置，该行也将应用条件格式。

| | | | | | |
|---|---|---|---|---|---|
| 28 | HY88027 | 罗志恩 | 市场拓展部 | 专员 | 800 |
| 29 | HY88028 | 陈亚男 | 行政部 | 办事员 | 1500 |
| 30 | HY88029 | 武泽国 | 培训部 | 教员 | 1000 |
| 31 | HY88030 | 张冬梅 | 市场拓展部 | 专员 | 800 |
| 32 | HY88031 | 候吉祥 | 企划部 | 商务拓展 | 2000 |
| 33 | HY88032 | 白桦 | 市场拓展部 | 专员 | 800 |
| 34 | HY88033 | 睢立涛 | 培训部 | 教员 | 1000 |
| 35 | HY88034 | 曹建华 | 市场拓展部 | 专员 | 800 |
| 36 | HY88035 | 邓建飞 | 市场拓展部 | 专员 | 800 |
| 37 | HY88036 | 张爱民 | 市场拓展部 | 专员 | 800 |
| 38 | HY88037 | 冯占占 | 培训部 | 教员 | 1000 |
| 39 | HY88038 | 周三强 | 行政部 | 办事员 | 1500 |
| 40 | HY88039 | 鹿静敏 | 市场拓展部 | 专员 | 800 |
| 41 | HY88040 | 古晓东 | 市场拓展部 | 专员 | 800 |
| 42 | HY88041 | 章天祎 | 行政部 | 办事员 | 2000 |
| 43 | HY88042 | 顾慎为 | 市场拓展部 | 专员 | 800 |

## 4.1.7 批量替换名称

在一些公司信息表中，有时需要对其中的一些信息进行批量更改。例如，在员工的客户信息表中，需要批量更新某些公司名称，此时使用函数即可快速实现，具体操作方法如下：

微课：批量替换名称

**STEP 1 输入新旧名称**

在 E1:F6 单元格区域输入旧名称和新名称。

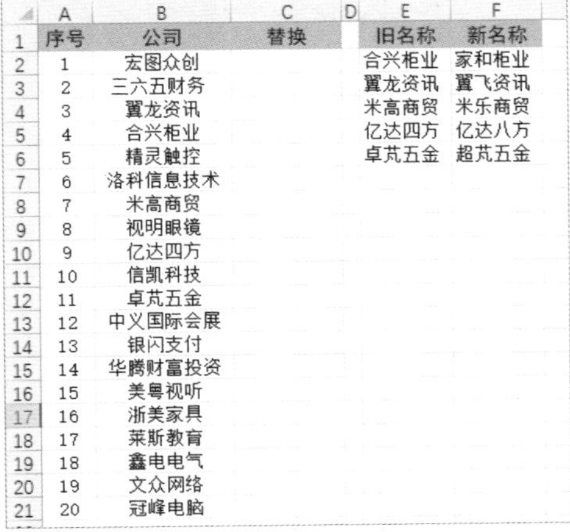

| 序号 | 公司 | 替换 | 旧名称 | 新名称 |
|---|---|---|---|---|
| 1 | 宏图众创 | | 合兴柜业 | 家和柜业 |
| 2 | 三六五财务 | | 翼龙资讯 | 翼飞资讯 |
| 3 | 翼龙资讯 | | 米高商贸 | 米乐商贸 |
| 4 | 合兴柜业 | | 亿达四方 | 亿达八方 |
| 5 | 精灵触控 | | 卓芃五金 | 超芃五金 |
| 6 | 洛科信息技术 | | | |
| 7 | 米高商贸 | | | |
| 8 | 视明眼镜 | | | |
| 9 | 亿达四方 | | | |
| 10 | 信凯科技 | | | |
| 11 | 卓芃五金 | | | |
| 12 | 中义国际会展 | | | |
| 13 | 银闪支付 | | | |
| 14 | 华腾财富投资 | | | |
| 15 | 美粤视听 | | | |
| 16 | 浙美家具 | | | |
| 17 | 莱斯教育 | | | |
| 18 | 鑫电电气 | | | |
| 19 | 文众网络 | | | |
| 20 | 冠峰电脑 | | | |

**STEP 2 输入公式**

在 C2 单元格中输入公式"=IFERROR(VLOOKUP(B2,$E$2:$F$6,2,0),"保留")"，并按【Enter】键确认，即可得出结果，并向下填充公式。

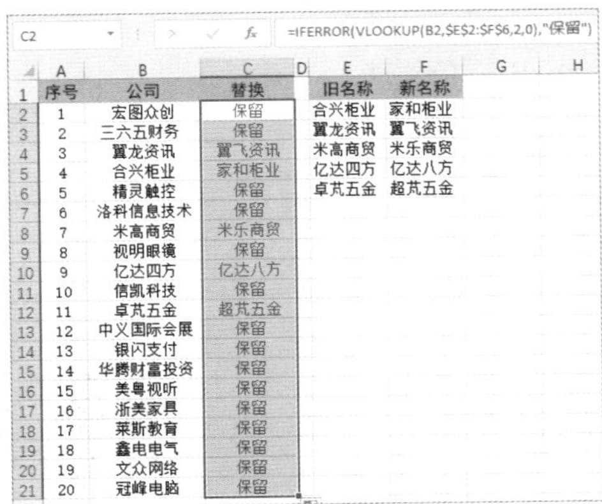


**STEP 3 粘贴为数值**

❶选择 C 列的单元格区域，按【Ctrl+C】组合键复制数据，❷单击"粘贴"下拉按钮，❸选择"值"选项。

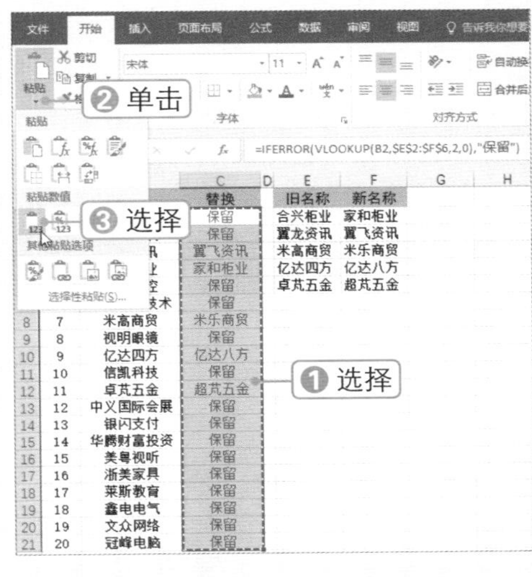


**STEP 4 设置查找和替换选项**

❶选择 C 列的单元格区域，❷按【Ctrl+F】组合键，打开"查找和替换"对话框，输入查找内容"保留"，设置"替换为"为空，❸单击 全部替换(A) 按钮。

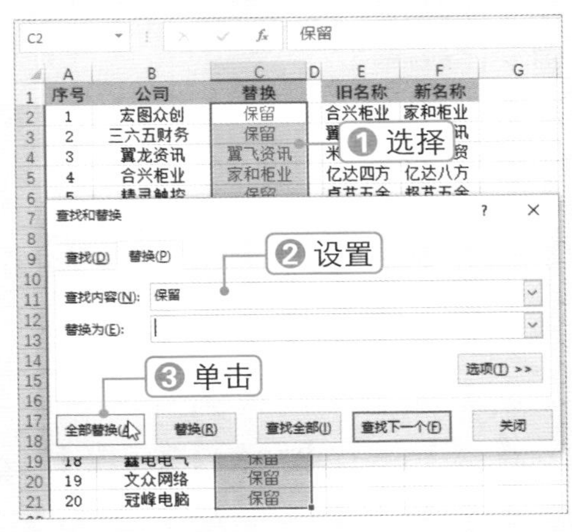


**STEP 5 替换完成**

弹出提示信息框，单击 确定 按钮。

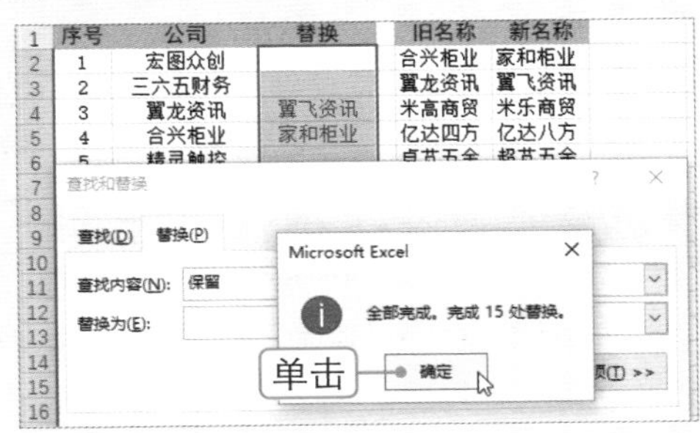

**STEP 6** 选择 选择性粘贴(S)... 选项

❶选择 C 列的单元格区域，按【Ctrl+C】组合键复制数据，❷选择 B 列的单元格区域，❸单击“粘贴”下拉按钮，❹选择 选择性粘贴(S)... 选项。

**STEP 7** 设置选择性粘贴

弹出“选择性粘贴”对话框，❶选中“数值”单选按钮，❷选中“跳过空单元”复选框，❸单击 确定 按钮。

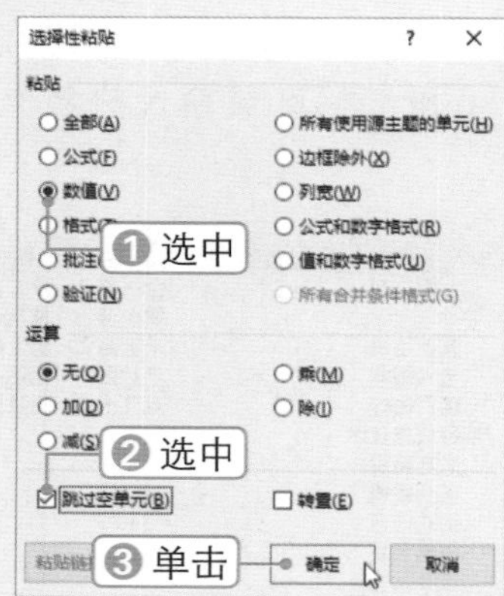


**STEP 8** 查看替换效果

此时即可完成粘贴操作，已对公司名称进行所需的替换。

| 序号 | 公司 | 替换 | | 旧名称 | 新名称 |
|---|---|---|---|---|---|
| 1 | 宏图众创 | | | 合兴柜业 | 家和柜业 |
| 2 | 三六五财务 | | | 翼龙资讯 | 翼飞资讯 |
| 3 | 翼飞资讯 | 翼飞资讯 | | 米高商贸 | 米乐商贸 |
| 4 | 家和柜业 | 家和柜业 | | 亿达四方 | 亿达八方 |
| 5 | 精灵触控 | | | 卓芃五金 | 超芃五金 |
| 6 | 洛科信息技术 | | | | |
| 7 | 米乐商贸 | 米乐商贸 | | | |
| 8 | 视明眼镜 | | | | |
| 9 | 亿达八方 | 亿达八方 | | | |
| 10 | 信凯科技 | | | | |
| 11 | 超芃五金 | 超芃五金 | | | |
| 12 | 中义国际会展 | | | | |
| 13 | 银闪支付 | | | | |
| 14 | 华腾财富投资 | | | | |
| 15 | 美粤视听 | | | | |
| 16 | 浙美家具 | | | | |
| 17 | 莱斯教育 | | | | |
| 18 | 鑫电电气 | | | | |
| 19 | 文众网络 | | | | |
| 20 | 冠峰电脑 | | | | |

Chapter 04

# 4.2 在市场销售中的应用

■ 关键词：制作报价单、销售员业绩统计、行列交叉查询、多条件查询、业绩变动报表

销售是实现企业利润的重要环节，如何提升销售业绩是企业最关注的问题之一，因此销售数据的统计和分析非常重要。下面将介绍Excel函数在市场销售方面的应用，帮助用户快速完成销售数据的汇总和分析。

## 4.2.1 制作电脑报价单

微课：制作电脑报价单

下面根据电脑各配件的报价信息制作电脑报价单，具体操作方法如下：

## STEP 1 编辑标题单元格

在“配件报价”工作表中输入配件标题和名称，在名称右侧输入价格。❶按住【Ctrl】键的同时选择第1行标题右侧的单元格，❷在编辑栏中输入“=M1&"单价"”，按【Ctrl+Enter】组合键快速填充所选单元格。

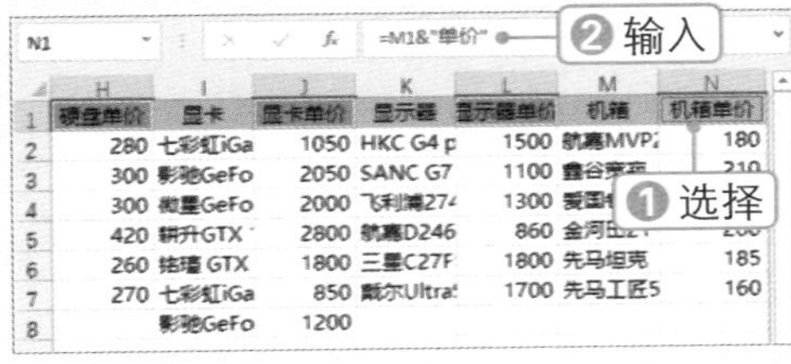


## STEP 2 单击根据所选内容创建按钮

❶按住【Ctrl】键的同时选择配件标题所在的列，❷在公式选项卡下单击根据所选内容创建按钮。

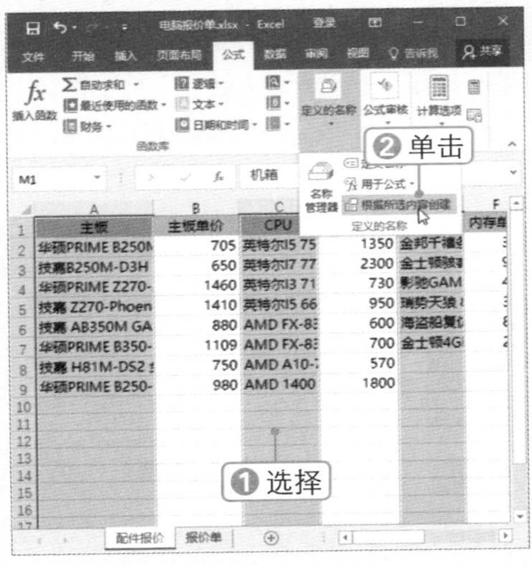


## STEP 3 选中“首行”复选框

弹出“根据所选内容创建名称”对话框，❶选中“首行”复选框，❷单击确定按钮。

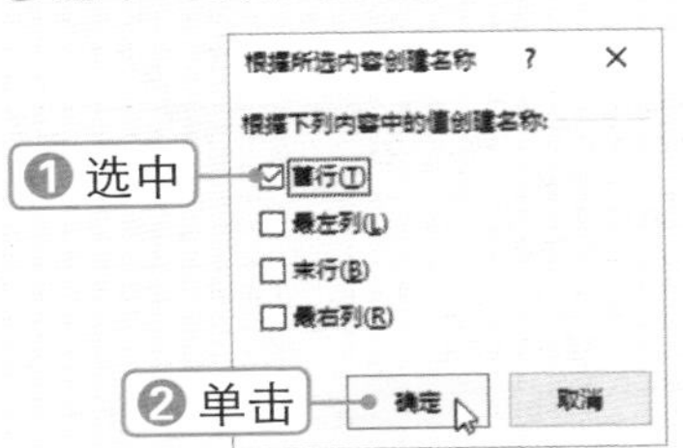


## STEP 4 获取名称

切换到“报价单”工作表，❶选择A7单元格，❷在编辑栏中输入“=配件报价!A1”，并按【Enter】键确认，获取“配件报价”表中的标题名称。采用同样的方法，编辑该列中的其他“商品类别”单元格。

## STEP 5 设置数据验证

❶选择B7单元格，❷打开“数据验证”对话框，在“允许”下拉列表框中选择“序列”选项，❸在“来源”文本框中输入“=INDIRECT($A7)”，❹单击确定按钮。

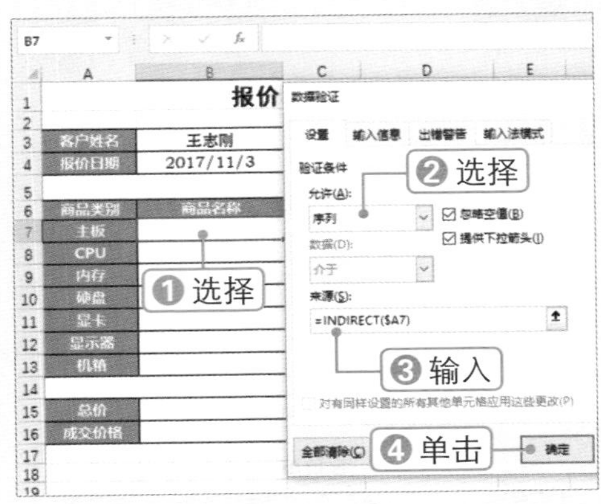


## STEP 6 设置数据验证格式

向下拖动填充柄，为其他单元格设置数据验证格式。

| 报价单 | | | |
|---|---|---|---|
| | | | 编号：KMB1700520 |
| 客户姓名 | 王志刚 | 联系电话 | 13X30084008 |
| 报价日期 | 2017/11/3 | 有效日期 | 2018/11/3 |
| | | | |
| 商品类别 | 商品名称 | 价格 | 备注 |
| 主板 | | | |
| CPU | | | |
| 内存 | | | |
| 硬盘 | | | |
| 显卡 | | | |
| 显示器 | | | |
| 机箱 | | | |
| | | | |
| 总价 | | 折扣 | |
| 成交价格 | | | |

## STEP 7 选择商品

❶单击 B7 单元格下拉按钮，❷选择所需的商品。

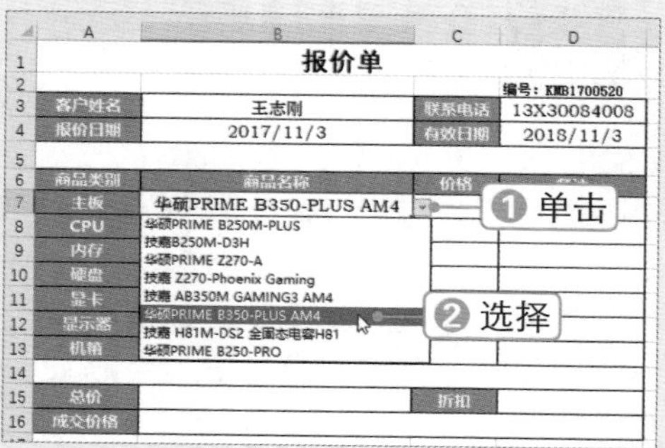


## STEP 8 计算价格

❶选择 C7 单元格，❷在编辑栏中输入公式“INDEX( 配件报价 !A:N,MATCH(B7,主板 ,0)+1,MATCH(A7&" 单价 ", 配件报价 !$1:$1,0))”，并按【Enter】键确认，即可得出相应的价格。

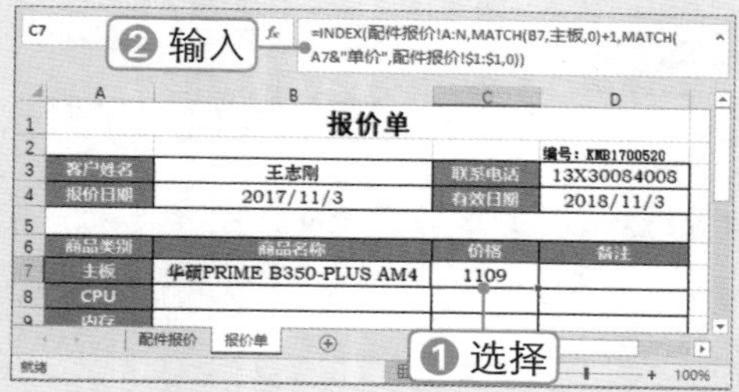


## STEP 9 嵌套公式

在公式外嵌套 IF 函数，当 B7 单元格为空时，C7 单元格显示为空。

## STEP 10 修改公式

将 C7 单元格中的公式复制到下方其他单元格中，根据需要修改公式第一个 MATCH 函数中的名称，例如，在 C8 单元格中将名称“主板”修改为 CPU。

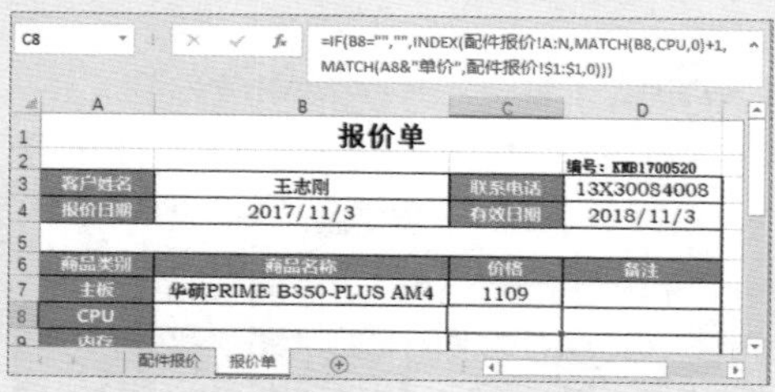


## STEP 11 选择商品名称

选择其他商品名称，其价格将自动显示。

| 报价单 | | | |
|---|---|---|---|
| | | | 编号：KMB1700520 |
| 客户姓名 | 王志刚 | 联系电话 | 13X30084008 |
| 报价日期 | 2017/11/3 | 有效日期 | 2018/11/3 |
| | | | |
| 商品类别 | 商品名称 | 价格 | 备注 |
| 主板 | 华硕PRIME B350-PLUS AM4 | 1109 | |
| CPU | 英特尔I3 7100 | 730 | |
| 内存 | 金邦千禧条 8GB DDR3 | 300 | |
| 硬盘 | 西部数据1TB | 280 | |
| 显卡 | | | |
| 显示器 | SANC G7 Air 27英寸 | 1100 | |
| 机箱 | 爱国者月光宝盒曜 | 450 | |
| | | | |
| 总价 | | 折扣 | |
| 成交价格 | | | |

## STEP 12 汇总价格

在表格下方使用 SUM 函数和数学运算计算总价、折扣与成交价格等。

B15 =SUM(C7:C13)

| 报价日期 | 2017/11/3 | 有效日期 | 2018/11/3 |
|---|---|---|---|
| | | | |
| 商品类别 | 商品名称 | 价格 | 备注 |
| 主板 | 华硕PRIME B350-PLUS AM4 | 1109 | |
| CPU | 英特尔I3 7100 | 730 | |
| 内存 | 金邦千禧条 8GB DDR3 | 300 | |
| 硬盘 | 西部数据1TB | 280 | |
| 显卡 | | | |
| 显示器 | SANC G7 Air 27英寸 | 1100 | |
| 机箱 | 爱国者月光宝盒曜 | 450 | |
| | | | |
| 总价 | ¥3,969.00 | 折扣 | ¥595.35 |
| 成交价格 | ¥3,373.65 | | |

## 4.2.2 制作销售员业绩报表

微课：制作销售员业绩报表

下面依据销售员的销售清单表，使用SUMIFS函数制作一张销售员业绩报表，按商品分类汇总各销售员的总销售额，具体操作方法如下：

**STEP 1 查看数据表**

打开“销售员 1 月份业绩报表”工作簿，查看“数据”工作表。

| | A | B | C | D | E | F |
|---|---|---|---|---|---|---|
| 1 | 日期 | 商品名称 | 单价 | 销量 | 销售额 | 销售员 |
| 2 | 2018/1/1 | 无线路由 | 146 | 31 | 4526 | 武衡 |
| 3 | 2018/1/1 | 机械键盘 | 203 | 33 | 6699 | 李艳红 |
| 4 | 2018/1/1 | 游戏鼠标 | 99 | 12 | 1188 | 武衡 |
| 5 | 2018/1/1 | 无线路由 | 146 | 36 | 5256 | 卢旭东 |
| 6 | 2018/1/1 | 创意U盘 | 136 | 24 | 3264 | 孙玉娇 |
| 7 | 2018/1/2 | 无线路由 | 146 | 22 | 3212 | 卢旭东 |
| 8 | 2018/1/2 | 机械键盘 | 203 | 6 | 1218 | 武衡 |
| 9 | 2018/1/2 | 游戏鼠标 | 99 | 27 | 2673 | 卢旭东 |
| 10 | 2018/1/2 | 无线路由 | 146 | 8 | 1168 | 李艳红 |
| 11 | 2018/1/3 | 创意U盘 | 136 | 2 | 272 | 卢旭东 |
| 12 | 2018/1/3 | 无线路由 | 146 | 8 | 1168 | 卢旭东 |
| 13 | 2018/1/3 | 机械键盘 | 203 | 34 | 6902 | 陈自强 |
| 14 | 2018/1/3 | 游戏鼠标 | 99 | 32 | 3168 | 孙玉娇 |
| 15 | 2018/1/3 | 无线路由 | 146 | 2 | 292 | 卢旭东 |
| 16 | 2018/1/4 | 创意U盘 | 136 | 4 | 544 | 武衡 |
| 17 | 2018/1/4 | 无线路由 | 146 | 14 | 2044 | 李艳红 |
| 18 | 2018/1/4 | 机械键盘 | 203 | 5 | 1015 | 卢旭东 |
| 19 | 2018/1/4 | 游戏鼠标 | 99 | 14 | 1386 | 陈自强 |
| 20 | 2018/1/4 | 无线路由 | 146 | 27 | 3942 | 李艳红 |
| 21 | 2018/1/5 | 创意U盘 | 136 | 8 | 1088 | 武衡 |
| 22 | 2018/1/5 | 无线路由 | 146 | 8 | 1168 | 陈自强 |
| 23 | 2018/1/5 | 机械键盘 | 203 | 11 | 2233 | 武衡 |
| 24 | 2018/1/5 | 游戏鼠标 | 99 | 24 | 2376 | 李艳红 |

**STEP 2 计算销售额**

创建“报表”工作表，❶选择 B3 单元格，❷在编辑栏中输入公式“=SUMIFS(数据!$E:$E,数据!$B:$B,B$2,数据!$F:$F,$A3)”，并按【Enter】键确认，即可得出销售额。

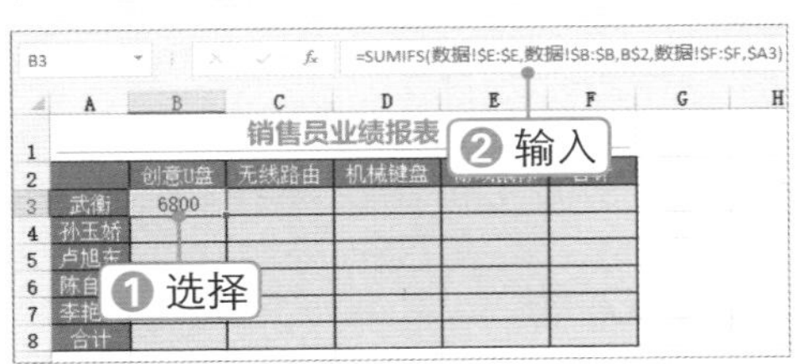


**STEP 3 复制公式**

使用填充柄将公式复制到其他单元格中，查看计算效果。

B3 =SUMIFS(数据!$E:$E,数据!$B:$B,B$2,数据!$F:$F,$A3)

| | A | B | C | D | E | F |
|---|---|---|---|---|---|---|
| 1 | 销售员业绩报表 | | | | | |
| 2 | | 创意U盘 | 无线路由 | 机械键盘 | 游戏鼠标 | 合计 |
| 3 | 武衡 | 6800 | 21316 | 6090 | 8415 | |
| 4 | 孙玉娇 | 8024 | 23214 | 18067 | 8019 | |
| 5 | 卢旭东 | 816 | 28616 | 7917 | 7326 | |
| 6 | 陈自强 | 7480 | 12702 | 31262 | 3465 | |
| 7 | 李艳红 | 6392 | 17228 | 21518 | 7029 | |
| 8 | 合计 | | | | | |

**STEP 4 汇总销售额**

使用 SUM 函数汇总 F 列和 8 行的数据。

B8 =SUM(B3:B7)

| | A | B | C | D | E | F |
|---|---|---|---|---|---|---|
| 1 | 销售员业绩报表 | | | | | |
| 2 | | 创意U盘 | 无线路由 | 机械键盘 | 游戏鼠标 | 合计 |
| 3 | 武衡 | 6800 | 21316 | 6090 | 8415 | 42621 |
| 4 | 孙玉娇 | 8024 | 23214 | 18067 | 8019 | 57324 |
| 5 | 卢旭东 | 816 | 28616 | 7917 | 7326 | 44675 |
| 6 | 陈自强 | 7480 | 12702 | 31262 | 3465 | 54909 |
| 7 | 李艳红 | 6392 | 17228 | 21518 | 7029 | 52167 |
| 8 | 合计 | 29512 | 103076 | 84854 | 34254 | 251696 |

**实操解疑 ?**

**SUMIFS 和 SUMIF 函数参数的区别**

SUMIFS 和 SUMIF 的参数顺序不同，sum_range 参数在 SUMIFS 函数中是第一个参数，而在 SUMIF 函数中却是第三个参数。在 SUMIFS 函数中 criteria_range 参数与 sum_range 参数必须包含相同的行数和列数。

## 4.2.3 创建行列交叉查询表

微课：创建行列交叉查询表

下面依据业绩报表，通过选择或输入销售员的姓名和商品名称查询销售额，具体操作方法如下：

**STEP 1 创建查询表**

在 A10:B13 单元格区域创建查询表，并分别为 B11 和 B12 单元格设置数据验证。

| | A | B | C | D | E | F |
|---|---|---|---|---|---|---|
| 1 | 销售员业绩报表 | | | | | |
| 2 | | 创意U盘 | 无线路由 | 机械键盘 | 游戏鼠标 | 合计 |
| 3 | 武衡 | 6800 | 21316 | 6090 | 8415 | 42621 |
| 4 | 孙玉娇 | 8024 | 23214 | 18067 | 8019 | 57324 |
| 5 | 卢旭东 | 816 | 28616 | 7917 | 7326 | 44675 |
| 6 | 陈自强 | 7480 | 12702 | 31262 | 3465 | 54909 |
| 7 | 李艳红 | 6392 | 17228 | 21518 | 7029 | 52167 |
| 8 | 合计 | 29512 | 103076 | 84854 | 34254 | 251696 |
| 10 | 查询表 | | | | | |
| 11 | 销售员 | 陈自强 | | | | |
| 12 | 商品名称 | 机械键盘 | | | | |
| 13 | 销售额 | 创意U盘<br>无线路由<br>机械键盘<br>游戏鼠标 | | | | |

**STEP 2 计算销售额**

在 B13 单元格中输入公式“=INDEX(B3:E7,MATCH(B11,A3:A7,0),MATCH(B12,B2:E2,0))”，并按【Enter】键确认，即可得出计算结果。

B13 =INDEX(B3:E7,MATCH(B11,A3:A7,0),MATCH(B12,B2:E2,0))

| | A | B | C | D | E | F |
|---|---|---|---|---|---|---|
| 2 | | 创意U盘 | 无线路由 | 机械键盘 | 游戏鼠标 | 合计 |
| 3 | 武衡 | 6800 | 21316 | 6090 | 8415 | 42621 |
| 4 | 孙玉娇 | 8024 | 23214 | 18067 | 8019 | 57324 |
| 5 | 卢旭东 | 816 | 28616 | 7917 | 7326 | 44675 |
| 6 | 陈自强 | 7480 | 12702 | 31262 | 3465 | 54909 |
| 7 | 李艳红 | 6392 | 17228 | 21518 | 7029 | 52167 |
| 8 | 合计 | 29512 | 103076 | 84854 | 34254 | 251696 |
| 10 | 查询表 | | | | | |
| 11 | 销售员 | 陈自强 | | | | |
| 12 | 商品名称 | 机械键盘 | | | | |
| 13 | 销售额 | 31262 | | | | |

## 4.2.4 创建多条件查询表

下面依据销售清单，通过选择或输入销售员和商品名称查询相应的销售情况，如销量、销售额等，具体操作方法如下：

微课：创建多条件查询表

**STEP 1 制作查询表**

切换到“数据”工作表，在 H1:I7 单元格区域制作查询表。

| | A | B | C | D | E | F |
|---|---|---|---|---|---|---|
| 1 | 日期 | 商品名称 | 单价 | 销量 | 销售额 | 销售员 |
| 2 | 2018/1/1 | 无线路由 | 146 | 31 | 4526 | 武衡 |
| 3 | 2018/1/1 | 机械键盘 | 203 | 33 | 6699 | 李艳红 |
| 4 | 2018/1/1 | 游戏鼠标 | 99 | 12 | 1188 | 武衡 |
| 5 | 2018/1/1 | 无线路由 | 146 | 36 | 5256 | 卢旭东 |
| 6 | 2018/1/1 | 创意U盘 | 136 | 24 | 3264 | 孙玉娇 |
| 7 | 2018/1/2 | 无线路由 | 146 | 22 | 3212 | 卢旭东 |
| 8 | 2018/1/2 | 机械键盘 | 203 | 6 | 1218 | 武衡 |
| 9 | 2018/1/2 | 游戏鼠标 | 99 | 27 | 2673 | 卢旭东 |
| 10 | 2018/1/2 | 无线路由 | 146 | 8 | 1168 | 李艳红 |
| 11 | 2018/1/3 | 创意U盘 | 136 | 2 | 272 | 卢旭东 |
| 12 | 2018/1/3 | 无线路由 | 146 | 8 | 1168 | 卢旭东 |
| 13 | 2018/1/3 | 机械键盘 | 203 | 34 | 6902 | 陈自强 |
| 14 | 2018/1/3 | 游戏鼠标 | 99 | 32 | 3168 | 孙玉娇 |
| 15 | 2018/1/3 | 无线路由 | 146 | 2 | 292 | 卢旭东 |
| 16 | 2018/1/4 | 创意U盘 | 136 | 4 | 544 | 武衡 |
| 17 | 2018/1/4 | 无线路由 | 146 | 14 | 2044 | 李艳红 |
| 18 | 2018/1/4 | 机械键盘 | 203 | 5 | 1015 | 卢旭东 |
| 19 | 2018/1/4 | 游戏鼠标 | 99 | 14 | 1386 | 陈自强 |
| 20 | 2018/1/4 | 无线路由 | 146 | 27 | 3942 | 李艳红 |
| 21 | 2018/1/5 | 创意U盘 | 136 | 8 | 1088 | 武衡 |
| 22 | 2018/1/5 | 无线路由 | 146 | 8 | 1168 | 陈自强 |
| 23 | 2018/1/5 | 机械键盘 | 203 | 11 | 2233 | 武衡 |
| 24 | 2018/1/5 | 游戏鼠标 | 99 | 24 | 2376 | 李艳红 |
| 25 | 2018/1/5 | 无线路由 | 146 | 22 | 3212 | 卢旭东 |
| 26 | 2018/1/6 | 创意U盘 | 136 | 32 | 4352 | 孙玉娇 |
| 27 | 2018/1/6 | 无线路由 | 146 | 16 | 2336 | 卢旭东 |

| | H | I |
|---|---|---|
| 1 | 查询表 | |
| 2 | 销售员 | 陈自强 |
| 3 | 商品名称 | 机械键盘 |
| 5 | 查询结果 | |
| 6 | 销量 | |
| 7 | 销售额 | |

**STEP 2 计算销量**

在 I6 单元格中输入公式“=SUMPRODUCT(($F$2:$F$100=I2)*($B$2:$B$100=I3)*($D$2:$D$100))”，并按【Enter】键确认，即可计算出销量。

I6 =SUMPRODUCT(($F$2:$F$100=I2)*($B$2:$B$100=I3)*($D$2:$D$100))

| | A | B | C | D | E | F |
|---|---|---|---|---|---|---|
| 1 | 日期 | 商品名称 | 单价 | 销量 | 销售额 | 销售员 |
| 2 | 2018/1/1 | 无线路由 | 146 | 31 | 4526 | 武衡 |
| 3 | 2018/1/1 | 机械键盘 | 203 | 33 | 6699 | 李艳红 |
| 4 | 2018/1/1 | 游戏鼠标 | 99 | 12 | 1188 | 武衡 |
| 5 | 2018/1/1 | 无线路由 | 146 | 36 | 5256 | 卢旭东 |
| 6 | 2018/1/1 | 创意U盘 | 136 | 24 | 3264 | 孙玉娇 |
| 7 | 2018/1/2 | 无线路由 | 146 | 22 | 3212 | 卢旭东 |
| 8 | 2018/1/2 | 机械键盘 | 203 | 6 | 1218 | 武衡 |
| 9 | 2018/1/2 | 游戏鼠标 | 99 | 27 | 2673 | 卢旭东 |
| 10 | 2018/1/2 | 无线路由 | 146 | 8 | 1168 | 李艳红 |
| 11 | 2018/1/3 | 创意U盘 | 136 | 2 | 272 | 卢旭东 |
| 12 | 2018/1/3 | 无线路由 | 146 | 8 | 1168 | 卢旭东 |
| 13 | 2018/1/3 | 机械键盘 | 203 | 34 | 6902 | 陈自强 |
| 14 | 2018/1/3 | 游戏鼠标 | 99 | 32 | 3168 | 孙玉娇 |
| 15 | 2018/1/3 | 无线路由 | 146 | 2 | 292 | 卢旭东 |
| 16 | 2018/1/4 | 创意U盘 | 136 | 4 | 544 | 武衡 |

| | H | I |
|---|---|---|
| 1 | 查询表 | |
| 2 | 销售员 | 武衡 |
| 3 | 商品名称 | 游戏鼠标 |
| 5 | 查询结果 | |
| 6 | 销量 | 85 |
| 7 | 销售额 | |

**STEP 3 计算销售额**

在 I7 单元格中输入公式“=SUMPRODUCT(($F$2:$F$100=I2)*($B$2:$B$100=I3)*($E$2:$E$100))”，并按【Enter】键确认，即可计算出销售额。

I7 =SUMPRODUCT(($F$2:$F$100=I2)*($B$2:$B$100=I3)*($E$2:$E$100))

| | B | C | D | E | F |
|---|---|---|---|---|---|
| 1 | 商品名称 | 单价 | 销量 | 销售额 | 销售员 |
| 2 | 无线路由 | 146 | 31 | 4526 | 武衡 |
| 3 | 机械键盘 | 203 | 33 | 6699 | 李艳红 |
| 4 | 游戏鼠标 | 99 | 12 | 1188 | 武衡 |
| 5 | 无线路由 | 146 | 36 | 5256 | 卢旭东 |
| 6 | 创意U盘 | 136 | 24 | 3264 | 孙玉娇 |
| 7 | 无线路由 | 146 | 22 | 3212 | 卢旭东 |
| 8 | 机械键盘 | 203 | 6 | 1218 | 武衡 |
| 9 | 游戏鼠标 | 99 | 27 | 2673 | 卢旭东 |
| 10 | 无线路由 | 146 | 8 | 1168 | 李艳红 |
| 11 | 创意U盘 | 136 | 2 | 272 | 卢旭东 |
| 12 | 无线路由 | 146 | 8 | 1168 | 卢旭东 |
| 13 | 机械键盘 | 203 | 34 | 6902 | 陈自强 |
| 14 | 游戏鼠标 | 99 | 32 | 3168 | 孙玉娇 |
| 15 | 无线路由 | 146 | 2 | 292 | 卢旭东 |
| 16 | 创意U盘 | 136 | 4 | 544 | 武衡 |

| | H | I |
|---|---|---|
| 1 | 查询表 | |
| 2 | 销售员 | 陈自强 |
| 3 | 商品名称 | 机械键盘 |
| 5 | 查询结果 | |
| 6 | 销量 | 154 |
| 7 | 销售额 | 31262 |

**STEP 4 查看查询效果**

在查询表中分别选择销售员和商品名称，查看查询结果。

| | A 日期 | B 商品名称 | C 单价 | D 销量 | E 销售额 | F 销售员 |
|---|---|---|---|---|---|---|
| 2 | 2018/1/1 | 无线路由 | 146 | 31 | 4526 | 武衡 |
| 3 | 2018/1/1 | 机械键盘 | 203 | 33 | 6699 | 李艳红 |
| 4 | 2018/1/1 | 游戏鼠标 | 99 | 12 | 1188 | 武衡 |
| 5 | 2018/1/1 | 无线路由 | 146 | 36 | 5256 | 卢旭东 |
| 6 | 2018/1/1 | 创意U盘 | 136 | 24 | 3264 | 孙玉娇 |
| 7 | 2018/1/2 | 无线路由 | 146 | 22 | 3212 | 卢旭东 |
| 8 | 2018/1/2 | 机械键盘 | 203 | 6 | 1218 | 武衡 |
| 9 | 2018/1/2 | 游戏鼠标 | 99 | 27 | 2673 | 卢旭东 |
| 10 | 2018/1/2 | 无线路由 | 146 | 8 | 1168 | 李艳红 |
| 11 | 2018/1/3 | 创意U盘 | 136 | 2 | 272 | 卢旭东 |
| 12 | 2018/1/3 | 无线路由 | 146 | 8 | 1168 | 卢旭东 |
| 13 | 2018/1/3 | 机械键盘 | 203 | 34 | 6902 | 陈自强 |
| 14 | 2018/1/3 | 游戏鼠标 | 99 | 32 | 3168 | 孙玉娇 |
| 15 | 2018/1/3 | 无线路由 | 146 | 2 | 292 | 卢旭东 |
| 16 | 2018/1/4 | 创意U盘 | 136 | 4 | 544 | 武衡 |
| 17 | 2018/1/4 | 无线路由 | 146 | 14 | 2044 | 李艳红 |
| 18 | 2018/1/4 | 机械键盘 | 203 | 5 | 1015 | 卢旭东 |
| 19 | 2018/1/4 | 游戏鼠标 | 99 | 14 | 1386 | 陈自强 |
| 20 | 2018/1/4 | 无线路由 | 146 | 27 | 3942 | 李艳红 |

| 查询表 | |
|---|---|
| 销售员 | 武衡 |
| 商品名称 | 游戏鼠标 |
| **查询结果** | |
| 销量 | 85 |
| 销售额 | 8415 |

## 4.2.5 统计最后几天的总销售额

微课：统计最后几天的总销售额

下面制作一个动态统计表，统计销售清单最后几天的总销售额，随着销售日期的增减，该统计结果会自动更新，具体操作方法如下：

**STEP 1 编辑表格**

在H9:I18单元格区域编辑日期和销量数据。

| | A 日期 | B 商品名称 | C 单价 | D 销量 | E 销售额 | F 销售员 |
|---|---|---|---|---|---|---|
| 2 | 2018/1/1 | 无线路由 | 146 | 31 | 4526 | 武衡 |
| 3 | 2018/1/1 | 机械键盘 | 203 | 33 | 6699 | 李艳红 |
| 4 | 2018/1/1 | 游戏鼠标 | 99 | 12 | 1188 | 武衡 |
| 5 | 2018/1/1 | 无线路由 | 146 | 36 | 5256 | 卢旭东 |
| 6 | 2018/1/1 | 创意U盘 | 136 | 24 | 3264 | 孙玉娇 |
| 7 | 2018/1/2 | 无线路由 | 146 | 22 | 3212 | 卢旭东 |
| 8 | 2018/1/2 | 机械键盘 | 203 | 6 | 1218 | 武衡 |
| 9 | 2018/1/2 | 游戏鼠标 | 99 | 27 | 2673 | 卢旭东 |
| 10 | 2018/1/2 | 无线路由 | 146 | 8 | 1168 | 李艳红 |
| 11 | 2018/1/3 | 创意U盘 | 136 | 2 | 272 | 卢旭东 |
| 12 | 2018/1/3 | 无线路由 | 146 | 8 | 1168 | 卢旭东 |
| 13 | 2018/1/3 | 机械键盘 | 203 | 34 | 6902 | 陈自强 |
| 14 | 2018/1/3 | 游戏鼠标 | 99 | 32 | 3168 | 孙玉娇 |
| 15 | 2018/1/3 | 无线路由 | 146 | 2 | 292 | 卢旭东 |
| 16 | 2018/1/4 | 创意U盘 | 136 | 4 | 544 | 武衡 |
| 17 | 2018/1/4 | 无线路由 | 146 | 14 | 2044 | 李艳红 |
| 18 | 2018/1/4 | 机械键盘 | 203 | 5 | 1015 | 卢旭东 |
| 19 | 2018/1/4 | 游戏鼠标 | 99 | 14 | 1386 | 陈自强 |
| 20 | 2018/1/4 | 无线路由 | 146 | 27 | 3942 | 李艳红 |
| 21 | 2018/1/5 | 创意U盘 | 136 | 8 | 1088 | 武衡 |
| 22 | 2018/1/5 | 无线路由 | 146 | 8 | 1168 | 陈自强 |
| 23 | 2018/1/5 | 机械键盘 | 203 | 11 | 2233 | 武衡 |
| 24 | 2018/1/5 | 游戏鼠标 | 99 | 24 | 2376 | 李艳红 |

| 查询表 | |
|---|---|
| 销售员 | 武衡 |
| 商品名称 | 游戏鼠标 |
| **查询结果** | |
| 销量 | 85 |
| 销售额 | 8415 |
| **最后5天总销售额** | |
| | |
| 日期 | 销量 |
| 2018/1/1 | |
| 2018/1/2 | |
| 2018/1/3 | |
| 2018/1/4 | |
| 2018/1/5 | |
| 2018/1/6 | |
| 2018/1/7 | |

**STEP 2 计算销量**

在I12单元格中输入公式"=SUMIF($A:$A,H12,$E:$E)"，并按【Enter】键确认，即可计算出销量，然后向下填充公式。

I12 =SUMIF($A:$A,H12,$E:$E)

| | A 日期 | B 商品名称 | C 单价 | D 销量 | E 销售额 | F 销售员 |
|---|---|---|---|---|---|---|
| 2 | 2018/1/1 | 无线路由 | 146 | 31 | 4526 | 武衡 |
| 3 | 2018/1/1 | 机械键盘 | 203 | 33 | 6699 | 李艳红 |
| 4 | 2018/1/1 | 游戏鼠标 | 99 | 12 | 1188 | 武衡 |
| 5 | 2018/1/1 | 无线路由 | 146 | 36 | 5256 | 卢旭东 |
| 6 | 2018/1/1 | 创意U盘 | 136 | 24 | 3264 | 孙玉娇 |
| 7 | 2018/1/2 | 无线路由 | 146 | 22 | 3212 | 卢旭东 |
| 8 | 2018/1/2 | 机械键盘 | 203 | 6 | 1218 | 武衡 |
| 9 | 2018/1/2 | 游戏鼠标 | 99 | 27 | 2673 | 卢旭东 |
| 10 | 2018/1/2 | 无线路由 | 146 | 8 | 1168 | 李艳红 |
| 11 | 2018/1/3 | 创意U盘 | 136 | 2 | 272 | 卢旭东 |
| 12 | 2018/1/3 | 无线路由 | 146 | 8 | 1168 | 卢旭东 |
| 13 | 2018/1/3 | 机械键盘 | 203 | 34 | 6902 | 陈自强 |
| 14 | 2018/1/3 | 游戏鼠标 | 99 | 32 | 3168 | 孙玉娇 |
| 15 | 2018/1/3 | 无线路由 | 146 | 2 | 292 | 卢旭东 |
| 16 | 2018/1/4 | 创意U盘 | 136 | 4 | 544 | 武衡 |
| 17 | 2018/1/4 | 无线路由 | 146 | 14 | 2044 | 李艳红 |
| 18 | 2018/1/4 | 机械键盘 | 203 | 5 | 1015 | 卢旭东 |
| 19 | 2018/1/4 | 游戏鼠标 | 99 | 14 | 1386 | 陈自强 |

| 查询表 | |
|---|---|
| 销售员 | 武衡 |
| 商品名称 | 游戏鼠标 |
| **查询结果** | |
| 销量 | 85 |
| 销售额 | 8415 |
| **最后5天总销售额** | |
| | |
| 日期 | 销量 |
| 2018/1/1 | 20933 |
| 2018/1/2 | 8271 |
| 2018/1/3 | 11802 |
| 2018/1/4 | 8931 |
| 2018/1/5 | 10077 |
| 2018/1/6 | 14517 |
| 2018/1/7 | 8803 |

**STEP 3 计算最后5天销售额**

在H10单元格中输入公式"=SUM(OFFSET(H11,COUNTA(I11:I1000)-5,1,5))"，并按【Enter】键确认，即可得到日期表中最后5天的总销售额。

H10 =SUM(OFFSET(H11,COUNTA(I11:I1000)-5,1,5))

| | A 日期 | B 商品名称 | C 单价 | D 销量 | E 销售额 | F 销售员 |
|---|---|---|---|---|---|---|
| 2 | 2018/1/1 | 无线路由 | 146 | 31 | 4526 | 武衡 |
| 3 | 2018/1/1 | 机械键盘 | 203 | 33 | 6699 | 李艳红 |
| 4 | 2018/1/1 | 游戏鼠标 | 99 | 12 | 1188 | 武衡 |
| 5 | 2018/1/1 | 无线路由 | 146 | 36 | 5256 | 卢旭东 |
| 6 | 2018/1/1 | 创意U盘 | 136 | 24 | 3264 | 孙玉娇 |
| 7 | 2018/1/2 | 无线路由 | 146 | 22 | 3212 | 卢旭东 |
| 8 | 2018/1/2 | 机械键盘 | 203 | 6 | 1218 | 武衡 |
| 9 | 2018/1/2 | 游戏鼠标 | 99 | 27 | 2673 | 卢旭东 |
| 10 | 2018/1/2 | 无线路由 | 146 | 8 | 1168 | 李艳红 |
| 11 | 2018/1/3 | 创意U盘 | 136 | 2 | 272 | 卢旭东 |
| 12 | 2018/1/3 | 无线路由 | 146 | 8 | 1168 | 卢旭东 |
| 13 | 2018/1/3 | 机械键盘 | 203 | 34 | 6902 | 陈自强 |
| 14 | 2018/1/3 | 游戏鼠标 | 99 | 32 | 3168 | 孙玉娇 |
| 15 | 2018/1/3 | 无线路由 | 146 | 2 | 292 | 卢旭东 |
| 16 | 2018/1/4 | 创意U盘 | 136 | 4 | 544 | 武衡 |
| 17 | 2018/1/4 | 无线路由 | 146 | 14 | 2044 | 李艳红 |
| 18 | 2018/1/4 | 机械键盘 | 203 | 5 | 1015 | 卢旭东 |
| 19 | 2018/1/4 | 游戏鼠标 | 99 | 14 | 1386 | 陈自强 |
| 20 | 2018/1/4 | 无线路由 | 146 | 27 | 3942 | 李艳红 |

| 查询表 | |
|---|---|
| 销售员 | 武衡 |
| 商品名称 | 游戏鼠标 |
| **查询结果** | |
| 销量 | 85 |
| 销售额 | 8415 |
| **最后5天总销售额** | |
| 54130 | |
| 日期 | 销量 |
| 2018/1/1 | 20933 |
| 2018/1/2 | 8271 |
| 2018/1/3 | 11802 |
| 2018/1/4 | 8931 |
| 2018/1/5 | 10077 |
| 2018/1/6 | 14517 |
| 2018/1/7 | 8803 |

**STEP 4 查看计算结果**

向下填充更多的日期和销量数据，查看"最后5天总销售额"结果。若将H10单元格中的SUM函数修改为AVERAGE函数，即可得到最后5天的平均销售额。

| | A 日期 | B 商品名称 | C 单价 | D 销量 | E 销售额 | F 销售员 |
|---|---|---|---|---|---|---|
| 2 | 2018/1/1 | 无线路由 | 146 | 31 | 4526 | 武衡 |
| 3 | 2018/1/1 | 机械键盘 | 203 | 33 | 6699 | 李艳红 |
| 4 | 2018/1/1 | 游戏鼠标 | 99 | 12 | 1188 | 武衡 |
| 5 | 2018/1/1 | 无线路由 | 146 | 36 | 5256 | 卢旭东 |
| 6 | 2018/1/1 | 创意U盘 | 136 | 24 | 3264 | 孙玉娇 |
| 7 | 2018/1/2 | 无线路由 | 146 | 22 | 3212 | 卢旭东 |
| 8 | 2018/1/2 | 机械键盘 | 203 | 6 | 1218 | 武衡 |
| 9 | 2018/1/2 | 游戏鼠标 | 99 | 27 | 2673 | 卢旭东 |
| 10 | 2018/1/2 | 无线路由 | 146 | 8 | 1168 | 李艳红 |
| 11 | 2018/1/3 | 创意U盘 | 136 | 2 | 272 | 卢旭东 |
| 12 | 2018/1/3 | 无线路由 | 146 | 8 | 1168 | 卢旭东 |
| 13 | 2018/1/3 | 机械键盘 | 203 | 34 | 6902 | 陈自强 |
| 14 | 2018/1/3 | 游戏鼠标 | 99 | 32 | 3168 | 孙玉娇 |
| 15 | 2018/1/3 | 无线路由 | 146 | 2 | 292 | 卢旭东 |
| 16 | 2018/1/4 | 创意U盘 | 136 | 4 | 544 | 武衡 |
| 17 | 2018/1/4 | 无线路由 | 146 | 14 | 2044 | 李艳红 |
| 18 | 2018/1/4 | 机械键盘 | 203 | 5 | 1015 | 卢旭东 |
| 19 | 2018/1/4 | 游戏鼠标 | 99 | 14 | 1386 | 陈自强 |
| 20 | 2018/1/4 | 无线路由 | 146 | 27 | 3942 | 李艳红 |
| 21 | 2018/1/5 | 创意U盘 | 136 | 8 | 1088 | 武衡 |
| 22 | 2018/1/5 | 无线路由 | 146 | 8 | 1168 | 陈自强 |
| 23 | 2018/1/5 | 机械键盘 | 203 | 11 | 2233 | 武衡 |

| 查询表 | |
|---|---|
| 销售员 | 武衡 |
| 商品名称 | 游戏鼠标 |
| **查询结果** | |
| 销量 | 85 |
| 销售额 | 8415 |
| **最后5天总销售额** | |
| 59909 | |
| 日期 | 销量 |
| 2018/1/1 | 20933 |
| 2018/1/2 | 8271 |
| 2018/1/3 | 11802 |
| 2018/1/4 | 8931 |
| 2018/1/5 | 10077 |
| 2018/1/6 | 14517 |
| 2018/1/7 | 8803 |
| 2018/1/8 | 12255 |
| 2018/1/9 | 18594 |
| 2018/1/10 | 12446 |
| 2018/1/11 | 11219 |
| 2018/1/12 | 5395 |

## 4.2.6 制作业务员业绩增减变动报表

微课：制作业务员业绩增减变动报表

下面依据业务员所拥有的客户及其销售额数据表，制作业务员的客户与销售金额增减变动报表，具体操作方法如下：

### STEP 1 单击 根据所选内容创建 按钮

打开“业务员业绩变动报表”工作簿，切换到“数据”工作表。全选表格，在 公式 选项卡下单击 根据所选内容创建 按钮。

单击

A1 业务员

| | A | B | C | D | E |
|---|---|---|---|---|---|
| 1 | 业务员 | 客户名称 | 客户性质 | 销售金额 | 备注 |
| 2 | 许华清 | 升罡五金 | 原有 | 120000 | |
| 3 | 许华清 | 千正工贸 | 新增 | 60000 | |
| 4 | 许华清 | 翔杰工贸 | 原有 | 180000 | |
| 5 | 许华清 | 秦棣贸易 | 新增 | 96000 | |
| 6 | 许华清 | 初旭电子 | 原有 | 0 | 流失 |
| 7 | 许华清 | 铁泉电子 | 新增 | 90000 | |
| 8 | 许华清 | 畅欧工贸 | 原有 | 69600 | |
| 9 | 许华清 | 标顺饰品 | 新增 | 141600 | |
| 10 | 郭胜杰 | 汇筑工贸 | 原有 | 93600 | |
| 11 | 郭胜杰 | 德长商贸 | 原有 | 240000 | |
| 12 | 郭胜杰 | 迈乐工贸 | 原有 | 75400 | |
| 13 | 郭胜杰 | 霆永商贸 | 新增 | 88400 | |
| 14 | 郭胜杰 | 超翊工艺 | 新增 | 26000 | |

### STEP 2 创建名称

弹出“根据所选内容创建名称”对话框，❶选中“首行”复选框，❷单击 确定 按钮。

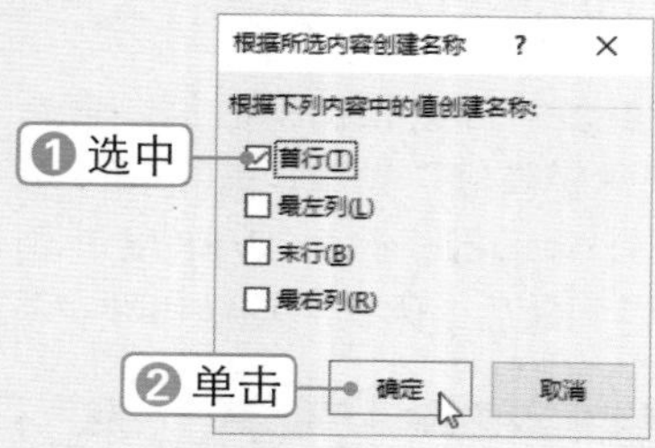


### STEP 3 编辑数据

创建“报表”工作表，并编辑相关数据。

| | A | B | C | D | E | F | G | H | I |
|---|---|---|---|---|---|---|---|---|---|
| 1 | | 客户数量 | | | | | 销售金额 | | |
| 2 | 姓名 | 原有 | 新增 | 流失 | 现有 | 增加% | 原客户 | 新客户 | 本期销售 |
| 3 | 许华清 | | | | | | | | |
| 4 | 郭胜杰 | | | | | | | | |
| 5 | 陈向阳 | | | | | | | | |
| 6 | 孟秋华 | | | | | | | | |
| 7 | 合计 | | | | | | | | |

### STEP 4 计算原有和新增客户数量

在 B3 单元格中输入公式“=SUMPRODUCT((业务员=$A3)*(客户性质=B$2))”，并按【Enter】键确认，然后将公式复制到其他单元格。

B3 =SUMPRODUCT((业务员=$A3)*(客户性质=B$2))

| | A | B | C | D | E | F | G | H | I |
|---|---|---|---|---|---|---|---|---|---|
| 1 | | 客户数量 | | | | | 销售金额 | | |
| 2 | 姓名 | 原有 | 新增 | 流失 | 现有 | 增加% | 原客户 | 新客户 | 本期销售 |
| 3 | 许华清 | 4 | 4 | | | | | | |
| 4 | 郭胜杰 | 3 | 2 | | | | | | |
| 5 | 陈向阳 | 8 | 1 | | | | | | |
| 6 | 孟秋华 | 6 | 3 | | | | | | |
| 7 | 合计 | | | | | | | | |

### STEP 5 计算流失客户数量

在 D3 单元格中输入公式“=SUMPRODUCT((业务员=$A3)*(备注=$D$2))”，并按【Enter】键确认，并向下复制公式，计算流失客户数量。

D3 =SUMPRODUCT((业务员=$A3)*(备注=$D$2))

| | A | B | C | D | E | F | G | H | I |
|---|---|---|---|---|---|---|---|---|---|
| 1 | | 客户数量 | | | | | 销售金额 | | |
| 2 | 姓名 | 原有 | 新增 | 流失 | 现有 | 增加% | 原客户 | 新客户 | 本期销售 |
| 3 | 许华清 | 4 | 4 | 1 | | | | | |
| 4 | 郭胜杰 | 3 | 2 | 0 | | | | | |
| 5 | 陈向阳 | 8 | 1 | 2 | | | | | |
| 6 | 孟秋华 | 6 | 3 | 1 | | | | | |
| 7 | 合计 | | | | | | | | |

### STEP 6 计算现有客户数量

在 E3 单元格中输入公式“=B3+C3-D3”，并按【Enter】键确认，并向下复制公式，计算现有客户数量。

E3 =B3+C3-D3

| | A | B | C | D | E | F | G | H | I |
|---|---|---|---|---|---|---|---|---|---|
| 1 | | 客户数量 | | | | | 销售金额 | | |
| 2 | 姓名 | 原有 | 新增 | 流失 | 现有 | 增加% | 原客户 | 新客户 | 本期销售 |
| 3 | 许华清 | 4 | 4 | 1 | 7 | | | | |
| 4 | 郭胜杰 | 3 | 2 | 0 | 5 | | | | |
| 5 | 陈向阳 | 8 | 1 | 2 | 7 | | | | |
| 6 | 孟秋华 | 6 | 3 | 1 | 8 | | | | |
| 7 | 合计 | | | | | | | | |

### STEP 7 计算增加百分比

在 F3 单元格中输入公式“=(E3-B3)/B3”，并按【Enter】键确认，并向下复制公式，计算增加百分比。

F3 　=(E3-B3)/B3

| 姓名 | 客户数量 | | | | | 销售金额 | | |
|---|---|---|---|---|---|---|---|---|
| | 原有 | 新增 | 流失 | 现有 | 增加% | 原客户 | 新客户 | 本期销售 |
| 许华清 | 4 | 4 | 1 | 7 | 75.00% | | | |
| 郭胜杰 | 3 | 2 | 0 | 5 | 66.67% | | | |
| 陈向阳 | 8 | 1 | 2 | 7 | -12.50% | | | |
| 孟秋华 | 6 | 3 | 1 | 8 | 33.33% | | | |
| 合计 | | | | | | | | |

### STEP 8 计算销售金额

在 G3 单元格中输入公式“=SUMPRODUCT((业务员=$A3)*(客户性质=B$2)*(销售金额))”，并按【Enter】键确认，然后将公式复制到其他单元格。

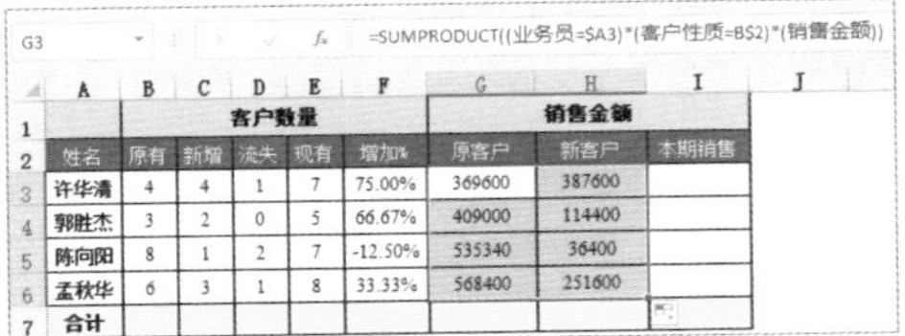
G3 　=SUMPRODUCT((业务员=$A3)*(客户性质=B$2)*(销售金额))

| 姓名 | 客户数量 | | | | | 销售金额 | | |
|---|---|---|---|---|---|---|---|---|
| | 原有 | 新增 | 流失 | 现有 | 增加% | 原客户 | 新客户 | 本期销售 |
| 许华清 | 4 | 4 | 1 | 7 | 75.00% | 369600 | 387600 | |
| 郭胜杰 | 3 | 2 | 0 | 5 | 66.67% | 409000 | 114400 | |
| 陈向阳 | 8 | 1 | 2 | 7 | -12.50% | 535340 | 36400 | |
| 孟秋华 | 6 | 3 | 1 | 8 | 33.33% | 568400 | 251600 | |
| 合计 | | | | | | | | |

### STEP 9 计算总销售额

在 I3 单元格中输入公式“=G3+H3”，并按【Enter】键确认，并向下复制公式，计算总销售额。

I3 　=G3+H3

| 姓名 | 客户数量 | | | | | 销售金额 | | |
|---|---|---|---|---|---|---|---|---|
| | 原有 | 新增 | 流失 | 现有 | 增加% | 原客户 | 新客户 | 本期销售 |
| 许华清 | 4 | 4 | 1 | 7 | 75.00% | 369600 | 387600 | 757200 |
| 郭胜杰 | 3 | 2 | 0 | 5 | 66.67% | 409000 | 114400 | 523400 |
| 陈向阳 | 8 | 1 | 2 | 7 | -12.50% | 535340 | 36400 | 571740 |
| 孟秋华 | 6 | 3 | 1 | 8 | 33.33% | 568400 | 251600 | 820000 |
| 合计 | | | | | | | | |

### STEP 10 计算合计

在第 7 行使用 SUM 函数汇总客户数量和销售额，在 F7 单元格中输入公式“=(E7-B7)/B7”，计算总的增加百分比。

F7 　=(E7-B7)/B7

| 姓名 | 客户数量 | | | | | 销售金额 | | |
|---|---|---|---|---|---|---|---|---|
| | 原有 | 新增 | 流失 | 现有 | 增加% | 原客户 | 新客户 | 本期销售 |
| 许华清 | 4 | 4 | 1 | 7 | 75.00% | 369600 | 387600 | 757200 |
| 郭胜杰 | 3 | 2 | 0 | 5 | 66.67% | 409000 | 114400 | 523400 |
| 陈向阳 | 8 | 1 | 2 | 7 | -12.50% | 535340 | 36400 | 571740 |
| 孟秋华 | 6 | 3 | 1 | 8 | 33.33% | 568400 | 251600 | 820000 |
| 合计 | 21 | 10 | 4 | | 28.57% | 1882340 | 790000 | 2672340 |

## 商务办公 私房实操技巧

### TIP：追踪公式的从属和引用单元格

为了便于检查公式，可以使用“追踪引用单元格”和“追踪从属单元格”命令以图形方式显示或追踪这些单元格与包含追踪箭头的公式之间的关系。例如，选择公式单元格，在“公式”选项卡下“公式审核”组中单击相应的按钮，如单击“追踪引用单元格”按钮，即可显示为公式提供数据的引用单元格。每个引用单元格向公式单元格显示跟踪箭头，如右图所示。

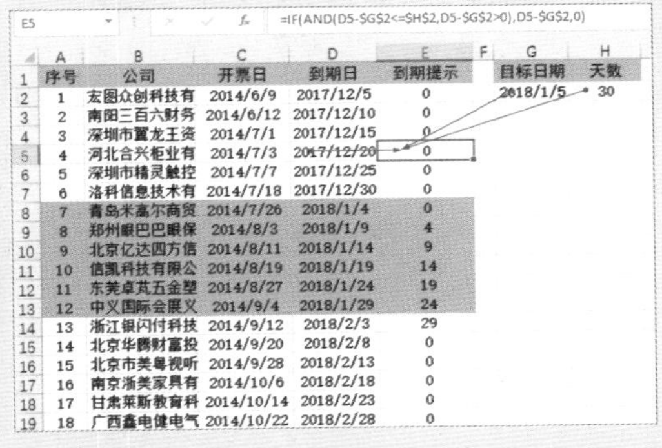
E5 　=IF(AND(D5-$G$2<=$H$2,D5-$G$2>0),D5-$G$2,0)

| 序号 | 公司 | 开票日 | 到期日 | 到期提示 | | 目标日期 | 天数 |
|---|---|---|---|---|---|---|---|
| 1 | 宏图众创科技有 | 2014/6/9 | 2017/12/5 | 0 | | 2018/1/5 | 30 |
| 2 | 南阳三百六财务 | 2014/6/12 | 2017/12/10 | 0 | | | |
| 3 | 深圳市置龙王资 | 2014/7/1 | 2017/12/15 | 0 | | | |
| 4 | 河北合兴柜业有 | 2014/7/3 | 2017/12/20 | 0 | | | |
| 5 | 深圳市精灵触控 | 2014/7/7 | 2017/12/25 | 0 | | | |
| 6 | 洛科信息技术有 | 2014/7/18 | 2017/12/30 | 0 | | | |
| 7 | 青岛米高尔商贸 | 2014/7/26 | 2018/1/4 | 0 | | | |
| 8 | 郑州眼巴巴眼保 | 2014/8/3 | 2018/1/9 | 4 | | | |
| 9 | 北京亿达四方信 | 2014/8/11 | 2018/1/14 | 9 | | | |
| 10 | 信凯科技有限公 | 2014/8/19 | 2018/1/19 | 14 | | | |
| 11 | 东莞卓芃五金塑 | 2014/8/27 | 2018/1/24 | 19 | | | |
| 12 | 中义国际会展义 | 2014/9/4 | 2018/1/29 | 24 | | | |
| 13 | 浙江银闪付科技 | 2014/9/12 | 2018/2/3 | 29 | | | |
| 14 | 北京华腾财富投 | 2014/9/20 | 2018/2/8 | 0 | | | |
| 15 | 北京市美粤视听 | 2014/9/28 | 2018/2/13 | 0 | | | |
| 16 | 南京浙美家具有 | 2014/10/6 | 2018/2/18 | 0 | | | |
| 17 | 甘肃莱斯教育科 | 2014/10/14 | 2018/2/23 | 0 | | | |
| 18 | 广西鑫电健电气 | 2014/10/22 | 2018/2/28 | 0 | | | |

此外，按【Ctrl+Shift+[】组合键可快速选择公式中的所有引用单元格，按【Ctrl+Shift+]】组合键可选择公式中的所有从属单元格。

TIP

在 4.2.5 节中使用公式“=SUM(OFFSET(H11,COUNTA(I11:I1000)-5,1,5))”动态统计最后 5 天的总销售额。其实，还可将公式修改为“=SUM(OFFSET(I11,COUNTA(I11:I1000)-1,0,-5))”，如右图所示。

H10　=SUM(OFFSET(I11,COUNTA(I11:I1000)-1,0,-5))

| | C | D | E | F | H | I |
|---|---|---|---|---|---|---|
| 8 | 203 | 6 | 1218 | 武衡 | | |
| 9 | 99 | 27 | 2673 | 卢旭东 | 最后5天总销售额 | |
| 10 | 146 | 8 | 1168 | 李艳红 | 59909 | |
| 11 | 136 | 2 | 272 | 卢旭东 | 日期 | 销量 |
| 12 | 146 | 8 | 1168 | 卢旭东 | 2018/1/1 | 20933 |
| 13 | 203 | 34 | 6902 | 陈自强 | 2018/1/2 | 8271 |
| 14 | 99 | 32 | 3168 | 孙玉娇 | 2018/1/3 | 11802 |
| 15 | 146 | 2 | 292 | 卢旭东 | 2018/1/4 | 8931 |
| 16 | 136 | 4 | 544 | 武衡 | 2018/1/5 | 10077 |
| 17 | 146 | 14 | 2044 | 李艳红 | 2018/1/6 | 14517 |
| 18 | 203 | 5 | 1015 | 卢旭东 | 2018/1/7 | 8803 |
| 19 | 99 | 14 | 1386 | 陈自强 | 2018/1/8 | 12255 |
| 20 | 146 | 27 | 3942 | 李艳红 | 2018/1/9 | 18594 |
| 21 | 136 | 8 | 1088 | 武衡 | 2018/1/10 | 12446 |
| 22 | 146 | 8 | 1168 | 陈自强 | 2018/1/11 | 11219 |
| 23 | 203 | 11 | 2233 | 武衡 | 2018/1/12 | 5395 |
| 24 | 99 | 24 | 2376 | 李艳红 | | |

TIP

若要在加班表中使用条件格式标记出周末加班的员工，方法为：全选数据表，打开“新建格式规则”对话框，选择“使用公式确定要设置格式的单元格”选项，输入公式“=WEEKDAY ($A2,2)>5”，设置填充颜色格式，单击 确定 按钮，如右图所示。

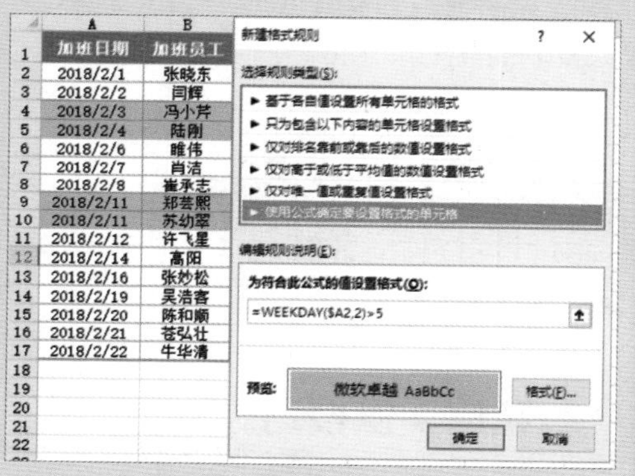

| | A | B |
|---|---|---|
| 1 | 加班日期 | 加班员工 |
| 2 | 2018/2/1 | 张晓东 |
| 3 | 2018/2/2 | 闫辉 |
| 4 | 2018/2/3 | 冯小芹 |
| 5 | 2018/2/4 | 陆刚 |
| 6 | 2018/2/6 | 睢伟 |
| 7 | 2018/2/7 | 肖洁 |
| 8 | 2018/2/8 | 崔承志 |
| 9 | 2018/2/11 | 郑芸熙 |
| 10 | 2018/2/11 | 苏幼翠 |
| 11 | 2018/2/12 | 许飞星 |
| 12 | 2018/2/14 | 高阳 |
| 13 | 2018/2/16 | 张妙松 |
| 14 | 2018/2/19 | 吴浩言 |
| 15 | 2018/2/20 | 陈和顺 |
| 16 | 2018/2/21 | 苍弘壮 |
| 17 | 2018/2/22 | 牛华清 |



TIP

将条件格式中输入的公式复制到单元格中，当结果为 TRUE 时则会应用条件格式，如右图所示。

E2　=WEEKDAY($A2,2)>5

| | A | B | C | D | E |
|---|---|---|---|---|---|
| 1 | 加班日期 | 加班员工 | 加班开始时间 | 加班结束时间 | 公式验证 |
| 2 | 2018/2/1 | 张晓东 | 11:00 | 16:00 | FALSE |
| 3 | 2018/2/2 | 闫辉 | 11:00 | 16:00 | FALSE |
| 4 | 2018/2/3 | 冯小芹 | 11:00 | 16:00 | TRUE |
| 5 | 2018/2/4 | 陆刚 | 11:00 | 16:00 | TRUE |
| 6 | 2018/2/6 | 睢伟 | 11:00 | 16:00 | FALSE |
| 7 | 2018/2/7 | 肖洁 | 11:00 | 16:00 | FALSE |
| 8 | 2018/2/8 | 崔承志 | 17:30 | 20:00 | FALSE |
| 9 | 2018/2/11 | 郑芸熙 | 17:30 | 19:30 | TRUE |
| 10 | 2018/2/11 | 苏幼翠 | 12:00 | 13:30 | TRUE |
| 11 | 2018/2/12 | 许飞星 | 17:30 | 21:00 | FALSE |
| 12 | 2018/2/14 | 高阳 | 17:30 | 18:30 | FALSE |
| 13 | 2018/2/16 | 张妙松 | 14:00 | 17:00 | FALSE |
| 14 | 2018/2/19 | 吴浩言 | 14:00 | 17:00 | FALSE |
| 15 | 2018/2/20 | 陈和顺 | 11:30 | 12:00 | FALSE |
| 16 | 2018/2/21 | 苍弘壮 | 17:30 | 21:00 | FALSE |
| 17 | 2018/2/22 | 牛华清 | 12:00 | 13:30 | FALSE |

## Ask Answer 高手疑难解答

### 问 怎样限制编号只能为数字，且不允许重复？

**图解解答** 选择编号列，打开“数据验证”对话框，设置验证条件，输入公式“=AND(COUNTIF(A:A,A1)=1,ISNUMBER(A1))”，然后单击“确定”按钮即可，如右图所示。

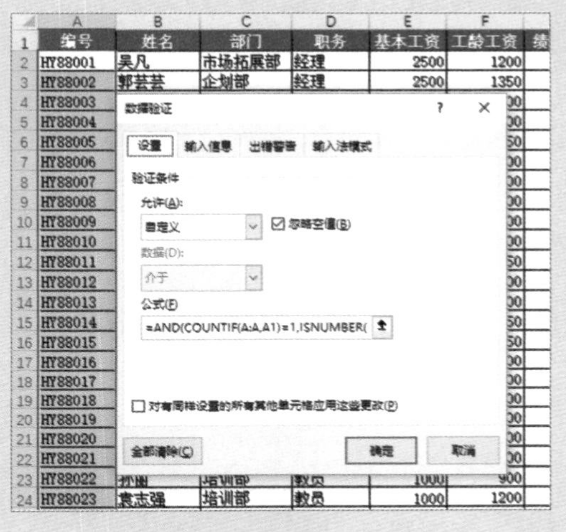


### 问 怎样限制在输入价格时只允许输入 1 位小数？

**图解解答** 选择要输入价格的单元格区域，打开“数据验证”对话框，设置验证条件，输入公式“=B3=FLOOR(B3,0.1)”，然后单击“确定”按钮即可，如右图所示。在此使用 FLOOR 函数设置小数位数截位（限制输入的数字必须与截位参数（在此为 0.1）的格式一致，即不能为负数），还可以使用 TRUNC 函数进行设置。

CHAPTER

# Excel 数据排序与筛选

## 本章导读

当我们面对一个包含大量散乱数据的工作表时，常常看不出这些数据之间的逻辑，此时便可以利用 Excel 的筛选功能减小目标数据的范围，通过 Excel 的排序功能对文本或数值进行排序。本章将详细介绍如何在 Excel 工作表中对数据进行排序与筛选。

## 知识要点

01 按需求进行数据排序

02 多功能筛选数据

## 案例展示

### ▼按单元格颜色排序

| | A | B | C | D | E | F |
|---|---|---|---|---|---|---|
| 1 | 日期 | 商品名称 | 单价 | 销量 | 销售额 | 销售员 |
| 2 | 2018/1/6 | 创意U盘 | 136 | 32 | 4352 | 孙玉娇 |
| 3 | 2018/1/22 | 创意U盘 | 136 | 29 | 3944 | 武衡 |
| 4 | 2018/1/1 | 机械键盘 | 203 | 33 | 6699 | 李艳红 |
| 5 | 2018/1/3 | 机械键盘 | 203 | 34 | 6902 | 陈自强 |
| 6 | 2018/1/6 | 机械键盘 | 203 | 21 | 4263 | 孙玉娇 |
| 7 | 2018/1/8 | 机械键盘 | 203 | 35 | 7105 | 陈自强 |
| 8 | 2018/1/9 | 机械键盘 | 203 | 32 | 6496 | 卢旭东 |
| 9 | 2018/1/10 | 机械键盘 | 203 | 35 | 7105 | 李艳红 |
| 10 | 2018/1/11 | 机械键盘 | 203 | 30 | 6090 | 孙玉娇 |
| 11 | 2018/1/15 | 机械键盘 | 203 | 32 | 6496 | 陈自强 |
| 12 | 2018/1/25 | 机械键盘 | 203 | 27 | 5481 | 陈自强 |
| 13 | 2018/1/30 | 机械键盘 | 203 | 28 | 5684 | 孙玉娇 |
| 14 | 2018/1/1 | 无线路由 | 146 | 31 | 4526 | 武衡 |
| 15 | 2018/1/1 | 无线路由 | 146 | 36 | 5256 | 卢旭东 |
| 16 | 2018/1/4 | 无线路由 | 146 | 27 | 3942 | 李艳红 |
| 17 | 2018/1/9 | 无线路由 | 146 | 33 | 4818 | 孙玉娇 |
| 18 | 2018/1/12 | 无线路由 | 146 | 30 | 4380 | 孙玉娇 |

### ▼按自定义序列排序

| | A | B | C | D | E | F | G |
|---|---|---|---|---|---|---|---|
| 1 | 序号 | 日期 | 商品名称 | 单价 | 销量 | 销售额 | 销售员 |
| 2 | 3 | 2018/1/1 | 游戏鼠标 | 99 | 12 | 1188 | 武衡 |
| 3 | 8 | 2018/1/2 | 游戏鼠标 | 99 | 27 | 2673 | 卢旭东 |
| 4 | 13 | 2018/1/3 | 游戏鼠标 | 99 | 32 | 3168 | 孙玉娇 |
| 5 | 18 | 2018/1/4 | 游戏鼠标 | 99 | 14 | 1386 | 陈自强 |
| 6 | 23 | 2018/1/5 | 游戏鼠标 | 99 | 24 | 2376 | 李艳红 |
| 7 | 28 | 2018/1/6 | 游戏鼠标 | 99 | 8 | 792 | 武衡 |
| 8 | 32 | 2018/1/7 | 游戏鼠标 | 99 | 11 | 1089 | 卢旭东 |
| 9 | 36 | 2018/1/8 | 游戏鼠标 | 99 | 24 | 2376 | 孙玉娇 |
| 10 | 40 | 2018/1/9 | 游戏鼠标 | 99 | 4 | 396 | 陈自强 |
| 11 | 45 | 2018/1/10 | 游戏鼠标 | 99 | 7 | 693 | 李艳红 |
| 12 | 50 | 2018/1/11 | 游戏鼠标 | 99 | 7 | 693 | 武衡 |
| 13 | 57 | 2018/1/13 | 游戏鼠标 | 99 | 12 | 1188 | 卢旭东 |
| 14 | 61 | 2018/1/15 | 游戏鼠标 | 99 | 10 | 990 | 孙玉娇 |
| 15 | 70 | 2018/1/21 | 游戏鼠标 | 99 | 17 | 1683 | 陈自强 |
| 16 | 73 | 2018/1/22 | 游戏鼠标 | 99 | 24 | 2376 | 李艳红 |
| 17 | 76 | 2018/1/24 | 游戏鼠标 | 99 | 28 | 2772 | 武衡 |
| 18 | 82 | 2018/1/26 | 游戏鼠标 | 99 | 15 | 1485 | 孙玉娇 |
| 19 | 87 | 2018/1/27 | 游戏鼠标 | 99 | 24 | 2376 | 卢旭东 |
| 20 | 93 | 2018/1/30 | 游戏鼠标 | 99 | 30 | 2970 | 武衡 |

### ▼普通自动筛选

| | A | B | C | D | E | F | G |
|---|---|---|---|---|---|---|---|
| 1 | 序号 | 日期 | 商品名称 | 单价 | 销量 | 销售额 | 销售员 |
| 31 | 41 | 2018/1/9 | 无线路由 | 146 | 33 | 4818 | 孙玉娇 |
| 33 | 53 | 2018/1/12 | 无线路由 | 146 | 30 | 4380 | 孙玉娇 |
| 34 | 42 | 2018/1/9 | 创意U盘 | 136 | 27 | 3672 | 李艳红 |
| 35 | 33 | 2018/1/7 | 无线路由 | 146 | 25 | 3650 | 武衡 |
| 37 | 38 | 2018/1/9 | 无线路由 | 146 | 22 | 3212 | 卢旭东 |
| 38 | 48 | 2018/1/11 | 无线路由 | 146 | 18 | 2628 | 陈自强 |
| 39 | 36 | 2018/1/8 | 游戏鼠标 | 99 | 24 | 2376 | 孙玉娇 |
| 41 | 34 | 2018/1/8 | 无线路由 | 146 | 16 | 2336 | 李艳红 |
| 42 | 47 | 2018/1/10 | 创意U盘 | 136 | 17 | 2312 | 李艳红 |
| 43 | 46 | 2018/1/10 | 无线路由 | 146 | 10 | 1460 | 武衡 |
| 44 | 52 | 2018/1/11 | 创意U盘 | 136 | 9 | 1224 | 武衡 |
| 46 | 32 | 2018/1/7 | 游戏鼠标 | 99 | 11 | 1089 | 卢旭东 |
| 47 | 43 | 2018/1/10 | 无线路由 | 146 | 6 | 876 | 陈自强 |
| 48 | 30 | 2018/1/7 | 创意U盘 | 136 | 6 | 816 | 陈自强 |
| 49 | 45 | 2018/1/10 | 游戏鼠标 | 99 | 7 | 693 | 李艳红 |
| 51 | 50 | 2018/1/11 | 游戏鼠标 | 99 | 7 | 693 | 武衡 |
| 52 | 51 | 2018/1/11 | 无线路由 | 146 | 4 | 584 | 孙玉娇 |
| 53 | 37 | 2018/1/8 | 无线路由 | 146 | 3 | 438 | 孙玉娇 |

### ▼同字段多条件筛选

| | B | C | D | E | F | G |
|---|---|---|---|---|---|---|
| 1 | 日期 | 商品名称 | 单价 | 销量 | 销售额 | 销售员 |
| 21 | 2018/1/5 | 创意U盘 | 136 | 8 | 1088 | 武衡 |
| 22 | 2018/1/5 | 无线路由 | 146 | 8 | 1168 | 陈自强 |
| 23 | 2018/1/5 | 机械键盘 | 203 | 11 | 2233 | 武衡 |
| 24 | 2018/1/5 | 游戏鼠标 | 99 | 24 | 2376 | 李艳红 |
| 25 | 2018/1/5 | 无线路由 | 146 | 22 | 3212 | 卢旭东 |
| 49 | 2018/1/11 | 无线路由 | 146 | 18 | 2628 | 陈自强 |
| 50 | 2018/1/11 | 机械键盘 | 203 | 30 | 6090 | 孙玉娇 |
| 51 | 2018/1/11 | 游戏鼠标 | 99 | 7 | 693 | 武衡 |
| 52 | 2018/1/11 | 无线路由 | 146 | 4 | 584 | 孙玉娇 |
| 53 | 2018/1/11 | 创意U盘 | 136 | 9 | 1224 | 武衡 |
| 86 | 2018/1/27 | 无线路由 | 146 | 9 | 1314 | 卢旭东 |
| 87 | 2018/1/27 | 机械键盘 | 203 | 2 | 406 | 卢旭东 |
| 88 | 2018/1/27 | 游戏鼠标 | 99 | 24 | 2376 | 卢旭东 |
| 89 | 2018/1/28 | 无线路由 | 146 | 26 | 3796 | 卢旭东 |
| 90 | 2018/1/28 | 创意U盘 | 136 | 3 | 408 | 李艳红 |
| 91 | 2018/1/29 | 无线路由 | 146 | 27 | 3942 | 陈自强 |
| 92 | 2018/1/30 | 无线路由 | 146 | 19 | 2774 | 陈自强 |

Chapter 05

# 5.1 按需求进行数据排序

■ 关键词：升 / 降序、快捷排序、恢复排序、自定义序列、按字符数排序、随机排序

使用 Excel 2016 的排序功能可以快速对数据进行单条件或多条件的升序、降序排序，还可以按照自定义的序列进行数据排序。下面将介绍如何利用排序功能整理数据。

## 5.1.1 快速数据排序

在Excel 2016中可以快速对数据表的某个字段或数据表的某一部分进行升序、降序排序，还可按单元格颜色、字体、图标等特征进行排序，具体操作方法如下：

微课：快速数据排序

**STEP 1** 选择 升序(S) 命令

❶右击“商品名称”列中的任一单元格，❷选择 排序(O) 选项，❸选择 升序(S) 命令。

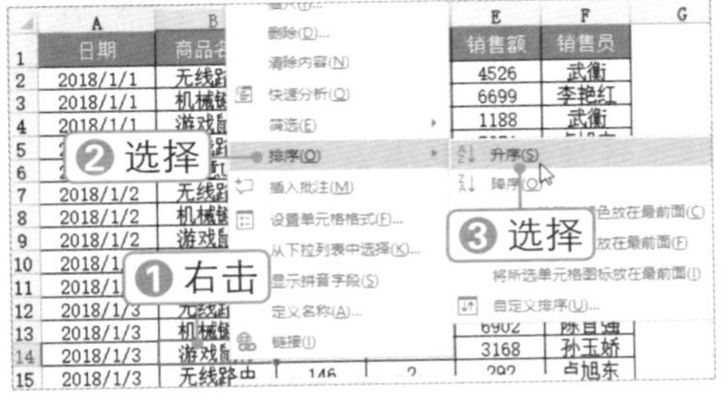


**STEP 2** 设置条件格式

此时“商品名称”列即可按升序排序。❶选择“销售额”列的数据单元格区域，❷为其设置条件格式，❸单击 确定 按钮。

**STEP 3** 选择排序方式

❶右击应用了条件格式的单元格，❷选择 排序(O) 选项，❸选择 将所选单元格颜色放在最前面(C) 命令。

**STEP 4** 按单元格颜色排序

此时即可将相同填充颜色的单元格排在最前面。

| | A | B | C | D | E | F |
|---|---|---|---|---|---|---|
| 1 | 日期 | 商品名称 | 单价 | 销量 | 销售额 | 销售员 |
| 2 | 2018/1/6 | 创意U盘 | 136 | 32 | 4352 | 孙玉娇 |
| 3 | 2018/1/22 | 创意U盘 | 136 | 29 | 3944 | 武衡 |
| 4 | 2018/1/1 | 机械键盘 | 203 | 33 | 6699 | 李艳红 |
| 5 | 2018/1/3 | 机械键盘 | 203 | 34 | 6902 | 陈自强 |
| 6 | 2018/1/6 | 机械键盘 | 203 | 21 | 4263 | 孙玉娇 |
| 7 | 2018/1/8 | 机械键盘 | 203 | 35 | 7105 | 陈自强 |
| 8 | 2018/1/9 | 机械键盘 | 203 | 32 | 6496 | 卢旭东 |
| 9 | 2018/1/10 | 机械键盘 | 203 | 35 | 7105 | 李艳红 |
| 10 | 2018/1/11 | 机械键盘 | 203 | 30 | 6090 | 孙玉娇 |
| 11 | 2018/1/15 | 机械键盘 | 203 | 32 | 6496 | 陈自强 |
| 12 | 2018/1/25 | 机械键盘 | 203 | 27 | 5481 | 陈自强 |
| 13 | 2018/1/30 | 机械键盘 | 203 | 28 | 5684 | 孙玉娇 |
| 14 | 2018/1/1 | 无线路由 | 146 | 31 | 4526 | 武衡 |
| 15 | 2018/1/1 | 无线路由 | 146 | 36 | 5256 | 卢旭东 |
| 16 | 2018/1/4 | 无线路由 | 146 | 27 | 3942 | 李艳红 |
| 17 | 2018/1/9 | 无线路由 | 146 | 33 | 4818 | 孙玉娇 |
| 18 | 2018/1/12 | 无线路由 | 146 | 30 | 4380 | 孙玉娇 |
| 19 | 2018/1/15 | 无线路由 | 146 | 27 | 3942 | 孙玉娇 |
| 20 | 2018/1/24 | 无线路由 | 146 | 35 | 5110 | 孙玉娇 |
| 21 | 2018/1/29 | 无线路由 | 146 | 27 | 3942 | 陈自强 |
| 22 | 2018/1/1 | 创意U盘 | 136 | 24 | 3264 | 孙玉娇 |
| 23 | 2018/1/3 | 创意U盘 | 136 | 2 | 272 | 卢旭东 |

**STEP 5 定位列**

选择要进行排序的单元格区域，按【Tab】键定位到 B 列，按【Shift+Tab】组合键可逆向定位。

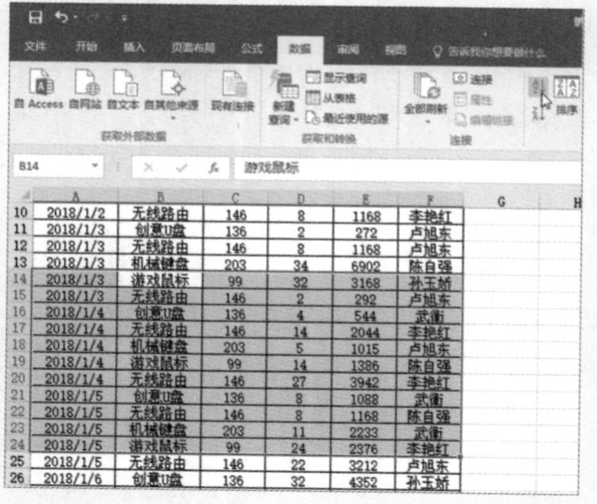

| | A | B | C | D | E | F |
|---|---|---|---|---|---|---|
| 10 | 2018/1/2 | 无线路由 | 146 | 8 | 1168 | 李艳红 |
| 11 | 2018/1/3 | 创意U盘 | 136 | 2 | 272 | 卢旭东 |
| 12 | 2018/1/3 | 无线路由 | 146 | 8 | 1168 | 卢旭东 |
| 13 | 2018/1/3 | 机械键盘 | 203 | 34 | 6902 | 陈自强 |
| 14 | 2018/1/3 | 游戏鼠标 | 99 | 32 | 3168 | 孙玉娇 |
| 15 | 2018/1/3 | 无线路由 | 146 | 2 | 292 | 卢旭东 |
| 16 | 2018/1/4 | 创意U盘 | 136 | 4 | 544 | 武衡 |
| 17 | 2018/1/4 | 无线路由 | 146 | 14 | 2044 | 李艳红 |
| 18 | 2018/1/4 | 机械键盘 | 203 | 5 | 1015 | 卢旭东 |
| 19 | 2018/1/4 | 游戏鼠标 | 99 | 14 | 1386 | 陈自强 |
| 20 | 2018/1/4 | 无线路由 | 146 | 27 | 3942 | 李艳红 |
| 21 | 2018/1/5 | 创意U盘 | 136 | 8 | 1088 | 武衡 |
| 22 | 2018/1/5 | 无线路由 | 146 | 8 | 1168 | 陈自强 |
| 23 | 2018/1/5 | 机械键盘 | 203 | 11 | 2233 | 武衡 |
| 24 | 2018/1/5 | 游戏鼠标 | 99 | 24 | 2376 | 李艳红 |
| 25 | 2018/1/5 | 无线路由 | 146 | 22 | 3212 | 卢旭东 |
| 26 | 2018/1/6 | 创意U盘 | 136 | 32 | 4352 | 孙玉娇 |

**STEP 6 单击排序按钮**

在 数据 选项卡下"排序和筛选"组中单击相应的排序按钮，即可进行排序。

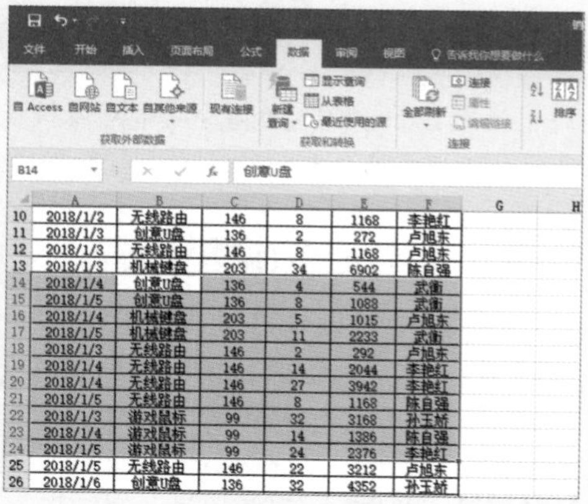

| | A | B | C | D | E | F |
|---|---|---|---|---|---|---|
| 10 | 2018/1/2 | 无线路由 | 146 | 8 | 1168 | 李艳红 |
| 11 | 2018/1/3 | 创意U盘 | 136 | 2 | 272 | 卢旭东 |
| 12 | 2018/1/3 | 无线路由 | 146 | 8 | 1168 | 卢旭东 |
| 13 | 2018/1/3 | 机械键盘 | 203 | 34 | 6902 | 陈自强 |
| 14 | 2018/1/4 | 创意U盘 | 136 | 4 | 544 | 武衡 |
| 15 | 2018/1/5 | 创意U盘 | 136 | 8 | 1088 | 武衡 |
| 16 | 2018/1/4 | 机械键盘 | 203 | 5 | 1015 | 卢旭东 |
| 17 | 2018/1/5 | 机械键盘 | 203 | 11 | 2233 | 武衡 |
| 18 | 2018/1/3 | 无线路由 | 146 | 2 | 292 | 卢旭东 |
| 19 | 2018/1/4 | 无线路由 | 146 | 14 | 2044 | 李艳红 |
| 20 | 2018/1/4 | 无线路由 | 146 | 27 | 3942 | 李艳红 |
| 21 | 2018/1/5 | 无线路由 | 146 | 8 | 1168 | 陈自强 |
| 22 | 2018/1/3 | 游戏鼠标 | 99 | 32 | 3168 | 孙玉娇 |
| 23 | 2018/1/4 | 游戏鼠标 | 99 | 14 | 1386 | 陈自强 |
| 24 | 2018/1/5 | 游戏鼠标 | 99 | 24 | 2376 | 李艳红 |
| 25 | 2018/1/5 | 无线路由 | 146 | 22 | 3212 | 卢旭东 |
| 26 | 2018/1/6 | 创意U盘 | 136 | 32 | 4352 | 孙玉娇 |

## 5.1.2 恢复排序前的状态

微课：恢复排序前的状态

将数据根据需要进行排序整理后，若要将其恢复为原来的顺序状态并不太容易。此时可以在排序前添加序号辅助列，当要恢复原来的顺序时，只需重新对序号进行排序即可，具体操作方法如下：

**STEP 1 插入序号列**

在表格的最左侧插入"序号"列，并按顺序输入序号，以标明表格原来的顺序。

| 序号 | 日期 | 商品名称 | 单价 | 销量 | 销售额 | 销售员 |
|---|---|---|---|---|---|---|
| 1 | 2018/1/1 | 无线路由 | 146 | 31 | 4526 | 武衡 |
| 2 | 2018/1/1 | 机械键盘 | 203 | 33 | 6699 | 李艳红 |
| 3 | 2018/1/1 | 游戏鼠标 | 99 | 12 | 1188 | 武衡 |
| 4 | 2018/1/1 | 无线路由 | 146 | 36 | 5256 | 卢旭东 |
| 5 | 2018/1/1 | 创意U盘 | 136 | 24 | 3264 | 孙玉娇 |
| 6 | 2018/1/2 | 无线路由 | 146 | 22 | 3212 | 卢旭东 |
| 7 | 2018/1/2 | 机械键盘 | 203 | 6 | 1218 | 武衡 |
| 8 | 2018/1/2 | 游戏鼠标 | 99 | 27 | 2673 | 卢旭东 |
| 9 | 2018/1/2 | 无线路由 | 146 | 8 | 1168 | 李艳红 |
| 10 | 2018/1/3 | 创意U盘 | 136 | 2 | 272 | 卢旭东 |
| 11 | 2018/1/3 | 无线路由 | 146 | 8 | 1168 | 卢旭东 |
| 12 | 2018/1/3 | 机械键盘 | 203 | 34 | 6902 | 陈自强 |
| 13 | 2018/1/3 | 游戏鼠标 | 99 | 32 | 3168 | 孙玉娇 |
| 14 | 2018/1/3 | 无线路由 | 146 | 2 | 292 | 卢旭东 |
| 15 | 2018/1/4 | 创意U盘 | 136 | 4 | 544 | 武衡 |
| 16 | 2018/1/4 | 无线路由 | 146 | 14 | 2044 | 李艳红 |
| 17 | 2018/1/4 | 机械键盘 | 203 | 5 | 1015 | 卢旭东 |
| 18 | 2018/1/4 | 游戏鼠标 | 99 | 14 | 1386 | 陈自强 |
| 19 | 2018/1/4 | 无线路由 | 146 | 27 | 3942 | 李艳红 |
| 20 | 2018/1/5 | 创意U盘 | 136 | 8 | 1088 | 武衡 |

**STEP 2 选择 升序(S) 命令**

根据需要对表格进行所需的排序操作。若要恢复为原顺序，❶可右击"序号"列任一单元格，❷选择 排序(O) 选项，❸选择 升序(S) 命令。

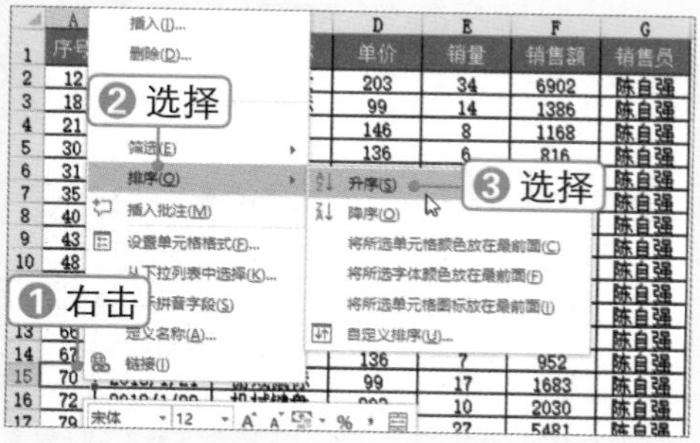

## 5.1.3 按自定义序列排序

微课：按自定义序列排序

在Excel 2016中，若要进行既非降序又非升序的排序时，可以创建自定义序列，使其按照此序列排序，具体操作方法如下：

### STEP 1 输入序列

❶在 I 列输入所需的排序序列，❷右击任一选项卡，❸选择自定义功能区(R)...命令。

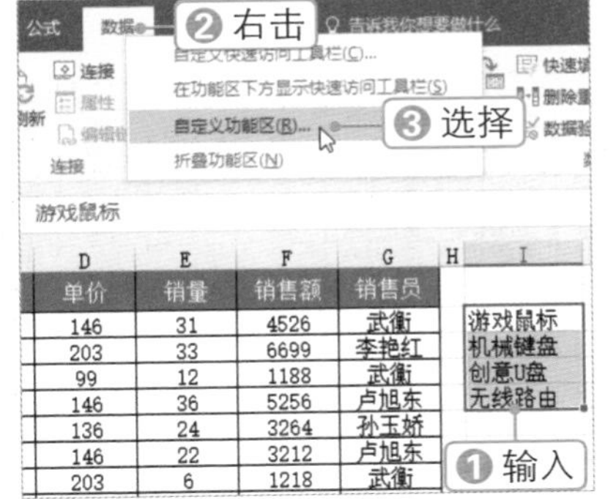


### STEP 2 单击编辑自定义列表(O)...按钮

弹出“Excel 选项”对话框，❶在左侧选择“高级”选项，❷在右侧单击编辑自定义列表(O)...按钮。

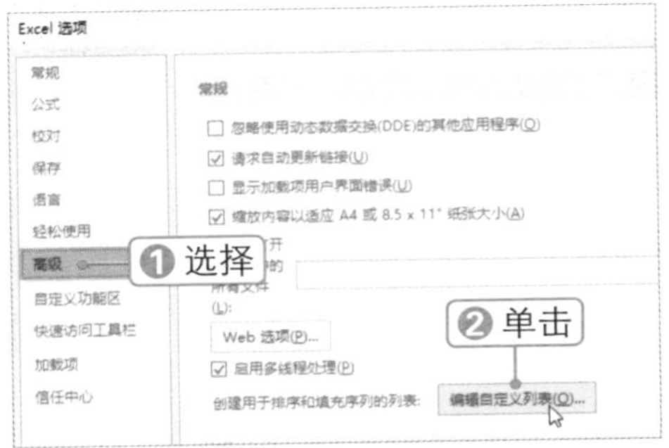


### STEP 3 单击导入(M)按钮

弹出“自定义序列”对话框，单击导入(M)按钮。

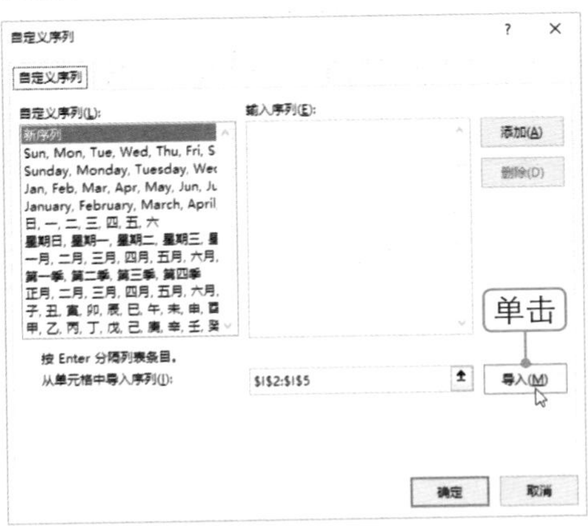


### STEP 4 导入自定义序列

此时即可导入自定义序列，依次单击确定按钮。

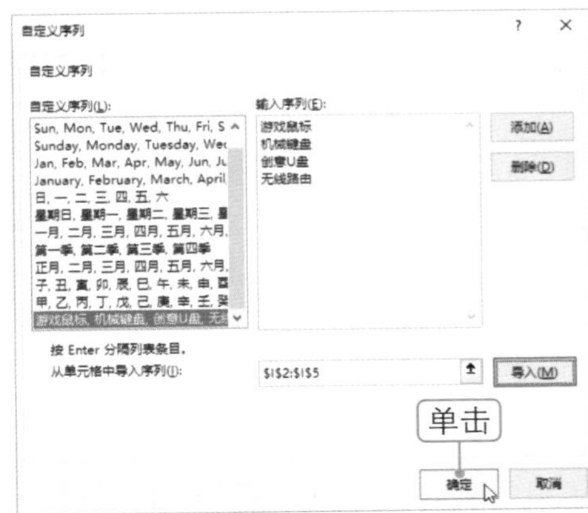


### STEP 5 选择自定义排序(U)...命令

❶右击“商品名称”列任一单元格，❷选择排序(O)选项，❸选择自定义排序(U)...命令。

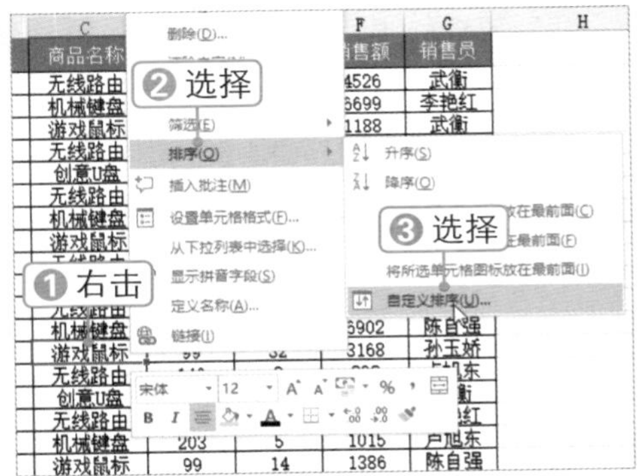


### STEP 6 选择“自定义序列”选项

弹出“排序”对话框，❶在“主要关键字”下拉列表框中选择“商品名称”选项，❷在“次序”下拉列表框中选择“自定义序列”选项。

**STEP 7 选择序列**

弹出“自定义序列”对话框，❶在“自定义序列”列表框中选择所需的序列选项，❷依次单击 确定 按钮。

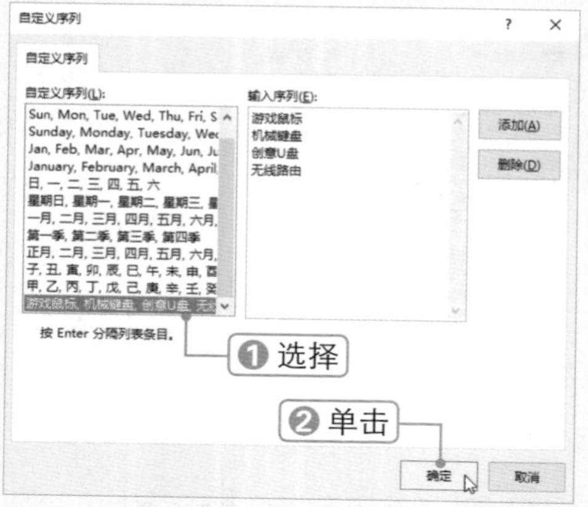


**STEP 8 查看排序效果**

此时即可查看按自定义序列对商品名称进行排序后的表格效果。

| | A | B | C | D | E | F | G |
|---|---|---|---|---|---|---|---|
| 1 | 序号 | 日期 | 商品名称 | 单价 | 销量 | 销售额 | 销售员 |
| 2 | 3 | 2018/1/1 | 游戏鼠标 | 99 | 12 | 1188 | 武衡 |
| 3 | 8 | 2018/1/2 | 游戏鼠标 | 99 | 27 | 2673 | 卢旭东 |
| 4 | 13 | 2018/1/3 | 游戏鼠标 | 99 | 32 | 3168 | 孙玉娇 |
| 5 | 18 | 2018/1/4 | 游戏鼠标 | 99 | 14 | 1386 | 陈自强 |
| 6 | 23 | 2018/1/5 | 游戏鼠标 | 99 | 24 | 2376 | 李艳红 |
| 7 | 28 | 2018/1/6 | 游戏鼠标 | 99 | 8 | 792 | 武衡 |
| 8 | 32 | 2018/1/7 | 游戏鼠标 | 99 | 11 | 1089 | 卢旭东 |
| 9 | 36 | 2018/1/8 | 游戏鼠标 | 99 | 24 | 2376 | 孙玉娇 |
| 10 | 40 | 2018/1/9 | 游戏鼠标 | 99 | 4 | 396 | 陈自强 |
| 11 | 45 | 2018/1/10 | 游戏鼠标 | 99 | 7 | 693 | 李艳红 |
| 12 | 50 | 2018/1/11 | 游戏鼠标 | 99 | 7 | 693 | 武衡 |
| 13 | 57 | 2018/1/13 | 游戏鼠标 | 99 | 12 | 1188 | 卢旭东 |
| 14 | 61 | 2018/1/15 | 游戏鼠标 | 99 | 10 | 990 | 孙玉娇 |
| 15 | 70 | 2018/1/21 | 游戏鼠标 | 99 | 17 | 1683 | 陈自强 |
| 16 | 73 | 2018/1/22 | 游戏鼠标 | 99 | 24 | 2376 | 李艳红 |
| 17 | 76 | 2018/1/24 | 游戏鼠标 | 99 | 28 | 2772 | 武衡 |
| 18 | 82 | 2018/1/26 | 游戏鼠标 | 99 | 15 | 1485 | 孙玉娇 |
| 19 | 87 | 2018/1/27 | 游戏鼠标 | 99 | 24 | 2376 | 卢旭东 |
| 20 | 93 | 2018/1/30 | 游戏鼠标 | 99 | 30 | 2970 | 武衡 |
| 21 | 97 | 2018/1/31 | 游戏鼠标 | 99 | 16 | 1584 | 李艳红 |
| 22 | 2 | 2018/1/1 | 机械键盘 | 203 | 33 | 6699 | 李艳红 |
| 23 | 7 | 2018/1/2 | 机械键盘 | 203 | 6 | 1218 | 武衡 |

## 5.1.4 添加排序条件

在对数据表中的某一个字段进行排序时，若出现一些含有相同数据而无法正确排序的情况，就需要增加其他排序条件来对含有相同数据的记录进行排序，具体操作方法如下：

微课：添加排序条件

**STEP 1 单击 添加条件(A) 按钮**

打开“排序”对话框，单击 添加条件(A) 按钮。

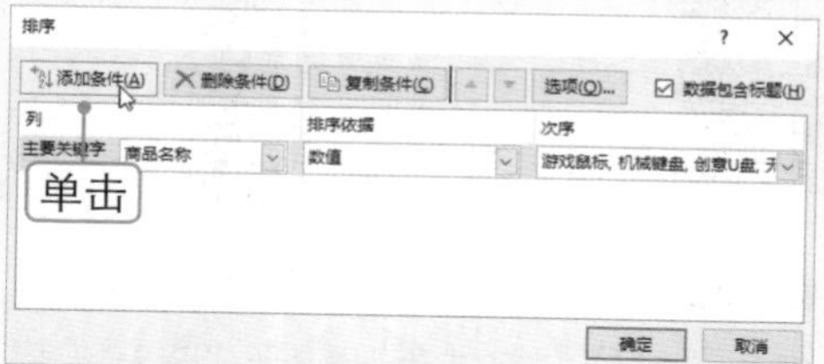


**STEP 2 添加排序条件**

❶在“次要关键字”下拉列表框中选择“销售额”选项，❷在“次序”下拉列表框中选择“降序”选项，❸单击 确定 按钮。

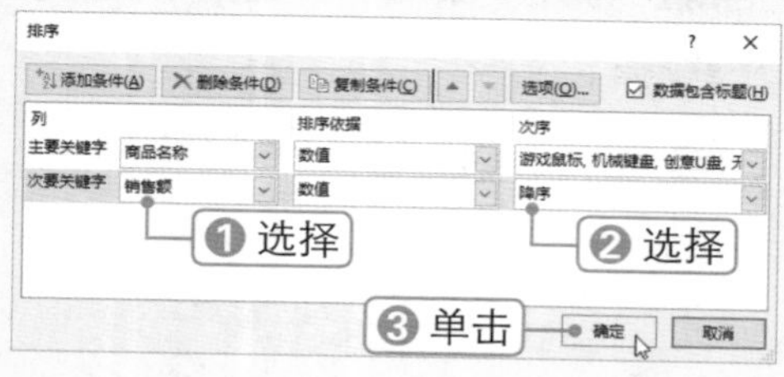


**STEP 3 查看排序效果**

此时即可在对“商品名称”排序的基础上对“销售额”按降序进行排序。

| | A | B | C | D | E | F | G |
|---|---|---|---|---|---|---|---|
| 1 | 序号 | 日期 | 商品名称 | 单价 | 销量 | 销售额 | 销售员 |
| 2 | 13 | 2018/1/3 | 游戏鼠标 | 99 | 32 | 3168 | 孙玉娇 |
| 3 | 93 | 2018/1/30 | 游戏鼠标 | 99 | 30 | 2970 | 武衡 |
| 4 | 76 | 2018/1/24 | 游戏鼠标 | 99 | 28 | 2772 | 武衡 |
| 5 | 8 | 2018/1/2 | 游戏鼠标 | 99 | 27 | 2673 | 卢旭东 |
| 6 | 23 | 2018/1/5 | 游戏鼠标 | 99 | 24 | 2376 | 李艳红 |
| 7 | 36 | 2018/1/8 | 游戏鼠标 | 99 | 24 | 2376 | 孙玉娇 |
| 8 | 73 | 2018/1/22 | 游戏鼠标 | 99 | 24 | 2376 | 李艳红 |
| 9 | 87 | 2018/1/27 | 游戏鼠标 | 99 | 24 | 2376 | 卢旭东 |
| 10 | 70 | 2018/1/21 | 游戏鼠标 | 99 | 17 | 1683 | 陈自强 |
| 11 | 97 | 2018/1/31 | 游戏鼠标 | 99 | 16 | 1584 | 李艳红 |
| 12 | 82 | 2018/1/26 | 游戏鼠标 | 99 | 15 | 1485 | 孙玉娇 |
| 13 | 18 | 2018/1/4 | 游戏鼠标 | 99 | 14 | 1386 | 陈自强 |
| 14 | 3 | 2018/1/1 | 游戏鼠标 | 99 | 12 | 1188 | 武衡 |
| 15 | 57 | 2018/1/13 | 游戏鼠标 | 99 | 12 | 1188 | 卢旭东 |
| 16 | 32 | 2018/1/7 | 游戏鼠标 | 99 | 11 | 1089 | 卢旭东 |
| 17 | 61 | 2018/1/15 | 游戏鼠标 | 99 | 10 | 990 | 孙玉娇 |
| 18 | 28 | 2018/1/6 | 游戏鼠标 | 99 | 8 | 792 | 武衡 |
| 19 | 45 | 2018/1/10 | 游戏鼠标 | 99 | 7 | 693 | 李艳红 |
| 20 | 50 | 2018/1/11 | 游戏鼠标 | 99 | 7 | 693 | 武衡 |
| 21 | 40 | 2018/1/9 | 游戏鼠标 | 99 | 4 | 396 | 陈自强 |
| 22 | 35 | 2018/1/8 | 机械键盘 | 203 | 35 | 7105 | 陈自强 |
| 23 | 44 | 2018/1/10 | 机械键盘 | 203 | 35 | 7105 | 李艳红 |

## 5.1.5 按照字符数量排序

微课：按照字符数量排序

在制作一些数据表时，为了满足某些观看习惯，常常需要按照文本的数量进行排序。例如，要对一份图书推荐表按书名字数进行排序，可先计算出字符数量，然后按字符个数进行排序，具体操作方法如下：

**STEP 1 输入并填充公式**

在 B2 单元格中输入公式“=LEN(A2)”，并按【Enter】键确认，即可得到 A2 单元格中的字符个数，向下填充公式。

B2 | =LEN(A2)

|  | A | B |
|---|---|---|
| 1 | 诗句 | 排序 |
| 2 | 思悠悠 | 3 |
| 3 | 小桥流水人家 | 6 |
| 4 | 流水落花春去也，天上人间 | 12 |
| 5 | 独立寒秋 | 4 |
| 6 | 心似双丝网，中有千千结 | 11 |
| 7 | 若是前生未有缘，待重结、来生愿 | 15 |
| 8 | 老来情味减，对别酒、怯流年 | 13 |
| 9 | 愿得一心人 | 5 |
| 10 | 小楼一夜听春雨 | 7 |
| 11 | 墙外行人，墙里佳人笑 | 10 |
| 12 | 一鼓作气，再而衰 | 8 |
| 13 | 只愿君心似我心，定不负相思意 | 14 |
| 14 | 渺万里层云，千山暮雪，只影向谁去 | 16 |
| 15 | 绝句 | 2 |
| 16 | 桃之夭夭，灼灼其华 | 9 |

**STEP 2 按字符个数排序**

对 B 列进行升序或降序排序，即可按字符个数排序。

|  | A | B |
|---|---|---|
| 1 | 诗句 | 排序 |
| 2 | 渺万里层云，千山暮雪，只影向谁去 | 16 |
| 3 | 若是前生未有缘，待重结、来生愿 | 15 |
| 4 | 只愿君心似我心，定不负相思意 | 14 |
| 5 | 老来情味减，对别酒、怯流年 | 13 |
| 6 | 流水落花春去也，天上人间 | 12 |
| 7 | 心似双丝网，中有千千结 | 11 |
| 8 | 墙外行人，墙里佳人笑 | 10 |
| 9 | 桃之夭夭，灼灼其华 | 9 |
| 10 | 一鼓作气，再而衰 | 8 |
| 11 | 小楼一夜听春雨 | 7 |
| 12 | 小桥流水人家 | 6 |
| 13 | 愿得一心人 | 5 |
| 14 | 独立寒秋 | 4 |
| 15 | 思悠悠 | 3 |
| 16 | 绝句 | 2 |

## 5.1.6 随机排序

微课：随机排序

在进行数据排序时，有时需要打乱原有的顺序，此时可以利用辅助列和随机函数对数据进行随机排序，具体操作方法如下：

**STEP 1 输入并填充公式**

在 B2 单元格中输入公式“=RAND()”，并按【Enter】键确认，即可得到一个随机数，向下填充公式。

B2 | =RAND()

|  | A | B |
|---|---|---|
| 1 | 诗句 | 排序 |
| 2 | 渺万里层云，千山暮雪，只影向谁去 | 0.923 |
| 3 | 若是前生未有缘，待重结、来生愿 | 0.401 |
| 4 | 只愿君心似我心，定不负相思意 | 0.602 |
| 5 | 老来情味减，对别酒、怯流年 | 0.928 |
| 6 | 流水落花春去也，天上人间 | 0.836 |
| 7 | 心似双丝网，中有千千结 | 0.72 |
| 8 | 墙外行人，墙里佳人笑 | 0.442 |
| 9 | 桃之夭夭，灼灼其华 | 0.103 |
| 10 | 一鼓作气，再而衰 | 0.912 |
| 11 | 小楼一夜听春雨 | 0.568 |
| 12 | 小桥流水人家 | 0.815 |
| 13 | 愿得一心人 | 0.54 |
| 14 | 独立寒秋 | 0.12 |
| 15 | 思悠悠 | 0.178 |
| 16 | 绝句 | 0.483 |

**STEP 2 随机排序**

对 B 列进行升序或降序排序，即可进行随机排序。

|  | A | B |
|---|---|---|
| 1 | 诗句 | 排序 |
| 2 | 愿得一心人 | 0.451 |
| 3 | 桃之夭夭，灼灼其华 | 0.957 |
| 4 | 独立寒秋 | 0.813 |
| 5 | 思悠悠 | 0.979 |
| 6 | 小楼一夜听春雨 | 0.988 |
| 7 | 若是前生未有缘，待重结、来生愿 | 0.041 |
| 8 | 小桥流水人家 | 0.786 |
| 9 | 只愿君心似我心，定不负相思意 | 0.887 |
| 10 | 老来情味减，对别酒、怯流年 | 0.647 |
| 11 | 绝句 | 0.053 |
| 12 | 心似双丝网，中有千千结 | 0.307 |
| 13 | 墙外行人，墙里佳人笑 | 0.163 |
| 14 | 渺万里层云，千山暮雪，只影向谁去 | 0.318 |
| 15 | 一鼓作气，再而衰 | 0.349 |
| 16 | 流水落花春去也，天上人间 | 0.35 |

Chapter 05

# 5.2 多功能筛选数据

■ 关键词：自动筛选、同字段多条件、不同字段多条件、高级筛选、核对数据

数据筛选是指在数据表中筛选出符合条件的数据。如果数据表中的数据很多，使用数据筛选功能可以快速查找数据表中符合条件的数据，此时表格中只显示筛选出的数据记录，不满足条件的记录会自动隐藏。

## 5.2.1 普通自动筛选

微课：普通自动筛选

普通自动筛选是使用最多的筛选功能，通过设置筛选条件，快速筛选出符合条件的数据，具体操作方法如下：

### STEP 1 单击“筛选”按钮

选择任一数据单元格，❶选择 数据 选项卡，❷单击“筛选”按钮，即可进入筛选状态。

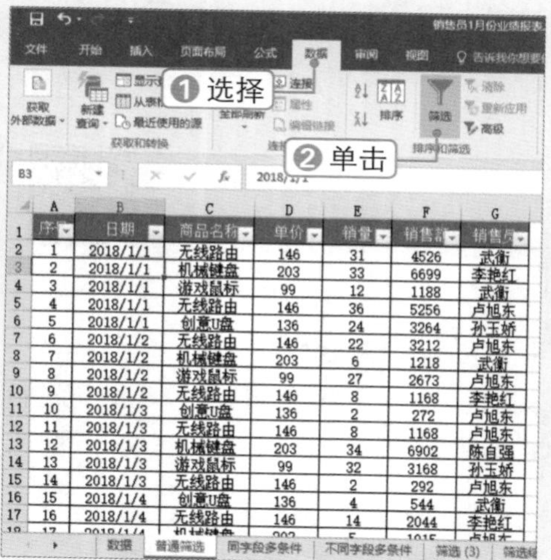


### STEP 2 选择 介于(W)... 选项

❶单击“日期”筛选按钮，❷选择 日期筛选(F) 选项，❸选择 介于(W)... 选项。

### STEP 3 设置筛选方式

弹出“自定义自动筛选方式”对话框，❶设置筛选条件，❷单击 确定 按钮。

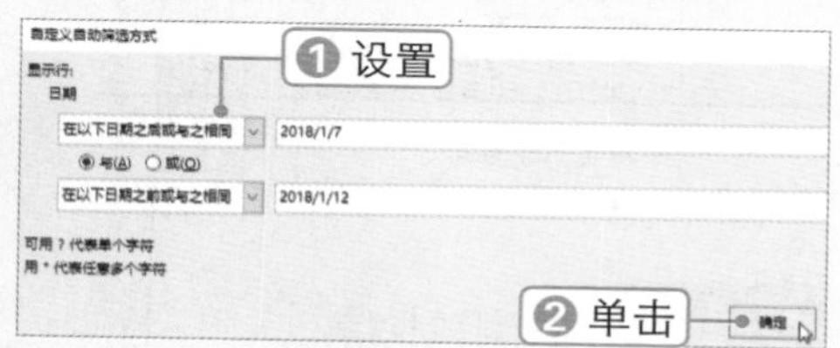


### STEP 4 设置筛选商品

❶单击“商品名称”筛选按钮，❷选中要筛选商品前的复选框，❸单击 确定 按钮。

**STEP 5　降序排序**

❶单击“销售额”筛选按钮，❷选择 降序(O) 选项。

**STEP 6　查看筛选效果**

此时即可查看按照设置条件进行筛选后的表格效果。

| | A | B | C | D | E | F | G |
|---|---|---|---|---|---|---|---|
| 1 | 序号 | 日期 | 商品名称 | 单价 | 销量 | 销售额 | 销售员 |
| 31 | 41 | 2018/1/9 | 无线路由 | 146 | 33 | 4818 | 孙玉娇 |
| 33 | 53 | 2018/1/12 | 无线路由 | 146 | 30 | 4380 | 孙玉娇 |
| 34 | 42 | 2018/1/9 | 创意U盘 | 136 | 27 | 3672 | 李艳红 |
| 35 | 33 | 2018/1/7 | 无线路由 | 146 | 25 | 3650 | 武衡 |
| 37 | 38 | 2018/1/9 | 无线路由 | 146 | 22 | 3212 | 卢旭东 |
| 38 | 48 | 2018/1/11 | 无线路由 | 146 | 18 | 2628 | 陈自强 |
| 39 | 36 | 2018/1/8 | 游戏鼠标 | 99 | 24 | 2376 | 孙玉娇 |
| 41 | 34 | 2018/1/8 | 无线路由 | 146 | 16 | 2336 | 李艳红 |
| 42 | 47 | 2018/1/10 | 创意U盘 | 136 | 17 | 2312 | 李艳红 |
| 43 | 46 | 2018/1/10 | 无线路由 | 146 | 10 | 1460 | 武衡 |
| 44 | 52 | 2018/1/11 | 创意U盘 | 136 | 9 | 1224 | 武衡 |
| 46 | 32 | 2018/1/7 | 游戏鼠标 | 99 | 11 | 1089 | 卢旭东 |
| 47 | 43 | 2018/1/10 | 无线路由 | 146 | 6 | 876 | 陈自强 |
| 48 | 30 | 2018/1/7 | 创意U盘 | 136 | 6 | 816 | 陈自强 |
| 49 | 45 | 2018/1/10 | 游戏鼠标 | 99 | 7 | 693 | 李艳红 |
| 51 | 50 | 2018/1/11 | 游戏鼠标 | 99 | 7 | 693 | 武衡 |
| 52 | 51 | 2018/1/11 | 无线路由 | 146 | 4 | 584 | 孙玉娇 |
| 53 | 37 | 2018/1/8 | 无线路由 | 146 | 3 | 438 | 孙玉娇 |
| 54 | 40 | 2018/1/9 | 游戏鼠标 | 99 | 4 | 396 | 陈自强 |

## 5.2.2 同字段多条件筛选

微课：同字段多条件筛选

当Excel 2016的自动筛选功能无法满足需求时，就需要进行高级筛选。在自动筛选中，同一字段最多只能设置两个条件，而高级筛选可以在同一字段中设置多条件筛选，具体操作方法如下：

**STEP 1　输入筛选条件**

❶在 I1:I4 单元格区域输入筛选条件，❷在数据表中选择任一单元格，❸在“排序和筛选”组中单击 高级 按钮。

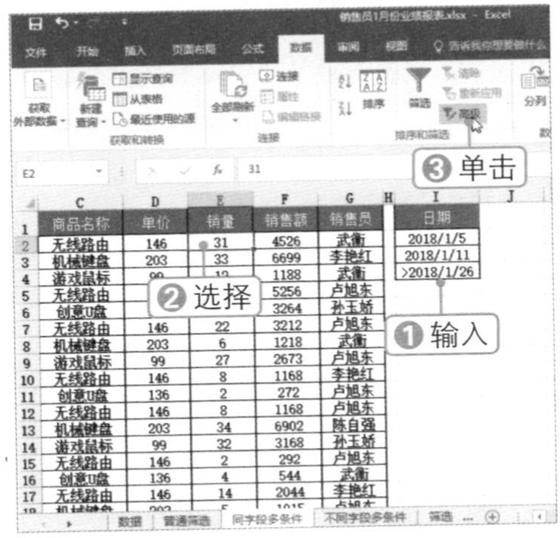


**STEP 2　选择列表区域**

弹出“高级筛选”对话框，Excel 将自动选择列表区域。

**STEP 3　设置条件区域**

❶将光标定位到“条件区域”文本框中，❷选择 I1:I4 单元格区域，❸单击 确定 按钮。

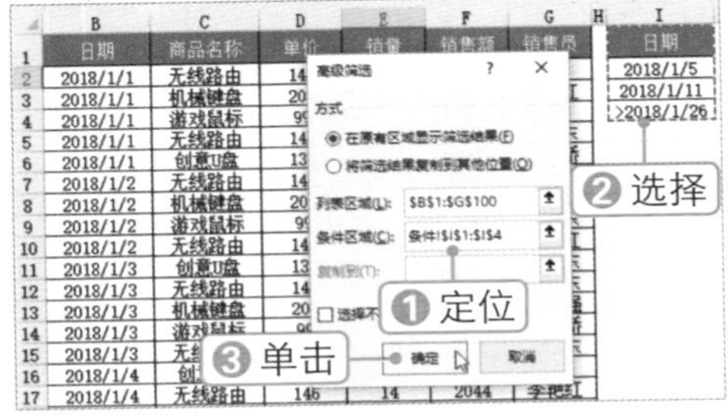

**STEP 4　查看筛选结果**

此时即可筛选出“2018/1/5”“2018/1/11”以及“大于 2018/1/26”日期的销售数据。

| | B | C | D | E | F | G |
|---|---|---|---|---|---|---|
| 1 | 日期 | 商品名称 | 单价 | 销量 | 销售额 | 销售员 |
| 21 | 2018/1/5 | 创意U盘 | 136 | 8 | 1088 | 武衡 |
| 22 | 2018/1/5 | 无线路由 | 146 | 8 | 1168 | 陈自强 |
| 23 | 2018/1/5 | 机械键盘 | 203 | 11 | 2233 | 武衡 |
| 24 | 2018/1/5 | 游戏鼠标 | 99 | 24 | 2376 | 李艳红 |
| 25 | 2018/1/5 | 无线路由 | 146 | 22 | 3212 | 卢旭东 |
| 49 | 2018/1/11 | 无线路由 | 146 | 18 | 2628 | 陈自强 |
| 50 | 2018/1/11 | 机械键盘 | 203 | 30 | 6090 | 孙玉娇 |
| 51 | 2018/1/11 | 游戏鼠标 | 99 | 7 | 693 | 武衡 |
| 52 | 2018/1/11 | 无线路由 | 146 | 4 | 584 | 孙玉娇 |
| 53 | 2018/1/11 | 创意U盘 | 136 | 9 | 1224 | 武衡 |
| 86 | 2018/1/27 | 无线路由 | 146 | 9 | 1314 | 卢旭东 |
| 87 | 2018/1/27 | 机械键盘 | 203 | 2 | 406 | 卢旭东 |
| 88 | 2018/1/27 | 游戏鼠标 | 99 | 24 | 2376 | 卢旭东 |
| 89 | 2018/1/28 | 无线路由 | 146 | 26 | 3796 | 卢旭东 |
| 90 | 2018/1/28 | 创意U盘 | 136 | 3 | 408 | 李艳红 |
| 91 | 2018/1/29 | 无线路由 | 146 | 27 | 3942 | 陈自强 |
| 92 | 2018/1/30 | 无线路由 | 146 | 19 | 2774 | 陈自强 |
| 93 | 2018/1/30 | 机械键盘 | 203 | 28 | 5684 | 孙玉娇 |
| 94 | 2018/1/30 | 游戏鼠标 | 99 | 30 | 2970 | 武衡 |
| 95 | 2018/1/30 | 无线路由 | 146 | 21 | 3066 | 武衡 |
| 96 | 2018/1/30 | 创意U盘 | 136 | 4 | 544 | 卢旭东 |
| 97 | 2018/1/31 | 机械键盘 | 203 | 8 | 1624 | 武衡 |
| 98 | 2018/1/31 | 游戏鼠标 | 99 | 16 | 1584 | 李艳红 |
| 99 | 2018/1/31 | 创意U盘 | 136 | 7 | 952 | 陈自强 |
| 100 | 2018/1/31 | 无线路由 | 146 | 10 | 1460 | 卢旭东 |

**实操解疑**

**使用公式创建条件**

在进行高级筛选时，可以使用公式设置筛选条件，需要注意的是公式返回值必须为 TRUE 或 FALSE。不要将列标签用作条件标签，可将其保留为空。用作条件的公式必须使用相对引用来引用第一行数据中相应的单元格，其他引用必须为绝对引用。

## 5.2.3 不同字段多条件筛选

在自动筛选中，不同字段之间的筛选只能是在满足一个字段的条件下再进行另一个字段的筛选，多个字段之间的筛选必须是“交集”。使用高级筛选可以为不同字段设置多种筛选条件。在设置时要注意，同一行的条件为“且”的关系，不同行的条件为“或”的关系。

微课：不同字段多条件筛选

不同字段多条件筛选的具体操作方法如下：

**STEP 1　输入筛选条件**

❶在 I1:L3 单元格区域输入筛选条件，❷在数据表中选择任一单元格，❸在“排序和筛选”组中单击 高级 按钮。

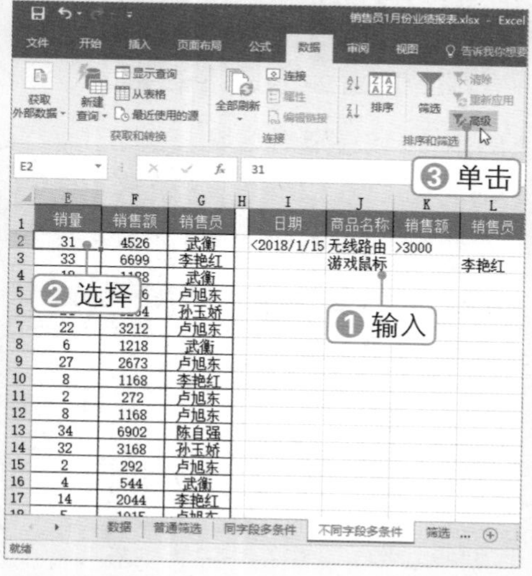


**STEP 2　选择条件区域**

弹出“高级筛选”对话框，❶选择条件区域，❷单击 确定 按钮。

**STEP 3　查看筛选结果**

此时即可将日期小于“2018/1/15”、商品名称为“无线路由”且销售额大于 3000，或者商品名称为“游戏鼠标”且销售员为“李艳红”的数据筛选出来。

| | 序号 | 日期 | 商品名称 | 单价 | 销量 | 销售额 | 销售员 |
|---|---|---|---|---|---|---|---|
| 2 | 1 | 2018/1/1 | 无线路由 | 146 | 31 | 4526 | 武衡 |
| 5 | 4 | 2018/1/1 | 无线路由 | 146 | 36 | 5256 | 卢旭东 |
| 7 | 6 | 2018/1/2 | 无线路由 | 146 | 22 | 3212 | 卢旭东 |
| 20 | 19 | 2018/1/4 | 无线路由 | 146 | 27 | 3942 | 李艳红 |
| 24 | 23 | 2018/1/5 | 游戏鼠标 | 99 | 24 | 2376 | 李艳红 |
| 25 | 24 | 2018/1/5 | 无线路由 | 146 | 22 | 3212 | 卢旭东 |
| 34 | 33 | 2018/1/7 | 无线路由 | 146 | 25 | 3650 | 武衡 |
| 39 | 38 | 2018/1/9 | 无线路由 | 146 | 22 | 3212 | 卢旭东 |
| 42 | 41 | 2018/1/9 | 无线路由 | 146 | 33 | 4818 | 孙玉娇 |
| 46 | 45 | 2018/1/10 | 游戏鼠标 | 99 | 7 | 693 | 李艳红 |
| 54 | 53 | 2018/1/12 | 无线路由 | 146 | 30 | 4380 | 孙玉娇 |
| 74 | 73 | 2018/1/22 | 游戏鼠标 | 99 | 24 | 2376 | 李艳红 |
| 98 | 97 | 2018/1/31 | 游戏鼠标 | 99 | 16 | 1584 | 李艳红 |

**秒杀技巧　在高级筛选中使用名称**

在进行高级筛选时，可以根据需要为列表区域和条件区域的单元格命名，并在“高级筛选”对话框中将该名称设置为参数。

## 5.2.4 将筛选结果复制到其他工作表

在进行数据筛选操作时，若要将筛选的数据单独提取出来，可以设置将筛选结果复制到工作表的其他位置或其他工作表中，具体操作方法如下：

微课：将筛选结果复制到其他工作表

### STEP 1　创建名称

全选数据表格，在名称框中输入 data，并按【Enter】键确认。

| | 序号 | 日期 | 商品名称 | 单价 | 销量 | 销售额 | 销售员 |
|---|---|---|---|---|---|---|---|
| 2 | 1 | 2018/1/1 | 无线路由 | 146 | 31 | 4526 | 武衡 |
| 3 | 2 | 2018/1/1 | 机械键盘 | 203 | 33 | 6699 | 李艳红 |
| 4 | 3 | 2018/1/1 | 游戏鼠标 | 99 | 12 | 1188 | 武衡 |
| 5 | 4 | 2018/1/1 | 无线路由 | 146 | 36 | 5256 | 卢旭东 |
| 6 | 5 | 2018/1/1 | 创意U盘 | 136 | 24 | 3264 | 孙玉娇 |
| 7 | 6 | 2018/1/2 | 无线路由 | 146 | 22 | 3212 | 卢旭东 |
| 8 | 7 | 2018/1/2 | 机械键盘 | 203 | 6 | 1218 | 武衡 |
| 9 | 8 | 2018/1/2 | 游戏鼠标 | 99 | 27 | 2673 | 卢旭东 |
| 10 | 9 | 2018/1/2 | 无线路由 | 146 | 8 | 1168 | 李艳红 |
| 11 | 10 | 2018/1/3 | 创意U盘 | 136 | 2 | 272 | 卢旭东 |
| 12 | 11 | 2018/1/3 | 无线路由 | 146 | 8 | 1168 | 卢旭东 |
| 13 | 12 | 2018/1/3 | 机械键盘 | 203 | 34 | 6902 | 陈自强 |
| 14 | 13 | 2018/1/3 | 游戏鼠标 | 99 | 32 | 3168 | 孙玉娇 |

### STEP 2　输入筛选条件

❶新建工作表，并输入筛选条件，❷在“排序和筛选”组中单击 高级 按钮。

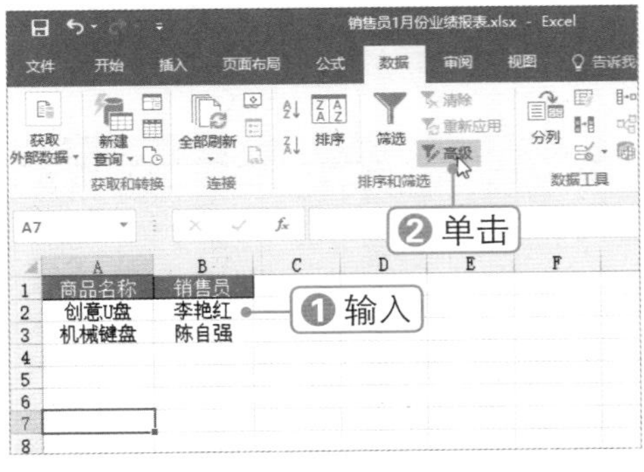


### STEP 3　设置高级筛选选项

弹出“高级筛选”对话框，❶选中“将筛选结果复制到其他位置”单选按钮，❷设置“列表区域”“条件区域”及“复制到”位置，❸单击 确定 按钮。

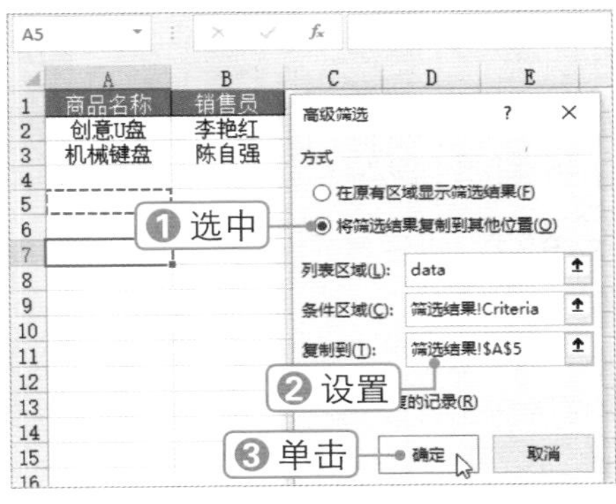


### STEP 4　查看筛选结果

此时即可将符合条件的数据筛选出来。❶选中“商品名称”数据中任一单元格，❷在“排序和筛选”组中单击“升序”按钮。

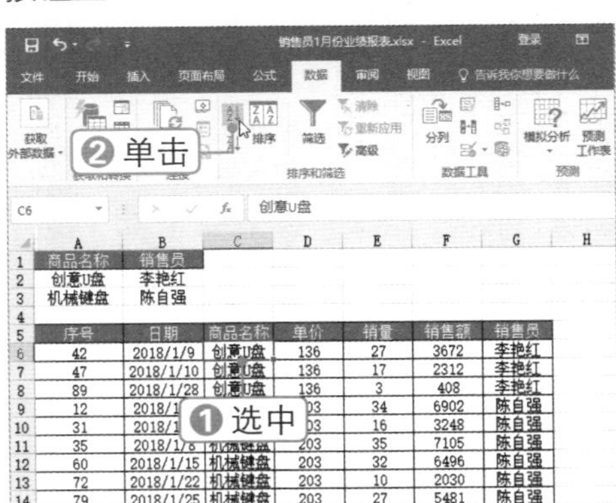

## 5.2.5 使用高级筛选核对数据

微课：使用高级筛选核对数据

如果由两个不同人员编辑的数据表需要进行核对，此时可以利用高级筛选功能将其中的一个数据表用作筛选条件，以此确定两表之间相同的数据，反之则为有差异的数据，具体操作方法如下：

### STEP 1 打开“高级筛选”对话框

切换到“数据 1”工作表，打开“高级筛选”对话框。

| | A | B | C | D | E | F | G |
|---|---|---|---|---|---|---|---|
| 1 | 序号 | 日期 | 商品名称 | 单价 | 销量 | 销售额 | 销售员 |
| 2 | 1 | 2018/1/1 | 无线路由 | 146 | 31 | 4526 | 武衡 |
| 3 | 2 | 2018/1/1 | 机械键盘 | | | | 李艳红 |
| 4 | 3 | 2018/1/1 | 游戏鼠标 | | | | 武衡 |
| 5 | 4 | 2018/1/1 | 无线路由 | | | | 卢旭东 |
| 6 | 5 | 2018/1/1 | 创意U盘 | | | | 孙玉娇 |
| 7 | 6 | 2018/1/2 | 无线路由 | | | | 卢旭东 |
| 8 | 7 | 2018/1/2 | 机械键盘 | | | | 武衡 |
| 9 | 8 | 2018/1/2 | 游戏鼠标 | | | | 卢旭东 |
| 10 | 9 | 2018/1/2 | 无线路由 | | | | 李艳红 |
| 11 | 10 | 2018/1/3 | 创意U盘 | | | | 卢旭东 |
| 12 | 11 | 2018/1/3 | 无线路由 | | | | 卢旭东 |
| 13 | 12 | 2018/1/3 | 机械键盘 | | | | 陈自强 |
| 14 | 13 | 2018/1/3 | 游戏鼠标 | | | | 孙玉娇 |
| 15 | 14 | 2018/1/3 | 无线路由 | | | | 卢旭东 |
| 16 | 15 | 2018/1/4 | 创意U盘 | | | | 武衡 |
| 17 | 16 | 2018/1/4 | 无线路由 | | | | 李艳红 |
| 18 | 17 | 2018/1/4 | 机械键盘 | | | | 卢旭东 |
| 19 | 18 | 2018/1/4 | 游戏鼠标 | 99 | 14 | 1386 | 陈自强 |
| 20 | 19 | 2018/1/4 | 无线路由 | 146 | 27 | 3942 | 李艳红 |



### STEP 2 设置条件区域

❶将光标定位到“条件区域”文本框中，切换到“数据 2”工作表，❷选择整个数据区域，使其作为条件区域，❸单击 确定 按钮。

| | A | B | C | D | E | F | G |
|---|---|---|---|---|---|---|---|
| 1 | 序号 | 日期 | 商品名称 | 单价 | 销量 | 销售额 | 销售员 |
| 2 | 1 | 2018/1/1 | 无线路由 | 146 | 31 | 4526 | 武衡 |
| 3 | 2 | 2018/1/1 | 机械键盘 | | | | 李艳红 |
| 4 | 3 | 2018/1/1 | 游戏鼠标 | | | | 武衡 |
| 5 | 4 | 2018/1/1 | 无线路由 | | | | 陈自强 |
| 6 | 5 | 2018/1/1 | 创意U盘 | | | | 孙玉娇 |
| 7 | 6 | 2018/1/2 | 无线路由 | | | | 卢旭东 |
| 8 | 7 | 2018/1/2 | 机械键盘 | | | | 武衡 |
| 9 | 8 | 2018/1/2 | 游戏鼠标 | | | | 卢旭东 |
| 10 | 9 | 2018/1/2 | 无线路由 | | | | 李艳红 |
| 11 | 10 | 2018/1/3 | 创意U盘 | | | | 卢旭东 |
| 12 | 11 | 2018/1/3 | 无线路由 | | | | 卢旭东 |
| 13 | 12 | 2018/1/3 | 机械键盘 | | | | 陈自强 |
| 14 | 13 | 2018/1/3 | 游戏鼠标 | | | | 孙玉娇 |
| 15 | 14 | 2018/1/3 | 无线路由 | | | | 卢旭东 |
| 16 | 15 | 2018/1/4 | 创意U盘 | | | | 武衡 |
| 17 | 16 | 2018/1/4 | 无线路由 | | | | 李艳红 |
| 18 | 17 | 2018/1/4 | 机械键盘 | | | | 卢旭东 |
| 19 | 18 | 2018/1/4 | 游戏鼠标 | 99 | 14 | 1386 | 陈自强 |
| 20 | 19 | 2018/1/4 | 无线路由 | 146 | 27 | 3942 | 李艳红 |



### STEP 3 选择数据单元格区域

此时即可将“数据 1”与“数据 2”工作表中相同的数据筛选出来，选择数据单元格区域。

| | A | B | C | D | E | F | G |
|---|---|---|---|---|---|---|---|
| 1 | 序号 | 日期 | 商品名称 | 单价 | 销量 | 销售额 | 销售员 |
| 2 | 1 | 2018/1/1 | 无线路由 | 146 | 31 | 4526 | 武衡 |
| 3 | 2 | 2018/1/1 | 机械键盘 | 203 | 33 | 6699 | 李艳红 |
| 4 | 3 | 2018/1/1 | 游戏鼠标 | 99 | 12 | 1188 | 武衡 |
| 6 | 5 | 2018/1/1 | 创意U盘 | 136 | 24 | 3264 | 孙玉娇 |
| 9 | 8 | 2018/1/2 | 游戏鼠标 | 99 | 27 | 2673 | 卢旭东 |
| 10 | 9 | 2018/1/2 | 无线路由 | 146 | 8 | 1168 | 李艳红 |
| 11 | 10 | 2018/1/3 | 创意U盘 | 136 | 2 | 272 | 卢旭东 |
| 12 | 11 | 2018/1/3 | 无线路由 | 146 | 8 | 1168 | 卢旭东 |
| 13 | 12 | 2018/1/3 | 机械键盘 | 203 | 34 | 6902 | 陈自强 |
| 14 | 13 | 2018/1/3 | 游戏鼠标 | 99 | 32 | 3168 | 孙玉娇 |
| 15 | 14 | 2018/1/3 | 无线路由 | 146 | 2 | 292 | 卢旭东 |
| 18 | 17 | 2018/1/4 | 机械键盘 | 203 | 5 | 1015 | 卢旭东 |
| 19 | 18 | 2018/1/4 | 游戏鼠标 | 99 | 14 | 1386 | 陈自强 |
| 20 | 19 | 2018/1/4 | 无线路由 | 146 | 27 | 3942 | 李艳红 |

### STEP 4 设置填充颜色

按【Alt+；】组合键选择可见单元格，并为其设置填充颜色。

| | A | B | C | D | E | F | G |
|---|---|---|---|---|---|---|---|
| 1 | 序号 | 日期 | 商品名称 | 单价 | 销量 | 销售额 | 销售员 |
| 2 | 1 | 2018/1/1 | 无线路由 | 146 | 31 | 4526 | 武衡 |
| 3 | 2 | 2018/1/1 | 机械键盘 | 203 | 33 | 6699 | 李艳红 |
| 4 | 3 | 2018/1/1 | 游戏鼠标 | 99 | 12 | 1188 | 武衡 |
| 6 | 5 | 2018/1/1 | 创意U盘 | 136 | 24 | 3264 | 孙玉娇 |
| 9 | 8 | 2018/1/2 | 游戏鼠标 | 99 | 27 | 2673 | 卢旭东 |
| 10 | 9 | 2018/1/2 | 无线路由 | 146 | 8 | 1168 | 李艳红 |
| 11 | 10 | 2018/1/3 | 创意U盘 | 136 | 2 | 272 | 卢旭东 |
| 12 | 11 | 2018/1/3 | 无线路由 | 146 | 8 | 1168 | 卢旭东 |
| 13 | 12 | 2018/1/3 | 机械键盘 | 203 | 34 | 6902 | 陈自强 |
| 14 | 13 | 2018/1/3 | 游戏鼠标 | 99 | 32 | 3168 | 孙玉娇 |
| 15 | 14 | 2018/1/3 | 无线路由 | 146 | 2 | 292 | 卢旭东 |
| 18 | 17 | 2018/1/4 | 机械键盘 | 203 | 5 | 1015 | 卢旭东 |
| 19 | 18 | 2018/1/4 | 游戏鼠标 | 99 | 14 | 1386 | 陈自强 |
| 20 | 19 | 2018/1/4 | 无线路由 | 146 | 27 | 3942 | 李艳红 |

### STEP 5 取消筛选状态

单击“筛选”按钮，取消筛选状态，可以看到未应用填充颜色的条目即为与“数据 2”工作表存在差异的数据。

| | A | B | C | D | E | F | G |
|---|---|---|---|---|---|---|---|
| 1 | 序号 | 日期 | 商品名称 | 单价 | 销量 | 销售额 | 销售员 |
| 2 | 1 | 2018/1/1 | 无线路由 | 146 | 31 | 4526 | 武衡 |
| 3 | 2 | 2018/1/1 | 机械键盘 | 203 | 33 | 6699 | 李艳红 |
| 4 | 3 | 2018/1/1 | 游戏鼠标 | 99 | 12 | 1188 | 武衡 |
| 5 | 4 | 2018/1/1 | 无线路由 | 146 | 36 | 5256 | 卢旭东 |
| 6 | 5 | 2018/1/1 | 创意U盘 | 136 | 24 | 3264 | 孙玉娇 |
| 7 | 6 | 2018/1/2 | 无线路由 | 146 | 22 | 3212 | 卢旭东 |
| 8 | 7 | 2018/1/2 | 机械键盘 | 203 | 6 | 1218 | 武衡 |
| 9 | 8 | 2018/1/2 | 游戏鼠标 | 99 | 27 | 2673 | 卢旭东 |
| 10 | 9 | 2018/1/2 | 无线路由 | 146 | 8 | 1168 | 李艳红 |
| 11 | 10 | 2018/1/3 | 创意U盘 | 136 | 2 | 272 | 卢旭东 |
| 12 | 11 | 2018/1/3 | 无线路由 | 146 | 8 | 1168 | 卢旭东 |
| 13 | 12 | 2018/1/3 | 机械键盘 | 203 | 34 | 6902 | 陈自强 |
| 14 | 13 | 2018/1/3 | 游戏鼠标 | 99 | 32 | 3168 | 孙玉娇 |
| 15 | 14 | 2018/1/3 | 无线路由 | 146 | 2 | 292 | 卢旭东 |
| 16 | 15 | 2018/1/4 | 创意U盘 | 136 | 4 | 544 | 武衡 |
| 17 | 16 | 2018/1/4 | 无线路由 | 146 | 14 | 2044 | 李艳红 |
| 18 | 17 | 2018/1/4 | 机械键盘 | 203 | 5 | 1015 | 卢旭东 |
| 19 | 18 | 2018/1/4 | 游戏鼠标 | 99 | 14 | 1386 | 陈自强 |
| 20 | 19 | 2018/1/4 | 无线路由 | 146 | 27 | 3942 | 李艳红 |

**STEP 6 按所选单元格的颜色筛选**

❶在数据表中右击任一未应用填充颜色的单元格，❷选择筛选(E)选项，❸选择按所选单元格的颜色筛选(C)命令，即可将所有不同的数据筛选出来。

## 5.2.6 利用排序和筛选分隔销售清单

在一个销售清单中，若要将不同类别的商品在销售清单中分隔显示，可利用Excel的排序和筛选功能快速完成此操作，具体操作方法如下：

微课：利用排序和筛选分隔销售清单

**STEP 1 排序数据**

打开“排序”对话框，❶设置排序条件，❷单击确定按钮。

**STEP 2 输入并填充公式**

在右侧插入辅助列，在H2单元格中输入公式“=COUNTIF(C$2:C2,C2)”，并按【Enter】键确认，即可计算出商品名称出现的次数，向下填充公式。

| 序号 | 日期 | 商品名称 | 单价 | 销量 | 销售额 | 销售员 | 辅助列 |
|---|---|---|---|---|---|---|---|
| 5 | 2018/1/1 | 创意U盘 | 136 | 24 | 3264 | 孙玉娇 | 1 |
| 10 | 2018/1/3 | 创意U盘 | 136 | 2 | 272 | 卢旭东 | 2 |
| 15 | 2018/1/4 | 创意U盘 | 136 | 4 | 544 | 武衡 | 3 |
| 20 | 2018/1/5 | 创意U盘 | 136 | 8 | 1088 | 武衡 | 4 |
| 25 | 2018/1/6 | 创意U盘 | 136 | 32 | 4352 | 孙玉娇 | 5 |
| 30 | 2018/1/7 | 创意U盘 | 136 | 6 | 816 | 陈自强 | 6 |
| 42 | 2018/1/9 | 创意U盘 | 136 | 27 | 3672 | 李艳红 | 7 |
| 47 | 2018/1/10 | 创意U盘 | 136 | 17 | 2312 | 李艳红 | 8 |
| 52 | 2018/1/11 | 创意U盘 | 136 | 9 | 1224 | 武衡 | 9 |
| 58 | 2018/1/14 | 创意U盘 | 136 | 14 | 1904 | 陈自强 | 10 |
| 63 | 2018/1/15 | 创意U盘 | 136 | 3 | 408 | 孙玉娇 | 11 |
| 67 | 2018/1/18 | 创意U盘 | 136 | 7 | 952 | 陈自强 | 12 |
| 75 | 2018/1/22 | 创意U盘 | 136 | 29 | 3944 | 武衡 | 13 |
| 84 | 2018/1/26 | 创意U盘 | 136 | 21 | 2856 | 陈自强 | 14 |
| 89 | 2018/1/28 | 创意U盘 | 136 | 3 | 408 | 李艳红 | 15 |
| 95 | 2018/1/30 | 创意U盘 | 136 | 4 | 544 | 卢旭东 | 16 |
| 98 | 2018/1/31 | 创意U盘 | 136 | 7 | 952 | 陈自强 | 17 |
| 2 | 2018/1/1 | 机械键盘 | 203 | 33 | 6699 | 李艳红 | 1 |
| 7 | 2018/1/2 | 机械键盘 | 203 | 6 | 1218 | 武衡 | 2 |
| 12 | 2018/1/3 | 机械键盘 | 203 | 34 | 6902 | 陈自强 | 3 |
| 17 | 2018/1/4 | 机械键盘 | 203 | 5 | 1015 | 卢旭东 | 4 |

**实操解疑**

**使用 COUNTIF 函数进行核对**

举例说明，A列存放要核对的数据，C列为最新数据，选择A列中的数据单元格，使用公式为A列应用条件格式，将公式设置为“=COUNTIF($C$1:$C$100,$A1)=0”即可。

**STEP 3 按所选单元格的值筛选**

❶选择H2单元格并右击，❷选择筛选(E)选项，❸选择按所选单元格的值筛选(V)命令。

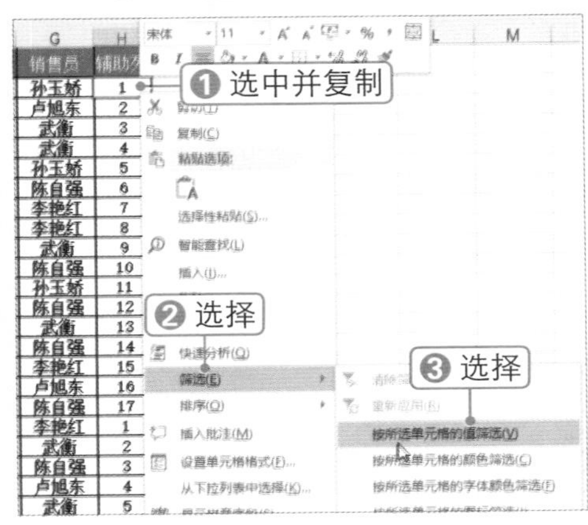

**STEP 4 选择单元格区域**

此时即可将第 1 次出现的商品名称筛选出来，选择 A19:H81 单元格区域。

| | A | B | C | D | E | F | G | H |
|---|---|---|---|---|---|---|---|---|
| 1 | 序号 | 日期 | 商品名称 | 单价 | 销量 | 销售额 | 销售员 | 辅助列 |
| 2 | 5 | 2018/1/1 | 创意U盘 | 136 | 24 | 3264 | 孙玉娇 | 1 |
| 19 | 2 | 2018/1/1 | 机械键盘 | 203 | 33 | 6699 | 李艳红 | 1 |
| 41 | 4 | 2018/1/1 | 无线路由 | 146 | 36 | 5256 | 卢旭东 | 1 |
| 81 | 3 | 2018/1/1 | 游戏鼠标 | 99 | 12 | 1188 | 武衡 | 1 |
| 101 | | | | | | | | |

**STEP 5 插入工作表行**

按【Alt+；】组合键选择可见单元格，①在“单元格”组中单击“插入”下拉按钮，②选择 插入工作表行(R) 选项。

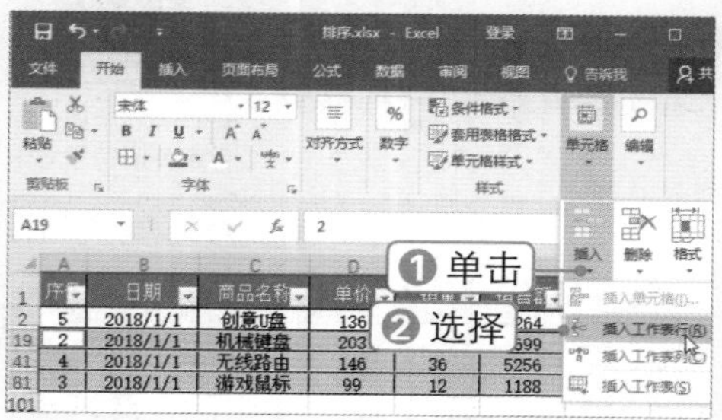


**STEP 6 复制标题**

选择标题行，按【Ctrl+C】组合键复制标题。

| | A | B | C | D | E | F | G | H |
|---|---|---|---|---|---|---|---|---|
| 1 | 序号 | 日期 | 商品名称 | 单价 | 销量 | 销售额 | 销售员 | 辅助列 |
| 2 | 5 | 2018/1/1 | 创意U盘 | 136 | 24 | 3264 | 孙玉娇 | 1 |
| 19 | | | | | | | | |
| 20 | 2 | 2018/1/1 | 机械键盘 | 203 | 33 | 6699 | 李艳红 | 1 |
| 42 | | | | | | | | |
| 43 | 4 | 2018/1/1 | 无线路由 | 146 | 36 | 5256 | 卢旭东 | 1 |
| 83 | | | | | | | | |
| 84 | 3 | 2018/1/1 | 游戏鼠标 | 99 | 12 | 1188 | 武衡 | 1 |
| 104 | | | | | | | | |

**STEP 7 设置定位空值**

①选择 A19:H84 单元格区域，②打开“定位条件”对话框，选中“空值”单选按钮，③单击 确定 按钮。

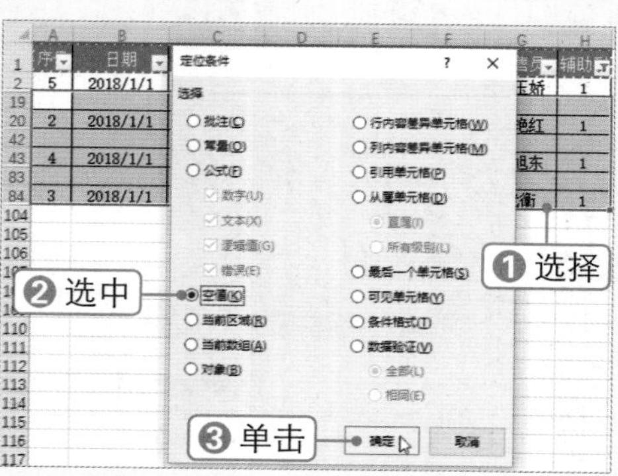


**STEP 8 定位空值**

此时即可选择空白单元格，定位到空值。

| | A | B | C | D | E | F | G | H |
|---|---|---|---|---|---|---|---|---|
| 1 | 序号 | 日期 | 商品名称 | 单价 | 销量 | 销售额 | 销售员 | 辅助列 |
| 2 | 5 | 2018/1/1 | 创意U盘 | 136 | 24 | 3264 | 孙玉娇 | 1 |
| 19 | | | | | | | | |
| 20 | 2 | 2018/1/1 | 机械键盘 | 203 | 33 | 6699 | 李艳红 | 1 |
| 42 | | | | | | | | |
| 43 | 4 | 2018/1/1 | 无线路由 | 146 | 36 | 5256 | 卢旭东 | 1 |
| 83 | | | | | | | | |
| 84 | 3 | 2018/1/1 | 游戏鼠标 | 99 | 12 | 1188 | 武衡 | 1 |
| 104 | | | | | | | | |

**STEP 9 选择 插入工作表行(R) 选项**

按【Ctrl+V】组合键粘贴标题，①单击“插入”下拉按钮，②选择 插入工作表行(R) 选项。

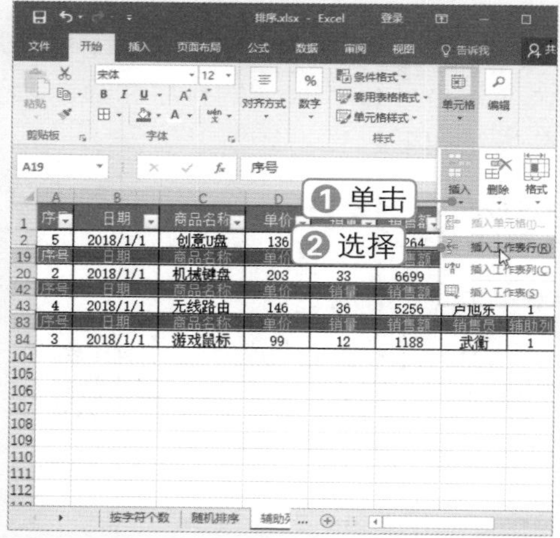


**STEP 10 设置边框样式**

此时即可在标题上方插入一个空行，①在“字体”组中单击“边框”下拉按钮，②依次选择 无框线(N) 和 上下框线(D) 选项。

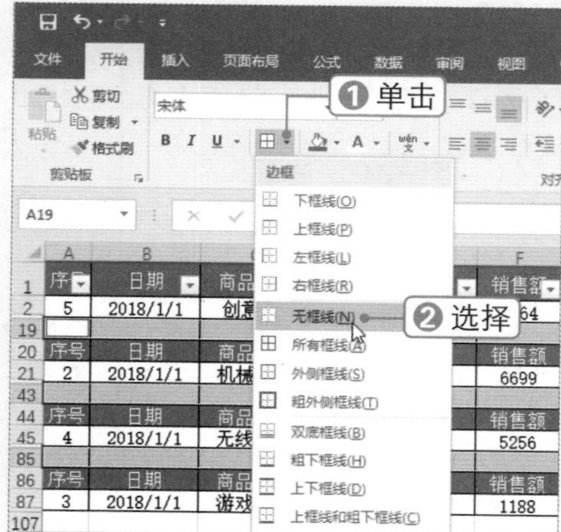

**STEP 11 取消筛选**

在 数据 选项卡下单击“筛选”按钮，退出数据筛选状态。

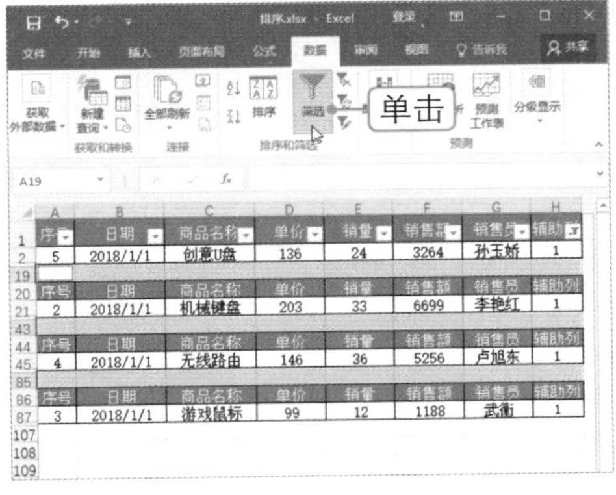


**STEP 12 添加标题行**

此时即可为每个类别的商品名称添加标题行。

| | A | B | C | D | E | F | G | H |
|---|---|---|---|---|---|---|---|---|
| 1 | 序号 | 日期 | 商品名称 | 单价 | 销量 | 销售额 | 销售员 | 辅助列 |
| 2 | 5 | 2018/1/1 | 创意U盘 | 136 | 24 | 3264 | 孙玉娇 | 1 |
| 3 | 10 | 2018/1/3 | 创意U盘 | 136 | 2 | 272 | 卢旭东 | 2 |
| 4 | 15 | 2018/1/4 | 创意U盘 | 136 | 4 | 544 | 武衡 | 3 |
| 5 | 20 | 2018/1/5 | 创意U盘 | 136 | 8 | 1088 | 武衡 | 4 |
| 6 | 25 | 2018/1/6 | 创意U盘 | 136 | 32 | 4352 | 孙玉娇 | 5 |
| 7 | 30 | 2018/1/7 | 创意U盘 | 136 | 6 | 816 | 陈自强 | 6 |
| 8 | 42 | 2018/1/9 | 创意U盘 | 136 | 27 | 3672 | 李艳红 | 7 |
| 9 | 47 | 2018/1/10 | 创意U盘 | 136 | 17 | 2312 | 李艳红 | 8 |
| 10 | 52 | 2018/1/11 | 创意U盘 | 136 | 9 | 1224 | 武衡 | 9 |
| 11 | 58 | 2018/1/14 | 创意U盘 | 136 | 14 | 1904 | 陈自强 | 10 |
| 12 | 63 | 2018/1/15 | 创意U盘 | 136 | 3 | 408 | 孙玉娇 | 11 |
| 13 | 67 | 2018/1/18 | 创意U盘 | 136 | 7 | 952 | 陈自强 | 12 |
| 14 | 75 | 2018/1/22 | 创意U盘 | 136 | 29 | 3944 | 武衡 | 13 |
| 15 | 84 | 2018/1/26 | 创意U盘 | 136 | 21 | 2856 | 陈自强 | 14 |
| 16 | 89 | 2018/1/28 | 创意U盘 | 136 | 3 | 408 | 李艳红 | 15 |
| 17 | 95 | 2018/1/30 | 创意U盘 | 136 | 4 | 544 | 卢旭东 | 16 |
| 18 | 98 | 2018/1/31 | 创意U盘 | 136 | 7 | 952 | 陈自强 | 17 |
| 19 | | | | | | | | |
| 20 | 序号 | 日期 | 商品名称 | 单价 | 销量 | 销售额 | 销售员 | 辅助列 |
| 21 | 2 | 2018/1/1 | 机械键盘 | 203 | 33 | 6699 | 李艳红 | 1 |
| 22 | 7 | 2018/1/2 | 机械键盘 | 203 | 6 | 1218 | 武衡 | 2 |
| 23 | 12 | 2018/1/3 | 机械键盘 | 203 | 34 | 6902 | 陈自强 | 3 |
| 24 | 17 | 2018/1/4 | 机械键盘 | 203 | 5 | 1015 | 卢旭东 | 4 |

## 商务办公 私房实操技巧

### TIP：仅对所选区域进行排序

选择要排序的数据后，单击“升序”或“降序”按钮，在弹出的对话框中选中“以当前选定区域排序”单选按钮，单击 排序(S) 按钮即可，如右图所示。

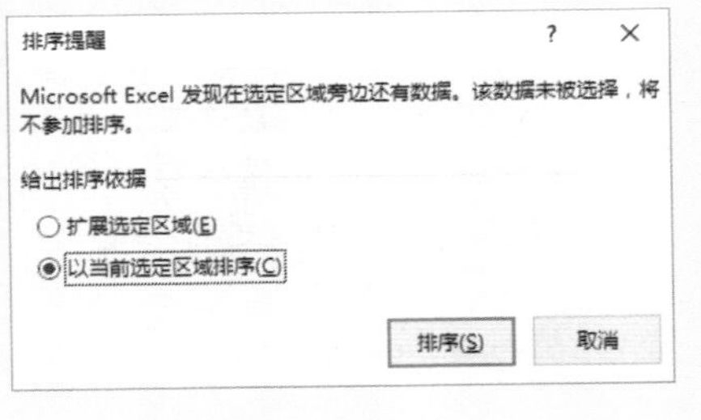


### TIP：多颜色排序

若单元格中应用了多种字体或填充颜色，可在“排序”对话框中设置按颜色依次排序。方法为：在“排序依据”下拉列表框中选择“单元格颜色”选项，在“次序”下拉列表框中选择所需的颜色，然后添加排序条件，继续设置下一个排序颜色，如右图所示。

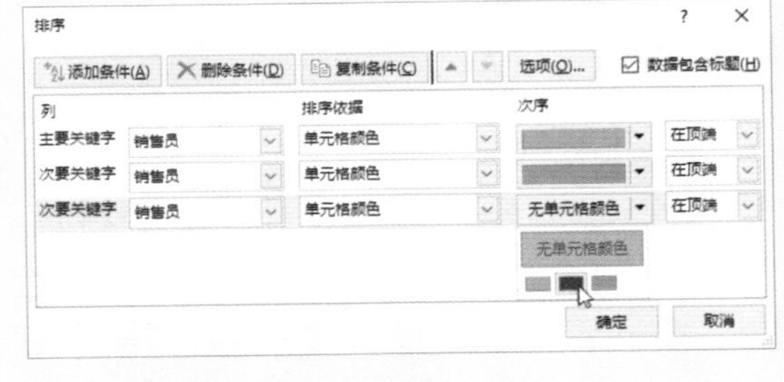

## TIP：按行、按笔划、按字母排序

在对数据进行排序时，除了可以进行升序、降序排序外，还可以按行、按笔划或按字母进行排序。

例如，要按照员工姓名的笔划进行排序，可在“排序”对话框中单击 选项(O)... 按钮，在弹出的对话框中选中“笔划排序”单选按钮，然后单击 确定 按钮，如右图所示。

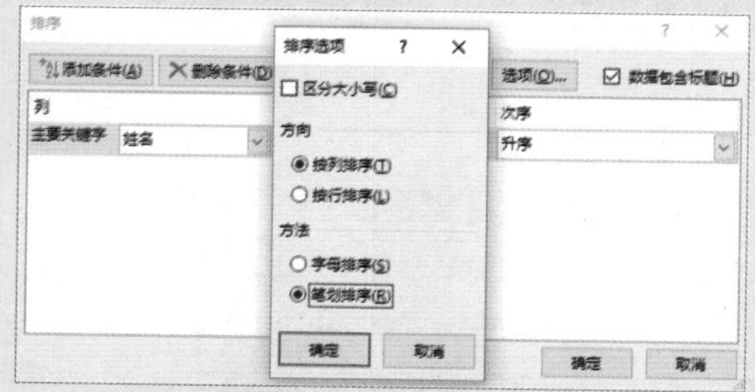


## TIP：使用筛选功能快速去重

如果数据清单中包含多条完全重复的数据，可以使用“高级筛选”功能快速去重，方法为：打开“高级筛选”对话框，选中“选择不重复的记录”复选框，单击 确定 按钮，如右图所示。若要为数据表的一部分去重，只需选中该部分单元格区域后，再使用“高级筛选”功能进行去重。

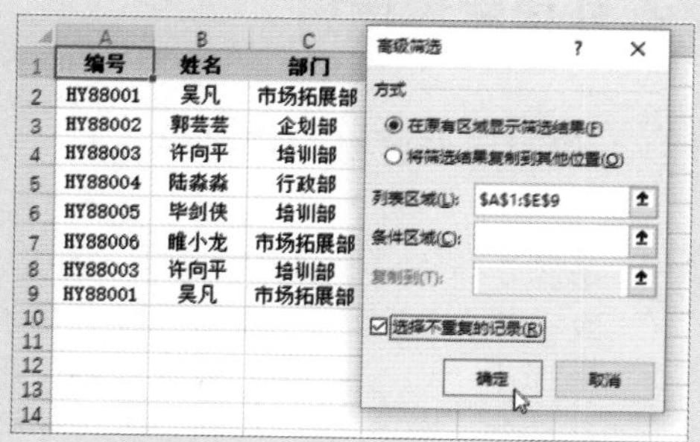


## Ask Answer 高手疑难解答

### 问 怎样为每个条目都加上标题？

**图解解答** 使用排序功能可以为每个条目都加上标题，例如，下面制作一个人员不多的工资条，方法如下：

1. 在数据表右侧添加辅助列，选择 A2:F12 单元格区域，如下图（左）所示。
2. 打开“排序”对话框，取消选择“数据包含标题”复选框，在“主要关键字”下拉列表框中选择要排序的列，在此选择“列 F”，然后单击 确定 按钮，如下图（右）所示。

| | A | B | C | D | E | F |
|---|---|---|---|---|---|---|
| 1 | 编号 | 姓名 | 部门 | 职务 | 实发工资 | 辅助 |
| 2 | HY88001 | 吴凡 | 市场拓展部 | 经理 | 7431 | 1 |
| 3 | HY88002 | 郭芸芸 | 企划部 | 经理 | 7591 | 2 |
| 4 | HY88003 | 许向平 | 培训部 | 经理 | 7223 | 3 |
| 5 | HY88004 | 陆淼淼 | 行政部 | 经理 | 7268 | 4 |
| 6 | HY88005 | 毕剑侠 | 培训部 | 教员 | 4343.9 | 5 |
| 7 | HY88006 | 睢小龙 | 市场拓展部 | 专员 | 3170 | 6 |
| 8 | | | | | | 1.1 |
| 9 | | | | | | 2.1 |
| 10 | | | | | | 3.1 |
| 11 | | | | | | 4.1 |
| 12 | | | | | | 5.1 |
| 13 | | | | | | |

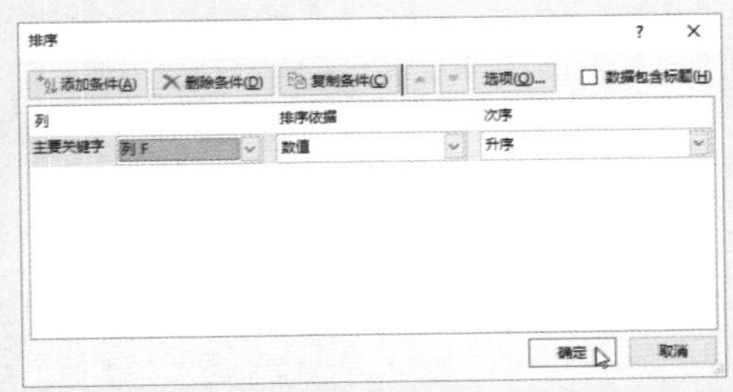


3. 选择标题单元格区域，按【Ctrl+C】组合键进行复制操作，然后使用“定位条件”功能在 A 列定位“空值”单元格，如下图（左）所示。

4. 按【Ctrl+V】组合键粘贴标题行，然后删除辅助列，添加边框线，效果如下图（右）所示。

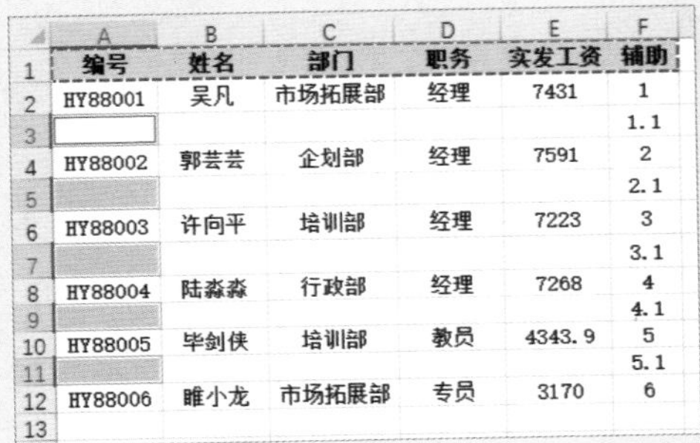

| | A | B | C | D | E | F |
|---|---|---|---|---|---|---|
| 1 | 编号 | 姓名 | 部门 | 职务 | 实发工资 | 辅助 |
| 2 | HY88001 | 吴凡 | 市场拓展部 | 经理 | 7431 | 1 |
| 3 | | | | | | 1.1 |
| 4 | HY88002 | 郭芸芸 | 企划部 | 经理 | 7591 | 2 |
| 5 | | | | | | 2.1 |
| 6 | HY88003 | 许向平 | 培训部 | 经理 | 7223 | 3 |
| 7 | | | | | | 3.1 |
| 8 | HY88004 | 陆淼淼 | 行政部 | 经理 | 7268 | 4 |
| 9 | | | | | | 4.1 |
| 10 | HY88005 | 毕剑侠 | 培训部 | 教员 | 4343.9 | 5 |
| 11 | | | | | | 5.1 |
| 12 | HY88006 | 睢小龙 | 市场拓展部 | 专员 | 3170 | 6 |
| 13 | | | | | | |

| | A | B | C | D | E |
|---|---|---|---|---|---|
| 1 | 编号 | 姓名 | 部门 | 职务 | 实发工资 |
| 2 | HY88001 | 吴凡 | 市场拓展部 | 经理 | 7431 |
| 3 | 编号 | 姓名 | 部门 | 职务 | 实发工资 |
| 4 | HY88002 | 郭芸芸 | 企划部 | 经理 | 7591 |
| 5 | 编号 | 姓名 | 部门 | 职务 | 实发工资 |
| 6 | HY88003 | 许向平 | 培训部 | 经理 | 7223 |
| 7 | 编号 | 姓名 | 部门 | 职务 | 实发工资 |
| 8 | HY88004 | 陆淼淼 | 行政部 | 经理 | 7268 |
| 9 | 编号 | 姓名 | 部门 | 职务 | 实发工资 |
| 10 | HY88005 | 毕剑侠 | 培训部 | 教员 | 4343.9 |
| 11 | 编号 | 姓名 | 部门 | 职务 | 实发工资 |
| 12 | HY88006 | 睢小龙 | 市场拓展部 | 专员 | 3170 |
| 13 | | | | | |

## 问 怎样筛选出同一省份的员工？

**图解解答** 由于身份证号码中的前两位表示省（自治区、直辖市、特别行政区），所以在筛选时只需筛选前 2 位即可，方法为：单击“身份证号”筛选按钮，选择“文本筛选”|“开头是”选项，如下图（左）所示。弹出“自定义自动筛选方式”对话框，若要筛选出北京市的员工，则在“开头是”文本框中输入 11，然后单击 确定 按钮即可，如下图（右）所示。

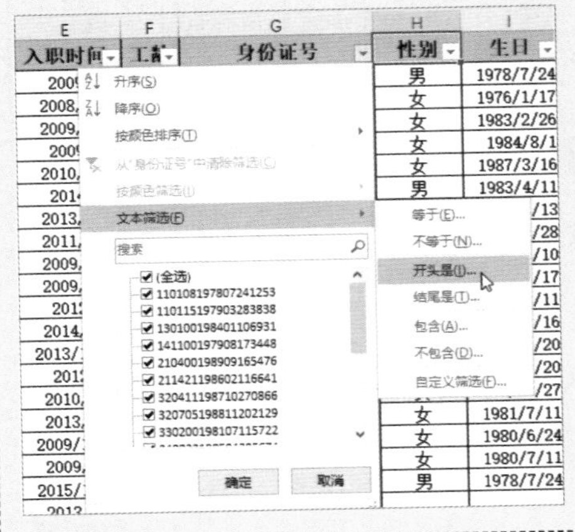


| 工龄 | 身份证号 | 性别 | 生日 | 年龄 | 籍贯 |
|---|---|---|---|---|---|
| 8 | 110108197807241253 | 男 | 1978/7/24 | 39 | 北京市海淀区 |
| 9 | 500383197601174964 | 女 | 1976/1/17 | 41 | 重庆市永川市 |
| 8 | 431300198302262746 | 女 | 1983/2/26 | 34 | 湖南省娄底市 |
| 8 | 420600198408014862 | 女 | 1984/8/1 | 33 | 湖北省襄樊市 |
| 7 | 371722198703160281 | 女 | 1987/3/16 | 30 | 山东省单县 |

自定义自动筛选方式
显示行：
身份证号
开头是 11
与(A) 或(O)
可用 ? 代表单个字符
用 * 代表任意多个字符
确定 取消

CHAPTER

# Excel 数据处理与分析

## 本章导读

在 Excel 应用中，经常需要对数据进行处理与分析。通过使用数据分析功能可以分析工作表中的数据，还能解决遇到的各种数据处理问题。本章将介绍如何对 Excel 数据进行处理与分析，如将数据进行分组并分级显示，分类汇总数据，合并计算多个工作表中数据，以及将多个工作表中的数据合并到一个工作表中等。

## 知识要点

01 数据分类汇总

02 数据合并计算

03 合并多表数据

04 数据模拟分析

## 案例展示

### ▼创建分类汇总

| 序号 | 日期 | 商品名称 | 销售员 | 单价 | 销量 | 销售额 |
|---|---|---|---|---|---|---|
| 30 | 2018/1/7 | 创意U盘 | 陈自强 | 136 | 6 | 816 |
| 58 | 2018/1/14 | 创意U盘 | 陈自强 | 136 | 14 | 1904 |
| 67 | 2018/1/18 | 创意U盘 | 陈自强 | 136 | 7 | 952 |
| 84 | 2018/1/26 | 创意U盘 | 陈自强 | 136 | 21 | 2856 |
| 98 | 2018/1/31 | 创意U盘 | 陈自强 | 136 | 7 | 952 |
| 42 | 2018/1/9 | 创意U盘 | 李艳红 | 136 | 27 | 3672 |
| 47 | 2018/1/10 | 创意U盘 | 李艳红 | 136 | 17 | 2312 |
| 89 | 2018/1/28 | 创意U盘 | 李艳红 | 136 | 3 | 408 |
| 10 | 2018/1/3 | 创意U盘 | 卢旭东 | 136 | 2 | 272 |
| 95 | 2018/1/30 | 创意U盘 | 卢旭东 | 136 | 4 | 544 |
| 5 | 2018/1/1 | 创意U盘 | 孙玉娇 | 136 | 24 | 3264 |
| 25 | 2018/1/6 | 创意U盘 | 孙玉娇 | 136 | 32 | 4352 |
| 63 | 2018/1/15 | 创意U盘 | 孙玉娇 | 136 | 3 | 408 |
| 15 | 2018/1/4 | 创意U盘 | 武衡 | 136 | 4 | 544 |
| 20 | 2018/1/5 | 创意U盘 | 武衡 | 136 | 8 | 1088 |
| 52 | 2018/1/11 | 创意U盘 | 武衡 | 136 | 9 | 1224 |
| 75 | 2018/1/22 | 创意U盘 | 武衡 | 136 | 29 | 3944 |
| | 创意U盘 汇总 | | | | 217 | 29512 |
| 12 | 2018/1/3 | 机械键盘 | 陈自强 | 203 | 34 | 6902 |
| 31 | 2018/1/7 | 机械键盘 | 陈自强 | 203 | 16 | 3248 |

### ▼利用合并计算核对数据

| 第一次检查 | | | 第二次检查 | | | 合并计算 | |
|---|---|---|---|---|---|---|---|
| 序号 | 产品型号 | 辅助 | 序号 | 产品型号 | 辅助 | | 辅助 |
| 1 | UBOX-MK1 | 10 | 1 | LE55LXZ1 | 100 | LE32MUF3 | 111 |
| 2 | LE39MUF3 | 10 | 2 | LE42PUV1 | 100 | LE46ZA1 | 111 |
| 3 | LE46PUV1 | 10 | 3 | LE46LXW1 | 100 | LE32MXF5 | 11 |
| 4 | LE32KNH3 | 10 | 4 | LE46PXV1 | 100 | LE32MXF1 | 111 |
| 5 | LE32PUV3 | 10 | 5 | LE32KUH3 | 100 | LE32KNH3 | 111 |
| 6 | USTAR-S3 | 10 | 6 | LE32PUV3 | 100 | LE42KNH1 | 111 |
| 7 | LE42PUV1 | 10 | 7 | LE32PUV1 | 100 | LE42PUV1 | 111 |
| 8 | LE37KUH3 | 10 | 8 | LE42MUF3 | 100 | LE46PUV1 | 11 |
| 9 | LE46PXV1 | 10 | 9 | USTAR-S3 | 100 | LE42UT8 | 111 |
| 10 | LC32UT7 | 10 | 10 | LE39MUF3 | 100 | LE32PUV3 | 111 |
| 11 | LE32MXF5 | 10 | 11 | LE42UT8 | 100 | LE39PUV3 | 111 |
| 12 | LE42KNH1 | 10 | 12 | LE42KNH1 | 100 | LE55LXZ1 | 101 |
| 13 | LE70KAM1 | 10 | 13 | LE37KUH3 | 100 | LE39MUF3 | 111 |
| 14 | LE32KUH3 | 10 | 14 | LE39PUV1 | 100 | LE32KUH3 | 111 |
| 15 | LE32LUZ1 | 10 | 15 | LC32UT7 | 100 | LE32PUV1 | 111 |

### ▼合并多个工作簿中的工作表

B2 通讯费

| merge.Data.日期 | merge.Data.费用类别 | merge.Data.部门 | merge.Data.支出金额 |
|---|---|---|---|
| 2018/1/2 | 通讯费 | 行政部 | |
| 2018/1/2 | 会务费 | 行政部 | |
| 2018/1/3 | 职工福利费 | 行政部 | |
| 2018/1/4 | 餐饮报销费 | 行政部 | |
| 2018/1/9 | 通讯费 | 行政部 | |
| 2018/1/10 | 餐饮报销费 | 行政部 | |
| 2018/1/11 | 通讯费 | 行政部 | |
| 2018/1/17 | 办公用品费 | 行政部 | |
| 2018/1/21 | 办公用品费 | 行政部 | |
| 2018/1/21 | 通讯费 | 行政部 | |
| 2018/1/22 | 通讯费 | 行政部 | |
| 2018/1/22 | 办公用品费 | 行政部 | |
| 2018/1/24 | 职工福利费 | 行政部 | |
| 2018/1/28 | 会务费 | 行政部 | |
| 2018/1/29 | 办公费 | 行政部 | |
| 2018/1/6 | 交通费 | 销售部 | |

### ▼单变量求解

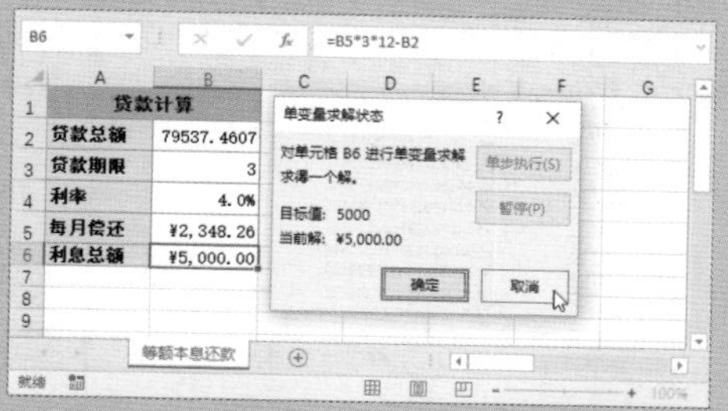

Chapter 06

# 6.1 数据分类汇总

■ 关键词：组合数据、自动建立分级显示、分级按钮、分类汇总、分类字段、汇总项

分类汇总就是利用汇总函数对同一类别中的数据进行计算，得到统计结果。经过分类汇总可以分级显示汇总结果，下面将介绍如何设置分级显示数据，以及如何创建分类汇总。

## 6.1.1 设置分级显示数据

微课：设置分级显示数据

通过创建分组可以使数据进行分级显示，通过单击分级按钮快速显示或隐藏明细数据，具体操作方法如下：

### STEP 1 单击“组合”按钮

①选择 B:D 列，②在 数据 选项卡下“分级显示”组中单击“组合”按钮。

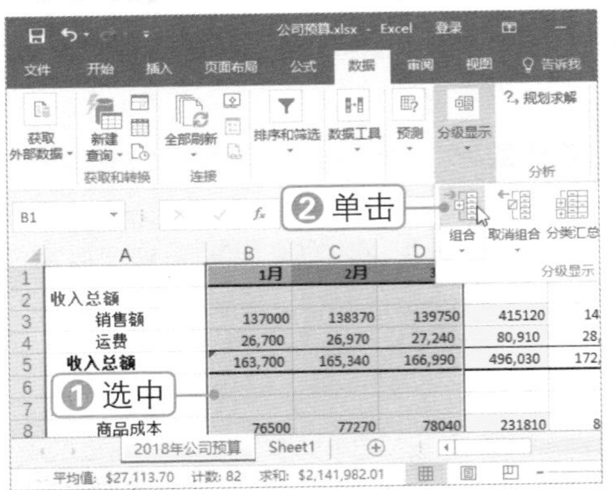


### STEP 2 折叠分组数据

单击 - 按钮，即可折叠分组数据。

单击

E3 =SUM(B3:D3)

| | A | B | C | D | E |
|---|---|---|---|---|---|
| 1 | | 1月 | 2月 | 3月 | 第1季度 |
| 2 | 收入总额 | | | | |
| 3 | 销售额 | 137000 | 138370 | 139750 | 415120 |
| 4 | 运费 | 26,700 | 26,970 | 27,240 | 80,910 |
| 5 | 收入总额 | 163,700 | 165,340 | 166,990 | 496,030 |
| 6 | | | | | |
| 7 | 成本总额 | | | | |
| 8 | 商品成本 | 76500 | 77270 | 78040 | 231810 |
| 9 | 货运 | 1,300 | 1,310 | 1,320 | 3,930 |
| 10 | 其他成本 | 500 | 510 | 520 | 1,530 |
| 11 | 成本总额 | 78,300 | 79,090 | 79,880 | 237,270 |
| 12 | 利润 | 85,400 | 86,250 | 87,110 | 258,760 |

### STEP 3 显示分组数据

单击分级按钮，即可显示相应的分组数据。

单击

| | A | B | C | D | E |
|---|---|---|---|---|---|
| 1 | | 1月 | 2月 | 3月 | 第1季度 |
| 2 | 收入总额 | | | | |
| 3 | 销售额 | 137000 | 138370 | 139750 | 415120 |
| 4 | 运费 | 26,700 | 26,970 | 27,240 | 80,910 |
| 5 | 收入总额 | 163,700 | 165,340 | 166,990 | 496,030 |
| 6 | | | | | |
| 7 | 成本总额 | | | | |
| 8 | 商品成本 | 76500 | 77270 | 78040 | 231810 |
| 9 | 货运 | 1,300 | 1,310 | 1,320 | 3,930 |
| 10 | 其他成本 | 500 | 510 | 520 | 1,530 |
| 11 | 成本总额 | 78,300 | 79,090 | 79,880 | 237,270 |
| 12 | 利润 | 85,400 | 86,250 | 87,110 | 258,760 |

### STEP 4 选择 取消组合(U)... 选项

①选择 B:D 列，②单击“取消组合”下拉按钮，③选择 取消组合(U)... 选项。

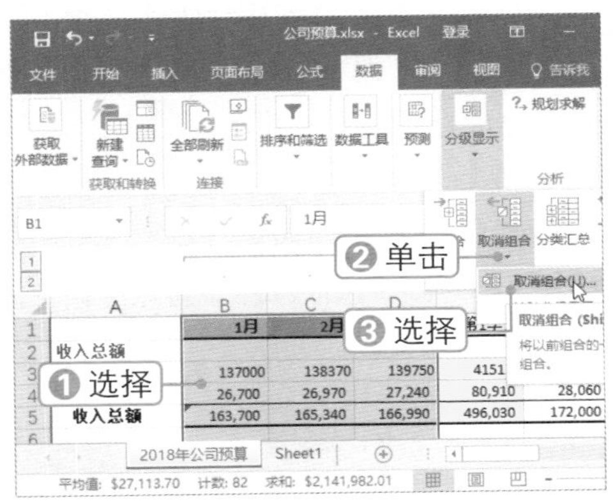

### STEP 5 选择自动建立分级显示(A)选项

在此表中季度数据和汇总数据均是引用单元格计算得来的，可根据需要自动进行数据分组。❶单击“组合”下拉按钮，❷选择自动建立分级显示(A)选项。

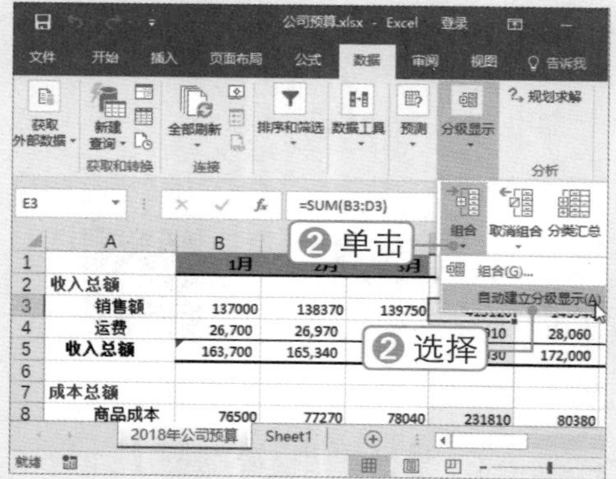


### STEP 6 查看分组效果

此时即可对数据进行自动分组，单击相应的分级按钮即可折叠数据。

### STEP 7 展开或折叠数据

单击+或-按钮，展开或折叠数据。

### STEP 8 隐藏分级按钮

按【Ctrl+8】组合键可隐藏分级按钮，再次按【Ctrl+8】组合键可显示分级按钮。

| | A | E | I | M | Q | R |
|---|---|---|---|---|---|---|
| 1 | | 第1季度 | 第2季度 | 第3季度 | 第4季度 | 全年 |
| 2 | 收入总额 | | | | | |
| 5 | 收入总额 | 496,030 | 531,640 | 569,650 | 616,560 | 2,213,880 |
| 6 | | | | | | |
| 7 | 成本总额 | | | | | |
| 11 | 成本总额 | 237,270 | 254,320 | 272,490 | 294,920 | 1,059,000 |
| 12 | 利润 | 258,760 | 277,320 | 297,160 | 321,640 | 1,154,880 |
| 13 | | | | | | |
| 14 | 日常开销 | | | | | |
| 31 | 总开销 | 157,862 | 169,250 | 181,260 | 196,220 | 704,592 |
| 32 | | | | | | |
| 33 | 净利润 | 100898 | 108070 | 115900 | 125420 | 450288 |

**秒杀技巧** 为分级显示数据应用样式

创建分级显示后，全选数据，然后单击“分级显示”组右下角的扩展按钮，在弹出的对话框中单击“应用样式”按钮即可。

## 6.1.2 创建分类汇总

微课：创建分类汇总

分类汇总，即以数据表中的某一列为分类项目，对其他数据列的数据进行汇总，使表格结构更加清晰。在进行分类汇总前，需对要汇总的数据进行排序，具体操作方法如下：

### STEP 1 设置数据排序

打开“排序”对话框，❶设置排序条件，❷单击确定按钮。

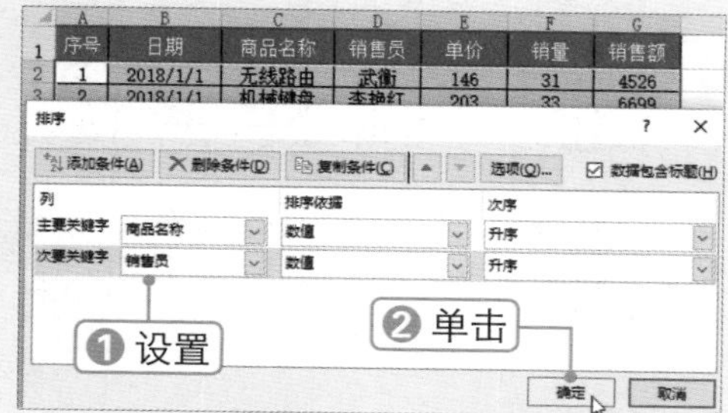

**STEP 2 单击“分类汇总”按钮**

❶选择任一数据单元格，❷在 数据 选项卡下“分级显示”组中单击“分类汇总”按钮。

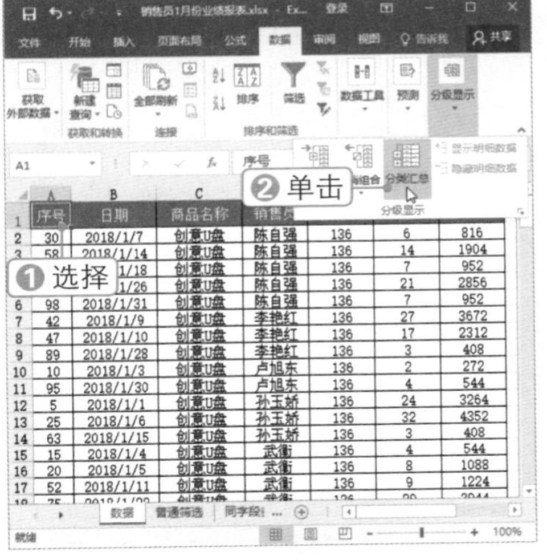


**STEP 3 设置分类汇总**

弹出“分类汇总”对话框，❶在“分类字段”下拉列表框中选择“商品名称”选项，❶在“汇总方式”下拉列表框中选择“求和”选项，❸选中“销量”和“销售额”汇总项，❹单击 确定 按钮。

分类汇总
分类字段(A): 商品名称 ❶选择
汇总方式(U): 求和 ❷选择
选定汇总项(D): 日期 商品名称 销售员 单价 销量 销售额
❸选中
每组数据分页(P)
汇总结果显示在数据下方(S)
全部删除(R) 确定 ❹单击

**STEP 4 查看汇总效果**

此时即可对“商品名称”进行“销量”和“销售额”求和汇总。

| | A | B | C | D | E | F | G |
|---|---|---|---|---|---|---|---|
| 1 | 序号 | 日期 | 商品名称 | 销售员 | 单价 | 销量 | 销售额 |
| 2 | 30 | 2018/1/7 | 创意U盘 | 陈自强 | 136 | 6 | 816 |
| 3 | 58 | 2018/1/14 | 创意U盘 | 陈自强 | 136 | 14 | 1904 |
| 4 | 67 | 2018/1/18 | 创意U盘 | 陈自强 | 136 | 7 | 952 |
| 5 | 84 | 2018/1/26 | 创意U盘 | 陈自强 | 136 | 21 | 2856 |
| 6 | 98 | 2018/1/31 | 创意U盘 | 陈自强 | 136 | 7 | 952 |
| 7 | 42 | 2018/1/9 | 创意U盘 | 李艳红 | 136 | 27 | 3672 |
| 8 | 47 | 2018/1/10 | 创意U盘 | 李艳红 | 136 | 17 | 2312 |
| 9 | 89 | 2018/1/28 | 创意U盘 | 李艳红 | 136 | 3 | 408 |
| 10 | 10 | 2018/1/3 | 创意U盘 | 卢旭东 | 136 | 2 | 272 |
| 11 | 95 | 2018/1/30 | 创意U盘 | 卢旭东 | 136 | 4 | 544 |
| 12 | 5 | 2018/1/1 | 创意U盘 | 孙玉娇 | 136 | 24 | 3264 |
| 13 | 25 | 2018/1/6 | 创意U盘 | 孙玉娇 | 136 | 32 | 4352 |
| 14 | 63 | 2018/1/15 | 创意U盘 | 孙玉娇 | 136 | 3 | 408 |
| 15 | 15 | 2018/1/4 | 创意U盘 | 武衡 | 136 | 4 | 544 |
| 16 | 20 | 2018/1/5 | 创意U盘 | 武衡 | 136 | 8 | 1088 |
| 17 | 52 | 2018/1/11 | 创意U盘 | 武衡 | 136 | 9 | 1224 |
| 18 | 75 | 2018/1/22 | 创意U盘 | 武衡 | 136 | 29 | 3944 |
| 19 | | | 创意U盘 汇总 | | | 217 | 29512 |
| 20 | 12 | 2018/1/3 | 机械键盘 | 陈自强 | 203 | 34 | 6902 |
| 21 | 31 | 2018/1/7 | 机械键盘 | 陈自强 | 203 | 16 | 3248 |

## 6.1.3 嵌套分类汇总

嵌套分类汇总，即在当前汇总结果的基础上再次对其他列的数据进行汇总，或继续为该列应用其他汇总方式，具体操作方法如下：

微课：嵌套分类汇总

**STEP 1 设置分类汇总**

打开“分类汇总”对话框，❶在“分类字段”下拉列表框中选择“销售员”选项，❷在“汇总方式”下拉列表框中选择“求和”选项，❸选中“销量”和“销售额”汇总项，❹取消选择“替换当前分类汇总”复选框，❺单击 确定 按钮。

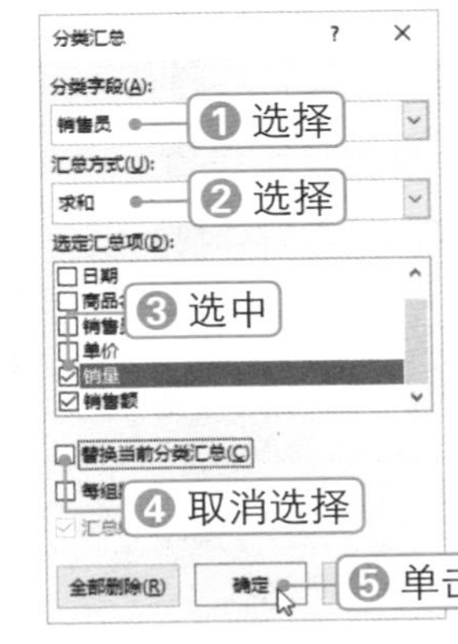

## STEP 2 查看汇总效果

此时即可在原来分类汇总的基础上对“销售员”进行指定的汇总。

| | A | B | C | D | E | F | G |
|---|---|---|---|---|---|---|---|
| 1 | 序号 | 日期 | 商品名称 | 销售员 | 单价 | 销量 | 销售额 |
| 2 | 30 | 2018/1/7 | 创意U盘 | 陈自强 | 136 | 6 | 816 |
| 3 | 58 | 2018/1/14 | 创意U盘 | 陈自强 | 136 | 14 | 1904 |
| 4 | 67 | 2018/1/18 | 创意U盘 | 陈自强 | 136 | 7 | 952 |
| 5 | 84 | 2018/1/26 | 创意U盘 | 陈自强 | 136 | 21 | 2856 |
| 6 | 98 | 2018/1/31 | 创意U盘 | 陈自强 | 136 | 7 | 952 |
| 7 | | | | 陈自强 汇总 | | 55 | 7480 |
| 8 | 42 | 2018/1/9 | 创意U盘 | 李艳红 | 136 | 27 | 3672 |
| 9 | 47 | 2018/1/10 | 创意U盘 | 李艳红 | 136 | 17 | 2312 |
| 10 | 89 | 2018/1/28 | 创意U盘 | 李艳红 | 136 | 3 | 408 |
| 11 | | | | 李艳红 汇总 | | 47 | 6392 |
| 12 | 10 | 2018/1/3 | 创意U盘 | 卢旭东 | 136 | 2 | 272 |
| 13 | 95 | 2018/1/30 | 创意U盘 | 卢旭东 | 136 | 4 | 544 |
| 14 | | | | 卢旭东 汇总 | | 6 | 816 |
| 15 | 5 | 2018/1/1 | 创意U盘 | 孙玉娇 | 136 | 24 | 3264 |
| 16 | 25 | 2018/1/6 | 创意U盘 | 孙玉娇 | 136 | 32 | 4352 |
| 17 | 63 | 2018/1/15 | 创意U盘 | 孙玉娇 | 136 | 3 | 408 |
| 18 | | | | 孙玉娇 汇总 | | 59 | 8024 |
| 19 | 15 | 2018/1/4 | 创意U盘 | 武衡 | 136 | 4 | 544 |
| 20 | 20 | 2018/1/5 | 创意U盘 | 武衡 | 136 | 8 | 1088 |
| 21 | 52 | 2018/1/11 | 创意U盘 | 武衡 | 136 | 9 | 1224 |
| 22 | 75 | 2018/1/22 | 创意U盘 | 武衡 | 136 | 29 | 3944 |
| 23 | | | | 武衡 汇总 | | 50 | 6800 |
| 24 | | | 创意U盘 汇总 | | | 217 | 29512 |

## STEP 3 替换文本

按【Ctrl+F】组合键，打开“查找和替换”对话框，❶设置“查找内容”为“汇总”，❷单击 全部替换(A) 按钮，❸替换完成后单击 确定 按钮，即可删除“汇总”两字。

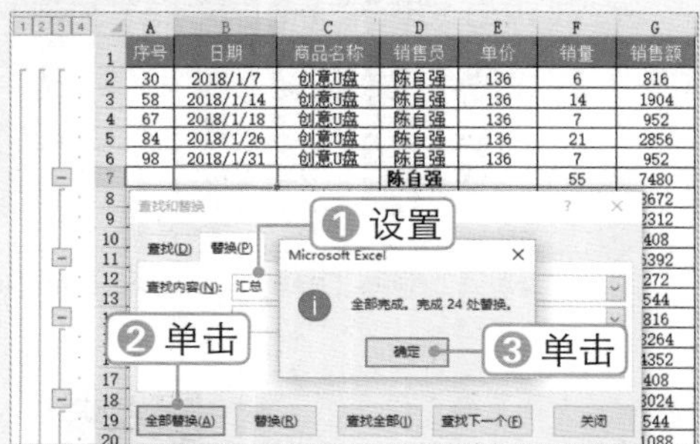


## STEP 4 选择单元格区域

❶在左上方单击分级按钮 3，❷选择A7:E125单元格区域。

## STEP 5 选择 跨越合并(A) 选项

按【Alt+；】组合键，选择可见单元格，❶单击 合并后居中 下拉按钮，❷选择 跨越合并(A) 选项。

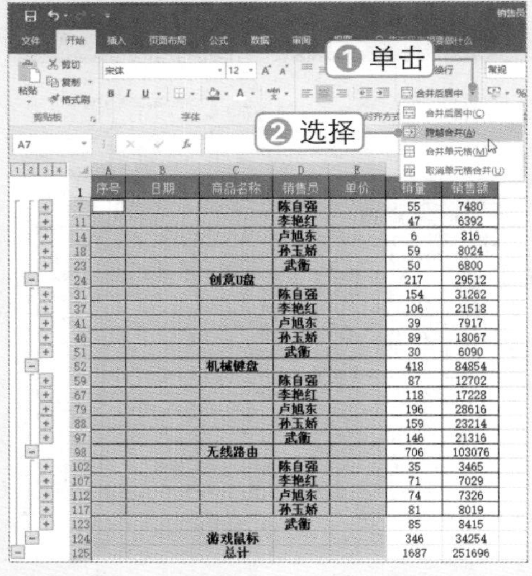


| | C | D | F | G |
|---|---|---|---|---|
| 1 | 商品名称 | 销售员 | 销量 | 销售额 |
| 7 | | 陈自强 | 55 | 7480 |
| 11 | | 李艳红 | 47 | 6392 |
| 14 | | 卢旭东 | 6 | 816 |
| 18 | | 孙玉娇 | 59 | 8024 |
| 23 | | 武衡 | 50 | 6800 |
| 24 | 创意U盘 | | 217 | 29512 |
| 31 | | 陈自强 | 154 | 31262 |
| 37 | | 李艳红 | 106 | 21518 |
| 41 | | 卢旭东 | 39 | 7917 |
| 46 | | 孙玉娇 | 89 | 18067 |
| 51 | | 武衡 | 30 | 6090 |
| 52 | 机械键盘 | | 418 | 84854 |
| 59 | | 陈自强 | 87 | 12702 |
| 67 | | 李艳红 | 118 | 17228 |
| 79 | | 卢旭东 | 196 | 28616 |
| 88 | | 孙玉娇 | 159 | 23214 |
| 97 | | 武衡 | 146 | 21316 |
| 98 | 无线路由 | | 706 | 103076 |
| 102 | | 陈自强 | 35 | 3465 |
| 107 | | 李艳红 | 71 | 7029 |
| 112 | | 卢旭东 | 74 | 7326 |
| 117 | | 孙玉娇 | 81 | 8019 |
| 123 | | 武衡 | 85 | 8415 |
| 124 | 游戏鼠标 | | 346 | 34254 |
| 125 | 总计 | | 1687 | 251696 |

## STEP 6 设置填充颜色

此时即可合并单元格。选择A7:G125单元格区域，然后按【Alt+；】组合键选择可见单元格，为单元格设置填充颜色。

## STEP 7 设置汇总单元格格式

❶在左上方单击分级按钮 2，❷选择A24:G125单元格区域，然后按【Alt+；】组合键选择可见单元格，为单元格设置填充颜色、字体、对齐方式、行高等格式。

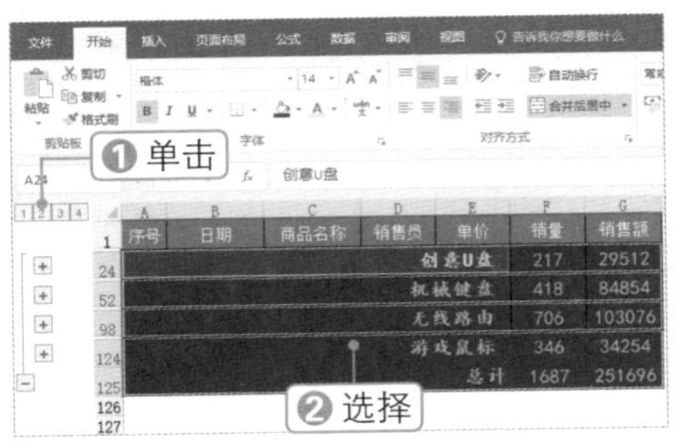


**STEP 8 查看汇总效果**

在左上方单击分级按钮4，查看设置格式后的汇总效果，隐藏“单价”和“销售员”列。

单击

| | A | B | C | F | G |
|---|---|---|---|---|---|
| 1 | | 日期 | 商品名称 | 销量 | 销售额 |
| 2 | | 2018/1/7 | 创意U盘 | 6 | 816 |
| 3 | 58 | 2018/1/14 | 创意U盘 | 14 | 1904 |
| 4 | 67 | 2018/1/18 | 创意U盘 | 7 | 952 |
| 5 | 84 | 2018/1/26 | 创意U盘 | 21 | 2856 |
| 6 | 98 | 2018/1/31 | 创意U盘 | 7 | 952 |
| 7 | | 陈自强 | | 55 | 7480 |
| 8 | 42 | 2018/1/9 | 创意U盘 | 27 | 3672 |
| 9 | 47 | 2018/1/10 | 创意U盘 | 17 | 2312 |
| 10 | 89 | 2018/1/28 | 创意U盘 | 3 | 408 |
| 11 | | 李艳红 | | 47 | 6392 |
| 12 | 10 | 2018/1/3 | 创意U盘 | 2 | 272 |
| 13 | 95 | 2018/1/30 | 创意U盘 | 4 | 544 |
| 14 | | 卢旭东 | | 6 | 816 |
| 15 | 5 | 2018/1/1 | 创意U盘 | 24 | 3264 |
| 16 | 25 | 2018/1/6 | 创意U盘 | 32 | 4352 |
| 17 | 63 | 2018/1/15 | 创意U盘 | 3 | 408 |
| 18 | | 孙玉娇 | | 59 | 8024 |
| 19 | 15 | 2018/1/4 | 创意U盘 | 4 | 544 |
| 20 | 20 | 2018/1/5 | 创意U盘 | 8 | 1088 |
| 21 | 52 | 2018/1/11 | 创意U盘 | 9 | 1224 |
| 22 | 75 | 2018/1/22 | 创意U盘 | 29 | 3944 |
| 23 | | 武衡 | | 50 | 6800 |
| 24 | | | 创意U盘 | 217 | 29512 |
| 25 | 12 | 2018/1/3 | 机械键盘 | 34 | 6902 |
| 26 | 31 | 2018/1/7 | 机械键盘 | 16 | 3248 |

Chapter 06

# 6.2 数据合并计算

■ 关键词：合并计算、引用位置、函数、标签位置、辅助列、核对数据

若要从单独的工作表中汇总并报告结果，可将每个工作表中的数据合并到一个主工作表中。工作表可以与主工作表位于同一工作簿中，也可位于其他工作簿中。下面将介绍如何对 Excel 数据进行合并计算。

## 6.2.1 合并计算

微课：合并计算

在Excel工作表中，可以按类别或位置进行合并计算。当源区域中的数据以相同的顺序排列并使用相同的标签时，可按位置合并计算，否则可按类别进行合并计算，具体操作方法如下：

**STEP 1 单击“合并计算”按钮**

在 数据 选项卡下“数据工具”组中单击“合并计算”按钮。

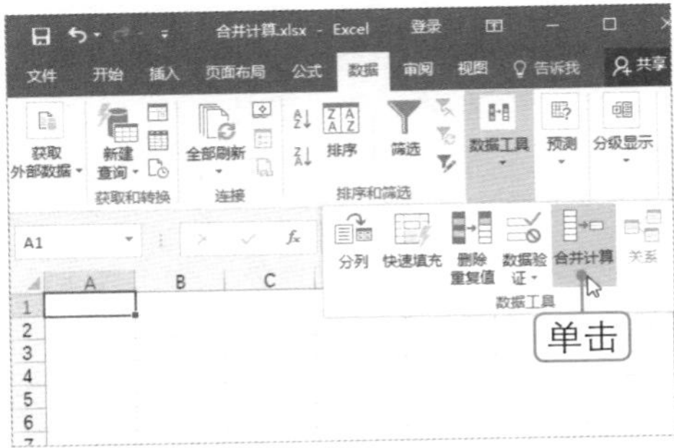


**STEP 2 添加引用位置**

弹出“合并计算”对话框，❶在“函数”下拉列表框中选择“求和”选项，❷将光标定位到“引用位置”文本框中，选择“北京”工作表，选择引用位置，❸单击 添加(A) 按钮。

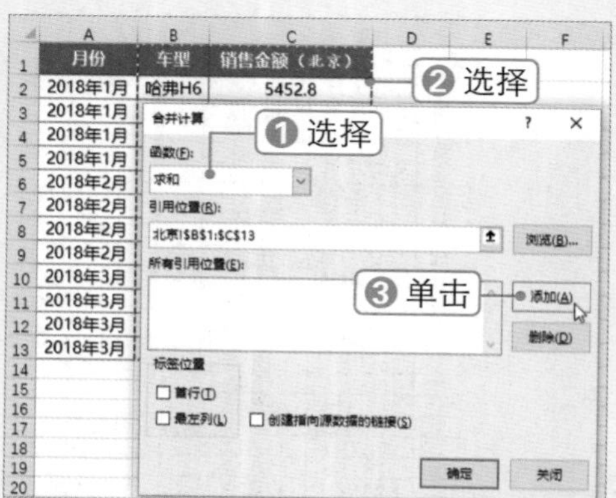


## STEP 3 添加引用位置

切换到“杭州”工作表，❶选择引用位置，❷单击 添加(A) 按钮。

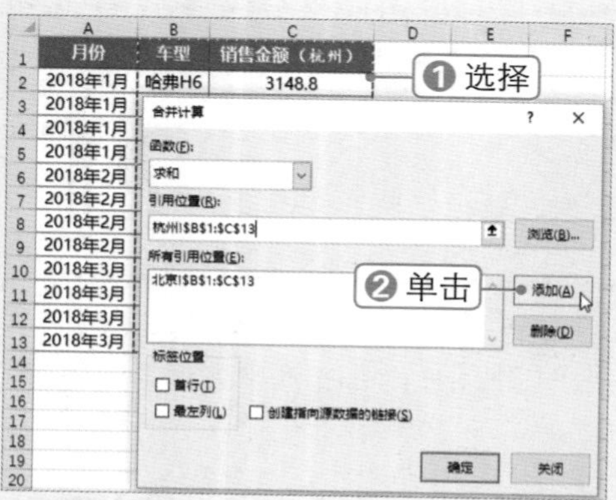


## STEP 4 设置标签位置

采用同样的方法，继续添加“哈尔滨”工作表中的引用，❶在“标签位置”选项区中选中“最左列”复选框，❷单击 确定 按钮。

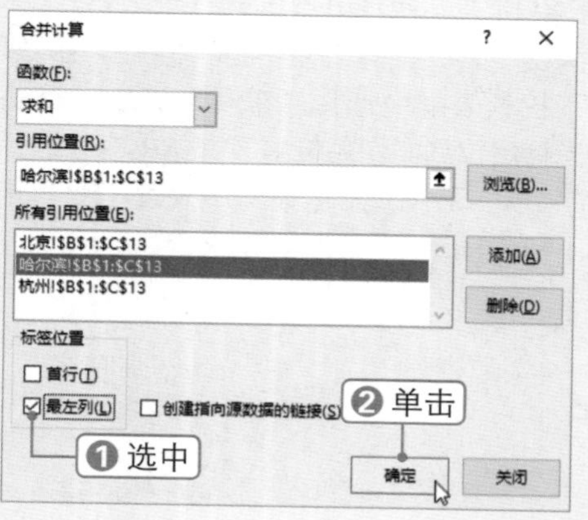


## STEP 5 合并相同位置数据

此时即可将引用位置的最左列作为标题进行求和计算。

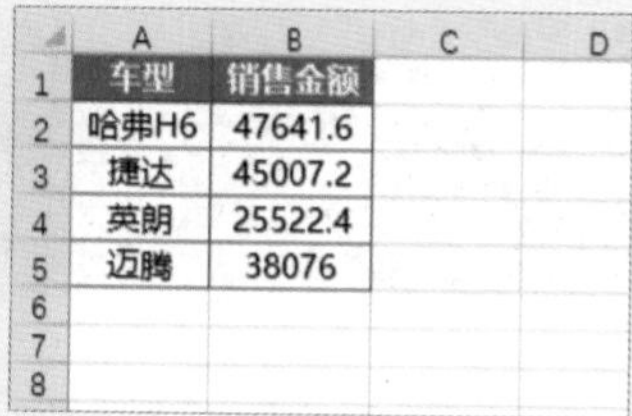

| 车型 | 销售金额 |
|---|---|
| 哈弗H6 | 47641.6 |
| 捷达 | 45007.2 |
| 英朗 | 25522.4 |
| 迈腾 | 38076 |

## STEP 6 设置标签位置

❶若在“标签位置”选项区中选中“首行”复选框，❷单击 确定 按钮。

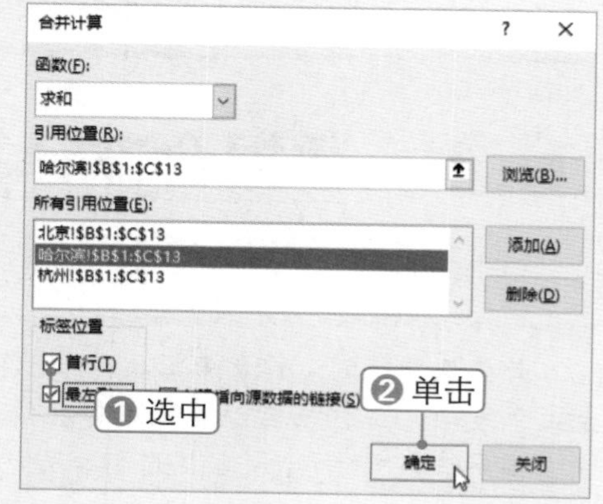


## STEP 7 查看运算结果

此时即可对不同的标题行分别进行求和运算。

| 车型 | 销售金额（北京） | 销售金额（哈尔滨） | 销售金额（杭州） |
|---|---|---|---|
| 哈弗H6 | 17894.4 | 21606.4 | 8140.8 |
| 捷达 | 10845.6 | 21293.6 | 12868 |
| 英朗 | 6087.8 | 9735.6 | 9699 |
| 迈腾 | 9348 | 14801 | 13927 |

### 实操解疑

**合并计算注意事项**

在合并计算前，应确保每个数据区域都具有相同的布局。采用列表格式，以便每列的第一行都有一个标签，列中包含相似的数据，并且列表中没有空白的行或列。

## 6.2.2 利用合并计算核对数据

微课：利用合并计算核对数据

若要对多个表进行核对，找出它们之间的不同之处，可以利用添加辅助列并进行合并计算来找出各组数据的不同之处，具体操作方法如下：

**STEP 1　查看数据表**

整理出原有记录和检查数据表，在此包含了两次的检查表。

| 原有记录 | | 第一次检查 | | 第二次检查 | |
|---|---|---|---|---|---|
| 序号 | 产品型号 | 序号 | 产品型号 | 序号 | 产品型号 |
| 1 | LE32MUF3 | 1 | UBOX-MK1 | 1 | LE55LXZ1 |
| 2 | LE46ZA1 | 2 | LE39MUF3 | 2 | LE42PUV1 |
| 3 | LE32MXF5 | 3 | LE46PUV1 | 3 | LE46LXW1 |
| 4 | LE32MXF1 | 4 | LE32KNH3 | 4 | LE46PXV1 |
| 5 | LE32KNH3 | 5 | LE32PUV3 | 5 | LE32KUH3 |
| 6 | LE42KNH1 | 6 | USTAR-S3 | 6 | LE32PUV3 |
| 7 | LE42PUV1 | 7 | LE42PUV1 | 7 | LE32PUV1 |
| 8 | LE46PUV1 | 8 | LE37KUH3 | 8 | LE42MUF3 |
| 9 | LE42UT8 | 9 | LE46PXV1 | 9 | USTAR-S3 |
| 10 | LE32PUV3 | 10 | LC32UT7 | 10 | LE39MUF3 |
| 11 | LE39PUV3 | 11 | LE32MXF5 | 11 | LE42UT8 |
| 12 | LE55LXZ1 | 12 | LE42KNH1 | 12 | LE42KNH1 |
| 13 | LE39MUF3 | 13 | LE70KAM1 | 13 | LE37KUH3 |
| 14 | LE32KUH3 | 14 | LE32KUH3 | 14 | LE39PUV1 |
| 15 | LE32PUV1 | 15 | LE32LUZ1 | 15 | LC32UT7 |
| 16 | LE39PUV1 | 16 | LE65KAM1 | 16 | LE32MXF1 |
| 17 | LE55KAM3 | 17 | LE42MUF3 | 17 | LE46ZA1 |
| 18 | LE65KAM3 | 18 | LE42UT8 | 18 | LE32LUZ1 |
| 19 | UBOX-MK1 | 19 | LE32PUV1 | 19 | LE50MUF3 |

**STEP 2　创建辅助列**

在各表右侧添加一个辅助列，并分别填充数字 1、10 和 100。

| 原有记录 | | | 第一次检查 | | | 第二次检查 | | |
|---|---|---|---|---|---|---|---|---|
| 序号 | 产品型号 | 辅助 | 序号 | 产品型号 | 辅助 | 序号 | 产品型号 | 辅助 |
| 1 | LE32MUF3 | 1 | 1 | UBOX-MK1 | 10 | 1 | LE55LXZ1 | 100 |
| 2 | LE46ZA1 | 1 | 2 | LE39MUF3 | 10 | 2 | LE42PUV1 | 100 |
| 3 | LE32MXF5 | 1 | 3 | LE46PUV1 | 10 | 3 | LE46LXW1 | 100 |
| 4 | LE32MXF1 | 1 | 4 | LE32KNH3 | 10 | 4 | LE46PXV1 | 100 |
| 5 | LE32KNH3 | 1 | 5 | LE32PUV3 | 10 | 5 | LE32KUH3 | 100 |
| 6 | LE42KNH1 | 1 | 6 | USTAR-S3 | 10 | 6 | LE32PUV3 | 100 |
| 7 | LE42PUV1 | 1 | 7 | LE42PUV1 | 10 | 7 | LE32PUV1 | 100 |
| 8 | LE46PUV1 | 1 | 8 | LE37KUH3 | 10 | 8 | LE42MUF3 | 100 |
| 9 | LE42UT8 | 1 | 9 | LE46PXV1 | 10 | 9 | USTAR-S3 | 100 |
| 10 | LE32PUV3 | 1 | 10 | LC32UT7 | 10 | 10 | LE39MUF3 | 100 |
| 11 | LE39PUV3 | 1 | 11 | LE32MXF5 | 10 | 11 | LE42UT8 | 100 |
| 12 | LE55LXZ1 | 1 | 12 | LE42KNH1 | 10 | 12 | LE42KNH1 | 100 |
| 13 | LE39MUF3 | 1 | 13 | LE70KAM1 | 10 | 13 | LE37KUH3 | 100 |
| 14 | LE32KUH3 | 1 | 14 | LE32KUH3 | 10 | 14 | LE39PUV1 | 100 |
| 15 | LE32PUV1 | 1 | 15 | LE32LUZ1 | 10 | 15 | LC32UT7 | 100 |
| 16 | LE39PUV1 | 1 | 16 | LE65KAM1 | 10 | 16 | LE32MXF1 | 100 |
| 17 | LE55KAM3 | 1 | 17 | LE42MUF3 | 10 | 17 | LE46ZA1 | 100 |
| 18 | LE65KAM3 | 1 | 18 | LE42UT8 | 10 | 18 | LE32LUZ1 | 100 |
| 19 | UBOX-MK1 | 1 | 19 | LE32PUV1 | 10 | 19 | LE50MUF3 | 100 |

**STEP 3　单击“合并计算”按钮**

❶选择 M2 单元格，❷在 数据 选项卡下单击“合并计算”按钮。

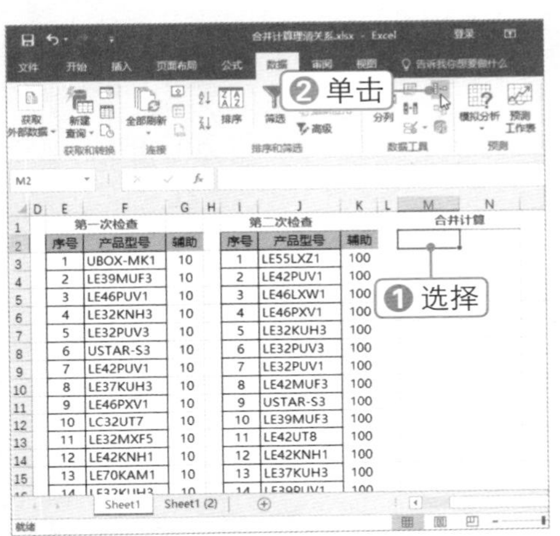


**STEP 4　添加引用位置**

❶将光标定位到“引用位置”文本框中，在工作表中选择“原有记录”表中相应的单元格区域，❷单击 添加(A) 按钮。

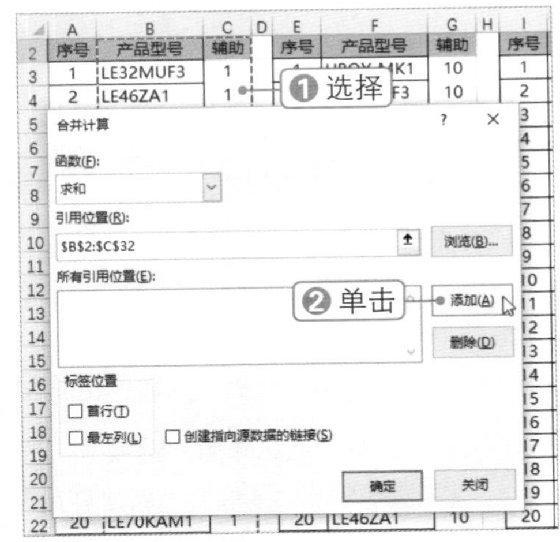


**STEP 5　设置标签位置**

采用同样的方法，在“第一次检查”和“第二次检查”表中分别添加引用位置，❶在“标签位置”选项区中选中“首行”和“最左列”复选框，❷单击 确定 按钮。

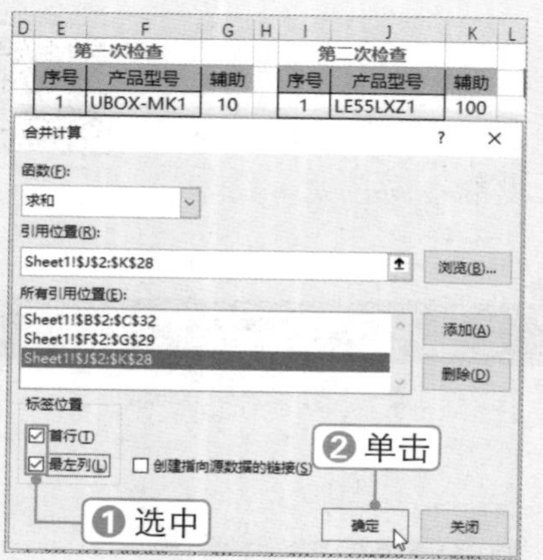


**STEP 6 查看合并计算结果**

在辅助列中查看合并计算结果，其中 1 表示只存在于“原有记录”表中的数据，11 表示“第二次检查”表中所没有的数据，111 表示这三个表中都存在的数据。通过对辅助列进行筛选，可以快速找出这三个表之间的差异。

| 第一次检查 | | | 第二次检查 | | | 合并计算 | |
|---|---|---|---|---|---|---|---|
| 序号 | 产品型号 | 辅助 | 序号 | 产品型号 | 辅助 | | 辅助 |
| 1 | UBOX-MK1 | 10 | 1 | LE55LXZ1 | 100 | LE32MUF3 | 111 |
| 2 | LE39MUF3 | 10 | 2 | LE42PUV1 | 100 | LE46ZA1 | 111 |
| 3 | LE46PUV1 | 10 | 3 | LE46LXW1 | 100 | LE32MXF5 | 11 |
| 4 | LE32KNH3 | 10 | 4 | LE46PXV1 | 100 | LE32MXF1 | 111 |
| 5 | LE32PUV3 | 10 | 5 | LE32KUH3 | 100 | LE32KNH3 | 111 |
| 6 | USTAR-S3 | 10 | 6 | LE32PUV3 | 100 | LE42KNH1 | 111 |
| 7 | LE42PUV1 | 10 | 7 | LE32PUV1 | 100 | LE42PUV1 | 111 |
| 8 | LE37KUH3 | 10 | 8 | LE42MUF3 | 100 | LE46PUV1 | 11 |
| 9 | LE46PXV1 | 10 | 9 | USTAR-S3 | 100 | LE42UT8 | 111 |
| 10 | LC32UT7 | 10 | 10 | LE39MUF3 | 100 | LE32PUV3 | 111 |
| 11 | LE32MXF5 | 10 | 11 | LE42UT8 | 100 | LE39PUV3 | 111 |
| 12 | LE42KNH1 | 10 | 12 | LE42KNH1 | 100 | LE55LXZ1 | 101 |
| 13 | LE70KAM1 | 10 | 13 | LE37KUH3 | 100 | LE39MUF3 | 111 |
| 14 | LE32KUH3 | 10 | 14 | LE39PUV1 | 100 | LE32KUH3 | 111 |
| 15 | LE32LUZ1 | 10 | 15 | LC32UT7 | 100 | LE32PUV1 | 111 |
| 16 | LE65KAM1 | 10 | 16 | LE32MXF1 | 100 | LE39PUV1 | 111 |
| 17 | LE42MUF3 | 10 | 17 | LE46ZA1 | 100 | LE55KAM3 | 111 |

Chapter 06

# 6.3 合并多表数据

■ 关键词：新建查询、使用查询编辑器、追加查询、删除列、自定义列

要将多个数据报表从多个工作表或工作簿中合并到一个工作表，可以将它们逐一复制到该工作表中，但这样做的效率太低了。在 Excel 2016 中，可以通过其强大的 Power Query 功能快速、批量地完成多个报表的合并操作。

## 6.3.1 合并同一个工作簿中的工作表

若要进行合并计算的数据位于一个工作簿的多个工作表中，可以利用SUMIF或SUMIFS函数进行条件求和运算，但这样做比较麻烦。下面将介绍如何利用Power Query功能将这些报表快速合并到一个工作表中，具体操作方法如下：

微课：合并同一个工作簿中的工作表

**STEP 1 选择“从工作簿”选项**

❶选择 数据 选项卡，❷单击“新建查询”下拉按钮，❸选择“从文件”选项，❹选择“从工作簿”选项。

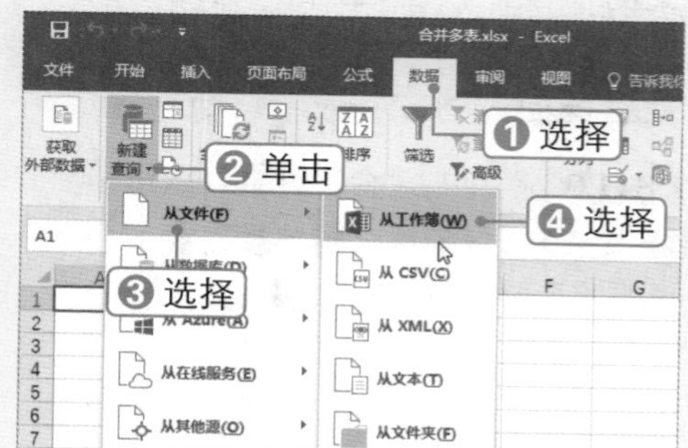

**STEP 2 选择工作簿**

弹出“导入数据”对话框，❶选择工作簿，❷单击[导入(M)]按钮。

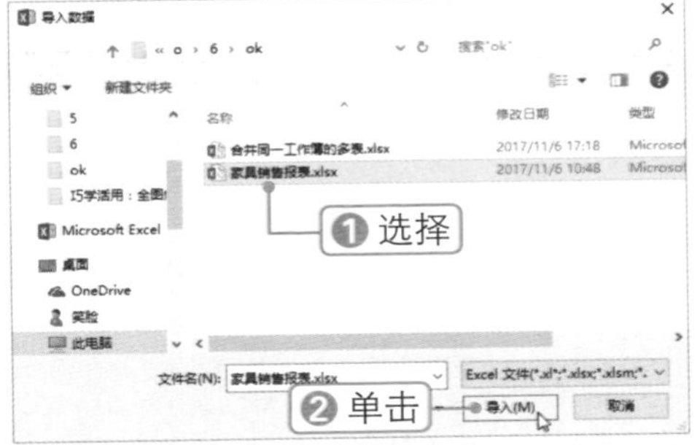


**STEP 3 选择工作表**

打开“导航器”窗口，❶选中“选择多项”复选框，❷选中要进行合并的工作表复选框，❸单击[加载]按钮。

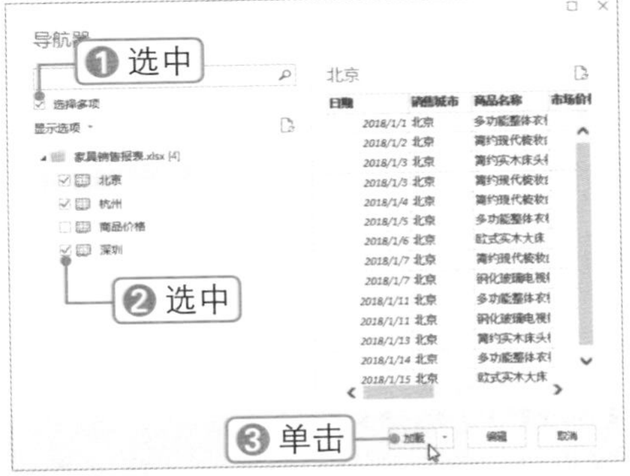


**STEP 4 双击工作表**

加载完成后，在“工作簿查询”窗格中双击任意一个工作表，在此双击“北京”工作表。

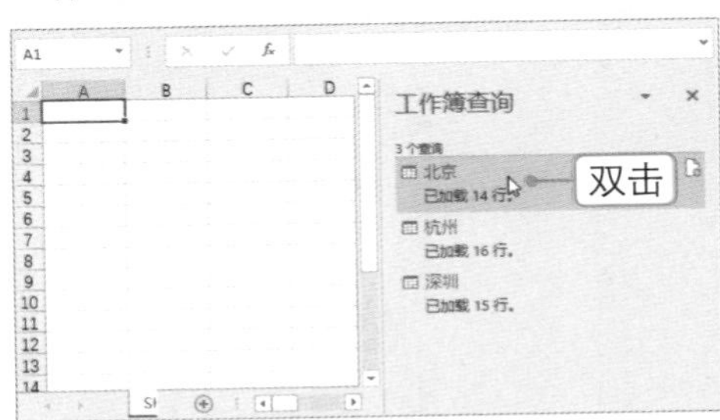


**STEP 5 选择[将查询追加为新查询]选项**

打开“查询编辑器”窗口，❶在[开始]选项卡下单击[追加查询]下拉按钮，❷选择[将查询追加为新查询]选项。

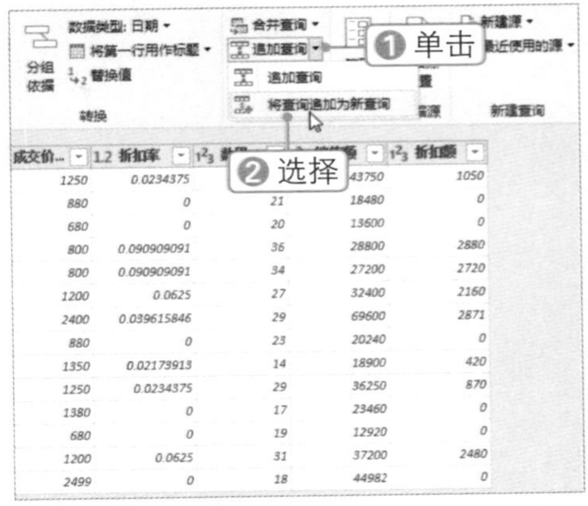


**STEP 6 追加工作表**

弹出“追加”对话框，❶在左侧列表中选择要追加的工作表，❷单击[添加>>]按钮，将其添加到右侧列表中，❸添加完成后，单击[确定]按钮。

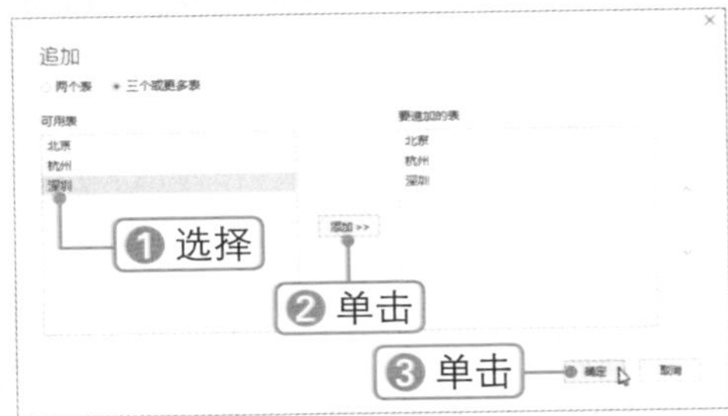


**STEP 7 选择[关闭并上载至...]选项**

❶将新的查询表重命名为“北、杭、深三个表”，❷单击“关闭并上载”下拉按钮，❸选择[关闭并上载至...]选项。

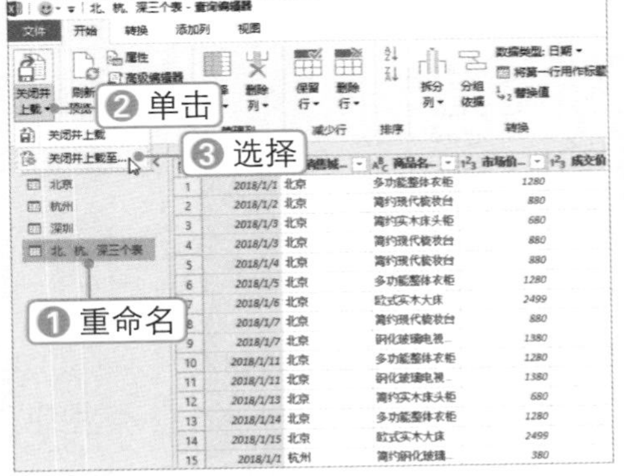

**STEP 8** 单击 加载 按钮

弹出“加载到”对话框，❶选中“现有工作表”单选按钮，❷单击 加载 按钮。

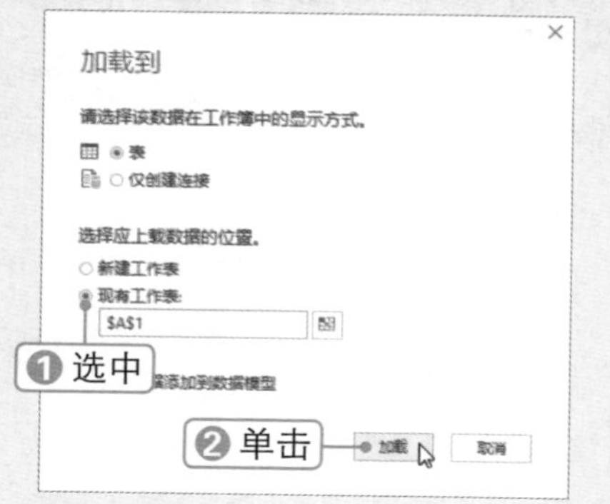


**STEP 9** 查看合并效果

此时即可将三个表合并到一个工作表中。若三个独立的表中有数据更新，只需在 数据 选项卡下单击“全部刷新”按钮即可。

| | A | B | C | D | E | F | G |
|---|---|---|---|---|---|---|---|
| 1 | 日期 | 销售城市 | 商品名称 | 市场价格 | 成交价格 | 折扣率 | 数量 |
| 2 | 2018/1/1 | 北京 | 多功能整体衣柜 | 1280 | 1250 | 0.02 | 35 |
| 3 | 2018/1/2 | 北京 | 简约现代梳妆台 | 880 | 880 | 0.00 | 21 |
| 4 | 2018/1/3 | 北京 | 简约实木床头柜 | 680 | 680 | 0.00 | 20 |
| 5 | 2018/1/3 | 北京 | 简约现代梳妆台 | 880 | 800 | 0.09 | 36 |
| 6 | 2018/1/4 | 北京 | 简约现代梳妆台 | 880 | 800 | 0.09 | 34 |
| 7 | 2018/1/5 | 北京 | 多功能整体衣柜 | 1280 | 1200 | 0.06 | 27 |
| 8 | 2018/1/6 | 北京 | 欧式实木大床 | 2499 | 2400 | 0.04 | 29 |
| 9 | 2018/1/7 | 北京 | 简约现代梳妆台 | 880 | 880 | 0.00 | 23 |
| 10 | 2018/1/7 | 北京 | 钢化玻璃电视柜组 | 1380 | 1350 | 0.02 | 14 |
| 11 | 2018/1/11 | 北京 | 多功能整体衣柜 | 1280 | 1250 | 0.02 | 29 |
| 12 | 2018/1/11 | 北京 | 钢化玻璃电视柜组 | 1380 | 1380 | 0.00 | 17 |

## 6.3.2 合并多个工作簿中的工作表

若要进行合并的工作表分布在不同的工作簿中，如多个部门的日常费用报表，也可利用Power Query功能将这些报表合并到一个工作表中，具体操作方法如下：

微课：合并多个工作簿中的工作表

**STEP 1** 选择“从文件夹”选项

❶选择 数据 选项卡，❷单击“新建查询”下拉按钮，❸选择“从文件”选项，❹选择“从文件夹”选项。

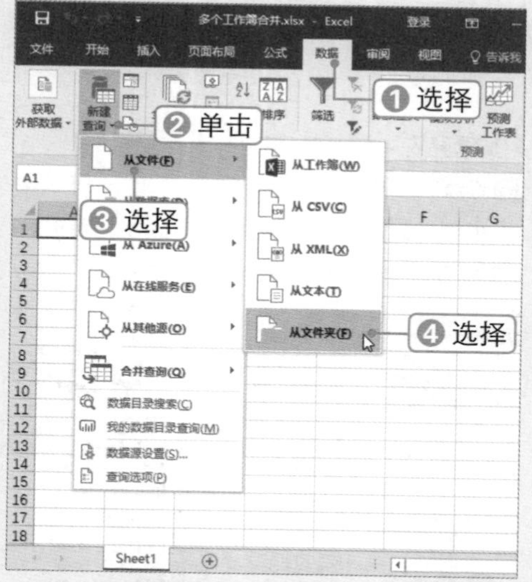


**STEP 2** 单击 浏览... 按钮

弹出“文件夹”对话框，单击 浏览... 按钮。

**STEP 3** 选择文件夹

弹出“浏览文件夹”对话框，❶选择存放工作簿的文件夹（要合并工作表的工作簿必须存放在同一个文件夹中），❷单击 确定 按钮。

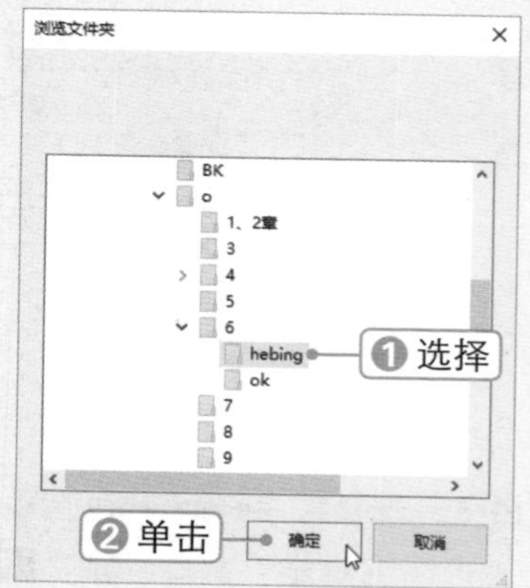

## STEP 4 确认文件夹路径

返回“文件夹”对话框，查看当前的文件夹路径，单击 确定 按钮。

## STEP 5 单击 编辑 按钮

在打开的窗口中单击 编辑 按钮。

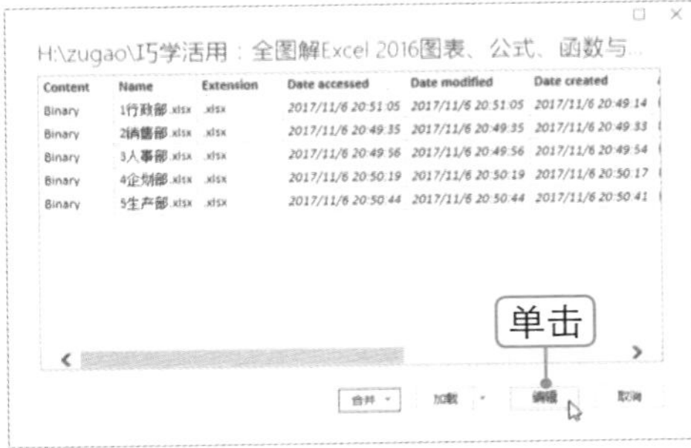


## STEP 6 删除列

打开“查询编辑器”窗口，❶选择 Content 列，❷单击“删除列”下拉按钮，❸选择 删除其他列 选项，将不需要的列删除。

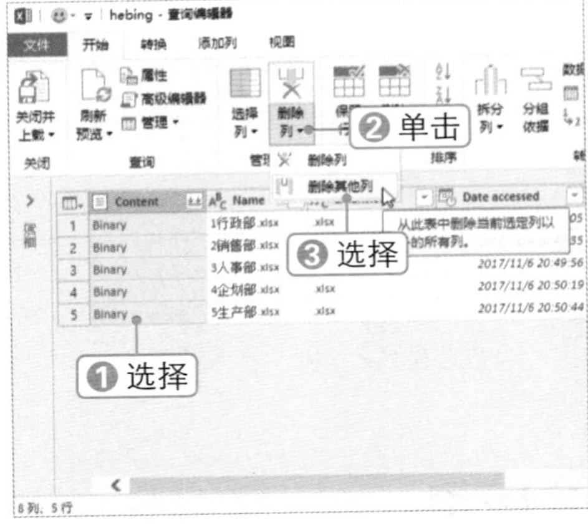


## STEP 7 单击“自定义列”按钮

❶选择 添加列 选项卡，❷单击“自定义列”按钮。

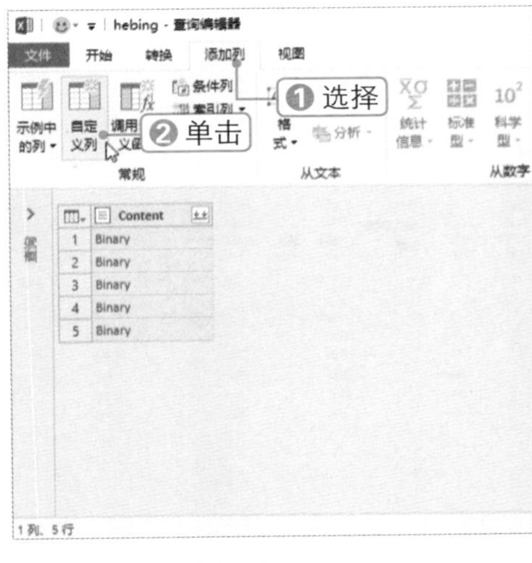


## STEP 8 设置新列参数

弹出“自定义列”对话框，❶输入新列名 merge，❷输入公式“=Excel.Workbook([Content],true)”，❸单击 确定 按钮。

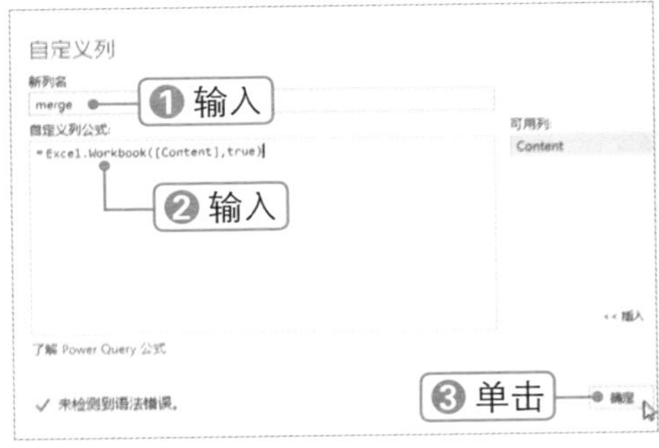


## STEP 9 扩展字段

❶单击自定义列右上角的扩展按钮，❷单击 确定 按钮。

**STEP 10** 选择 Data 列

此时即可查看自定义列中的各项参数，选择 Data 列。

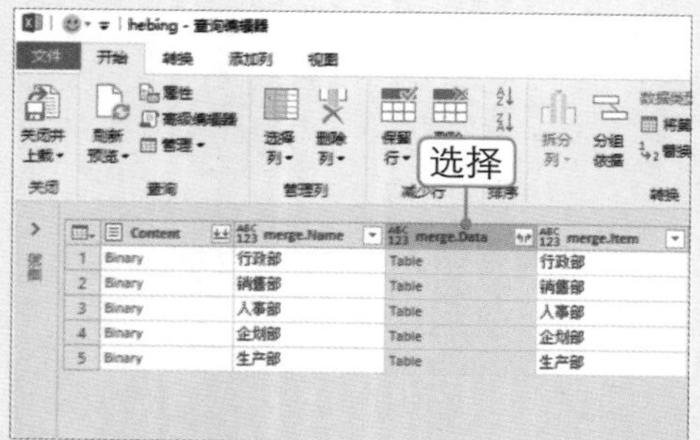


**STEP 11** 删除列

❶单击“删除列”下拉按钮，❷选择 删除其他列 选项，将不需要的列删除。

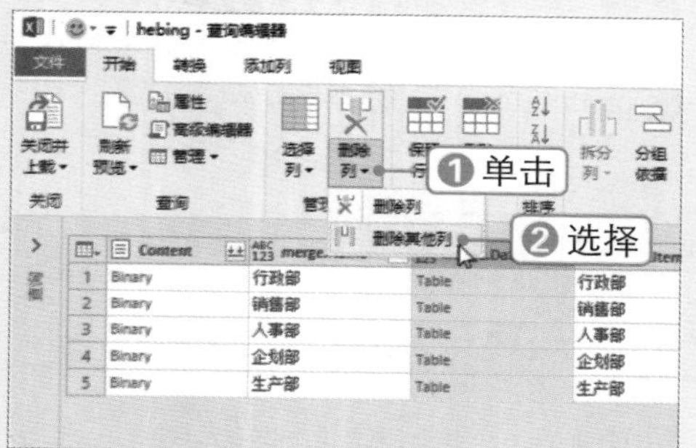


**STEP 12** 扩展字段

❶单击 Data 列右上角的扩展按钮，❷根据需要设置是否“使用原始列名作为前缀”，❸单击 确定 按钮。

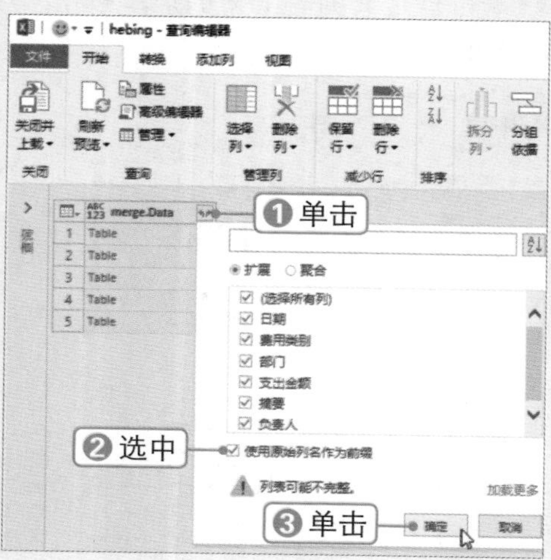


**STEP 13** 单击“关闭并上载”按钮

此时即可将 Data 列中的数据显示出来，单击“关闭并上载”按钮。

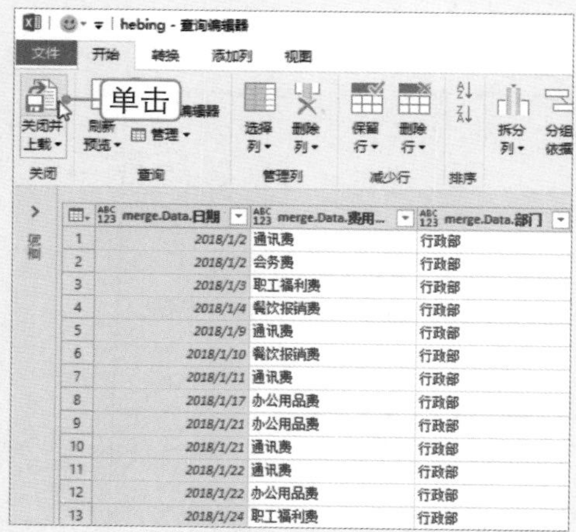


**STEP 14** 查看合并效果

此时即可将所有部门的报表数据合并到一个工作表中。当某个部门中的数据有变化时，只需在 数据 选项卡下单击“全部刷新”按钮即可。

**秒杀技巧** 添加或更改源数据

当合并完成后，存放各数据的文件夹将变为一个动态容器，可以向其中增加其他部门的数据，Power Query 会自动对数据进行合并，用户只需执行刷新操作即可。

Chapter 06

# 6.4 数据模拟分析

■ 关键词：方案管理器、编辑方案、设置方案变量值、方案摘要、单变量求解、单 / 双模拟运算表

Excel 2016 中的模拟分析工具主要包括方案管理器、单变量求解和模拟运算表，使用模拟分析工具可以在一个或多个公式中使用多个不同的值来浏览不同的结果。

## 6.4.1 创建方案

方案是一组值，在Excel 2016中可以通过创建方案在工作表中自动替换相应的值。用户可以创建和保存方案为不同组的值，然后应用这些方案，以查看不同的结果。若要比较多个方案，还可创建方案摘要，将多个方案汇总在同一个报表中。创建方案的具体操作方法如下：

微课：创建方案

**STEP 1 选择 方案管理器(S)... 选项**

❶ 单击“模拟分析”下拉按钮，❷ 选择 方案管理器(S)... 选项。

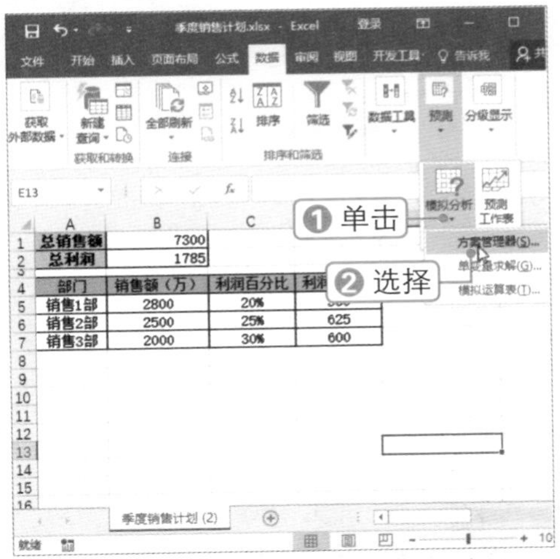


**STEP 2 单击 添加(A)... 按钮**

弹出“方案管理器”对话框，单击 添加(A)... 按钮。

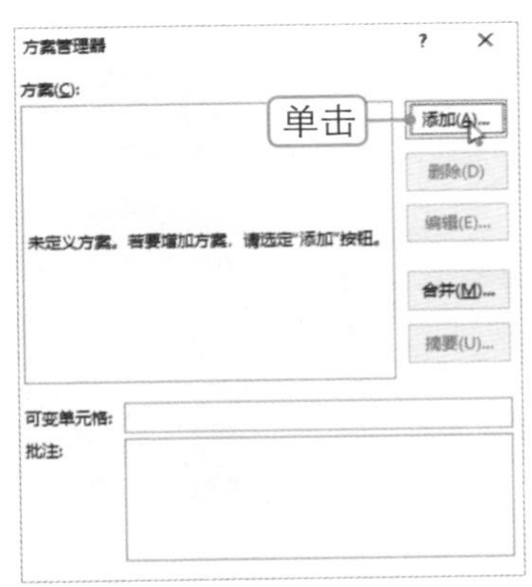


**STEP 3 设置方案选项**

弹出“编辑方案”对话框，❶ 输入方案名，❷ 设置可变单元格，❸ 输入备注，❹ 单击 确定 按钮。

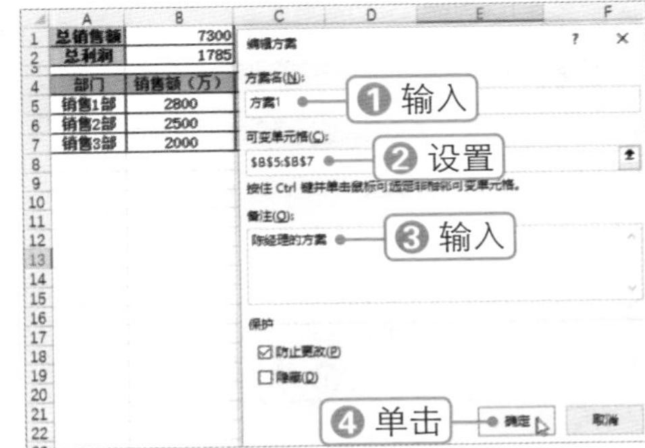

**STEP 4 设置方案变量值**

弹出“方案变量值”对话框，❶输入各变量单元格的目标值，❷单击［确定］按钮。

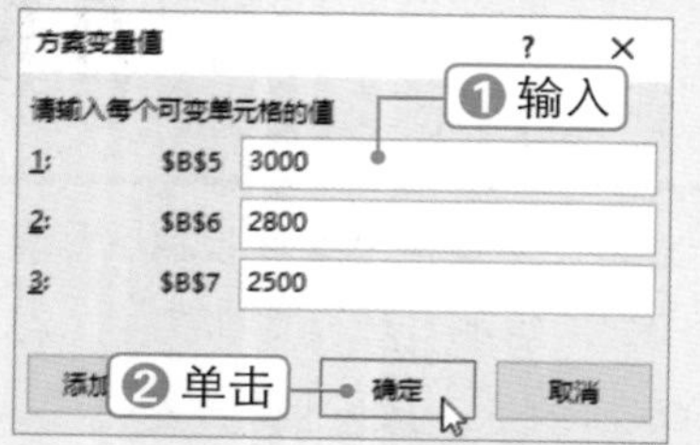


**STEP 5 单击［添加(A)...］按钮**

返回“方案管理器”对话框，单击［添加(A)...］按钮。

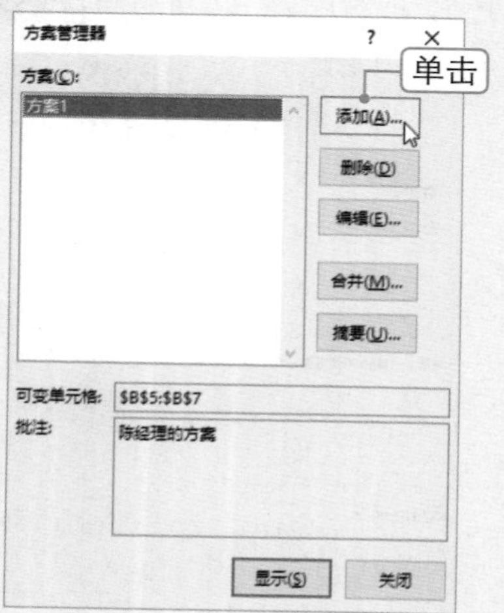


**STEP 6 设置方案选项**

弹出“编辑方案”对话框，❶输入方案名，❷设置可变单元格，❸输入备注，❹单击［确定］按钮。

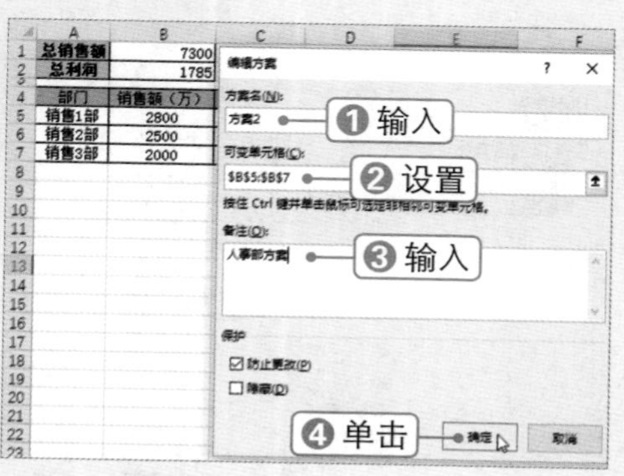


**STEP 7 设置方案变量值**

弹出“方案变量值”对话框，❶输入各变量单元格的目标值，❷单击［确定］按钮。

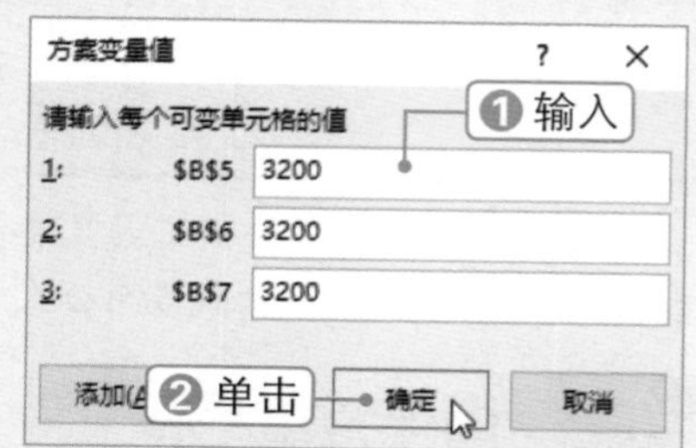


**STEP 8 单击［摘要(U)...］按钮**

采用同样的方法添加“方案3”，单击［摘要(U)...］按钮。

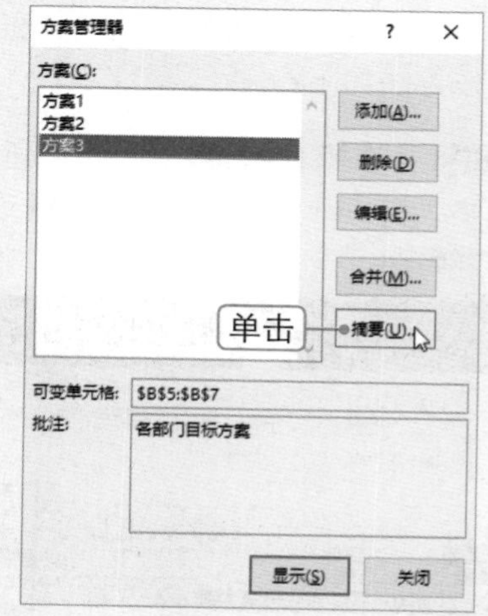


**STEP 9 设置结果单元格**

弹出“方案摘要”对话框，❶设置结果单元格，❷单击［确定］按钮。

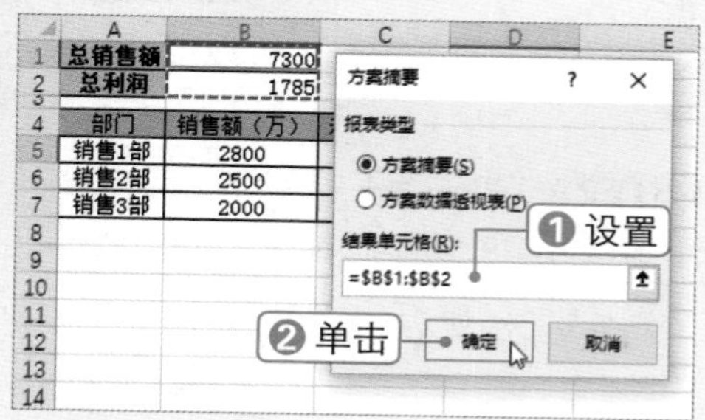


**STEP 10 生成方案摘要**

此时即可生成方案摘要。

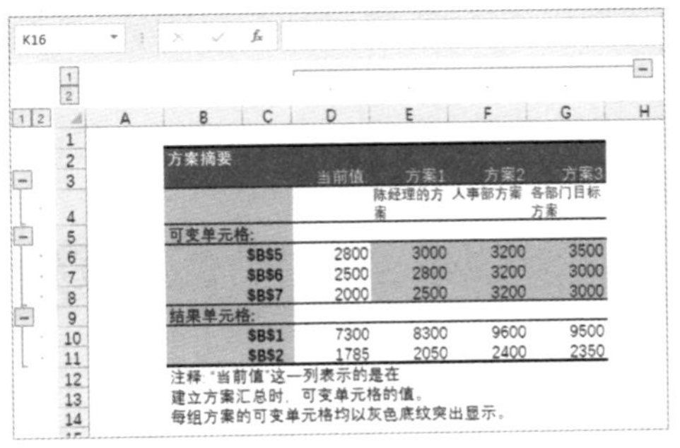

**STEP 11 美化方案摘要**

根据需要对方案摘要进行美化，如修改单元格引用为文本，设置字体格式等。

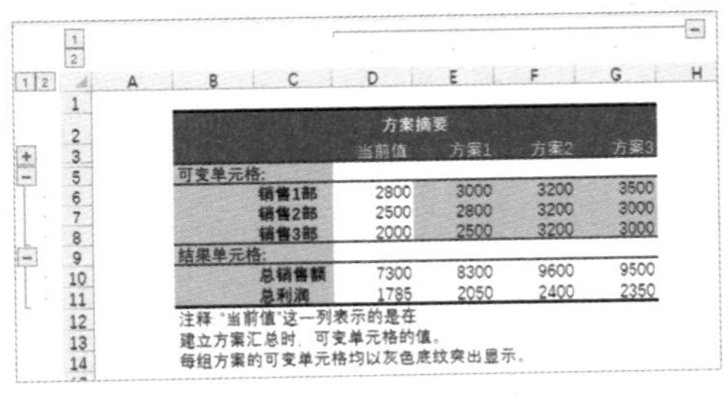

**STEP 12 显示方案**

打开“方案管理器”对话框，❶选择方案，❷单击[显示(S)]按钮，即可快速在工作表中应用所选的方案数据。

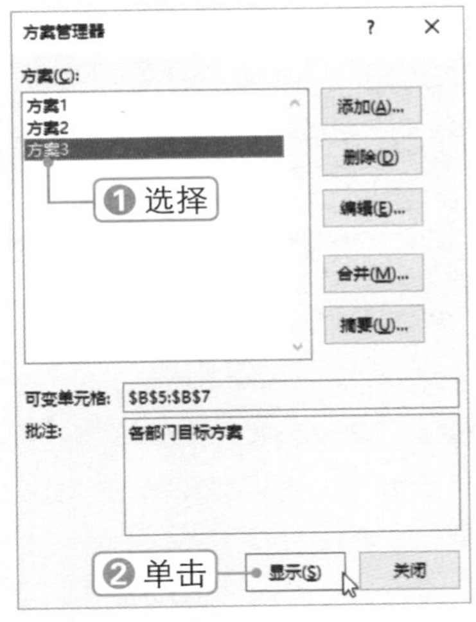


## 6.4.2 单变量求解

微课：单变量求解

若要从公式中获得目标结果，但不能确定哪些输入值会获得此结果，则可以使用单变量求解的方法求得该输入值。单变量求解只能应用于单个变量的情况，具体操作方法如下：

**STEP 1 单击“插入函数”按钮**

编辑贷款计算表，❶选择 B5 单元格，❷单击“插入函数”按钮 $f_x$。

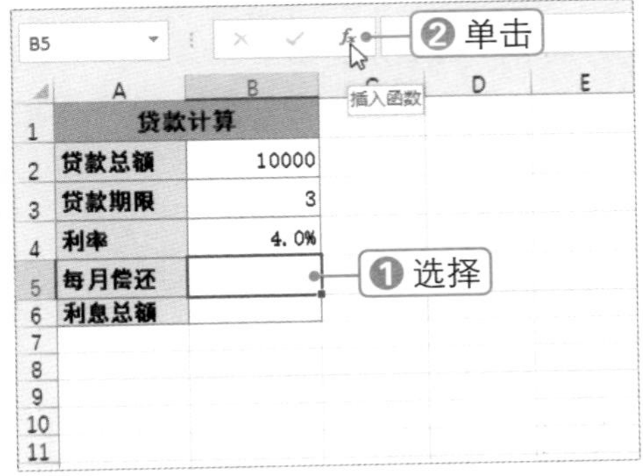


**STEP 2 选择 PMT 函数**

弹出“插入函数”对话框，❶在“或选择类别”下拉列表框中选择“全部”选项，❷选择 PMT 函数，❸单击[确定]按钮。

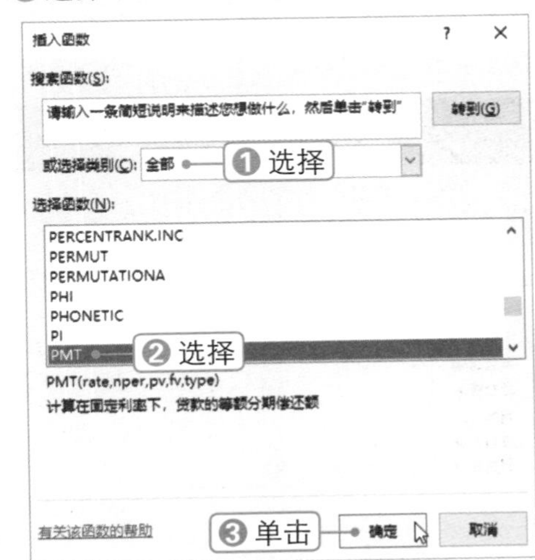

## STEP 3 设置函数参数

弹出“函数参数”对话框，❶设置函数参数，可预览运算结果，❷单击 确定 按钮。

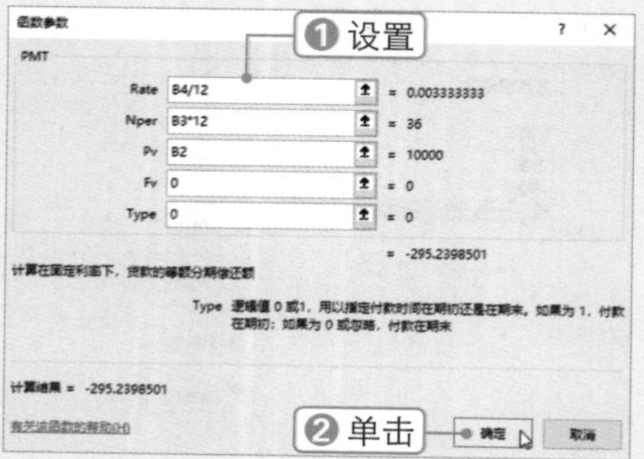


## STEP 4 修改公式

查看运算结果，在函数前嵌套 ABS 绝对值函数。

## STEP 5 计算利息总额

❶选择 B6 单元格，❷在编辑栏中输入公式“=B5*3*12-B2”，并按【Enter】键确认，即可得出利息总额。

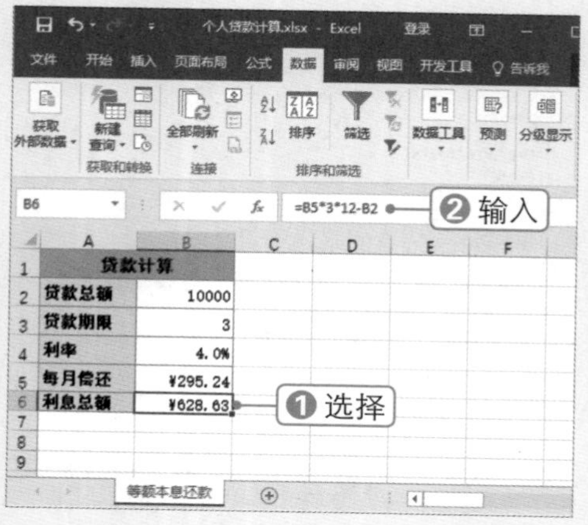


## STEP 6 选择 单变量求解(G)... 选项

❶选择 B6 单元格，❷在 数据 选项卡下“预测”组中单击“模拟分析”下拉按钮，❸选择 单变量求解(G)... 选项。

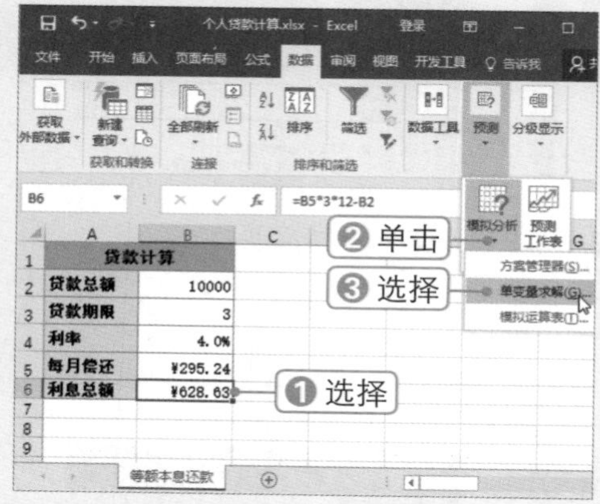


## STEP 7 设置单变量求解参数

弹出“单变量求解”对话框，❶输入目标值（即目标利息总额），❷设置可变单元格为 B2（即贷款总额），❸单击 确定 按钮。

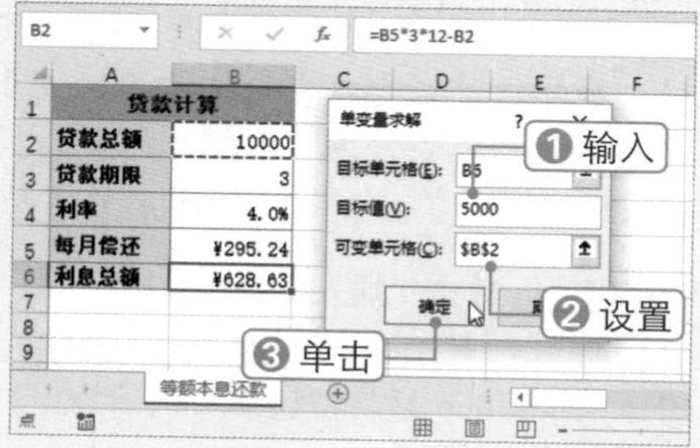


## STEP 8 查看求解结果

此时可以看到当利息总额为 5000 元时所对应的贷款总额，单击 取消 按钮。

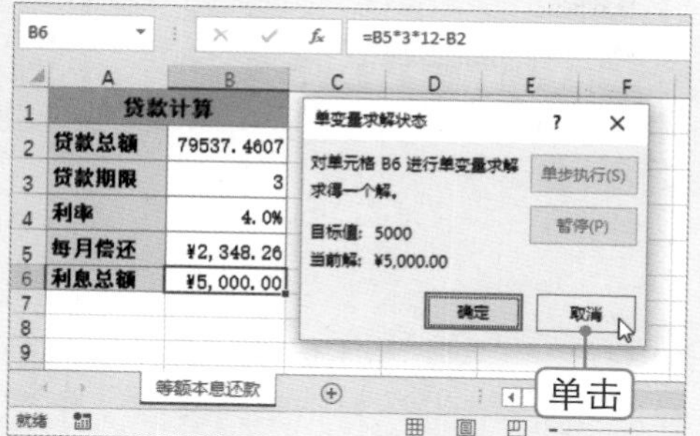

## 6.4.3 单变量模拟运算表

微课：单变量模拟运算表

模拟运算表是一个单元格区域，可以通过更改其中某些单元格的值获得问题的不同答案。例如，下面通过不同的利率值来计算相应的月偿还额，具体操作方法如下：

**STEP 1 计算月偿还额**

编辑利率变化表格，在 B9 单元格中输入与 B5 单元格中相同的公式，计算月偿还额。

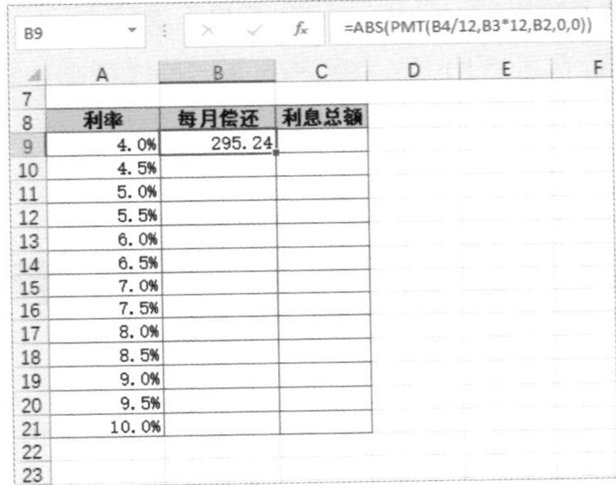

**STEP 2 选择 模拟运算表(T)... 选项**

❶选择 A9:B21 单元格区域，❷单击“模拟分析”下拉按钮，❸选择 模拟运算表(T)... 选项。

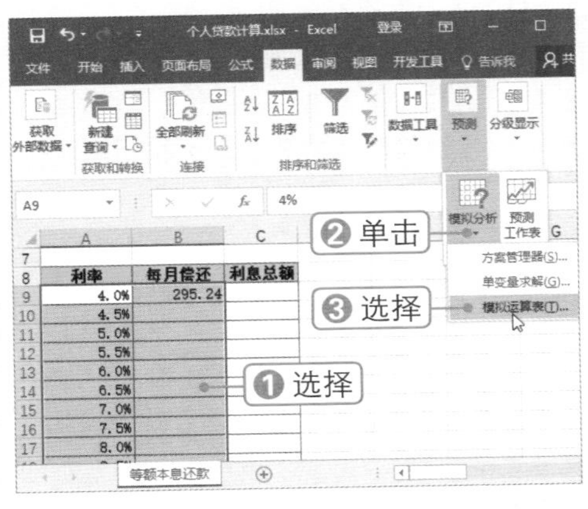


**STEP 3 计算月偿还额**

❶设置引用列的单元格，❷单击 确定 按钮，即可得出多种利率下的月偿还额。

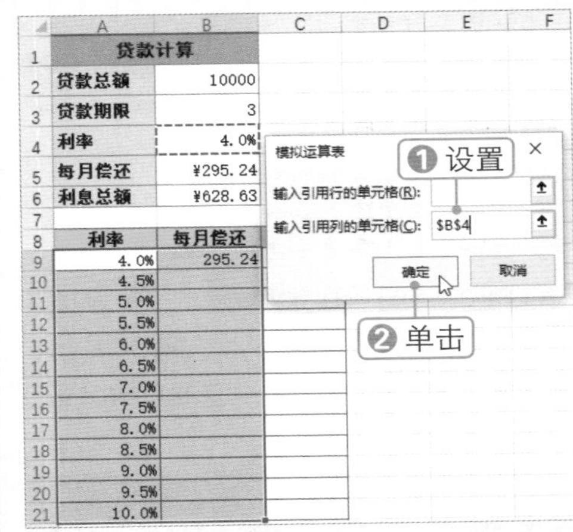


**STEP 4 计算利息总额**

在 C9 单元格中输入公式“=B9*3*12-$B$2”，并按【Enter】键确认，计算利息总额，并向下填充公式。

| | A | B | C |
|---|---|---|---|
| 8 | 利率 | 每月偿还 | 利息总额 |
| 9 | 4.0% | 295.24 | 628.63 |
| 10 | 4.5% | 297.47 | 708.89 |
| 11 | 5.0% | 299.71 | 789.52 |
| 12 | 5.5% | 301.96 | 870.52 |
| 13 | 6.0% | 304.22 | 951.90 |
| 14 | 6.5% | 306.49 | 1033.64 |
| 15 | 7.0% | 308.77 | 1115.75 |
| 16 | 7.5% | 311.06 | 1198.24 |
| 17 | 8.0% | 313.36 | 1281.09 |
| 18 | 8.5% | 315.68 | 1364.31 |
| 19 | 9.0% | 318.00 | 1447.90 |
| 20 | 9.5% | 320.33 | 1531.86 |
| 21 | 10.0% | 322.67 | 1616.19 |

## 6.4.4 双变量求解

微课：双变量求解

模拟运算表只支持一个或两个变量，使用双变量模拟运算表可以查看一个公式中两个变量的不同值对该公式结果的影响。例如，下面通过不同的利率和贷款额计算相应的月供额，具体操作方法如下：

**STEP 1** 计算月供额

在 A8:J23 单元格区域中编辑“贷款月供预测表”，在 B10 单元格中输入与 B5 单元格中相同的公式，计算月供额。

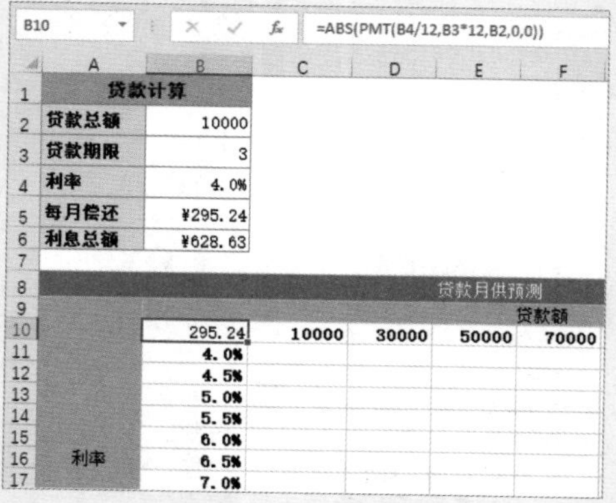

**STEP 2** 选择 模拟运算表(T)... 选项

❶选择 B10:J23 单元格区域，❷单击“模拟分析”下拉按钮，❸选择 模拟运算表(T)... 选项。

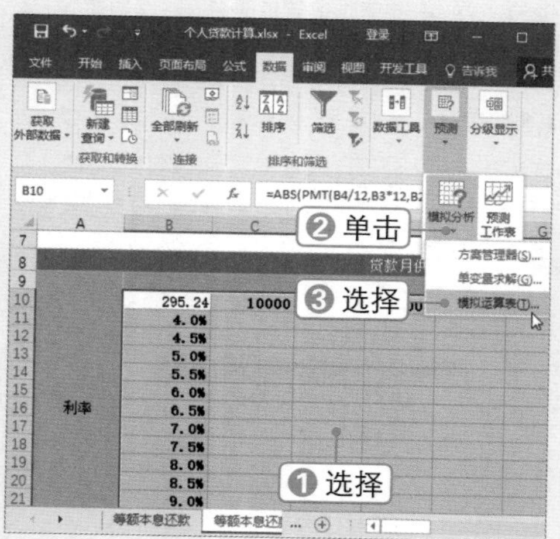


**STEP 3** 设置引用单元格

❶分别设置引用行和引用列的单元格，❷单击 确定 按钮。

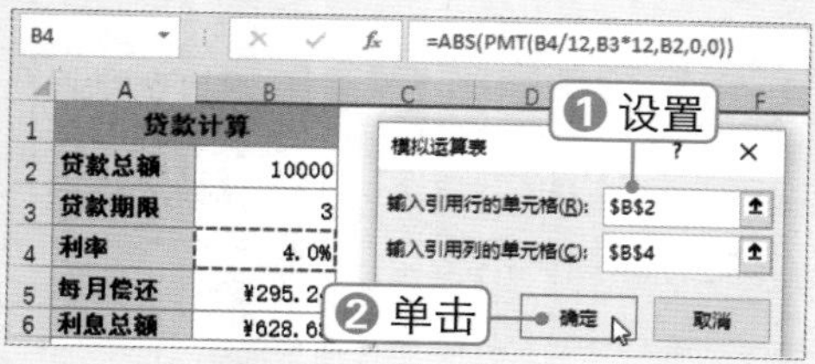


**STEP 4** 查看运算结果

此时即可得到双变量模拟运算表，可以查看不同利率不同贷款额下的月供额。

| 利率 | 295.24 | 10000 | 30000 | 50000 | 70000 | 90000 | 110000 | 130000 | 150000 |
|---|---|---|---|---|---|---|---|---|---|
| | 4.0% | 295.24 | 885.72 | 1476.20 | 2066.68 | 2657.16 | 3247.64 | 3838.12 | 4428.60 |
| | 4.5% | 297.47 | 892.41 | 1487.35 | 2082.28 | 2677.22 | 3272.16 | 3867.10 | 4462.04 |
| | 5.0% | 299.71 | 899.13 | 1498.54 | 2097.96 | 2697.38 | 3296.80 | 3896.22 | 4495.63 |
| | 5.5% | 301.96 | 905.88 | 1509.80 | 2113.71 | 2717.63 | 3321.55 | 3925.47 | 4529.39 |
| | 6.0% | 304.22 | 912.66 | 1521.10 | 2129.54 | 2737.97 | 3346.41 | 3954.85 | 4563.29 |
| | 6.5% | 306.49 | 919.47 | 1532.45 | 2145.43 | 2758.41 | 3371.39 | 3984.37 | 4597.35 |
| | 7.0% | 308.77 | 926.31 | 1543.85 | 2161.40 | 2778.94 | 3396.48 | 4014.02 | 4631.56 |
| | 7.5% | 311.06 | 933.19 | 1555.31 | 2177.44 | 2799.56 | 3421.68 | 4043.81 | 4665.93 |
| | 8.0% | 313.36 | 940.09 | 1566.82 | 2193.55 | 2820.27 | 3447.00 | 4073.73 | 4700.45 |
| | 8.5% | 315.68 | 947.03 | 1578.38 | 2209.73 | 2841.08 | 3472.43 | 4103.78 | 4735.13 |
| | 9.0% | 318.00 | 953.99 | 1589.99 | 2225.98 | 2861.98 | 3497.97 | 4133.97 | 4769.96 |
| | 9.5% | 320.33 | 960.99 | 1601.65 | 2242.31 | 2882.97 | 3523.62 | 4164.28 | 4804.94 |
| | 10.0% | 322.67 | 968.02 | 1613.36 | 2258.70 | 2904.05 | 3549.39 | 4194.73 | 4840.08 |

**STEP 5** 选择“粘贴链接”选项

❶选择 B10:J23 单元格区域，按【Ctrl+C】组合键复制数据，❷选择 B26 单元格，❸单击“粘贴”下拉按钮，❹选择“粘贴链接”选项。

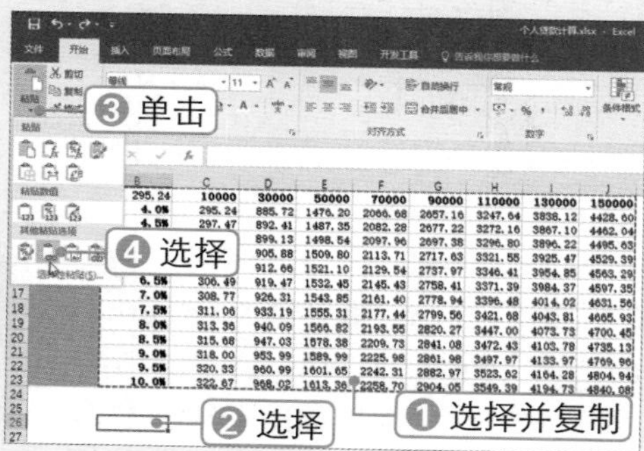


**STEP 6** 查看粘贴效果

此时即可将数据粘贴为链接，根据需要修改数字格式。选择 B26 单元格，在编辑栏中可以看到其值实为 B10 单元格引用。

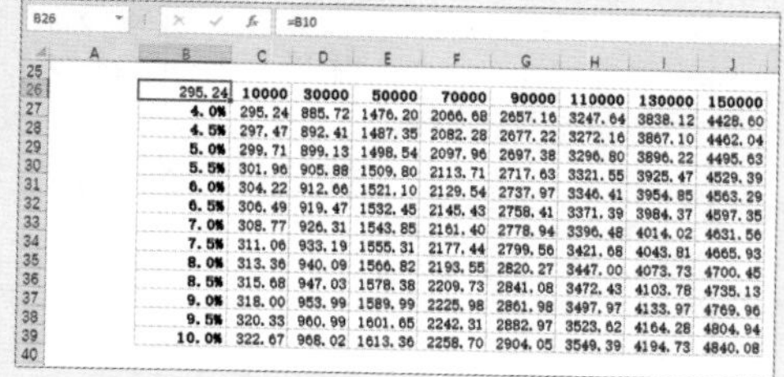

| 295.24 | 10000 | 30000 | 50000 | 70000 | 90000 | 110000 | 130000 | 150000 |
|---|---|---|---|---|---|---|---|---|
| 4.0% | 295.24 | 885.72 | 1476.20 | 2066.68 | 2657.16 | 3247.64 | 3838.12 | 4428.60 |
| 4.5% | 297.47 | 892.41 | 1487.35 | 2082.28 | 2677.22 | 3272.16 | 3867.10 | 4462.04 |
| 5.0% | 299.71 | 899.13 | 1498.54 | 2097.96 | 2697.38 | 3296.80 | 3896.22 | 4495.63 |
| 5.5% | 301.96 | 905.88 | 1509.80 | 2113.71 | 2717.63 | 3321.55 | 3925.47 | 4529.39 |
| 6.0% | 304.22 | 912.66 | 1521.10 | 2129.54 | 2737.97 | 3346.41 | 3954.85 | 4563.29 |
| 6.5% | 306.49 | 919.47 | 1532.45 | 2145.43 | 2758.41 | 3371.39 | 3984.37 | 4597.35 |
| 7.0% | 308.77 | 926.31 | 1543.85 | 2161.40 | 2778.94 | 3396.48 | 4014.02 | 4631.56 |
| 7.5% | 311.06 | 933.19 | 1555.31 | 2177.44 | 2799.56 | 3421.68 | 4043.81 | 4665.93 |
| 8.0% | 313.36 | 940.09 | 1566.82 | 2193.55 | 2820.27 | 3447.00 | 4073.73 | 4700.45 |
| 8.5% | 315.68 | 947.03 | 1578.38 | 2209.73 | 2841.08 | 3472.43 | 4103.78 | 4735.13 |
| 9.0% | 318.00 | 953.99 | 1589.99 | 2225.98 | 2861.98 | 3497.97 | 4133.97 | 4769.96 |
| 9.5% | 320.33 | 960.99 | 1601.65 | 2242.31 | 2882.97 | 3523.62 | 4164.28 | 4804.94 |
| 10.0% | 322.67 | 968.02 | 1613.36 | 2258.70 | 2904.05 | 3549.39 | 4194.73 | 4840.08 |

**STEP 7** 修改公式

❶选择 C27 单元格，❷在编辑栏中修改公式为“=C11*3*12-C$26”，并按【Enter】键确认，即可得出利息总额。

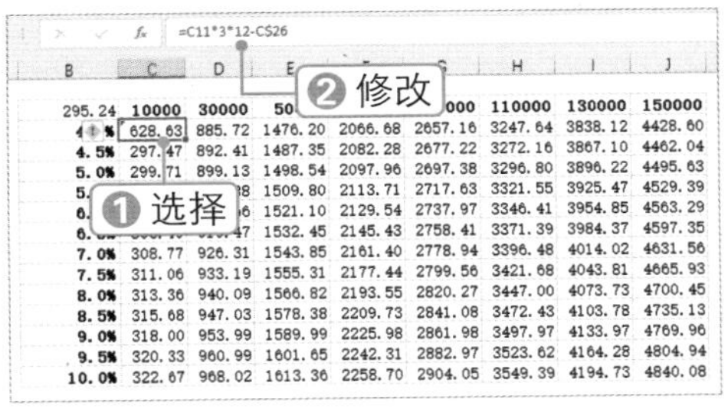


| 295.24 | 10000 | 30000 | [illegible] | [illegible] | [illegible] | 110000 | 130000 | 150000 |
|---|---|---|---|---|---|---|---|---|
| [illegible] | 628.63 | 885.72 | 1476.20 | 2066.68 | 2657.16 | 3247.64 | 3838.12 | 4428.60 |
| 4.5% | 297.47 | 892.41 | 1487.35 | 2082.28 | 2677.22 | 3272.16 | 3867.10 | 4462.04 |
| 5.0% | 299.71 | 899.13 | 1498.54 | 2097.96 | 2697.38 | 3296.80 | 3896.22 | 4495.63 |
| [illegible] | [illegible] | [illegible] | 1509.80 | 2113.71 | 2717.63 | 3321.55 | 3925.47 | 4529.39 |
| [illegible] | [illegible] | [illegible] | 1521.10 | 2129.54 | 2737.97 | 3346.41 | 3954.85 | 4563.29 |
| [illegible] | [illegible] | [illegible] | 1532.45 | 2145.43 | 2758.41 | 3371.39 | 3984.37 | 4597.35 |
| 7.0% | 308.77 | 926.31 | 1543.85 | 2161.40 | 2778.94 | 3396.48 | 4014.02 | 4631.56 |
| 7.5% | 311.06 | 933.19 | 1555.31 | 2177.44 | 2799.56 | 3421.68 | 4043.81 | 4665.93 |
| 8.0% | 313.36 | 940.09 | 1566.82 | 2193.55 | 2820.27 | 3447.00 | 4073.73 | 4700.45 |
| 8.5% | 315.68 | 947.03 | 1578.38 | 2209.73 | 2841.08 | 3472.43 | 4103.78 | 4735.13 |
| 9.0% | 318.00 | 953.99 | 1589.99 | 2225.98 | 2861.98 | 3497.97 | 4133.97 | 4769.96 |
| 9.5% | 320.33 | 960.99 | 1601.65 | 2242.31 | 2882.97 | 3523.62 | 4164.28 | 4804.94 |
| 10.0% | 322.67 | 968.02 | 1613.36 | 2258.70 | 2904.05 | 3549.39 | 4194.73 | 4840.08 |

**STEP 8** **填充公式**

将公式填充到其他单元格，即可得出不同利率与贷款额下的利息总额。

| 295.24 | 10000 | 30000 | 50000 | 70000 | 90000 | 110000 | 130000 | 150000 |
|---|---|---|---|---|---|---|---|---|
| 4.0% | 628.63 | 1885.90 | 3143.17 | 4400.44 | 5657.71 | 6914.98 | 8172.25 | 9429.52 |
| 4.5% | 708.89 | 2126.68 | 3544.46 | 4962.25 | 6380.04 | 7797.82 | 9215.61 | 10633.39 |
| 5.0% | 789.52 | 2368.57 | 3947.61 | 5526.66 | 7105.71 | 8684.75 | 10263.80 | 11842.84 |
| 5.5% | 870.52 | 2611.57 | 4352.62 | 6093.67 | 7834.72 | 9575.77 | 11316.82 | 13057.87 |
| 6.0% | 951.90 | 2855.69 | 4759.49 | 6663.28 | 8567.08 | 10470.87 | 12374.67 | 14278.46 |
| 6.5% | 1033.64 | 3100.92 | 5168.21 | 7235.49 | 9302.77 | 11370.05 | 13437.33 | 15504.62 |
| 7.0% | 1115.75 | 3347.26 | 5578.77 | 7810.28 | 10041.79 | 12273.30 | 14504.81 | 16736.32 |
| 7.5% | 1198.24 | 3594.72 | 5991.19 | 8387.67 | 10784.15 | 13180.62 | 15577.10 | 17973.58 |
| 8.0% | 1281.09 | 3843.27 | 6405.46 | 8967.64 | 11529.82 | 14092.01 | 16654.19 | 19216.37 |
| 8.5% | 1364.31 | 4092.94 | 6821.57 | 9550.19 | 12278.82 | 15007.45 | 17736.08 | 20464.70 |
| 9.0% | 1447.90 | 4343.71 | 7239.52 | 10135.33 | 13031.13 | 15926.94 | 18822.75 | 21718.56 |
| 9.5% | 1531.86 | 4595.59 | 7659.31 | 10723.03 | 13786.76 | 16850.48 | 19914.20 | 22977.93 |
| 10.0% | 1616.19 | 4848.56 | 8080.94 | 11313.31 | 14545.69 | 17778.06 | 21010.44 | 24242.81 |

## 商务办公 私房实操技巧

### TIP：将分类汇总结果放到每一页中

在“分类汇总”对话框中选中“每组数据分页”复选框，可按每个分类汇总进行分页，在“分页预览”视图或打印预览下可以查看分页效果。

### TIP：创建含有图表的汇总报表

创建分类汇总后，可以单击相应的分级按钮，使报表中只显示总计数据，然后为这些总计数据创建图表。创建完成后单击分级按钮，图表也将随之进行更新。

### TIP：删除分类汇总

若要删除分类汇总，可打开“分类汇总”对话框，单击全部删除(R)按钮即可。

### TIP：用智能表格创建分类汇总

若要创建分类汇总的数据位于 Excel 表格中，则需先将 Excel 表格转换为普通数据区域，在设计选项卡下单击转换为区域按钮即可。对于 Excel 表格中的数据，建议使用数据透视表来汇总数据。

Ask Answer

# 高手疑难解答

## 问 怎样使合并计算后的数据自动更新？

图解解答 在“合并计算”对话框中选中“创建指向源数据的链接”复选框，单击 确定 按钮，如下图（左）所示。此时即可为合并计算后的数据创建链接，当源数据发生改变后，合并的数据也会自动更新，如下图（右）所示。

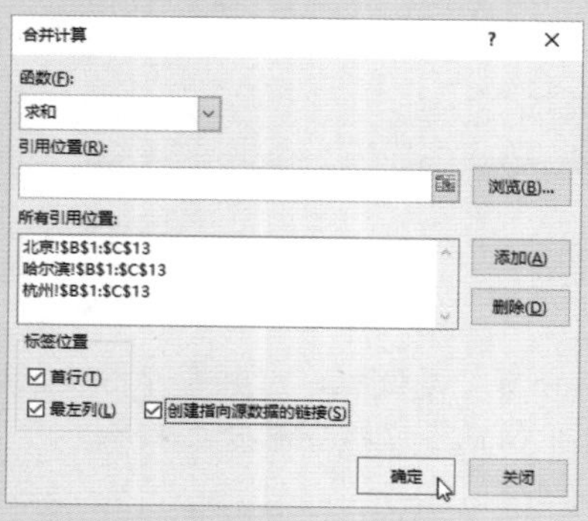


C2 =北京!$C$2

| | A | B | C | D | E |
|---|---|---|---|---|---|
| 1 | 车型 | | 销售金额（北京） | 销售金额（哈尔滨） | 销售金额（杭州） |
| 2 | | 合并计算 | 5452.8 | | |
| 3 | | | 6476.8 | | |
| 4 | | | 5964.8 | | |
| 5 | | 合并计算 | | 5708.8 | |
| 6 | | | | 8268.8 | |
| 7 | | | | 7628.8 | |
| 8 | | 合并计算 | | | 3148.8 |
| 9 | | | | | 3123.2 |
| 10 | | | | | 1868.8 |
| 11 | 哈弗H6 | | 17894.4 | 21606.4 | 8140.8 |
| 21 | 捷达 | | 10845.6 | 21293.6 | 12868 |
| 31 | 英朗 | | 6087.8 | 9735.6 | 9699 |
| 41 | 迈腾 | | 9348 | 14801 | 13927 |
| 42 | | | | | |

## 问 怎样利用函数汇总多表数据？

图解解答 对于具有相同数据模型的工作表，无须通过合并计算逐个添加要引用的位置，使用函数即可快速进行多表的合并计算，方法如下：

1. 新建工作表并编辑表格数据，在 C2 单元格中输入函数的开始部分“SUM(”，如下图（左）所示。
2. 按住【Shift】键的同时选择“北京”和“哈尔滨”工作表标签，即可选择连续的三个表，然后单击 C2 单元格，如下图（右）所示。

TREND =sum(

| | A | B | C |
|---|---|---|---|
| 1 | 月份 | 车型 | 总销售金额 |
| 2 | 2018年1月 | 哈弗H6 | =sum( |
| 3 | 2018年1月 | 捷达 | |
| 4 | 2018年1月 | 英朗 | |
| 5 | 2018年1月 | 迈腾 | |
| 6 | 2018年2月 | 哈弗H6 | |
| 7 | 2018年2月 | 捷达 | |
| 8 | 2018年2月 | 英朗 | |
| 9 | 2018年2月 | 迈腾 | |
| 10 | 2018年3月 | 哈弗H6 | |
| 11 | 2018年3月 | 捷达 | |
| 12 | 2018年3月 | 英朗 | |
| 13 | 2018年3月 | 迈腾 | |

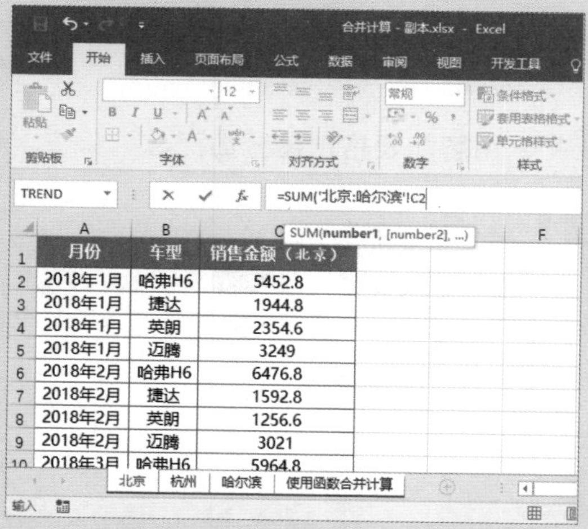


| | A | B | C |
|---|---|---|---|
| 1 | 月份 | 车型 | 销售金额（北京） |
| 2 | 2018年1月 | 哈弗H6 | 5452.8 |
| 3 | 2018年1月 | 捷达 | 1944.8 |
| 4 | 2018年1月 | 英朗 | 2354.6 |
| 5 | 2018年1月 | 迈腾 | 3249 |
| 6 | 2018年2月 | 哈弗H6 | 6476.8 |
| 7 | 2018年2月 | 捷达 | 1592.8 |
| 8 | 2018年2月 | 英朗 | 1256.6 |
| 9 | 2018年2月 | 迈腾 | 3021 |
| 10 | 2018年3月 | 哈弗H6 | 5964.8 |

③ 按【Enter】键确认，即可得出求和结果。需要注意的是这三个工作表中的数据位置必须相同，如下图（左）所示。

④ 在 E1:F4 单元格区域编辑“各地总销售额”汇总表，其中 E2:E4 单元格区域中的名称与要进行求和运算的工作表名称相同。❶选择 F1 单元格，❷在 F2 单元格中输入公式“=SUM(INDIRECT(E2&"!C:C"))”，并按【Enter】键确认，即可得出所需的结果，如下图（右）所示。

C2　=SUM(北京:哈尔滨!C2)

| | A | B | C | D |
|---|---|---|---|---|
| 1 | 月份 | 车型 | 总销售金额 | |
| 2 | 2018年1月 | 哈弗H6 | 14310.4 | |
| 3 | 2018年1月 | 捷达 | 8720.8 | |
| 4 | 2018年1月 | 英朗 | 5075.2 | |
| 5 | 2018年1月 | 迈腾 | 13927 | |
| 6 | 2018年2月 | 哈弗H6 | 17868.8 | |
| 7 | 2018年2月 | 捷达 | 6802.4 | |
| 8 | 2018年2月 | 英朗 | 8052 | |
| 9 | 2018年2月 | 迈腾 | 12369 | |
| 10 | 2018年3月 | 哈弗H6 | 15462.4 | |
| 11 | 2018年3月 | 捷达 | 29484 | |
| 12 | 2018年3月 | 英朗 | 12395.2 | |
| 13 | 2018年3月 | 迈腾 | 11780 | |
| 14 | | | | |

F2　=SUM(INDIRECT(E2&"!C:C"))

| | A | B | C | D | E | F |
|---|---|---|---|---|---|---|
| 1 | 月份 | 车型 | 总销售金额 | | 各地总销售额 | |
| 2 | 2018年1月 | 哈弗H6 | 14310.4 | | 北京 | 44175.8 |
| 3 | 2018年1月 | 捷达 | 8720.8 | | 杭州 | 44634.8 |
| 4 | 2018年1月 | 英朗 | 5075.2 | | 哈尔滨 | 67436.6 |
| 5 | 2018年1月 | 迈腾 | 13927 | | | |
| 6 | 2018年2月 | 哈弗H6 | 17868.8 | | | |
| 7 | 2018年2月 | 捷达 | 6802.4 | | | |
| 8 | 2018年2月 | 英朗 | 8052 | | | |
| 9 | 2018年2月 | 迈腾 | 12369 | | | |
| 10 | 2018年3月 | 哈弗H6 | 15462.4 | | | |
| 11 | 2018年3月 | 捷达 | 29484 | | | |
| 12 | 2018年3月 | 英朗 | 12395.2 | | | |
| 13 | 2018年3月 | 迈腾 | 11780 | | | |
| 14 | | | | | | |

CHAPTER

# 使用图表呈现数据

## 本章导读

图表是 Excel 中重要的数据分析工具，它将工作表中的数据转换为图形系列展现在图表中，可以使数据更清晰，更容易理解。本章将详细介绍图表的创建与编辑，图表的高级操作，以及如何应用迷你图。

## 知识要点

01 图表的创建与编辑

02 图表的高级操作

03 应用迷你图

## 案例展示

▼创建折线图

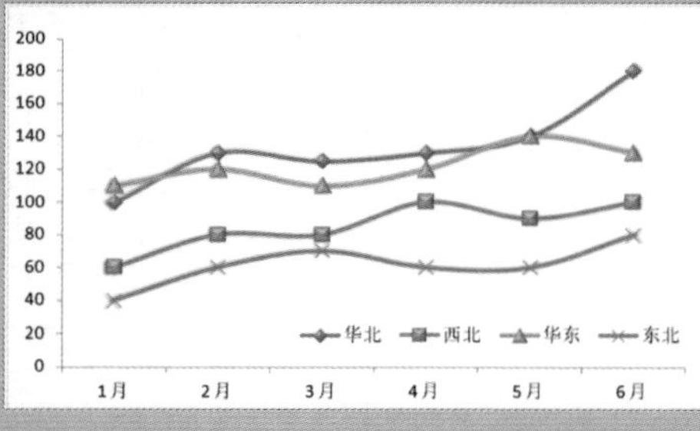


▼将多个图表绘制在同一个图表中

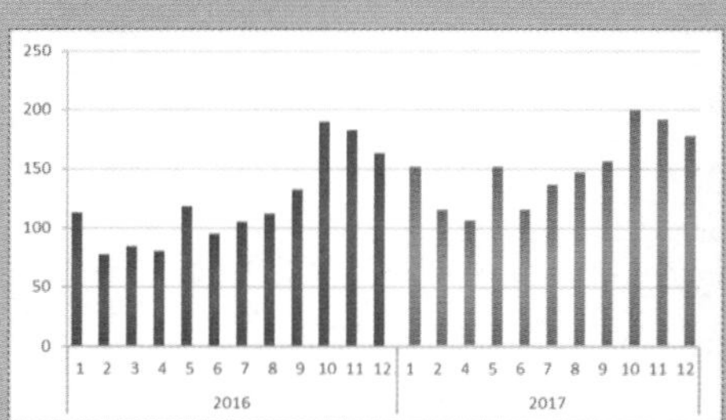


▼创建并编辑迷你图

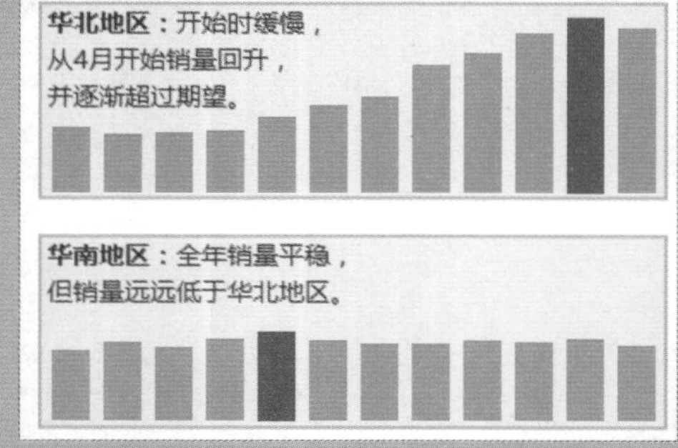


▼为表格数据创建迷你图

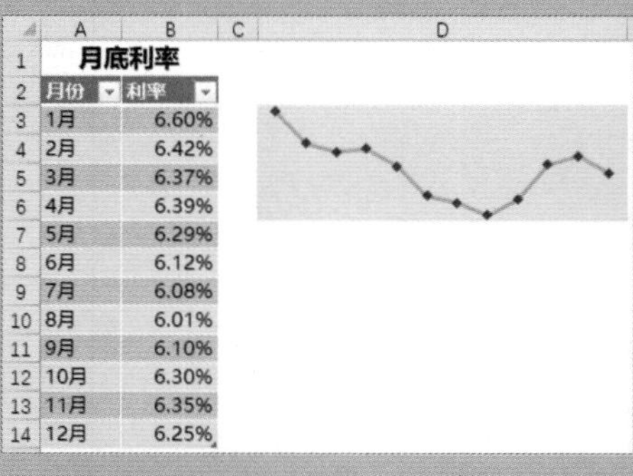

| | A | B | C | D |
|---|---|---|---|---|
| 1 | 月底利率 | | | |
| 2 | 月份 | 利率 | | |
| 3 | 1月 | 6.60% | | |
| 4 | 2月 | 6.42% | | |
| 5 | 3月 | 6.37% | | |
| 6 | 4月 | 6.39% | | |
| 7 | 5月 | 6.29% | | |
| 8 | 6月 | 6.12% | | |
| 9 | 7月 | 6.08% | | |
| 10 | 8月 | 6.01% | | |
| 11 | 9月 | 6.10% | | |
| 12 | 10月 | 6.30% | | |
| 13 | 11月 | 6.35% | | |
| 14 | 12月 | 6.25% | | |

Chapter 07

# 7.1 图表的创建与编辑

■ 关键词：布局样式、图表样式、图表元素格式、图表筛选器、编辑图表数据源、设置系列填充

Excel 2016 中包含多种图表类型，主要有柱形图、折线图、饼图和散点图四大类。下面将详细介绍如何创建图表，并根据需要设置图表元素格式，编辑图表数据，以及快速美化系列填充效果。

## 7.1.1 创建柱形图

微课：创建柱形图

柱形图主要用来反映不同类别之间的数据对比以及随时间推移的变化，在创建图表前应先选择要创建图表的数据源，具体操作方法如下：

### STEP 1 单击“簇状柱形图”按钮

❶选择 A3:G7 单元格区域，❷单击右下角的“快速分析”按钮，❸在弹出的面板中选择“图表”选项卡，❹单击“簇状柱形图”按钮。

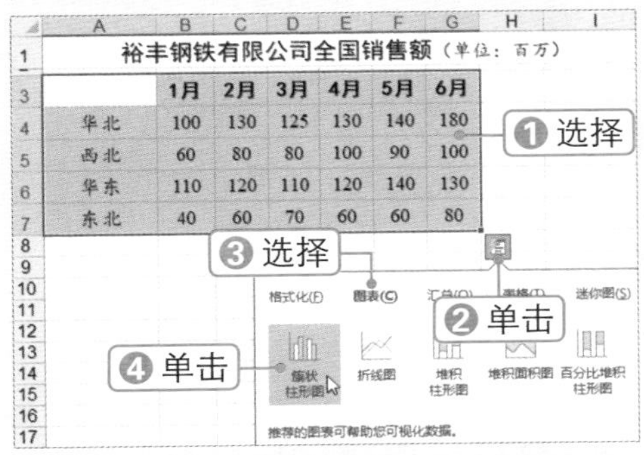


| | 1月 | 2月 | 3月 | 4月 | 5月 | 6月 |
|---|---|---|---|---|---|---|
| 华北 | 100 | 130 | 125 | 130 | 140 | 180 |
| 西北 | 60 | 80 | 80 | 100 | 90 | 100 |
| 华东 | 110 | 120 | 110 | 120 | 140 | 130 |
| 东北 | 40 | 60 | 70 | 60 | 60 | 80 |

### STEP 2 创建簇状柱形图

此时即可根据所选区域创建簇状柱形图图表。

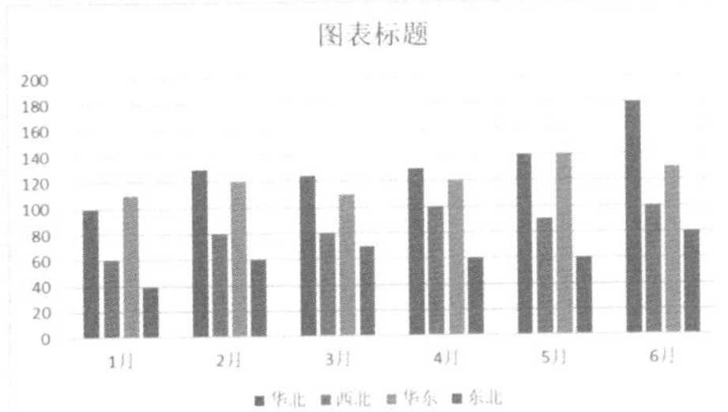


### STEP 3 应用图表样式

❶选择图表，❷单击图表右上方的“图表样式”按钮，❸在弹出的列表中选择所需的样式。

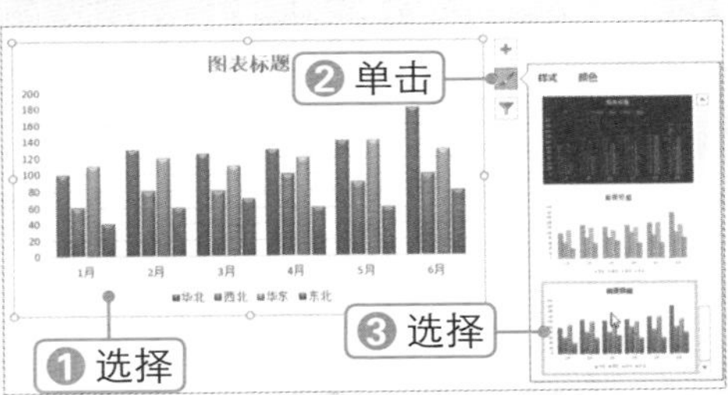


### STEP 4 应用快速布局样式

❶选择 设计 选项卡，❷单击“快速布局”下拉按钮，❸选择所需的布局样式。

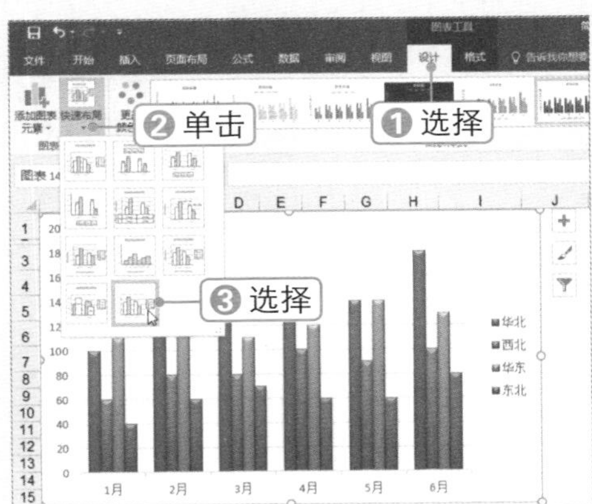

**STEP 5 切换行 / 列**

在“数据”组中单击“切换行 / 列”按钮，可以看到此时图表系列转换为月份，而分类转换为地区。

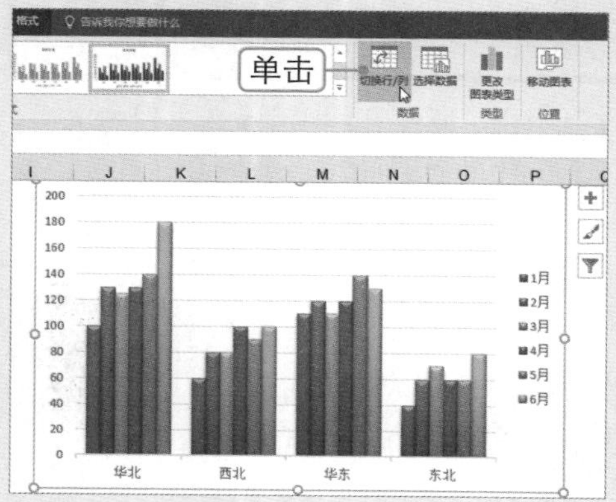


**STEP 6 设置字体格式**

❶选择图表，❷在 开始 选项卡下“字体”组中设置字体、字号和颜色等格式。

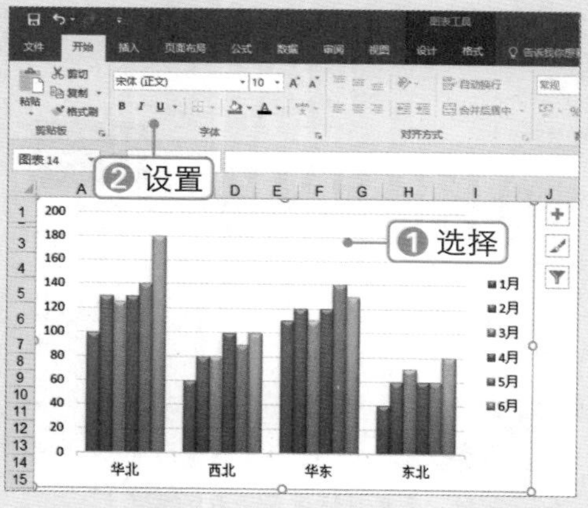


**STEP 7 设置系列选项**

双击任一系列，打开“设置数据系列格式”窗格，❶选择“系列选项”选项卡，❷设置“系列重叠”和“分类间距”选项。

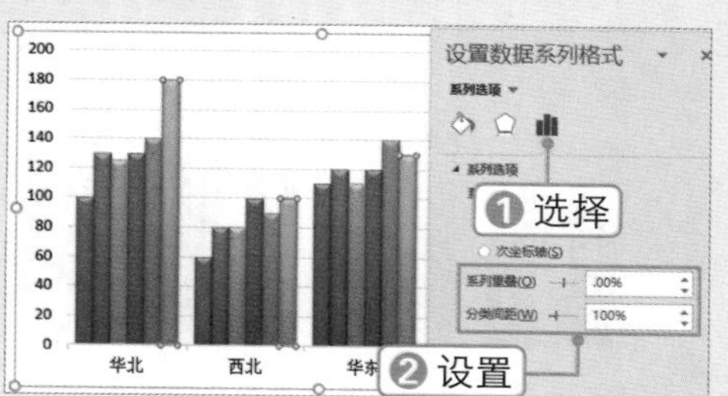


**STEP 8 选择刻度线类型**

❶在图表上选择纵坐标轴，❷选择“坐标轴选项”选项卡，❸在“刻度线”组的“主要刻度线类型”下拉列表框中选择“外部”选项。

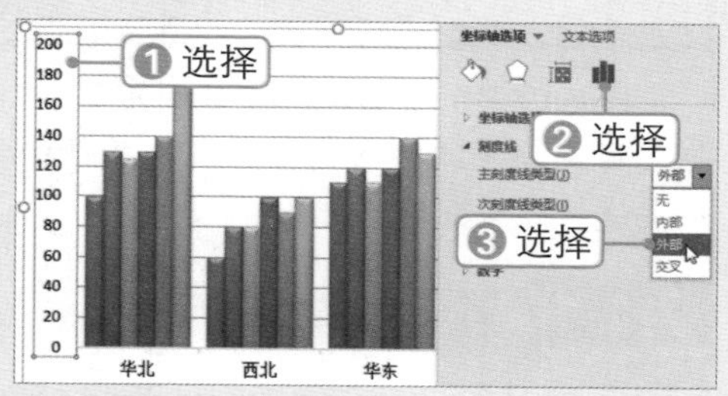


**STEP 9 设置线条颜色**

❶选择“填充与线条”选项卡，❷设置线条颜色。

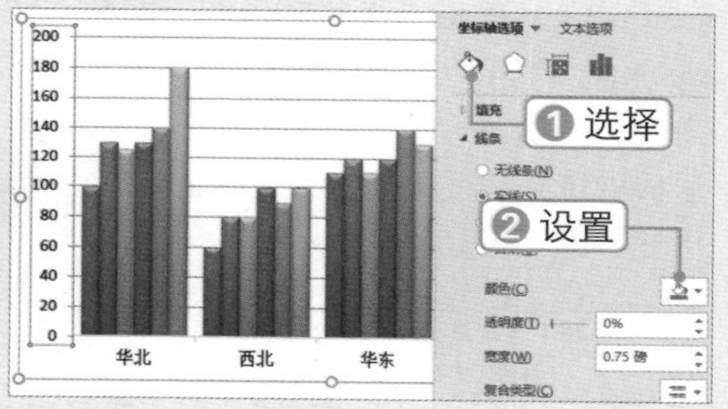


**STEP 10 设置横坐标轴**

采用同样的方法，设置横坐标轴刻度线格式。

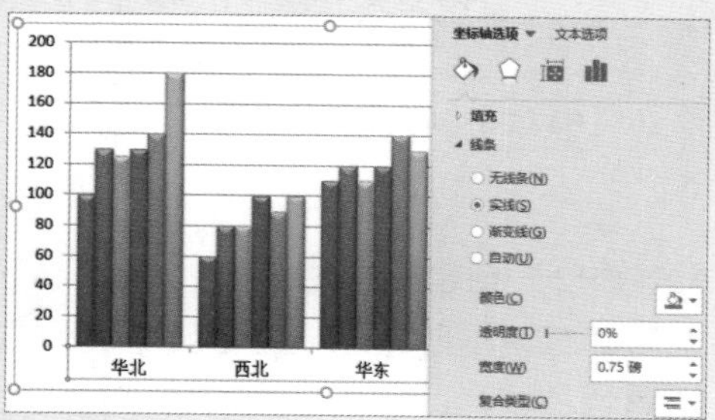


**实操解疑**

**应用百分比堆积柱形图**

百分比堆积柱形图将柱形的绝对高度转换为百分比高度，即不同数据系列的柱形高度是相同的，此时高度失去了意义，图表用于突出内部数据组成的占比情况。

## 7.1.2 创建折线图

微课：创建折线图

折线图就是用直线将各个数据点连接起来，以此来反映数据随时间变化的趋势。创建折线图的具体操作方法如下：

### STEP 1 选择折线图类型

❶选择A3:G7单元格区域，❷在 插入 选项卡下单击“插入折线图或面积图”下拉按钮，❸选择“带数据标记的折线图”类型。

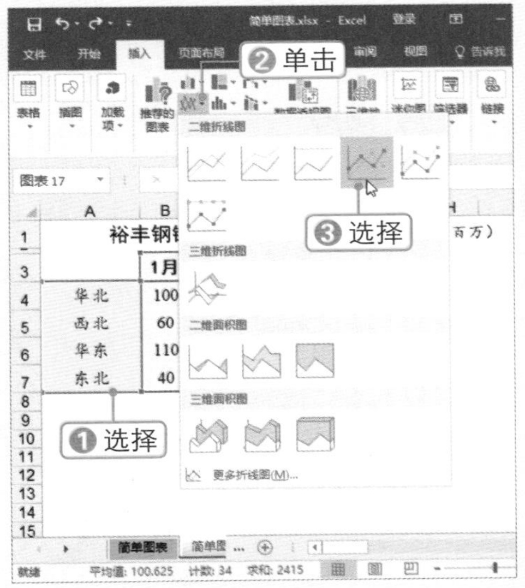


### STEP 2 应用图表样式

此时即可创建折线图，❶单击图表右上方的“图表样式”按钮，❷在弹出的列表中选择所需的样式。

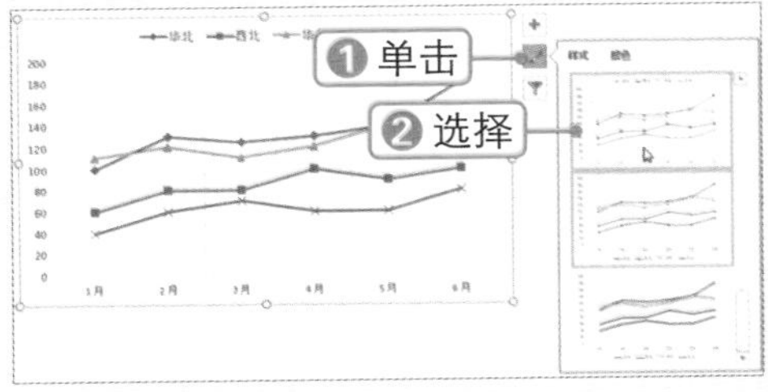


### STEP 3 调整图表元素位置

选择图例项，然后将其移至下方。选择绘图区，调整其大小。

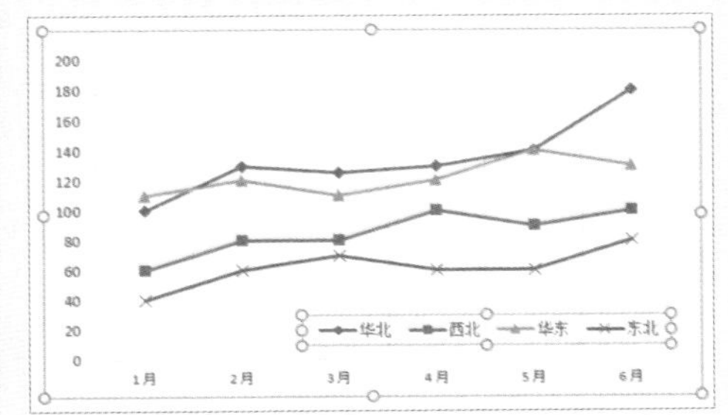

### STEP 4 设置图表格式

按照前面介绍的方法设置图表字体格式，删除网格线，设置刻度线格式。

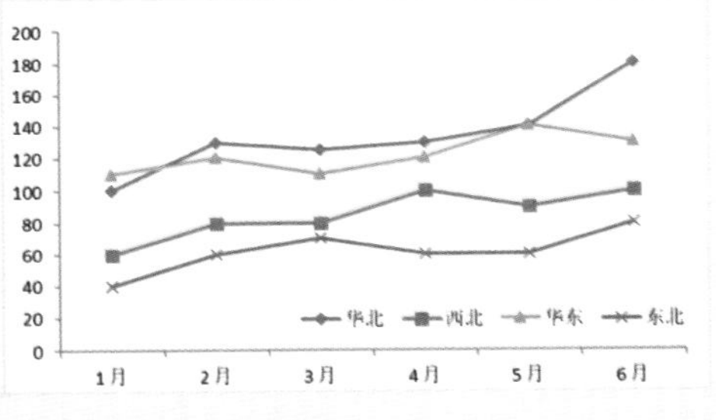

### STEP 5 设置平滑线

❶双击任一系列，❷在“填充与线条”选项卡下选中“平滑线”复选框。

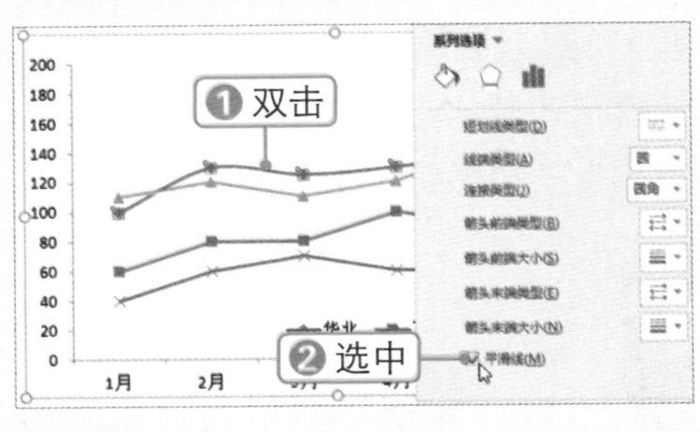


### STEP 6 设置其他系列

选择其他系列，然后按【F4】键重做上一步操作。

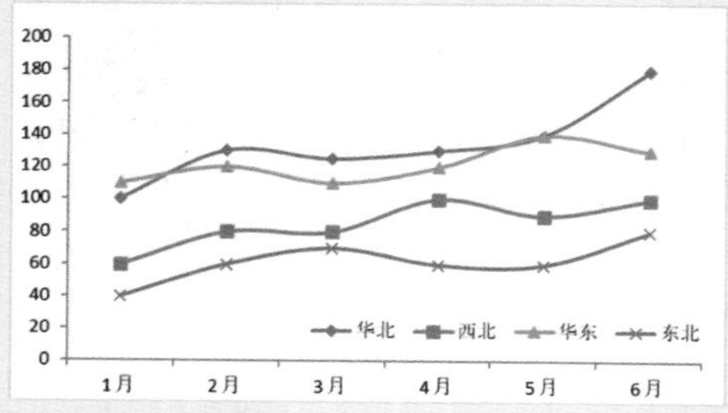


**STEP 7 设置格式效果**

❶选择“效果”选项卡⬠，❷在“三维格式”组中设置三维格式。选择其他系列，按【F4】键进行重复操作。

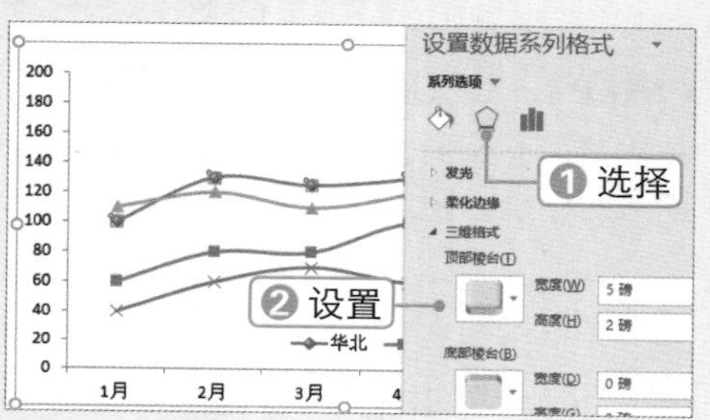


**STEP 8 设置其他格式**

根据需要对系列宽度、阴影和标记大小等格式进行设置。

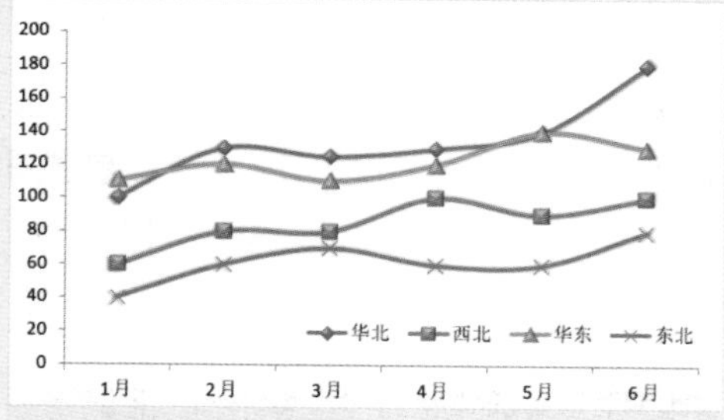


**实操解疑**

**应用面积图**

可以将面积图看成折线图的一种，它是折线图与横坐标组成的区域，在一定程度上可以与折线图相互替代。

## 7.1.3 筛选系列和分类

在Excel 2016中，可以使用图表筛选器快捷地显示或隐藏图表中的数据系列或类别，具体操作方法如下：

微课：筛选系列和分类

**STEP 1 筛选系列**

❶单击图表右上方的“图表筛选器”按钮，❷在弹出的列表中取消选择要在图表中隐藏的系列或类别前的复选框，❸单击应用按钮。

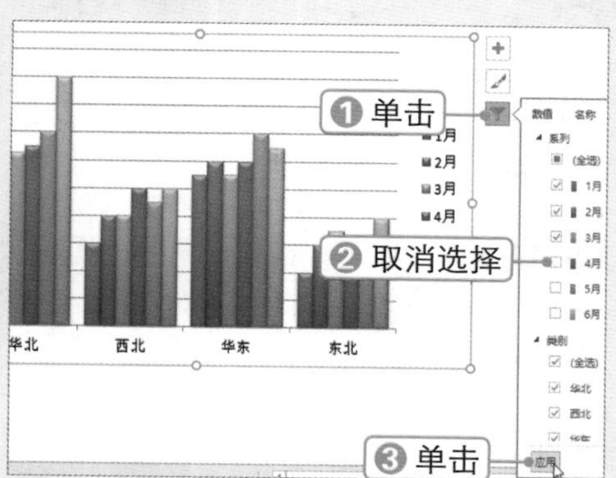


**STEP 2 查看筛选效果**

此时图表中只剩下“1 月”“2 月”和“3 月”三个系列，隐藏其他三个系列。

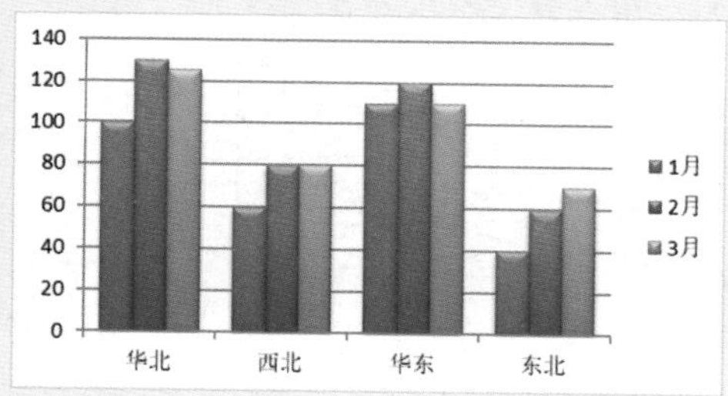


**STEP 3 筛选水平轴标签**

右击图表，选择 选择数据(E)... 命令，弹出“选择数据源”对话框，❶取消或选中图例项和水平轴标签前的复选框，❷单击确定按钮。

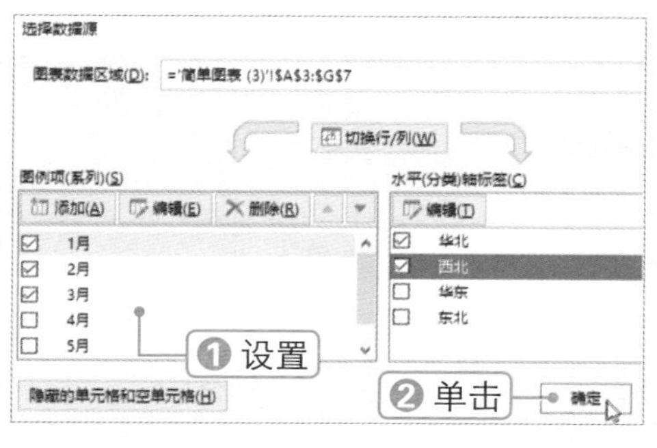


**STEP 4 查看图表效果**

此时可以看到图表中的"华东"和"东北"类别已隐藏。若要恢复显示，只需在上步操作选中相应的复选框即可。

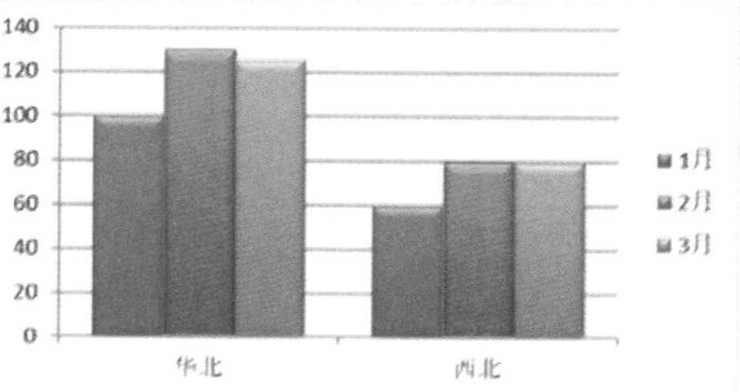


## 7.1.4 编辑图表数据

微课：编辑图表数据

在编辑图表时，常常需要修改图表的数据源，如调整数据源区域大小，调整系列位置，向图表中增加数据等。下面将详细介绍如何编辑图表数据，具体操作方法如下：

**STEP 1 调整分类区域大小**

选择图表后可以看到数据表中相应的区域被选中，将鼠标指针置于左侧线框右下角的控制柄上，当其变为双向箭头时向上拖动。

| | A | B | C | D | E | F | G |
|---|---|---|---|---|---|---|---|
| 1 | 裕丰钢铁有限公司全国销售额（单位 | | | | | | |
| 3 | | 1月 | 2月 | 3月 | 4月 | 5月 | 6月 |
| 4 | 华北 | 100 | 130 | 125 | 130 | 140 | 180 |
| 5 | 西北 | 60 | 80 | 80 | 100 | 90 | 100 |
| 6 | 华东 | 110 | 120 | 110 | 120 | 140 | 130 |
| 7 | 东北 | 40 | 60 | 70 | 60 | 60 | 80 |
| 8 | | | | | | | |

**STEP 2 调整系列区域大小**

将鼠标指针置于右侧线框右下角的控制柄上，当其变为双向箭头时向左拖动。

| | A | B | C | D | E | F | G |
|---|---|---|---|---|---|---|---|
| 1 | 裕丰钢铁有限公司全国销售额（单位 | | | | | | |
| 3 | | 1月 | 2月 | 3月 | 4月 | 5月 | 6月 |
| 4 | 华北 | 100 | 130 | 125 | 130 | 140 | 180 |
| 5 | 西北 | 60 | 80 | 80 | 100 | 90 | 100 |
| 6 | 华东 | 110 | 120 | 110 | 120 | 140 | 130 |
| 7 | 东北 | 40 | 60 | 70 | 60 | 60 | 80 |
| 8 | | | | | | | |

**STEP 3 查看更改效果**

更改图表数据范围后，图表上呈现的数据出会随之更改。

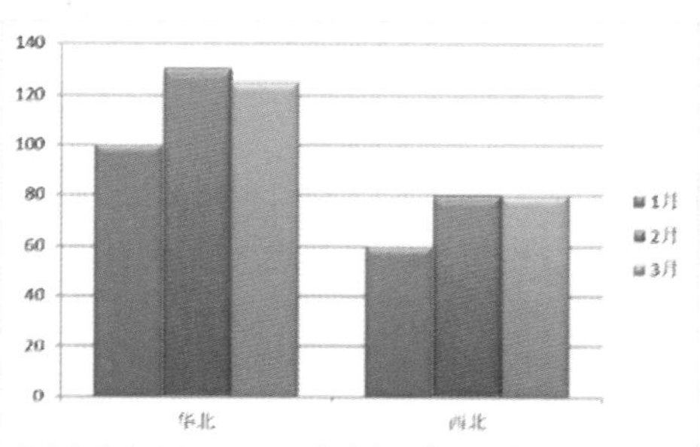


**STEP 4 移动数据区域**

将鼠标指针置于线框边缘，当其变为✥样式时拖动鼠标，即可移动图表数据区域。

| | A | B | C | D | E | F | G |
|---|---|---|---|---|---|---|---|
| 1 | 裕丰钢铁有限公司全国销售额（单 | | | | | | |
| 3 | | 1月 | 2月 | 3月 | 4月 | 5月 | 6月 |
| 4 | 华北 | 100 | 130 | 125 | 130 | 140 | 180 |
| 5 | 西北 | 60 | 80 | 80 | 100 | 90 | 100 |
| 6 | 华东 | 110 | 120 | 110 | 120 | 140 | 130 |
| 7 | 东北 | 40 | 60 | 70 | 60 | 60 | 80 |

**STEP 5 选择 选择数据(E)... 命令**

❶右击图表，❷选择 选择数据(E)... 命令。

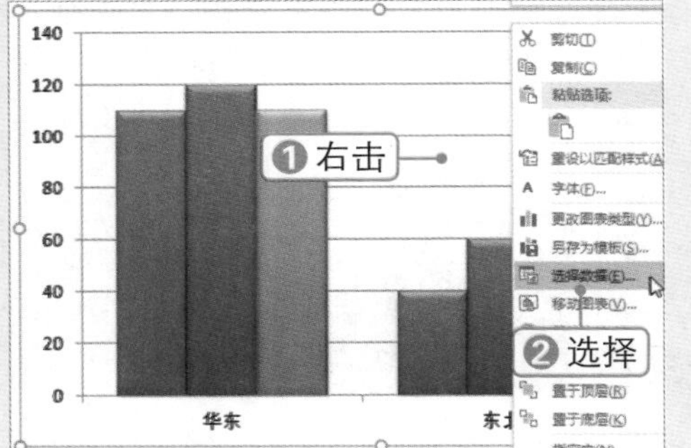


**STEP 6 单击 添加(A) 按钮**

弹出“选择数据源”对话框，在系列列表上方单击 添加(A) 按钮。

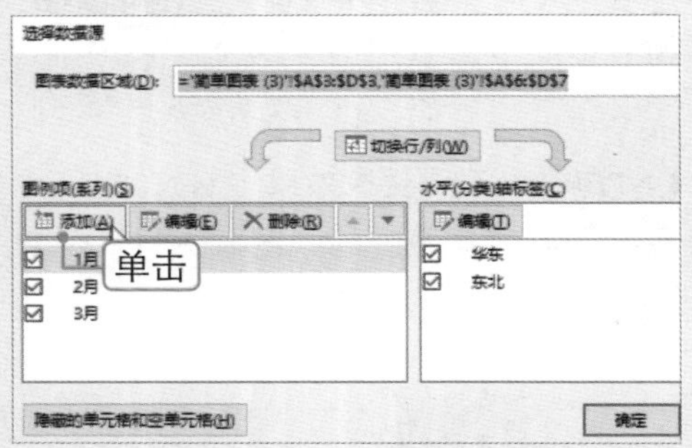


**STEP 7 编辑数据系列**

弹出“编辑数据系列”对话框，❶分别设置系列名称和系列值（清空文本框后，在数据表中选择所需的单元格或单元格区域），❷单击 确定 按钮。

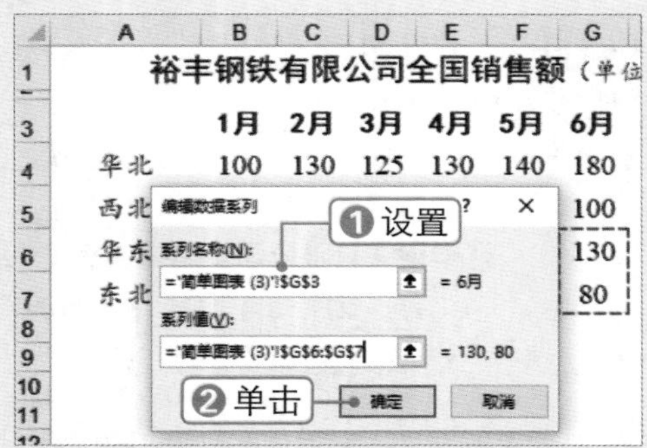


**STEP 8 移动系列位置**

此时即可添加“6 月”系列，❶选择“6 月”系列，❷单击“上移”按钮，将其移至最上方，❸单击 确定 按钮。

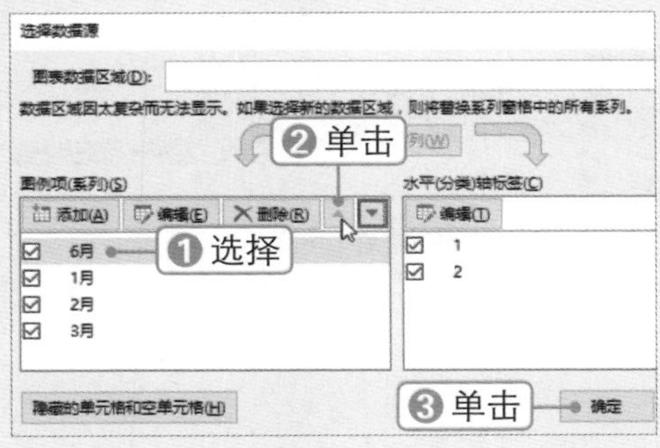


**STEP 9 查看移动系列效果**

此时即可在图表中显示“6 月”系列，且位于第 1 位。

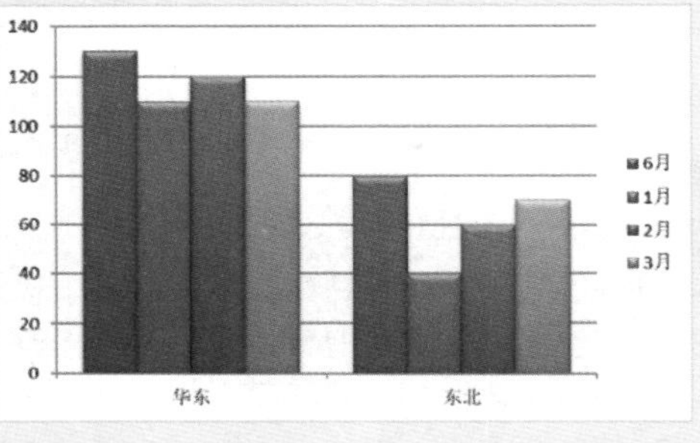

**STEP 10 选中序号参数**

选择图表中的“6 月”系列，在编辑栏中会显示其函数公式，其中包含 4 个参数，其含义为“系列名称 ,X 值或分类标志 ,Y 值或数值 , 数据系列的序号”，在此选中最后的序号“1”。

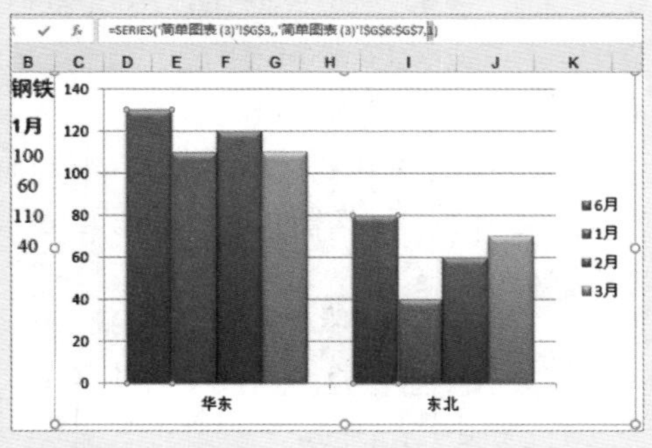

**STEP 11 调整系列位置**

将序号修改为 4，即可将“6 月”系列的位置调整到第 4 位。

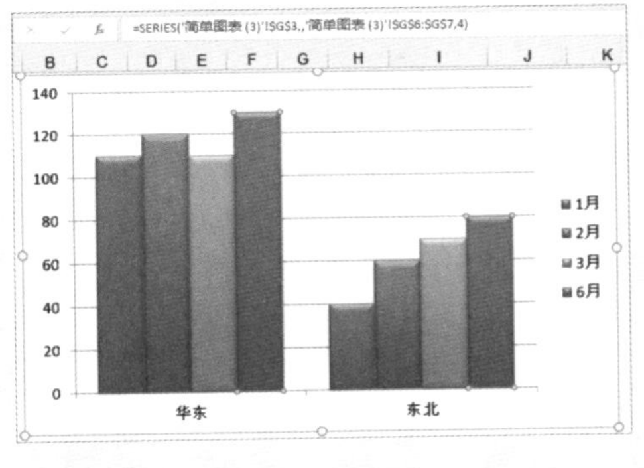


**STEP 12　编辑系列数据**

在图表上选择某一系列后，数据表中相应的数据即被选中，拖动线框可以快速更改该系列的类别或数据。在数据表中修改数据，图表中会实时发生变化。

| | A | B | C | D | E | F | G |
|---|---|---|---|---|---|---|---|
| 1 | 裕丰钢铁有限公司全国销售额（单位 | | | | | | |
| 3 | | 1月 | 2月 | 3月 | 4月 | 5月 | 6月 |
| 4 | 华北 | 100 | 130 | 125 | 130 | 140 | 180 |
| 5 | 西北 | 60 | 80 | 80 | 100 | 90 | 100 |
| 6 | 华东 | 110 | 120 | 110 | 120 | 140 | 130 |
| 7 | 东北 | 40 | 60 | 70 | 60 | 60 | 80 |
| 8 | | | | | | | |
| 9 | | | | | | | |

## 7.1.5 更改系列填充效果

微课：更改系列填充效果

通过复制和粘贴操作可以快速对图表数据系列的样式进行更改，使其更加直观、形象，具体操作方法如下：

**STEP 1　创建图表**

创建簇状柱形图图表，并设置图表元素的格式。

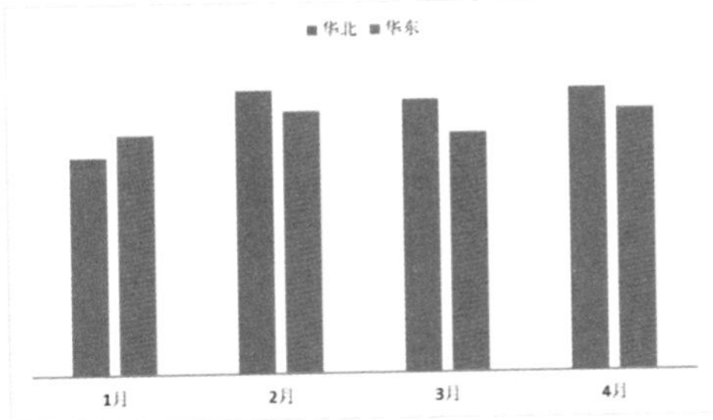


**STEP 2　复制图片**

在工作表中插入两张 PNG 图片，选中左侧的图片，按【Ctrl+C】组合键进行复制操作。

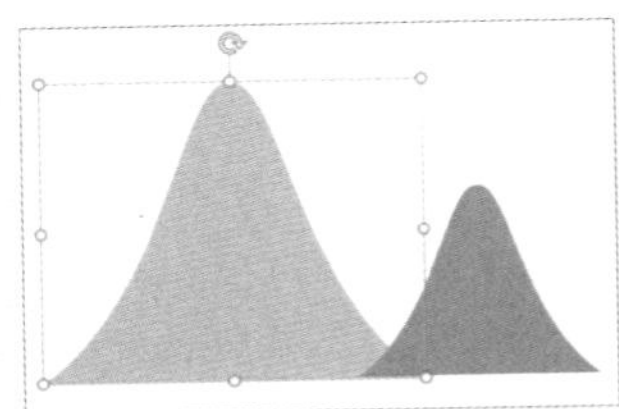

**STEP 3　设置系列图片填充**

在图表中选择“华北”系列，按【Ctrl+V】组合键即可将复制的图片设置为系列填充。

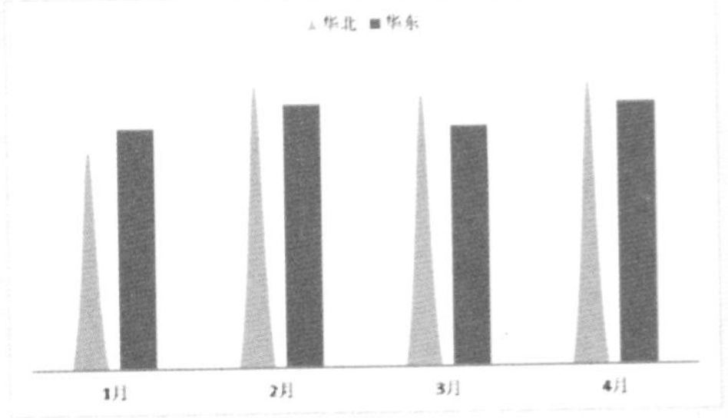


**STEP 4　设置系列选项**

采用同样的方法，设置“华东”系列应用另一张图片填充。❶选择任一系列，❷选择“系列选项”选项卡，❸设置“系列重叠”和“分类间距”选项。

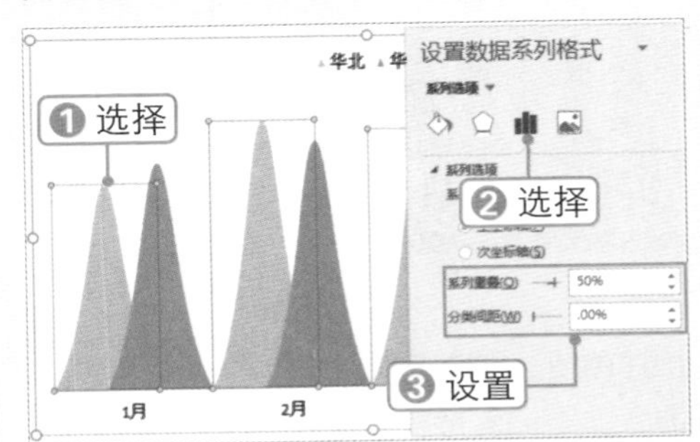

**STEP 5** 设置填充透明度

❶选择“填充与线条”选项卡，❷分别设置填充透明度。

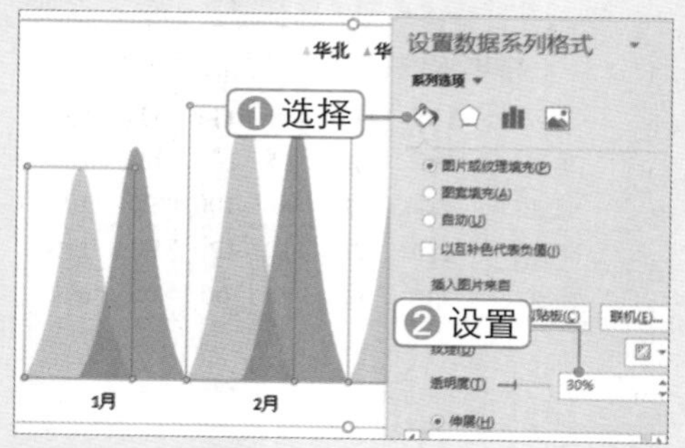


**STEP 6** 设置刻度线间隔

❶在图表中选择横坐标轴，❷选择“坐标轴选项”选项卡，❸在“刻度线”组中设置“刻度线间隔”为2。

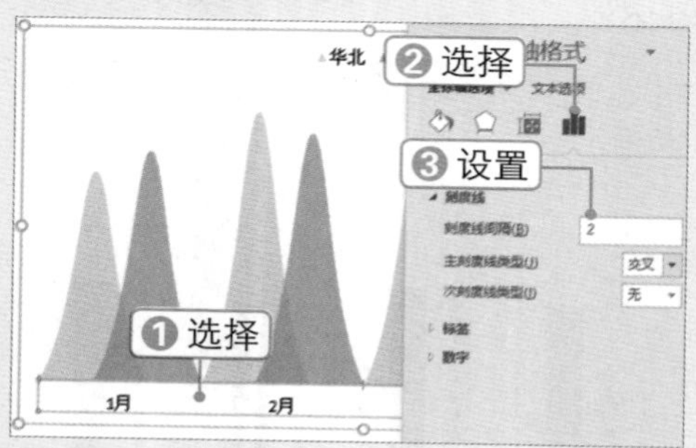


**STEP 7** 添加数据标签

❶选择图表系列，❷单击图表右上方的“图表元素”按钮+，❸选择“数据标签”选项，❹选择“数据标签内”选项。采用同样的方法，为另一系列添加数据标签。

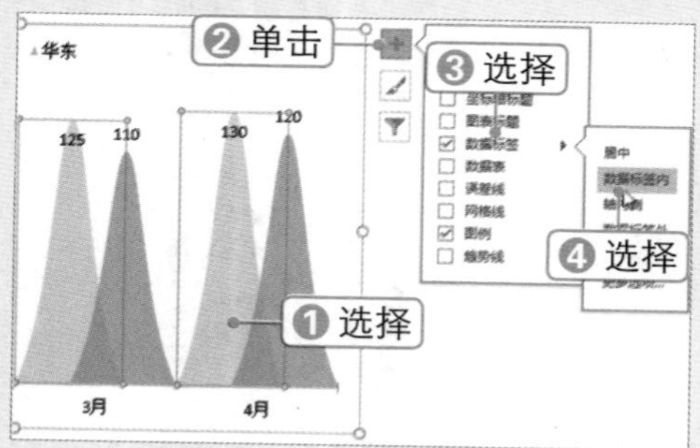


**STEP 8** 调整图表高度

调整图表的高度，查看图表显示效果。

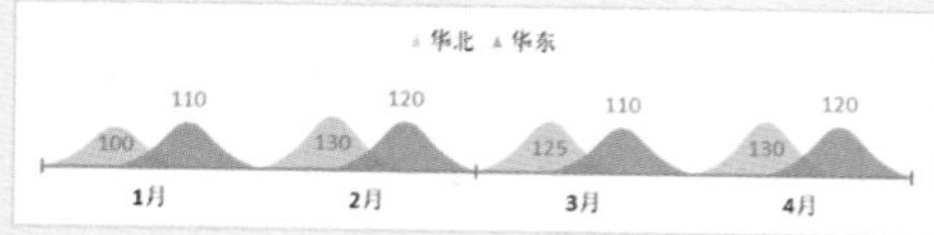

**STEP 9** 设置系列形状填充

除了向图表系列粘贴图片外，还可以粘贴形状，如将梯形形状粘贴到系列中。

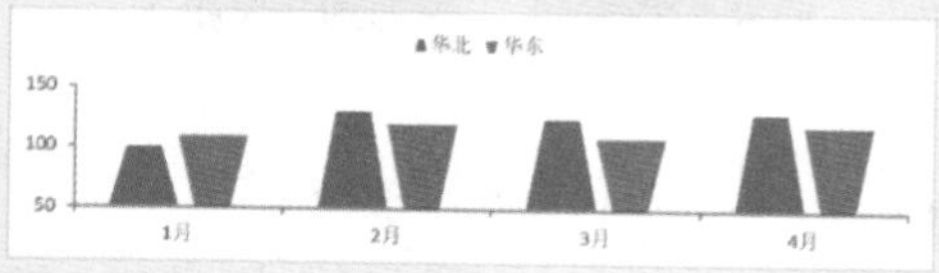

**STEP 10** 设置图片层叠

创建条形图，并将图片复制到图表系列中，在“设置图表系列格式”窗格中选中“层叠”单选按钮。

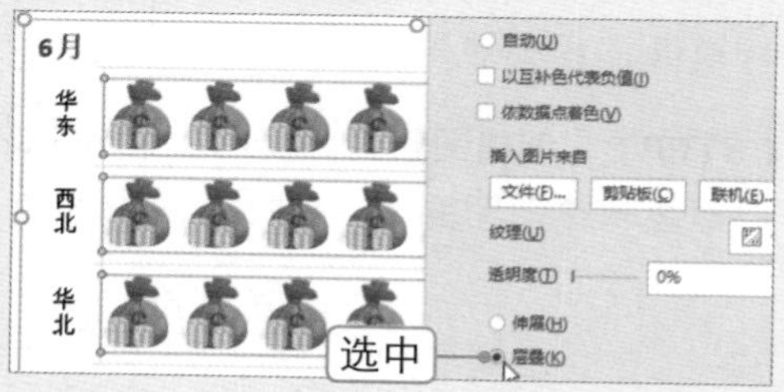


**STEP 11** 查看填充效果

此时即可查看图片层叠填充效果。在“系列选项”选项卡下可设置“分类间距”，调整图片大小。

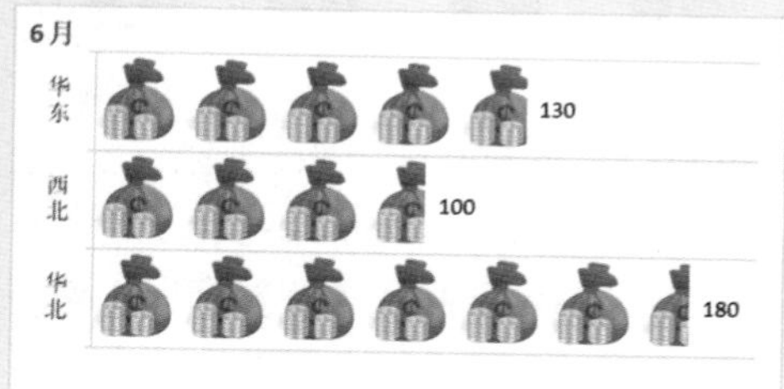

**秒杀技巧** 灵活使用文本框

在工作表中可以插入一个文本框，并输入需要在图表中说明的文字，如标题、单位、图表数据注释等信息。复制文本框，然后将文本框粘贴到图表中即可。

Chapter 07

# 7.2 图表的高级操作

■ 关键词：组合图表、复合饼图、突出图表数据、生成参考线、趋势线、特殊样式

下面将详细介绍如何创建较为复杂的图表，如创建组合图表与复合饼图，突显图表数据，生成参考线，为折线图添加趋势线，将多个图表绘制在同一个图表中，以及制作特殊样式的折线图等。

## 7.2.1 创建组合图表

微课：创建组合图表

基本图表所展现的维度是有限的，通过创建组合图表可以将两种及两种以上的图表类型组合在一个图表中，例如，图表中既有显示销量的柱形图，又有显示价格的折线图。创建组合图表的具体操作方法如下：

**STEP 1 编辑图表数据**

在表格中编辑要创建图表的数据。

| | A | B | C |
|---|---|---|---|
| 1 | | 零售 | 劳动成本 |
| 2 | 1月 | 145 | 18% |
| 3 | 2月 | 110 | 21% |
| 4 | 3月 | 105 | 23% |
| 5 | 4月 | 107 | 23% |
| 6 | 5月 | 145 | 24% |
| 7 | 6月 | 121 | 25% |
| 8 | 7月 | 130 | 24% |
| 9 | 8月 | 140 | 25% |
| 10 | 9月 | 163 | 24% |
| 11 | 10月 | 193 | 26% |
| 12 | 11月 | 185 | 28% |
| 13 | 12月 | 165 | 29% |
| 14 | | | |

**STEP 2 选择“更改系列图表类型”命令**

为数据创建簇状柱形图，❶右击图表系列，❷选择“更改系列图表类型”命令。

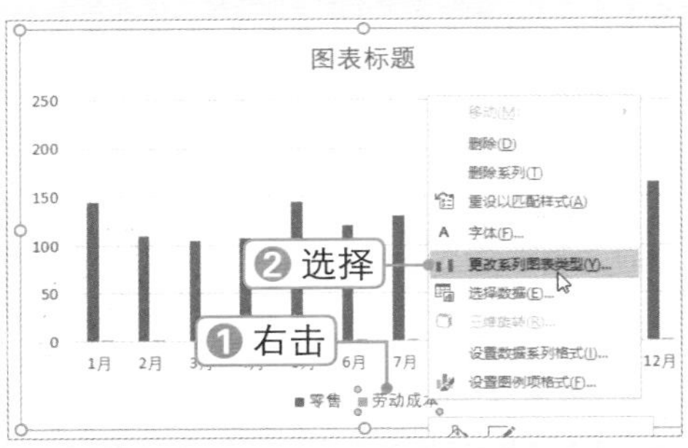


**STEP 3 更改图表类型**

弹出“更改图表类型”对话框，❶在左侧选择“组合”选项，❷设置“劳动成本”系列的图表类型为“带数据标记的折线图”，❸单击“确定”按钮。

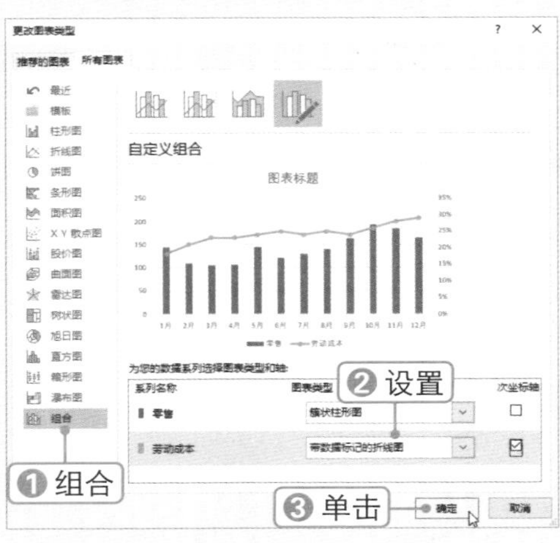


**STEP 4 查看组合图表效果**

此时即可创建组合图表，根据需要美化图表。

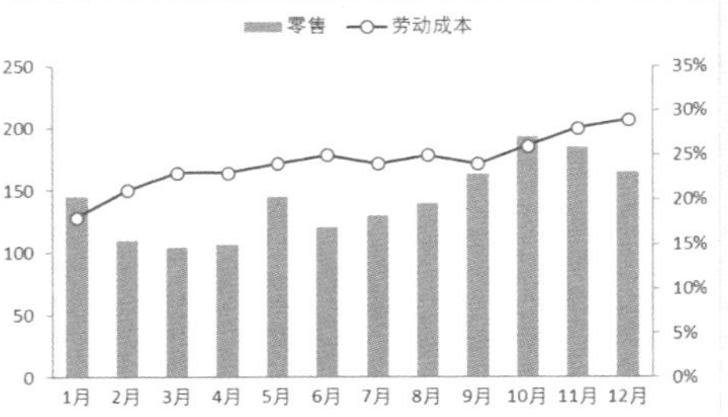

**STEP 5** 添加数据表

①单击图表右上方的“图表元素”按钮 +，②选择“数据表”选项，③选择“显示图例项标示”选项。

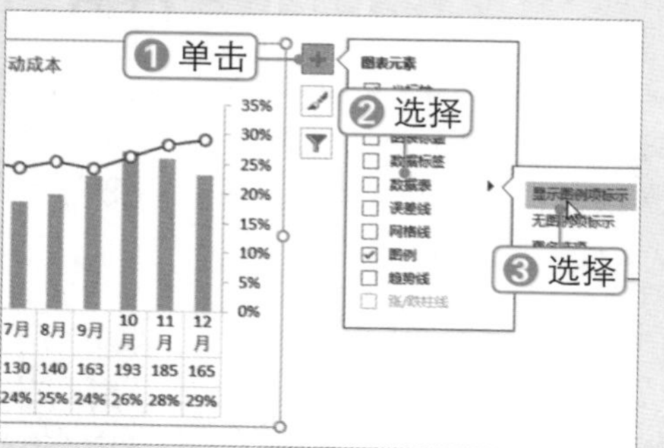


**STEP 6** 选择 模拟运算表 选项

双击图表区，打开“设置图表区格式”窗格，①单击 图表选项 ▾ 下拉按钮，②选择 模拟运算表 选项。

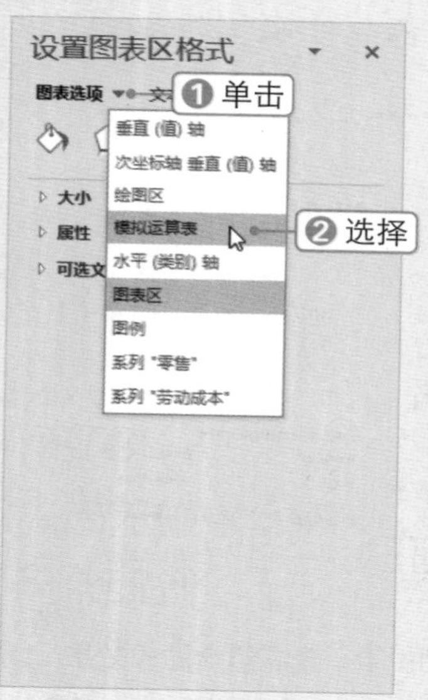


**STEP 7** 设置表格边框

取消选择“垂直”和“边框”复选框，只选中“水平”复选框。

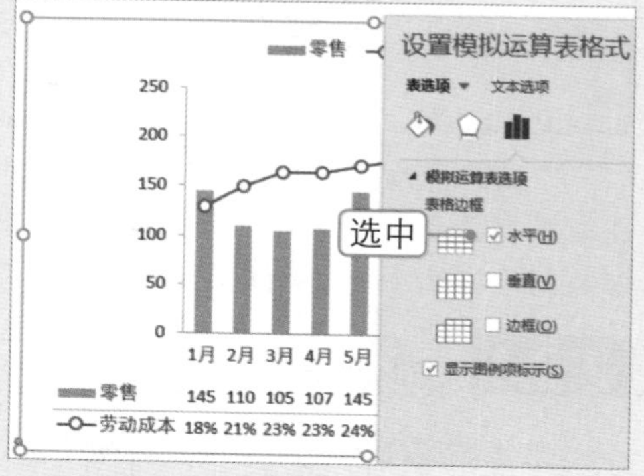


**STEP 8** 查看图表效果

选中图表图例，按【Delete】键将其删除，查看图表最终效果。

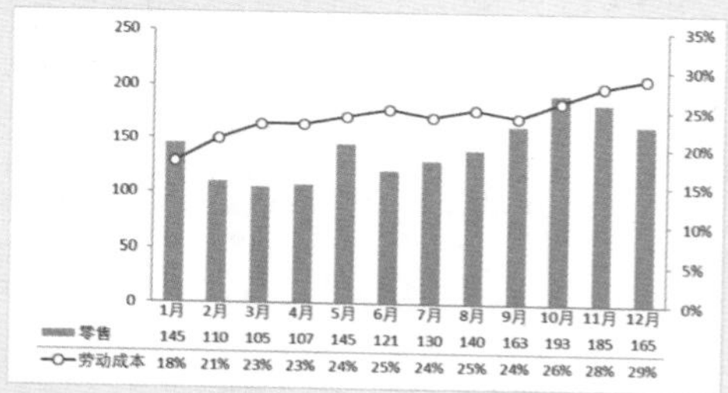

**实操解疑**

**隐藏纵坐标轴**

为数据系列添加数据标签后，有时需要将纵坐标轴隐藏，方法为：双击纵坐标轴，在“设置坐标轴格式”窗格中设置标签位置为“无”，然后设置无刻度线、无线条。

## 7.2.2 创建复合饼图

饼图用于显示一个数据系列中各项的大小和占比。复合饼图可以将饼图中的一个数据以另一个饼图或堆积图展现出来，用于查看饼图中某个扇面的详细信息，或将较小的扇区单独分离处理，以便于查看。创建复合饼图的具体操作方法如下：

微课：创建复合饼图

**STEP 1** 编辑数据表

在工作表中编辑“企业资金构成分析”数据表，选择 A3:C5 单元格区域。

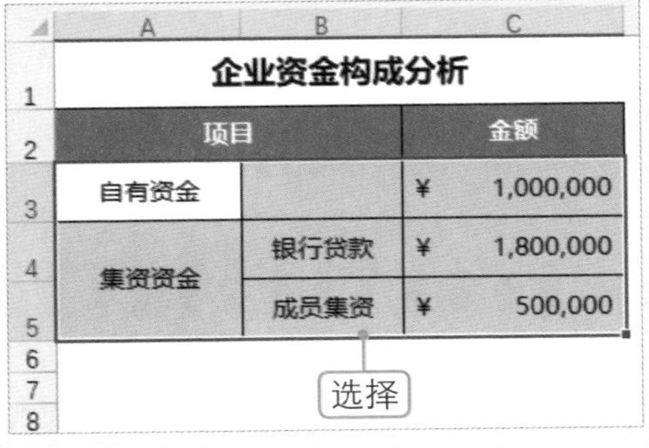

| 企业资金构成分析 | | |
|---|---|---|
| 项目 | | 金额 |
| 自有资金 | | ¥ 1,000,000 |
| 集资资金 | 银行贷款 | ¥ 1,800,000 |
| | 成员集资 | ¥ 500,000 |



**STEP 2** 选择图表类型

打开“插入图表”对话框，❶在左侧选择“饼图”选项，❷选择“复合饼图”类型，❸单击 确定 按钮。

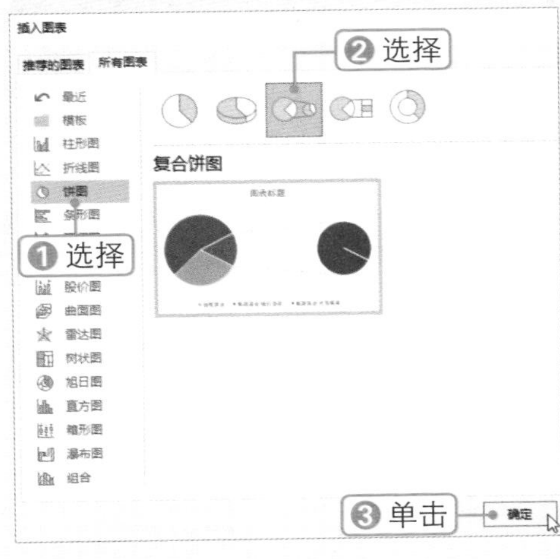


**STEP 3** 设置系列选项

❶双击图表系列，❷选择“系列选项”选项卡，❸设置“第二绘图区中的值”为 2。

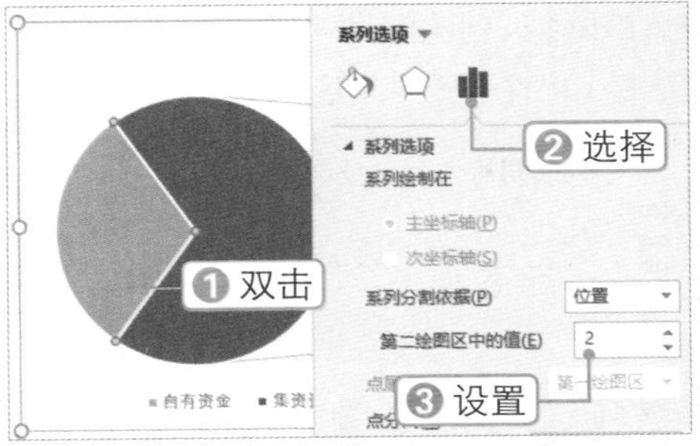


**STEP 4** 自定义系列

设置复合饼图系列，❶还可在“系列分割依据”下拉列表框中选择“自定义”选项，❷在图表中选择系列，❸在“点属于”下拉列表框中指定绘图区。

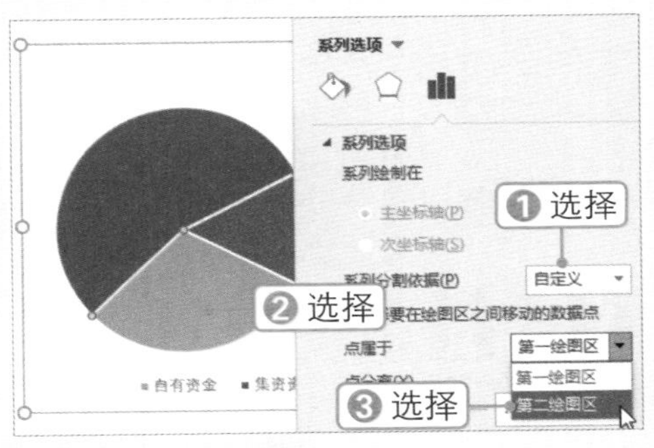


**STEP 5** 查看设置效果

根据需要设置复合饼图格式，美化图表。

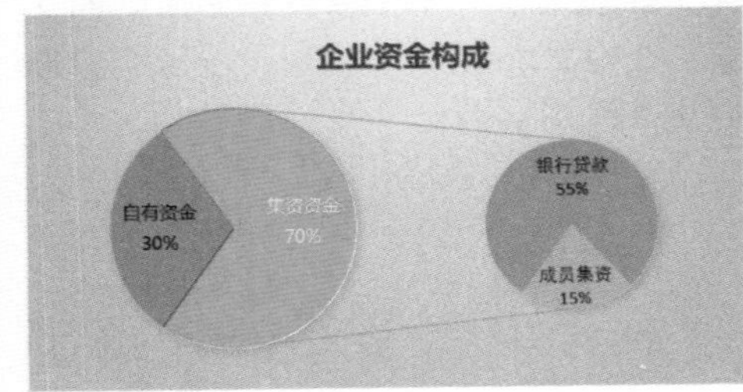


## 7.2.3 突出图表数据

突出图表中某个数据的方法有很多，如单独设置该数据系列的格式，插入形状、文本框等元素进行标记或注释等，具体操作方法如下：

微课：突出图表数据

**STEP 1 创建图表**

创建簇状柱形图，并设置图表格式。

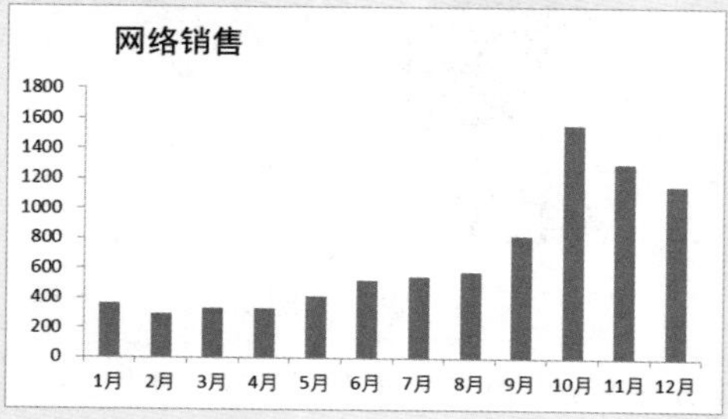


**STEP 2 设置填充颜色**

①选择销量最高的数据系列，②设置填充颜色。继续为销量排名第二的系列设置填充颜色。

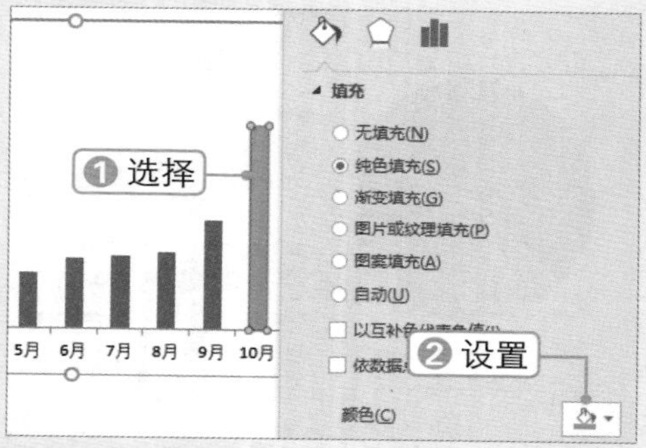


**STEP 3 复制文本框**

在工作表中插入文本框，输入所需的文本。选中文本框，按【Ctrl+C】组合键复制文本框。

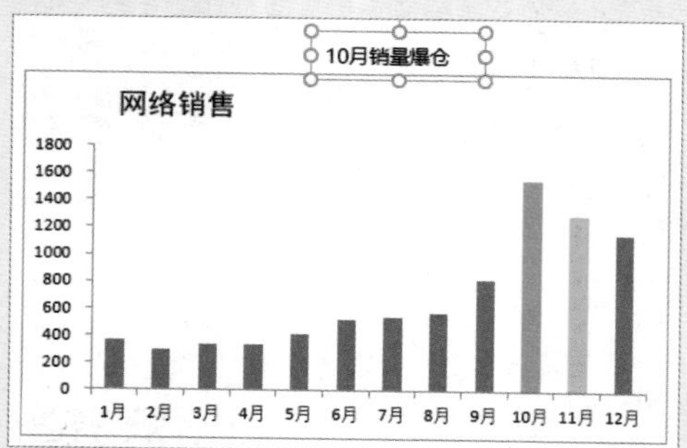


**STEP 4 粘贴文本框**

选择图表，按【Ctrl+V】组合键将文本框粘贴到图表中，调整文本框的位置。

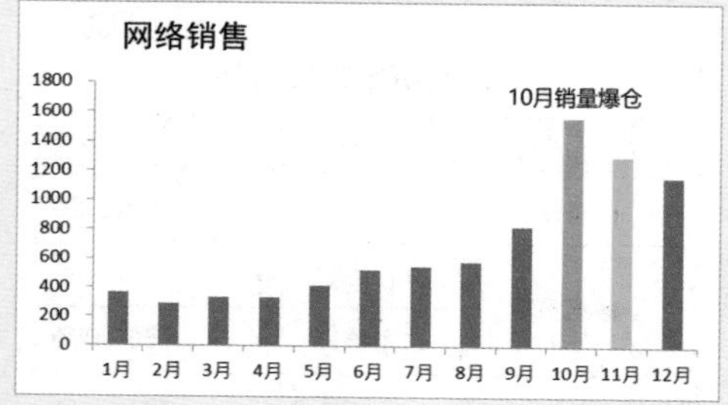


**STEP 5 更改图表类型**

①选择图表，②在 插入 选项卡下“图表”组中单击“插入折线图或面积图”下拉按钮，③选择“折线图”类型，快速更改图表类型。

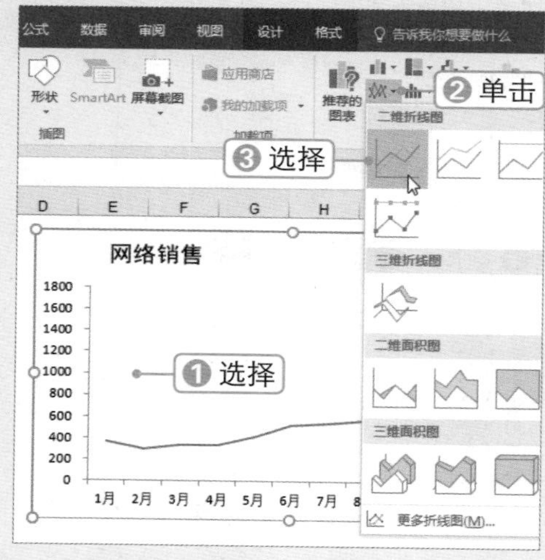


**STEP 6 插入直线形状**

选择图表，然后插入一条直线形状，并设置形状格式。

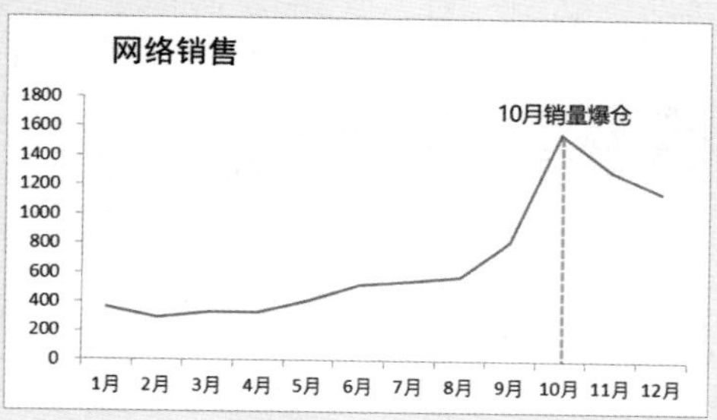

## 7.2.4 生成参考线

微课：生成参考线

在图表中常见的参考线包括平均值、中值、最高/最低控制值等。通过创建辅助列可以使图表自动显示参考线，具体操作方法如下：

**STEP 1 创建辅助列**

创建“中值”辅助列，在C2单元格中输入公式“=MEDIAN($B$2:$B$9)”，并按【Enter】键确认，即可得到中值，向下复制公式。

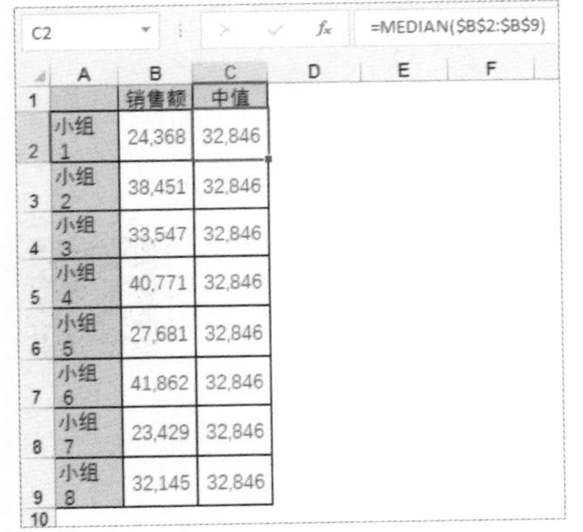
C2 =MEDIAN($B$2:$B$9)

| | A | B | C |
|---|---|---|---|
| 1 | | 销售额 | 中值 |
| 2 | 小组1 | 24,368 | 32,846 |
| 3 | 小组2 | 38,451 | 32,846 |
| 4 | 小组3 | 33,547 | 32,846 |
| 5 | 小组4 | 40,771 | 32,846 |
| 6 | 小组5 | 27,681 | 32,846 |
| 7 | 小组6 | 41,862 | 32,846 |
| 8 | 小组7 | 23,429 | 32,846 |
| 9 | 小组8 | 32,145 | 32,846 |
| 10 | | | |

**STEP 2 选择“更改系列图表类型(Y)...”命令**

为数据表创建柱形图，❶在图表中右击中值系列，❷选择“更改系列图表类型(Y)...”命令。

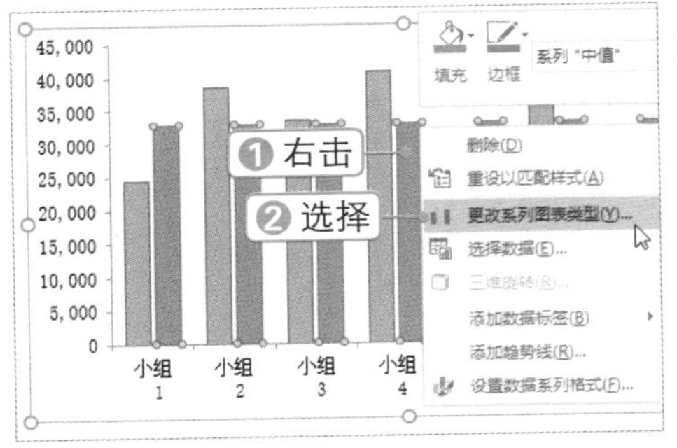


**STEP 3 设置组合图表**

弹出“更改图表类型”对话框，❶在左侧选择“组合”选项，❷在“中值”系列图表类型下拉列表框中选择“折线图”类型，❸单击“确定”按钮。

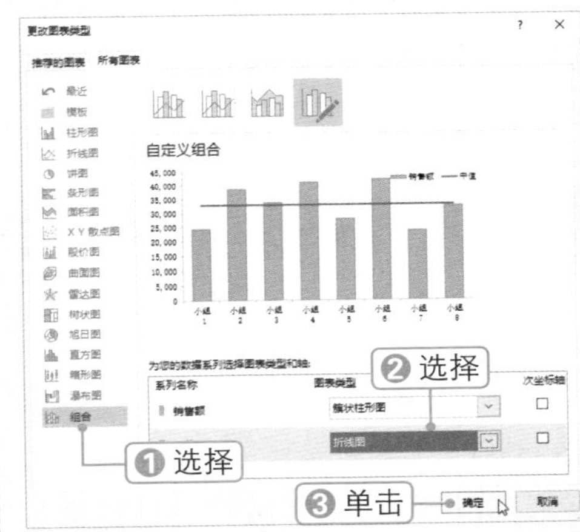


**STEP 4 查看图表效果**

此时即可在图表中生成一条中值的参考线，根据需要美化图表。

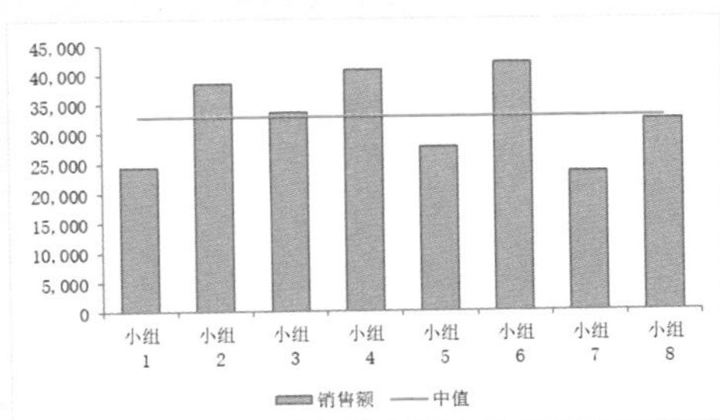


## 7.2.5 为销量折线图添加趋势线

微课：为销量折线图添加趋势线

下面为2017年的实际销量和2018年的预测销量创建折线图，使预测销量以不同的折线显示出来，具体操作方法如下：

**STEP 1 编辑数据表**

编辑销量数据表，使“2018 预测数据”与“2017 销量”数据位于不同的列。在 B14 单元格中输入公式“=C14”。

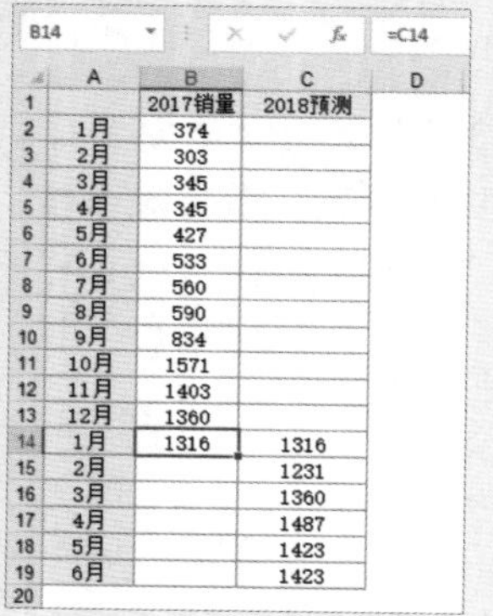

B14　=C14

| | A | B | C | D |
|---|---|---|---|---|
| 1 | | 2017销量 | 2018预测 | |
| 2 | 1月 | 374 | | |
| 3 | 2月 | 303 | | |
| 4 | 3月 | 345 | | |
| 5 | 4月 | 345 | | |
| 6 | 5月 | 427 | | |
| 7 | 6月 | 533 | | |
| 8 | 7月 | 560 | | |
| 9 | 8月 | 590 | | |
| 10 | 9月 | 834 | | |
| 11 | 10月 | 1571 | | |
| 12 | 11月 | 1403 | | |
| 13 | 12月 | 1360 | | |
| 14 | 1月 | 1316 | 1316 | |
| 15 | 2月 | | 1231 | |
| 16 | 3月 | | 1360 | |
| 17 | 4月 | | 1487 | |
| 18 | 5月 | | 1423 | |
| 19 | 6月 | | 1423 | |
| 20 | | | | |

**STEP 2 创建折线图**

为 A1:C19 单元格区域创建折线图，此时在图表中生成两个折线图，为右侧的折线图设置所需的线条样式。

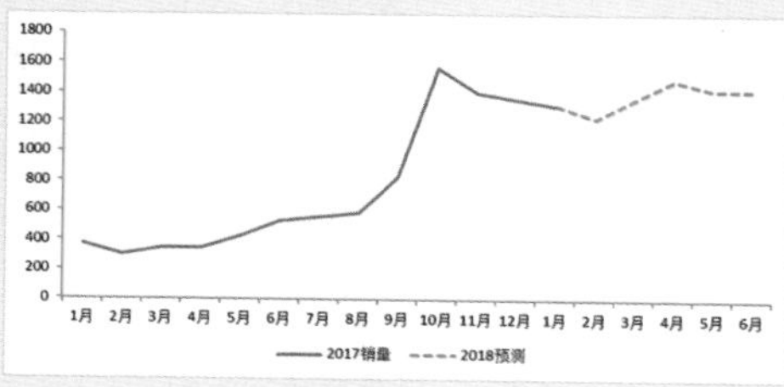


## 7.2.6 将多个图表绘制在同一个图表中

在创建图表时，若要对比的数据过多，则无法清晰地展现图表数据，此时可以通过错行处理将多个图表绘制在同一个图表中，具体操作方法如下：

微课：将多个图表绘制在同一个图表中

**STEP 1 编辑数据表**

编辑 2016 年和 2017 年两年的销量数据。

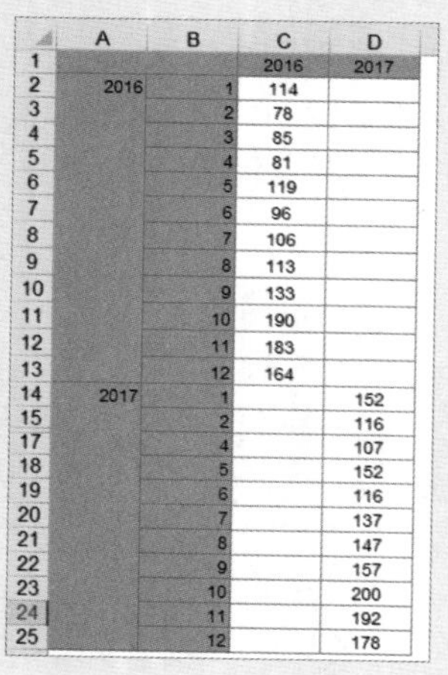

| | A | B | C | D |
|---|---|---|---|---|
| 1 | | | 2016 | 2017 |
| 2 | 2016 | 1 | 114 | |
| 3 | | 2 | 78 | |
| 4 | | 3 | 85 | |
| 5 | | 4 | 81 | |
| 6 | | 5 | 119 | |
| 7 | | 6 | 96 | |
| 8 | | 7 | 106 | |
| 9 | | 8 | 113 | |
| 10 | | 9 | 133 | |
| 11 | | 10 | 190 | |
| 12 | | 11 | 183 | |
| 13 | | 12 | 164 | |
| 14 | 2017 | 1 | | 152 |
| 15 | | 2 | | 116 |
| 17 | | 4 | | 107 |
| 18 | | 5 | | 152 |
| 19 | | 6 | | 116 |
| 20 | | 7 | | 137 |
| 21 | | 8 | | 147 |
| 22 | | 9 | | 157 |
| 23 | | 10 | | 200 |
| 24 | | 11 | | 192 |
| 25 | | 12 | | 178 |

**STEP 2 创建柱形图**

为 A1:D25 单元格区域创建柱形图，根据需要进行适当的美化。

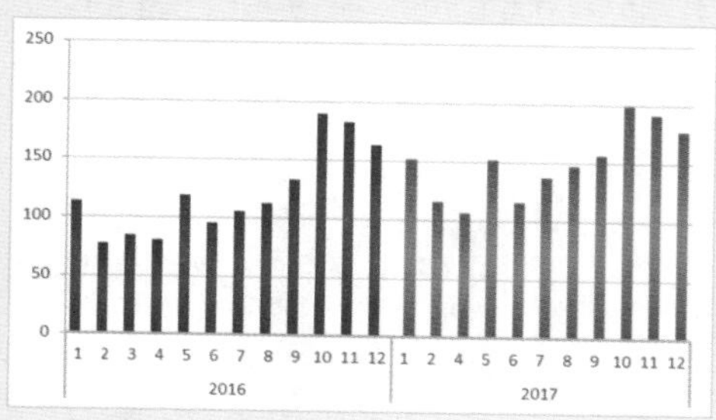


## 7.2.7 创建特殊样式的折线图

下面为上一节中的错行数据表创建特殊样式的折线图，使其看起来既具有折线图的特征，又具有柱形图的特征，具体操作方法如下：

微课：创建特殊样式的折线图

## STEP 1 更改图表类型

继续上一节操作，将矩形图更改为折线图并设置格式。

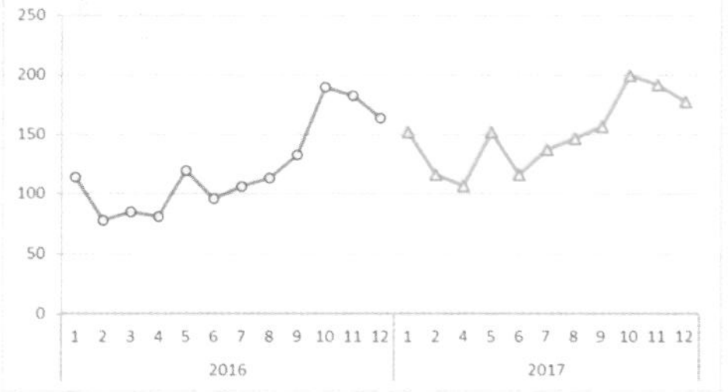

## STEP 2 复制数据

选择 A1:D25 单元格区域，按【Ctrl+C】组合键复制数据。

| | A | B | C | D |
|---|---|---|---|---|
| 1 | | | 2016 | 2017 |
| 2 | 2016 | 1 | 114 | |
| 3 | | 2 | 78 | |
| 4 | | 3 | 85 | |
| 5 | | 4 | 81 | |
| 6 | | 5 | 119 | |
| 7 | | 6 | 96 | |
| 8 | | 7 | 106 | |
| 9 | | 8 | 113 | |
| 10 | | 9 | 133 | |
| 11 | | 10 | 190 | |
| 12 | | 11 | 183 | |
| 13 | | 12 | 164 | |
| 14 | 2017 | 1 | | 152 |
| 15 | | 2 | | 116 |
| 17 | | 4 | | 107 |
| 18 | | 5 | | 152 |
| 19 | | 6 | | 116 |
| 20 | | 7 | | 137 |
| 21 | | 8 | | 147 |
| 22 | | 9 | | 157 |
| 23 | | 10 | | 200 |
| 24 | | 11 | | 192 |
| 25 | | 12 | | 178 |
| 26 | | | | |

## STEP 3 更改系列图表类型

选择图表，按【Ctrl+V】组合键粘贴数据，此时会再次生成一个折线图。❶右击折线图，❷选择 更改系列图表类型(Y)... 命令。

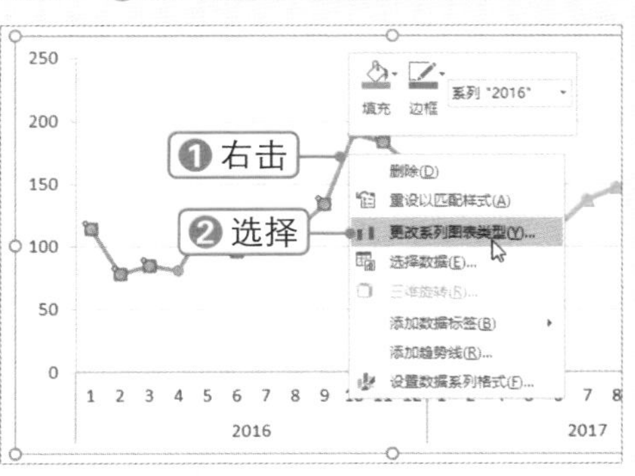


## STEP 4 设置组合图表

弹出“更改图表类型”对话框，❶在左侧选择“组合”选项，❷将最下方的两个系列更改为“面积图”类型，❸单击 确定 按钮。

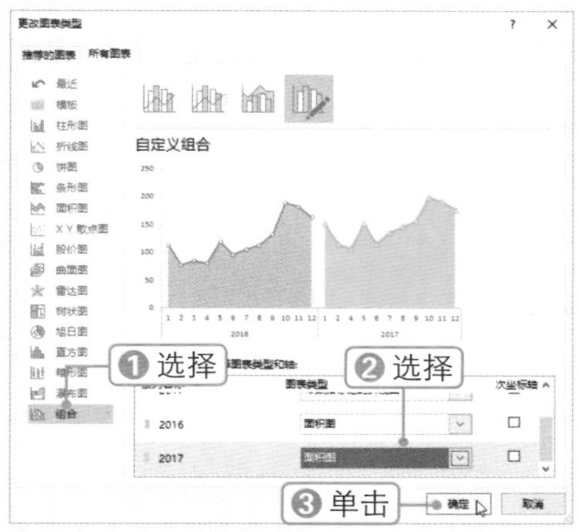


## STEP 5 查看图表效果

此时可以看到生成了两个图表，且每个图表都是组合图表。

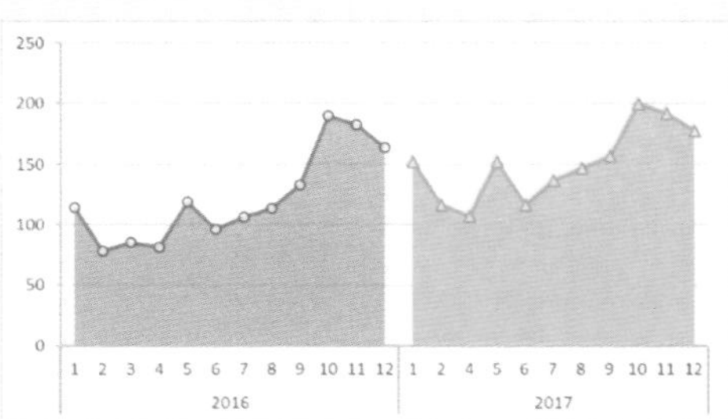

**秒杀技巧** 准确选中图表元素

在图表中右击，在弹出的浮动工具栏中单击“图表元素”下拉按钮，在弹出的下拉列表中选择要选中的元素。要添加水平网格线，可右击纵坐标轴；要添加垂直网格线，可右击横坐标轴。

Chapter 07

# 7.3 应用迷你图

■ 关键词：创建迷你图、组合迷你图、迷你图坐标轴、为表格数据创建迷你图、自动更新迷你图

迷你图是工作表中单元格提供数据的可视化表示的微型图表，可以在单元格中创建迷你图。迷你图中的图形简洁，能够清晰地展示数据趋势，只占用较小的工作表空间，适合放置在数据旁边。下面将详细介绍如何创建与应用迷你图。

## 7.3.1 创建并编辑迷你图

迷你图的创建与编辑方法与普通图表有很大的不同，具体操作方法如下：

微课：创建并编辑迷你图

**STEP 1　单击“柱形”按钮**

编辑表格数据，对要插入迷你图的单元格进行合并单元格操作。❶选择 E2 单元格，❷在 插入 选项卡下“迷你图”组中单击“柱形”按钮。

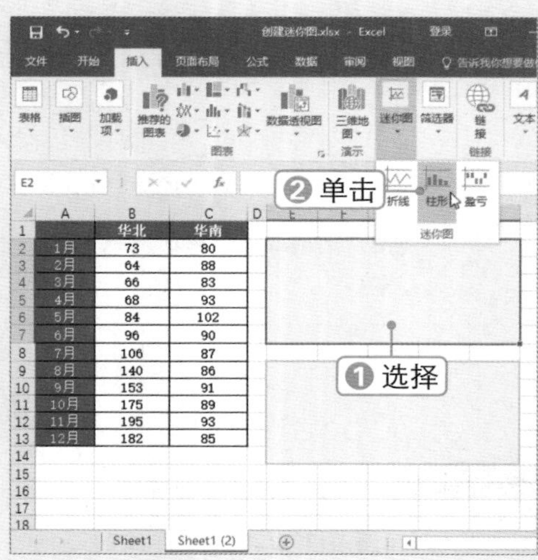


**STEP 2　设置数据范围和位置范围**

弹出“创建迷你图”对话框，❶分别设置数据范围和位置范围，❷单击 确定 按钮。

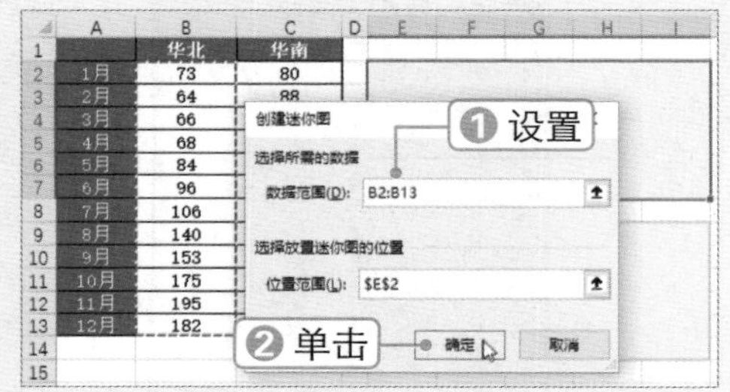


**STEP 3　创建迷你图**

此时即可在 E2 单元格中创建“华北”地区的迷你图。采用同样的方法，在 E9 单元格中创建“华南”地区的迷你图。

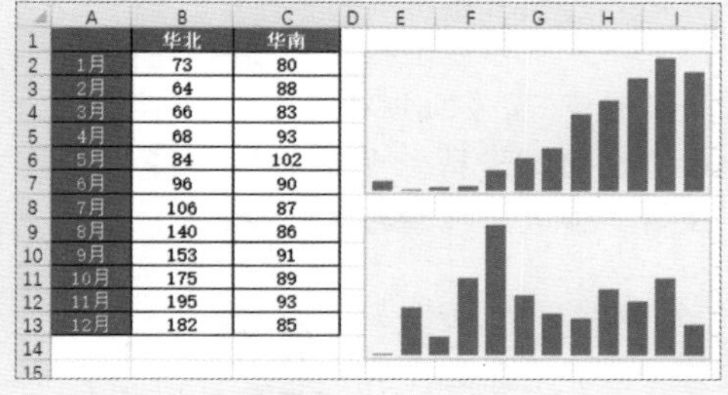

**STEP 4　组合迷你图**

❶按住【Ctrl】键的同时选择两个迷你图，❷选择 设计 选项卡，❸在“组合”组中单击 组合 按钮。

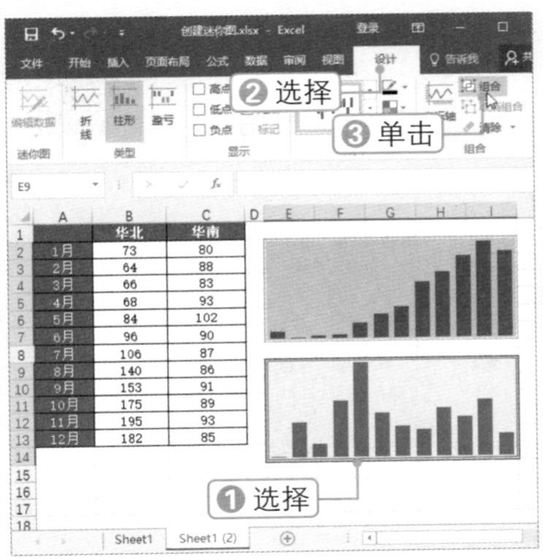


## STEP 5 选择 自定义值(C)... 选项

❶单击“坐标轴”下拉按钮，❷选择 自定义值(C)... 选项。

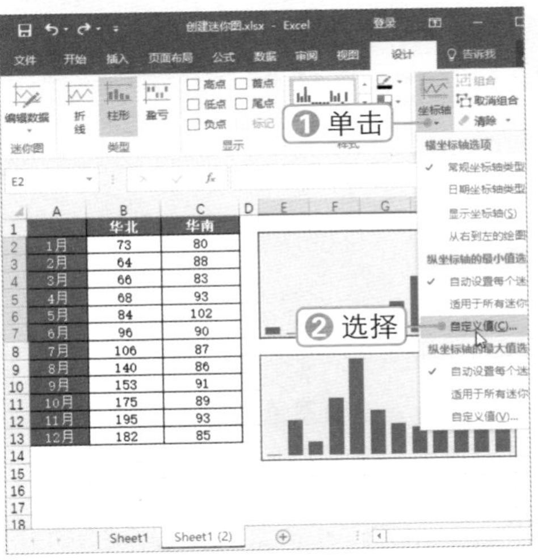


## STEP 6 设置垂直轴最小值

弹出“迷你图垂直轴设置”对话框，❶输入最小值，❷单击 确定 按钮。

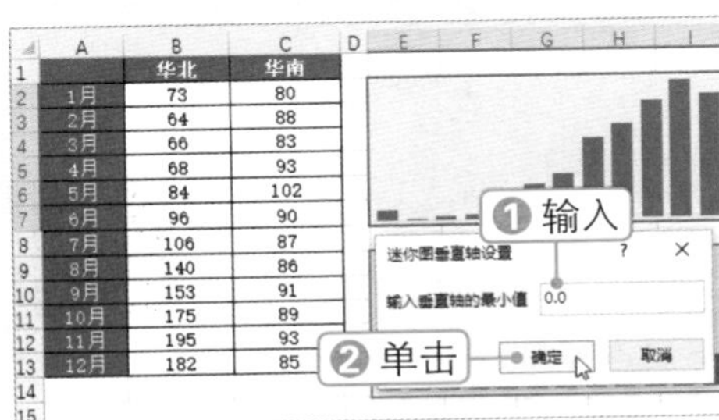


## STEP 7 设置垂直轴最大值

采用同样的方法，设置垂直轴最大值。

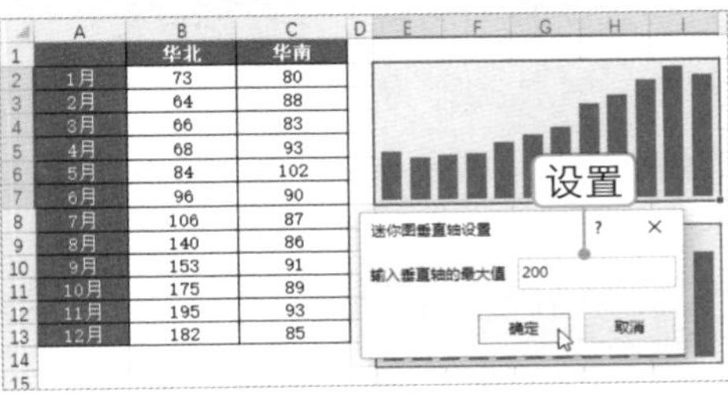


## STEP 8 设置迷你图样式

❶在“显示”组中选中“高点”复选框，❷在“样式”组中设置迷你图样式。

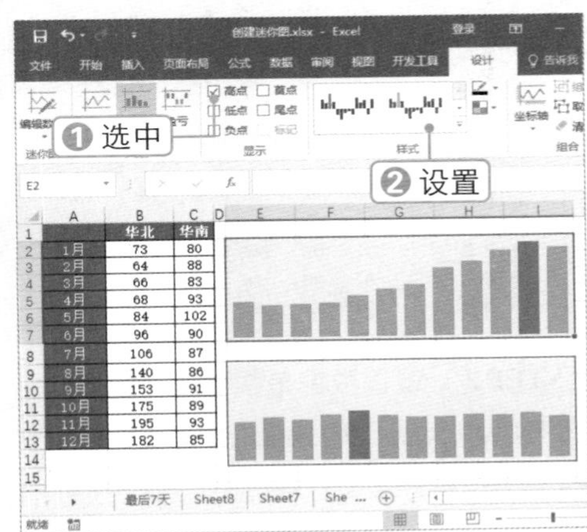


## STEP 9 输入描述性文本

在迷你图单元格中输入描述性文本，并设置字体格式。在输入时，可按【Alt+Enter】组合键进行换行。

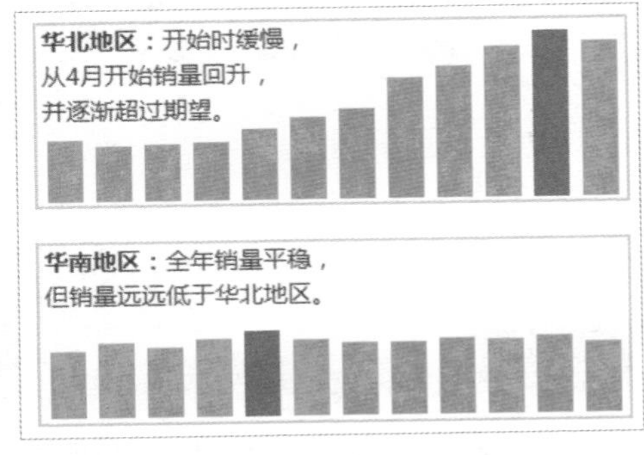

## 7.3.2 显示坐标轴

微课：显示坐标轴

当迷你图的数据区域出现负数时，则有必要为迷你图显示坐标轴，具体操作方法如下：

**STEP 1 编辑数据表**

编辑表格数据，在 B13 单元格中输入公式“=B5-$B$2”，并将公式填充到其他单元格。

B13 =B5-$B$2

| | A | B | C | D | E | F | G |
|---|---|---|---|---|---|---|---|
| 1 | 改稿页数 | | | | | | |
| 2 | 目标页数 | 400 | | | | | |
| 3 | | | | | | | |
| 4 | 编辑者 | 1月 | 2月 | 3月 | 4月 | 5月 | 6月 |
| 5 | 张三 | 354 | 316 | 536 | 567 | 606 | 416 |
| 6 | 李四 | 213 | 119 | 98 | 93 | 582 | 160 |
| 7 | 王五 | 512 | 687 | 669 | 736 | 387 | 667 |
| 8 | 赵六 | 313 | 319 | 426 | 502 | 325 | 337 |
| 9 | 孙七 | 694 | 797 | 481 | 706 | 778 | 667 |
| 10 | | | | | | | |
| 11 | 编辑的页数（相对于目标） | | | | | | |
| 12 | 编辑者 | 1月 | 2月 | 3月 | 4月 | 5月 | 6月 |
| 13 | 张三 | -46 | -84 | 136 | 167 | 206 | 16 |
| 14 | 李四 | -187 | -281 | -302 | -307 | 182 | -240 |
| 15 | 王五 | 112 | 287 | 269 | 336 | -13 | 267 |
| 16 | 赵六 | -87 | -81 | 26 | 102 | -75 | -63 |
| 17 | 孙七 | 294 | 397 | 81 | 306 | 378 | 267 |

**STEP 2 设置数据范围和位置范围**

在 H13 单元格中创建迷你图，❶设置数据范围和位置范围，❷单击 确定 按钮。

| | A | B | C | D | E | F | G |
|---|---|---|---|---|---|---|---|
| 11 | 编辑的页数（相对于目标） | | | | | | |
| 12 | 编辑者 | 1月 | 2月 | 3月 | 4月 | 5月 | 6月 |
| 13 | 张三 | -46 | -84 | 136 | 167 | 206 | 16 |
| 14 | 李四 | -187 | | | | | |
| 15 | 王五 | 112 | | | | | |
| 16 | 赵六 | -87 | | | | | |
| 17 | 孙七 | 294 | | | | | |

创建迷你图
选择所需的数据
数据范围(D)：B13:G13
选择放置迷你图的位置
位置范围(L)：$H$13
确定 取消
❶ 设置
❷ 单击

**STEP 3 创建迷你图**

将迷你图填充到下方的单元格中，设置在迷你图中显示“负点”。

| | 编辑的页数（相对于目标） | | | | | | |
|---|---|---|---|---|---|---|---|
| 12 | 编辑者 | 1月 | 2月 | 3月 | 4月 | 5月 | 6月 |
| 13 | 张三 | -46 | -84 | 136 | 167 | 206 | 16 |
| 14 | 李四 | -187 | -281 | -302 | -307 | 182 | -240 |
| 15 | 王五 | 112 | 287 | 269 | 336 | -13 | 267 |
| 16 | 赵六 | -87 | -81 | 26 | 102 | -75 | -63 |
| 17 | 孙七 | 294 | 397 | 81 | 306 | 378 | 267 |

**STEP 4 选择 显示坐标轴(S) 选项**

❶单击“坐标轴”下拉按钮，❷选择 显示坐标轴(S) 选项。

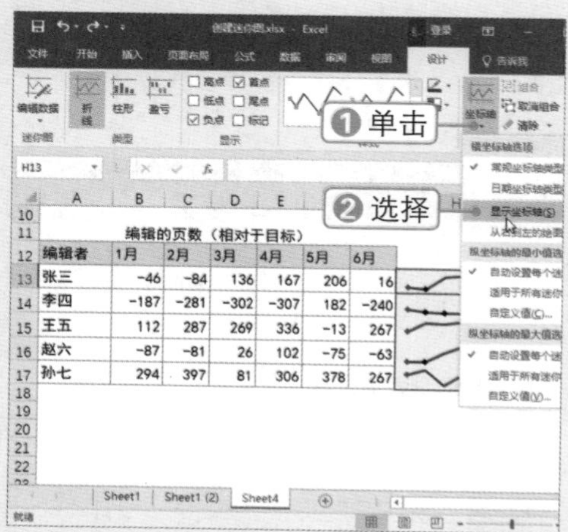


**STEP 5 查看显示坐标轴效果**

此时即可在迷你图中显示坐标轴。

| | 编辑的页数（相对于目标） | | | | | | |
|---|---|---|---|---|---|---|---|
| 12 | 编辑者 | 1月 | 2月 | 3月 | 4月 | 5月 | 6月 |
| 13 | 张三 | -46 | -84 | 136 | 167 | 206 | 16 |
| 14 | 李四 | -187 | -281 | -302 | -307 | 182 | -240 |
| 15 | 王五 | 112 | 287 | 269 | 336 | -13 | 267 |
| 16 | 赵六 | -87 | -81 | 26 | 102 | -75 | -63 |
| 17 | 孙七 | 294 | 397 | 81 | 306 | 378 | 267 |

## 7.3.3 设置日期坐标轴

微课：设置日期坐标轴

日期坐标轴依据日期之间的数值差决定数据之间的间距。当日期数据作为图表的坐标轴时，一般应将坐标轴设置为日期坐标轴，否则无法正确地反映真实的数据。设置日期坐标轴的具体操作方法如下：

**STEP 1 创建迷你图**

为数据表创建迷你图，可以看到迷你图为等距的，而日期之间的间隔不是等差。

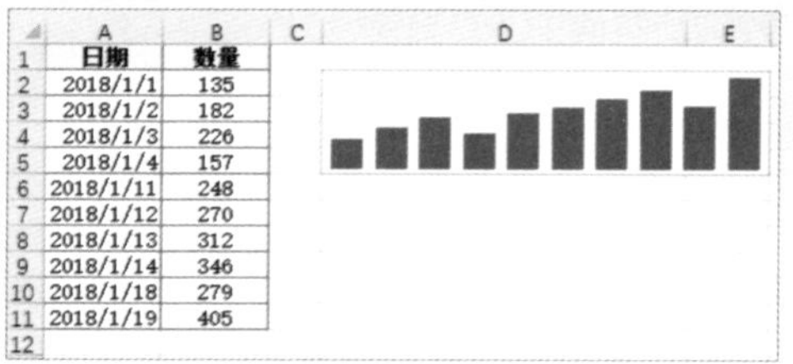

| 日期 | 数量 |
|---|---|
| 2018/1/1 | 135 |
| 2018/1/2 | 182 |
| 2018/1/3 | 226 |
| 2018/1/4 | 157 |
| 2018/1/11 | 248 |
| 2018/1/12 | 270 |
| 2018/1/13 | 312 |
| 2018/1/14 | 346 |
| 2018/1/18 | 279 |
| 2018/1/19 | 405 |

**STEP 2 选择 日期坐标轴类型(D)... 选项**

❶ 单击“坐标轴”下拉按钮，❷ 选择 日期坐标轴类型(D)... 选项。

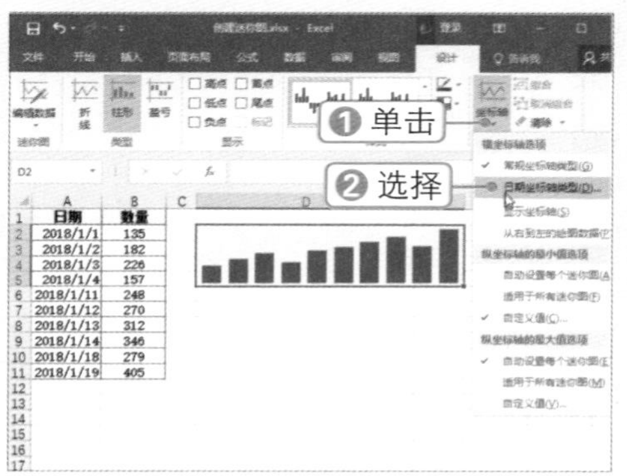


**STEP 3 设置日期范围**

弹出“迷你图日期范围”对话框，❶ 设置日期范围，❷ 单击 确定 按钮。

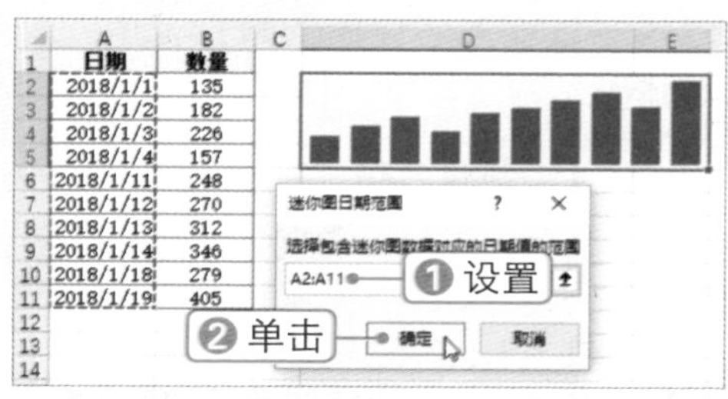


| 日期 | 数量 |
|---|---|
| 2018/1/1 | 135 |
| 2018/1/2 | 182 |
| 2018/1/3 | 226 |
| 2018/1/4 | 157 |
| 2018/1/11 | 248 |
| 2018/1/12 | 270 |
| 2018/1/13 | 312 |
| 2018/1/14 | 346 |
| 2018/1/18 | 279 |
| 2018/1/19 | 405 |

**STEP 4 查看设置效果**

此时迷你图数据系列之间显示出不同的间距。

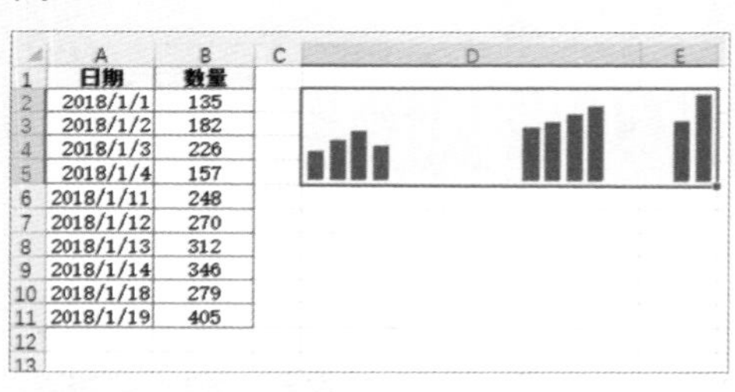

| 日期 | 数量 |
|---|---|
| 2018/1/1 | 135 |
| 2018/1/2 | 182 |
| 2018/1/3 | 226 |
| 2018/1/4 | 157 |
| 2018/1/11 | 248 |
| 2018/1/12 | 270 |
| 2018/1/13 | 312 |
| 2018/1/14 | 346 |
| 2018/1/18 | 279 |
| 2018/1/19 | 405 |

## 7.3.4 为表格数据创建迷你图

微课：为表格数据创建迷你图

在Excel工作表中创建的迷你图会随表格数据的增减自动更新，无须重新选择数据源，具体操作方法如下：

**STEP 1 创建迷你折线图**

为表格数据创建迷你折线图。

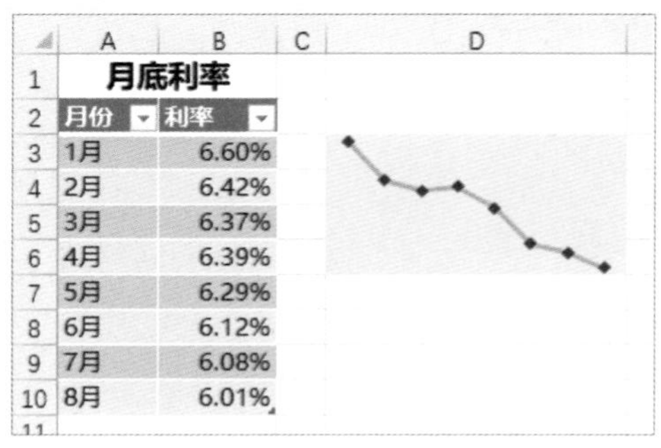

月底利率

| 月份 | 利率 |
|---|---|
| 1月 | 6.60% |
| 2月 | 6.42% |
| 3月 | 6.37% |
| 4月 | 6.39% |
| 5月 | 6.29% |
| 6月 | 6.12% |
| 7月 | 6.08% |
| 8月 | 6.01% |

**STEP 2 迷你图自动变化**

此时迷你图将随着表格数据的增减而自动变化。

月底利率

| 月份 | 利率 |
|---|---|
| 1月 | 6.60% |
| 2月 | 6.42% |
| 3月 | 6.37% |
| 4月 | 6.39% |
| 5月 | 6.29% |
| 6月 | 6.12% |
| 7月 | 6.08% |
| 8月 | 6.01% |
| 9月 | 6.10% |
| 10月 | 6.30% |
| 11月 | 6.35% |
| 12月 | 6.25% |

## 7.3.5 利用函数使迷你图自动更新

下面利用OFFSET函数使其返回的单元格区域动态变化，将此区域设置为迷你图的数据范围，即可实现迷你图自动更新，具体操作方法如下：

微课：利用函数使迷你图自动更新

**STEP 1 新建名称**

打开“新建名称”对话框，❶输入名称，❷在“引用位置”文本框中输入公式“=OFFSET($B$2,COUNTA($B:$B)-7-1,0,7,1)”，❸单击 确定 按钮。

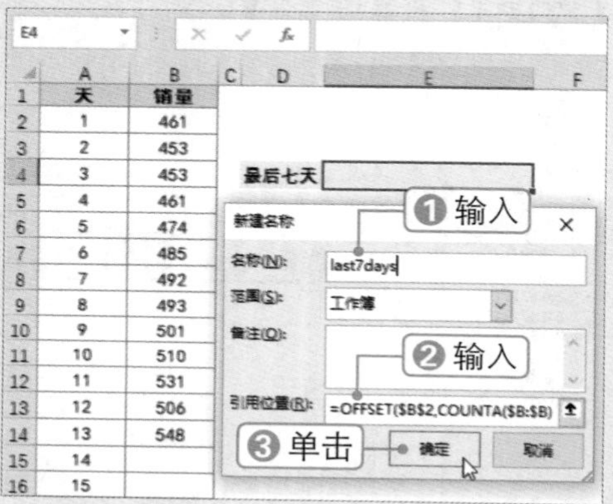


**STEP 2 设置迷你图参数**

在 E4 单元格中创建迷你图，❶设置数据范围为新建的名称，❷单击 确定 按钮。

**STEP 3 创建迷你折线图**

此时即可创建迷你折线图。

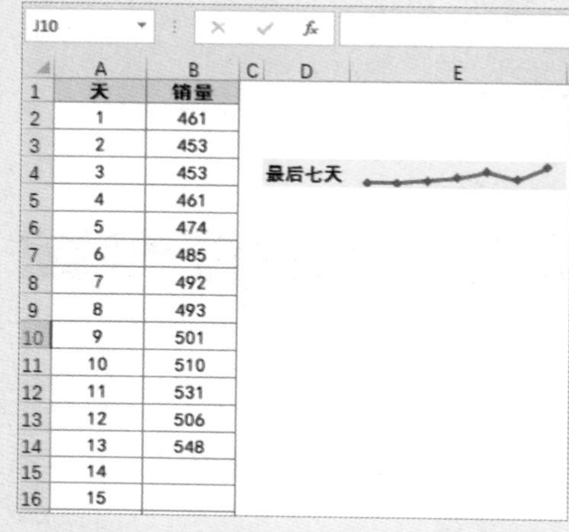


**STEP 4 查看数据更新效果**

在 B 列中增加数据，迷你图也会自动出现变化。

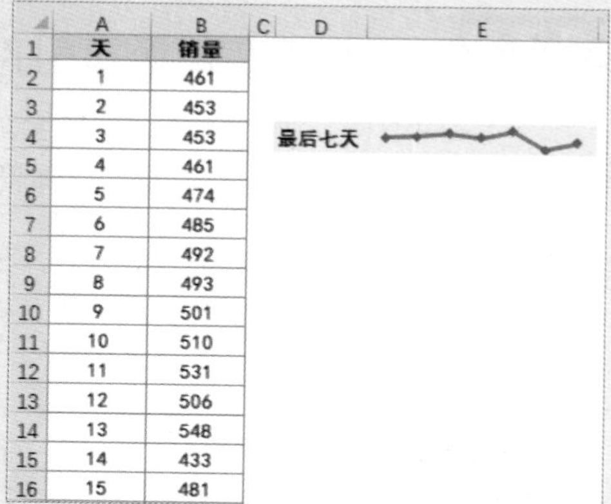

## 商务办公 私房实操技巧

### TIP：增加图表趋势波动

私房技巧 通过更改纵坐标轴的取值范围，可以加强或减弱图表中的数据波动趋势。取值范围越小，数据波动就越强烈。如下图（左）所示，将纵坐标轴的最小值手动设置为100，数据条变化强烈。若要使组合图中的折线图与柱形图保持一定的距离，可增大主要纵坐标轴的最大值，如下图（右）所示。

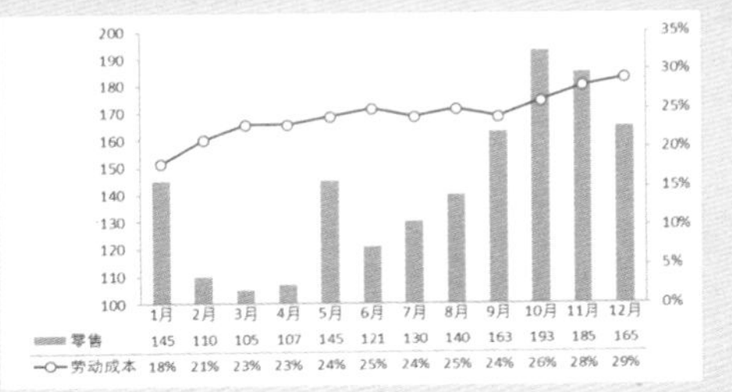


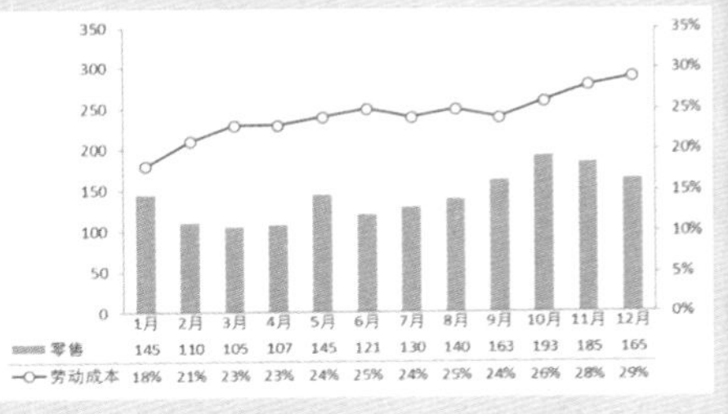


### TIP：还原图表原样式

私房技巧 若要将图表样式还原为默认的样式，可右击图表，在弹出的快捷菜单中选择 重设以匹配样式(A) 命令，即可恢复图表原样式。

### TIP：为图表标题创建单元格链接

私房技巧 可以为图表标题或坐标轴标题创建单元格链接，当单元格中的内容发生变化时，图表标题也随之改变，无须重新输入。方法为：

选中图表标题，在编辑栏中输入等号，然后选择A1单元格，如下图（左）所示。按【Enter】键确认，即可将单元格中的内容与图表标题链接起来，如下图（右）所示。

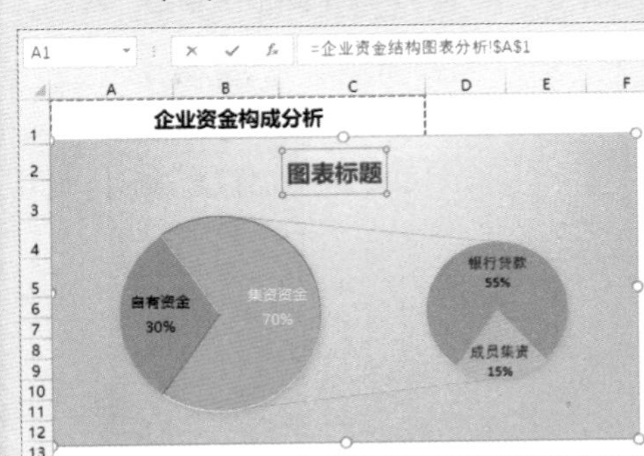


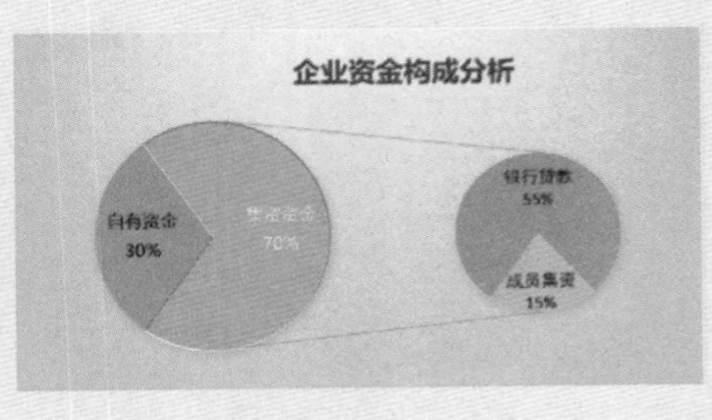

## TIP：统一图表格式

私房技巧 要为多个图表设置相同的格式，可将已设置好格式的图表进行复制，然后在 开始 选项卡下单击“粘贴”下拉按钮，选择 选择性粘贴(S)... 选项，在弹出的对话框中选中“格式”单选按钮，然后单击 确定 按钮即可。

# Ask Answer 高手疑难解答

## 问 怎样美化单个系列的柱形图？

图解解答 对于单个柱形图，可使其系列与绘图区重叠，并设置各自的颜色，方法如下：

1. 为 A3:B3 单元格区域创建柱形图，如下图（左）所示。
2. 对图表进行简单的格式设置，如下图（右）所示。

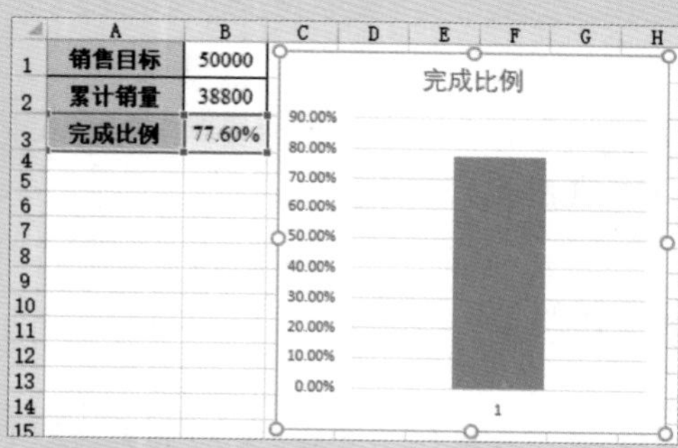


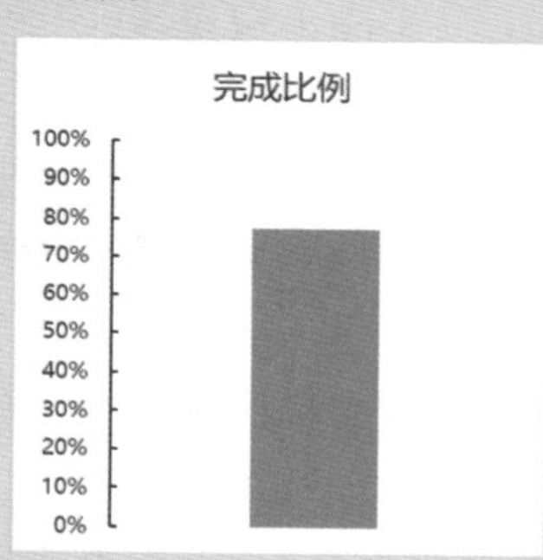


3. 双击图表系列，打开“设置数据系列格式”窗格，选择“系列选项”选项卡，设置“系列重叠”和“分类间距”均为 0，如下图（左）所示。
4. 对图表元素进行美化设置，如设置系列为渐变填充、绘图区为纯色填充，设置其线条颜色为黑色，并添加数据标签和文本框等，效果如下图（右）所示。

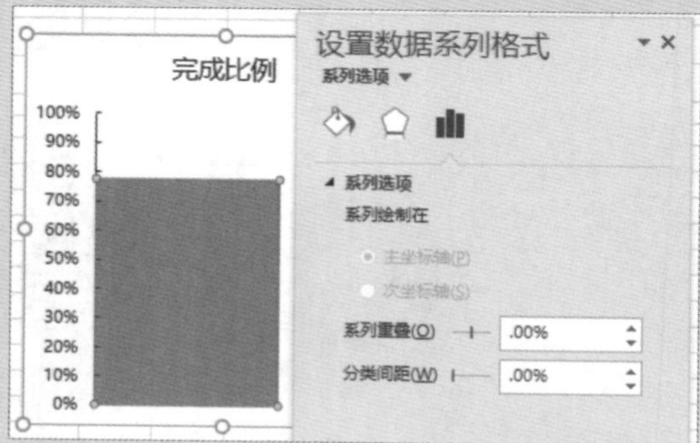


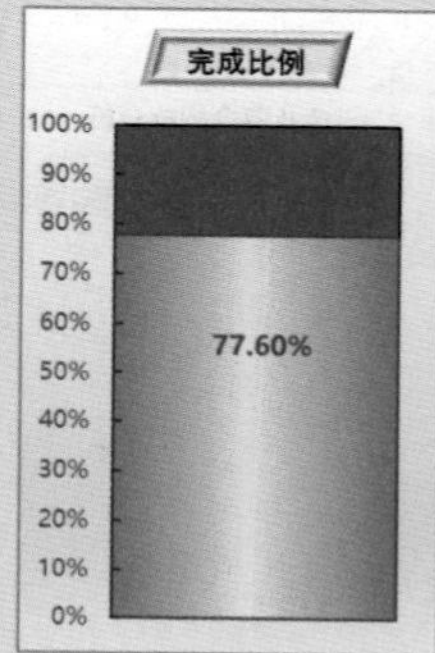

## 问 如何处理图表数据中的隐藏单元格或空单元格？

**图解解答** 默认情况下，若图表数据中包含隐藏单元格或空单元格，图表中将不显示隐藏的数据，并将空单元格设置为“空距”。用户可根据需要进行更改，方法如下：

1. 在图表数据源中删除某个值，并隐藏“1 月”和“2 月”分类，查看图表显示效果，如下图（左）所示。
2. 右击图表，在弹出的快捷菜单中选择“选择数据(E)...”命令，弹出“选择数据源”对话框，单击“隐藏的单元格和空单元格(H)”按钮，如下图（右）所示。

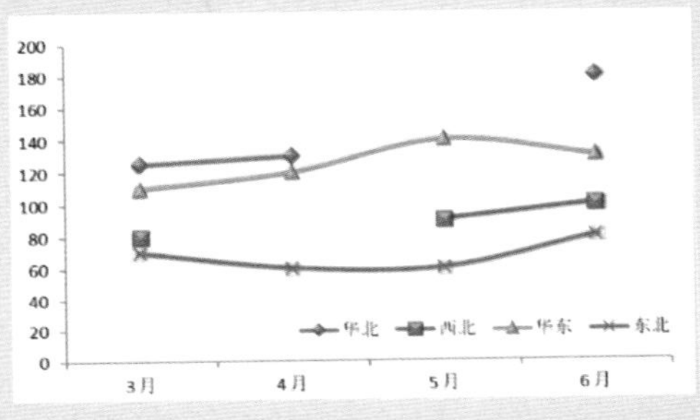


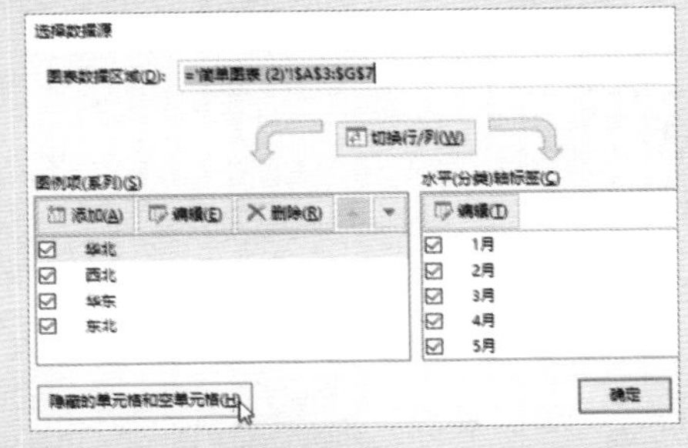


3. 弹出“隐藏和空单元格设置”对话框，选中“零值“单选按钮，并选中“显示隐藏行列中的数据”复选框，依次单击“确定”按钮，如下图（左）所示。
4. 查看此时的图表显示效果，如下图（右）所示。

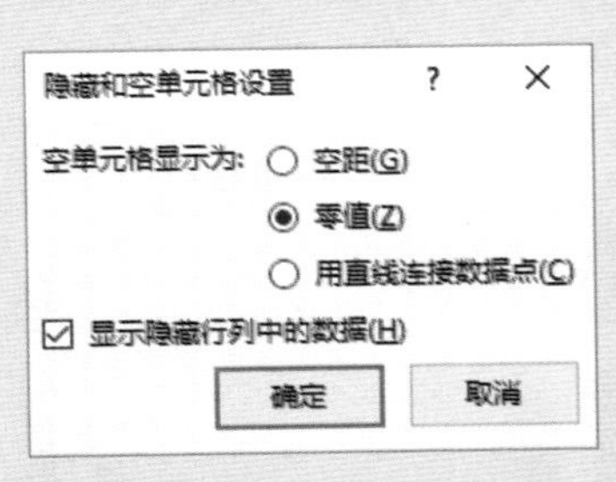


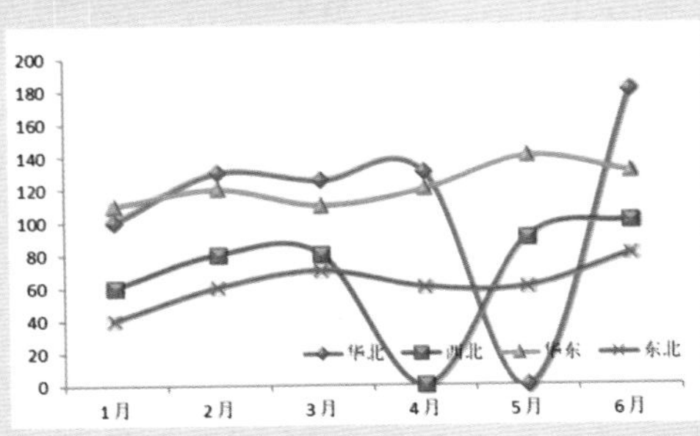

CHAPTER 08

# 图表在行业领域中的应用

## 本章导读

将统计的数据转换为图表，可以更清楚地体现数据之间的数量关系，分析数据的走势和预测发展趋势。本章将详细介绍如何在实际行业应用中使用图表来分析数据，如员工收入与目标对比，新产品满意率调查分析，产品畅销与滞销分析，销售额变化分析等。

## 知识要点

01 图表在人力资源管理中的应用

02 图表在市场营销管理中的应用

## 案例展示

▼制作部门业绩比较图表

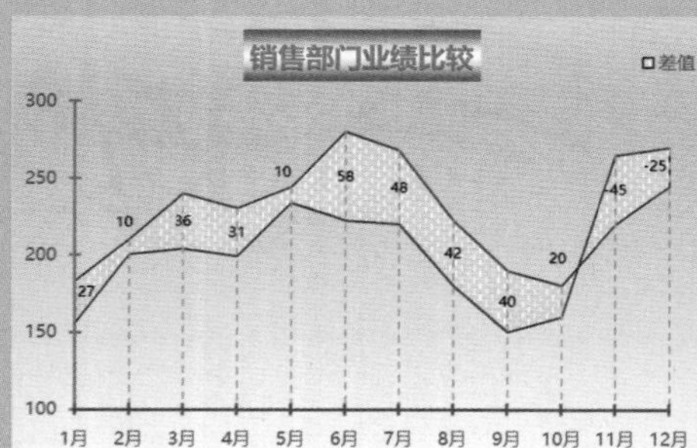


▼制作企业经营状况分析图表

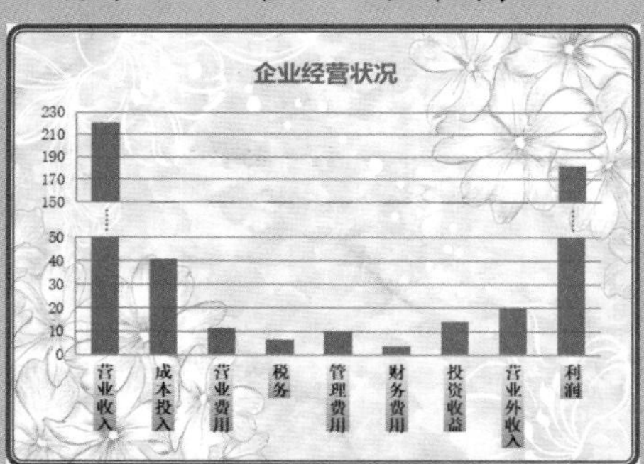


▼制作产品到账与未到账统计图表

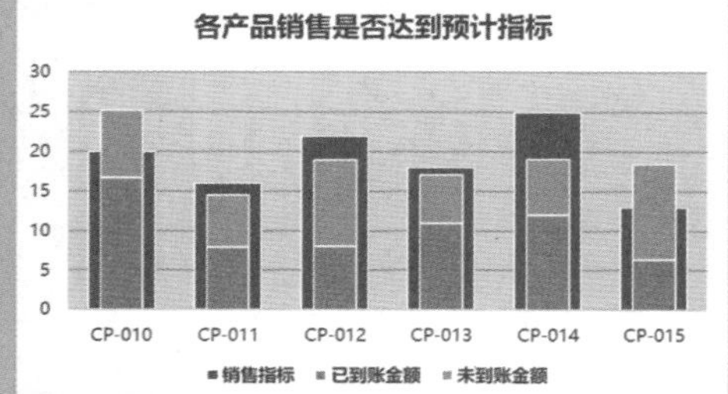


▼自动标记最大和最小销量

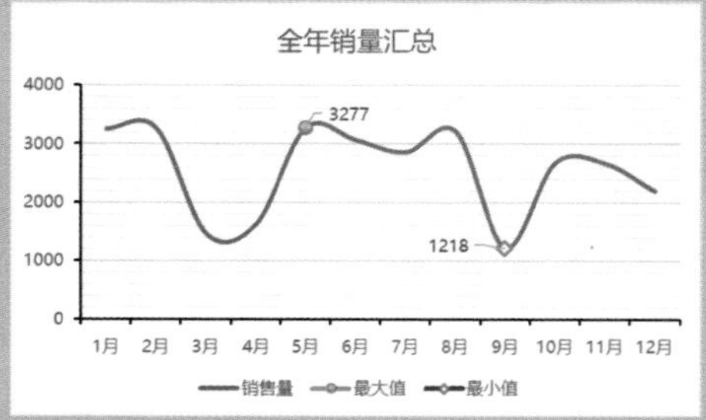

Chapter 08

# 8.1 图表在人力资源管理中的应用

■ 关键词：次坐标、分类间距、标签位置、系列重叠、饼图分离、无填充、坐标轴边界

下面将详细介绍图表在人力资源管理领域的应用，如为员工收入情况与目标制作对比图表，为新产品满意率调查结果制作分析图表，为活动策略流程制作甘特图等。

## 8.1.1 制作员工收入与目标对比图表

下面为员工收入数据创建簇状柱形图，并对图表进行变形处理，鲜明地对比员工收入与目标，具体操作方法如下：

微课：制作员工收入与目标对比图表

### STEP 1 创建簇状柱形图

为数据区域创建簇状柱形图，并对图表进行适当的美化。

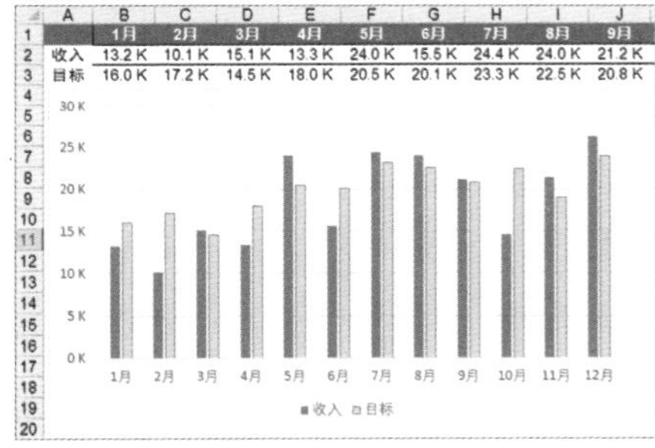

| | 1月 | 2月 | 3月 | 4月 | 5月 | 6月 | 7月 | 8月 | 9月 |
|---|---|---|---|---|---|---|---|---|---|
| 收入 | 13.2 K | 10.1 K | 15.1 K | 13.3 K | 24.0 K | 15.5 K | 24.4 K | 24.0 K | 21.2 K |
| 目标 | 16.0 K | 17.2 K | 14.5 K | 18.0 K | 20.5 K | 20.1 K | 23.3 K | 22.5 K | 20.8 K |



### STEP 2 设置次坐标轴

打开“更改图表类型”对话框，❶在“收入”系列右侧选中“次坐标轴”复选框，❷单击 确定 按钮。

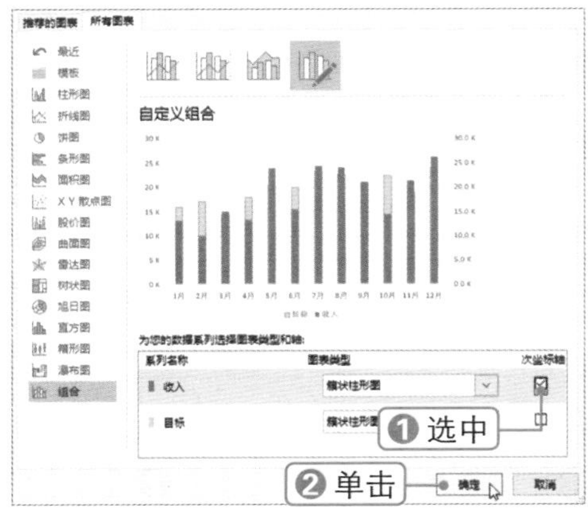


### STEP 3 设置分类间距

❶选择“目标”系列，❷选择“系列选项”选项卡，❸设置“分类间距”为50%。

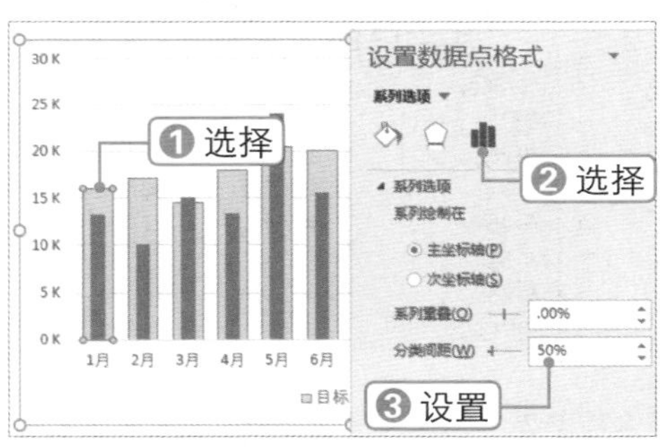


### STEP 4 设置分类间距

❶选择“收入”系列，❷设置“分类间距”为120%。

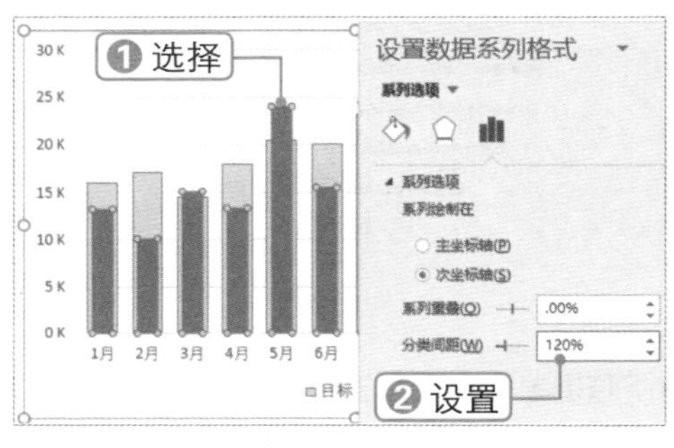


### STEP 5 设置图表格式

根据需要设置图表格式，如删除次坐标轴，添加数据表和图表标题，移动图例位置等。

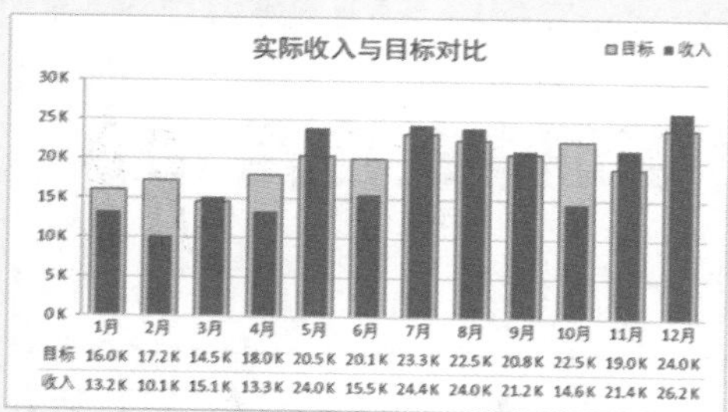


**实操解疑**

**设置次坐标轴边界**

需要注意的是，要将次坐标轴边界值大小设置与主要坐标轴相同。若要显示次坐标轴，可单击“添加图表元素”下拉按钮，选择“坐标轴”|“次要纵坐标轴”选项。

## 8.1.2 制作产品满意率调查统计图表

下面依据产品满意率调查表创建条形图，分析男性和女性用户对产品的满意率，具体操作方法如下：

微课：制作产品满意率调查统计图表

**STEP 1 编辑表格**

编辑数据表格，设置男性满意率为负数，选择 A2:C9 单元格区域。

| | A | B | C |
|---|---|---|---|
| 1 | 新产品用户满意率 | | |
| 2 | 年龄 | 男性 | 女性 |
| 3 | 18岁以下 | -7.0% | 9.0% |
| 4 | 19-28 | -25.9% | 17.6% |
| 5 | 28-35 | -35.0% | 30.1% |
| 6 | 36-45 | -40.8% | 37.4% |
| 7 | 46-55 | -42.7% | 45.2% |
| 8 | 56-65 | -31.5% | 46.3% |
| 9 | 60岁以上 | -19.0% | 35.7% |

**STEP 2 创建条形图**

为所选单元格区域创建条形图图表，查看图表效果。

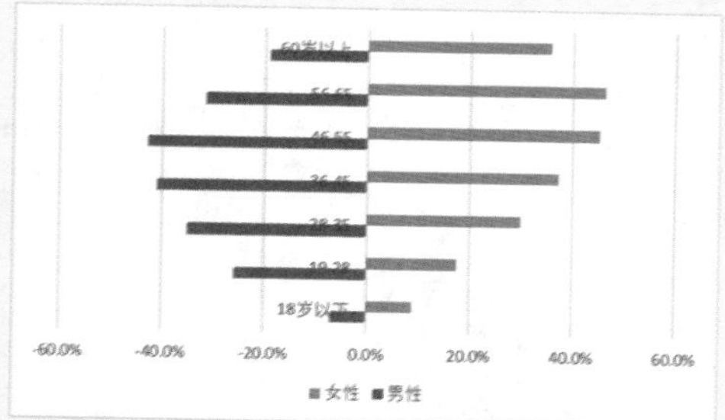


**STEP 3 设置标签位置**

❶选择纵坐标轴，❷选择“坐标轴选项”选项卡，❸在“标签”组中设置标签位置为“低”。

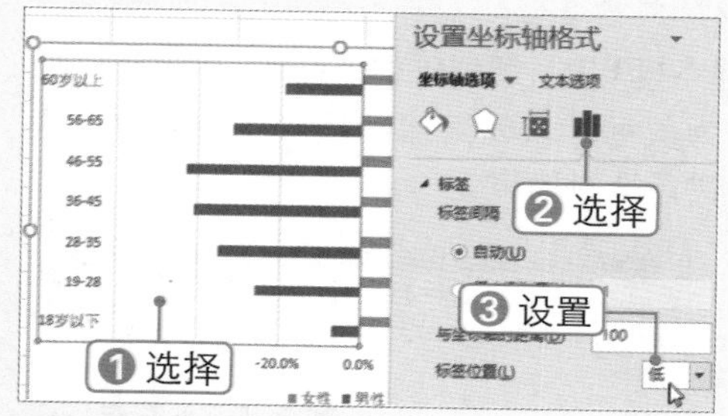


**STEP 4 设置刻度线**

在“刻度线”组中设置“主刻度线类型”为“交叉”。

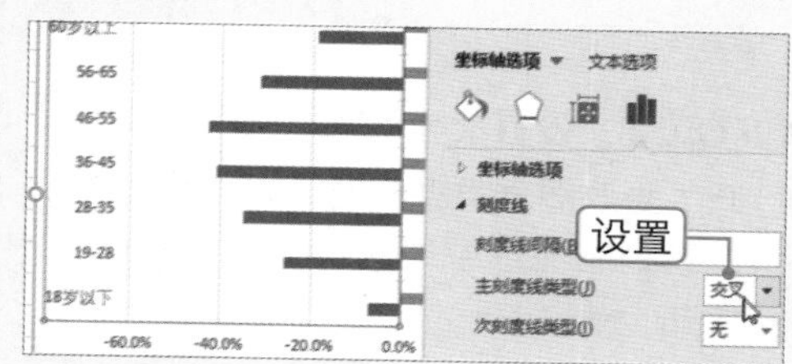


**实操解疑**

**使用柱形图还是条形图**

与柱形图相比，条形图更适于文本标签较长的情况，更适合体现数据之间的排名（需先对数据进行排序，再生成条形图）。具有时间序列的数据一般不采用条形图。

**STEP 5 设置系统选项**

❶在图表中选择“男性”系列，❷选择“系

列选项”选项卡，❸设置“系列重叠”为 100%，“分类间距”为 50%。

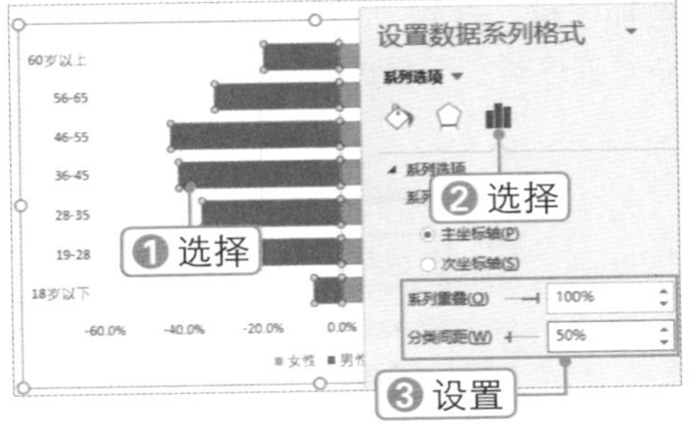


**STEP 6 美化图表**

对图表进行美化设置，如添加图表标题、数据标签，设置刻度线格式等。

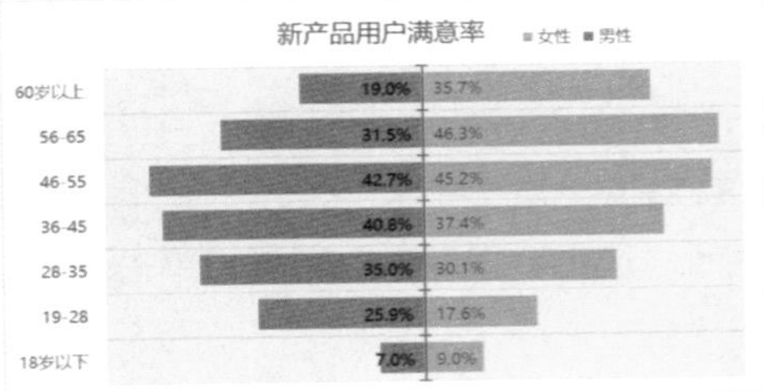


## 8.1.3 制作策划流程甘特图

甘特图以条状图的形式通过活动列表和时间刻度表示出特定项目的顺序与持续时间。下面依据产品营销策划流程表制作一目了然的甘特图，具体操作方法如下：

微课：制作策划流程甘特图

**STEP 1 编辑数据表**

在工作表中编辑营销策略流程表，其中所需时间由公式“=D4-B4+1”得出。

C4 =D4-B4+1

| A产品营销策划流程 | | | |
|---|---|---|---|
| 任务 | 开始时间 | 所需时间（天） | 完成时间 |
| 分析现状 | 1/1 | 7 | 1/7 |
| 制定目标 | 1/8 | 4 | 1/11 |
| 制定营销战略 | 1/12 | 3 | 1/14 |
| 制定行动方案 | 1/15 | 3 | 1/17 |
| 预测效益 | 1/18 | 2 | 1/19 |
| 设计控制和应急措施 | 1/20 | 7 | 1/26 |
| 撰写市场营销计划书 | 1/27 | 5 | 1/31 |

**STEP 2 选择图表类型**

❶选择 A3:B10 单元格区域，❷在 插入 选项卡下单击“插入柱形图或条形图”下拉按钮，❸选择“堆积条形图”类型。

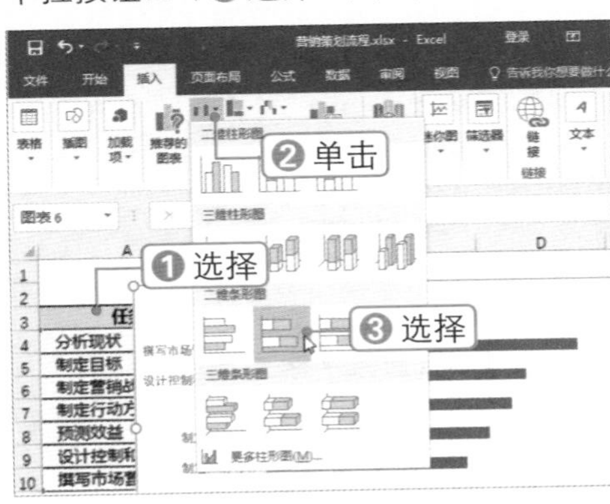


**STEP 3 选择 选择数据(E)... 命令**

❶右击图表，❷选择 选择数据(E)... 命令。

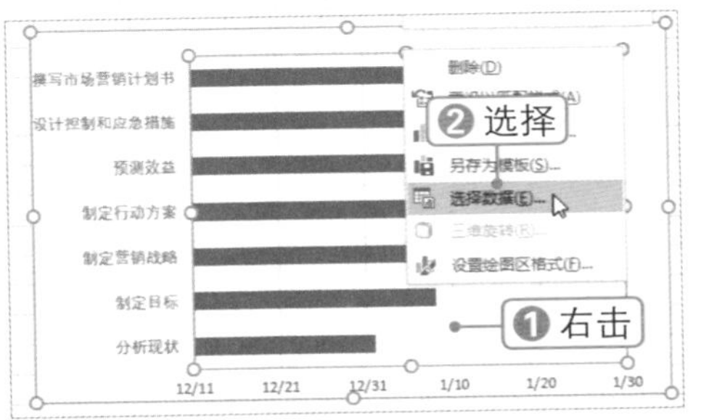


**STEP 4 单击 编辑(E) 按钮**

弹出“选择数据源”对话框，单击 编辑(E) 按钮。

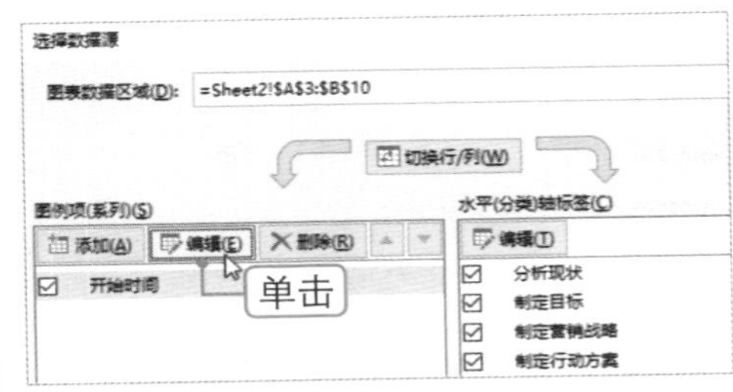


**STEP 5 修改系列名称**

弹出“编辑数据系列”对话框，❶将“系列名称”修改为 xilie1，❷单击 确定 按钮。

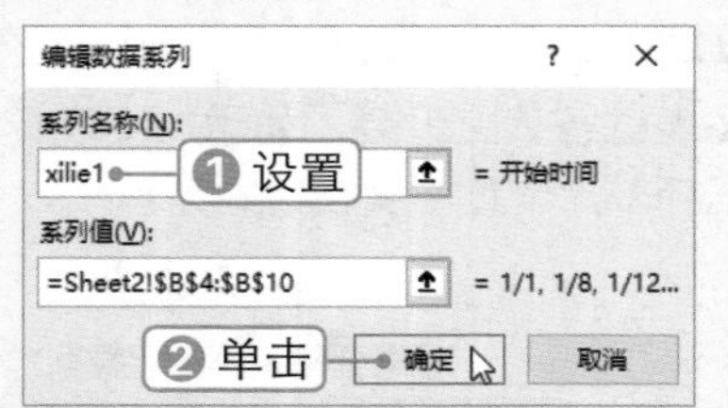


**STEP 6 单击添加(A)按钮**

返回“选择数据源”对话框，单击添加(A)按钮。

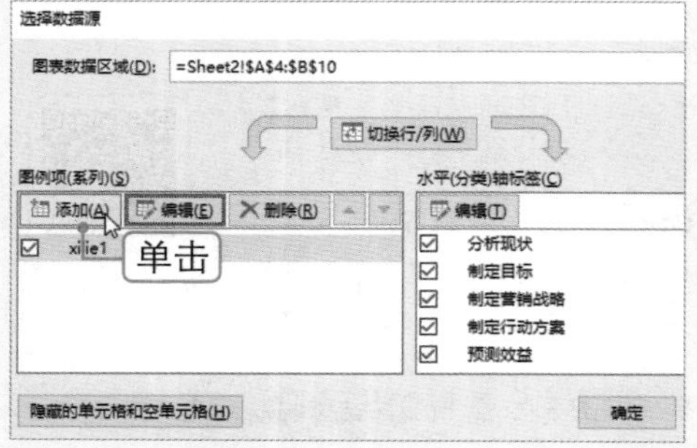


**STEP 7 编辑数据系列**

弹出“编辑数据系列”对话框，①输入系列名称，并设置系列值，②单击确定按钮。

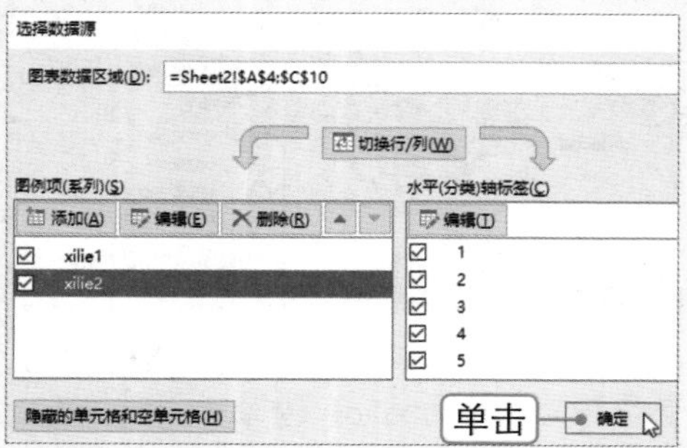


**STEP 8 单击确定按钮**

返回“选择数据源”对话框，单击确定按钮。



**STEP 9 选中“逆序类别”复选框**

①选择纵坐标轴，②选择“坐标轴选项”选项卡，③在“坐标轴选项”组中选中“逆序类别”复选框。

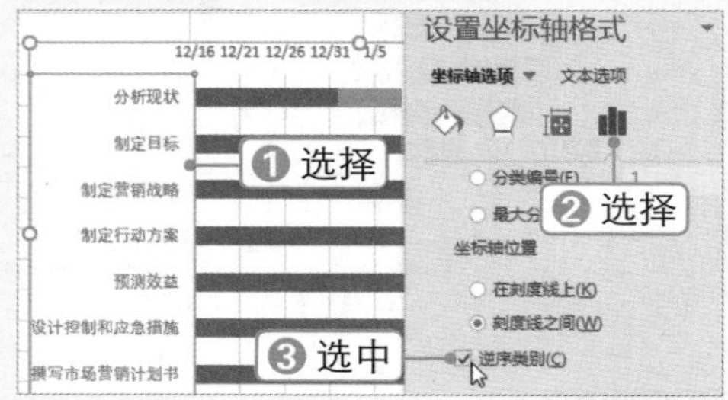


**STEP 10 设置标签位置**

①选择横坐标轴，②选择“坐标轴选项”选项卡，③在“标签”组中设置标签位置为“高”。

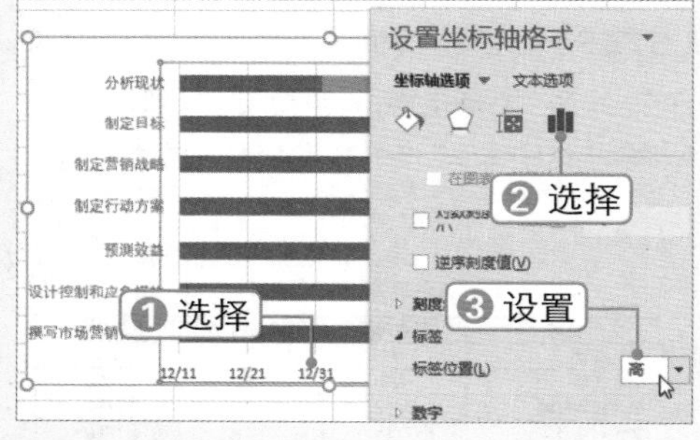


**STEP 11 设置坐标轴边界**

在“坐标轴选项”组中分别设置“最小值”和“最大值”为“2018/1/1”和“2018/2/2”，程序将自动将其转换为数字。

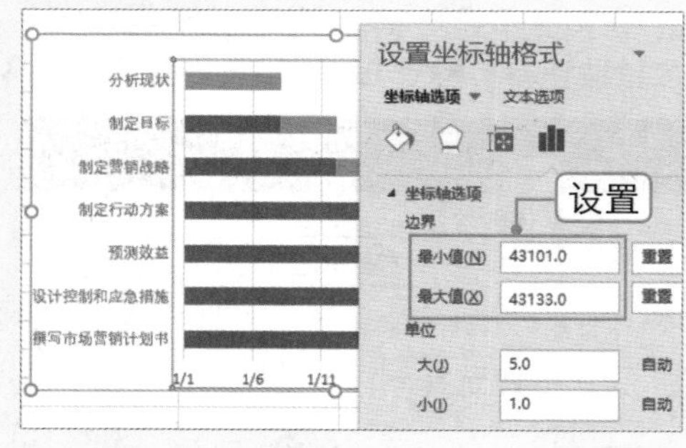


**STEP 12 设置数字格式**

①在“数字”组中输入格式代码，②单击添加(A)按钮。

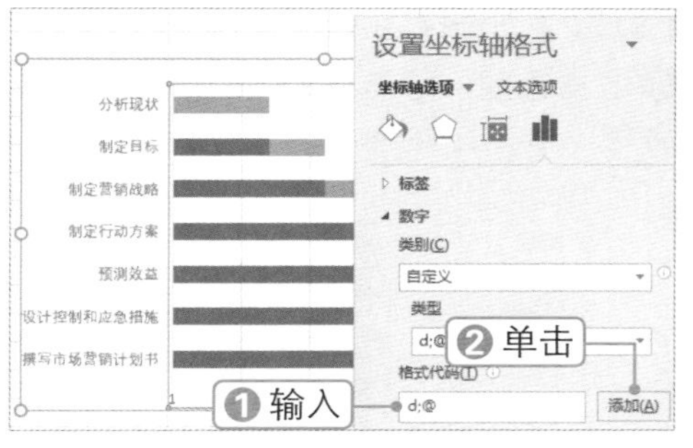


**STEP 13 设置单位间隔**

在“坐标轴选项”组中设置单位“大”为 2。

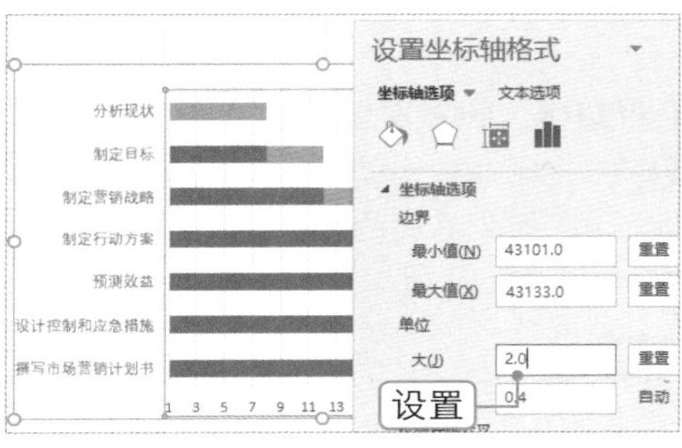


**STEP 14 设置系列无填充**

❶在图表中选择“系列 1”，❷设置“无填充”。

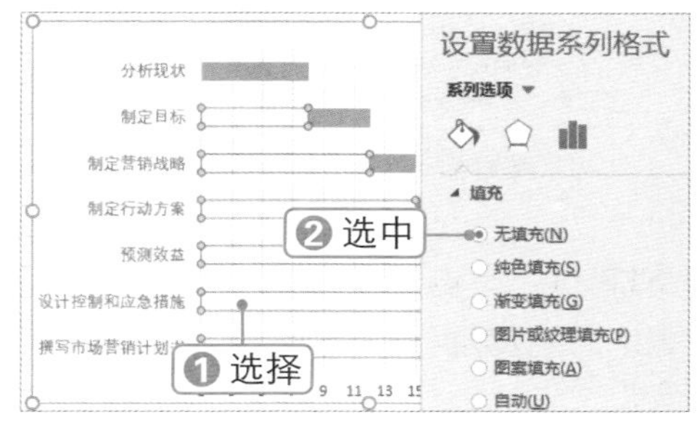


**STEP 15 美化图表**

根据需要设置“系列 2”的系列选项，并对图表进行适当的美化。

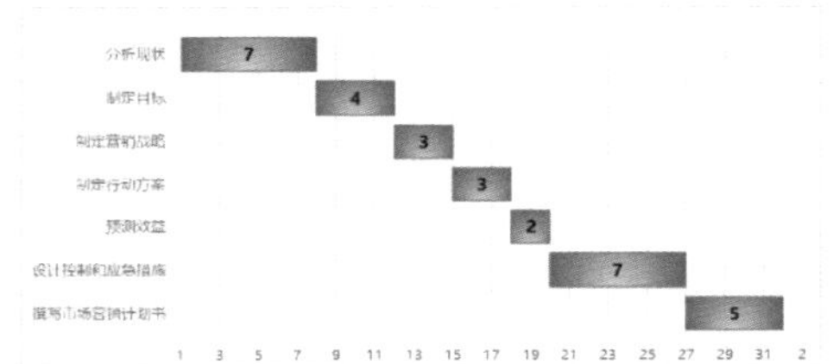

## 8.1.4 制作各分店营业额统计图表

微课：制作各分店营业额统计图表

下面依据各城市的营业额汇总出其所属地区的营业总额，为各地区营业总额和各城市的营业额创建饼图，并将其绘制在同一个图表中，具体操作方法如下：

**STEP 1 计算地区营业总额**

编辑各分店营业额数据表，❶选择 B3 单元格，❷在编辑栏中输入公式“=SUM(D3:D5)”，并按【Enter】键确认，计算“华北”地区的营业总额。采用同样的方法，分别计算“华东”和“华南”地区的营业总额。

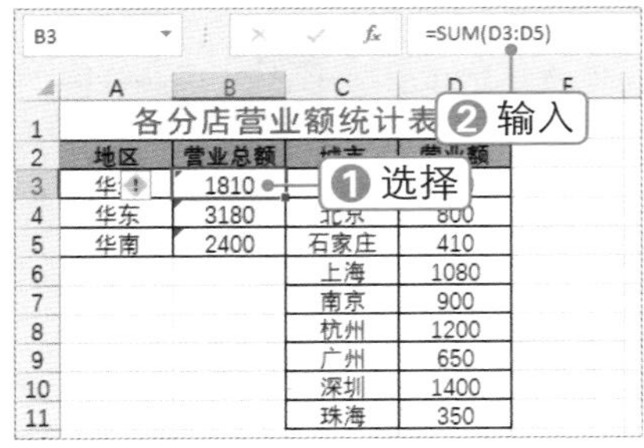


**STEP 2 创建饼图**

为 A2:B5 单元格区域创建饼图。

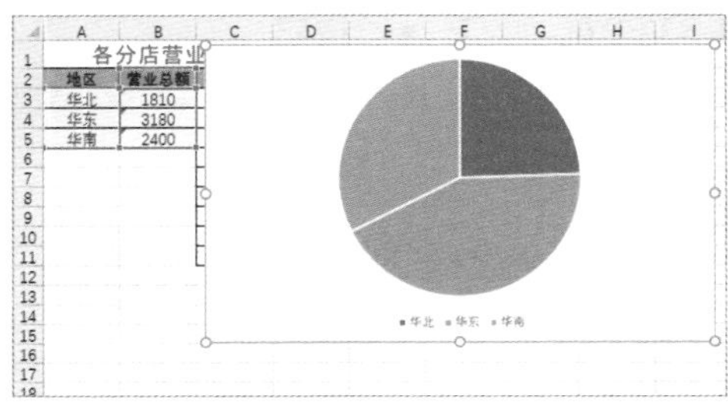

**STEP 3 选择 选择数据(E)... 命令**

❶右击饼图，❷选择 选择数据(E)... 命令。

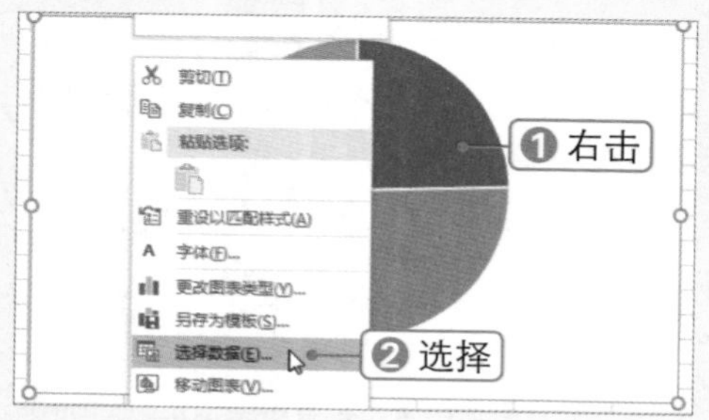


**STEP 4 单击添加(A)按钮**

弹出“选择数据源”对话框，单击添加(A)按钮。

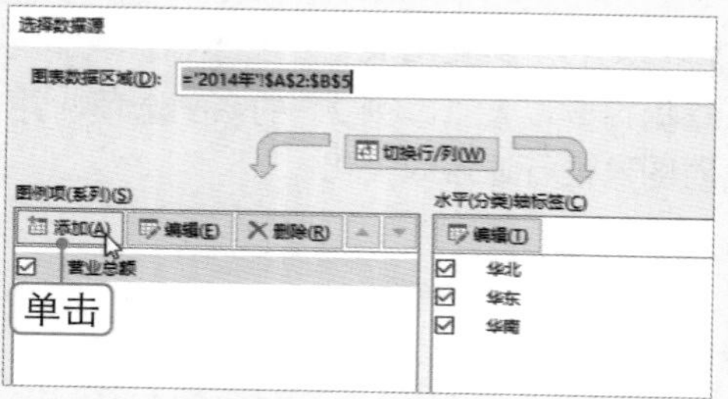


**STEP 5 编辑数据系列**

弹出“编辑数据系列”对话框，❶输入系列名称为“城市营业额”，❷设置系列值，❸单击确定按钮。

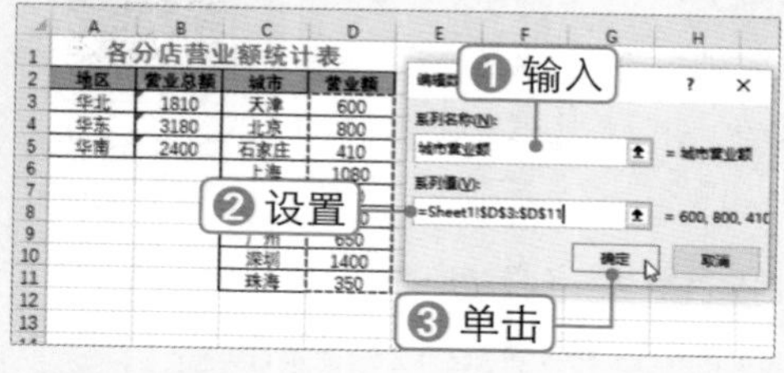


**STEP 6 单击确定按钮**

返回“选择数据源”对话框，单击确定按钮。

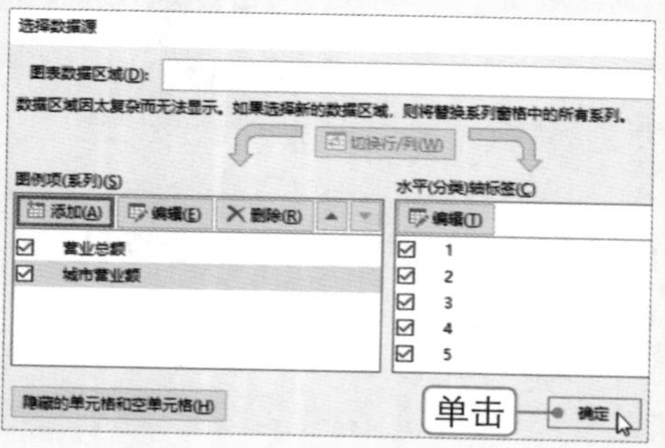


**STEP 7 选择更改系列图表类型(Y)...命令**

❶右击饼图，❷选择更改系列图表类型(Y)...命令。

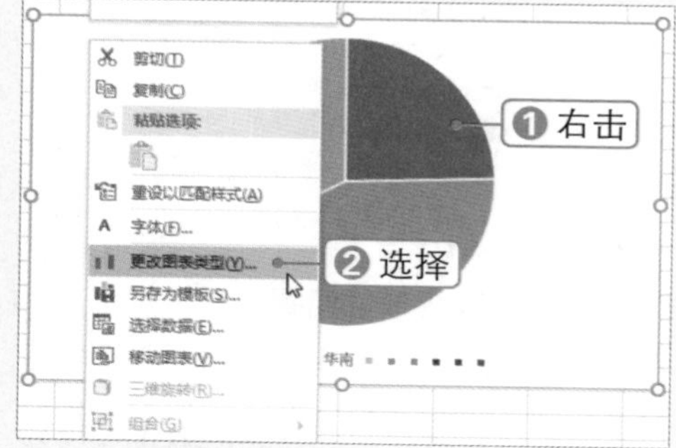


**STEP 8 设置次坐标轴**

❶在左侧选择“组合”选项，❷选中“营业总额”系列右侧的“次坐标轴”复选框，❸单击确定按钮。

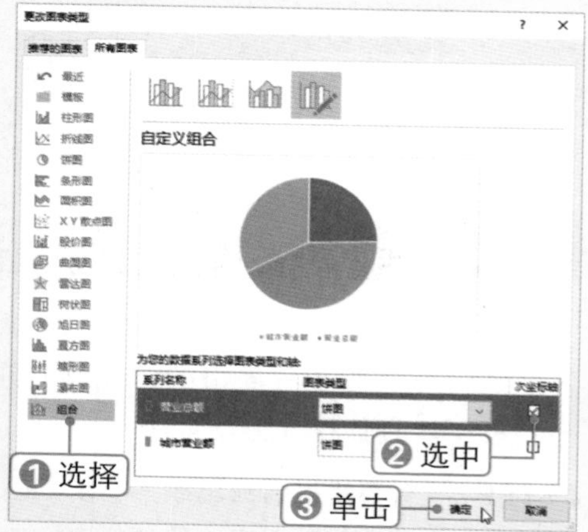


**STEP 9 选择选择数据(E)...命令**

❶右击饼图，❷选择选择数据(E)...命令。

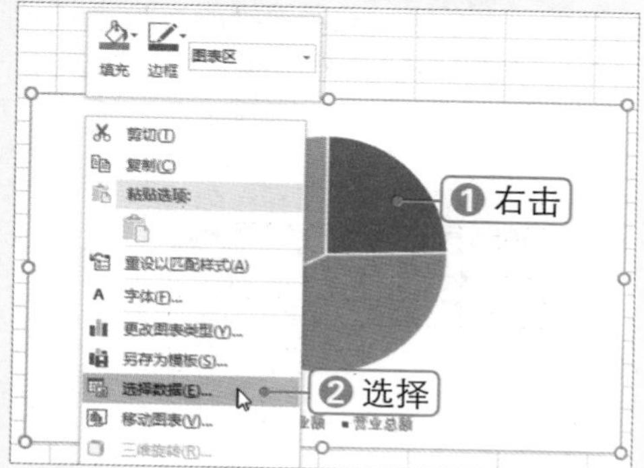

**STEP 10 单击[编辑]按钮**

❶选择"城市营业额"系列，❷在"水平（分类）轴标签"选项区中单击[编辑]按钮。

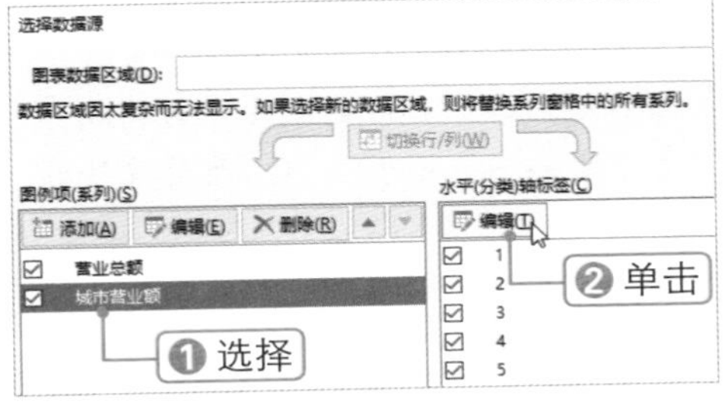


**STEP 11 选择轴标签区域**

弹出"轴标签"对话框，❶选择 C3:C11 单元格区域，❷单击[确定]按钮。

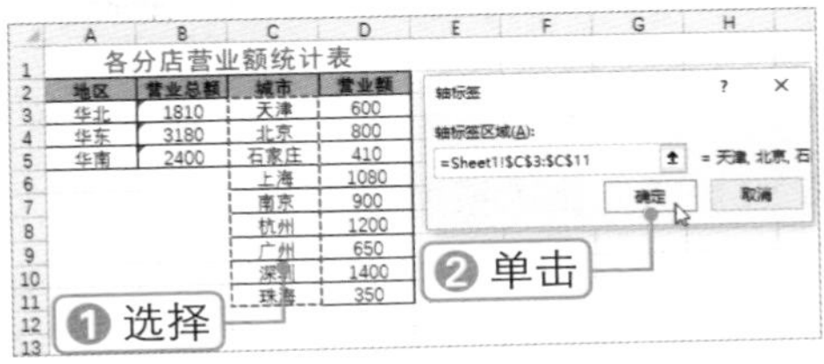


**STEP 12 单击[确定]按钮**

返回"选择数据源"对话框，单击[确定]按钮。

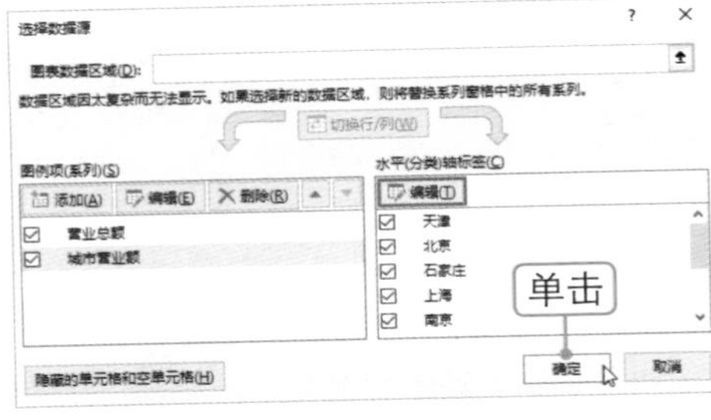


**STEP 13 选择[系列"营业总额"]选项**

打开"设置图表区格式"窗格，在"图表选项"下拉列表中选择[系列"营业总额"]选项。

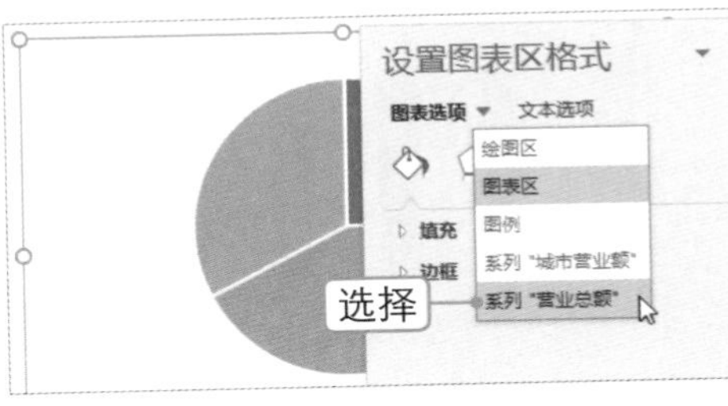


**STEP 14 设置饼图分离**

❶选择"系列选项"选项卡，❷设置"饼图分离"为 50%。

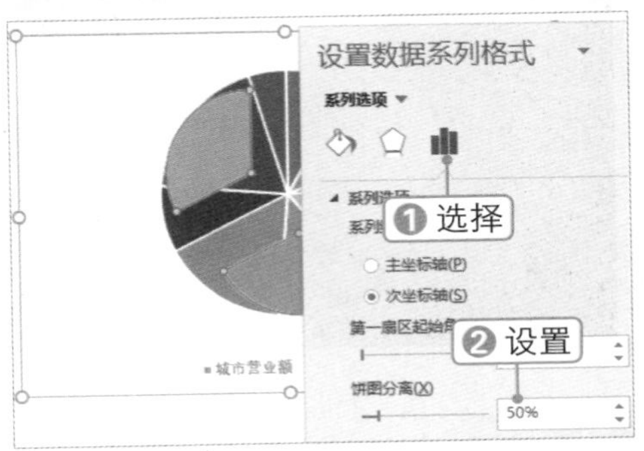


**STEP 15 设置点分离**

❶选择"营业总额"的某一个系列，❷设置"点分离"为 0%。

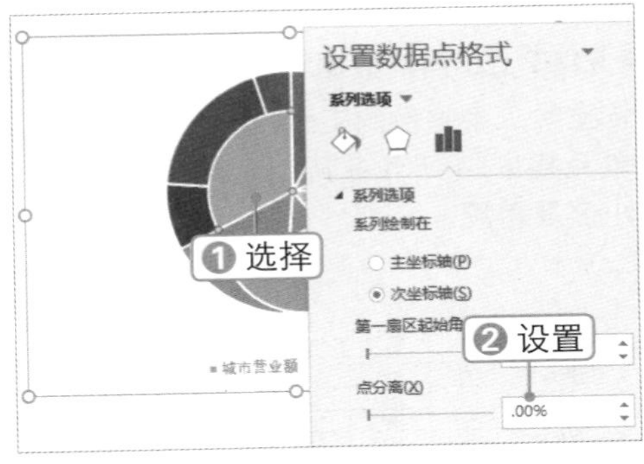


**STEP 16 查看图表效果**

采用同样的方法，设置"营业总额"其他系列的"点分离"为 0%，查看图表效果。

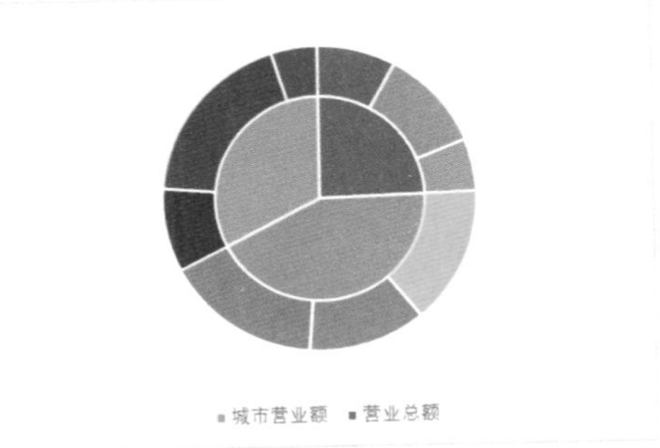

**STEP 17 美化图表**

根据需要对图表进行美化操作，并添加数据标签。

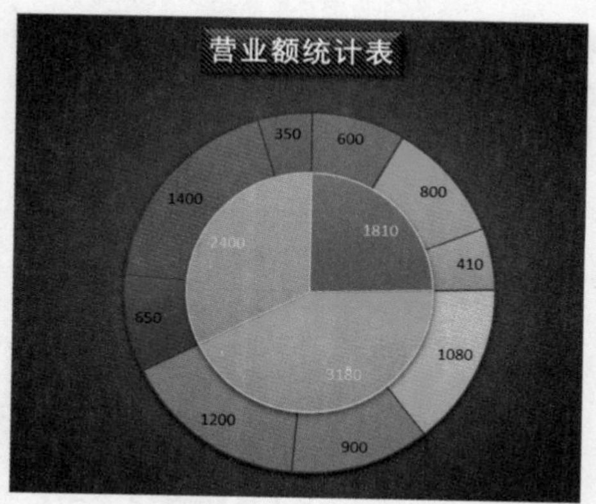


**实操解疑**

**使两个饼图之间产生距离**

在本例制作的图表中设置更改图表类型，将“城市营业额”系列更改为“圆环图”图表类型，然后选择圆环图，打开“设置数据系列格式”窗格，从中增大“圆环图内径大小”。

## 8.1.5 制作企业员工工资分布情况图表

下面依据企业员工各月份的工资统计表创建柱形图，以表现企业员工工资分布情况，具体操作方法如下：

微课：制作企业员工工资分布情况图表

**STEP 1 编辑数据**

依据员工各月份的工资数据，在 A12:G15 单元格区域计算各月工资的最大值、最小值及差额。

B13 =MIN(B3:B10)

| | A | B | C | D | E | F | G |
|---|---|---|---|---|---|---|---|
| 1 | 员工工资统计表 | | | | | | |
| 2 | 姓名 | 1月 | 2月 | 3月 | 4月 | 5月 | 6月 |
| 3 | 卞韵寒 | 3300 | 3800 | 3800 | 4000 | 4000 | 4100 |
| 4 | 冯雪风 | 3900 | 3900 | 3900 | 3900 | 3800 | 3800 |
| 5 | 周靓颖 | 2600 | 2700 | 2700 | 2700 | 2650 | 2950 |
| 6 | 史元甲 | 3000 | 3000 | 2900 | 2900 | 3000 | 3000 |
| 7 | 孟秋华 | 3900 | 3900 | 4000 | 4400 | 4600 | 3600 |
| 8 | 章正业 | 2550 | 2550 | 2700 | 2700 | 2400 | 2450 |
| 9 | 孙紫蓝 | 4300 | 4400 | 4000 | 4000 | 4400 | 4600 |
| 10 | 鹿智勇 | 2600 | 2600 | 2650 | 2700 | 2500 | 2900 |
| 11 | | | | | | | |
| 12 | 工资额 | 1月 | 2月 | 3月 | 4月 | 5月 | 6月 |
| 13 | 最小值 | 2550 | 2550 | 2650 | 2700 | 2400 | 2450 |
| 14 | 最大值 | 4300 | 4400 | 4000 | 4400 | 4600 | 4600 |
| 15 | 差额 | 1750 | 1850 | 1350 | 1700 | 2200 | 2150 |

**STEP 2 创建图表**

为 A12:G15 单元格区域创建堆积柱形图图表。

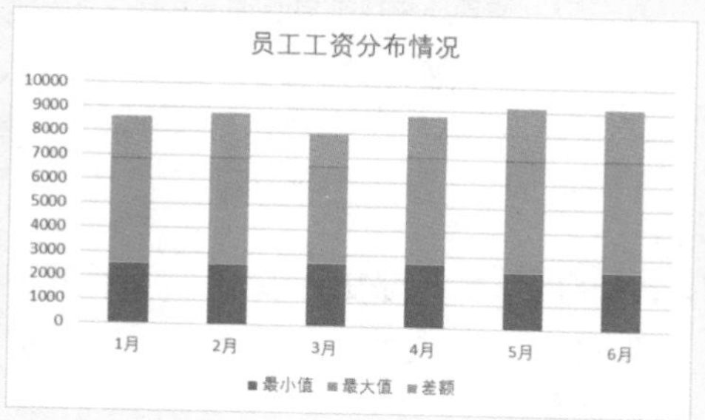


**STEP 3 删除系列**

打开“选择数据源”对话框，❶选择“最大值”系列，❷单击「删除(R)」按钮，❸单击「确定」按钮。

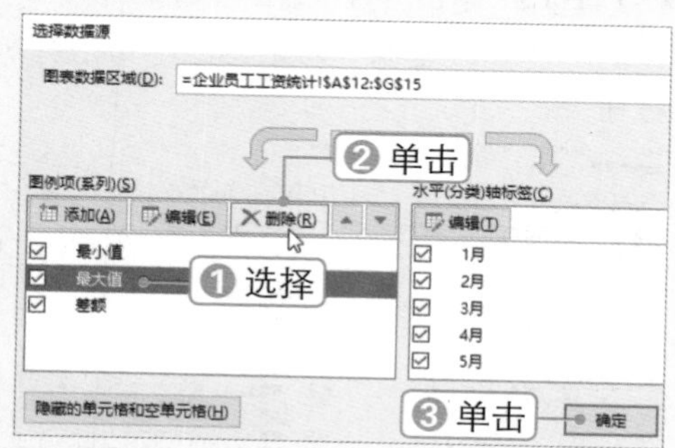


**STEP 4 查看图表效果**

此时即可查看删除“最大值”系列后的图表显示效果。

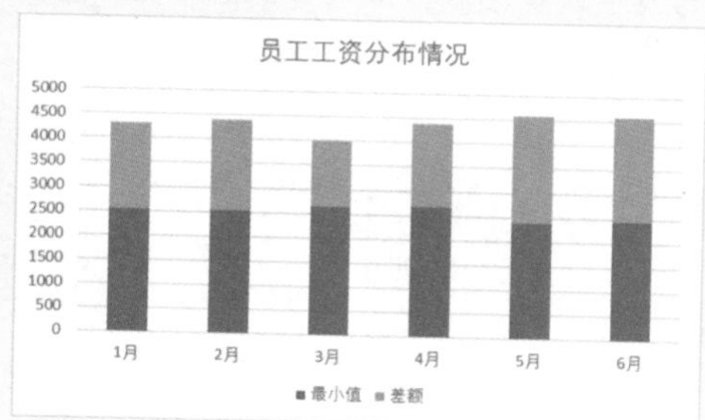

**STEP 5 设置系列无填充**

❶在图表上双击“最小值”系列，打开“设置数据系列格式”窗格，❷选择“填充与线条”选项卡，❸选中“无填充”单选按钮。

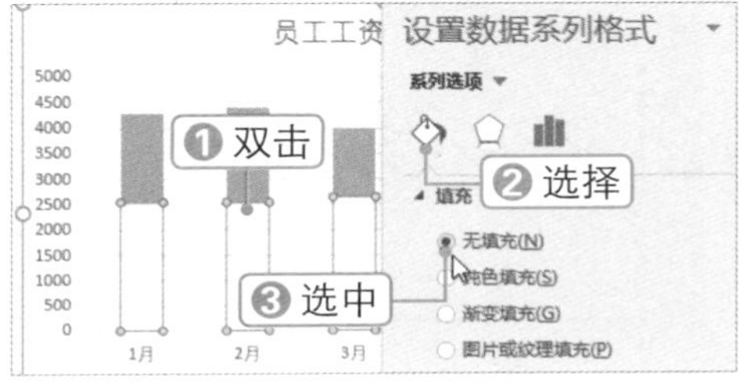


**STEP 6 美化图表**

根据需要对图表进行美化操作，如设置“差额”系列图案填充，删除网格线，设置坐标轴刻度格式等。

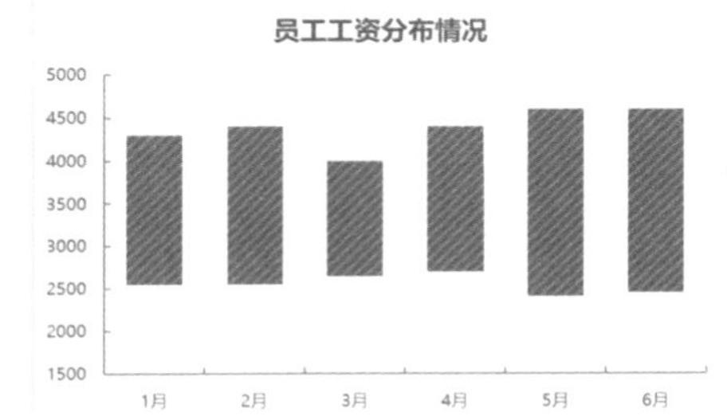


## 8.1.6 制作部门业绩比较图表

微课：制作部门业绩比较图表

下面依据两个销售部门的销售业绩制作堆积面积图，以对两个部门的业绩进行比较，体现部门之间的差值，具体操作方法如下：

**STEP 1 选择单元格区域**

在D列计算部门之间的差值，选择A1:A13单元格区域，然后在按住【Ctrl】键的同时选择C1:E13单元格区域。

| | A | B | C | D | E |
|---|---|---|---|---|---|
| 1 | 月份 | 销售1部 | 销售2部 | 差值 | |
| 2 | 1月 | 183 | 156 | 27 | |
| 3 | 2月 | 210 | 200 | 10 | |
| 4 | 3月 | 240 | 204 | 36 | |
| 5 | 4月 | 230 | 199 | 31 | |
| 6 | 5月 | 244 | 234 | 10 | |
| 7 | 6月 | 280 | 222 | 58 | |
| 8 | 7月 | 268 | 220 | 48 | |
| 9 | 8月 | 222 | 180 | 42 | |
| 10 | 9月 | 190 | 150 | 40 | |
| 11 | 10月 | 180 | 160 | 20 | |
| 12 | 11月 | 220 | 265 | -45 | |
| 13 | 12月 | 245 | 270 | -25 | |
| 14 | | | | | |
| 15 | | | | | |

**STEP 2 创建图表**

为所选数据创建堆积面积图。

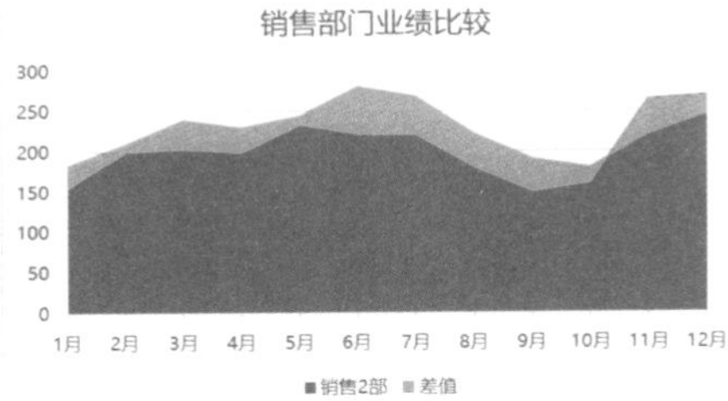


**STEP 3 美化图表**

根据需要美化图表，如设置坐标轴格式，添加垂直线，删除网格线，设置“差值”系列线条格式等。

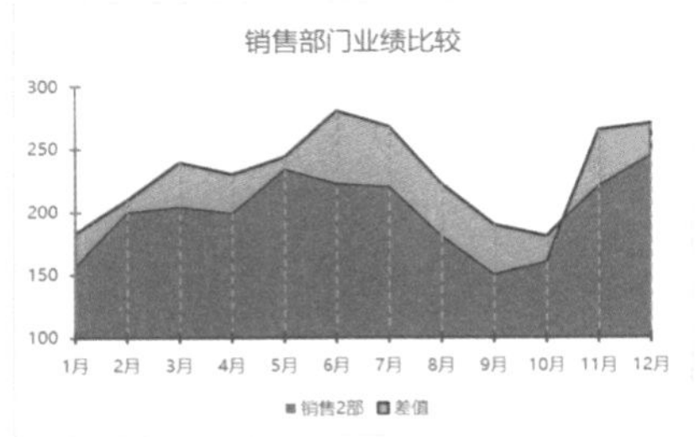


**STEP 4 设置系列格式**

❶在图表中选择“销售2部”系列，❷选择“填充和线条”选项卡，❸选中“无填充”单选按钮。

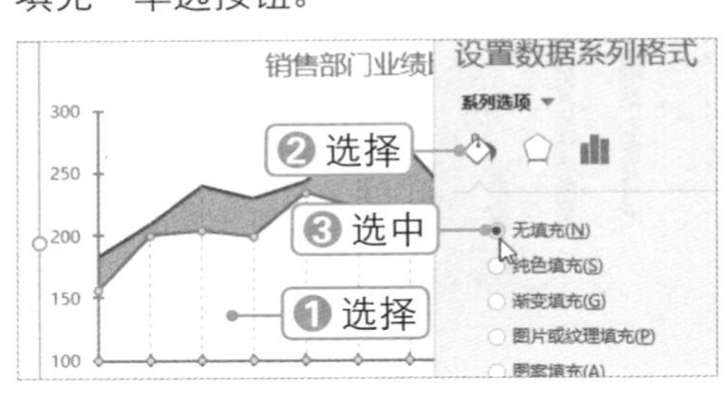

**STEP 5 设置图表元素**

采用同样的方法，设置“差值”系列“无填充”，调整图例的位置，并删除“销售2部”图例。

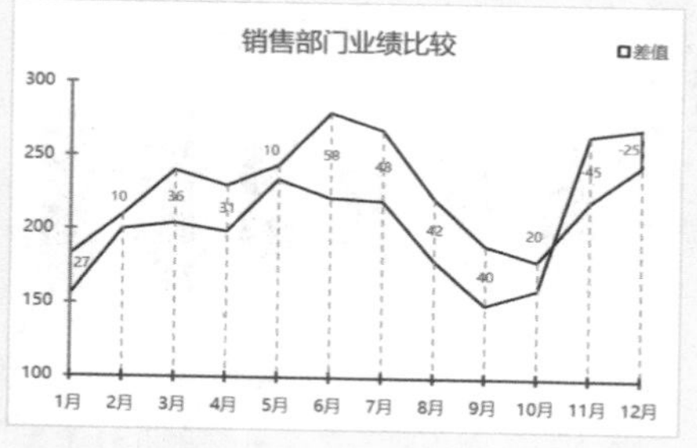


**STEP 6 美化图表**

根据需要对图表进行美化设置，如设置图表区渐变填充，设置数据系列图案填充，设置图表标题渐变填充等。

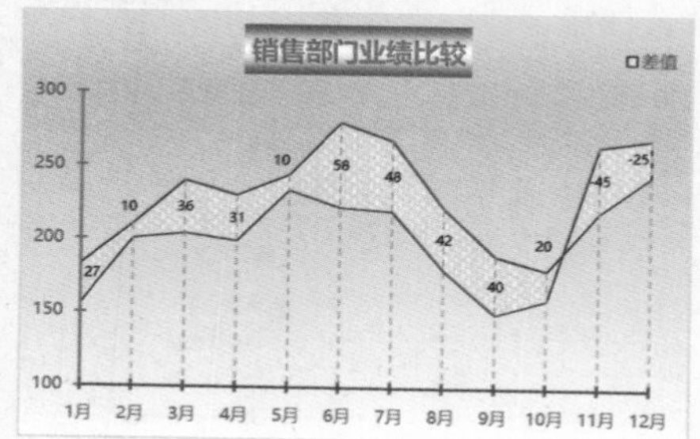


## 8.1.7 制作企业经营状况分析图表

下面依据企业经营情况数据表为其制作分析图表，其中“营业收入”与“利润”数据远大于其他数据，在此对其进行“打断”处理，具体操作方法如下：

微课：制作企业经营状况分析图表

**STEP 1 创建柱形图**

为 A1:I2 单元格区域创建柱形图。

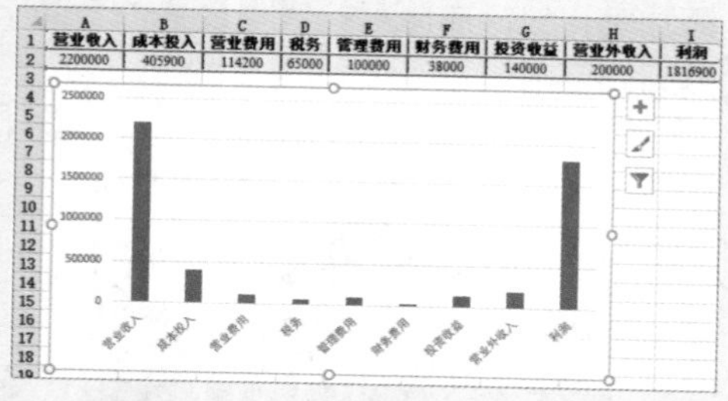

| 营业收入 | 成本投入 | 营业费用 | 税务 | 管理费用 | 财务费用 | 投资收益 | 营业外收入 | 利润 |
|---|---|---|---|---|---|---|---|---|
| 2200000 | 405900 | 114200 | 65000 | 100000 | 38000 | 140000 | 200000 | 1816900 |

**STEP 2 设置坐标轴选项**

❶选择纵坐标轴，❷选择“坐标轴选项”选项卡，❸设置边界最大值为 500000，单位为 100000。

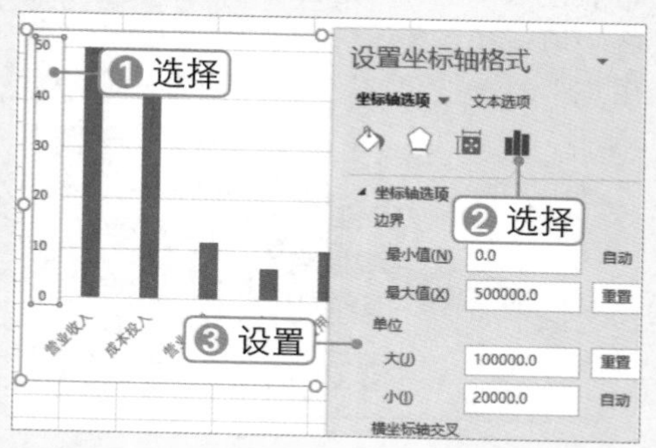


**STEP 3 查看图表效果**

查看此时的图表显示效果。

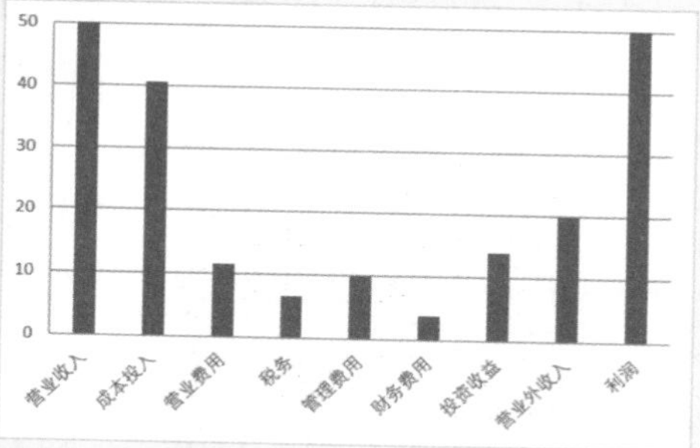


**STEP 4 设置系列格式**

设置系列填充透明度为 10%，分类间距为 110%，查看图表效果。

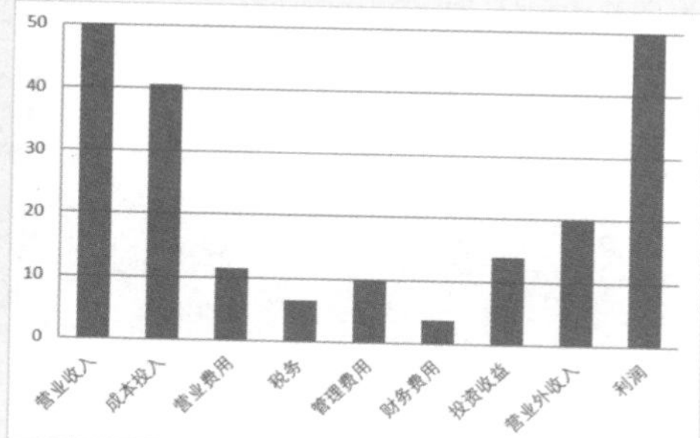

**STEP 5 设置横坐标轴格式**

❶选择横坐标轴，❷选择“大小与属性”选项卡，❸在“文字方向”下拉列表框中选择“竖排”选项，然后为坐标轴设置渐变填充。

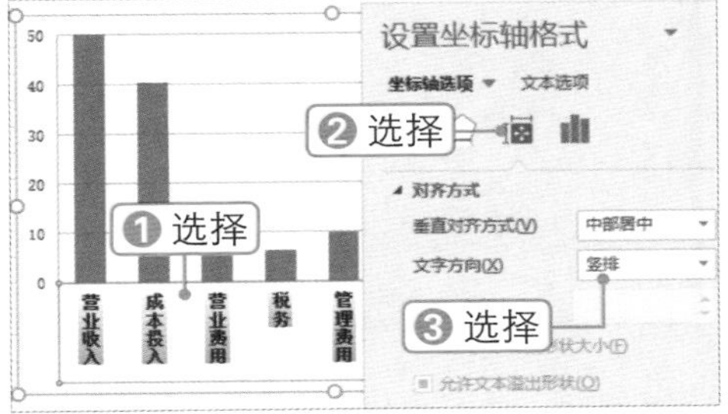


**STEP 6 复制图表**

将图表复制一份，添加图表标题，并删除横坐标轴。

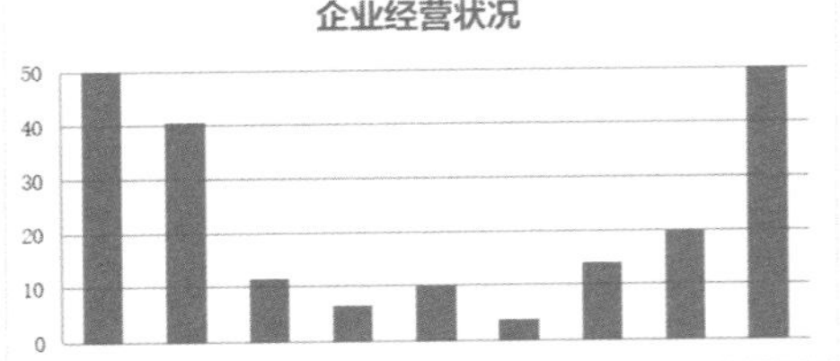


**STEP 7 设置坐标轴选项**

❶选择纵坐标轴，❷选择“坐标轴选项”选项卡，❸设置边界最大值和最小值，并设置单位大小。

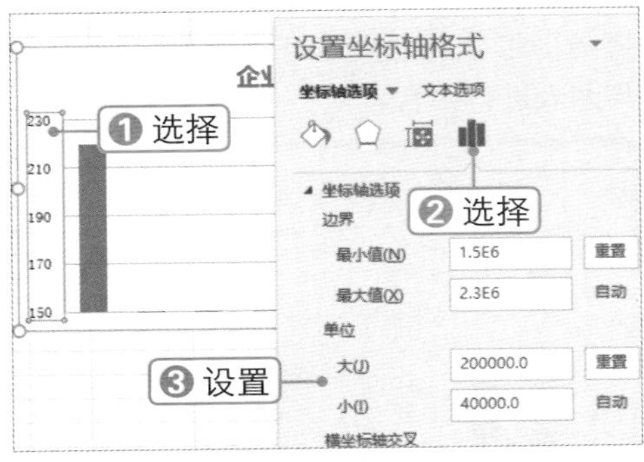


**STEP 8 设置图表无填充和线条**

❶选择图表，❷选择“填充和线条”选项卡，❸设置无填充、无线条。采用同样的方法，设置另一个图表无填充、无线条。

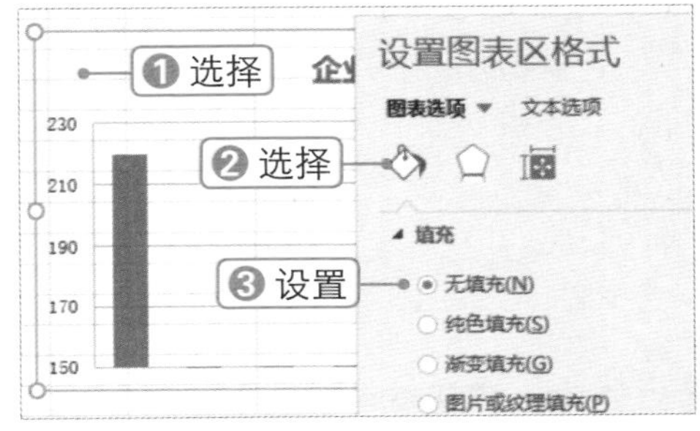


**STEP 9 单击 文件(F)... 按钮**

在工作表中插入圆角矩形形状，打开“设置图片格式”窗格，❶选择“填充和线条”选项卡，❷单击 文件(F)... 按钮。

**STEP 10 插入图片**

弹出“插入图片”对话框，❶选择图片，❷单击 插入(S) 按钮。

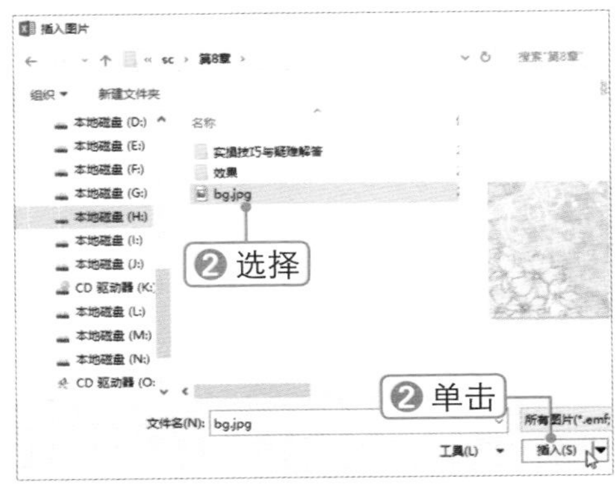


**STEP 11 设置图片矫正**

❶选择“图片”选项卡，❷设置图片矫正选项。

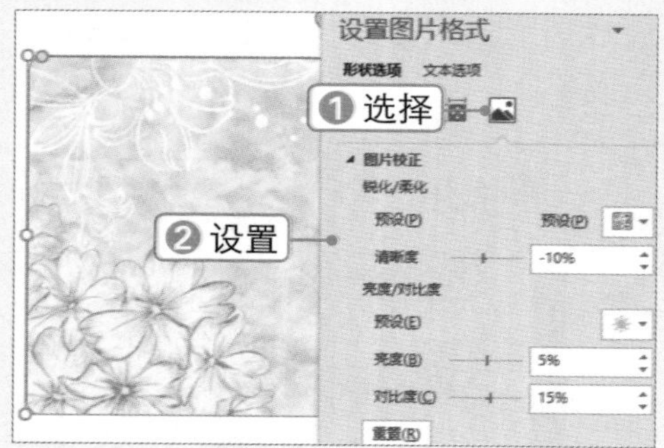


**STEP 12 重新着色图片**

❶在“图片颜色”组中单击“重新着色”下拉按钮，❷选择“蓝色”选项。

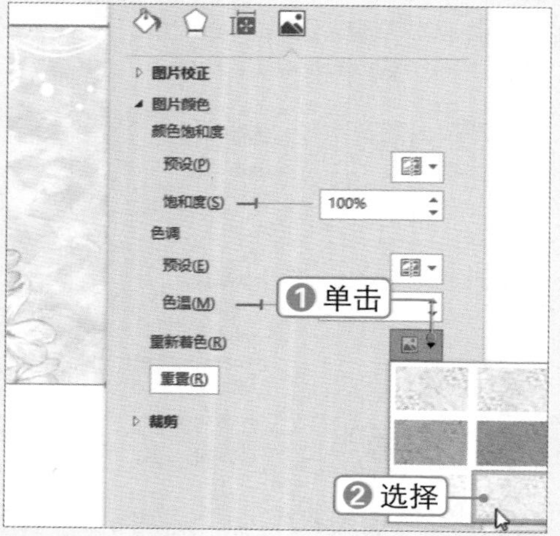


**STEP 13 设置线条样式**

❶选择“填充和线条”选项卡，❷在“线条”组中选中“实线”单选按钮，❸设置线条颜色、宽度和复合类型等样式。

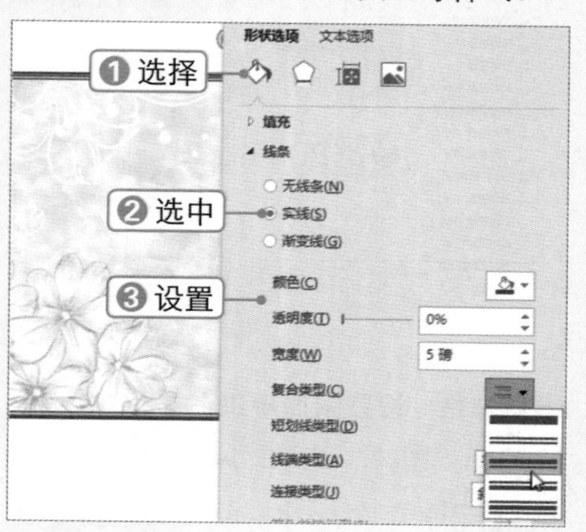


**STEP 14 选择“置于底层(K)”命令**

❶右击形状，❷选择“置于底层(K)”命令。

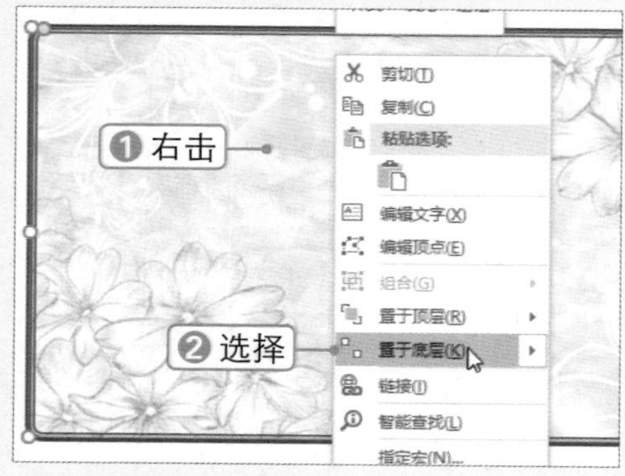


**STEP 15 插入直线**

隐藏工作表网格线，将创建的两个图表进行排列对齐。插入直线形状，并设置虚线样式。将直线置于两个图表的“营业收入”和“利润”系列之间。

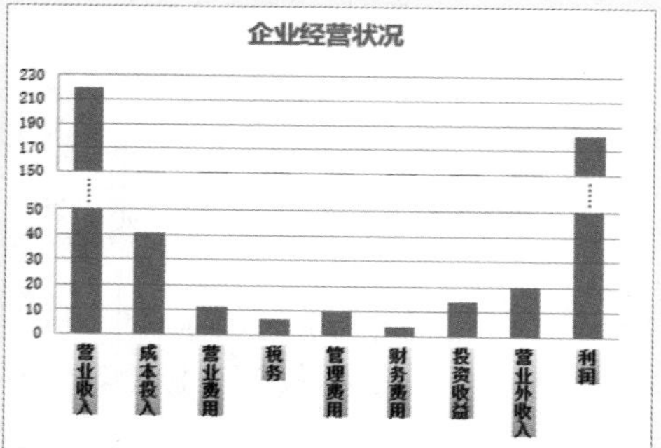


**STEP 16 组合图表与形状**

将矩形形状移至图表下方，然后将形状与图表进行组合。

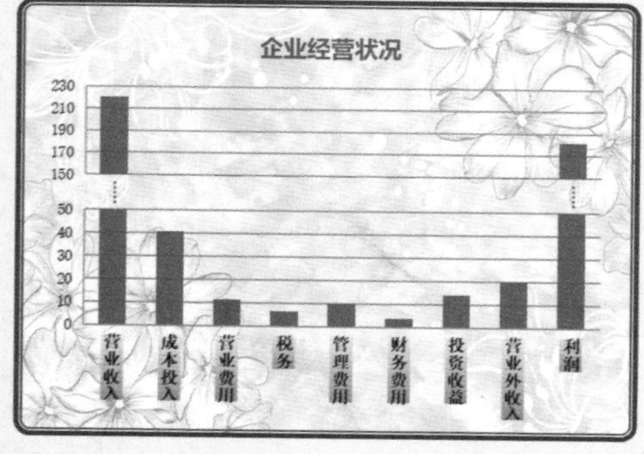

Chapter 08

# 8.2 图表在市场营销管理中的应用

■ 关键词：分类间距、散点图、误差线、参考线、自动标记、组合框、复选框、按钮、宏

无论对商品销售情况进行数据变化趋势分析，还是相关性分析，图表都是最直观的呈现方式，让人一目了然。下面将详细介绍图表在市场营销管理领域中的应用。

## 8.2.1 制作产品到账与未到账统计图表

微课：制作产品到账与未到账统计图表

下面依据各产品销售额到账情况创建堆积柱形图，以统计各产品是否达到预计指标及产品到账情况，具体操作方法如下：

### STEP 1 单击扩展按钮

❶选择 A2:D8 单元格区域，❷单击“图表”组右下角的扩展按钮。

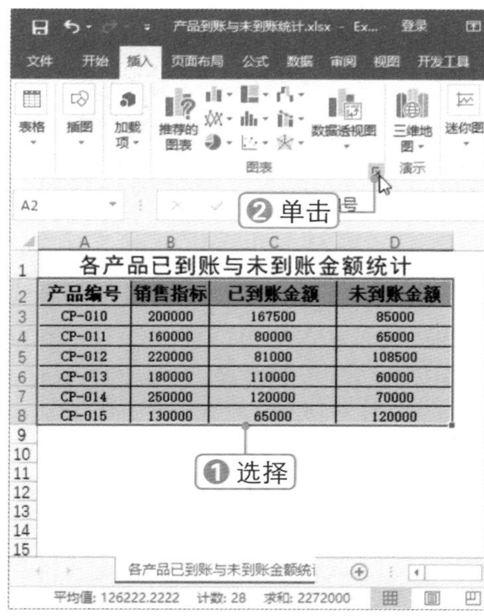


| 产品编号 | 销售指标 | 已到账金额 | 未到账金额 |
|---|---|---|---|
| CP-010 | 200000 | 167500 | 85000 |
| CP-011 | 160000 | 80000 | 65000 |
| CP-012 | 220000 | 81000 | 108500 |
| CP-013 | 180000 | 110000 | 60000 |
| CP-014 | 250000 | 120000 | 70000 |
| CP-015 | 130000 | 65000 | 120000 |

### STEP 2 设置组合图表

弹出“插入图表”对话框，❶在左侧选择“组合”选项，❷设置各系列的图表类型均为“堆积柱形图”，❸在“已到账金额”和“未到账金额”系列右侧选中“次坐标轴”复选框，❹单击 确定 按钮。

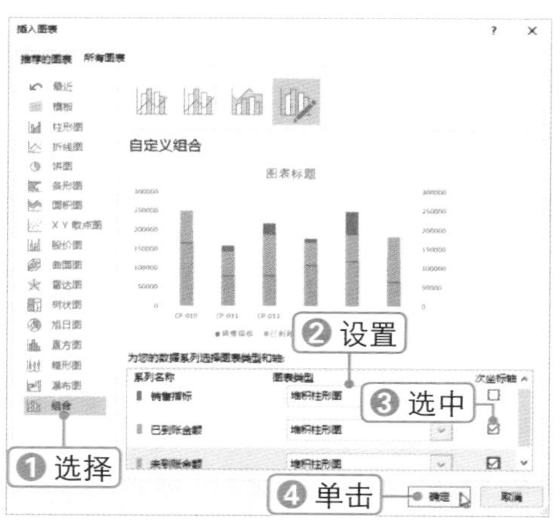


### STEP 3 选择系列“销售指标”选项

打开“设置图表区格式”窗格，在“图表选项”下拉列表中选择 系列“销售指标” 选项。

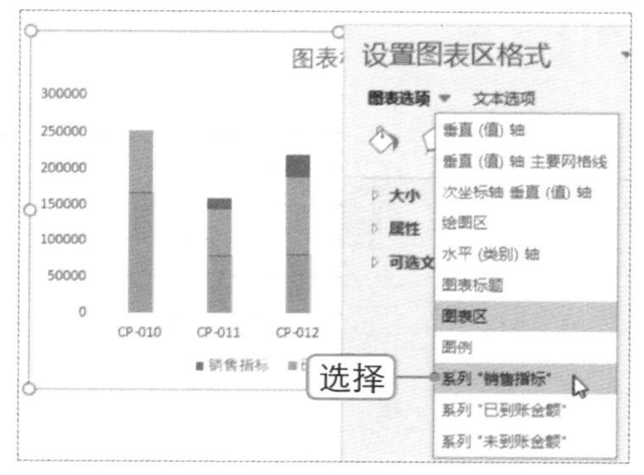

**STEP 4 设置分类间距**

❶选择“系列选项”选项卡📊，❷设置“分类间距”为 60%。

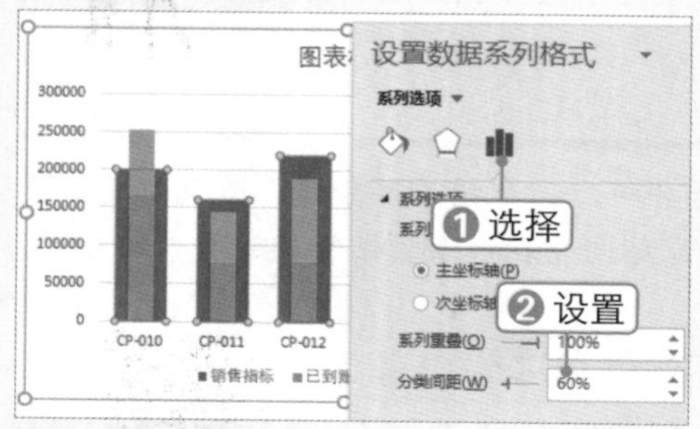

**STEP 5 设置分类间距**

❶在图表中选择“已到账金额”系列，❷设置“分类间距”为 150%。

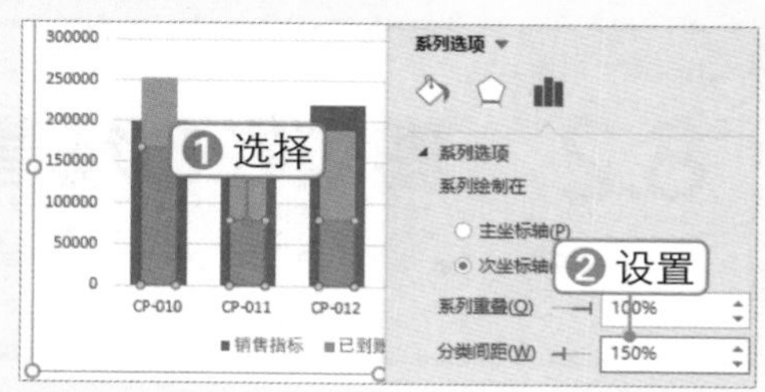

**STEP 6 美化图表**

根据需要美化图表，如为系列添加边框，设置纵坐标轴格式，设置绘图区填充等。

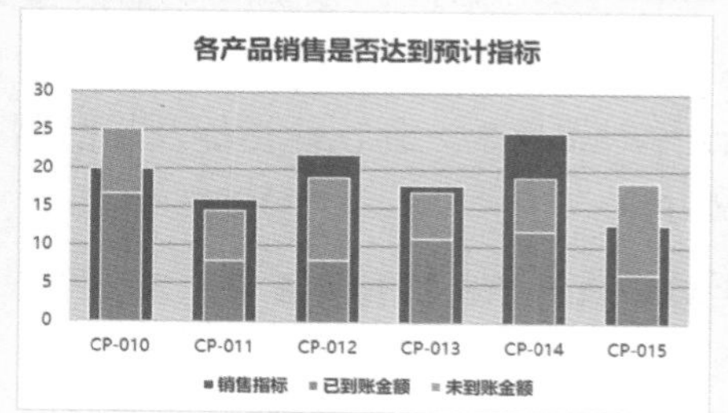

## 8.2.2 制作广告投入与销量相关分析图表

散点图将X值和Y值合并到单一数据点，并按不均匀的间隔或簇来显示它们，以展示数据之间的相关性和分布性。下面通过创建散点图对广告投入与商品销量进行相关性分析，具体操作方法如下：

微课：制作广告投入与销量相关分析图表

**STEP 1 单击“图表”扩展按钮**

编辑“广告投入与销售分析”表格，❶选择 B2:C14 单元格区域，❷在 插入 选项卡下单击“图表”扩展按钮。

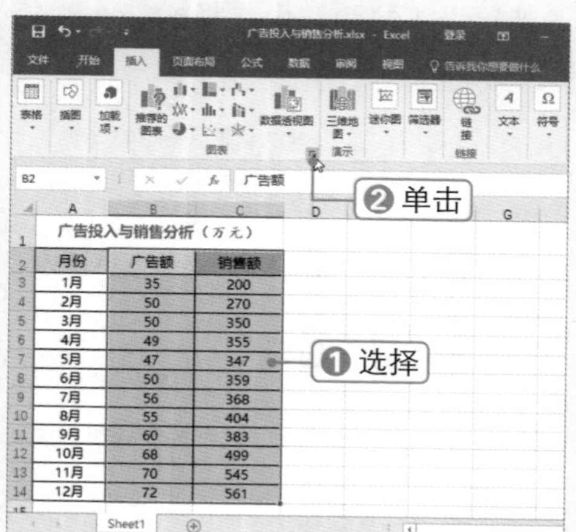

**STEP 2 选择图表类型**

弹出“插入图表”对话框，❶在“推荐的图表”选项卡下选择“散点图”类型，❷单击 确定 按钮。

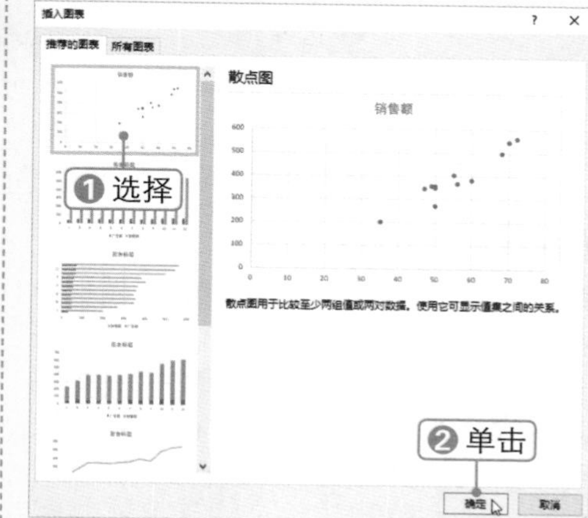

**STEP 3 设置坐标轴边界**

此时即可创建散点图，❶选择横坐标轴，❷选择“坐标轴选项”选项卡，❸设置边界“最小值”为30，“最大值”为75。

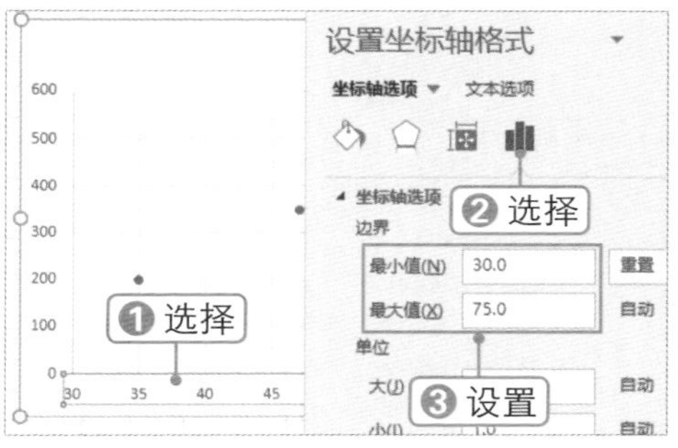


**STEP 4 添加趋势线**

❶单击图表右上方的“图表元素”按钮，❷选择“趋势线”选项。

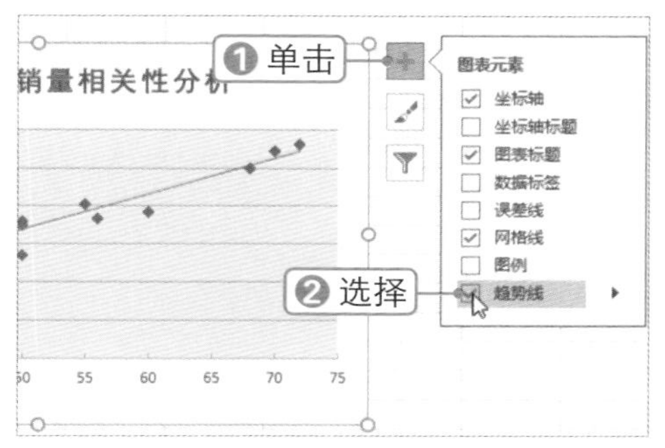


## 8.2.3 制作销售额变化阶梯图表

在散点图中利用误差线可以将其绘制成阶梯样式。下面依据某产品定期的抽查销售额创建阶梯样式的散点图，查看销量变化情况，具体操作方法如下：

微课：制作销售额变化阶梯图表

**STEP 1 选择图表类型**

编辑日期和销售额数据，❶选择A1:S2单元格区域，❷在 插入 选项卡下单击“插入散点图或气泡图”下拉按钮，❸选择“散点图”类型。

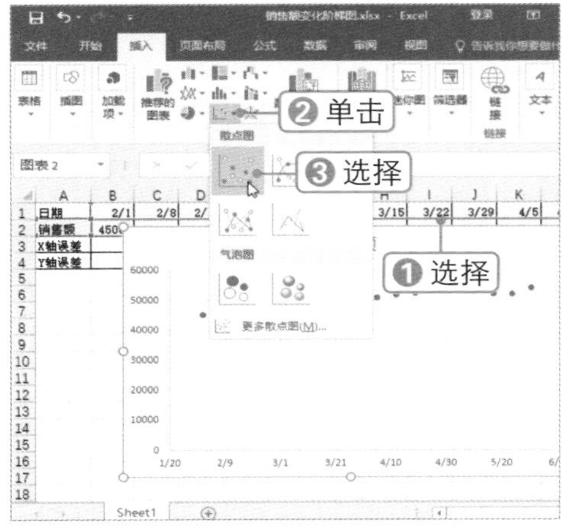


**STEP 2 添加误差线**

此时即可创建散点图，❶单击图表右上方的“图表元素”按钮，❷选择“误差线”|“标准误差”选项。

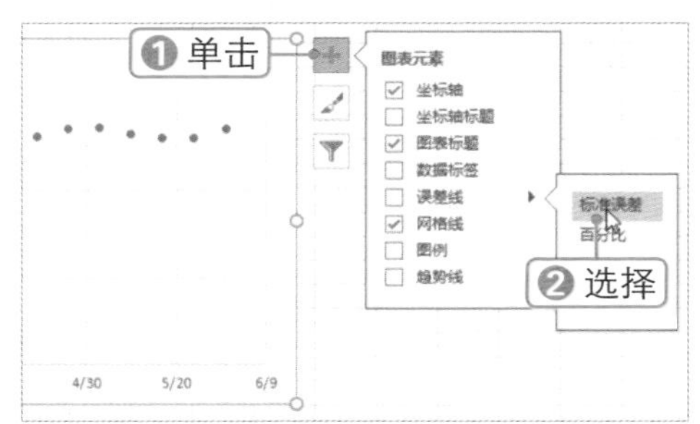


**STEP 3 设置水平误差线**

在格式窗格的图表元素列表中选择X误差线，❶选择“误差线选项”选项卡，❷选中“正偏差”和“无线端”单选按钮。

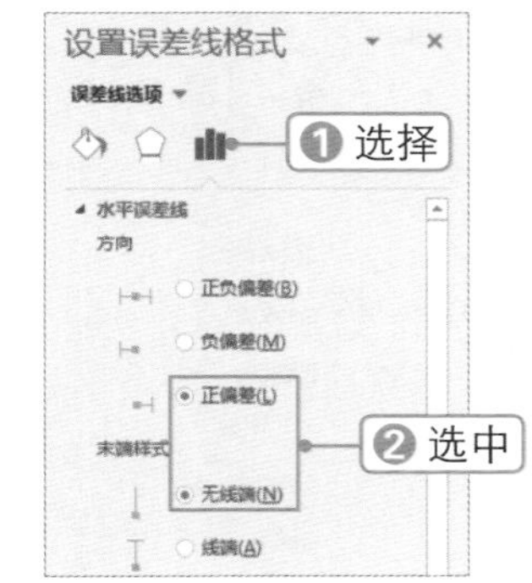

**STEP 4 单击指定值(V)按钮**

❶在“误差量”选项区中选中“自定义”单选按钮，❷单击指定值(V)按钮。

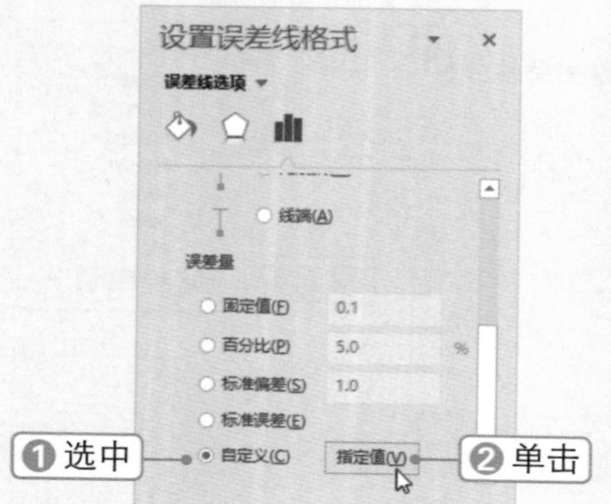


**STEP 5 设置正错误值**

弹出“自定义错误栏”对话框，❶设置正错误值，❷单击确定按钮。

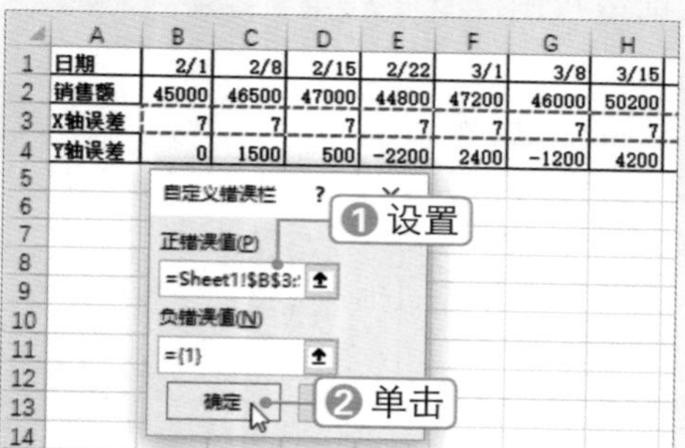


**STEP 6 设置垂直误差线**

在格式窗格的图表元素列表中选择 Y 误差线，❶选择“误差线选项”选项卡，❷选中“负偏差”和“无线端”单选按钮。

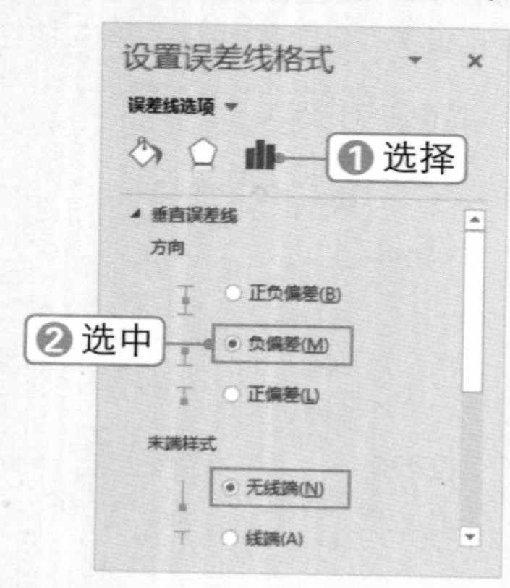


**STEP 7 单击指定值(V)按钮**

❶在“误差量”选项区中选中“自定义”单选按钮，❷单击指定值(V)按钮。

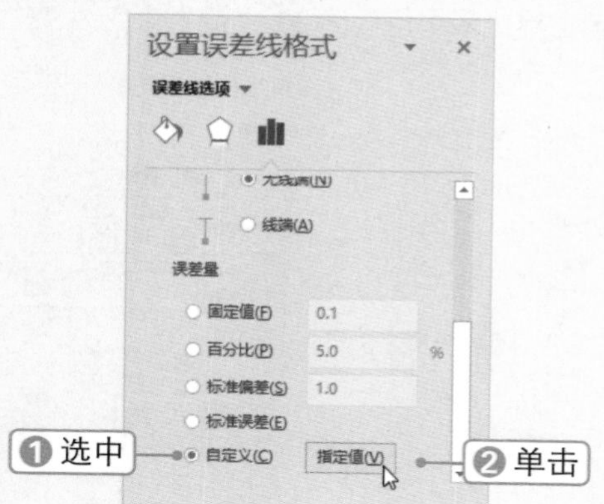


**STEP 8 设置负错误值**

弹出“自定义错误栏”对话框，❶设置负错误值，❷单击确定按钮。

**STEP 9 设置坐标轴格式**

❶选择纵坐标轴，❷选择“坐标轴选项”选项卡，❸设置坐标轴边界值。

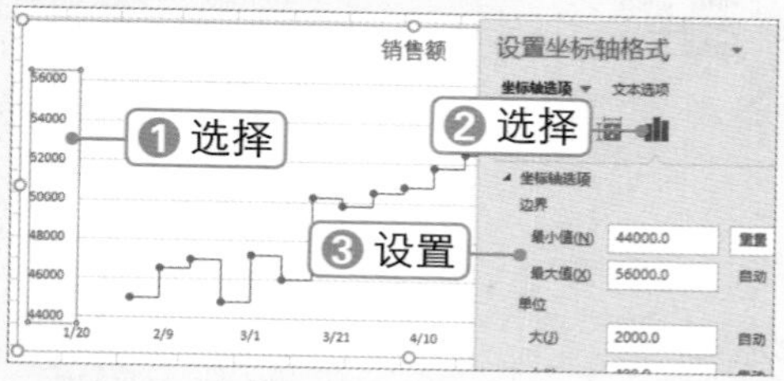


**STEP 10 美化图表**

对图表进行美化设置，如更改散点大小，设置误差线线条粗细等。

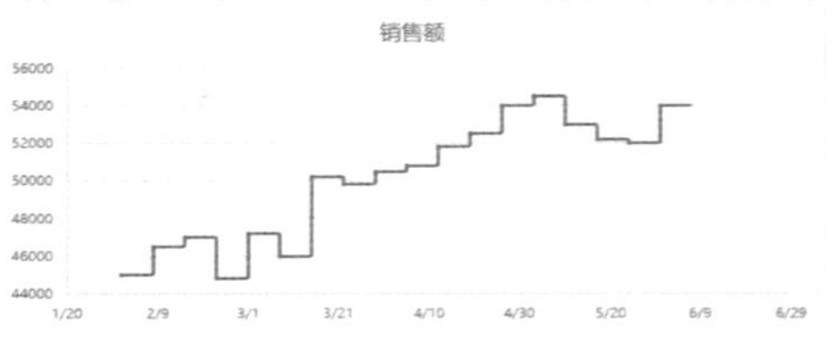


**秒杀技巧　添加趋势线**

选择图表，单击“添加图表元素”按钮，选择“趋势线”|“其他趋势线选项”命令，在打开的窗格中选择趋势线类型，并设置“前推”或“后推”趋势预测。

## 8.2.4 制作产品滞销与畅销分析图表

微课：制作产品滞销与畅销分析图表

下面根据产品的平均销量报表创建折线图，并为折线图添加“滞销”与“畅销”参考线，分析产品销量情况，具体操作方法如下：

### STEP 1 制作销售状态分析表

根据商品销售统计表，使用函数制作销售状态分析表。

**畅销与滞销产品分析**

商品销量统计表

| 月份 | 商品名称 | 销售量 |
|---|---|---|
| 2018年1月 | 产品1 | 190 |
| 2018年1月 | 产品2 | 212 |
| 2018年1月 | 产品3 | 238 |
| 2018年1月 | 产品4 | 482 |
| 2018年1月 | 产品5 | 79 |
| 2018年1月 | 产品6 | 891 |
| 2018年1月 | 产品7 | 522 |
| 2018年2月 | 产品1 | 237 |
| 2018年2月 | 产品2 | 522 |
| 2018年2月 | 产品3 | 782 |
| 2018年2月 | 产品4 | 1162 |
| 2018年2月 | 产品5 | 147 |
| 2018年2月 | 产品6 | 782 |
| 2018年2月 | 产品7 | 570 |
| 2018年3月 | 产品1 | 247 |

销售状态分析表

| 商品名称 | 月平均销量 | 滞销 | 畅销 | 销售状态 |
|---|---|---|---|---|
| 产品1 | 271 | 200 | 800 | 滞销 |
| 产品2 | 487 | 200 | 800 | 一般 |
| 产品3 | 556 | 200 | 800 | 一般 |
| 产品4 | 1338 | 200 | 800 | 畅销 |
| 产品5 | 126 | 200 | 800 | 滞销 |
| 产品6 | 977 | 200 | 800 | 畅销 |
| 产品7 | 611 | 200 | 800 | 一般 |

### STEP 2 设置组合图表

为 E3:H10 单元格区域创建图表，❶在左侧选择“组合”选项，❷设置“月平均销量”系列的图表类型为“带数据标记的折线图”，“滞销”和“畅销”系列的图表类型为“折线图”，❸单击 确定 按钮。

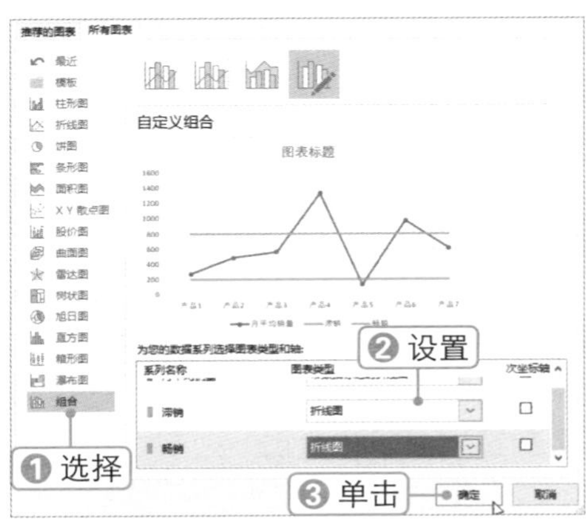


### STEP 3 查看图表效果

此时即可创建组合图表，可以看到在图表中生成“滞销”和“畅销”两条参考线。

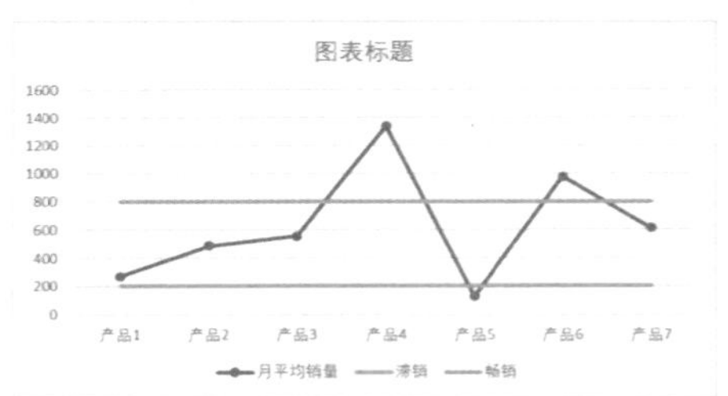


### STEP 4 美化图表

根据需要对图表进行格式设置，如为折线图添加高低点连线，设置折线为平滑线等。

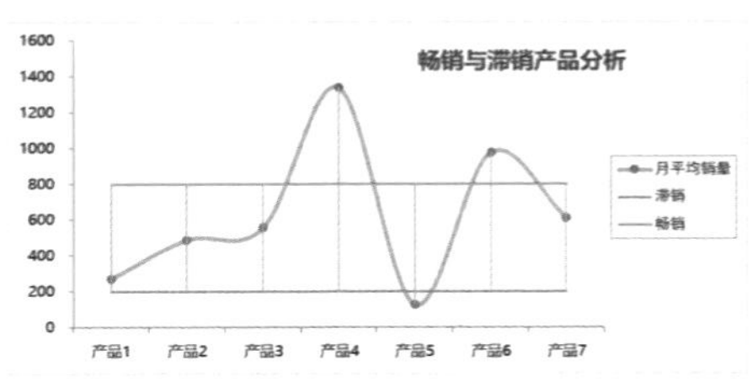


**实操解疑**

**为图表添加辅助系列**

图表辅助系列就是在现有数据的基础上根据需要自定义的一组数据。错行、空行、辅助占位列（如甘特图、员工工资分布图）、参考线均属于辅助系列。

## 8.2.5 自动标记最大销量和最小销量

微课：自动标记最大销量和最小销量

下面依据某商品每月的销量数据创建一个折线图，显示该商品全年的销售趋势，并在图表中自动标识出最大与最小销量，具体操作方法如下：

### STEP 1 编辑数据表

在工作表中编辑销量表，在 C 列和 D 列使用公式计算销量的最大值和最小值，如最大值公式为“=IF(B2=MAX($B$2:$B$13),B2,NA())”。

C2 =IF(B2=MAX($B$2:$B$13),B2,NA())

| | A | B | C | D |
|---|---|---|---|---|
| 1 | | 销售量 | 最大值 | 最小值 |
| 2 | 1月 | 3256 | #N/A | #N/A |
| 3 | 2月 | 3264 | #N/A | #N/A |
| 4 | 3月 | 1460 | #N/A | #N/A |
| 5 | 4月 | 1624 | #N/A | #N/A |
| 6 | 5月 | 3277 | 3277 | #N/A |
| 7 | 6月 | 3066 | #N/A | #N/A |
| 8 | 7月 | 2856 | #N/A | #N/A |
| 9 | 8月 | 3212 | #N/A | #N/A |
| 10 | 9月 | 1218 | #N/A | 1218 |
| 11 | 10月 | 2673 | #N/A | #N/A |
| 12 | 11月 | 2668 | #N/A | #N/A |
| 13 | 12月 | 2190 | #N/A | #N/A |

### STEP 2 单击“图表”扩展按钮

❶选择 A1:D13 单元格区域，❷在插入选项卡下单击“图表”扩展按钮。

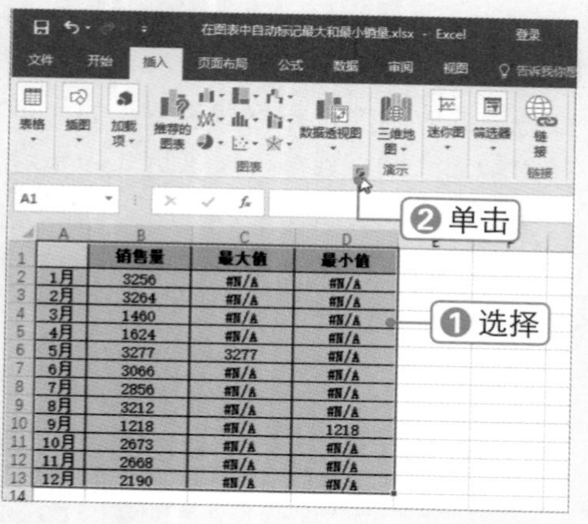


### STEP 3 设置组合图表

弹出“插入图表”对话框，❶在左侧选择“组合”选项，❷在右侧设置各系列的图表类型，❸单击确定按钮。

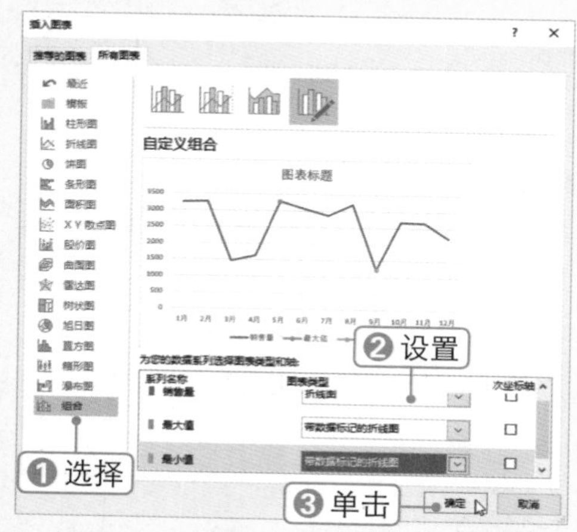


### STEP 4 美化图表

对创建的图表进行美化设置，如设置折线图标记格式，设置折线为平滑线，设置坐标轴格式，添加数据标记等。

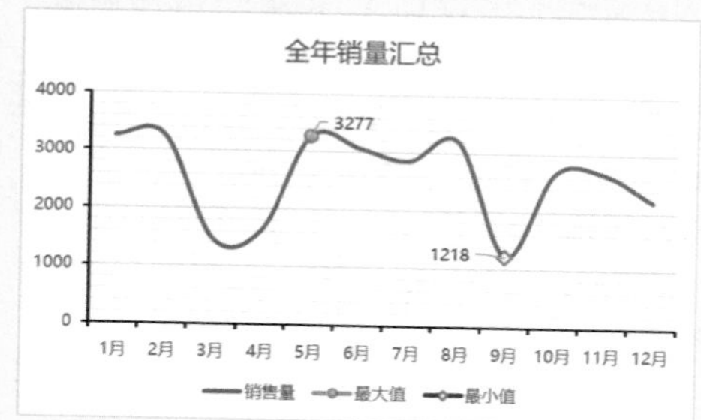


## 8.2.6 为图表添加控件菜单

微课：为图表添加控件菜单

为了更灵活、更生动地展现图表数据，可以使用函数和控件制作出各种动态图表。下面使用INDEX函数与组合框控件为饼图创建下拉菜单，使用户可以从中选择多种类别展示相应商品的总利润，具体操作方法如下：

**STEP 1 编辑数据表**

编辑利润统计表，在B10单元格中输入公式“=INDEX(B3:B7,$A$10)”，并向右复制公式。

B10　=INDEX(B3:B7,$A$10)

| | A | B | C | D | E |
|---|---|---|---|---|---|
| 1 | 建华大厦全年利润统计 | | | | |
| 2 | 类别 | 1季度 | 2季度 | 3季度 | 4季度 |
| 3 | 化妆品 | 56.3 | 42.5 | 24.1 | 88.4 |
| 4 | 日用品 | 103.4 | 88.9 | 86.9 | 112 |
| 5 | 服饰类 | 24.8 | 88.4 | 107.9 | 144.2 |
| 6 | 食品类 | 65.2 | 132.4 | 147.8 | 96.3 |
| 7 | 合计 | 249.7 | 352.2 | 366.7 | 440.9 |
| 8 | | | | | |
| 9 | | 1季度 | 2季度 | 3季度 | 4季度 |
| 10 | 1 | 56.3 | 42.5 | 24.1 | 88.4 |
| 11 | | | | | |

**STEP 2 创建饼图**

为B9:E10单元格区域创建饼图，并设置饼图格式。

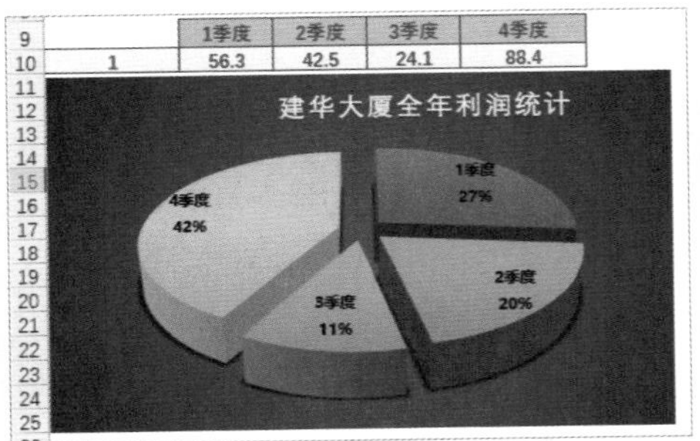


**STEP 3 选择控件**

❶在 开发工具 选项卡下单击“插入”下拉按钮，❷选择“组合框”控件。

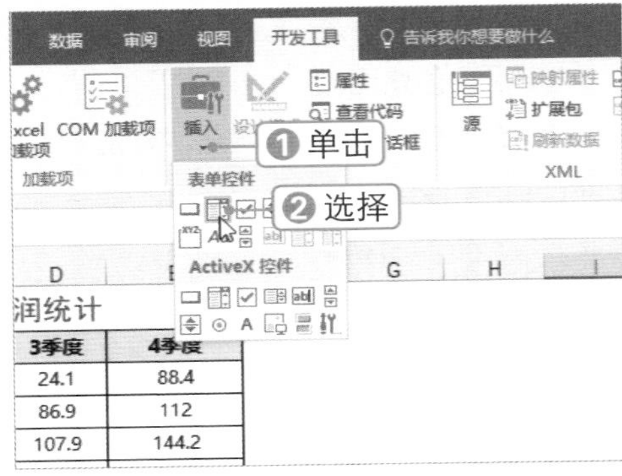


**STEP 4 单击 属性 按钮**

在工作表中拖动鼠标，即可创建控件。❶右击控件将其选中，❷在 开发工具 选项卡下单击 属性 按钮。

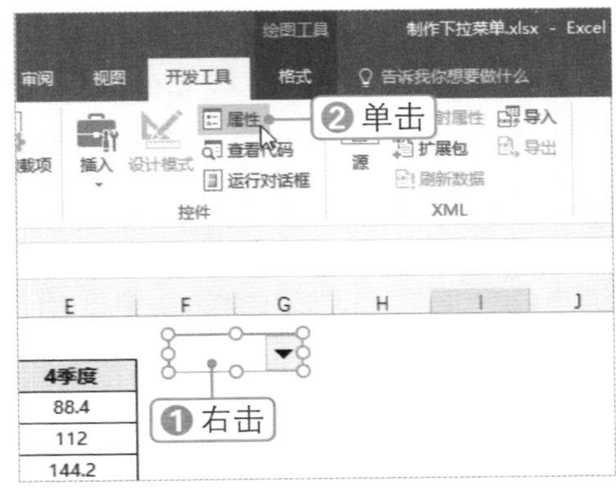


**STEP 5 设置控件属性**

弹出“设置对象格式”对话框，❶选择“控制”选项卡，❷设置相关参数，❸单击 确定 按钮。

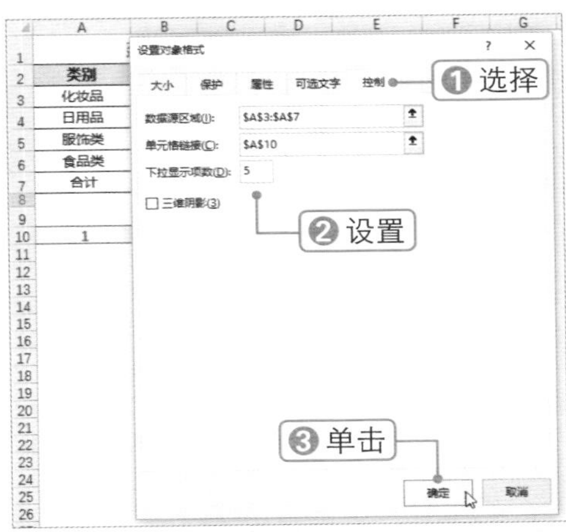


**STEP 6 查看动态显示效果**

将控件移到图表上，并将其与图表进行组合。在“控件”下拉列表中选择所需的选项，即可在图表中进行动态显示。

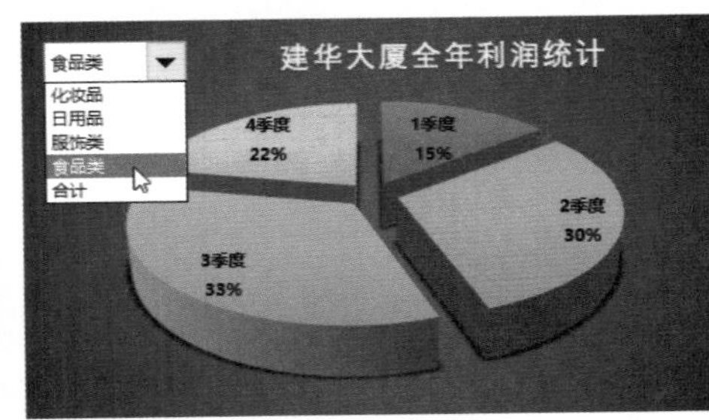

## 8.2.7 使用复选框控件显示或隐藏图表系列

下面为2017年和2018年的销售数据创建组合图表，并插入复选框控件来控制是否显示2017年的数据系列，具体操作方法如下：

微课：使用复选框控件显示或隐藏图表系列

### STEP 1 粘贴链接

❶选择 A1:C13 单元格区域，按【Ctrl+C】组合键复制数据。❷选择 E1 单元格，❸单击“粘贴”下拉按钮，❹选择“粘贴链接”选项。

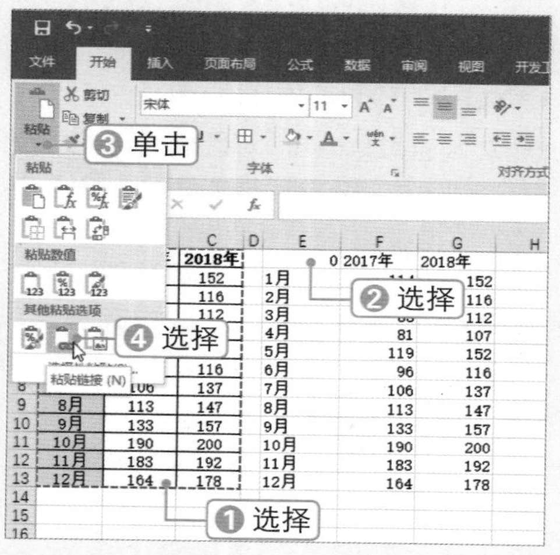


### STEP 2 粘贴格式

❶再次单击“粘贴”下拉按钮，❷选择“格式”选项，然后按【Esc】键取消复制状态。

①单击
②选择
格式 (R)

### STEP 3 输入逻辑值

在 I1 单元格中输入文本，在 I2 单元格中输入逻辑值 TRUE。

显示2017年
TRUE
输入

### STEP 4 修改公式

❶选择 F2 单元格，❷在编辑栏中修改公式为“=IF(I$2=TRUE,B2,NA())”，然后向下填充公式。

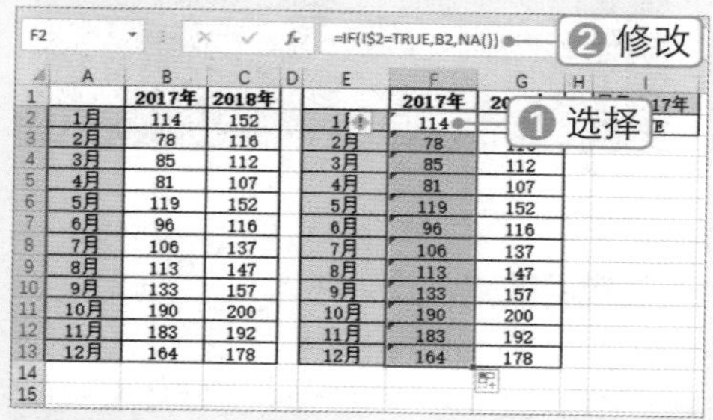


### STEP 5 创建图表

为 E1:G13 单元格区域创建簇状柱形图。

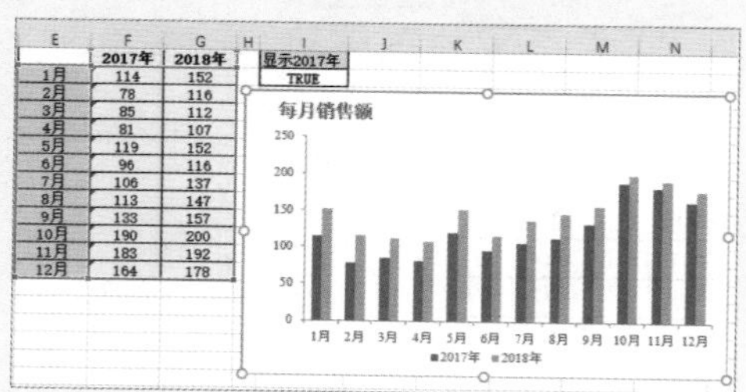

**STEP 6 选择 更改系列图表类型(Y)... 命令**

❶在图表中右击“2017 年”系列，❷选择 更改系列图表类型(Y)... 命令。

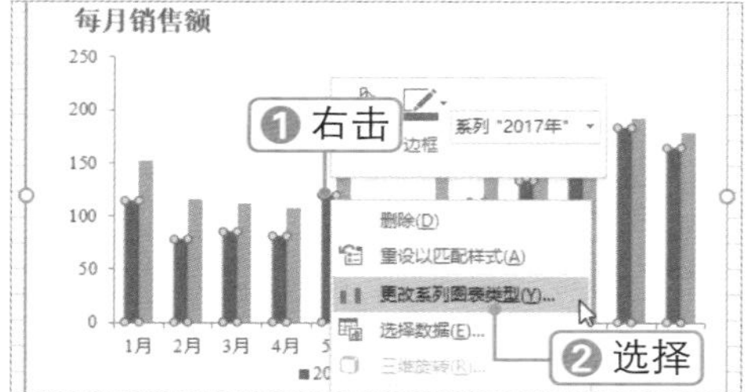


**STEP 7 设置组合图表**

❶在左侧选择“组合”选项，❷设置“2017年”系列的图表类型为“带数据标记的折线图”，❸单击 确定 按钮。

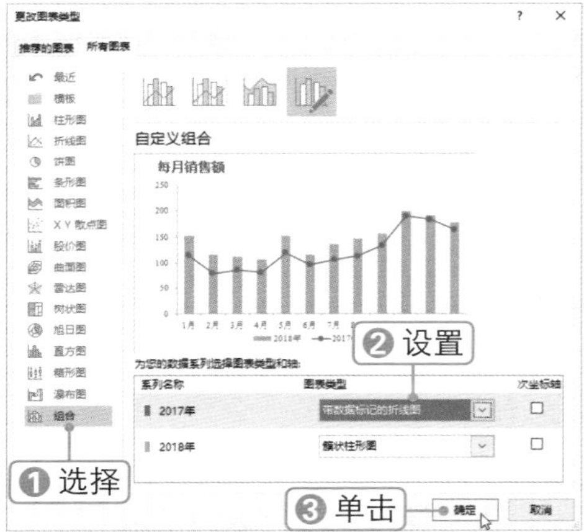


**STEP 8 删除图例**

查看图表效果，删除“2017 年”图例。

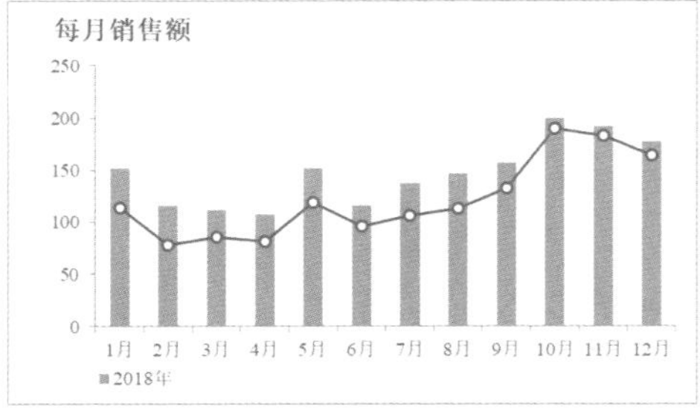


**STEP 9 选择“复选框”控件**

❶在 开发工具 选项卡下单击“插入”下拉按钮，❷选择“复选框”控件☑。

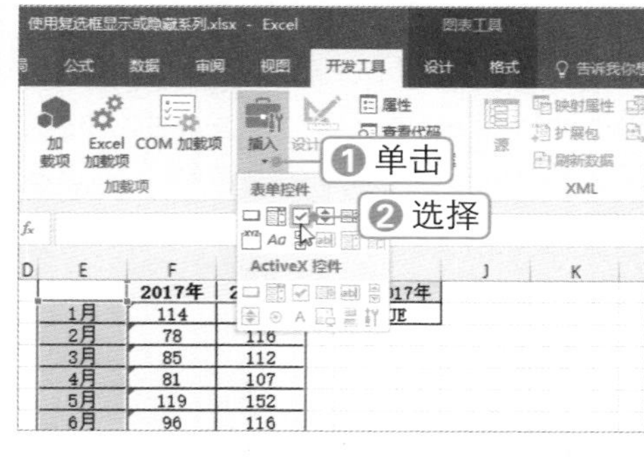


**STEP 10 单击 属性 按钮**

在工作表中拖动鼠标绘制复选框控件，并修改名称。❶选择复选框控件，❷单击 属性 按钮。

**STEP 11 设置控件格式**

弹出对话框❶选择“控制”选项卡，❷选中“已选择”单选按钮，❸设置“单元格链接”为 I2，❹单击 确定 按钮。

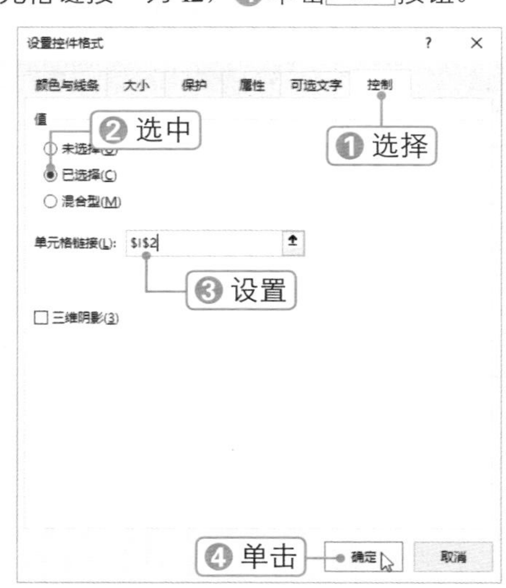

**STEP 12 查看控件效果**

将控件移至图表上，并与图表进行组合。当选中“显示 2017 年”复选框时，将显示折线图；取消选择此复选框，将隐藏折线图。

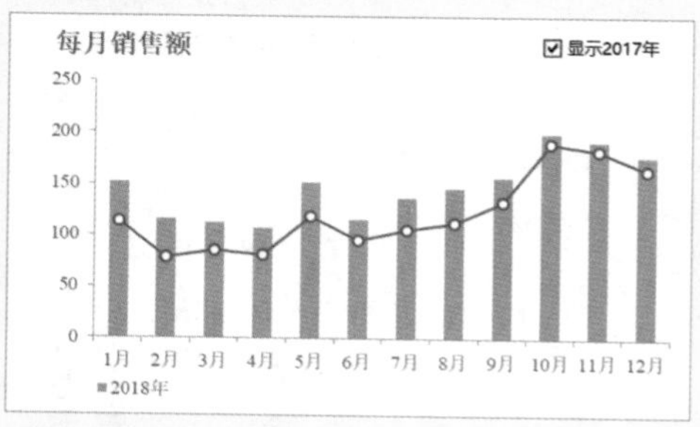


## 8.2.8 使用按钮快速更改图表类型

下面为全年的销量数据创建图表，并利用宏和按钮控件设置通过单击按钮快速更改图表类型，具体操作方法如下：

微课：使用按钮快速更改图表类型

**STEP 1 创建图表**

为 A1:B13 单元格区域创建柱形图，并为“1 月”和“12”月数据系列添加数据标签。

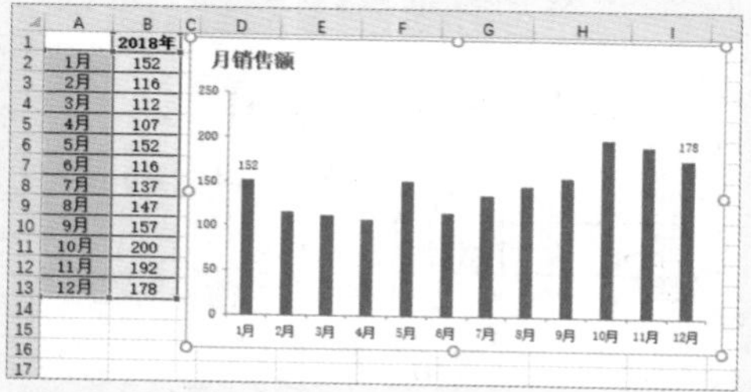


**STEP 2 单击 录制宏 按钮**

❶选择图表，❷在 开发工具 选项卡下单击 录制宏 按钮。

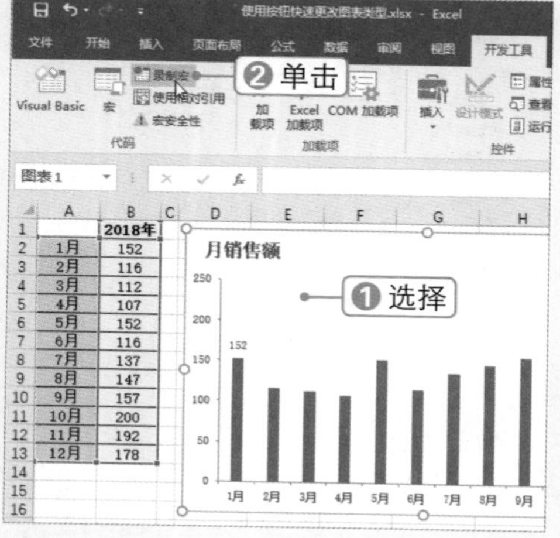


**STEP 3 设置宏名**

弹出“录制宏”对话框，❶输入宏名“折线图”，❷单击 确定 按钮。

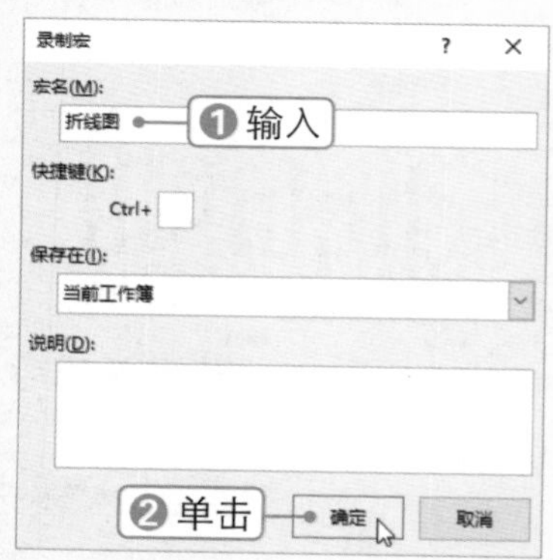


**STEP 4 选择 更改图表类型(Y)... 命令**

开始录制宏，Excel 程序开始记录用户的操作。❶在此右击图表，❷选择 更改图表类型(Y)... 命令。

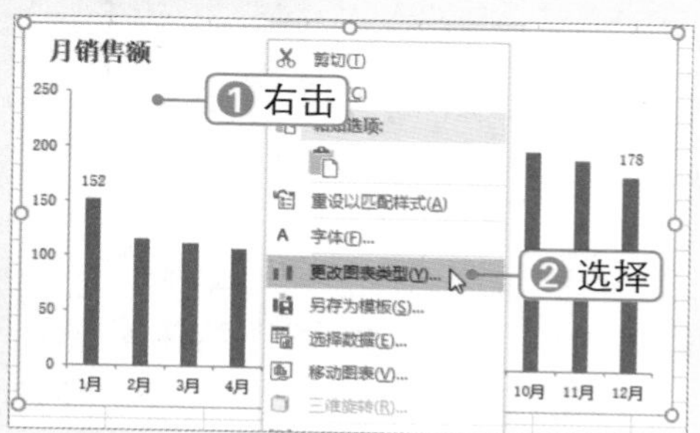

## STEP 5 选择图表类型

弹出“更改图表类型”对话框，❶选择“带数据标记的折线图”类型，❷单击 确定 按钮。

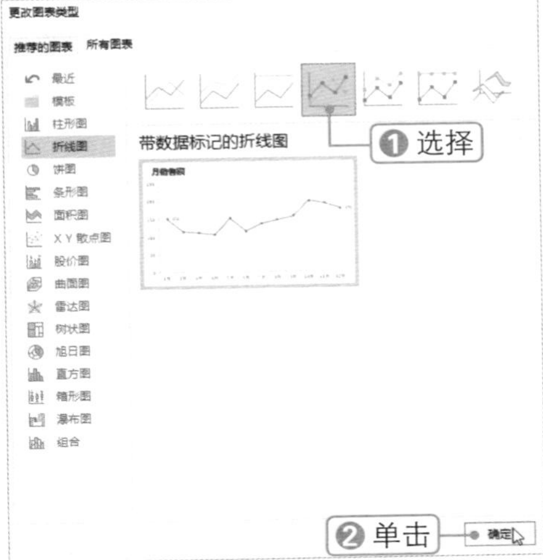


## STEP 6 停止录制

此时即可将图表更改为折线图，单击 停止录制 按钮。

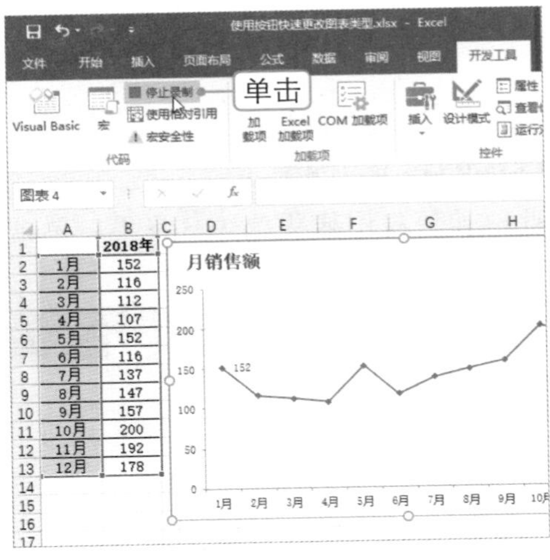


## STEP 7 选择“按钮”控件

按【Ctrl+Z】组合键撤销一步，将图表恢复为柱形图。❶在 开发工具 选项卡下单击“插入”下拉按钮，❷选择“按钮”控件 □。

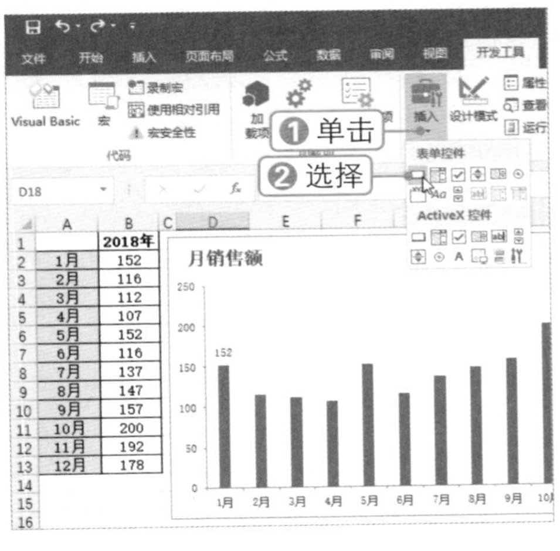


## STEP 8 指定宏

在工作表中拖动鼠标插入按钮，弹出“指定宏”对话框。❶选择“折线图”宏名，❷单击 确定 按钮。

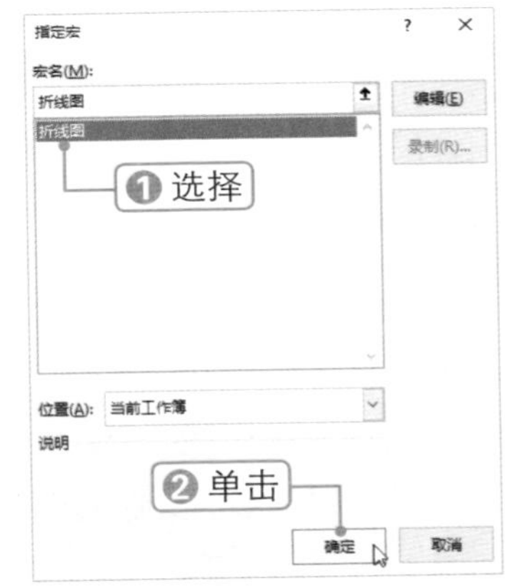


## STEP 9 单击“折线图”按钮

修改按钮文本，并设置字体格式，单击“折线图”按钮。

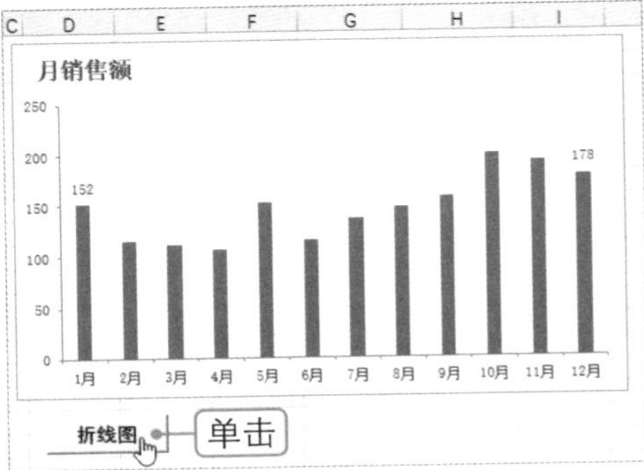

**STEP 10 查看转换图表效果**

此时即可将图表快速转换为折线图。

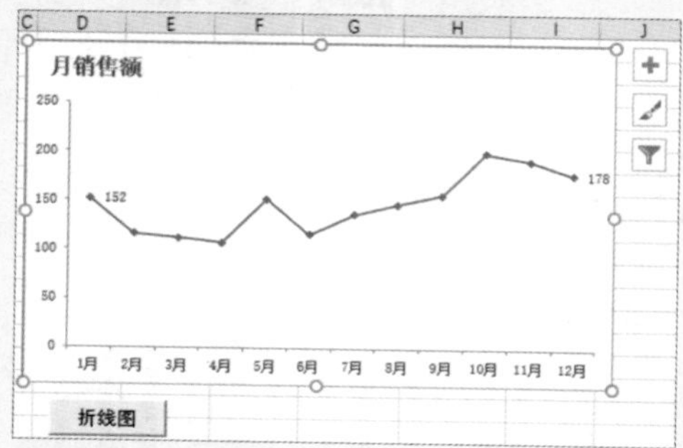

**STEP 11 单击 录制宏 按钮**

❶选择图表，❷在 开发工具 选项卡下单击 录制宏 按钮。

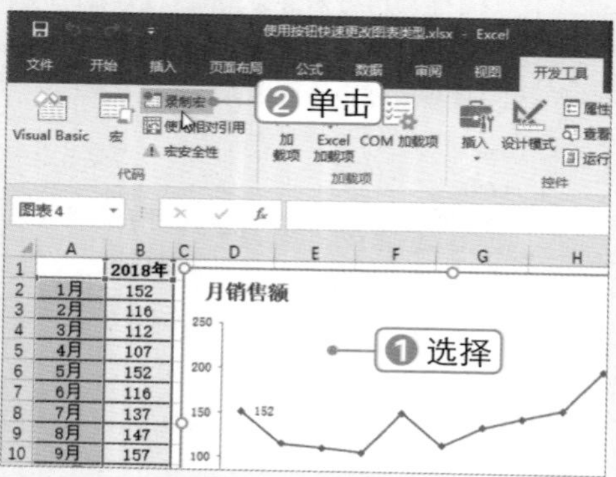


**STEP 12 设置宏名**

弹出“录制宏”对话框，❶输入宏名“柱形图”，❷单击 确定 按钮。

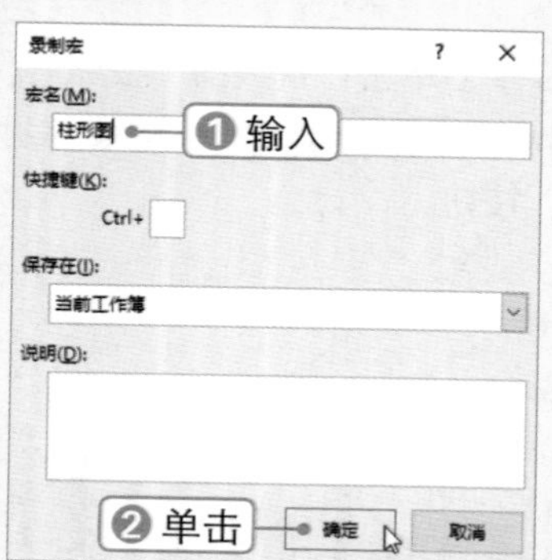


**STEP 13 选择 更改图表类型(Y)... 命令**

开始录制宏，❶右击图表，❷选择 更改图表类型(Y)... 命令。

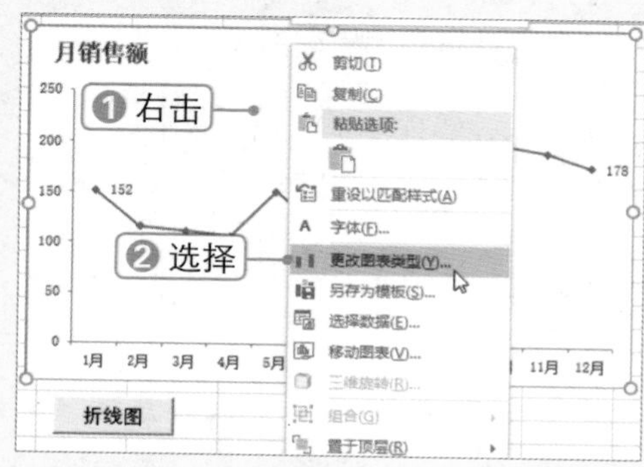


**STEP 14 选择图表类型**

弹出“更改图表类型”对话框，❶选择“簇状柱形图”类型，❷单击 确定 按钮。

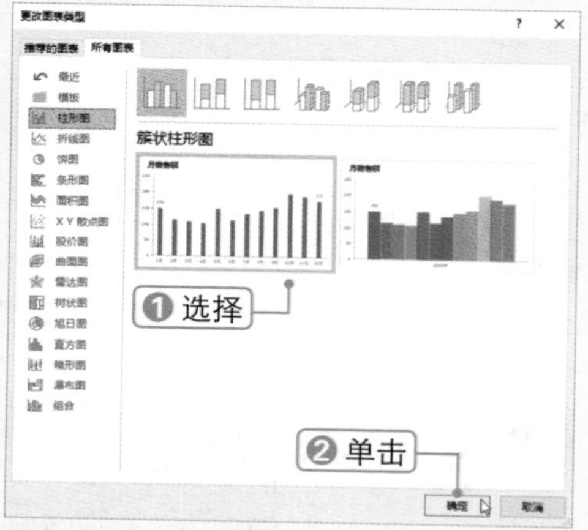


**STEP 15 停止录制**

此时即可将图表更改为柱形图，单击 停止录制 按钮。

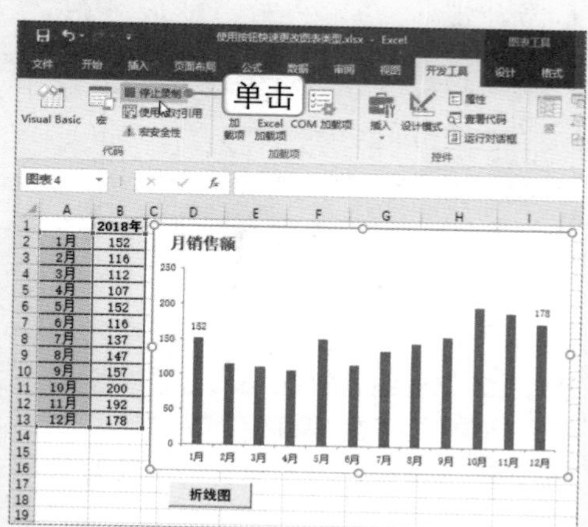

**STEP 16 选择“按钮”控件**

❶在开发工具选项卡下单击“插入”下拉按钮，❷选择“按钮”控件▭。

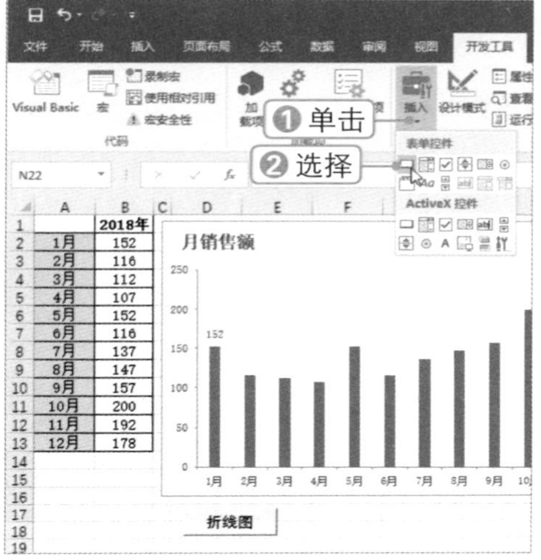


**STEP 17 指定宏**

在工作表中拖动鼠标插入按钮，弹出“指定宏”对话框。❶选择“柱形图”宏名，❷单击确定按钮。

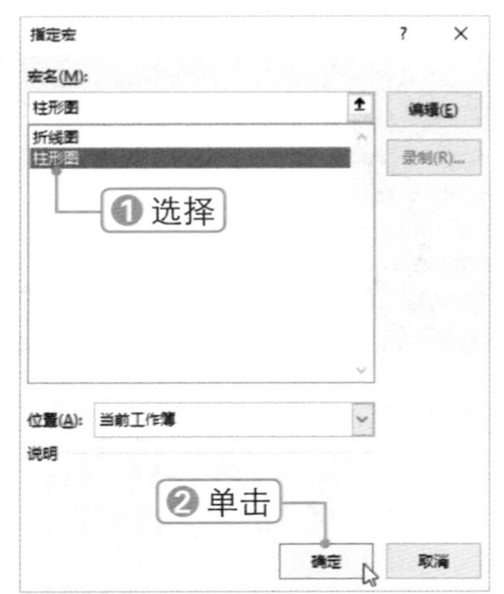


**STEP 18 修改按钮文本**

修改按钮文本，并设置字体格式。通过单击按钮即可快速更改图表类型。

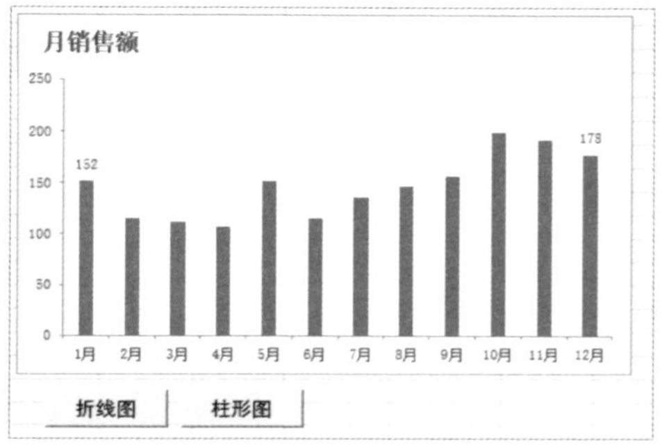


**STEP 19 管理宏**

在开发工具选项卡下单击“宏”按钮，弹出“宏”对话框，从中可对录制的宏进行管理，如执行宏、单步执行宏、编辑宏、删除宏、设置快捷键等。

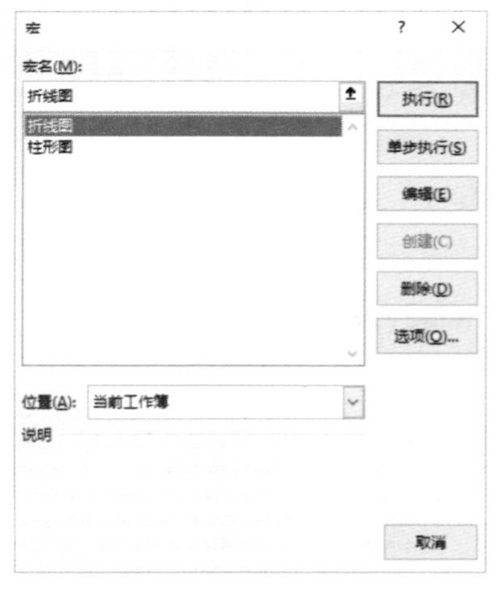


**STEP 20 选择指定宏(N)...命令**

若要为按钮指定新的宏，❶可右击按钮，❷选择指定宏(N)...命令。

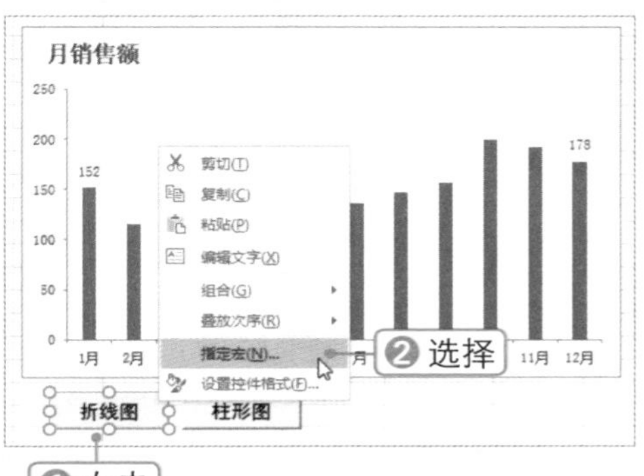

## 8.2.9 制作产品销售情况比较图表

微课：制作产品销售情况比较图表

下面依据产品销量表制作百分比堆积条形图表，以对产品销量进行比较，具体操作方法如下：

### STEP 1 编辑表格数据

依据硬盘销量数据，在 D 列和 E 列计算产品占比。选择 A1:A8 单元格区域，然后在按住【Ctrl】键的同时选择 D1:E8 单元格区域。

D1 西数硬盘占比

| | A | B | C | D | E |
|---|---|---|---|---|---|
| 1 | | 西数硬盘 | 希捷硬盘 | 西数硬盘占比 | 希捷硬盘占比 |
| 2 | 1月 | 23324 | 31174 | 42.80% | 57.20% |
| 3 | 2月 | 26665 | 14005 | 65.56% | 34.44% |
| 4 | 3月 | 62269 | 34176 | 64.56% | 35.44% |
| 5 | 4月 | 26634 | 63446 | 29.57% | 70.43% |
| 6 | 5月 | 45991 | 21746 | 67.90% | 32.10% |
| 7 | 6月 | 56334 | 50460 | 52.75% | 47.25% |
| 8 | 总计 | 241217 | 215007 | 52.87% | 47.13% |
| 9 | | | | | |
| 10 | | | | | |

### STEP 2 创建图表

为所选单元格区域创建百分比堆积条形图。

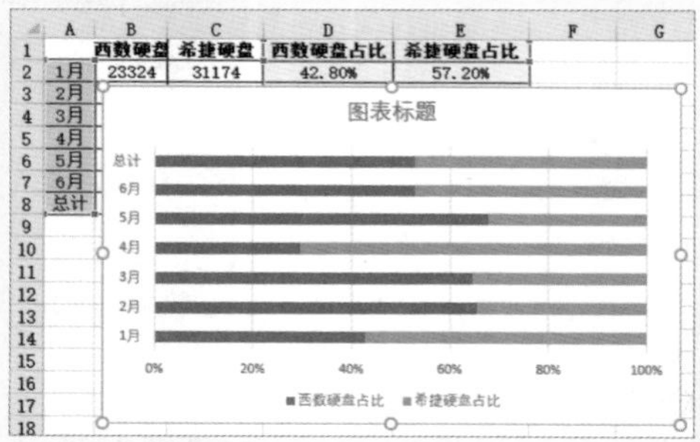


### STEP 3 逆序排序纵坐标轴

❶选择纵坐标轴，❷选择“坐标轴选项”选项卡，❸选中“逆序类别”复选框。

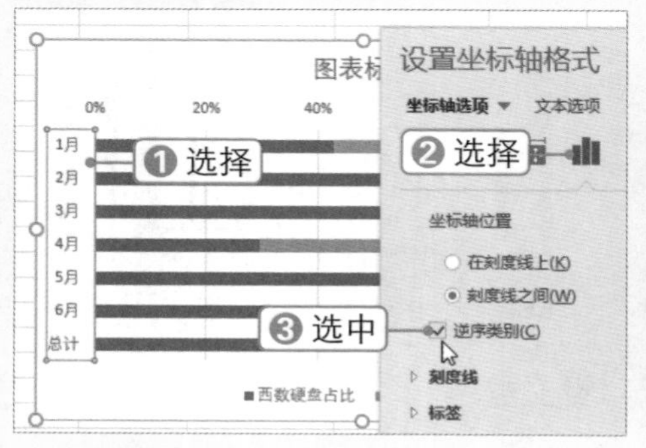


### STEP 4 设置图表样式

删除横坐标轴，并应用图表样式，根据需要调整图表元素的位置。

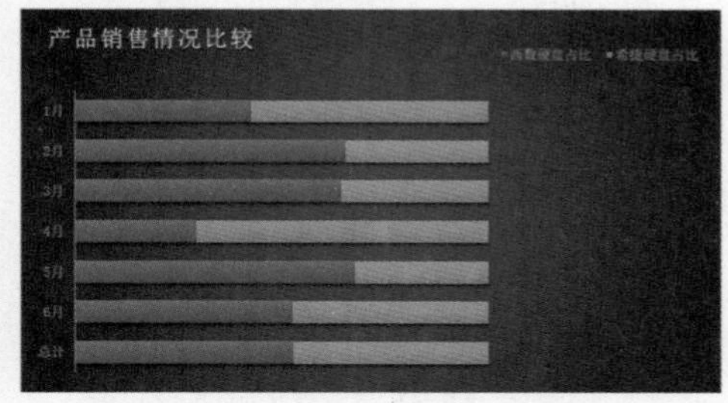


### STEP 5 对齐数据标签

在图表中设置显示数据标签，将“希捷硬盘占比”数据标签依次拖至右侧。为了使数据标签对齐，可插入一条直线作为辅助线。

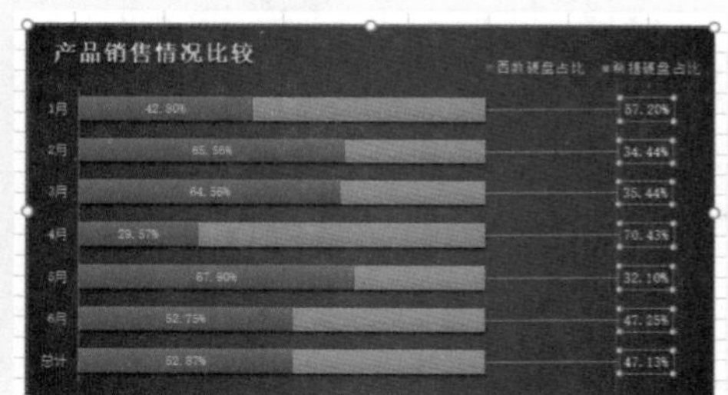


### STEP 6 设置图表格式

采用同样的方法，移动“西数硬盘占比”数据标签的位置，然后根据需要更改数据系列的填充颜色。

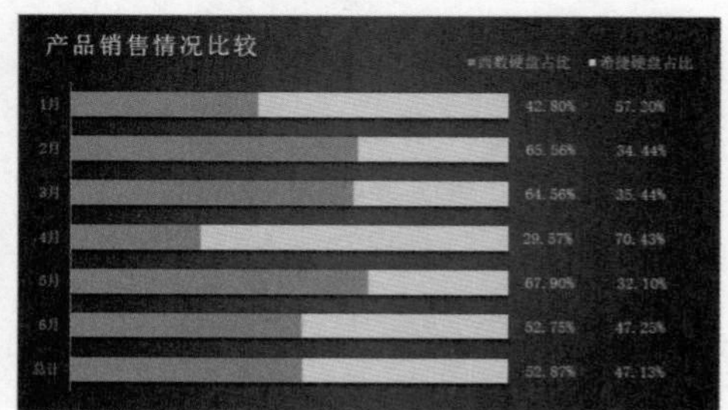

## 商务办公 私房实操技巧

### TIP：创建气泡图

气泡图是散点图的变体，散点图中的数据点替换成了气泡。它在散点图的基础上加入了气泡大小，用于展示数据的第三个维度，气泡大小反映数据大小。例如，为本章中的“广告投入与销量相关性分析”数据创建气泡图，然后对数据系列的值进行编辑，如下图（左）所示。编辑完成后，气泡图效果如下图（右）所示。

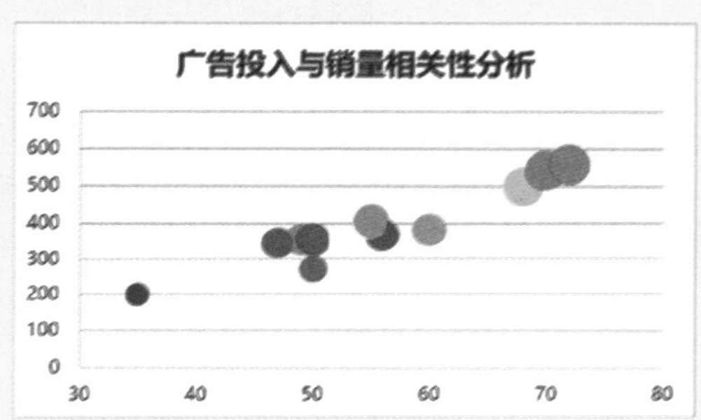


### TIP：创建图表工作表

选中单元格数据后按【F11】键，就会创建一个名为 Chart1 的柱形图图表工作表。对于已有的工作表，可以右击图表，选择“移动图表(V)...”命令，在弹出的对话框中选中“新工作表”按钮，然后单击“确定”按钮即可。

### TIP：自定义折线图标记

在设置折线图系列格式时，除了设置折线线条格式外，还可设置其标记格式。若预设的 9 种标记不能满足需要，可将本地电脑中的图片设置为折线图的标记。在“内置”下拉列表框中选择最下方的“图片”选项，然后在弹出的对话框中选择图片即可。

### TIP：制作四象限坐标轴

在散点图表中，通过制作四象限坐标轴可以更清晰地表现散点的分布情况。在制作前应先计算 X、Y 轴数据的平均值。方法如下：

1 选择横坐标轴，在“坐标轴选项”选项卡下的“纵坐标轴交叉”选项区中输入 X 数据系列的平均值，在此输入 55，如下图（左）所示。

2 选择纵坐标轴，在“坐标轴选项”选项卡下的“横坐标轴交叉”选项区中输入 Y 数据系列的平均值，在此输入 386，如下图（右）所示。

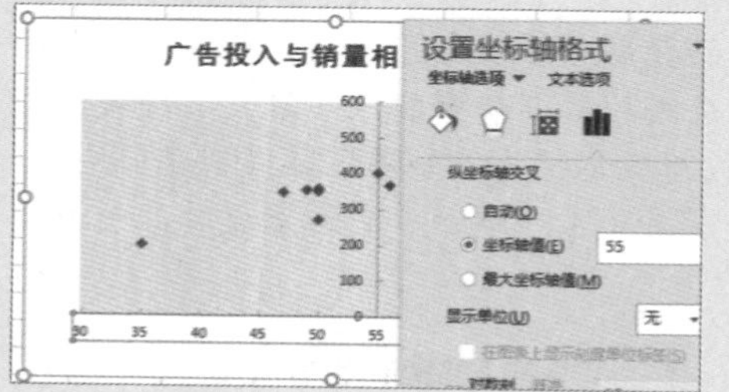


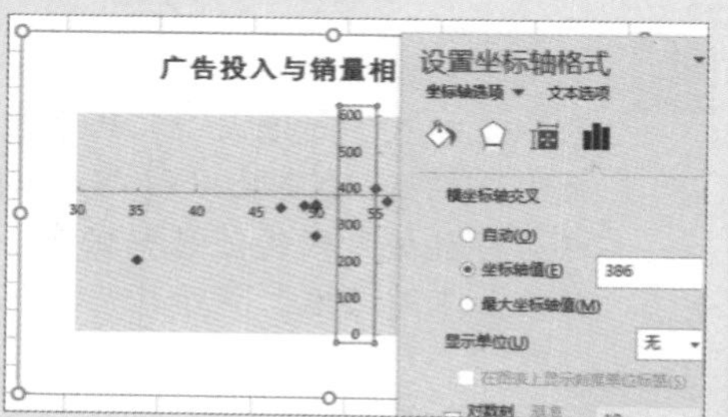


3 在“标签”组中的“标签位置”下拉列表框中选择“低”选项，然后采用同样的方法设置横坐标轴的标签位置为“低”，如下图（左）所示。

4 对图表进行美化，如删除坐标轴刻度线，为绘图区添加边框等，如下图（右）所示。

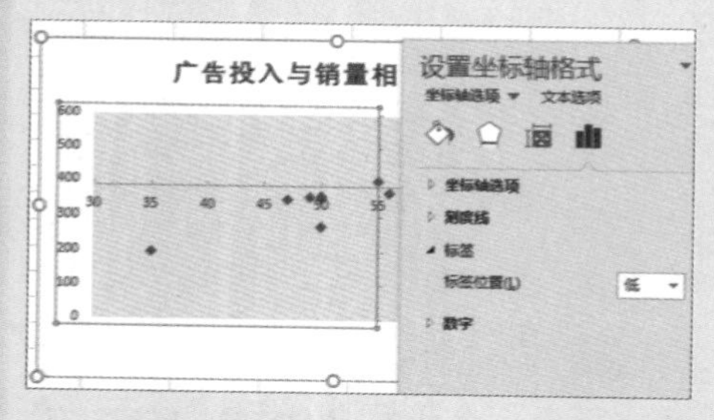


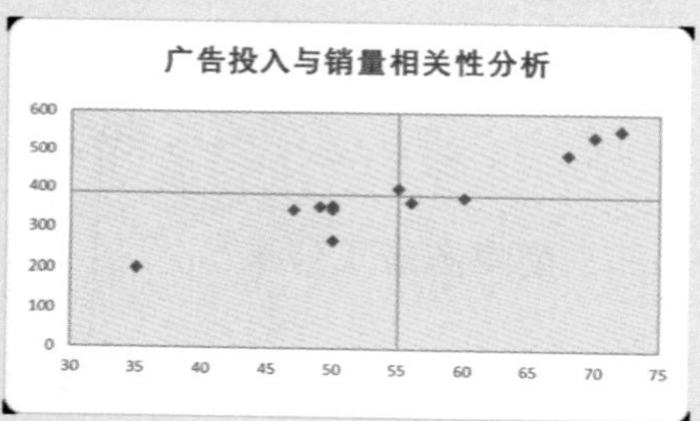


## 高手疑难解答

### 问 怎样制作包含单选按钮的动态图表？

图解解答 使用选项按钮控件和 OFFSET 函数可以制作简单的动态图表，方法如下：

1 在 B15 单元格中输入公式“=OFFSET(A1,0,$C$15)”，然后向下填充公式，并为 A15:B27 单元格区域创建柱形图，如下图（左）所示。

2 在 开发工具 选项卡下单击“插入”下拉按钮，选择“选项按钮”控件◉，如下图（右）所示。

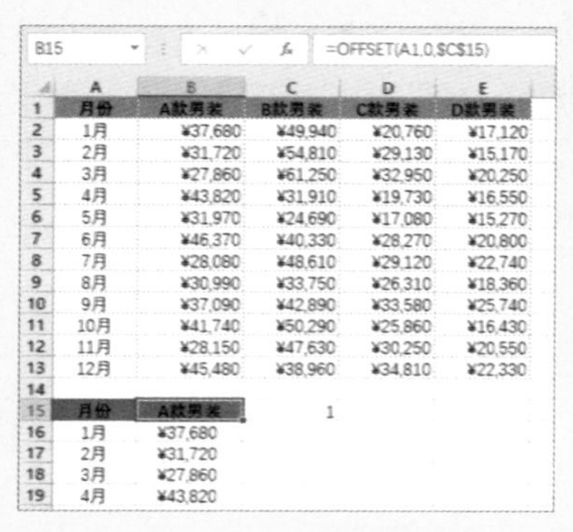

B15 =OFFSET(A1,0,$C$15)

| | A | B | C | D | E |
|---|---|---|---|---|---|
| 1 | 月份 | A款男装 | B款男装 | C款男装 | D款男装 |
| 2 | 1月 | ¥37,680 | ¥49,940 | ¥20,760 | ¥17,120 |
| 3 | 2月 | ¥31,720 | ¥54,810 | ¥29,130 | ¥15,170 |
| 4 | 3月 | ¥27,860 | ¥61,250 | ¥32,950 | ¥20,250 |
| 5 | 4月 | ¥43,820 | ¥31,910 | ¥19,730 | ¥16,550 |
| 6 | 5月 | ¥31,970 | ¥24,690 | ¥17,080 | ¥15,270 |
| 7 | 6月 | ¥46,370 | ¥40,330 | ¥28,270 | ¥20,800 |
| 8 | 7月 | ¥28,080 | ¥48,610 | ¥29,120 | ¥22,740 |
| 9 | 8月 | ¥30,990 | ¥33,750 | ¥26,310 | ¥18,360 |
| 10 | 9月 | ¥37,090 | ¥42,890 | ¥33,580 | ¥25,740 |
| 11 | 10月 | ¥41,740 | ¥50,290 | ¥25,860 | ¥16,430 |
| 12 | 11月 | ¥28,150 | ¥47,630 | ¥30,250 | ¥20,550 |
| 13 | 12月 | ¥45,480 | ¥38,960 | ¥34,810 | ¥22,330 |
| 14 | | | | | |
| 15 | 月份 | A款男装 | 1 | | |
| 16 | 1月 | ¥37,680 | | | |
| 17 | 2月 | ¥31,720 | | | |
| 18 | 3月 | ¥27,860 | | | |
| 19 | 4月 | ¥43,820 | | | |

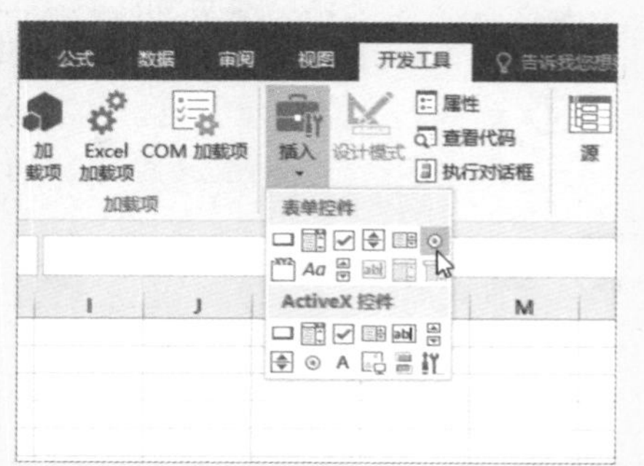


③ 插入选项按钮控件，打开“设置控件格式”对话框，在“控制”选项卡下设置单元格链接为 OFFSET 函数的第 3 个参数，如下图（左）所示。

④ 采用同样的方法插入选项按钮，单击控件按钮即可查看效果，如下图（右）所示。

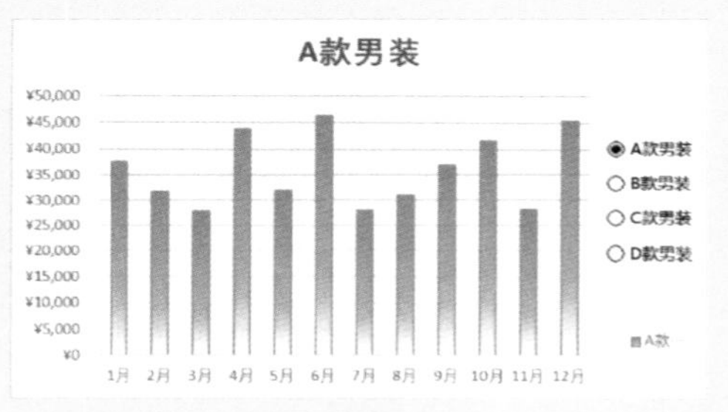


## 问 怎样制作包含复选框的动态图表？

**图解解答** 使用复选框控件、定义名称和 IF 函数可以制作简单的动态图表，方法如下：

① 在 A15:D15 单元格区域中输入逻辑值 FALSE，如下图（左）所示。

② 为数据表各标题创建名称，然后为一个空白区域创建名称，在此为 H2:H13 单元格区域创建名称为 blank，如下图（右）所示。

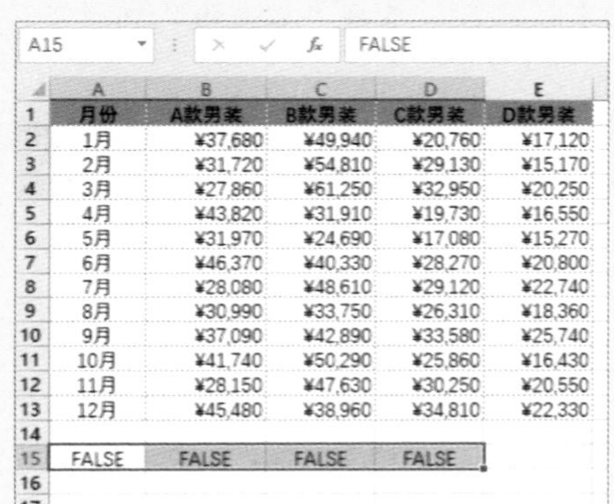

A15 FALSE

| | A | B | C | D | E |
|---|---|---|---|---|---|
| 1 | 月份 | A款男装 | B款男装 | C款男装 | D款男装 |
| 2 | 1月 | ¥37,680 | ¥49,940 | ¥20,760 | ¥17,120 |
| 3 | 2月 | ¥31,720 | ¥54,810 | ¥29,130 | ¥15,170 |
| 4 | 3月 | ¥27,860 | ¥61,250 | ¥32,950 | ¥20,250 |
| 5 | 4月 | ¥43,820 | ¥31,910 | ¥19,730 | ¥16,550 |
| 6 | 5月 | ¥31,970 | ¥24,690 | ¥17,080 | ¥15,270 |
| 7 | 6月 | ¥46,370 | ¥40,330 | ¥28,270 | ¥20,800 |
| 8 | 7月 | ¥28,080 | ¥48,610 | ¥29,120 | ¥22,740 |
| 9 | 8月 | ¥30,990 | ¥33,750 | ¥26,310 | ¥18,360 |
| 10 | 9月 | ¥37,090 | ¥42,890 | ¥33,580 | ¥25,740 |
| 11 | 10月 | ¥41,740 | ¥50,290 | ¥25,860 | ¥16,430 |
| 12 | 11月 | ¥28,150 | ¥47,630 | ¥30,250 | ¥20,550 |
| 13 | 12月 | ¥45,480 | ¥38,960 | ¥34,810 | ¥22,330 |
| 14 | | | | | |
| 15 | FALSE | FALSE | FALSE | FALSE | |
| 16 | | | | | |
| 17 | | | | | |

3 使用 IF 函数创建名称，表示当 A15 单元格为“真”时，返回“A 款男装”所引用的单元格区域，否则返回 blank 区域，如下图（左）所示。

4 选择一个空白单元格，为其创建折线图。右击图表，在弹出的快捷菜单中选择 选择数据(E)... 命令，如下图（右）所示。

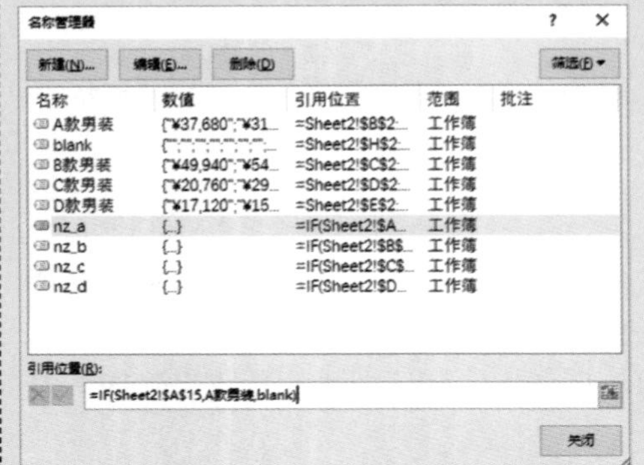


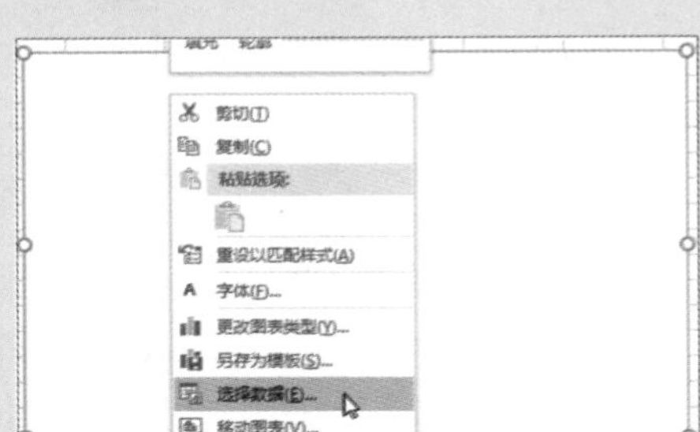


5 弹出“选择数据源”对话框，单击 添加(A) 按钮，如下图（左）所示。

6 弹出“编辑数据系列”对话框，将“系列名称”设置为数据表的标题引用，将“系列值”设置为创建的名称 nz_a，在名称前必须输入工作表名称，然后单击 确定 按钮，如下图（右）所示。

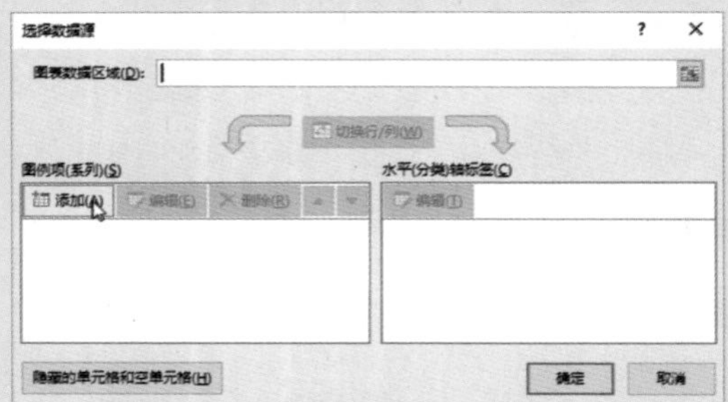


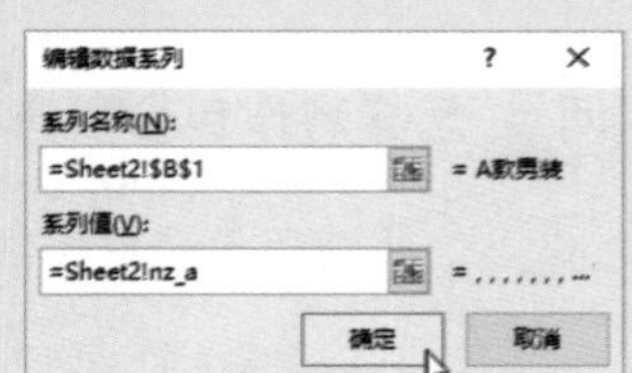


7 采用同样的方法编辑其他系列，并编辑水平轴标签，单击 确定 按钮，如下图（左）所示。

8 在 开发工具 选项卡下单击“插入”下拉按钮，选择“复选框”控件☑，如下图（右）所示。

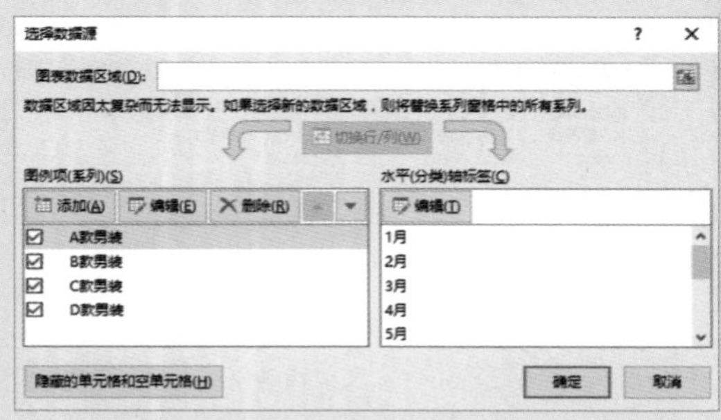

9 插入选项按钮控件，打开“设置控件格式”对话框，在“控制”选项卡下设置单元格链接，如下图（左）所示。

10 采用同样的方法插入其他复选框控件按钮，选中复选框即可在图表中显示相应的数据系列，如下图（右）所示。

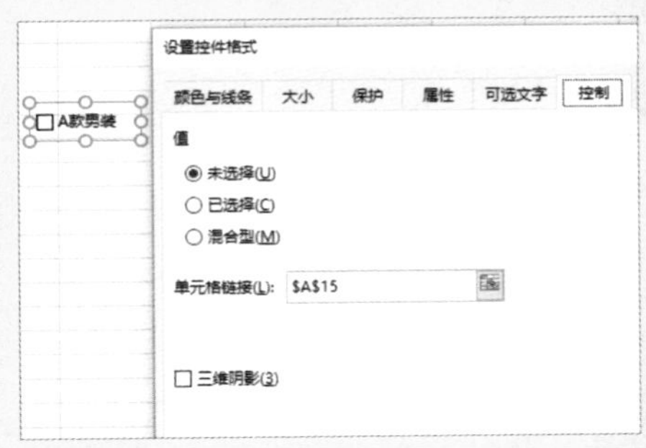


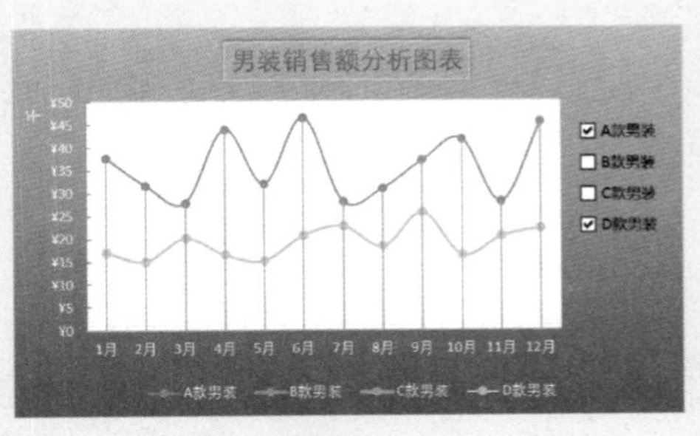

CHAPTER

# 应用数据透视表深入分析数据

## 本章导读

数据透视表是一种非常有用且功能强大的数据分析工具，它有机地综合了数据排序、筛选、分类汇总等数据分析的优点，可以很方便地对数据进行查询和分析，深入挖掘数据内部信息。本章将详细介绍数据透视表的应用方法和技巧。

## 知识要点

01 创建数据透视表

02 数据透视表透视计算

03 自定义组合与计算字段

04 创建数据透视图

## 案例展示

▼修改报表布局显示效果

| | | | | | | | |
|---|---|---|---|---|---|---|---|
| 2 | | | | | | | |
| 3 | 求和项<br>销售额 | | | | | | |
| 4 | | | 游戏鼠标 | 机械键盘 | 创意U盘 | 无线路由 | 总计 |
| 5 | 上海 | 孙玉娇 | 8019 | 18067 | 8024 | 23214 | 57324 |
| 6 | | 陈自强 | 3465 | 31262 | 7480 | 12702 | 54909 |
| 7 | | 李艳红 | 7029 | 21518 | 6392 | 17228 | 52167 |
| 8 | | 卢旭东 | 7326 | 7917 | 816 | 28616 | 44675 |
| 9 | | 武衡 | 8415 | 6090 | 6800 | 21316 | 42621 |
| 10 | 上海 汇总 | | 34254 | 84854 | 29512 | 103076 | 251696 |
| 11 | | | | | | | |
| 12 | 北京 | 姜雨晴 | 4752 | 22533 | 9792 | 23214 | 60291 |
| 13 | | 谷秀巧 | 8415 | 11368 | 15096 | 23798 | 58677 |
| 14 | | 李明睿 | 9405 | 11774 | 3128 | 29200 | 53507 |
| 15 | | 杨晓彤 | 6138 | 14819 | 6800 | 18834 | 46591 |
| 16 | | 王立辉 | 5445 | 10556 | 6936 | 19272 | 42209 |
| 17 | 北京 汇总 | | 34155 | 71050 | 41752 | 114318 | 261275 |
| 18 | | | | | | | |
| 19 | 总计 | | 68409 | 155904 | 71264 | 217394 | 512971 |

▼改变值汇总依据

| | | | |
|---|---|---|---|
| 2 | | | |
| 3 | 行标签 | 最大值项:销量 | 最小值项:销量 |
| 4 | ⊟陈自强 | | |
| 5 | 游戏鼠标 | 17 | 4 |
| 6 | 机械键盘 | 35 | 10 |
| 7 | 创意U盘 | 21 | 6 |
| 8 | 无线路由 | 27 | 6 |
| 9 | ⊟谷秀巧 | | |
| 10 | 游戏鼠标 | 23 | 5 |
| 11 | 机械键盘 | 30 | 5 |
| 12 | 创意U盘 | 35 | 20 |
| 13 | 无线路由 | 37 | 10 |
| 14 | ⊟姜雨晴 | | |
| 15 | 游戏鼠标 | 23 | 9 |
| 16 | 机械键盘 | 33 | 3 |

▼创建自定义分组

| | A | B | C | D | E |
|---|---|---|---|---|---|
| 1 | | | | | |
| 2 | | | | | |
| 3 | 求和项:销售额 | | 地区 | | |
| 4 | 日期2 | 日期 | 北京 | 上海 | 总计 |
| 5 | ⊞1月上旬 | | 122921 | 126629 | 249550 |
| 6 | ⊞1月中旬 | | 61481 | 49146 | 110627 |
| 7 | ⊞1月下旬 | | 76873 | 75921 | 152794 |
| 8 | 总计 | | 261275 | 251696 | 512971 |
| 9 | | | | | |
| 10 | | | | | |
| 11 | | | | | |
| 12 | | | | | |

▼添加日程表

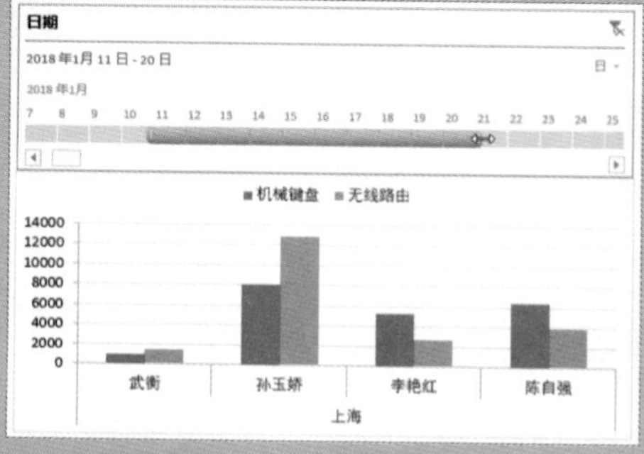

Chapter 09

# 9.1 创建数据透视表

■ 关键词：数据透视表、字段、行区域、列区域、值区域、筛选、排序、筛选、报表布局

数据透视表是一种交互式报表，可以按照不同的需要以及不同的关系来提取、组织和分析数据，得到需要的分析结果。下面将详细介绍数据透视表的创建方法。

## 9.1.1 创建推荐的透视表

初学创建数据透视表，可以先创建Excel推荐的数据透视表，它是系统依据数据结构自动生成的数据透视表，具体操作方法如下：

微课：创建推荐的透视表

### STEP 1 单击“推荐的数据透视表”按钮

❶选择任意数据单元格，❷选择 插入 选项卡，❸在“表格”组中单击“推荐的数据透视表”按钮。

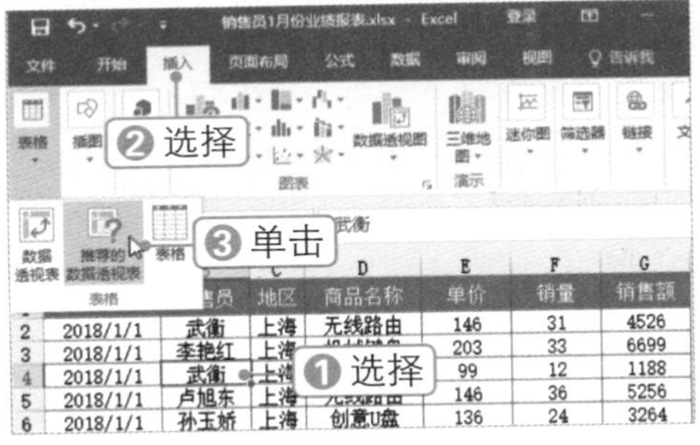


### STEP 2 选择透视表布局

❶在左侧选择所需的透视表布局，❷单击 确定 按钮。

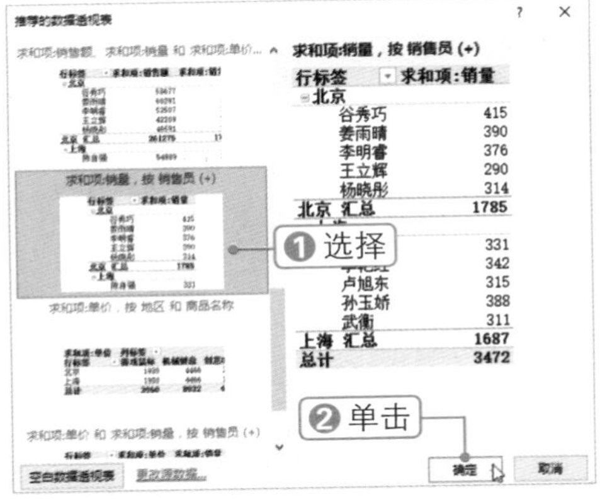


### STEP 3 创建数据透视表

此时即可创建一个数据透视表，并显示“数据透视表字段”窗格。

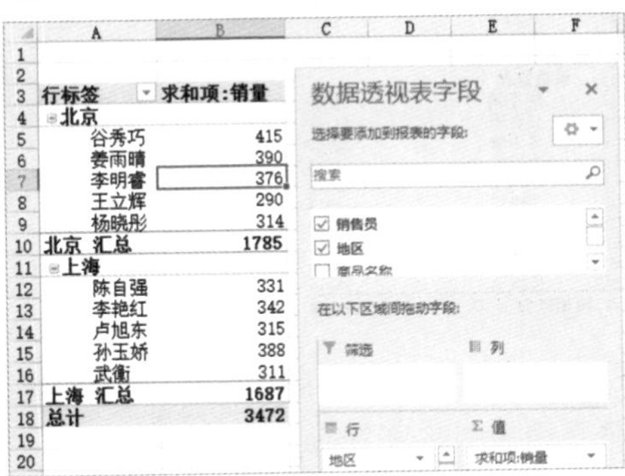


### STEP 4 添加字段

在字段列表中将“商品名称”字段拖至“列”区域中，查看数据透视表汇总布局效果。

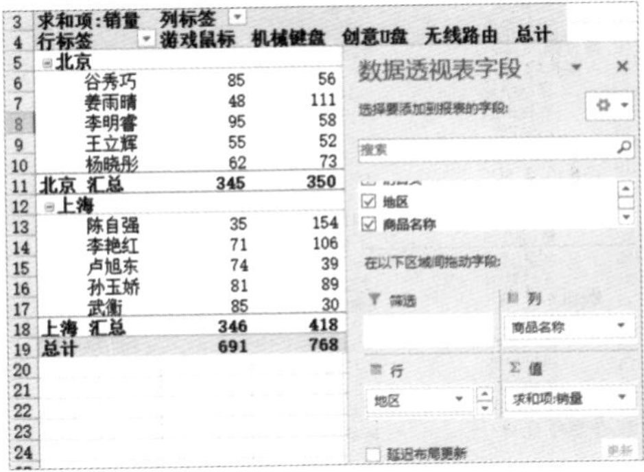

## 9.1.2 改变透视表汇总布局

字段列表就是数据透视表字段任务窗格，从中可以对数据透视表进行各种编辑操作，从而进行多角度分析数据，具体操作方法如下：

微课：改变透视表汇总布局

### STEP 1 拖动字段

在“数据透视表字段”窗格中将“商品名称”字段拖至“行”区域，将“销售员”字段拖至“商品名称”字段下方，将“销售额”字段拖至“值”区域，此时即可以“商品名称”进行分类，对销售员的销售额进行汇总。

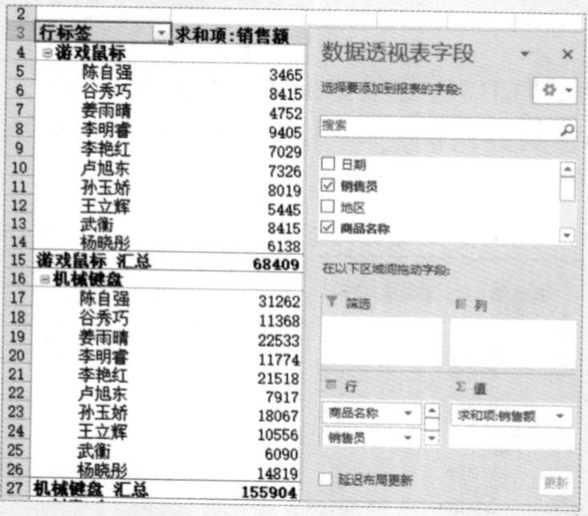

| 行标签 | 求和项:销售额 |
|---|---|
| ⊟游戏鼠标 | |
| 陈自强 | 3465 |
| 谷秀巧 | 8415 |
| 娄雨晴 | 4752 |
| 李明睿 | 9405 |
| 李艳红 | 7029 |
| 卢旭东 | 7326 |
| 孙玉娇 | 8019 |
| 王立辉 | 5445 |
| 武衡 | 8415 |
| 杨晓彤 | 6138 |
| 游戏鼠标 汇总 | 68409 |
| ⊟机械键盘 | |
| 陈自强 | 31262 |
| 谷秀巧 | 11368 |
| 娄雨晴 | 22533 |
| 李明睿 | 11774 |
| 李艳红 | 21518 |
| 卢旭东 | 7917 |
| 孙玉娇 | 18067 |
| 王立辉 | 10556 |
| 武衡 | 6090 |
| 杨晓彤 | 14819 |
| 机械键盘 汇总 | 155904 |



### STEP 2 更改字段顺序

将“销售员”字段拖至“商品名称”字段上方，查看数据透视表汇总效果。以“销售人员”进行分类，对各商品的销售额进行汇总。

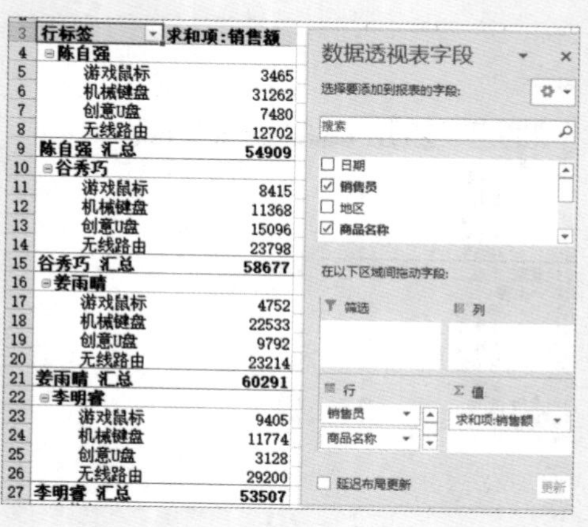

| 行标签 | 求和项:销售额 |
|---|---|
| ⊟陈自强 | |
| 游戏鼠标 | 3465 |
| 机械键盘 | 31262 |
| 创意U盘 | 7480 |
| 无线路由 | 12702 |
| 陈自强 汇总 | 54909 |
| ⊟谷秀巧 | |
| 游戏鼠标 | 8415 |
| 机械键盘 | 11368 |
| 创意U盘 | 15096 |
| 无线路由 | 23798 |
| 谷秀巧 汇总 | 58677 |
| ⊟娄雨晴 | |
| 游戏鼠标 | 4752 |
| 机械键盘 | 22533 |
| 创意U盘 | 9792 |
| 无线路由 | 23214 |
| 娄雨晴 汇总 | 60291 |
| ⊟李明睿 | |
| 游戏鼠标 | 9405 |
| 机械键盘 | 11774 |
| 创意U盘 | 3128 |
| 无线路由 | 29200 |
| 李明睿 汇总 | 53507 |



### STEP 3 添加列标签

将“商品名称”字段拖至“列”区域，即可在数据透视表中添加列标签，生成一个销售报表样式的表格。

| 求和项:销售额 | 列标签 | | |
|---|---|---|---|
| 行标签 | 游戏鼠标 | 机械键盘 | 创意U盘 |
| 陈自强 | 3465 | 31262 | 7480 |
| 谷秀巧 | 8415 | 11368 | 15096 |
| 娄雨晴 | 4752 | 22533 | 9792 |
| 李明睿 | 9405 | 11774 | 3128 |
| 李艳红 | 7029 | 21518 | 6392 |
| 卢旭东 | 7326 | 7917 | 816 |
| 孙玉娇 | 8019 | 18067 | 8024 |
| 王立辉 | 5445 | 10556 | 6936 |
| 武衡 | 8415 | 6090 | 6800 |
| 杨晓彤 | 6138 | 14819 | 6800 |
| 总计 | 68409 | 155904 | 71264 |



### STEP 4 添加筛选器

将“商品名称”字段拖至“行”区域，将“销售员”字段拖至“列”区域，将“地区”字段拖至“筛选”区域，即可在数据透视表上方添加“地区”筛选器。

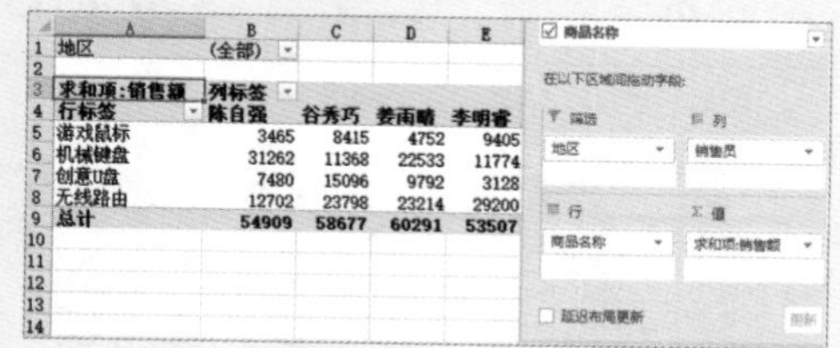

| 地区 | (全部) | | | |
|---|---|---|---|---|
| 求和项:销售额 | 列标签 | | | |
| 行标签 | 陈自强 | 谷秀巧 | 娄雨晴 | 李明睿 |
| 游戏鼠标 | 3465 | 8415 | 4752 | 9405 |
| 机械键盘 | 31262 | 11368 | 22533 | 11774 |
| 创意U盘 | 7480 | 15096 | 9792 | 3128 |
| 无线路由 | 12702 | 23798 | 23214 | 29200 |
| 总计 | 54909 | 58677 | 60291 | 53507 |



### STEP 5 筛选地区

❶单击“地区”筛选按钮，❷在弹出的列表中选中“选择多项”复选框，❸选中“北京”复选框，❹单击 确定 按钮。

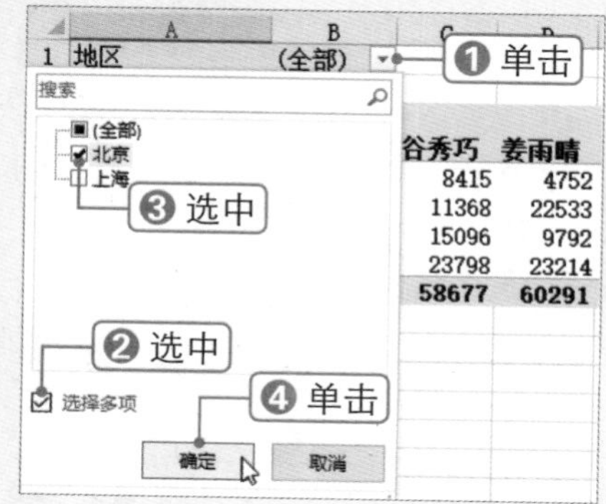

**STEP 6 查看筛选效果**

此时即可将“北京”地区的销售数据筛选出来。

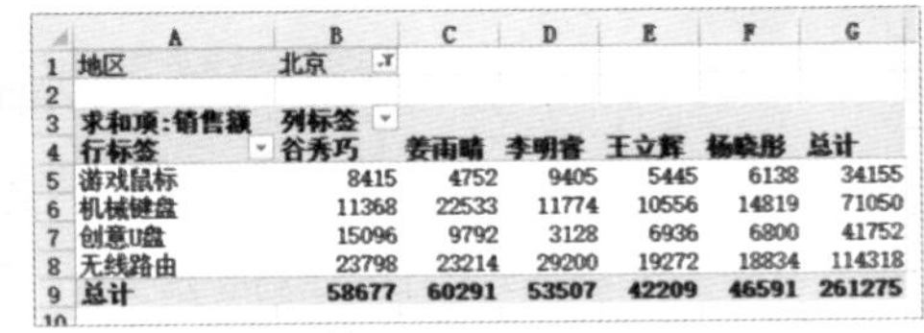

| 地区 | 北京 | | | | | |
|---|---|---|---|---|---|---|
| 求和项:销售额 | 列标签 | | | | | |
| 行标签 | 谷秀巧 | 姜雨晴 | 李明睿 | 王立辉 | 杨晓彤 | 总计 |
| 游戏鼠标 | 8415 | 4752 | 9405 | 5445 | 6138 | 34155 |
| 机械键盘 | 11368 | 22533 | 11774 | 10556 | 14819 | 71050 |
| 创意U盘 | 15096 | 9792 | 3128 | 6936 | 6800 | 41752 |
| 无线路由 | 23798 | 23214 | 29200 | 19272 | 18834 | 114318 |
| 总计 | 58677 | 60291 | 53507 | 42209 | 46591 | 261275 |

## 9.1.3 数据排序和筛选

微课：数据排序和筛选

在数据透视表中提供了相应的功能按钮，可以很方便地对数据进行排序和筛选操作，具体操作方法如下：

**STEP 1 降序排序销售数据**

❶选择 F6 单元格，❷在“数据”选项卡下单击“降序”按钮，即可将总计数据按降序排序。

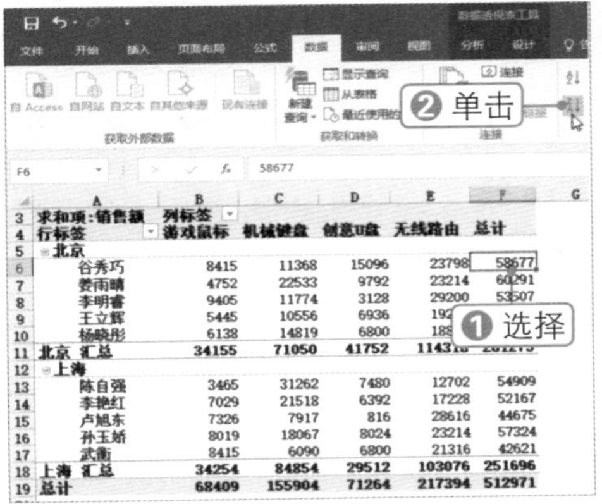


**STEP 2 筛选商品**

❶单击“列标签”下拉按钮，❷选中要筛选的商品名称前的复选框，❸单击“确定”按钮。

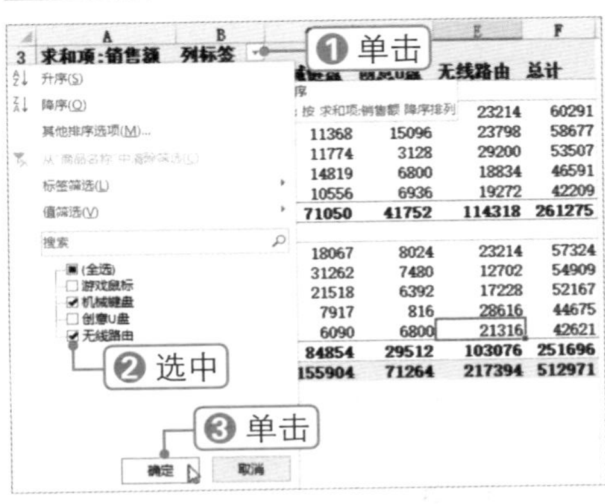


**STEP 3 定位鼠标指针**

此时在列标签中只包含所筛选的商品名称。在“行标签”中双击“北京”或“上海”字段项，可将其快速隐藏或展开。选择“上海”单元格，将鼠标指针移至其网格线位置，此时指针呈✥形状。

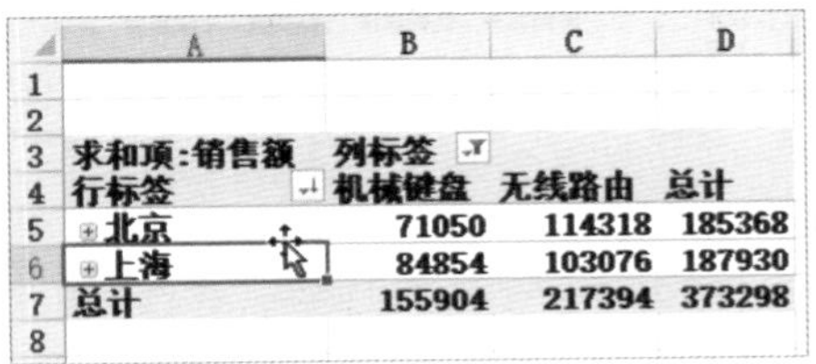

| 求和项:销售额 | 列标签 | | |
|---|---|---|---|
| 行标签 | 机械键盘 | 无线路由 | 总计 |
| 北京 | 71050 | 114318 | 185368 |
| 上海 | 84854 | 103076 | 187930 |
| 总计 | 155904 | 217394 | 373298 |

**STEP 4 调整排列顺序**

向上拖动“上海”单元格，使其位于行标签的最上方。同样，可以根据需要采用同样的方法拖动列标签，修改其排列顺序。

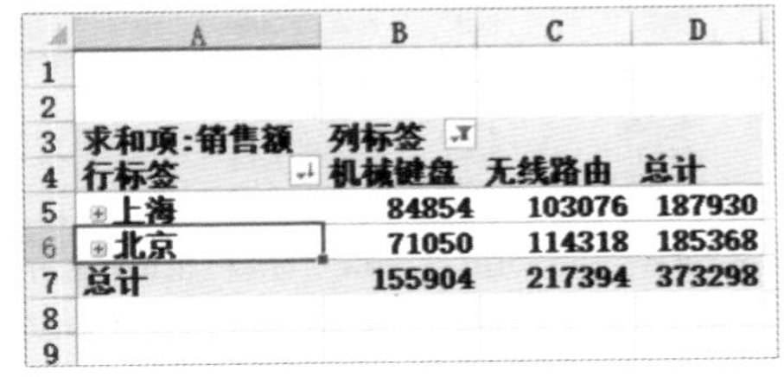

| 求和项:销售额 | 列标签 | | |
|---|---|---|---|
| 行标签 | 机械键盘 | 无线路由 | 总计 |
| 上海 | 84854 | 103076 | 187930 |
| 北京 | 71050 | 114318 | 185368 |
| 总计 | 155904 | 217394 | 373298 |

**实操解疑**

**显示汇总数据的详细信息**

在数据透视表中双击某个数据单元格，或右击数据单元格，在弹出的快捷菜单中选择“显示详细信息”命令，即可在新的工作表中显示该汇总数据的详细信息。

## 9.1.4 修改报表布局显示效果

创建数据透视表后可以根据需要更改其布局样式，如显示或隐藏分类汇总，以大纲或表格形式显示报表布局，在组之间添加空行，以及应用透视表样式等，具体操作方法如下：

微课：修改报表布局显示效果

### STEP 1 插入空行

❶选择 设计 选项卡，❷单击“空行”下拉按钮，❸选择“在每个项目后插入空行”选项。

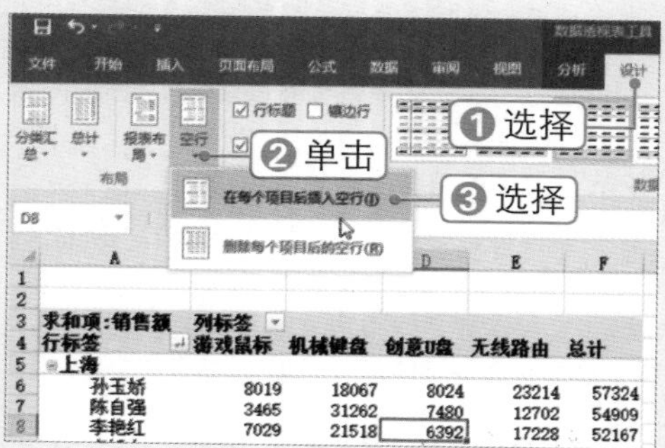


### STEP 2 自动生成空行

此时在每个汇总的行标签后会自动生成一个空行。

| | A | B | C | D | E | F |
|---|---|---|---|---|---|---|
| 1 | | | | | | |
| 2 | | | | | | |
| 3 | 求和项:销售额 | 列标签 | | | | |
| 4 | 行标签 | 游戏鼠标 | 机械键盘 | 创意U盘 | 无线路由 | 总计 |
| 5 | ⊟上海 | | | | | |
| 6 | 孙玉娇 | 8019 | 18067 | 8024 | 23214 | 57324 |
| 7 | 陈自强 | 3465 | 31262 | 7480 | 12702 | 54909 |
| 8 | 李艳红 | 7029 | 21518 | 6392 | 17228 | 52167 |
| 9 | 卢旭东 | 7326 | 7917 | 816 | 28616 | 44675 |
| 10 | 武衡 | 8415 | 6090 | 6800 | 21316 | 42621 |
| 11 | 上海 汇总 | 34254 | 84854 | 29512 | 103076 | 251696 |
| 12 | | | | | | |
| 13 | ⊟北京 | | | | | |
| 14 | 姜雨晴 | 4752 | 22533 | 9792 | 23214 | 60291 |
| 15 | 谷秀巧 | 8415 | 11368 | 15096 | 23798 | 58677 |
| 16 | 李明睿 | 9405 | 11774 | 3128 | 29200 | 53507 |
| 17 | 杨晓彤 | 6138 | 14819 | 6800 | 18834 | 46591 |
| 18 | 王立辉 | 5445 | 10556 | 6936 | 19272 | 42209 |
| 19 | 北京 汇总 | 34155 | 71050 | 41752 | 114318 | 261275 |
| 20 | | | | | | |
| 21 | 总计 | 68409 | 155904 | 71264 | 217394 | 512971 |

### 实操解疑

**清除与删除数据透视表**

选择“分析”选项卡，在“操作”组中单击“清除”下拉按钮，选择“全部清除”选项，即可清空数据透视表。单击“选择”下拉按钮，选择“整个数据透视表”选项，全选数据透视表，按【Delete】键即可将其删除。

### STEP 3 设置报表布局

❶单击“报表布局”下拉按钮，❷选择“以表格形式显示”选项。

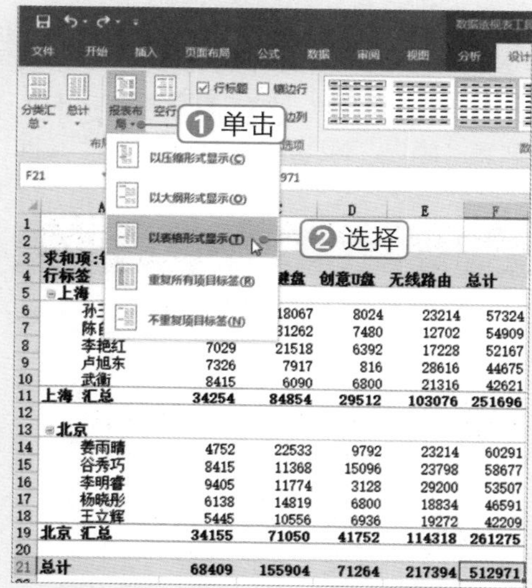


### STEP 4 设置总计

❶单击“总计”下拉按钮，❷选择“对行和列启用”选项。

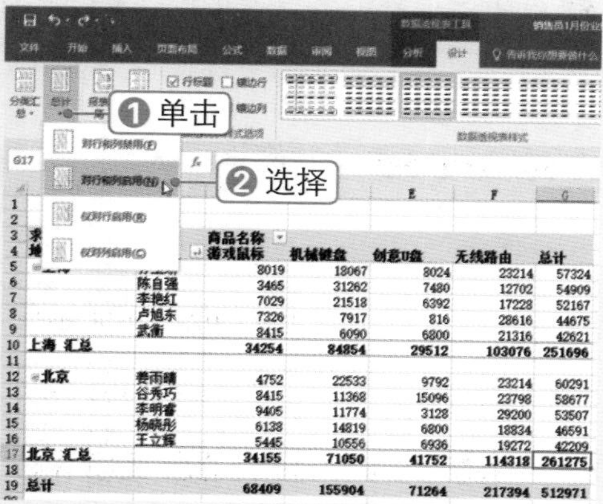


### STEP 5 单击 选项 按钮

❶选择 分析 选项卡，❷单击 选项 按钮。

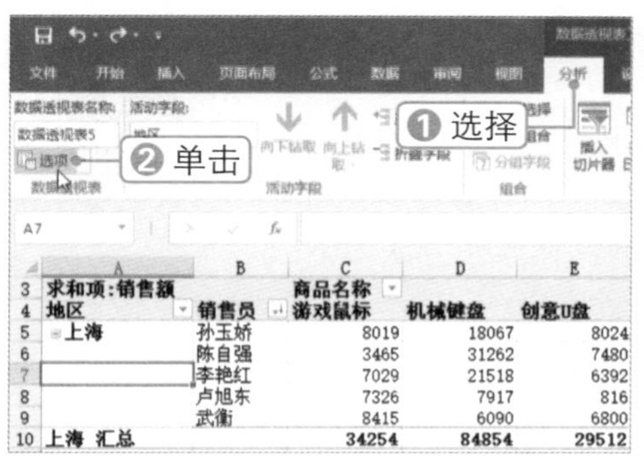


**STEP 6　设置布局和格式选项**

弹出"数据透视表选项"对话框，❶ 选择"布局和格式"选项卡，❷ 选中"合并且居中排列带标签的单元格"复选框，❸ 取消选择"更新时自动调整列宽"复选框，❹ 单击 确定 按钮。

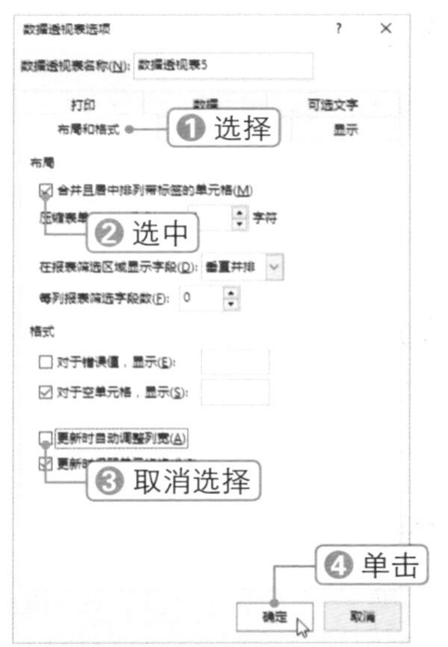


**STEP 7　查看合并行标签效果**

此时即可查看合并行标签后的效果。

| | | | | | | | |
|---|---|---|---|---|---|---|---|
| 3 | 求和项:销售额 | | 商品名称 | | | | |
| 4 | 地区 | 销售员 | 游戏鼠标 | 机械键盘 | 创意U盘 | 无线路由 | 总计 |
| 5 | 上海 | 孙玉娇 | 8019 | 18067 | 8024 | 23214 | 57324 |
| 6 | | 陈自强 | 3465 | 31262 | 7480 | 12702 | 54909 |
| 7 | | 李艳红 | 7029 | 21518 | 6392 | 17228 | 52167 |
| 8 | | 卢旭东 | 7326 | 7917 | 816 | 28616 | 44675 |
| 9 | | 武衡 | 8415 | 6090 | 6800 | 21316 | 42621 |
| 10 | 上海 汇总 | | 34254 | 84854 | 29512 | 103076 | 251696 |
| 11 | | | | | | | |
| 12 | 北京 | 娄雨晴 | 4752 | 22533 | 9792 | 23214 | 60291 |
| 13 | | 谷秀巧 | 8415 | 11368 | 15096 | 23798 | 58677 |
| 14 | | 李明睿 | 9405 | 11774 | 3128 | 29200 | 53507 |
| 15 | | 杨晓彤 | 6138 | 14819 | 6800 | 18834 | 46591 |
| 16 | | 王立辉 | 5445 | 10556 | 6936 | 19272 | 42209 |
| 17 | 北京 汇总 | | 34155 | 71050 | 41752 | 114318 | 261275 |
| 18 | | | | | | | |
| 19 | 总计 | | 68409 | 155904 | 71264 | 217394 | 512971 |

**STEP 8　美化报表**

在 设计 选项卡下应用所需的透视表样式美化报表，在 分析 选项卡下"显示"组中单击相应的按钮，隐藏字段按钮和标题按钮。

| | | | | | | | |
|---|---|---|---|---|---|---|---|
| 2 | | | | | | | |
| 3 | 求和项 销售额 | | | | | | |
| 4 | | | 游戏鼠标 | 机械键盘 | 创意U盘 | 无线路由 | 总计 |
| 5 | 上海 | 孙玉娇 | 8019 | 18067 | 8024 | 23214 | 57324 |
| 6 | | 陈自强 | 3465 | 31262 | 7480 | 12702 | 54909 |
| 7 | | 李艳红 | 7029 | 21518 | 6392 | 17228 | 52167 |
| 8 | | 卢旭东 | 7326 | 7917 | 816 | 28616 | 44675 |
| 9 | | 武衡 | 8415 | 6090 | 6800 | 21316 | 42621 |
| 10 | 上海 汇总 | | 34254 | 84854 | 29512 | 103076 | 251696 |
| 11 | | | | | | | |
| 12 | 北京 | 娄雨晴 | 4752 | 22533 | 9792 | 23214 | 60291 |
| 13 | | 谷秀巧 | 8415 | 11368 | 15096 | 23798 | 58677 |
| 14 | | 李明睿 | 9405 | 11774 | 3128 | 29200 | 53507 |
| 15 | | 杨晓彤 | 6138 | 14819 | 6800 | 18834 | 46591 |
| 16 | | 王立辉 | 5445 | 10556 | 6936 | 19272 | 42209 |
| 17 | 北京 汇总 | | 34155 | 71050 | 41752 | 114318 | 261275 |
| 18 | | | | | | | |
| 19 | 总计 | | 68409 | 155904 | 71264 | 217394 | 512971 |

**秒杀技巧　隐藏0（零）或错误值**

打开"数据透视表选项"对话框，选择"布局和格式"选项卡，选中"对于错误值，显示"和"对于空单元格，显示"复选框，在文本框中输入要显示的内容或保持空白，单击"确定"按钮。

Chapter 09

# 9.2 数据透视表透视计算

■ 关键词：值区域、值汇总依据、值显示方式、总计的百分比、列汇总的百分比、差异百分比

数据透视表的行和列交叉处即为"值"，它是数据透视表的核心部分。数据透视表的强大运算功能就体现在对值的多种运算上，不仅包含多种汇总方式，还可更改值为多种样式的百分比显示方式。

## 9.2.1 改变值汇总依据

数据透视表中值的计算类型主要包括求和、计数、平均值、最大/最小值、乘积等，还可根据需要选择更多的计算方式，如数值计数、偏差与方差等。改变值汇总依据的具体操作方法如下：

微课：改变值汇总依据

### STEP 1 设置透视表汇总布局

在“数据透视表字段”窗格中设置透视表的汇总布局。

### STEP 2 选择 最大值(M) 命令

❶在“求和项：销量”列中右击任一单元格，❷选择 值汇总依据(M) 选项，❸选择 最大值(M) 命令。

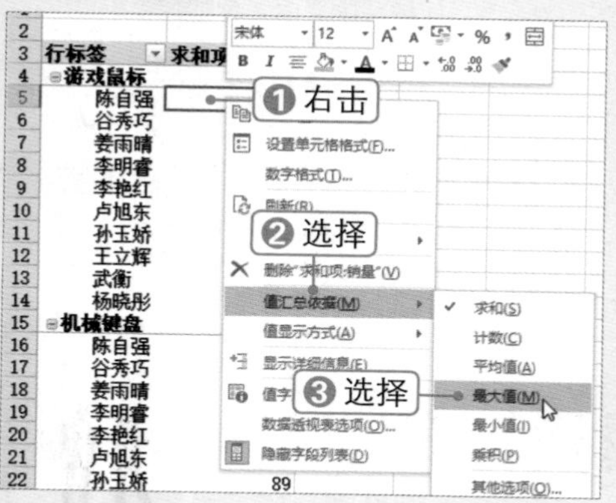


### STEP 3 拖动字段

此时即可将值的汇总方式更改为“最大值”，查看销量的最大值。在“数据透视表字段”窗格中再次将“销量”字段拖至“值”区域。

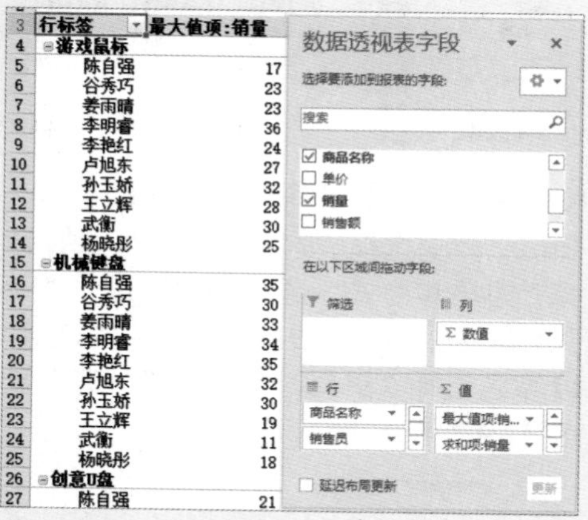

### STEP 4 选择 最小值(I) 命令

❶在“求和项：销量”列中右击任一单元格，❷选择 值汇总依据(M) 选项，❸选择 最小值(I) 命令。

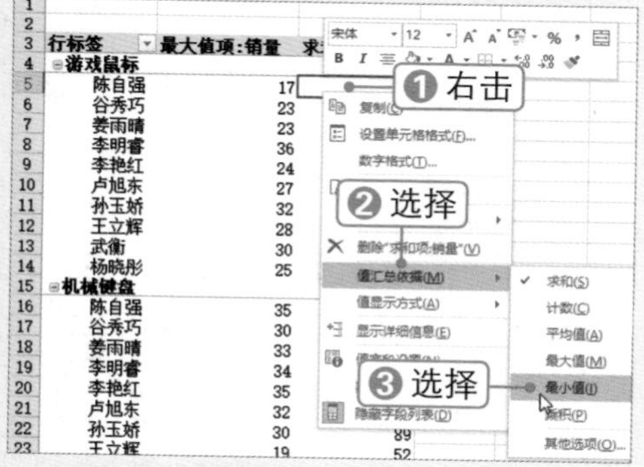


**实操解疑**

**将数据透视表转换为普通数据**

在数据透视表中选择任一单元格，按【Ctrl+A】组合键全选数据透视表，按【Ctrl+C】组合键进行复制。选择目标单元格，单击“粘贴”下拉按钮，选择“值”选项，再次单击“粘贴”下拉按钮，选择“格式”选项。

**STEP 5 对比销量**

此时即可将值的汇总方式更改为“最小值”，可对同类商品中各销售员销量的最大值和最小值进行对比。

| 行标签 | 最大值项:销量 | 最小值项:销量 |
|---|---|---|
| ⊟游戏鼠标 | | |
| 陈自强 | 17 | 4 |
| 谷秀巧 | 23 | 5 |
| 姜雨晴 | 23 | 9 |
| 李明睿 | 36 | 15 |
| 李艳红 | 24 | 7 |
| 卢旭东 | 27 | 11 |
| 孙玉娇 | 32 | 10 |
| 王立辉 | 28 | 3 |
| 武衡 | 30 | 7 |
| 杨晓彤 | 25 | 8 |
| ⊟机械键盘 | | |
| 陈自强 | 35 | 10 |
| 谷秀巧 | 30 | 5 |
| 姜雨晴 | 33 | 3 |
| 李明睿 | 34 | 12 |
| 李艳红 | 35 | 12 |
| 卢旭东 | 32 | 2 |
| 孙玉娇 | 30 | 10 |
| 王立辉 | 19 | 4 |
| 武衡 | 11 | 5 |
| 杨晓彤 | 18 | 8 |

**STEP 6 调整布局方式**

在“数据透视表字段”窗格中将“销售员”字段拖至“商品名称”上方，查看报表显示效果。此时，可对比销售员销售各类商品的最大销量和最小销量。

| 行标签 | 最大值项:销量 | 最小值项:销量 |
|---|---|---|
| ⊟陈自强 | | |
| 游戏鼠标 | 17 | 4 |
| 机械键盘 | 35 | 10 |
| 创意U盘 | 21 | 6 |
| 无线路由 | 27 | 6 |
| ⊟谷秀巧 | | |
| 游戏鼠标 | 23 | 5 |
| 机械键盘 | 30 | 5 |
| 创意U盘 | 35 | 20 |
| 无线路由 | 37 | 10 |
| ⊟姜雨晴 | | |
| 游戏鼠标 | 23 | 9 |
| 机械键盘 | 33 | 3 |
| 创意U盘 | 27 | 5 |
| 无线路由 | 37 | 14 |
| ⊟李明睿 | | |
| 游戏鼠标 | 36 | 15 |
| 机械键盘 | 34 | 12 |
| 创意U盘 | 16 | 7 |
| 无线路由 | 27 | 5 |

## 9.2.2 以汇总的百分比方式显示数据

在数据透视表中可以将值的显示方式更改为百分比方式，以更加清晰地展现数据之间的关系和逻辑。下面设置以汇总的百分比方式显示数据，包含总计的百分比，行或列汇总的百分比，具体操作方法如下：

微课：以汇总的百分比方式显示数据

**STEP 1 设置报表布局**

创建数据透视表，汇总“上海”地区销售员对“创意U盘”和“无线路由”的销售额，可在“数据透视表字段”窗格中进行布局设置，并对“地区”和“列标签”进行筛选。

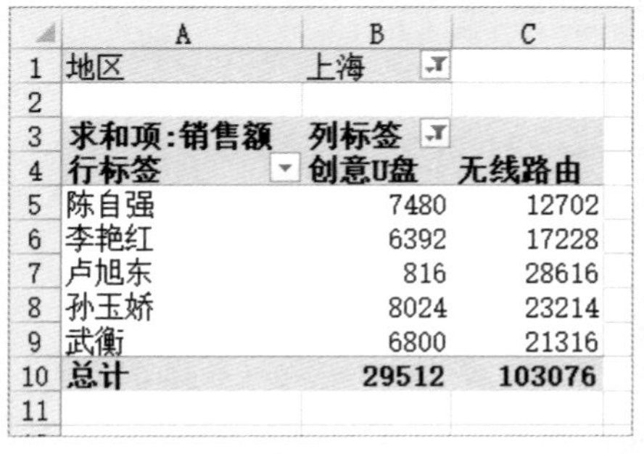

| 地区 | 上海 | |
|---|---|---|
| | | |
| 求和项:销售额 | 列标签 | |
| 行标签 | 创意U盘 | 无线路由 |
| 陈自强 | 7480 | 12702 |
| 李艳红 | 6392 | 17228 |
| 卢旭东 | 816 | 28616 |
| 孙玉娇 | 8024 | 23214 |
| 武衡 | 6800 | 21316 |
| 总计 | 29512 | 103076 |

**STEP 2 选择“总计的百分比(G)”命令**

❶右击任一值单元格，❷选择“值显示方式(A)”选项，❸选择“总计的百分比(G)”命令。

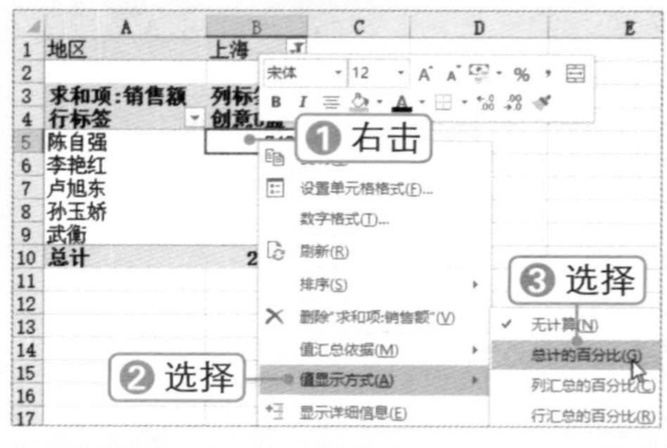


**STEP 3 查看修改样式效果**

此时即可将值数据修改为百分比样式，即销售额占整体总数销售额的百分比。

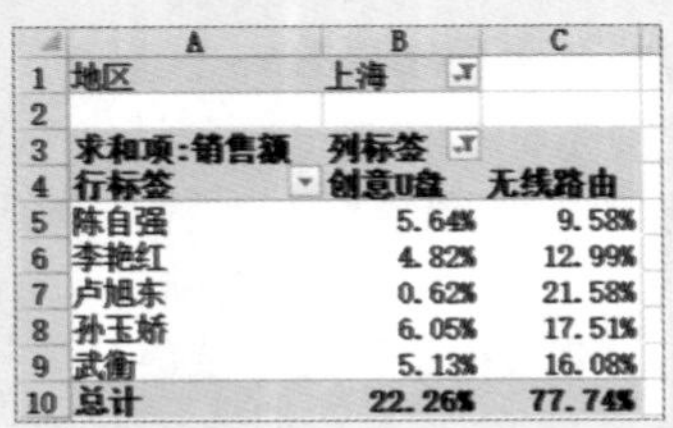

| 地区 | 上海 | |
|---|---|---|
| 求和项:销售额 | 列标签 | |
| 行标签 | 创意U盘 | 无线路由 |
| 陈自强 | 5.64% | 9.58% |
| 李艳红 | 4.82% | 12.99% |
| 卢旭东 | 0.62% | 21.58% |
| 孙玉娇 | 6.05% | 17.51% |
| 武衡 | 5.13% | 16.08% |
| 总计 | 22.26% | 77.74% |

**STEP 4 选择 列汇总的百分比(C) 命令**

在“数据透视表字段”窗格中再次将“销量”字段拖至“值”区域。❶右击任一求和项值单元格，❷选择 值显示方式(A) 选项，❸选择 列汇总的百分比(C) 命令。

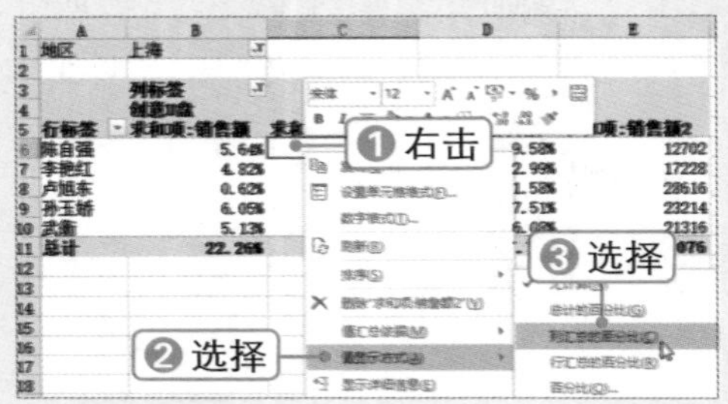


**STEP 5 查看显示效果**

此时得到的百分比数值为分类百分比，即各销售额占同类商品总数的百分比（为了方便解释，在此修改了列标题名称）。

| 地区 | 上海 | | | |
|---|---|---|---|---|
| | 列标签 | | | |
| | 创意U盘 | | 无线路由 | |
| 行标签 | 总计百分比 | 分类百分比 | 总计百分比 | 分类百分比 |
| 陈自强 | 5.64% | 25.35% | 9.58% | 12.32% |
| 李艳红 | 4.82% | 21.66% | 12.99% | 16.71% |
| 卢旭东 | 0.62% | 2.76% | 21.58% | 27.76% |
| 孙玉娇 | 6.05% | 27.19% | 17.51% | 22.52% |
| 武衡 | 5.13% | 23.04% | 16.08% | 20.68% |
| 总计 | 22.26% | 100.00% | 77.74% | 100.00% |

**秒杀技巧　多重合并汇总**

使用数据透视表还可将多个工作表中的数据汇总到一个报表中，方法为：依次按【Alt】、【D】、【P】键，弹出“数据透视表和数据透视图向导”对话框，设置多重合并计算，并自定义页字段，依据向导操作。

## 9.2.3 以环比的方式显示销售数据

微课：以环比的方式显示销售数据

在统计术语中，环比的含义是本期统计数据与上一期进行比较得到的百分比数值。通过环比可以得到销量的增长情况，即正数为增长，负数为下降。在数据透视表中，环比即为“差异百分比”显示方式。下面统计每天的销售额增长情况，具体操作方法如下：

**STEP 1 设置汇总布局**

在“数据透视表字段”窗格中设置透视表的汇总布局，将“日期”字段拖至“行”区域，将“销售额”字段拖至“值”区域。

**STEP 2 选择 差异百分比(F)... 命令**

❶右击任一求和项值单元格，❷选择 值显示方式(A) 选项，❸选择 差异百分比(F)... 命令。

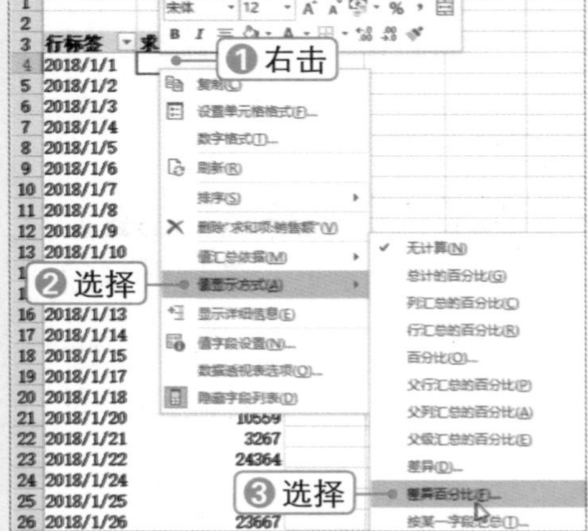

**STEP 3** 设置环比选项

弹出“值显示方式（求和项：销售额）”对话框，❶在“基本字段”下拉列表框中选择“日期”选项，❷在“基本项”下拉列表框中选择“(上一个)”选项，❸单击[确定]按钮。

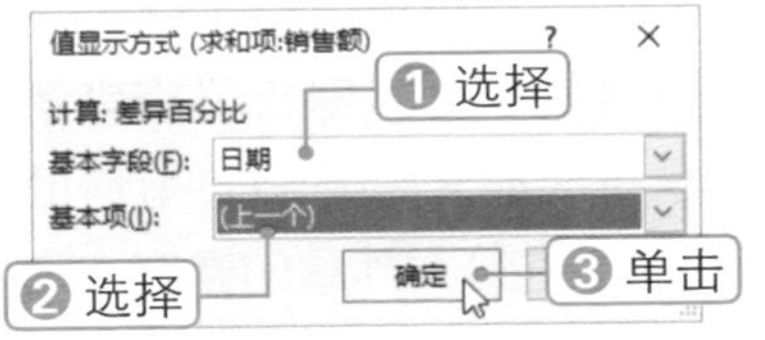


**STEP 4** 查看环比销售额

此时即可以环比的方式显示每天的销售额。

| | | |
|---|---|---|
| 2 | | |
| 3 | 行标签 | 求和项:销售额 |
| 4 | 2018/1/1 | |
| 5 | 2018/1/2 | -28.72% |
| 6 | 2018/1/3 | -1.40% |
| 7 | 2018/1/4 | 0.98% |
| 8 | 2018/1/5 | 9.73% |
| 9 | 2018/1/6 | 12.31% |
| 10 | 2018/1/7 | -25.87% |
| 11 | 2018/1/8 | -8.56% |
| 12 | 2018/1/9 | 76.74% |
| 13 | 2018/1/10 | -35.28% |
| 14 | 2018/1/11 | 4.57% |
| 15 | 2018/1/12 | -63.39% |
| 16 | 2018/1/13 | 44.16% |
| 17 | 2018/1/14 | -65.04% |
| 18 | 2018/1/15 | 634.65% |
| 19 | 2018/1/17 | -61.59% |
| 20 | 2018/1/18 | -18.41% |
| 21 | 2018/1/20 | 8.77% |
| 22 | 2018/1/21 | -69.06% |
| 23 | 2018/1/22 | 645.76% |

**STEP 5** 美化报表

在“数据透视表字段”窗格中再次将“销售额”字段拖至“值”区域，然后适当美化透视表，如以表格形式显示报表布局，应用表格样式，修改标题名称等。

| | | | |
|---|---|---|---|
| 2 | | | |
| 3 | 日期 | 每天的销售额 | 销售额增长率 |
| 4 | 2018/1/1 | 32216 | |
| 5 | 2018/1/2 | 22963 | -28.72% |
| 6 | 2018/1/3 | 22642 | -1.40% |
| 7 | 2018/1/4 | 22864 | 0.98% |
| 8 | 2018/1/5 | 25089 | 9.73% |
| 9 | 2018/1/6 | 28177 | 12.31% |
| 10 | 2018/1/7 | 20889 | -25.87% |
| 11 | 2018/1/8 | 19101 | -8.56% |
| 12 | 2018/1/9 | 33759 | 76.74% |
| 13 | 2018/1/10 | 21850 | -35.28% |
| 14 | 2018/1/11 | 22849 | 4.57% |
| 15 | 2018/1/12 | 8365 | -63.39% |
| 16 | 2018/1/13 | 12059 | 44.16% |
| 17 | 2018/1/14 | 4216 | -65.04% |
| 18 | 2018/1/15 | 30973 | 634.65% |
| 19 | 2018/1/17 | 11898 | -61.59% |
| 20 | 2018/1/18 | 9708 | -18.41% |
| 21 | 2018/1/20 | 10559 | 8.77% |
| 22 | 2018/1/21 | 3267 | -69.06% |
| 23 | 2018/1/22 | 24364 | 645.76% |
| 24 | 2018/1/24 | 12465 | -48.84% |
| 25 | 2018/1/25 | 18059 | 44.88% |
| 26 | 2018/1/26 | 23667 | 31.05% |
| 27 | 2018/1/27 | 11959 | -49.47% |
| 28 | 2018/1/28 | 7518 | -37.14% |

Chapter 09

# 9.3 自定义组合与计算字段

■ 关键词：组合、按日期区间进行组合、组合参数、自定义分组、计算字段、删除计算字段

在数据透视表中，可以通过“组合”功能创建新的“行”分类字段，增加其分类统计功能；通过“计算字段”功能增加新的汇总字段，以拓展其计算能力。下面将详细介绍如何自定义组合字段与计算字段。

## 9.3.1 创建组合

微课：创建组合

使用数据透视表的“组合”功能可以将行标签按自定义的方式组合起来，分段统计数据，以满足特殊的汇总需求，如将销售员按性别分别进行组合。

## 1. 按日期区间统计销售额

当字段为日期、时间或数值时，可以通过设置其组合选项将其自动组合起来，具体操作方法如下：

**STEP 1 按日期汇总销售额**

利用“数据透视表字段”窗格创建所需的报表布局，在此设置按日期汇总各地的销售额。

| | | | | |
|---|---|---|---|---|
| 2 | | | | |
| 3 | 求和项:销售额 | 地区 | | |
| 4 | 日期 | 北京 | 上海 | 总计 |
| 5 | 2018/1/1 | 11283 | 20933 | 32216 |
| 6 | 2018/1/2 | 14692 | 8271 | 22963 |
| 7 | 2018/1/3 | 10840 | 11802 | 22642 |
| 8 | 2018/1/4 | 13933 | 8931 | 22864 |
| 9 | 2018/1/5 | 15012 | 10077 | 25089 |
| 10 | 2018/1/6 | 13660 | 14517 | 28177 |
| 11 | 2018/1/7 | 12086 | 8803 | 20889 |
| 12 | 2018/1/8 | 6846 | 12255 | 19101 |
| 13 | 2018/1/9 | 15165 | 18594 | 33759 |
| 14 | 2018/1/10 | 9404 | 12446 | 21850 |
| 15 | 2018/1/11 | 11630 | 11219 | 22849 |
| 16 | 2018/1/12 | 2970 | 5395 | 8365 |
| 17 | 2018/1/13 | 7121 | 4938 | 12059 |
| 18 | 2018/1/14 | 2312 | 1904 | 4216 |
| 19 | 2018/1/15 | 16509 | 14464 | 30973 |
| 20 | 2018/1/17 | 7596 | 4302 | 11898 |
| 21 | 2018/1/18 | 7442 | 2266 | 9708 |

**STEP 2 选择“组合(G)...”命令**

❶右击“日期”字段中的任一单元格（此类单元格可称为字段项单元格），❷选择“组合(G)...”命令。

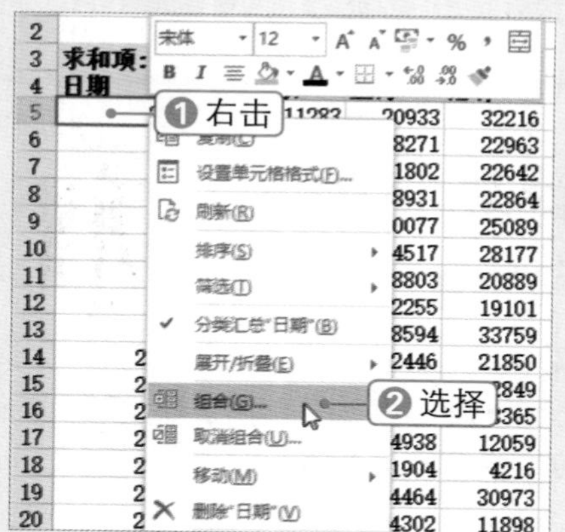


**STEP 3 设置组合选项**

弹出“组合”对话框，❶取消选择“终止于”复选框，并输入终止日期，❷在“步长”列表框中选择“日”选项，❸设置“天数”为 7，❹单击“确定”按钮。

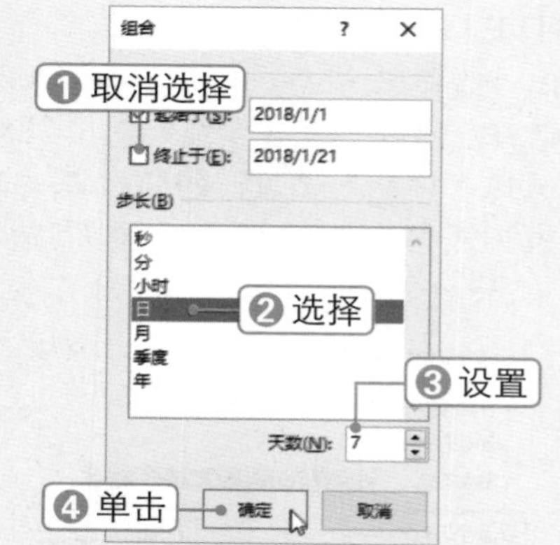


**STEP 4 查看汇总效果**

此时即可以 7 天为一个日期阶段汇总各地的销售额。

| | A | B | C | D |
|---|---|---|---|---|
| 1 | | | | |
| 2 | | | | |
| 3 | 求和项:销售额 | 地区 | | |
| 4 | 日期 | 北京 | 上海 | 总计 |
| 5 | 2018/1/1 - 2018/1/7 | 91506 | 83334 | 174840 |
| 6 | 2018/1/8 - 2018/1/14 | 55448 | 66751 | 122199 |
| 7 | 2018/1/15 - 2018/1/21 | 39032 | 27373 | 66405 |
| 8 | >2018/1/21 | 75289 | 74238 | 149527 |
| 9 | 总计 | 261275 | 251696 | 512971 |
| 10 | | | | |

## 2. 按销量区间统计商品销售额

下面将产品销量按指定的跨度进行组合，统计每个组合区间各个商品的销售额，以查看销售报表的销量分布情况，具体操作方法如下：

**STEP 1 设置按销量汇总销售额**

利用“数据透视表字段”窗格创建所需的报表布局，在此设置按销量汇总各类商品的销售额。

| | | | | | | |
|---|---|---|---|---|---|---|
| 2 | | | | | | |
| 3 | 求和项:销售额 | 商品名称 | | | | |
| 4 | 销量 | 游戏鼠标 | 机械键盘 | 创意U盘 | 无线路由 | 总计 |
| 5 | 2 | | 406 | 272 | 292 | 970 |
| 6 | 3 | 297 | 609 | 816 | 438 | 2160 |
| 7 | 4 | 396 | 1624 | 1088 | 584 | 3692 |
| 8 | 5 | 495 | 3045 | 680 | 730 | 4950 |
| 9 | 6 | | 2436 | 816 | 876 | 4128 |
| 10 | 7 | 1386 | | 2856 | | 4242 |
| 11 | 8 | 1584 | 3248 | 2176 | 4672 | 11680 |
| 12 | 9 | 891 | | 2448 | 5256 | 8595 |
| 13 | 10 | 2970 | 4060 | | 8760 | 15790 |
| 14 | 11 | 1089 | 2233 | 1496 | 1606 | 6424 |
| 15 | 12 | 2376 | 9744 | | 3504 | 15624 |
| 16 | 13 | | 2639 | | 9490 | 12129 |
| 17 | 14 | 4158 | 2842 | 1904 | 8176 | 17080 |
| 18 | 15 | 2970 | 9135 | 2040 | 4380 | 18525 |
| 19 | 16 | 3168 | 12992 | 2176 | 11680 | 30016 |
| 20 | 17 | 1683 | | 4624 | | 6307 |
| 21 | 18 | | 3654 | | 7884 | 11538 |
| 22 | 19 | 1881 | 3857 | 5168 | 8322 | 19228 |
| 23 | 20 | | | 2720 | | 2720 |
| 24 | 21 | 2079 | 4263 | 5712 | 6132 | 18186 |
| 25 | 22 | 6534 | | 2992 | 25696 | 35222 |

**STEP 2　选择 组合(G)... 命令**

❶右击“销量”字段中的任一单元格，❷选择 组合(G)... 命令。

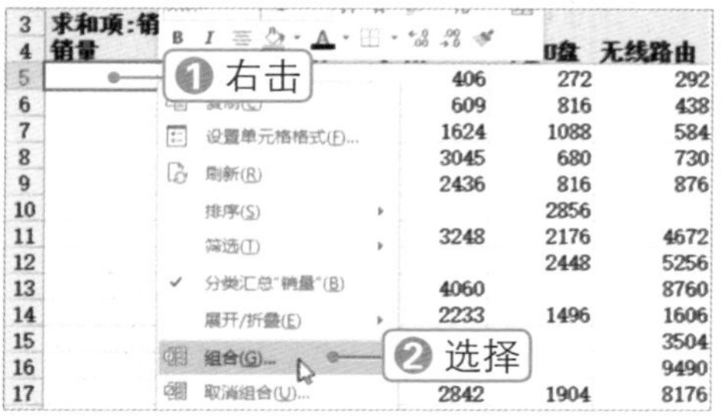


**STEP 3　设置组合选项**

弹出“组合”对话框，❶在“步长”文本框中输入6，❷单击 确定 按钮。

**STEP 4　查看汇总效果**

此时即可以6为一个销量区间汇总各类商品的销售额。

| 求和项:销售额 | 商品名称 | | | | |
|---|---|---|---|---|---|
| 销量 | 游戏鼠标 | 机械键盘 | 创意U盘 | 无线路由 | 总计 |
| 2-7 | 2574 | 8120 | 6528 | 2920 | 20142 |
| 8-13 | 8910 | 21924 | 6120 | 33288 | 70242 |
| 14-19 | 13860 | 32480 | 15912 | 40442 | 102694 |
| 20-25 | 25146 | 4263 | 14688 | 52706 | 96803 |
| 26-31 | 11187 | 34713 | 18904 | 52706 | 117510 |
| 32-37 | 6732 | 54404 | 9112 | 35332 | 105580 |
| 总计 | 68409 | 155904 | 71264 | 217394 | 512971 |

## 3. 创建自定义分组

若要创建组合的数据为文本字段或Excel无法自动设置的日期字段，则可以手动选择字段，并将其进行组合，具体操作方法如下：

**STEP 1　选择 组合(G)... 命令**

❶在“日期”字段中选择前10天的单元格区域并右击，❷选择 组合(G)... 命令。若要组合的行标题不相邻，则可以通过拖动的方式将其排列在一起。

**STEP 2　折叠字段**

此时即可生成“数据组1”组合，❶右击某个展开的行标题，❷选择 展开/折叠(E) 选项，❸选择 折叠整个字段(C) 命令。

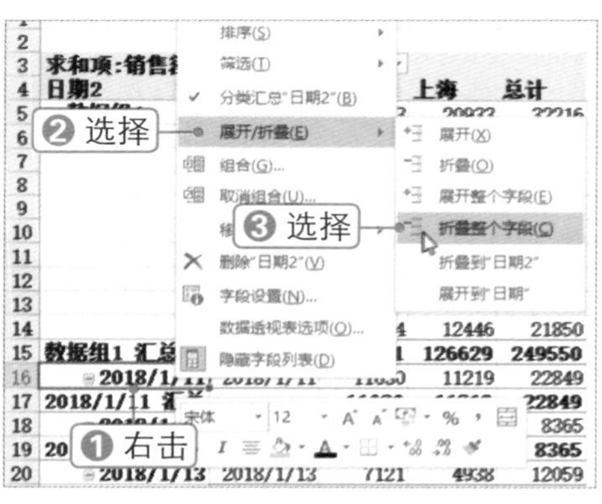


**STEP 3　组合字段项**

❶选择1月11日到1月20日这10天的单元格区域并右击，❷选择 组合(G)... 命令。采用同样的方法，组合剩下的日期字段。

**STEP 4 修改名称**

选择分组名称单元格后，在编辑栏中修改名称，如分别修改为“1 月上旬”“1 月中旬”和“1 月下旬”。

| | A | B | C | D | E |
|---|---|---|---|---|---|
| 1 | | | | | |
| 2 | | | | | |
| 3 | 求和项:销售额 | | 地区 ▼ | | |
| 4 | 日期2 ▼ | 日期 ▼ | 北京 | 上海 | 总计 |
| 5 | ⊞1月上旬 | | 122921 | 126629 | 249550 |
| 6 | ⊞1月中旬 | | 61481 | 49146 | 110627 |
| 7 | ⊞1月下旬 | | 76873 | 75921 | 152794 |
| 8 | 总计 | | 261275 | 251696 | 512971 |
| 9 | | | | | |
| 10 | | | | | |
| 11 | | | | | |

## 9.3.2 创建计算字段

微课：创建计算字段

通过在数据透视表中添加“计算字段”，可以拓展数据透视表的计算能力。下面在数据透视表中增加一个“提成”计算字段来汇总每个销售员的提成金额，具体操作方法如下：

**STEP 1 创建数据透视表**

利用“数据透视表字段”窗格创建所需的报表布局，在此汇总各销售人员的销售额。①选择 分析 选项卡，②在“计算”组中单击“字段、项目和集”下拉按钮，③选择 计算字段(F)... 选项。

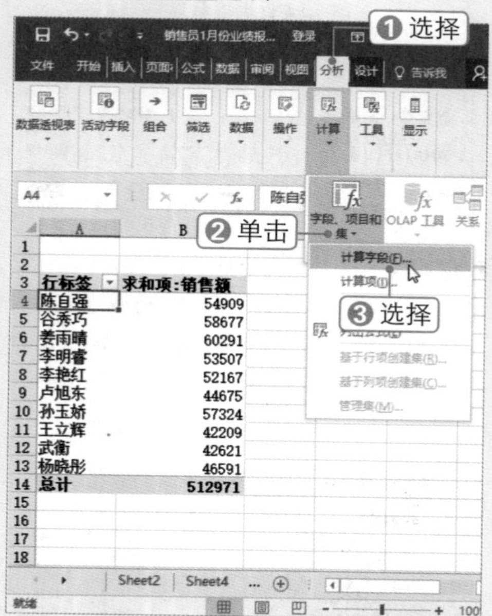


**STEP 2 添加计算字段**

弹出“插入计算字段”对话框，①输入名称“提成”，②在“公式”文本框中输入“= 销售额 *8%”，③单击 添加(A) 按钮。

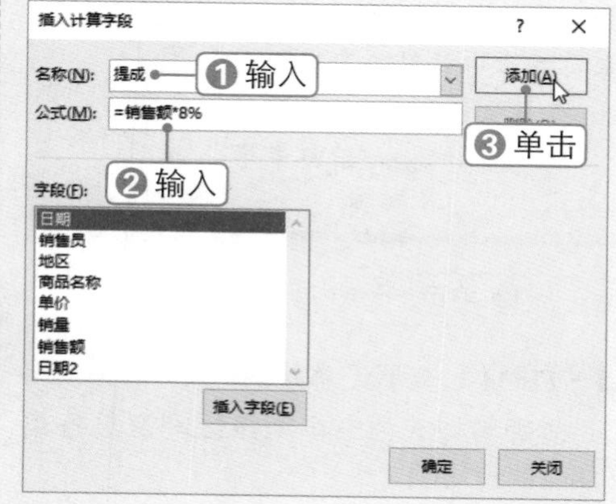


**STEP 3 查看插入字段效果**

此时即可在数据透视表中的列标签中显示“提成”字段。

| | A | B | C |
|---|---|---|---|
| 1 | | | |
| 2 | | | |
| 3 | 行标签 ▼ | 求和项:销售额 | 求和项:提成 |
| 4 | 陈自强 | 54909 | 4392.72 |
| 5 | 谷秀巧 | 58677 | 4694.16 |
| 6 | 姜雨晴 | 60291 | 4823.28 |
| 7 | 李明睿 | 53507 | 4280.56 |
| 8 | 李艳红 | 52167 | 4173.36 |
| 9 | 卢旭东 | 44675 | 3574 |
| 10 | 孙玉娇 | 57324 | 4585.92 |
| 11 | 王立辉 | 42209 | 3376.72 |
| 12 | 武衡 | 42621 | 3409.68 |
| 13 | 杨晓彤 | 46591 | 3727.28 |
| 14 | 总计 | 512971 | 41037.68 |
| 15 | | | |
| 16 | | | |

**STEP 4 删除计算字段**

①在“名称”下拉列表框中选择计算字段，②单击 删除(D) 按钮，即可删除计算字段。

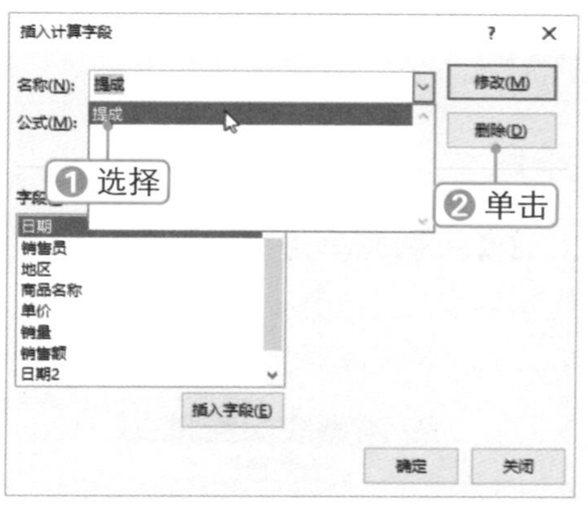


**实操解疑**

**在数据透视表中分析多个表格**

在一个数据透视表中可以同时分析多个表格中的数据，而无需将这些字段合并到一个表格中。首先需要将源数据转换为表格，多个表格中必须至少包含一个相同字段，用于连接两个表。为主表格创建数据透视表后，在字段列表中单击“更多表格”超链接，然后为两个表格创建关系即可。

Chapter 09

# 9.4 创建数据透视图

■ 关键词：数据透视图、折叠字段、筛选、排序、字段按钮、日程表、日期类别、切片器

在数据透视表上创建的图表即为数据透视图，它是一种具有动态交互功能的图表，通过操控数据透视表或数据透视图上的字段按钮，可以动态地在图表中展现数据。

## 9.4.1 创建数据透视图

微课：创建数据透视图

下面在现有数据透视表的基础上快速创建数据透视图，并根据需要对图表数据系列进行动态控制，具体操作方法如下：

**STEP 1 汇总指定商品销售额**

利用“数据透视表字段”窗格创建所需的报表布局，在此汇总各地销售人员对指定商品的销售额。

| 行 | A | B | C |
|---|---|---|---|
| 1 | | | |
| 2 | | | |
| 3 | 求和项:销售额 | 列标签 | |
| 4 | 行标签 | 创意U盘 | 无线路由 |
| 5 | ⊟北京 | | |
| 6 | 谷秀巧 | 15096 | 23798 |
| 7 | 姜雨晴 | 9792 | 23214 |
| 8 | 李明睿 | 3128 | 29200 |
| 9 | 王立辉 | 6936 | 19272 |
| 10 | 杨晓彤 | 6800 | 18834 |
| 11 | 北京 汇总 | 41752 | 114318 |
| 12 | ⊟上海 | | |
| 13 | 陈自强 | 7480 | 12702 |
| 14 | 李艳红 | 6392 | 17228 |
| 15 | 卢旭东 | 816 | 28616 |
| 16 | 孙玉娇 | 8024 | 23214 |
| 17 | 武衡 | 6800 | 21316 |
| 18 | 上海 汇总 | 29512 | 103076 |
| 19 | 总计 | 71264 | 217394 |
| 20 | | | |
| 21 | | | |

**STEP 2 选择“簇状柱形图”类型**

① 在 插入 选项卡下单击“插入柱形图或条形图”下拉按钮，② 选择“簇状柱形图”类型。

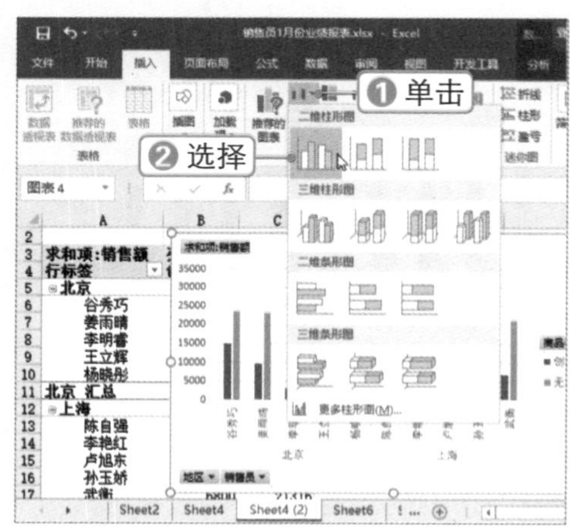

**STEP 3　设置图表格式**

此时即可创建数据透视图，对图表格式进行所需的设置。

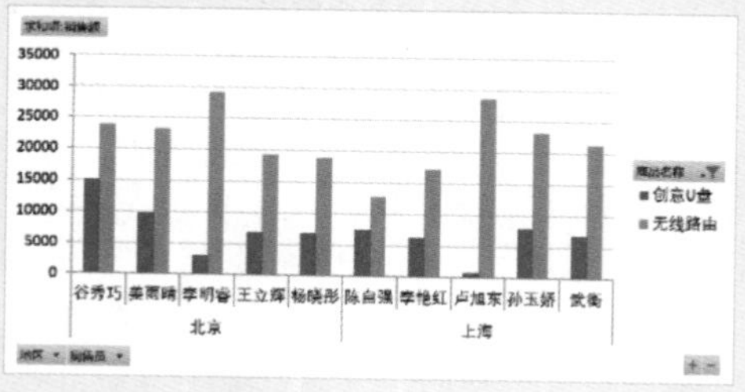

**STEP 4　折叠字段**

在数据透视图右下角单击"折叠整个字段"按钮，即可在横坐标轴上合并各地"销售人员"字段。单击按钮，可展开字段。

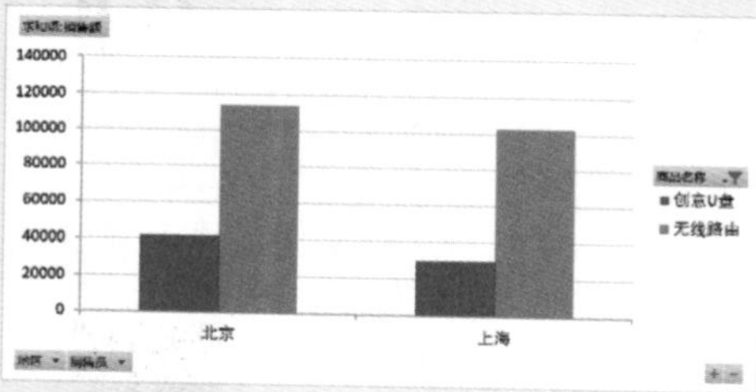

**STEP 5　筛选商品名称**

❶在图表的图例上方单击 商品名称 筛选按钮，❷在弹出的列表中选中要筛选的商品名称前的复选框，❸单击 确定 按钮。

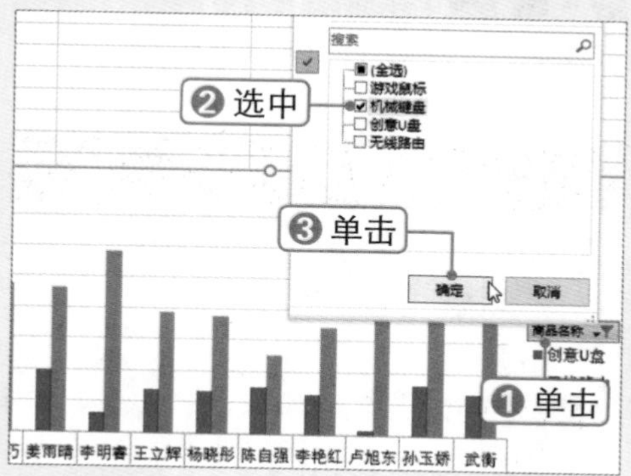


**STEP 6　排序地区**

❶单击 地区 筛选按钮，❷在弹出的列表中选择 降序(O) 选项，即可在图表的横坐标上对地区进行排序。

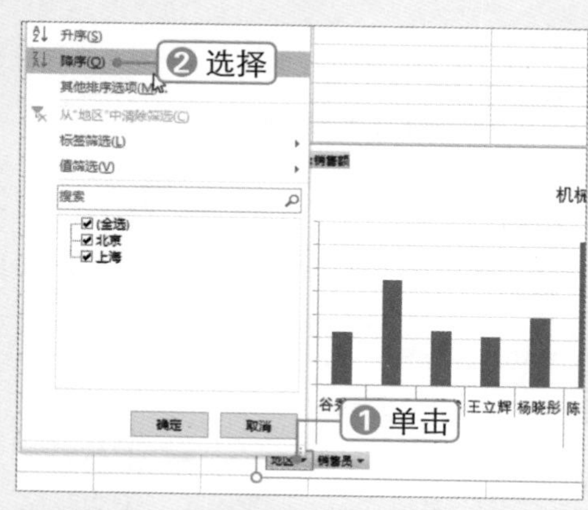


**STEP 7　选择 其他排序选项(M)... 选项**

❶单击 销售员 筛选按钮，❷选择 其他排序选项(M)... 选项。

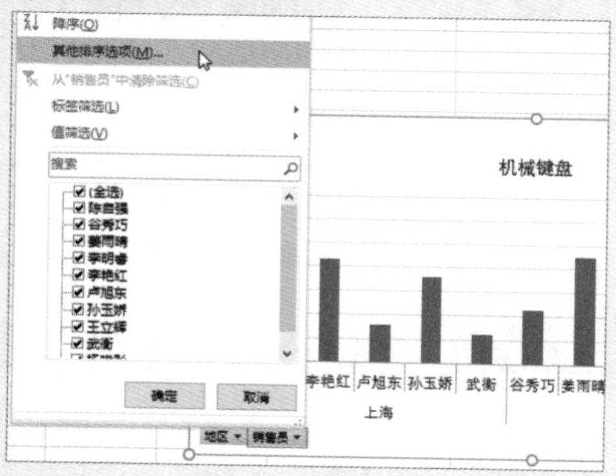

**STEP 8　设置排序方法**

弹出"排序"对话框，❶选中"降序排序"单选按钮，❷在"降序排序（Z 到 A）依据"下拉列表框中选择"求和项：销售额"选项，❸单击 确定 按钮。

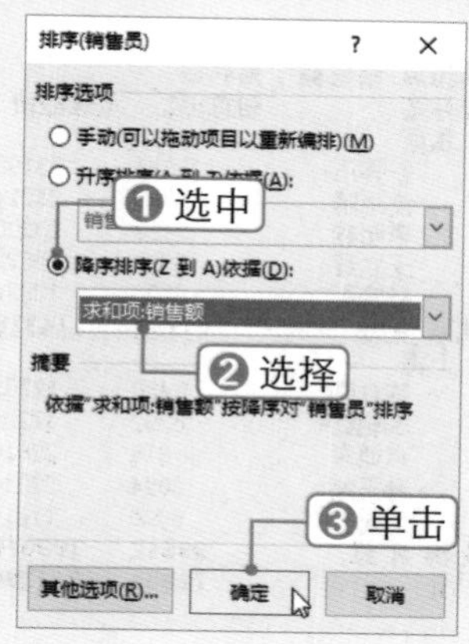

**STEP 9 查看排序效果**

此时即可对销售数额进行降序排序，查看数据透视图显示效果。

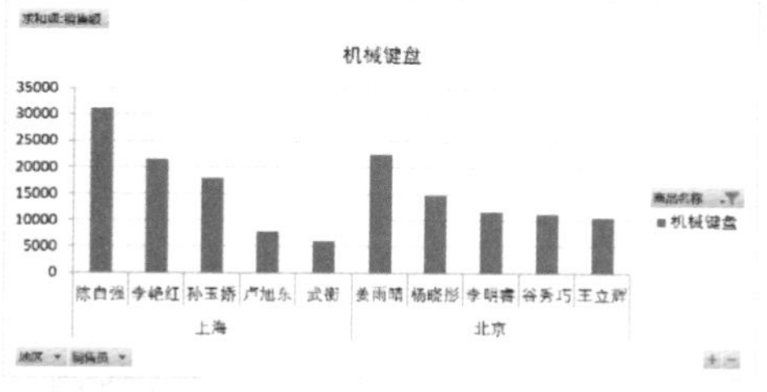

**STEP 10 隐藏字段按钮**

要想使数据透视图看起来与普通图表一样，可在 分析 选项卡下单击“字段按钮”按钮，隐藏数据透视图上的字段按钮。

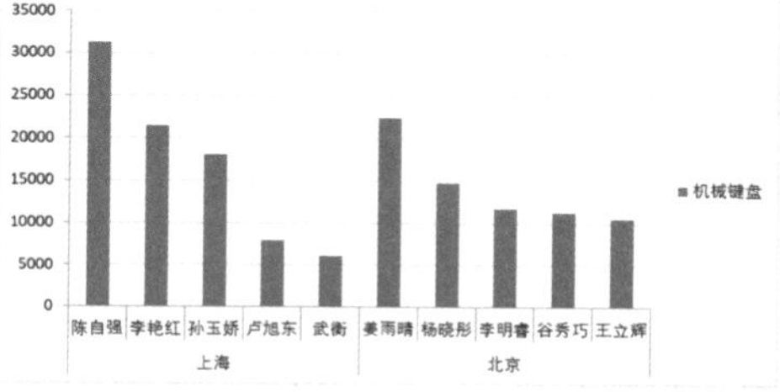

## 9.4.2 添加日程表

微课：添加日程表

若数据透视表中包含日期字段，则可以插入日程表，以快速、高效地对日期数据进行选择和筛选，查看随时间推移数据透视图的变化情况，具体操作方法如下：

**STEP 1 单击“插入日程表”按钮**

按照前面介绍的方法创建数据透视图，❶选择 分析 选项卡，❷在“筛选”组中单击“插入日程表”按钮。

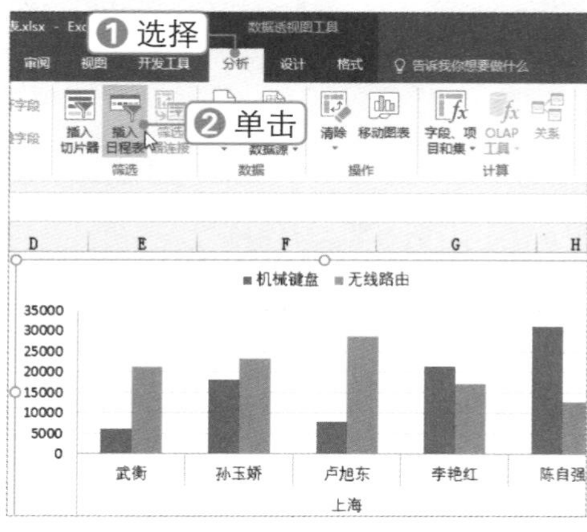


**秒杀技巧 每个字段允许多个筛选**

如果要将切片器与日程表相结合来筛选同一日期字段，可以打开“数据透视表选项”对话框，选择“汇总和筛选”选项卡，选中“每个字段允许多个筛选”复选框。

**STEP 2 选择“日期”字段**

弹出“插入日程表”对话框，❶选择“日期”字段。❷单击 确定 按钮。

**STEP 3 选择日期类别**

此时即可插入日程表，❶单击“月”下拉按钮，❷选择“日”选项。

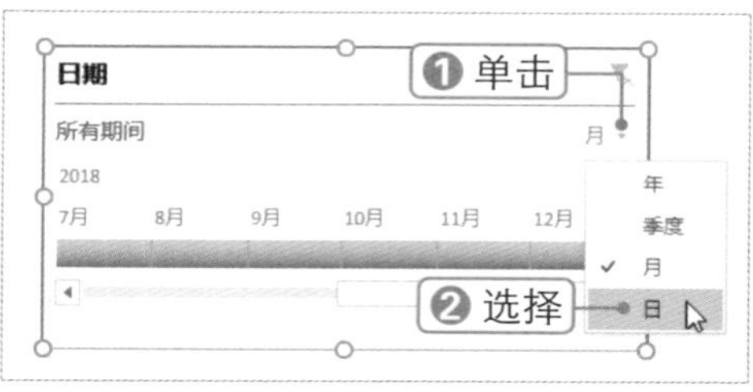

**STEP 4　选择日期区间**

在日程表上拖动鼠标，即可选中要筛选的日期。将鼠标指针置于所选日期边缘，当其变为双向箭头时拖动鼠标，即可查看随时间推移数据透视图的变化情况。

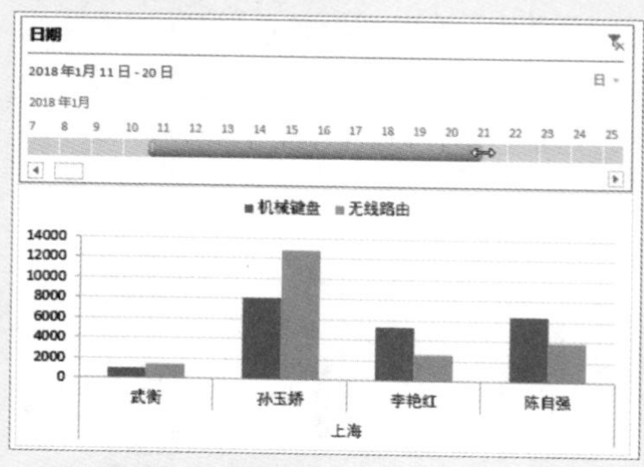

## 9.4.3 使用切片器动态展示图表

在数据透视表中，使用切片器可以快速、直观地筛选数据。切片器包含单击即可筛选数据的按钮，它们与数据一起保持可见，以便随时了解哪些字段在筛选的数据透视表中显示或隐藏，具体操作方法如下：

微课：使用切片器动态展示图表

**STEP 1　单击“插入切片器”按钮**

❶选择 分析 选项卡，❷在“筛选”组中单击“插入切片器”按钮。

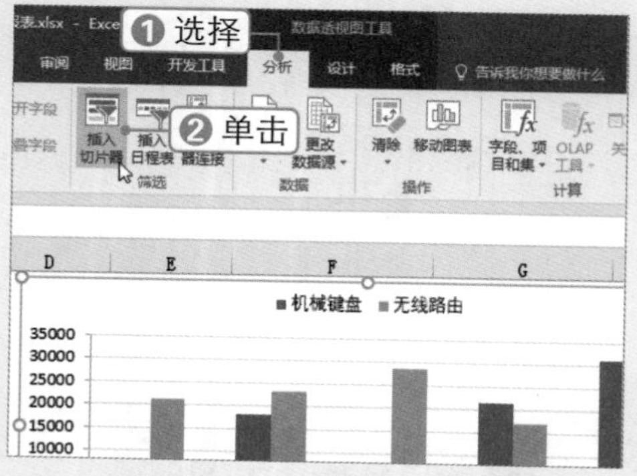


**STEP 2　选择字段**

弹出“插入切片器”对话框，❶选择要创建切片器的字段，❷单击 确定 按钮。

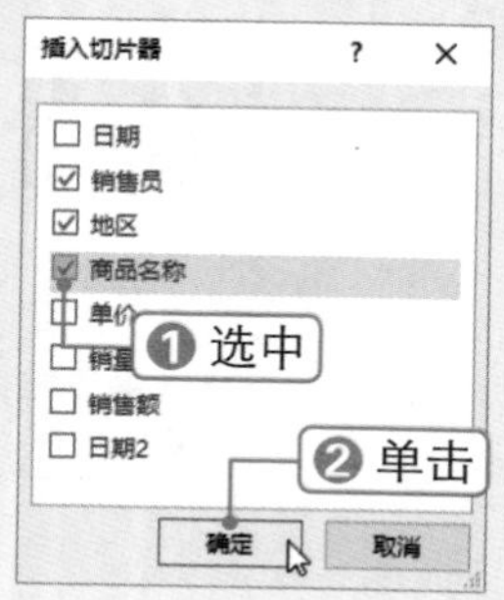


**STEP 3　设置切片器列数**

此时即可创建切片器，❶选择切片器，❷在 选项 选项卡下设置切片器的列数。根据需要设置其他切片器的样式和大小。

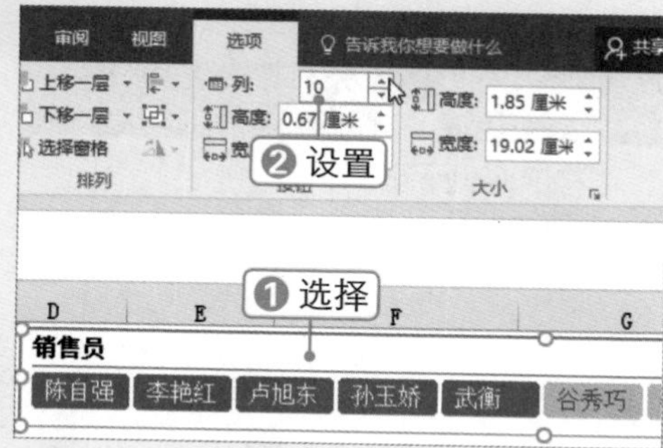


**STEP 4　单击筛选按钮**

单击切片器上的按钮，即可筛选数据。按住【Ctrl】键单击，可同时选中多项。切片器之间是联动的，若要重新筛选数据，可单击切片器右上方的“清除筛选器”按钮。

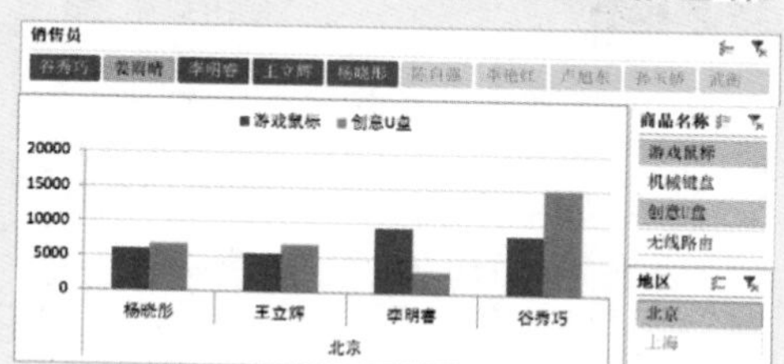

## 商务办公 私房实操技巧

### TIP：手动刷新数据透视表

私房技巧 当数据透视表的数据源中的数据发生变化时，需要用户手动刷新数据透视表，方法为：右击数据透视表，在弹出的快捷菜单中选择“刷新”命令，如下图（左）所示。弹出“数据透视表选项”对话框，选择“数据”选项卡，选中“打开文件时刷新数据”复选框，可在每次打开工作簿时自动刷新数据透视表，如下图（右）所示。

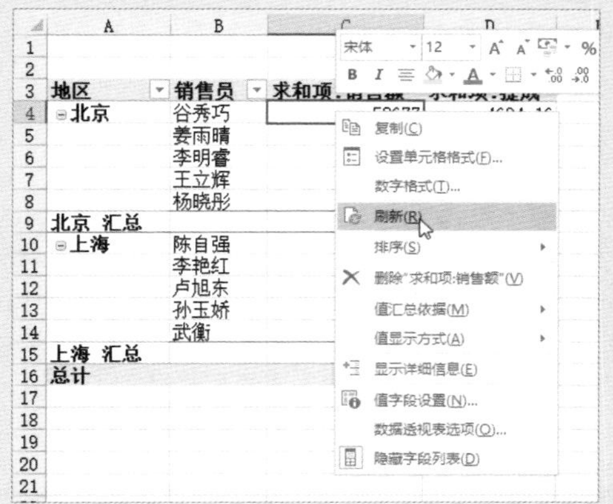


### TIP：自动更新数据源

私房技巧 若数据透视表的数据源发生增删数据情况时，则需要重新选择数据透视表的数据区域，方法为：在 分析 选项卡下单击“更改数据源”按钮，然后重新选择数据区域，如下图所示。若要使数据透视表的数据源能够自动更改，需要为其构建动态的数据源，方法很简单，只需将数据源创建为Excel智能表格即可。

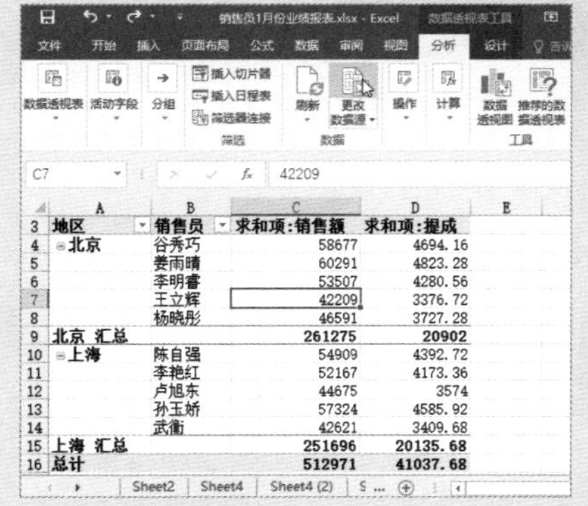

### TIP：在数据透视表中再次进行透视

要对现有的数据透视表再次进行透视，可选择数据透视表区域以外的单元格，在 插入 选项卡下单击“数据透视表”按钮，在弹出的对话框中重新选择数据区域即可。

### TIP：快速删除总计

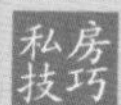

在数据透视表的行标签或列标签中右击“总计”单元格，在弹出的快捷菜单中选择 删除总计(V) 命令，即可快速将其删除。

### TIP：拖放数据透视表字段

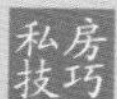

在“数据透视表字段”窗格中，如果一个字段放置在“行”区域，则无法再次将其放入“列”区域。而“值”区域则无此限制，可以将字段重复放入“值”区域中。

## Ask Answer 高手疑难解答

### 问 怎样在多个数据透视图中共用一个切片器？

图解解答 若创建了多个数据透视图，可将切片器同时应用到这些数据透视图中，方法如下：

1 选择切片器或日程表，在 选项 选项卡下单击“报表连接”按钮，如下图所示。

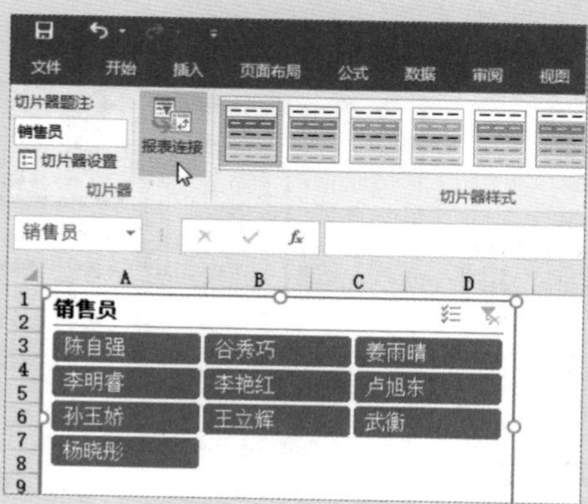

2 弹出“数据透视表连接”对话框，选中要连接到的数据透视表，单击 确定 按钮即可，如下图所示。为了识别数据透视表，可在 分析 选项卡下修改其名称。

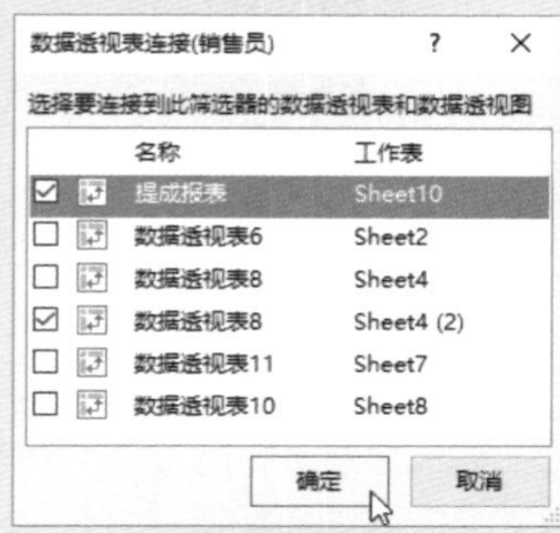


## 问 怎样将数据透视表批量拆分为多个工作表？

**图解解答** 将要拆分的字段拖至“筛选”区域，如将“商品名称”字段放入“筛选”区域，在 分析 选项卡下单击 选项 下拉按钮，选择 显示报表筛选页(P)... 选项，如下图（左）所示。弹出“显示报表筛选页”对话框，选中字段名，单击 确定 按钮，即可为每个商品名称创建一个报表。

# 读者意见反馈表

亲爱的读者：

感谢您对中国铁道出版社的支持，您的建议是我们不断改进工作的信息来源，您的需求是我们不断开拓创新的基础。为了更好地服务读者，出版更多的精品图书，希望您能在百忙之中抽出时间填写这份意见反馈表发给我们。随书纸制表格请在填好后剪下寄到：**北京市西城区右安门西街8号中国铁道出版社综合编辑部 张丹 收（邮编：100054）**。或者采用**传真（010-63549458）**方式发送。此外，读者也可以直接通过电子邮件把意见反馈给我们，E-mail地址是：**232262382@qq.com**。我们将选出意见中肯的热心读者，赠送本社的其他图书作为奖励。同时，我们将充分考虑您的意见和建议，并尽可能地给您满意的答复。谢谢!

---

**所购书名：**________________________

**个人资料：**

姓名：__________性别：__________年龄：__________文化程度：__________

职业：__________电话：__________E-mail：__________

通信地址：________________________邮编：__________

---

**您是如何得知本书的：**

□书店宣传 □网络宣传 □展会促销 □出版社图书目录 □老师指定 □杂志、报纸等的介绍 □别人推荐

□其他（请指明）________________________

**您从何处得到本书的：**

□书店 □邮购 □商场、超市等卖场 □图书销售的网站 □培训学校 □其他

**影响您购买本书的因素（可多选）：**

□内容实用 □价格合理 □装帧设计精美 □带多媒体教学光盘 □优惠促销 □书评广告 □出版社知名度

□作者名气 □工作、生活和学习的需要 □其他

**您对本书封面设计的满意程度：**

□很满意 □比较满意 □一般 □不满意 □改进建议

**您对本书的总体满意程度：**

从文字的角度 □很满意 □比较满意 □一般 □不满意

从技术的角度 □很满意 □比较满意 □一般 □不满意

**您希望书中图的比例是多少：**

□少量的图片辅以大量的文字 □图文比例相当 □大量的图片辅以少量的文字

**您希望本书的定价是多少：**

本书最令您满意的是：

1.

2.

您在使用本书时遇到哪些困难：

1.

2.

您希望本书在哪些方面进行改进：

1.

2.

您需要购买哪些方面的图书？对我社现有图书有什么好的建议？

您更喜欢阅读哪些类型和层次的书籍（可多选）？

□入门类 □精通类 □综合类 □问答类 □图解类 □查询手册类 □实例教程类

您在学习计算机的过程中有什么困难？

**您的其他要求：**